도시계획직 공무원 및 도시계획기사 자격증 대비

도시계획기사
[제5과목] 기출문제집
우선순위
도시계획관계법규

머리말
Preface

　도시계획기사 자격증 시험에 대비하여 모두 5과목을 공부해야 한다. 그 중에서도 가장 어렵게 생각되는 부분이 바로 제5과목에 해당하는 도시계획관계법규이다.

　15개의 도시계획관련 법령에서 출제되고 있으며, 때로는 법령의 귀퉁이 부분에서도 출제가 되고 있어 공부하는 수험생 입장에서는 난해한 과목이라 생각하기 쉽다.

　그러나 도시계획 기사 자격증 기출문제를 지난 2003년부터 현재까지 분석해 보니 특이한 점을 발견할 수 있었다. 기출문제의 반복이 많으며, 출제된 법령에서 반복적으로 문제를 출제한다는 것이다. 그렇다고 무턱대고 암기를 하는 것은 비효율적이고 기억의 한계가 있을 수 있다.

　우선순위 도시계획관계법규 기출문제집은 테마별로 법령을 구분하여 각 법령에서 출제되었던 기출문제를 중심으로 상세한 법령 해설을 달았다. 법령 공부의 기본은 법령의 원문을 살피는 작업이다. 법령은 전반적인 체계가 있고 중요한 테마가 있기 마련이다. 예를 들어 국토의 계획 및 이용에 관한 법률에는 용도지역·지구·구역을 뼈대로 하여 건폐율, 용적률을 공부하는 것이고, 국토기본법에는 국토계획의 종류를 중심으로 공부하는 것이다. 가장 효율적인 공부를 지향하며 합격을 향한 지름길을 연구하는 정명재 수험전략 연구소에서는 이번 도시계획기사 자격증 합격 대비서를 야심차게 선보이는 바이다. 동영상 강의에서 3일 간 무료강의로 진행하는 수업을 따라온다면 금세 법령과 친해질 것이라 확신한다. 도시계획기사 5과목 중 법령과 관련한 문제는 제1과목~제4과목과도 연계되어 출제되고 있다. 제5과목인 도시계획관계법규는 도시계획의 이론과 법령 중에서 법령 한 파트를 완벽하게 공부할 수 있는 좋은 기회이다. 이를 바탕으로 나머지 과목들은 섭렵하고 단기간에 집중적인 노력을 경주(傾注)한다면 도시계획기사 합격은 그리 어렵지 않으리라 확신한다. 오래 공부할 생각보다는 빠르게 그리고 잘 공부해야 한다. 오랜 시간 수험서 집필과 강의 그리고 다양한 시험에서 합격을 한 수험 선배로서 들려주는 조언이다. 출간을 허락하신 법률저널과 동영상 강의 일타에듀 대표님께 감사의 마음을 전한다.

2020. 9. 20. 신림동 서재에서 정명재

Contents

- **THEME 01** 수도권정비계획법 ··· 2
- **THEME 02** 국토의 계획 및 이용에 관한 법률 ··· 62
- **THEME 03** 국토기본법 ··· 164
- **THEME 04** 택지개발촉진법 ··· 182
- **THEME 05** 건축법 ··· 220
- **THEME 06** 도시공원 및 녹지 등에 관한 법률 ··· 254
- **THEME 07** 도시 및 주거환경정비법 ··· 290
- **THEME 08** 개발제한구역의 지정 및 관리에 관한 특별법 ··· 320
- **THEME 09** 도시개발법 ··· 344
- **THEME 10** 산업입지 및 개발에 관한 법률 ··· 370
- **THEME 11** 도시계획시설의 결정·구조 및 설치기준에 관한 규칙 ··· 384
- **THEME 12** 주차장법 ··· 392
- **THEME 13** 주택법 ··· 436
- **THEME 14** 관광진흥법 ··· 456
- **THEME 15** 체육시설의 설치 및 이용에 관한 법률 ··· 482

Theme 01 수도권정비계획법

001 수도권정비계획법상 대규모개발사업에 대한 규제에 관하여, 아래의 ㉠과 ㉡에 들어갈 말이 모두 옳은 것은?

> 관계 행정기관의 장은 수도권에서 대규모개발사업을 시행하거나 그 허가등을 하려면 그 개발계획을 (㉠)의 심의를 거쳐 (㉡)과 협의하거나 승인을 받아야 한다. 국토교통부장관이 대규모개발사업을 시행하거나 그 허가등을 하려는 경우에도 또한 같다.

① ㉠ 국토교통부장관, ㉡ 수도권정비위원회
② ㉠ 수도권정비위원회, ㉡ 국토교통부장관
③ ㉠ 도시계획위원회, ㉡ 시·도지사
④ ㉠ 시·도지사, ㉡ 도시계획위원회

해설

제2조(정의) 이 법에서 사용하는 용어의 뜻은 다음과 같다.
1. "수도권"이란 서울특별시와 대통령령으로 정하는 그 주변 지역을 말한다.
2. "수도권정비계획"이란 「국토기본법」 제6조 제2항 제1호에 따른 국토종합계획을 기본으로 하여 제4조에 따라 수립되는 계획을 말한다.
3. "인구집중유발시설"이란 학교, 공장, 공공 청사, 업무용 건축물, 판매용 건축물, 연수 시설, 그 밖에 인구 집중을 유발하는 시설로서 대통령령으로 정하는 종류 및 규모 이상의 시설을 말한다.
4. "대규모개발사업"이란 택지, 공업 용지 및 관광지 등을 조성할 목적으로 하는 사업으로서 대통령령으로 정하는 종류 및 규모 이상의 사업을 말한다.

> **영 제4조(대규모 개발사업의 종류 등)** 법 제2조 제4호에서 "대통령령으로 정하는 종류 및 규모 이상의 사업"이란 다음 각 호의 어느 하나에 해당하는 사업을 말한다. 이 경우 같은 목적으로 여러 번에 걸쳐 부분적으로 개발하거나 연접하여 개발함으로써 사업의 전체 면적이 다음 각 호의 어느 하나로 정하는 규모 이상이 되는 사업을 포함한다.
> 1. 다음 각 목의 어느 하나에 해당하는 택지조성사업(이하 "택지조성사업"이라 한다)으로서 그 면적이 <u>100만제곱미터 이상</u>인 것
>   가. 「택지개발촉진법」에 따른 택지개발사업
>   나. 「주택법」에 따른 주택건설사업 및 대지조성사업
>   다. 「산업입지 및 개발에 관한 법률」에 따른 산업단지 및 특수지역에서의 주택지 조성사업
> 2. 다음 각 목의 어느 하나에 해당하는 공업용지조성사업(이하 "공업용지조성사업"이라 한다)으로서 그 면적이 <u>30만제곱미터 이상</u>인 것
>   가. 「산업입지 및 개발에 관한 법률」에 따른 산업단지개발사업 및 특수지역개발사업
>   나. 「자유무역지역의 지정 및 운영에 관한 법률」에 따른 자유무역지역 조성사업
>   다. 「중소기업진흥에 관한 법률」에 따른 중소기업협동화단지 조성사업
>   라. 「산업집적활성화 및 공장설립에 관한 법률」에 따른 공장설립을 위한 공장용지 조성사업

3. 다음 각 목의 어느 하나에 해당하는 관광지조성사업(이하 "관광지조성사업"이라 한다)으로서 시설계획지구의 면적이 10만제곱미터 이상인 것. 다만, 공유수면매립지에서 시행하는 관광지조성사업은 30만제곱미터 이상인 것으로 한다.
   가. 「관광진흥법」에 따른 관광지 및 관광단지 조성사업과 관광시설 조성사업
   나. 「국토의 계획 및 이용에 관한 법률」에 따른 유원지 설치사업
   다. 「온천법」에 따른 온천이용시설 설치사업
4. 「도시개발법」에 따른 도시개발사업(이하 "도시개발사업"이라 한다)으로서 그 면적이 100만제곱미터 이상인 것 또는 그 면적이 100만제곱미터 미만인 도시개발사업으로서 공업용도로 구획되는 면적이 30만제곱미터 이상인 것
5. 「지역 개발 및 지원에 관한 법률」에 따른 지역개발사업(법률 제12737호 지역 개발 및 지원에 관한 법률 부칙 제4조 제3항에 따라 지역개발사업구역으로 보는 종전의 「지역균형개발 및 지방중소기업 육성에 관한 법률」에 따라 지정·고시된 지역종합개발지구에서 시행하는 지역개발사업만 해당한다. 이하 이 호에서 같다)으로서 그 면적이 100만제곱미터 이상인 것과 그 면적이 100만제곱미터 미만인 지역개발사업으로서 공업용도로 구획되는 면적이 30만제곱미터 이상인 것 또는 10만제곱미터 이상의 관광단지가 포함된 것

5. "공업지역"이란 다음 각 목의 지역을 말한다.
   가. 「국토의 계획 및 이용에 관한 법률」에 따라 지정된 공업지역
   나. 「국토의 계획 및 이용에 관한 법률」과 그 밖의 관계 법률에 따라 공업 용지와 이에 딸린 용도로 이용되고 있거나 이용될 일단(一團)의 지역으로서 대통령령으로 정하는 종류 및 규모 이상의 지역

제4조(수도권정비계획의 수립) ① 국토교통부장관은 수도권의 인구 및 산업의 집중을 억제하고 적정하게 배치하기 위하여 중앙행정기관의 장과 서울특별시장·광역시장 또는 도지사(이하 "시·도지사"라 한다)의 의견을 들어 다음 각 호의 사항이 포함된 수도권정비계획안을 입안한다.
1. 수도권 정비의 목표와 기본 방향에 관한 사항
2. 인구와 산업 등의 배치에 관한 사항
3. 권역(圈域)의 구분과 권역별 정비에 관한 사항
4. 인구집중유발시설 및 개발사업의 관리에 관한 사항
5. 광역적 교통 시설과 상하수도 시설 등의 정비에 관한 사항
6. 환경 보전에 관한 사항
7. 수도권 정비를 위한 지원 등에 관한 사항
8. 제1호부터 제7호까지의 사항에 대한 계획의 집행 및 관리에 관한 사항
9. 그 밖에 대통령령으로 정하는 수도권 정비에 관한 사항

② 국토교통부장관은 제1항에 따른 수도권정비계획안을 제21조에 따른 수도권정비위원회의 심의를 거친 후 국무회의의 심의와 대통령의 승인을 받아 결정한다. 결정된 수도권정비계획을 변경할 때에도 또한 같다. 다만, 대통령령으로 정하는 경미한 사항은 수도권정비위원회의 심의를 거쳐 변경할 수 있다.

③ 국토교통부장관은 제2항에 따라 결정·변경된 수도권정비계획을 대통령령으로 정하는 바에 따라 고시하고, 중앙행정기관의 장 및 시·도지사에게 통보하여야 한다.

④ 국토교통부장관은 수도권정비계획을 결정하여 고시한 해부터 5년마다 이를 재검토하고 필요한 경우 제2항에 따라 변경하여야 한다.

제19조(대규모개발사업에 대한 규제) ① 관계 행정기관의 장은 수도권에서 대규모개발사업을 시행하거나 그 허가등을 하려면 그 개발 계획을 수도권정비위원회의 심의를 거쳐 국토교통부장관과 협의하거나 승인을 받아야 한다. 국토교통부장관이 대규모개발사업을 시행하거나 그 허가등을 하려는 경우에도 또한 같다.

② 관계 행정기관의 장이 제1항에 따른 수도권정비위원회의 심의를 요청하는 경우에 교통 문제, 환경오염 문제 및 인구집중 문제 등을 방지하기 위한 방안과 대통령령으로 정하는 광역적 기반 시설의 설치계획을 각각 수립하여 함께 제출하여야 한다.
③ 제2항에 따른 교통 문제 및 환경오염 문제를 방지하기 위한 방안은 각각 「도시교통정비 촉진법」과 「환경영향평가법」에서 정하는 바에 따르고, 인구집중 문제를 방지하기 위한 인구유발효과 분석, 저감방안 수립 등에 필요한 사항은 대통령령으로 정하는 바에 따른다.

정답 ②

002 수도권정비계획법에 따른 인구집중유발시설의 기준이 틀린 것은?

① 「고등교육법」에 따른 학교로서 대학, 산업대학, 교육대학 또는 전문대학
② 「산업집적활성화 및 공장설립에 관한 법률」에 따른 공장으로서 건축물의 연면적이 200m2 이상인 것
③ 중앙행정기관 및 그 소속 기관의 청사 중 건축물의 연면적이 1,000m2 이상인 것
④ 복합시설이 주용도인 건축물로서 그 연면적이 25,000m2 이상인 건축물

해설

제2조(정의) 이 법에서 사용하는 용어의 뜻은 다음과 같다.
1. "수도권"이란 서울특별시와 대통령령으로 정하는 그 주변 지역을 말한다.
2. "수도권정비계획"이란 「국토기본법」 제6조 제2항 제1호에 따른 국토종합계획을 기본으로 하여 제4조에 따라 수립되는 계획을 말한다.
3. "인구집중유발시설"이란 학교, 공장, 공공 청사, 업무용 건축물, 판매용 건축물, 연수 시설, 그 밖에 인구 집중을 유발하는 시설로서 대통령령으로 정하는 종류 및 규모 이상의 시설을 말한다.
4. "대규모개발사업"이란 택지, 공업 용지 및 관광지 등을 조성할 목적으로 하는 사업으로서 대통령령으로 정하는 종류 및 규모 이상의 사업을 말한다.
5. "공업지역"이란 다음 각 목의 지역을 말한다.
 가. 「국토의 계획 및 이용에 관한 법률」에 따라 지정된 공업지역
 나. 「국토의 계획 및 이용에 관한 법률」과 그 밖의 관계 법률에 따라 공업 용지와 이에 딸린 용도로 이용되고 있거나 이용될 일단(一團)의 지역으로서 대통령령으로 정하는 종류 및 규모 이상의 지역

영 제3조(인구집중유발시설의 종류 등) 법 제2조 제3호에 따른 인구집중유발시설은 다음 각 호의 어느 하나에 해당하는 시설을 말한다. 이 경우 제3호부터 제5호까지의 시설에 해당하는 건축물의 연면적 또는 시설의 면적을 산정할 때 대지가 연접하고 소유자(제3호의 공공 청사인 경우에는 사용자를 포함한다)가 같은 건축물에 대하여는 각 건축물의 연면적 또는 시설의 면적을 합산한다.
1. 「고등교육법」 제2조에 따른 학교로서 대학, 산업대학, 교육대학 또는 전문대학(이에 준하는 각종학교를 각각 포함한다. 이하 같다)
2. 「산업집적활성화 및 공장설립에 관한 법률」 제2조 제1호에 따른 공장으로서 건축물의 연면적(제조시설로 사용되는 기계 또는 장치를 설치하기 위한 건축물 및 사업장의 각 층 바닥면적의 합계를 말한다)이 500제곱미터 이상인 것
3. 다음 각 목의 어느 하나에 해당하는 공공 청사(도서관, 전시장, 공연장, 군사시설 중 군부대의 청사, 국가정보원 및 그 소속 기관의 청사는 제외한다. 이하 같다)로서 건축물의 연면적이 1천제곱미터 이상인 것

가. 중앙행정기관 및 그 소속 기관의 청사
나. 다음에 해당하는 법인(이하 "공공법인"이라 한다)의 사무소(연구소와 연수 시설 등을 포함한다. 이하 같다)
  1) 정부가 자본금의 100분의 50 이상을 출자한 법인 및 그 법인이 자본금의 100분의 50 이상을 출자한 법인
  2) 「국유재산법」에 따른 정부출자기업체
  3) 법률에 따른 정부 출연 대상 법인으로서 정부로부터 출연을 받거나 받은 법인
  4) 개별 법률에 따라 설립되는 법인으로서 주무부장관의 인가 또는 허가를 받지 아니하고 해당 법률에 따라 직접 설립된 법인
4. 다음 각 목의 어느 하나에 해당하는 업무용 건축물, 판매용 건축물 및 복합 건축물. 다만, 지방자치단체가 출자하거나 출연한 법인의 사무소로 사용되는 건축물과 자연보전권역이 아닌 지역에 설치되는 「벤처기업육성에 관한 특별조치법」 제2조 제4항에 따른 벤처기업집적시설 및 「국제회의산업 육성에 관한 법률 시행령」 제3조에 따른 국제회의시설 중 전문회의시설은 제외한다.
  가. 업무용 건축물: 다음에 해당하는 시설(이하 "업무용시설" 이라 한다)이 주용도[해당 건축물의 업무용시설 면적의 합계가 「건축법 시행령」 별표 1의 분류에 따른 용도별 면적(이하 "용도별면적"이라 한다) 중 가장 큰 경우를 말한다. 이하 이 목에서 같다]인 건축물로서 그 연면적이 2만5천제곱미터 이상인 건축물 또는 업무용시설이 주용도가 아닌 건축물로서 그 업무용시설 면적의 합계가 2만5천제곱미터 이상인 건축물
    1) 「건축법 시행령」 별표 1 제10호마목의 연구소 및 같은 표 제14호나목의 일반업무시설
    2) 「건축법 시행령」 별표 1 제3호의 제1종 근린생활시설, 같은 표 제4호의 제2종 근린생활시설, 같은 표 제5호의 문화 및 집회시설(같은 호 라목 및 마목의 시설만 해당한다) 및 같은 표 제18호의 창고시설. 다만, 각 시설의 면적이 1)에 따른 시설 면적의 합계보다 작은 경우만 해당한다.
  나. 판매용 건축물: 다음에 해당하는 건축물
    1) 다음에 해당하는 시설(이하 "판매용시설"이라 한다)이 주용도(해당 건축물의 판매용시설 면적의 합계가 용도별면적 중 가장 큰 경우를 말한다. 이하 이 목에서 같다)인 건축물로서 그 연면적이 1만5천제곱미터 이상인 건축물 또는 판매용시설이 주용도가 아닌 건축물로서 그 판매용시설 면적의 합계가 1만5천제곱미터 이상인 건축물
      가) 「건축법 시행령」 별표 1 제7호의 판매시설 및 같은 표 제16호의 위락시설
      나) 「건축법 시행령」 별표 1 제3호의 제1종 근린생활시설, 같은 표 제4호의 제2종 근린생활시설, 같은 표 제5호의 문화 및 집회시설, 같은 표 제13호의 운동시설 및 같은 표 제18호의 창고시설. 다만, 각 시설의 면적이 가)에 따른 시설 면적의 합계보다 작은 경우만 해당한다.
    2) 업무용시설 및 판매용시설(이하 "복합시설"이라 한다)이 주용도(해당 건축물의 복합시설 면적의 합계가 용도별면적 중 가장 큰 경우를 말한다. 이하 이 목 및 다목에서 같다)가 아닌 건축물로서 복합시설의 면적의 합계가 1만5천제곱미터 이상 2만5천제곱미터 미만이고 판매용시설 면적이 업무용시설 면적보다 큰 건축물의 복합시설에 해당하는 부분
  다. 복합 건축물: 복합시설이 주용도인 건축물로서 그 연면적이 2만5천제곱미터 이상인 건축물 또는 복합시설이 주용도가 아닌 건축물로서 그 복합시설의 면적의 합계가 2만5천제곱미터 이상인 건축물
5. 「건축법 시행령」 별표 1 제10호나목의 교육원, 같은 호 다목의 직업훈련소 및 같은 표 제20호사목의 운전 및 정비 관련 직업훈련소로서 건축물의 연면적이 3만제곱미터 이상인 연수 시설. 다만, 지방자치단체 또는 지방자치단체가 출자하거나 출연한 법인이 설치하는 시설은 제외한다.

정답 ②

003 수도권 과밀부담금에 대한 설명 중 틀린 것은?

① 과밀억제권역 또는 성장관리권역에서 인구집중유발 시설 중 업무용건축물·판매용건축물·공공청사 기타 대통령령이 정하는 건축물을 건축하고자 하는 자는 과밀부담금을 납부하여야 한다.
② 과밀부담금의 부과 징수에 대하여 이의가 있는 자는 토지수용법에 의한 중앙토지수용위원회에 행정심판을 청구할 수 있다.
③ 도시재개발법에 의한 도심재개발사업에 따른 건축물에 대하여는 대통령령이 정하는 바에 따라 과밀부담금을 감면할 수 있다.
④ 부담금은 건축비의 100분의 10을 원칙으로 한다.

해설

제12조(과밀부담금의 부과·징수) ① 과밀억제권역에 속하는 지역으로서 대통령령으로 정하는 지역에서 인구집중유발시설 중 업무용 건축물, 판매용 건축물, 공공 청사, 그 밖에 대통령령으로 정하는 건축물을 건축(신축·증축 및 공공 청사가 아닌 시설을 공공 청사로 하는 용도변경, 그 밖에 대통령령으로 정하는 용도변경을 말한다. 이하 같다)하려는 자는 과밀부담금(이하 "부담금"이라 한다)을 내야 한다.
② <u>부담금을 내야 할 자가 대통령령으로 정하는 조합인 경우 그 조합이 해산하면 그 조합원이 부담금을 내야 한다.</u>
③ 부담금 납부 의무의 승계, 연대(連帶) 납부 의무와 제2차 납부 의무에 관하여는 「국세기본법」 제23조부터 제25조까지 및 같은 법 제38조부터 제41조까지의 규정을 준용한다.

제13조(부담금의 감면) 다음 각 호의 건축물에 대하여는 대통령령으로 정하는 바에 따라 부담금을 감면할 수 있다.
1. 국가나 지방자치단체가 건축하는 건축물
2. 「도시 및 주거환경정비법」에 따른 재개발사업에 따른 건축물
3. 건축물 중 주차장이나 그 밖에 대통령령으로 정하는 용도로 사용되는 건축물
4. 건축물 중 대통령령으로 정하는 면적 이하의 부분

> **영 제17조(과밀부담금의 감면)** 법 제12조에 따른 과밀부담금(이하 "부담금"이라 한다)의 감면은 다음 각 호에서 정하는 바에 따른다.
> 1. 국가나 지방자치단체가 건축하는 건축물에는 부담금을 부과하지 아니한다.
> 2. 「도시 및 주거환경정비법」에 따른 재개발사업으로 건축하는 건축물에는 부담금의 100분의 50을 감면한다.
> 3. 건축물 중 주차장, 주택, 「영유아보육법」 제10조 제4호에 따른 직장어린이집 및 국가나 지방자치단체에 기부채납되는 시설에 대하여는 별표 2에서 정하는 바에 따라 부담금을 감면한다.
> 4. 건축물 중 수도권만을 관할하는 공공법인(지점을 포함한다)의 사무소에 대하여는 부담금을 부과하지 아니한다.
> 5. 「건축법 시행령」 별표 1 제10호마목에 따른 연구소 중 다음 각 호의 어느 하나에 해당하는 단지에 건축하는 연구소에 대하여는 별표 2에서 정하는 바에 따라 부담금을 감면한다.
>   가. 「산업입지 및 개발에 관한 법률」 제2조에 따른 산업단지
>   나. 「과학기술기본법」 제29조에 따른 과학연구단지
>   다. 「나노기술개발촉진법」 제16조에 따른 나노기술연구단지
>   라. 「산업기술단지 지원에 관한 특례법」 제2조에 따른 산업기술단지

6. 「금융중심지의 조성과 발전에 관한 법률」 제2조에 따른 금융중심지에 건축하는 「건축법 시행령」 별표 1 제14호나목의 일반업무시설 중 금융업소에 대하여는 별표 2에서 정하는 바에 따라 부담금을 감면한다.
7. 건축물 중 부담금이 부과된 시설을 용도변경하는 경우에는 부담금을 부과하지 아니한다.
8. 다음 각 목의 어느 하나에 해당하는 건축물의 경우에는 해당 면적에 대하여 각각 별표 2에서 정하는 바에 따라 부담금을 감면한다.
   가. 업무용 건축물: 2만5천제곱미터
   나. 판매용 건축물: 1만5천제곱미터
   다. 복합 건축물로서 부과대상 면적 중 판매용 시설의 면적이 용도별면적 중 가장 큰 건축물: 1만5천제곱미터
   라. 다목 외의 복합 건축물: 2만5천제곱미터

제14조(부담금의 산정 기준) ① 부담금은 건축비의 100분의 10으로 하되, 지역별 여건 등을 고려하여 대통령령으로 정하는 바에 따라 건축비의 100분의 5까지 조정(調整)할 수 있다.
② 제1항에 따른 건축비는 국토교통부장관이 고시하는 표준건축비를 기준으로 산정한다.
③ 부담금의 산정에 관한 구체적인 사항은 대통령령으로 정한다.

제15조(부담금의 부과 · 징수 및 납부 기한 등) ① 부담금은 부과 대상 건축물이 속한 지역을 관할하는 시 · 도지사가 부과 · 징수하되, 건축물의 건축 허가일, 건축 신고일 또는 용도변경일을 기준으로 산정하여 부과한다.
② 부담금의 납부 기한은 건축물의 사용승인일(임시 사용승인을 받은 경우에는 임시 사용승인일을 말한다)로 하되, 사용승인이 필요 없는 경우에는 부과일부터 6개월로 한다.
③ 시 · 도지사는 납부 의무자가 부담금을 납부 기한까지 내지 아니하면 납부 기한이 지난 후 10일 이내에 독촉장을 발부하여야 하며, 이 경우의 납부 기한은 독촉장 발부일부터 10일로 한다.
④ 시 · 도지사는 납부 의무자가 납부 기한까지 부담금을 내지 아니하면 「국세징수법」 제21조를 준용하여 가산금을 징수한다.
⑤ 시 · 도지사는 납부 의무자가 독촉장을 받고도 지정된 기한까지 부담금과 가산금을 내지 아니하면 「지방행정제재 · 부과금의 징수 등에 관한 법률」에 따라 징수할 수 있다.
⑥ 과오납(過誤納)된 부담금 · 가산금 및 체납처분비의 처리에 관하여는 「지방세기본법」을 준용하며, 그 밖에 부담금의 부과 · 징수 · 납부의 방법 · 절차 등에 관하여 필요한 사항은 대통령령으로 정한다.

제16조(부담금의 배분) 징수된 부담금의 100분의 50은 「국가균형발전 특별법」에 따른 국가균형발전특별회계에 귀속하고, 100분의 50은 부담금을 징수한 건축물이 있는 시 · 도에 귀속한다.

제17조(이의신청) ① 부담금의 부과 · 징수에 이의가 있는 자는 「공익사업을 위한 토지 등의 취득 및 보상에 관한 법률」에 따른 중앙토지수용위원회에 행정심판을 청구할 수 있다.
② 제1항의 행정심판청구에 대하여는 「행정심판법」 제6조에도 불구하고 중앙토지수용위원회가 심리 · 의결하여 재결(裁決)한다.

정답 ①

004 인구집중 유발시설인 연수시설에 대한 수도권정비계획법상의 규제 내용 설명 중 맞는 것은?

① 수도권 내에서 연수시설의 신축 또는 증축은 금지되어 있음
② 과밀억제권역안의 기존 연수시설은 100분의 20범위 안에서 증축을 허용
③ 성장관리권역에서 연수시설은 수도권정비위원회 심의를 거쳐 신축이 가능
④ 자연보전권역에서는 수도권정비위원회의 심의를 거쳐 연수시설을 신축 할 수 있음

해설

제7조(과밀억제권역의 행위 제한) ① 관계 행정기관의 장은 과밀억제권역에서 다음 각 호의 행위나 그 허가·인가·승인 또는 협의 등(이하 "허가등"이라 한다)을 하여서는 아니 된다.
 1. 대통령령으로 정하는 학교, 공공 청사, 연수 시설, 그 밖의 인구집중유발시설의 신설 또는 증설(용도변경을 포함하며, 학교의 증설은 입학 정원의 증원을 말한다. 이하 같다)
 2. 공업지역의 지정
② 관계 행정기관의 장은 국민경제의 발전과 공공복리의 증진을 위하여 필요하다고 인정하면 제1항에도 불구하고 다음 각 호의 행위나 그 허가등을 할 수 있다.
 1. 대통령령으로 정하는 학교 또는 공공 청사의 신설 또는 증설
 2. 서울특별시·광역시·도(이하 "시·도"라 한다)별 기존 공업지역의 총면적을 증가시키지 아니하는 범위에서의 공업지역 지정. 다만, 국토교통부장관이 수도권정비위원회의 심의를 거쳐 지정하거나 허가등을 하는 경우에만 해당한다.

제8조(성장관리권역의 행위 제한) ① 관계 행정기관의 장은 성장관리권역이 적정하게 성장하도록 하되, 지나친 인구집중을 초래하지 않도록 대통령령으로 정하는 학교, 공공 청사, 연수 시설, 그 밖의 인구집중유발시설의 신설·증설이나 그 허가등을 하여서는 아니 된다.
② 관계 행정기관의 장은 성장관리권역에서 공업지역을 지정하려면 대통령령으로 정하는 범위에서 수도권정비계획으로 정하는 바에 따라야 한다.

> **영 제12조(성장관리권역의 행위 제한)** ① 법 제8조 제1항에서 "대통령령으로 정하는 학교, 공공 청사, 연수 시설, 그 밖의 인구집중유발시설의 신설·증설"이란 다음 각 호의 어느 하나에 해당하는 것을 제외한 학교, 공공 청사 또는 연수 시설의 신설·증설을 말한다.
> 1. 학교의 경우
>   가. 제24조에 따른 총량규제의 내용에 적합한 범위에서의 산업대학, 전문대학, 대학원대학 또는 입학 정원이 50명 이내인 대학(컴퓨터, 통신, 디자인, 영상, 신소재, 생명공학 등 첨단 전문 분야의 대학으로서 교육부장관이 정하여 고시하는 대학의 경우에는 입학 정원이 100명 이내인 대학을 말한다. 이하 "소규모대학"이라 한다)의 신설. 다만, 소규모대학을 신설하는 경우에는 수도권정비위원회의 심의를 거친 경우만 해당한다.
>   나. 제24조에 따른 총량규제의 내용에 적합한 범위에서의 학교 입학 정원의 증원
>   다. 신설된 지 8년이 지나지 아니한 소규모대학 입학 정원의 증원(최초 입학 정원의 100퍼센트 범위에서의 증원만 해당하며, 신설된 후 8년 이내에는 나목에 따른 증원을 할 수 없다)으로서 수도권정비위원회의 심의를 거친 것
>   라. 수도권에서의 학교 이전
>   마. 교육부장관이 대학의 구조개혁을 위하여 고시하는 국립대학 및 사립대학 통·폐합기준에 따른 대학과 전문대학 간 통·폐합으로 인한 대학의 신설·증설 또는 이전으로서 다음의 요건을 갖춘 것
>   1) 해당 대학 및 전문대학이 관할 시·도지사의 의견을 들어 교육부장관에게 요청한 것으로서 2012년 12월 31일까지 수도권정비위원회의 심의를 거칠 것

2) 대학 본부가 수도권 밖에서 성장관리권역으로 이전하거나 성장관리권역에 신설되지 아니할 것
3) 대학의 교사(校舍)와 교지(校地) 등이 종전과 같이 사용되고, 폐지되는 전문대학의 교사와 교지 등은 대학의 교사와 교지 등으로 전환될 것
바. 「고등교육법」 제40조의2에 따른 산업대학의 폐지로 인한 대학의 설립으로서 2011년 9월 28일까지 수도권정비위원회의 심의를 거친 것
2. 공공 청사의 경우
가. 다음에 해당하는 공공 청사의 신축, 증축 또는 용도변경으로서 수도권정비위원회의 심의를 거친 것. 다만, 2)에 해당하는 공공 청사의 경우에는 증축이나 용도변경만 가능하며, 수도권이 아닌 지역에 있는 3)에 해당하는 공공법인이 성장관리권역에 사무소를 신축하는 경우는 제외한다.
1) 중앙행정기관(청은 제외한다)의 청사
2) 중앙행정기관 중 청의 청사, 중앙행정기관의 소속 기관의 청사(교육, 연수 또는 시험기관의 청사는 제외한다)
3) 공공법인의 사무소
나. 다음의 어느 하나에 해당하는 행위
1) 중앙행정기관의 소속 기관 및 공공법인(지점을 포함한다) 중 수도권만을 관할하는 기관 및 공공법인의 청사 또는 사무소의 신축, 증축 또는 용도변경
2) 중앙행정기관의 소속 기관 및 공공법인(지점을 포함한다) 중 관할 구역이 수도권과 그 인근의 도 지역만을 관할하는 기관 및 공공법인의 청사 또는 사무소의 신축, 증축 또는 용도변경으로서 국토교통부장관과 협의를 거친 것
3. <u>연수 시설의 경우</u>
가. <u>연수 시설의 신축, 증축 또는 용도변경으로서 수도권정비위원회의 심의를 거친 것</u>
나. 기존 연수 시설의 건축물 연면적의 100분의 20 범위에서의 증축
다. 수도권에서 이전하는 연수 시설의 종전 규모의 범위에서의 신축, 증축 또는 용도변경
② 법 제8조 제2항에서 "대통령령으로 정하는 범위"란 다음 각 호의 어느 하나에 해당하는 지역을 말한다.
1. 과밀억제권역에서 이전하는 공장 등을 계획적으로 유치하기 위하여 필요한 지역
2. 개발 수준이 다른 지역에 비하여 뚜렷하게 낮은 지역의 주민 소득 기반을 확충하기 위하여 필요한 지역
3. 공장이 밀집된 지역을 재정비하기 위하여 필요한 지역
4. 관계 중앙행정기관의 장이 산업정책상 필요하다고 인정하여 국토교통부장관에게 요청한 지역

제9조(자연보전권역의 행위 제한) 관계 행정기관의 장은 자연보전권역에서는 다음 각 호의 행위나 그 허가등을 하여서는 아니 된다. 다만, 국민경제의 발전과 공공복리의 증진을 위하여 필요하다고 인정되는 경우로서 대통령령으로 정하는 경우에는 그러하지 아니하다.
1. 택지, 공업 용지, 관광지 등의 조성을 목적으로 하는 사업으로서 대통령령으로 정하는 종류 및 규모 이상의 개발사업
2. 대통령령으로 정하는 학교, 공공 청사, 업무용 건축물, 판매용 건축물, 연수 시설, 그 밖의 인구집중유발시설의 신설 또는 증설

정답 ③

005 수도권정비계획법의 대규모 개발사업에 대한 설명으로 적절하지 않은 것은?

① 100만 제곱미터 이상의 주택지조성사업
② 30만 제곱미터 이상의 공장 설립을 위한 공장용지 조성사업
③ 관광지조성사업으로서 시설계획지구의 면적이 30만제곱미터 이상인 사업
④ 100만 제곱미터 이상의 도시개발사업

해설

제2조(정의) 이 법에서 사용하는 용어의 뜻은 다음과 같다.
1. "수도권"이란 서울특별시와 대통령령으로 정하는 그 주변 지역을 말한다.
2. "수도권정비계획"이란 「국토기본법」 제6조 제2항 제1호에 따른 국토종합계획을 기본으로 하여 제4조에 따라 수립되는 계획을 말한다.
3. "인구집중유발시설"이란 학교, 공장, 공공 청사, 업무용 건축물, 판매용 건축물, 연수 시설, 그 밖에 인구 집중을 유발하는 시설로서 대통령령으로 정하는 종류 및 규모 이상의 시설을 말한다.
4. "대규모개발사업"이란 택지, 공업 용지 및 관광지 등을 조성할 목적으로 하는 사업으로서 대통령령으로 정하는 종류 및 규모 이상의 사업을 말한다.

> **영 제4조(대규모 개발사업의 종류 등)** 법 제2조 제4호에서 "대통령령으로 정하는 종류 및 규모 이상의 사업"이란 다음 각 호의 어느 하나에 해당하는 사업을 말한다. 이 경우 같은 목적으로 여러 번에 걸쳐 부분적으로 개발하거나 연접하여 개발함으로써 사업의 전체 면적이 다음 각 호의 어느 하나로 정하는 규모 이상이 되는 사업을 포함한다.
> 1. 다음 각 목의 어느 하나에 해당하는 택지조성사업(이하 "택지조성사업"이라 한다)으로서 그 면적이 100만제곱미터 이상인 것
>   가. 「택지개발촉진법」에 따른 택지개발사업
>   나. 「주택법」에 따른 주택건설사업 및 대지조성사업
>   다. 「산업입지 및 개발에 관한 법률」에 따른 산업단지 및 특수지역에서의 주택지 조성사업
> 2. 다음 각 목의 어느 하나에 해당하는 공업용지조성사업(이하 "공업용지조성사업"이라 한다)으로서 그 면적이 30만제곱미터 이상인 것
>   가. 「산업입지 및 개발에 관한 법률」에 따른 산업단지개발사업 및 특수지역개발사업
>   나. 「자유무역지역의 지정 및 운영에 관한 법률」에 따른 자유무역지역 조성사업
>   다. 「중소기업진흥에 관한 법률」에 따른 중소기업협동화단지 조성사업
>   라. 「산업집적활성화 및 공장설립에 관한 법률」에 따른 공장설립을 위한 공장용지 조성사업
> 3. 다음 각 목의 어느 하나에 해당하는 관광지조성사업(이하 "관광지조성사업"이라 한다)으로서 시설계획지구의 면적이 10만제곱미터 이상인 것. 다만, 공유수면매립지에서 시행하는 관광지조성사업은 30만제곱미터 이상인 것으로 한다.
>   가. 「관광진흥법」에 따른 관광지 및 관광단지 조성사업과 관광시설 조성사업
>   나. 「국토의 계획 및 이용에 관한 법률」에 따른 유원지 설치사업
>   다. 「온천법」에 따른 온천이용시설 설치사업

> 4. 「도시개발법」에 따른 도시개발사업(이하 "도시개발사업"이라 한다)으로서 그 면적이 100만제곱미터 이상인 것 또는 그 면적이 100만제곱미터 미만인 도시개발사업으로서 공업용도로 구획되는 면적이 30만제곱미터 이상인 것
> 5. 「지역 개발 및 지원에 관한 법률」에 따른 지역개발사업(법률 제12737호 지역 개발 및 지원에 관한 법률 부칙 제4조 제3항에 따라 지역개발사업구역으로 보는 종전의 「지역균형개발 및 지방중소기업 육성에 관한 법률」에 따라 지정·고시된 지역종합개발지구에서 시행하는 지역개발사업만 해당한다. 이하 이 호에서 같다)으로서 그 면적이 100만제곱미터 이상인 것과 그 면적이 100만제곱미터 미만인 지역개발사업으로서 공업용도로 구획되는 면적이 30만제곱미터 이상인 것 또는 10만제곱미터 이상의 관광단지가 포함된 것

5. "공업지역"이란 다음 각 목의 지역을 말한다.
    가. 「국토의 계획 및 이용에 관한 법률」에 따라 지정된 공업지역
    나. 「국토의 계획 및 이용에 관한 법률」과 그 밖의 관계 법률에 따라 공업 용지와 이에 딸린 용도로 이용되고 있거나 이용될 일단(一團)의 지역으로서 대통령령으로 정하는 종류 및 규모 이상의 지역

정답 ③

006
수도권안에서의 인구 및 산업의 적정배치를 위하여 수도권의 권역별 구분이 이루어지고 있는데 그것이 바르게 나열되고 있는 것은?

① 과밀억제권역, 자연보전권역, 개발유도권역
② 성장관리권역, 이전촉진권역, 환경보전권역
③ 성장관리권역, 개발유도권역, 환경보전권역
④ 과밀억제권역, 성장관리권역, 자연보전권역

해설

제6조(권역의 구분과 지정) ① 수도권의 인구와 산업을 적정하게 배치하기 위하여 수도권을 다음과 같이 구분한다.
  1. 과밀억제권역: 인구와 산업이 지나치게 집중되었거나 집중될 우려가 있어 이전하거나 정비할 필요가 있는 지역
  2. 성장관리권역: 과밀억제권역으로부터 이전하는 인구와 산업을 계획적으로 유치하고 산업의 입지와 도시의 개발을 적정하게 관리할 필요가 있는 지역
  3. 자연보전권역: 한강 수계의 수질과 녹지 등 자연환경을 보전할 필요가 있는 지역
② 과밀억제권역, 성장관리권역 및 자연보전권역의 범위는 대통령령으로 정한다.

정답 ④

007 수도권정비계획에 포함되지 않는 것은?

① 인구 및 산업 등의 배치에 관한 사항
② 환경보전에 관한 사항
③ 도로, 상하수도 등 사회간접시설의 설치에 관한 사항
④ 권역의 구분 및 권역별 정비에 관한 사항

해설

제4조(수도권정비계획의 수립) ① 국토교통부장관은 수도권의 인구 및 산업의 집중을 억제하고 적정하게 배치하기 위하여 중앙행정기관의 장과 서울특별시장·광역시장 또는 도지사(이하 "시·도지사"라 한다)의 의견을 들어 다음 각 호의 사항이 포함된 수도권정비계획안을 입안한다.
1. 수도권 정비의 목표와 기본 방향에 관한 사항
2. 인구와 산업 등의 배치에 관한 사항
3. 권역(圈域)의 구분과 권역별 정비에 관한 사항
4. 인구집중유발시설 및 개발사업의 관리에 관한 사항
5. 광역적 교통 시설과 상하수도 시설 등의 정비에 관한 사항
6. 환경 보전에 관한 사항
7. 수도권 정비를 위한 지원 등에 관한 사항
8. 제1호부터 제7호까지의 사항에 대한 계획의 집행 및 관리에 관한 사항
9. 그 밖에 대통령령으로 정하는 수도권 정비에 관한 사항

② 국토교통부장관은 제1항에 따른 수도권정비계획안을 제21조에 따른 수도권정비위원회의 심의를 거친 후 국무회의의 심의와 대통령의 승인을 받아 결정한다. 결정된 수도권정비계획을 변경할 때에도 또한 같다. 다만, 대통령령으로 정하는 경미한 사항은 수도권정비위원회의 심의를 거쳐 변경할 수 있다.
③ 국토교통부장관은 제2항에 따라 결정·변경된 수도권정비계획을 대통령령으로 정하는 바에 따라 고시하고, 중앙행정기관의 장 및 시·도지사에게 통보하여야 한다.
④ 국토교통부장관은 수도권정비계획을 결정하여 고시한 해부터 5년마다 이를 재검토하고 필요한 경우 제2항에 따라 변경하여야 한다.

정답 ③

008 현행 수도권정비계획법에서 권역을 구분한 것이 아닌 것은?

① 성장관리권역
② 개발유도권역
③ 과밀억제권역
④ 자연보전권역

해설

정답 ②

009 수도권정비계획의 내용적 범위에 포함되지 않는 사항은?

① 인구 및 산업의 배치에 관한 사항
② 권역별 정비에 관한 사항
③ 환경보전에 관한 사항
④ 인구집중 유발시설의 구분에 관한 사항

해설

정답 ④

010 다음 중 수도권정비법령에 의한 자연보전권역에 행위가 허용되는 사항이 아닌 것은?

① 관광지조성사업 중 시설계획지구의 면적이 6만제곱미터 이하인 것으로서 수도권정비위원회의 심의를 거친 것
② 도시개발사업 중 그 면적이 6만제곱미터 이하인 것으로서 수도권정비위원회의 심의를 거친 것
③ 택지조성사업으로서 그 면적이 10만제곱미터 이상인 것으로서 수도권정비위원회의 심의를 거친 것
④ 자연보전권역 안에서의 전문대학 또는 입학정원이 50인 이내인 대학의 이전

해설

제9조(자연보전권역의 행위 제한) 관계 행정기관의 장은 자연보전권역에서는 다음 각 호의 행위나 그 허가 등을 하여서는 아니 된다. 다만, 국민경제의 발전과 공공복리의 증진을 위하여 필요하다고 인정되는 경우로서 대통령령으로 정하는 경우에는 그러하지 아니하다.
1. 택지, 공업 용지, 관광지 등의 조성을 목적으로 하는 사업으로서 대통령령으로 정하는 종류 및 규모 이상의 개발사업
2. 대통령령으로 정하는 학교, 공공 청사, 업무용 건축물, 판매용 건축물, 연수 시설, 그 밖의 인구집중유발시설의 신설 또는 증설

영 제13조(자연보전권역의 행위 제한) ① 법 제9조 제1호에서 "대통령령으로 정하는 종류 및 규모 이상의 개발사업"이란 다음 각 호의 어느 하나에 해당하는 사업을 말한다. 이 경우 같은 목적으로 여러 번에 걸쳐 부분적으로 개발하거나 연접하여 개발(이하 "연접개발"이라 한다)함으로써 사업의 전체 면적이 다음 각 호의 어느 하나에서 정하는 규모 이상으로 되는 사업(「국토의 계획 및 이용에 관한 법률」 제36조 및 제37조에 따른 도시지역 중 주거지역, 상업지역, 공업지역 및 개발진흥지구에서 시행하는 사업은 제외한다)을 포함한다.
1. 택지조성사업. 다만, 「건축법 시행령」 별표 1 제2호의 공동주택 중 아파트 또는 연립주택의 건설계획이 포함되지 아니한 택지조성사업과 「한강수계 상수원수질개선 및 주민지원 등에 관한 법률」 제8조에 따른 오염총량관리계획을 수립·시행하는 시·군(이하 "오염총량관리계획 시행지역"이라 한다)이 아닌 지역에서 시행하는 택지조성사업은 그 면적이 3만제곱미터 이상인 것을 말한다.
2. 면적이 3만제곱미터 이상인 공업용지조성사업
3. 시설계획지구의 면적이 3만제곱미터 이상인 관광지조성사업
4. 면적이 3만제곱미터 이상인 도시개발사업
5. 면적이 3만제곱미터 이상인 지역종합개발사업

② 법 제9조 제2호에서 "대통령령으로 정하는 학교, 공공 청사, 업무용 건축물, 판매용 건축물, 연수 시설, 그 밖의 인구집중유발시설"이란 다음 각 호의 어느 하나에 해당하는 시설을 말한다.
1. 학교
2. 공공 청사
3. 업무용 건축물, 판매용 건축물 또는 복합 건축물로서 창고 시설(「하수도법」 제2조 제1호에 따른 오수를 배출하지 아니하는 시설만 해당한다)과 주차장의 면적을 제외한 면적이 제3조 제4호 각 목의 어느 하나에 해당하는 건축물
4. 연수 시설 중 「건축법 시행령」 별표 1 제10호나목의 교육원, 같은 호 다목의 직업훈련소 및 같은 표 제20호사목의 운전 및 정비 관련 직업훈련소 중 「근로자직업능력 개발법」에 따라 사업주가 설치·운영하는 직업능력개발훈련시설

③ 국토교통부장관은 연접개발의 세부적인 적용기준 등을 정할 수 있으며, 그 기준 등을 정한 경우에는 관보에 고시하여야 한다.

영 제14조(자연보전권역의 행위 제한 완화) ① 관계 행정기관의 장은 법 제9조 각 호 외의 부분 단서에 따라 자연보전권역에서 다음 각 호의 어느 하나에 해당하는 행위나 그 행위의 허가등을 할 수 있다.
1. 오염총량관리계획 시행지역이 아닌 지역에서 시행하는 택지조성사업, 도시개발사업, 지역종합개발사업 또는 관광지조성사업 중 그 면적(관광지조성사업의 경우에는 시설계획지구의 면적을 말한다)이 6만제곱미터 이하인 것으로서 수도권정비위원회의 심의를 거친 것
2. 오염총량관리계획 시행지역에서 시행하는 택지조성사업, 도시개발사업, 지역종합개발사업 또는 관광지조성사업의 경우
   가. 다음의 어느 하나에 해당하는 택지조성사업. 다만, 「한강수계 상수원수질개선 및 주민지원 등에 관한 법률」 제4조 제1항에 따라 지정·고시된 수변구역에서 시행하는 택지조성사업은 제외한다.
      1) 「국토의 계획 및 이용에 관한 법률」 제36조 및 제37조에 따른 도시지역 중 주거지역, 상업지역, 공업지역 및 개발진흥지구(이하 이 조에서 "도시지역등"이라 한다)에서 시행되는 택지조성사업 중 「국토의 계획 및 이용에 관한 법률」 제51조에 따라 지정된 10만제곱미터 이상의 지구단위계획구역에서 시행되는 것으로서 수도권정비위원회의 심의를 거친 것
      2) 도시지역등에서 시행되는 택지조성사업 중 「국토의 계획 및 이용에 관한 법률」 제51조에 따라 지정된 10만제곱미터 미만의 지구단위계획구역에서 시행되고 주변 지역이 이미 시가화(市街化) 등이 완료되어 추가적으로 개발할 수 있는 지역이 없는 것으로서 국토교통부장관과 협의를 거친 것
      3) 도시지역등이 아닌 지역에서 시행되는 택지조성사업 중 「국토의 계획 및 이용에 관한 법률」 제51조에 따라 지정된 10만제곱미터 이상 50만제곱미터 이하의 지구단위계획구역에서 시행되는 것으로서 수도권정비위원회의 심의를 거친 것
      4) 도시지역등과 도시지역등이 아닌 지역에 걸쳐서 시행되는 택지조성사업 중 「국토의 계획 및 이용에 관한 법률」 제51조에 따라 지정된 10만제곱미터 이상 50만제곱미터 이하의 면적(각 지역의 지구단위계획구역 면적을 합산한 면적을 말한다)의 지구단위계획구역에서 시행되는 것으로서 수도권정비위원회의 심의를 거친 것
   나. 다음의 어느 하나에 해당하는 도시개발사업 또는 지역종합개발사업. 다만, 「한강수계 상수원수질개선 및 주민지원 등에 관한 법률」 제4조 제1항에 따라 지정·고시된 수변구역에서 시행하는 도시개발사업 및 지역종합개발사업은 제외한다.
      1) 6만제곱미터 이하의 도시개발사업 또는 지역종합개발사업(3)에 해당하는 경우는 제외한다)으로서 수도권정비위원회의 심의를 거친 것
      2) 도시지역등에서 시행되는 도시개발사업 또는 지역종합개발사업 중 그 면적이 10만제곱미터 이상인 것으로서 수도권정비위원회의 심의를 거친 것
      3) 도시지역등에서 시행되는 도시개발사업 또는 지역종합개발사업 중 그 면적이 10만제곱미터 미만이고 주변 지역이 이미 시가화 등이 완료되어 추가적으로 개발할 수 있는 지역이 없는 것으로서 국토교통부장관과 협의를 거친 것
      4) 도시지역등이 아닌 지역에서 시행되거나 도시지역등과 도시지역등이 아닌 지역에 걸쳐서 시행되는 도시개발사업 또는 지역종합개발사업 중 그 면적이 10만제곱미터 이상 50만제곱미터 이하인 것으로서 수도권정비위원회의 심의를 거친 것
   다. 관광지조성사업 중 시설계획지구의 면적이 3만제곱미터 이상인 것으로서 수도권정비위원회 심의를 거친 것
3. 공업용지조성사업 중 면적이 6만제곱미터 이하인 것으로서 수도권정비위원회의 심의를 거친 것
4. 학교의 경우
   가. 제24조에 따른 총량규제의 내용에 적합한 범위에서의 전문대학, 대학원대학 또는 소규모대학의 신설로서 수도권정비위원회의 심의를 거친 것

나. 제24조에 따른 총량규제의 내용에 적합한 범위에서의 학교 입학 정원의 증원

다. 신설된 지 8년이 지나지 아니한 소규모대학 입학 정원의 증원(최초 입학 정원의 100퍼센트 범위에서의 증원만 해당하며, 신설된 후 8년 이내에는 나목에 따른 증원을 할 수 없다)으로서 수도권정비위원회의 심의를 거친 것

라. 자연보전권역에서의 전문대학, 대학원대학 또는 소규모대학의 이전

마. 교육부장관이 대학의 구조개혁을 위하여 고시하는 국립대학 및 사립대학 통·폐합기준에 따른 대학과 전문대학 간 통·폐합으로 인한 대학의 신설·증설 또는 이전으로서 다음의 요건을 갖춘 것

   1) 해당 대학 및 전문대학이 관할 시·도지사의 의견을 들어 교육부장관에게 요청한 것으로서 2012년 12월 31일까지 수도권정비위원회의 심의를 거칠 것
   2) 대학 본부가 자연보전권역 밖에서 자연보전권역으로 이전하거나 자연보전권역에 신설되지 아니할 것
   3) 대학의 교사(校舍)와 교지(校地) 등이 종전과 같이 사용되고, 폐지되는 전문대학의 교사와 교지 등은 대학의 교사와 교지 등으로 전환될 것

5. 공공 청사의 경우

   가. 다음에 해당하는 공공 청사의 신축, 증축 또는 용도변경으로서 수도권정비위원회의 심의를 거친 것. 다만, 2)에 해당하는 공공 청사의 경우에는 증축이나 용도변경만 가능하며, 수도권이 아닌 지역에 있는 3)에 해당하는 공공법인이 자연보전권역에 사무소를 신축하는 경우는 제외한다.
      1) 중앙행정기관(청은 제외한다)의 청사
      2) 중앙행정기관 중 청의 청사, 중앙행정기관의 소속 기관의 청사(교육, 연수 또는 시험기관의 청사는 제외한다)
      3) 공공법인의 사무소
   나. 다음의 어느 하나에 해당하는 행위
      1) 중앙행정기관의 소속 기관 및 공공법인(지점을 포함한다) 중 수도권만을 관할하는 기관 및 공공법인의 청사 또는 사무소의 신축, 증축 또는 용도변경
      2) 중앙행정기관의 소속 기관 및 공공법인(지점을 포함한다) 중 관할 구역이 수도권과 그 인근의 도 지역만을 관할하는 기관 및 공공법인의 청사 또는 사무소의 신축, 증축 또는 용도변경으로서 국토교통부장관과 협의를 거친 것

6. 연수 시설의 경우

   가. 기존 연수 시설의 건축물 연면적의 100분의 10 범위에서의 증축
   나. 오염총량관리계획 시행지역에서 시행하는 연수 시설의 신축, 증축(기존 연수 시설의 건축물 연면적의 100분의 10 범위에서의 증축은 제외한다) 또는 용도변경으로서 수도권정비위원회의 심의를 거친 것

7. 오염총량관리계획 시행지역에서 시행하는 업무용 건축물, 판매용 건축물 및 복합 건축물의 신축, 증축 또는 용도변경

② 제1항 제2호가목에 따라 수도권정비위원회의 심의를 요청할 때 같은 지구단위계획구역에 여러 개의 택지조성사업이 포함된 경우에는 한꺼번에 수도권정비위원회의 심의를 요청하여야 한다.

정답 ③

011 수도권정비계획법상의 대규모개발사업에 해당되지 않는 것은?

① 관광지개발사업
② 도시재개발사업
③ 공업용지조성사업
④ 택지개발사업

해설

제2조(정의) 이 법에서 사용하는 용어의 뜻은 다음과 같다.
4. "대규모개발사업"이란 택지, 공업 용지 및 관광지 등을 조성할 목적으로 하는 사업으로서 대통령령으로 정하는 종류 및 규모 이상의 사업을 말한다.

> **영 제4조(대규모 개발사업의 종류 등)** 법 제2조 제4호에서 "대통령령으로 정하는 종류 및 규모 이상의 사업"이란 다음 각 호의 어느 하나에 해당하는 사업을 말한다. 이 경우 같은 목적으로 여러 번에 걸쳐 부분적으로 개발하거나 연접하여 개발함으로써 사업의 전체 면적이 다음 각 호의 어느 하나로 정하는 규모 이상이 되는 사업을 포함한다.
> 1. 다음 각 목의 어느 하나에 해당하는 택지조성사업(이하 "**택지조성사업**"이라 한다)으로서 그 면적이 100만제곱미터 이상인 것
>   가. 「택지개발촉진법」에 따른 택지개발사업
>   나. 「주택법」에 따른 주택건설사업 및 대지조성사업
>   다. 「산업입지 및 개발에 관한 법률」에 따른 산업단지 및 특수지역에서의 주택지 조성사업
> 2. 다음 각 목의 어느 하나에 해당하는 공업용지조성사업(이하 "**공업용지조성사업**"이라 한다)으로서 그 면적이 30만제곱미터 이상인 것
>   가. 「산업입지 및 개발에 관한 법률」에 따른 산업단지개발사업 및 특수지역개발사업
>   나. 「자유무역지역의 지정 및 운영에 관한 법률」에 따른 자유무역지역 조성사업
>   다. 「중소기업진흥에 관한 법률」에 따른 중소기업협동화단지 조성사업
>   라. 「산업집적활성화 및 공장설립에 관한 법률」에 따른 공장설립을 위한 공장용지 조성사업
> 3. 다음 각 목의 어느 하나에 해당하는 관광지조성사업(이하 "**관광지조성사업**"이라 한다)으로서 시설계획지구의 면적이 10만제곱미터 이상인 것. 다만, 공유수면매립지에서 시행하는 관광지조성사업은 30만제곱미터 이상인 것으로 한다.
>   가. 「관광진흥법」에 따른 관광지 및 관광단지 조성사업과 관광시설 조성사업
>   나. 「국토의 계획 및 이용에 관한 법률」에 따른 유원지 설치사업
>   다. 「온천법」에 따른 온천이용시설 설치사업
> 4. 「도시개발법」에 따른 도시개발사업(이하 "도시개발사업"이라 한다)으로서 그 면적이 100만제곱미터 이상인 것 또는 그 면적이 100만제곱미터 미만인 도시개발사업으로서 공업용도로 구획되는 면적이 30만제곱미터 이상인 것
> 5. 「지역 개발 및 지원에 관한 법률」에 따른 지역개발사업(법률 제12737호 지역 개발 및 지원에 관한 법률 부칙 제4조 제3항에 따라 지역개발사업구역으로 보는 종전의 「지역균형개발 및 지방중소기업 육성에 관한 법률」에 따라 지정·고시된 지역종합개발지구에서 시행하는 지역개발사업만 해당한다. 이하 이 호에서 같다)으로서 그 면적이 100만제곱미터 이상인 것과 그 면적이 100만제곱미터 미만인 지역개발사업으로서 공업용도로 구획되는 면적이 30만제곱미터 이상인 것 또는 10만제곱미터 이상의 관광단지가 포함된 것

정답 ②

012 수도권정비계획법에 의한 과밀부담금의 산정기준으로 옳은 것은?

① 건축비의 10/100
② 건축비의 20/100
③ 건축비의 30/100
④ 건축비의 40/100

해설

제14조(부담금의 산정 기준) ① 부담금은 건축비의 100분의 10으로 하되, 지역별 여건 등을 고려하여 대통령령으로 정하는 바에 따라 건축비의 100분의 5까지 조정(調整)할 수 있다.
② 제1항에 따른 건축비는 국토교통부장관이 고시하는 표준건축비를 기준으로 산정한다.
③ 부담금의 산정에 관한 구체적인 사항은 대통령령으로 정한다.

정답 ①

013 다음 중 수도권정비계획과 관련한 내용이 잘못 기술된 것은?

① 국토교통부장관은 수도권의 인구 및 산업의 집중억제와 적정배치를 위하여 수도권정비계획을 입안한다.
② 국토교통부장관은 수도권정비계획안을 수도권정비위원회의 심의를 거친 후 국무회의의 심의와 대통령의 승인을 얻어 결정한다.
③ 수도권을 과밀억제권역, 성장관리권역, 자연보전권역의 3개 권역으로 구분한다.
④ 수도권정비계획은 국토의 계획 및 이용에 관한 법률의 내용에 적합하게 수립되어야 한다.

해설

제3조(다른 계획 등과의 관계) ① 수도권정비계획은 수도권의 「국토의 계획 및 이용에 관한 법률」에 따른 도시·군계획, 그 밖의 다른 법령에 따른 토지 이용 계획 또는 개발 계획 등에 우선하며, 그 계획의 기본이 된다. 다만, 수도권의 군사에 관한 사항에 대하여는 그러하지 아니하다.
② 중앙행정기관의 장이나 서울특별시장·광역시장·도지사 또는 시장·군수·자치구의 구청장 등 관계 행정기관의 장은 수도권정비계획에 맞지 아니하는 토지 이용 계획이나 개발 계획 등을 수립·시행하여서는 아니 된다.
제4조(수도권정비계획의 수립) ① 국토교통부장관은 수도권의 인구 및 산업의 집중을 억제하고 적정하게 배치하기 위하여 중앙행정기관의 장과 서울특별시장·광역시장 또는 도지사(이하 "시·도지사"라 한다)의 의견을 들어 다음 각 호의 사항이 포함된 수도권정비계획안을 입안한다.
 1. 수도권 정비의 목표와 기본 방향에 관한 사항
 2. 인구와 산업 등의 배치에 관한 사항
 3. 권역(圈域)의 구분과 권역별 정비에 관한 사항
 4. 인구집중유발시설 및 개발사업의 관리에 관한 사항
 5. 광역적 교통 시설과 상하수도 시설 등의 정비에 관한 사항
 6. 환경 보전에 관한 사항
 7. 수도권 정비를 위한 지원 등에 관한 사항
 8. 제1호부터 제7호까지의 사항에 대한 계획의 집행 및 관리에 관한 사항
 9. 그 밖에 대통령령으로 정하는 수도권 정비에 관한 사항

② 국토교통부장관은 제1항에 따른 수도권정비계획안을 제21조에 따른 수도권정비위원회의 심의를 거친 후 국무회의의 심의와 대통령의 승인을 받아 결정한다. 결정된 수도권정비계획을 변경할 때에도 또한 같다. 다만, 대통령령으로 정하는 경미한 사항은 수도권정비위원회의 심의를 거쳐 변경할 수 있다.
③ 국토교통부장관은 제2항에 따라 결정·변경된 수도권정비계획을 대통령령으로 정하는 바에 따라 고시하고, 중앙행정기관의 장 및 시·도지사에게 통보하여야 한다.
④ 국토교통부장관은 수도권정비계획을 결정하여 고시한 해부터 5년마다 이를 재검토하고 필요한 경우 제2항에 따라 변경하여야 한다.

제5조(추진 계획) ① 중앙행정기관의 장 및 시·도지사는 수도권정비계획을 실행하기 위한 소관별 추진 계획을 수립하여 국토교통부장관에게 제출하여야 한다.
② 제1항에 따른 추진 계획은 수도권정비위원회의 심의를 거쳐 확정되며, 국토교통부장관은 추진 계획이 확정되면 중앙행정기관의 장 및 시·도지사에게 통보하여야 한다.
③ 시·도지사는 확정된 추진 계획을 통보받으면 지체 없이 고시하여야 한다.
④ 중앙행정기관의 장 및 시·도지사는 추진 계획을 집행한 실적을 대통령령으로 정하는 바에 따라 국토교통부장관에게 제출하여야 한다.

정답 ④

014 수도권정비계획법에 관한 다음 내용 중 틀린 것은?

① 수도권 안에서 국토교통부장관이 대규모개발사업을 시행하고자할 경우에는 수도권정비 위원회의 심의를 거칠 필요가 없다.
② 인구집중유발시설인 공장에 대한 총량규제의 내용은 수도권정비위원회의 심의를 거쳐 결정한다.
③ 인구집중유발시설인 학교에 대한 총량규제의 내용은 대통령령으로 정한다.
④ 수도권 안에서 대규모개발사업을 시행하는 경우 광역적 기반시설의 설치 비용은 수도권정비위원회의 심의를 거쳐 시행하는 자에게 이를 부담시킬 수 있다.

해설

제19조(대규모개발사업에 대한 규제) ① 관계 행정기관의 장은 수도권에서 대규모개발사업을 시행하거나 그 허가등을 하려면 그 개발 계획을 수도권정비위원회의 심의를 거쳐 국토교통부장관과 협의하거나 승인을 받아야 한다. 국토교통부장관이 대규모개발사업을 시행하거나 그 허가등을 하려는 경우에도 또한 같다.
② 관계 행정기관의 장이 제1항에 따른 수도권정비위원회의 심의를 요청하는 경우에 교통 문제, 환경오염 문제 및 인구집중 문제 등을 방지하기 위한 방안과 대통령령으로 정하는 광역적 기반 시설의 설치 계획을 각각 수립하여 함께 제출하여야 한다.
③ 제2항에 따른 교통 문제 및 환경오염 문제를 방지하기 위한 방안은 각각 「도시교통정비 촉진법」과 「환경영향평가법」에서 정하는 바에 따르고, 인구집중 문제를 방지하기 위한 인구유발효과 분석, 저감 방안 수립 등에 필요한 사항은 대통령령으로 정하는 바에 따른다.

제20조(광역적 기반 시설의 설치비용 부담) 제19조 제2항에 따른 광역적 기반 시설의 설치비용은 수도권정비위원회의 심의를 거쳐 대규모개발사업을 시행하는 자에게 부담시킬 수 있다.

정답 ①

015 다음 중 수도권정비계획법령에 의한 성장관리권역에서 시설의 신설·증설이 제한되는 것은? ★

① 수도권 안에서의 학교의 이전
② 총량규제의 내용에 적합한 범위 안에서의 학교의 입학정원의 증원
③ 판매 및 영업시설의 신축·증축 또는 용도변경
④ 기존 연수시설의 건축물 연면적의 100분의 20의 범위 안에서의 증축

해설

제8조(성장관리권역의 행위 제한) ① 관계 행정기관의 장은 성장관리권역이 적정하게 성장하도록 하되, 지나친 인구집중을 초래하지 않도록 대통령령으로 정하는 학교, 공공 청사, 연수 시설, 그 밖의 인구집중유발시설의 신설·증설이나 그 허가등을 하여서는 아니 된다.
② 관계 행정기관의 장은 성장관리권역에서 공업지역을 지정하려면 대통령령으로 정하는 범위에서 수도권정비계획으로 정하는 바에 따라야 한다.

영 제12조(성장관리권역의 행위 제한) ① 법 제8조 제1항에서 "대통령령으로 정하는 학교, 공공 청사, 연수 시설, 그 밖의 인구집중유발시설의 신설·증설"이란 다음 각 호의 어느 하나에 해당하는 것을 제외한 학교, 공공 청사 또는 연수 시설의 신설·증설을 말한다.
1. 학교의 경우
   가. 제24조에 따른 총량규제의 내용에 적합한 범위에서의 산업대학, 전문대학, 대학원대학 또는 입학 정원이 50명 이내인 대학(컴퓨터, 통신, 디자인, 영상, 신소재, 생명공학 등 첨단 전문 분야의 대학으로서 교육부장관이 정하여 고시하는 대학의 경우에는 입학 정원이 100명 이내인 대학을 말한다. 이하 "소규모대학"이라 한다)의 신설. 다만, 소규모대학을 신설하는 경우에는 수도권정비위원회의 심의를 거친 경우만 해당한다.
   나. 제24조에 따른 총량규제의 내용에 적합한 범위에서의 학교 입학 정원의 증원
   다. 신설된 지 8년이 지나지 아니한 소규모대학 입학 정원의 증원(최초 입학 정원의 100퍼센트 범위에서의 증원만 해당하며, 신설된 후 8년 이내에는 나목에 따른 증원을 할 수 없다)으로서 수도권정비위원회의 심의를 거친 것
   라. 수도권에서의 학교 이전
   마. 교육부장관이 대학의 구조개혁을 위하여 고시하는 국립대학 및 사립대학 통·폐합기준에 따른 대학과 전문대학 간 통·폐합으로 인한 대학의 신설·증설 또는 이전으로서 다음의 요건을 갖춘 것
      1) 해당 대학 및 전문대학이 관할 시·도지사의 의견을 들어 교육부장관에게 요청한 것으로서 2012년 12월 31일까지 수도권정비위원회의 심의를 거칠 것
      2) 대학 본부가 수도권 밖에서 성장관리권역으로 이전하거나 성장관리권역에 신설되지 아니할 것
      3) 대학의 교사(校舍)와 교지(校地) 등이 종전과 같이 사용되고, 폐지되는 전문대학의 교사와 교지 등은 대학의 교사와 교지 등으로 전환될 것
   바. 「고등교육법」 제40조의2에 따른 산업대학의 폐지로 인한 대학의 설립으로서 2011년 9월 28일까지 수도권정비위원회의 심의를 거친 것
2. 공공 청사의 경우
   가. 다음에 해당하는 공공 청사의 신축, 증축 또는 용도변경으로서 수도권정비위원회의 심의를 거친 것. 다만, 2)에 해당하는 공공 청사의 경우에는 증축이나 용도변경만 가능하며, 수도권이 아닌 지역에 있는 3)에 해당하는 공공법인이 성장관리권역에 사무소를 신축하는 경우는 제외한다.
      1) 중앙행정기관(청은 제외한다)의 청사
      2) 중앙행정기관 중 청의 청사, 중앙행정기관의 소속 기관의 청사(교육, 연수 또는 시험기관의 청사는 제외한다)
      3) 공공법인의 사무소

나. 다음의 어느 하나에 해당하는 행위
1) 중앙행정기관의 소속 기관 및 공공법인(지점을 포함한다) 중 수도권만을 관할하는 기관 및 공공법인의 청사 또는 사무소의 신축, 증축 또는 용도변경
2) 중앙행정기관의 소속 기관 및 공공법인(지점을 포함한다) 중 관할 구역이 수도권과 그 인근의 도 지역만을 관할하는 기관 및 공공법인의 청사 또는 사무소의 신축, 증축 또는 용도변경으로서 국토교통부장관과 협의를 거친 것

3. 연수 시설의 경우
   가. 연수 시설의 신축, 증축 또는 용도변경으로서 수도권정비위원회의 심의를 거친 것
   나. 기존 연수 시설의 건축물 연면적의 100분의 20 범위에서의 증축
   다. 수도권에서 이전하는 연수 시설의 종전 규모의 범위에서의 신축, 증축 또는 용도변경

② 법 제8조 제2항에서 "대통령령으로 정하는 범위"란 다음 각 호의 어느 하나에 해당하는 지역을 말한다.
1. 과밀억제권역에서 이전하는 공장 등을 계획적으로 유치하기 위하여 필요한 지역
2. 개발 수준이 다른 지역에 비하여 뚜렷하게 낮은 지역의 주민 소득 기반을 확충하기 위하여 필요한 지역
3. 공장이 밀집된 지역을 재정비하기 위하여 필요한 지역
4. 관계 중앙행정기관의 장이 산업정책상 필요하다고 인정하여 국토교통부장관에게 요청한 지역

정답 ③

016 수도권정비계획법상에서 규정하는 내용으로 틀린 것은?

① 국토교통부장관은 인구집중유발시설에 대해서는 총량규제를 정하여 신설, 증설을 제한 할 수 있다.
② 「도시 및 주거환경정비법」에 의한 재개발사업에 따른 건축물은 과밀부담금을 감면할 수 있다.
③ 과밀부담금은 건축비의 100분의 10으로 하되 지역별 여건을 감안하여 대통령이 정하는 바에 따라 100분의 5까지 조정할 수 있다.
④ 광역적 기반시설의 설치비용은 지방자치단체장이 직접 사업시행자에게 부담시킬 수 있다.

해설

제13조(부담금의 감면) 다음 각 호의 건축물에 대하여는 대통령령으로 정하는 바에 따라 부담금을 감면할 수 있다.
1. 국가나 지방자치단체가 건축하는 건축물
2. 「도시 및 주거환경정비법」에 따른 재개발사업에 따른 건축물
3. 건축물 중 주차장이나 그 밖에 대통령령으로 정하는 용도로 사용되는 건축물
4. 건축물 중 대통령령으로 정하는 면적 이하의 부분

제15조(부담금의 부과·징수 및 납부 기한 등) ① 부담금은 부과 대상 건축물이 속한 지역을 관할하는 시·도지사가 부과·징수하되, 건축물의 건축 허가일, 건축 신고일 또는 용도변경일을 기준으로 산정하여 부과한다.
② 부담금의 납부 기한은 건축물의 사용승인일(임시 사용승인을 받은 경우에는 임시 사용승인일을 말한다)로 하되, 사용승인이 필요 없는 경우에는 부과일부터 6개월로 한다.
③ 시·도지사는 납부 의무자가 부담금을 납부 기한까지 내지 아니하면 납부 기한이 지난 후 10일 이내에 독촉장을 발부하여야 하며, 이 경우의 납부 기한은 독촉장 발부일부터 10일로 한다.

④ 시·도지사는 납부 의무자가 납부 기한까지 부담금을 내지 아니하면 「국세징수법」 제21조를 준용하여 가산금을 징수한다.
⑤ 시·도지사는 납부 의무자가 독촉장을 받고도 지정된 기한까지 부담금과 가산금을 내지 아니하면 「지방행정제재·부과금의 징수 등에 관한 법률」에 따라 징수할 수 있다.
⑥ 과오납(過誤納)된 부담금·가산금 및 체납처분비의 처리에 관하여는 「지방세기본법」을 준용하며, 그 밖에 부담금의 부과·징수·납부의 방법·절차 등에 관하여 필요한 사항은 대통령령으로 정한다.

제20조(광역적 기반 시설의 설치비용 부담) 제19조 제2항에 따른 광역적 기반 시설의 설치비용은 수도권 정비위원회의 심의를 거쳐 대규모개발사업을 시행하는 자에게 부담시킬 수 있다.

정답 ④

---

017 수도권정비계획법의 대규모 개발사업에 대한 설명으로 적절하지 않은 것은?

① 100만 제곱미터 이상의 주택지조성사업
② 30만 제곱미터 이상의 공장 설립을 위한 공장용지조성사업
③ 관광지조성사업으로서 시설계획지구의 면적이 30만 제곱미터 이상인 사업
④ 100만 제곱미터 이상의 복합단지개발사업

해설

정답 ③

---

018 수도권정비계획법령상 과밀부담금에 관한 설명으로 틀린 것은?

① 과밀억제권역 안의 지역인 서울특별시에서 업무용 건축물·판매용 건축물·공공청사, 복합용 건축물을 건축하고자 하는 자는 과밀부담금을 납부하여야 한다.
② 도시 및 주거환경정비법에 의한 재개발사업에 따른 건축물에는 부담금의 100분의 50을 감면한다.
③ 부담금은 건축비의 100분의 10으로 하되, 지역별 여건 등을 감안하여 대통령령이 정하는 바에 따라 건축비의 100분의 5까지 조정할 수 있다.
④ 부담금의 납부기한은 건축물의 사용승인일로 하되, 사용승인이 필요 없는 경우에는 부과일로부터 3월로 한다.

해설

제12조(과밀부담금의 부과·징수) ① 과밀억제권역에 속하는 지역으로서 대통령령으로 정하는 지역에서 인구집중유발시설 중 업무용 건축물, 판매용 건축물, 공공 청사, 그 밖에 대통령령으로 정하는 건축물을 건축(신축·증축 및 공공 청사가 아닌 시설을 공공 청사로 하는 용도변경, 그 밖에 대통령령으로 정하는 용도변경을 말한다. 이하 같다)하려는 자는 과밀부담금(이하 "부담금"이라 한다)을 내야 한다.
② 부담금을 내야 할 자가 대통령령으로 정하는 조합인 경우 그 조합이 해산하면 그 조합원이 부담금을 내야 한다.
③ 부담금 납부 의무의 승계, 연대(連帶) 납부 의무와 제2차 납부 의무에 관하여는 「국세기본법」 제23조부터 제25조까지 및 같은 법 제38조부터 제41조까지의 규정을 준용한다.

제13조(부담금의 감면) 다음 각 호의 건축물에 대하여는 대통령령으로 정하는 바에 따라 부담금을 감면할 수 있다.
1. 국가나 지방자치단체가 건축하는 건축물
2. 「도시 및 주거환경정비법」에 따른 재개발사업에 따른 건축물
3. 건축물 중 주차장이나 그 밖에 대통령령으로 정하는 용도로 사용되는 건축물
4. 건축물 중 대통령령으로 정하는 면적 이하의 부분

> **영 제17조(과밀부담금의 감면)** 법 제12조에 따른 과밀부담금(이하 "부담금"이라 한다)의 감면은 다음 각 호에서 정하는 바에 따른다.
> 1. 국가나 지방자치단체가 건축하는 건축물에는 부담금을 부과하지 아니한다.
> 2. <u>「도시 및 주거환경정비법」에 따른 재개발사업으로 건축하는 건축물에는 부담금의 100분의 50을 감면한다.</u>
> 3. 건축물 중 주차장, 주택, 「영유아보육법」 제10조 제4호에 따른 직장어린이집 및 국가나 지방자치단체에 기부채납되는 시설에 대하여는 별표 2에서 정하는 바에 따라 부담금을 감면한다.
> 4. 건축물 중 수도권만을 관할하는 공공법인(지점을 포함한다)의 사무소에 대하여는 부담금을 부과하지 아니한다.
> 5. 「건축법 시행령」 별표 1 제10호마목에 따른 연구소 중 다음 각 호의 어느 하나에 해당하는 단지에 건축하는 연구소에 대하여는 별표 2에서 정하는 바에 따라 부담금을 감면한다.
>   가. 「산업입지 및 개발에 관한 법률」 제2조에 따른 산업단지
>   나. 「과학기술기본법」 제29조에 따른 과학연구단지
>   다. 「나노기술과학촉진법」 제16조에 따른 나노기술연구단지
>   라. 「산업기술단지 지원에 관한 특례법」 제2조에 따른 산업기술단지
> 6. 「금융중심지의 조성과 발전에 관한 법률」 제2조에 따른 금융중심지에 건축하는 「건축법 시행령」 별표 1 제14호나목의 일반업무시설 중 금융업소에 대하여는 별표 2에서 정하는 바에 따라 부담금을 감면한다.
> 7. 건축물 중 부담금이 부과된 시설을 용도변경하는 경우에는 부담금을 부과하지 아니한다.
> 8. 다음 각 목의 어느 하나에 해당하는 건축물의 경우에는 해당 면적에 대하여 각각 별표 2에서 정하는 바에 따라 부담금을 감면한다.
>   가. 업무용 건축물: 2만5천제곱미터
>   나. 판매용 건축물: 1만5천제곱미터
>   다. 복합 건축물로서 부과대상 면적 중 판매용 시설의 면적이 용도별면적 중 가장 큰 건축물: 1만5천제곱미터
>   라. 다목 외의 복합 건축물: 2만5천제곱미터

제14조(부담금의 산정 기준) ① 부담금은 건축비의 100분의 10으로 하되, 지역별 여건 등을 고려하여 대통령령으로 정하는 바에 따라 건축비의 100분의 5까지 조정(調整)할 수 있다.
② 제1항에 따른 건축비는 국토교통부장관이 고시하는 표준건축비를 기준으로 산정한다.
③ 부담금의 산정에 관한 구체적인 사항은 대통령령으로 정한다.

제15조(부담금의 부과·징수 및 납부 기한 등) ① 부담금은 부과 대상 건축물이 속한 지역을 관할하는 시·도지사가 부과·징수하되, 건축물의 건축 허가일, 건축 신고일 또는 용도변경일을 기준으로 산정하여 부과한다.
② <u>부담금의 납부 기한은 건축물의 사용승인일(임시 사용승인을 받은 경우에는 임시 사용승인일을 말한다)로 하되, 사용승인이 필요 없는 경우에는 부과일부터 6개월로 한다.</u>

제18조(총량규제) ① 국토교통부장관은 공장, 학교, 그 밖에 대통령령으로 정하는 인구집중유발시설이 수도권에 지나치게 집중되지 아니하도록 하기 위하여 그 신설 또는 증설의 총허용량(總許容量)을 정하여 이를 초과하는 신설 또는 증설을 제한할 수 있다. 이 경우 국토교통부장관은 총허용량과 그 산출 근거를 고시하여야 한다.
② 공장에 대한 제1항의 총량규제의 내용과 방법은 대통령령으로 정하는 바에 따라 수도권정비위원회의 심의를 거쳐 결정하며, 국토교통부장관은 이를 고시하여야 한다.
③ 학교나 그 밖에 대통령령으로 정하는 인구집중유발시설에 대한 제1항의 총량규제의 내용은 대통령령으로 정한다.
④ 관계 행정기관의 장은 인구집중유발시설의 신설 또는 증설에 대하여 제2항과 제3항에 따른 총량규제의 내용과 다르게 허가등을 하여서는 아니 된다.

정답 ④

019 수도권정비계획법상의 총량규제에 관한 설명 중 옳지 않은 것은?

① 국토교통부장관은 인구집중유발시설이 수도권에 과도하게 집중되지 아니하도록 하기 위하여 그 신설·증설의 총허용량을 정할 수 있다.
② 국토교통부장관은 인구집중유발시설이 수도권에 과도하게 집중되지 아니하도록 하기 위하여 일정한 기준을 초과하는 신설·증설을 제한할 수 있다.
③ 공장에 대한 총량규제의 내용 및 방법은 수도권정비위원회의 심의를 거쳐 결정하며, 관할 시·도지사는 이를 고시하여야 한다.
④ 관계행정기관의 장은 인구집중유발시설의 신설·증설에 대하여 규정에 의한 총량규제의 내용과 다르게 허가 등을 하여서는 아니 된다.

해설

제18조(총량규제) ① 국토교통부장관은 공장, 학교, 그 밖에 대통령령으로 정하는 인구집중유발시설이 수도권에 지나치게 집중되지 아니하도록 하기 위하여 그 신설 또는 증설의 총허용량(總許容量)을 정하여 이를 초과하는 신설 또는 증설을 제한할 수 있다. 이 경우 국토교통부장관은 총허용량과 그 산출 근거를 고시하여야 한다.
② <u>공장에 대한 제1항의 총량규제의 내용과 방법은 대통령령으로 정하는 바에 따라 수도권정비위원회의 심의를 거쳐 결정하며, 국토교통부장관은 이를 고시하여야 한다.</u>
③ 학교나 그 밖에 대통령령으로 정하는 인구집중유발시설에 대한 제1항의 총량규제의 내용은 대통령령으로 정한다.
④ 관계 행정기관의 장은 인구집중유발시설의 신설 또는 증설에 대하여 제2항과 제3항에 따른 총량규제의 내용과 다르게 허가등을 하여서는 아니 된다.

정답 ③

020 수도권정비계획법상 과밀부담금의 감면에 대한 설명 중 옳지 않은 것은?

① 국가 또는 지방자치단체가 건축하는 건축물에는 부담금을 부과하지 아니한다.
② 「도시 및 주거환경정비법」에 의한 재개발사업에 따른 건축물에는 부담금의 100분의 60을 감면한다.
③ 건축물중 이미 부담금이 부과된 시설을 용도변경하는 경우에는 부담금을 부과하지 아니한다.
④ 건축물 중 주차장 기타 대통령령이 정하는 용도로 사용되는 건축물에 대하여는 대통령령이 정하는 바에 따라 부담금을 감면할 수 있다.

해설

영 제17조(과밀부담금의 감면) 법 제12조에 따른 과밀부담금(이하 "부담금"이라 한다)의 감면은 다음 각 호에서 정하는 바에 따른다.
1. 국가나 지방자치단체가 건축하는 건축물에는 부담금을 부과하지 아니한다.
2. 「도시 및 주거환경정비법」에 따른 재개발사업으로 건축하는 건축물에는 부담금의 100분의 50을 감면한다.
3. 건축물 중 주차장, 주택, 「영유아보육법」 제10조 제4호에 따른 직장어린이집 및 국가나 지방자치단체에 기부채납되는 시설에 대하여는 별표 2에서 정하는 바에 따라 부담금을 감면한다.
4. 건축물 중 수도권만을 관할하는 공공법인(지점을 포함한다)의 사무소에 대하여는 부담금을 부과하지 아니한다.
5. 「건축법 시행령」 별표 1 제10호마목에 따른 연구소 중 다음 각 호의 어느 하나에 해당하는 단지에 건축하는 연구소에 대하여는 별표 2에서 정하는 바에 따라 부담금을 감면한다.
    가. 「산업입지 및 개발에 관한 법률」 제2조에 따른 산업단지
    나. 「과학기술기본법」 제29조에 따른 과학연구단지
    다. 「나노기술과학촉진법」 제16조에 따른 나노기술연구단지
    라. 「산업기술단지 지원에 관한 특례법」 제2조에 따른 산업기술단지
6. 「금융중심지의 조성과 발전에 관한 법률」 제2조에 따른 금융중심지에 건축하는 「건축법 시행령」 별표 1 제14호나목의 일반업무시설 중 금융업소에 대하여는 별표 2에서 정하는 바에 따라 부담금을 감면한다.
7. 건축물 중 부담금이 부과된 시설을 용도변경하는 경우에는 부담금을 부과하지 아니한다.
8. 다음 각 목의 어느 하나에 해당하는 건축물의 경우에는 해당 면적에 대하여 각각 별표 2에서 정하는 바에 따라 부담금을 감면한다.
    가. 업무용 건축물: 2만5천제곱미터
    나. 판매용 건축물: 1만5천제곱미터
    다. 복합 건축물로서 부과대상 면적 중 판매용 시설의 면적이 용도별면적 중 가장 큰 건축물: 1만 5천제곱미터
    라. 다목 외의 복합 건축물: 2만5천제곱미터

정답 ②

021 수도권정비실무위원회의 위원장은?

① 국무총리
② 국토교통부장관
③ 국토교통부 제1차관
④ 서울특별시장

해설

제21조(수도권정비위원회의 설치 등) ① 수도권의 정비 및 건전한 발전과 관련되는 중요 정책을 심의하기 위하여 국토교통부장관 소속으로 수도권정비위원회(이하 "위원회"라 한다)를 둔다.
② 위원회는 다음 각 호의 사항을 심의한다.
  1. 수도권정비계획의 수립과 변경에 관한 사항
  2. 수도권정비계획의 소관별 추진 계획에 관한 사항
  3. 수도권의 정비와 관련된 정책과 계획의 조정에 관한 사항
  4. 과밀억제권역에서 추진될 공업지역의 지정에 관한 사항
  5. 종전대지의 이용 계획에 관한 사항
  6. 제18조에 따른 총량규제에 관한 사항
  7. 대규모개발사업의 개발 계획에 관한 사항
  8. 그 밖에 수도권의 정비에 필요한 사항으로서 대통령령으로 정하는 사항

제22조(구성) ① <u>위원회는 위원장을 포함한 20명 이내의 위원으로 구성한다.</u>
② <u>위원장은 국토교통부장관이 된다.</u>
③ 위원회의 위원은 다음 각 호의 사람으로 하되, 제3호에 해당하는 사람이 5명 이상이어야 한다.
  1. 대통령령으로 정하는 관계 중앙행정기관의 차관
  2. 대통령령으로 정하는 시·도의 부시장 또는 부지사
  3. 수도권 정책에 관한 학식과 경험이 풍부한 사람 중에서 국토교통부장관이 위촉하는 사람
④ 제3항 제3호에 해당하는 위원(이하 "위촉위원"이라 한다)의 임기는 2년으로 하며, 연임할 수 있다.

제23조(수도권정비실무위원회의 설치 등) ① <u>위원회에 관계 행정기관의 공무원과 수도권 정비 정책에 관계되는 분야에 학식과 경험이 풍부한 자로 구성되는 수도권정비실무위원회를 둔다.</u>
② 수도권정비실무위원회는 다음의 사항을 심의한다.
  1. 위원회에서 심의할 안건에 대한 검토·조정
  2. 대통령령으로 정하는 바에 따라 위원회로부터 위임받은 사항

영 제30조(수도권정비실무위원회의 구성) ① 법 제23조 제1항에 따른 수도권정비실무위원회(이하 "실무위원회"라 한다)는 위원장 1명과 25명 이내의 위원으로 구성한다.
② <u>실무위원회의 위원장은 국토교통부 제1차관이 되고,</u> 위원은 교육부, 국방부, 행정안전부, 문화체육관광부, 농림축산식품부, 산업통상자원부, 환경부, 국토교통부 및 심의사항과 관련하여 실무위원회의 위원장이 지정하는 중앙행정기관의 고위공무원단에 속하는 일반직공무원, 서울특별시의 2급 또는 3급 공무원과 인천광역시, 경기도의 3급 또는 4급 공무원 중에서 소속 기관의 장이 지정한 자 각 1명과 수도권정비정책과 관계되는 분야의 학식과 경험이 풍부한 자 중에서 수도권정비위원회의 위원장이 위촉하는 자가 된다.
③ 공무원이 아닌 위원의 임기는 2년으로 한다.
④ 실무위원회의 사무를 처리하기 위하여 실무위원회에 간사 1명을 두며, 간사는 국토교통부 소속 공무원 중에서 실무위원회의 위원장이 임명한다.

정답 ③

022 수도권정비계획법에서 규정하는 광역적 기반시설의 내용으로 옳지 않은 것은?

① 대규모 개발사업지구와 주변 도시 간의 교통시설
② 환경오염방지시설 및 폐기물처리시설
③ 용수공급계획에 의한 용수공급시설
④ 대규모 개발사업지구 내의 주요간선교통시설

해설

제19조(대규모개발사업에 대한 규제) ① 관계 행정기관의 장은 수도권에서 대규모개발사업을 시행하거나 그 허가등을 하려면 그 개발 계획을 수도권정비위원회의 심의를 거쳐 국토교통부장관과 협의하거나 승인을 받아야 한다. 국토교통부장관이 대규모개발사업을 시행하거나 그 허가등을 하려는 경우에도 또한 같다.
② 관계 행정기관의 장이 제1항에 따른 수도권정비위원회의 심의를 요청하는 경우에 교통 문제, 환경오염 문제 및 인구집중 문제 등을 방지하기 위한 방안과 대통령령으로 정하는 광역적 기반 시설의 설치계획을 각각 수립하여 함께 제출하여야 한다.
③ 제2항에 따른 교통 문제 및 환경오염 문제를 방지하기 위한 방안은 각각 「도시교통정비 촉진법」과 「환경영향평가법」에서 정하는 바에 따르고, 인구집중 문제를 방지하기 위한 인구유발효과 분석, 저감방안 수립 등에 필요한 사항은 대통령령으로 정하는 바에 따른다.
제20조(광역적 기반 시설의 설치비용 부담) 제19조 제2항에 따른 광역적 기반 시설의 설치비용은 수도권정비위원회의 심의를 거쳐 대규모개발사업을 시행하는 자에게 부담시킬 수 있다.
영 제25조(광역적 기반 시설의 설치계획) ① 법 제19조 제2항에 따른 광역적 기반 시설은 대규모 개발사업지구와 그 사업지구 밖의 지역을 연계하여 설치하는 다음 각 호의 기반 시설을 말한다.
  1. 대규모 개발사업지구와 주변 도시 간의 교통시설
  2. 환경오염 방지시설 및 폐기물 처리시설
  3. 용수공급계획에 의한 용수공급시설
  4. 그 밖에 광역적 정비가 필요한 시설
② 법 제19조 제2항에 따른 광역적 기반 시설의 설치계획에는 재원조달계획을 포함하여야 한다.

정답 ④

023 수도권 정비계획법상의 인구집중유발시설에 해당되지 않는 것은?

① 고등교육법규정에 의한 산업대학 또는 전문대학
② 「산업집적활성화 및 공장설립에 관한 법률」의 규정에 의한 공장으로 건축물의 연면적이 500m2 이상인 것
③ 중앙행정기관 및 그 소속기관의 청사로서 건축물의 연면적이 500m2 이상인 것
④ 건축법상의 일반업무시설이 주용도인 건축물로서 그 연면적이 25,000m2 이상인 것

해설

제2조(정의) 이 법에서 사용하는 용어의 뜻은 다음과 같다.
1. "수도권"이란 서울특별시와 대통령령으로 정하는 그 주변 지역을 말한다.
2. "수도권정비계획"이란 「국토기본법」 제6조 제2항 제1호에 따른 국토종합계획을 기본으로 하여 제4조에 따라 수립되는 계획을 말한다.
3. "인구집중유발시설"이란 학교, 공장, 공공 청사, 업무용 건축물, 판매용 건축물, 연수 시설, 그 밖에 인구 집중을 유발하는 시설로서 대통령령으로 정하는 종류 및 규모 이상의 시설을 말한다.

영 제3조(인구집중유발시설의 종류 등) 법 제2조 제3호에 따른 인구집중유발시설은 다음 각 호의 어느 하나에 해당하는 시설을 말한다. 이 경우 제3호부터 제5호까지의 시설에 해당하는 건축물의 연면적 또는 시설의 면적을 산정할 때 대지가 연접하고 소유자(제3호의 공공 청사인 경우에는 사용자를 포함한다)가 같은 건축물에 대하여는 각 건축물의 연면적 또는 시설의 면적을 합산한다.
1. 「고등교육법」 제2조에 따른 학교로서 대학, 산업대학, 교육대학 또는 전문대학(이에 준하는 각종학교를 각각 포함한다. 이하 같다)
2. 「산업집적활성화 및 공장설립에 관한 법률」 제2조 제1호에 따른 공장으로서 건축물의 연면적(제조시설로 사용되는 기계 또는 장치를 설치하기 위한 건축물 및 사업장의 각 층 바닥면적의 합계를 말한다)이 500제곱미터 이상인 것
3. 다음 각 목의 어느 하나에 해당하는 공공 청사(도서관, 전시장, 공연장, 군사시설 중 군부대의 청사, 국가정보원 및 그 소속 기관의 청사는 제외한다. 이하 같다)로서 건축물의 연면적이 1천제곱미터 이상인 것
   가. 중앙행정기관 및 그 소속 기관의 청사
   나. 다음에 해당하는 법인(이하 "공공법인"이라 한다)의 사무소(연구소와 연수 시설 등을 포함한다. 이하 같다)
      1) 정부가 자본금의 100분의 50 이상을 출자한 법인 및 그 법인이 자본금의 100분의 50 이상을 출자한 법인
      2) 「국유재산법」에 따른 정부출자기업체
      3) 법률에 따른 정부 출연 대상 법인으로서 정부로부터 출연을 받거나 받은 법인
      4) 개별 법률에 따라 설립되는 법인으로서 주무부장관의 인가 또는 허가를 받지 아니하고 해당 법률에 따라 직접 설립된 법인
4. 다음 각 목의 어느 하나에 해당하는 업무용 건축물, 판매용 건축물 및 복합 건축물. 다만, 지방자치단체가 출자하거나 출연한 법인의 사무소로 사용되는 건축물과 자연보전권역이 아닌 지역에 설치되는 「벤처기업육성에 관한 특별조치법」 제2조 제4항에 따른 벤처기업집적시설 및 「국제회의산업 육성에 관한 법률 시행령」 제3조에 따른 국제회의시설 중 전문회의시설은 제외한다.
   가. 업무용 건축물: 다음에 해당하는 시설(이하 "업무용시설" 이라 한다)이 주용도[해당 건축물의 업무용시설 면적의 합계가 「건축법 시행령」 별표 1의 분류에 따른 용도별 면적(이하 "용도별면적"이라 한다) 중 가장 큰 경우를 말한다. 이하 이 목에서 같다]인 건축물로서 그 연면적이 2만5천제곱미터 이상인 건축물 또는 업무용시설이 주용도가 아닌 건축물로서 그 업무용시설 면적의 합계가 2만5천제곱미터 이상인 건축물

1) 「건축법 시행령」 별표 1 제10호마목의 연구소 및 같은 표 제14호나목의 일반업무시설
2) 「건축법 시행령」 별표 1 제3호의 제1종 근린생활시설, 같은 표 제4호의 제2종 근린생활시설, 같은 표 제5호의 문화 및 집회시설(같은 호 라목 및 마목의 시설만 해당한다) 및 같은 표 제18호의 창고시설. 다만, 각 시설의 면적이 1)에 따른 시설 면적의 합계보다 작은 경우만 해당한다.

나. 판매용 건축물: 다음에 해당하는 건축물
1) 다음에 해당하는 시설(이하 "판매용시설"이라 한다)이 주용도(해당 건축물의 판매용시설 면적의 합계가 용도별면적 중 가장 큰 경우를 말한다. 이하 이 목에서 같다)인 건축물로서 그 연면적이 1만5천제곱미터 이상인 건축물 또는 판매용시설이 주용도가 아닌 건축물로서 그 판매용시설 면적의 합계가 1만5천제곱미터 이상인 건축물
  가) 「건축법 시행령」 별표 1 제7호의 판매시설 및 같은 표 제16호의 위락시설
  나) 「건축법 시행령」 별표 1 제3호의 제1종 근린생활시설, 같은 표 제4호의 제2종 근린생활시설, 같은 표 제5호의 문화 및 집회시설, 같은 표 제13호의 운동시설 및 같은 표 제18호의 창고시설. 다만, 각 시설의 면적이 가)에 따른 시설 면적의 합계보다 작은 경우만 해당한다.
2) 업무용시설 및 판매용시설(이하 "복합시설"이라 한다)이 주용도(해당 건축물의 복합시설 면적의 합계가 용도별면적 중 가장 큰 경우를 말한다. 이하 이 목 및 다목에서 같다)가 아닌 건축물로서 복합시설의 면적의 합계가 1만5천제곱미터 이상 2만5천제곱미터 미만이고 판매용시설 면적이 업무용시설 면적보다 큰 건축물의 복합시설에 해당하는 부분

다. 복합 건축물: 복합시설이 주용도인 건축물로서 그 연면적이 2만5천제곱미터 이상인 건축물 또는 복합시설이 주용도가 아닌 건축물로서 그 복합시설의 면적의 합계가 2만5천제곱미터 이상인 건축물

5. 「건축법 시행령」 별표 1 제10호나목의 교육원, 같은 호 다목의 직업훈련소 및 같은 표 제20호사목의 운전 및 정비 관련 직업훈련소로서 건축물의 연면적이 3만제곱미터 이상인 연수 시설. 다만, 지방자치단체 또는 지방자치단체가 출자하거나 출연한 법인이 설치하는 시설은 제외한다.

정답 ③

024 수도권 과밀부담금의 산정기준을 바르게 설명한 것은?

① 부담금은 건축비의 100분의 7로 하되 지역별 여건에 따라 100분의 5 까지 조정할 수 있다.
② 부담금은 건축비의 100분의 7로 하되 지역별 여건에 따라 100분의 3 까지 조정할 수 있다.
③ 부담금은 건축비의 100분의 10로 하되 지역별 여건에 따라 100분의 5 까지 조정할 수 있다.
④ 부담금은 건축비의 100분의 10로 하되 지역별 여건에 따라 100분의 3 까지 조정할 수 있다.

해설

정답 ③

025 수도권정비계획법상 대규모개발사업의 종류가 아닌 것은?

① 「택지개발촉진법」에 의한 사업부지 면적이 100만m2 이상인 택지개발사업
② 「주택법」에 의한 사업부지 면적이 100만m2 이상인 주택건설사업 및 대지조성사업
③ 「산업입지 및 개발에 관한 법률」에 의한 사업부지면적이 30만m2 이상인 산업단지개발사업 및 특수지역개발사업
④ 「관광진흥법」에 의한 관광지조성사업으로서 시설계획지구의 면적이 30만m2 이상인 것

해설

영 제4조(대규모 개발사업의 종류 등) 법 제2조 제4호에서 "대통령령으로 정하는 종류 및 규모 이상의 사업"이란 다음 각 호의 어느 하나에 해당하는 사업을 말한다. 이 경우 같은 목적으로 여러 번에 걸쳐 부분적으로 개발하거나 연접하여 개발함으로써 사업의 전체 면적이 다음 각 호의 어느 하나로 정하는 규모 이상이 되는 사업을 포함한다.

1. 다음 각 목의 어느 하나에 해당하는 택지조성사업(이하 "**택지조성사업**"이라 한다)으로서 그 면적이 100만제곱미터 이상인 것
   가. 「택지개발촉진법」에 따른 택지개발사업
   나. 「주택법」에 따른 주택건설사업 및 대지조성사업
   다. 「산업입지 및 개발에 관한 법률」에 따른 산업단지 및 특수지역에서의 주택지 조성사업
2. 다음 각 목의 어느 하나에 해당하는 공업용지조성사업(이하 "공업용지조성사업"이라 한다)으로서 그 면적이 30만제곱미터 이상인 것
   가. 「산업입지 및 개발에 관한 법률」에 따른 산업단지개발사업 및 특수지역개발사업
   나. 「자유무역지역의 지정 및 운영에 관한 법률」에 따른 자유무역지역 조성사업
   다. 「중소기업진흥에 관한 법률」에 따른 중소기업협동화단지 조성사업
   라. 「산업집적활성화 및 공장설립에 관한 법률」에 따른 공장설립을 위한 공장용지 조성사업
3. 다음 각 목의 어느 하나에 해당하는 관광지조성사업(이하 "관광지조성사업"이라 한다)으로서 시설계획지구의 면적이 10만제곱미터 이상인 것. 다만, 공유수면매립지에서 시행하는 관광지조성사업은 30만제곱미터 이상인 것으로 한다.
   가. 「관광진흥법」에 따른 관광지 및 관광단지 조성사업과 관광시설 조성사업
   나. 「국토의 계획 및 이용에 관한 법률」에 따른 유원지 설치사업
   다. 「온천법」에 따른 온천이용시설 설치사업
4. 「도시개발법」에 따른 도시개발사업(이하 "도시개발사업"이라 한다)으로서 그 면적이 100만제곱미터 이상인 것 또는 그 면적이 100만제곱미터 미만인 도시개발사업으로서 공업용도로 구획되는 면적이 30만제곱미터 이상인 것
5. 「지역 개발 및 지원에 관한 법률」에 따른 지역개발사업(법률 제12737호 지역 개발 및 지원에 관한 법률 부칙 제4조 제3항에 따라 지역개발사업구역으로 보는 종전의 「지역균형개발 및 지방중소기업 육성에 관한 법률」에 따라 지정·고시된 지역종합개발지구에서 시행하는 지역개발사업만 해당한다. 이하 이 호에서 같다)으로서 그 면적이 100만제곱미터 이상인 것과 그 면적이 100만제곱미터 미만인 지역개발사업으로서 공업용도로 구획되는 면적이 30만제곱미터 이상인 것 또는 10만제곱미터 이상의 관광단지가 포함된 것

정답 ④

026 다음 중 수도권정비실무위원회의 구성에 대한 설명이 옳지 않은 것은?

① 위원장은 1인과 25인 이내의 위원으로 구성한다.
② 위원장은 국토교통부장관이 된다.
③ 공무원이 아닌 위원의 임기는 2년으로 한다.
④ 서무를 처리하기 위하여 간사 1명을 둔다.

해설

영 제30조(수도권정비실무위원회의 구성) ① 법 제23조 제1항에 따른 수도권정비실무위원회(이하 "실무위원회"라 한다)는 위원장 1명과 25명 이내의 위원으로 구성한다.
② 실무위원회의 위원장은 국토교통부 제1차관이 되고, 위원은 교육부, 국방부, 행정안전부, 문화체육관광부, 농림축산식품부, 산업통상자원부, 환경부, 국토교통부 및 심의사항과 관련하여 실무위원회의 위원장이 지정하는 중앙행정기관의 고위공무원단에 속하는 일반직공무원, 서울특별시의 2급 또는 3급 공무원과 인천광역시, 경기도의 3급 또는 4급 공무원 중에서 소속 기관의 장이 지정한 자 각 1명과 수도권정비정책과 관계되는 분야의 학식과 경험이 풍부한 자 중에서 수도권정비위원회의 위원장이 위촉하는 자가 된다.
③ 공무원이 아닌 위원의 임기는 2년으로 한다.
④ 실무위원회의 사무를 처리하기 위하여 실무위원회에 간사 1명을 두며, 간사는 국토교통부 소속 공무원 중에서 실무위원회의 위원장이 임명한다.

정답 ②

027 다음 중 수도권정비계획법상 성장관리권역 안에서 시설의 신설·증설에 대한 허가가 가능하지 않은 경우는?

① 수도권 안에서 학교를 이전하는 경우
② 수도권정비위원회의 심의를 거쳐 입학정원이 50인 이내인 대학을 신설하는 경우
③ 수도권 안에서 이전하는 연수시설의 규모를 종전 규모의 2배로 신축하는 경우
④ 기존 연수시설의 건축물 연면적의 100분의 20의 범위 안에서 증축하는 경우

해설

제12조(성장관리권역의 행위 제한) ① 법 제8조 제1항에서 "대통령령으로 정하는 학교, 공공 청사, 연수 시설, 그 밖의 인구집중유발시설의 신설·증설"이란 **다음 각 호의 어느 하나에 해당하는 것을 제외**한 학교, 공공 청사 또는 연수 시설의 신설·증설을 말한다.
1. 학교의 경우
　가. 제24조에 따른 총량규제의 내용에 적합한 범위에서의 산업대학, 전문대학, 대학원대학 또는 입학 정원이 50명 이내인 대학(컴퓨터, 통신, 디자인, 영상, 신소재, 생명공학 등 첨단 전문 분야의 대학으로서 교육부장관이 정하여 고시하는 대학의 경우에는 입학 정원이 100명 이내인 대학을 말한다. 이하 "소규모대학"이라 한다)의 신설. 다만, 소규모대학을 신설하는 경우에는 수도권정비위원회의 심의를 거친 경우만 해당한다.
　나. 제24조에 따른 총량규제의 내용에 적합한 범위에서의 학교 입학 정원의 증원

다. 신설된 지 8년이 지나지 아니한 소규모대학 입학 정원의 증원(최초 입학 정원의 100퍼센트 범위에서의 증원만 해당하며, 신설된 후 8년 이내에는 나목에 따른 증원을 할 수 없다)으로서 수도권정비위원회의 심의를 거친 것
라. 수도권에서의 학교 이전
마. 교육부장관이 대학의 구조개혁을 위하여 고시하는 국립대학 및 사립대학 통·폐합기준에 따른 대학과 전문대학 간 통·폐합으로 인한 대학의 신설·증설 또는 이전으로서 다음의 요건을 갖춘 것
  1) 해당 대학 및 전문대학이 관할 시·도지사의 의견을 들어 교육부장관에게 요청한 것으로서 2012년 12월 31일까지 수도권정비위원회의 심의를 거칠 것
  2) 대학 본부가 수도권 밖에서 성장관리권역으로 이전하거나 성장관리권역에 신설되지 아니할 것
  3) 대학의 교사(校舍)와 교지(校地) 등이 종전과 같이 사용되고, 폐지되는 전문대학의 교사와 교지 등은 대학의 교사와 교지 등으로 전환될 것
바. 「고등교육법」 제40조의2에 따른 산업대학의 폐지로 인한 대학의 설립으로서 2011년 9월 28일까지 수도권정비위원회의 심의를 거친 것

2. 공공 청사의 경우
  가. 다음에 해당하는 공공 청사의 신축, 증축 또는 용도변경으로서 수도권정비위원회의 심의를 거친 것. 다만, 2)에 해당하는 공공 청사의 경우에는 증축이나 용도변경만 가능하며, 수도권이 아닌 지역에 있는 3)에 해당하는 공공법인이 성장관리권역에 사무소를 신축하는 경우는 제외한다.
    1) 중앙행정기관(청은 제외한다)의 청사
    2) 중앙행정기관 중 청의 청사, 중앙행정기관의 소속 기관의 청사(교육, 연수 또는 시험기관의 청사는 제외한다)
    3) 공공법인의 사무소
  나. 다음의 어느 하나에 해당하는 행위
    1) 중앙행정기관의 소속 기관 및 공공법인(지점을 포함한다) 중 수도권만을 관할하는 기관 및 공공법인의 청사 또는 사무소의 신축, 증축 또는 용도변경
    2) 중앙행정기관의 소속 기관 및 공공법인(지점을 포함한다) 중 관할 구역이 수도권과 그 인근의 도 지역만을 관할하는 기관 및 공공법인의 청사 또는 사무소의 신축, 증축 또는 용도변경으로서 국토교통부장관과 협의를 거친 것

3. 연수 시설의 경우
  가. 연수 시설의 신축, 증축 또는 용도변경으로서 수도권정비위원회의 심의를 거친 것
  나. 기존 연수 시설의 건축물 연면적의 100분의 20 범위에서의 증축
  다. 수도권에서 이전하는 연수 시설의 종전 규모의 범위에서의 신축, 증축 또는 용도변경

② 법 제8조 제2항에서 "대통령령으로 정하는 범위"란 다음 각 호의 어느 하나에 해당하는 지역을 말한다.
1. 과밀억제권역에서 이전하는 공장 등을 계획적으로 유치하기 위하여 필요한 지역
2. 개발 수준이 다른 지역에 비하여 뚜렷하게 낮은 지역의 주민 소득 기반을 확충하기 위하여 필요한 지역
3. 공장이 밀집된 지역을 재정비하기 위하여 필요한 지역
4. 관계 중앙행정기관의 장이 산업정책상 필요하다고 인정하여 국토교통부장관에게 요청한 지역

정답 ③

028 다음 중 수도권정비실무위원회의 위원장은?

① 국무총리
② 국토교통부장관
③ 국토교통부 제1차관
④ 서울특별시 2급 공무원

해설

정답 ③

---

029 수도권정비계획법상의 총량규제에 관한 설명 옳지 않은 것은?

① 국토교통부장관은 인구집중유발시설이 수도권에 지나치게 집중되지 않도록 하기 위하여 그 신설·증설의 총허용량을 정하여 이를 초과하는 신설·증설을 제한할 수 있다.
② 학교나 그 밖에 대통령령이 정하는 인구집중유발시설에 대한 총량규제의 내용은 대통령령으로 정한다.
③ 공장에 대한 총량규제의 내용과 방법은 수도권정비실무위원회의 심의를 거쳐 결정하며, 관할 시·도지사는 이를 고시하여야 한다.
④ 관계·행장기관의 장은 인구집중유발시설의 신설·증설에 대하여 관련 규정에 따른 총량규제의 내용과 다르게 허가 등을 하여서는 아니 된다.

해설

제18조(총량규제) ① 국토교통부장관은 공장, 학교, 그 밖에 대통령령으로 정하는 인구집중유발시설이 수도권에 지나치게 집중되지 아니하도록 하기 위하여 그 신설 또는 증설의 총허용량(總許容量)을 정하여 이를 초과하는 신설 또는 증설을 제한할 수 있다. 이 경우 국토교통부장관은 총허용량과 그 산출 근거를 고시하여야 한다.
② 공장에 대한 제1항의 총량규제의 내용과 방법은 대통령령으로 정하는 바에 따라 수도권정비위원회의 심의를 거쳐 결정하며, 국토교통부장관은 이를 고시하여야 한다.
③ 학교나 그 밖에 대통령령으로 정하는 인구집중유발시설에 대한 제1항의 총량규제의 내용은 대통령령으로 정한다.
④ 관계 행정기관의 장은 인구집중유발시설의 신설 또는 증설에 대하여 제2항과 제3항에 따른 총량규제의 내용과 다르게 허가등을 하여서는 아니 된다.

정답 ③

---

030 수도권정비계획에 따른 과밀부담금의 배분에 대한 설명 중 옳은 것은?

① 징수된 과밀부담금은 전액 국고에 귀속한다.
② 징수된 과밀부담금의 50%는 부담금을 징수한 건축물이 있는 시·도에 귀속한다.
③ 징수된 과밀부담금의 전액을 부담금을 징수한 건축물이 있는 시·도에 귀속하여 도시문제 해결 재원으로 활용한다.
④ 징수된 과밀부담금의 전액을 인구 집중유발시설의 지방 이전에 대한 지원금으로 활용한다.

해설

제16조(부담금의 배분) 징수된 부담금의 100분의 50은 「국가균형발전 특별법」에 따른 국가균형발전특별 회계에 귀속하고, 100분의 50은 부담금을 징수한 건축물이 있는 시·도에 귀속한다.

정답 ②

031 다음 중 수도권정비계획의 수립 내용에 해당하지 않는 것은?

① 환경 보전에 관한 사항
② 인구와 산업 등의 배치에 관한 사항
③ 권역의 구분 및 권역별 정비에 관한 사항
④ 도시·군 계획시설의 설치 및 관리에 관한 사항

해설

정답 ④

032 수도권정비계획법령상 자연보전권역에서의 행위제한에 해당하는 개발사업의 규모 기준이 옳은 것은?

① 면적이 2만m2 이상인 지역종합개발사업
② 면적이 4만m2 이상인 공업용지조성사업
③ 면적이 3만m2 이상인 도시개발사업
④ 시설계획지구의 면적이 2만m2 이상인 관광지조성사업

해설

제13조(자연보전권역의 행위 제한) ① 법 제9조 제1호에서 "대통령령으로 정하는 종류 및 규모 이상의 개발사업"이란 다음 각 호의 어느 하나에 해당하는 사업을 말한다. 이 경우 같은 목적으로 여러 번에 걸쳐 부분적으로 개발하거나 연접하여 개발(이하 "연접개발"이라 한다)함으로써 사업의 전체 면적이 다음 각 호의 어느 하나에서 정하는 규모 이상으로 되는 사업(「국토의 계획 및 이용에 관한 법률」 제36조 및 제37조에 따른 도시지역 중 주거지역, 상업지역, 공업지역 및 개발진흥지구에서 시행하는 사업은 제외한다)을 포함한다.
1. 택지조성사업. 다만, 「건축법 시행령」 별표 1 제2호의 공동주택 중 아파트 또는 연립주택의 건설계획이 포함되지 아니한 택지조성사업과 「한강수계 상수원수질개선 및 주민지원 등에 관한 법률」 제8조에 따른 오염총량관리계획을 수립·시행하는 시·군(이하 "오염총량관리계획 시행지역"이라 한다)이 아닌 지역에서 시행하는 택지조성사업은 그 면적이 3만제곱미터 이상인 것을 말한다.
2. 면적이 3만제곱미터 이상인 공업용지조성사업
3. 시설계획지구의 면적이 3만제곱미터 이상인 관광지조성사업
4. 면적이 3만제곱미터 이상인 도시개발사업
5. 면적이 3만제곱미터 이상인 지역종합개발사업
② 법 제9조 제2호에서 "대통령령으로 정하는 학교, 공공 청사, 업무용 건축물, 판매용 건축물, 연수 시설, 그 밖의 인구집중유발시설"이란 다음 각 호의 어느 하나에 해당하는 시설을 말한다.

1. 학교
2. 공공 청사
3. 업무용 건축물, 판매용 건축물 또는 복합 건축물로서 창고 시설(「하수도법」제2조 제1호에 따른 오수를 배출하지 아니하는 시설만 해당한다)과 주차장의 면적을 제외한 면적이 제3조 제4호 각 목의 어느 하나에 해당하는 건축물
4. 연수 시설 중 「건축법 시행령」 별표 1 제10호나목의 교육원, 같은 호 다목의 직업훈련소 및 같은 표 제20호사목의 운전 및 정비 관련 직업훈련소 중 「근로자직업능력 개발법」에 따라 사업주가 설치·운영하는 직업능력개발훈련시설

③ 국토교통부장관은 연접개발의 세부적인 적용기준 등을 정할 수 있으며, 그 기준 등을 정한 경우에는 관보에 고시하여야 한다.

제14조(자연보전권역의 행위 제한 완화) ① 관계 행정기관의 장은 법 제9조 각 호 외의 부분 단서에 따라 자연보전권역에서 다음 각 호의 어느 하나에 해당하는 행위나 그 행위의 허가등을 할 수 있다.

1. **오염총량관리계획 시행지역이 아닌 지역에서 시행하는 택지조성사업, 도시개발사업, 지역종합개발사업 또는 관광지조성사업 중 그 면적(관광지조성사업의 경우에는 시설계획지구의 면적을 말한다)이 6만제곱미터 이하인 것으로서 수도권정비위원회의 심의를 거친 것**
2. 오염총량관리계획 시행지역에서 시행하는 택지조성사업, 도시개발사업, 지역종합개발사업 또는 관광지조성사업의 경우

   가. 다음의 어느 하나에 해당하는 택지조성사업. 다만, 「한강수계 상수원수질개선 및 주민지원 등에 관한 법률」 제4조 제1항에 따라 지정·고시된 수변구역에서 시행하는 택지조성사업은 제외한다.
   1) 「국토의 계획 및 이용에 관한 법률」 제36조 및 제37조에 따른 도시지역 중 주거지역, 상업지역, 공업지역 및 개발진흥지구(이하 이 조에서 "도시지역등"이라 한다)에서 시행되는 택지조성사업 중 「국토의 계획 및 이용에 관한 법률」 제51조에 따라 지정된 10만제곱미터 이상의 지구단위계획구역에서 시행되는 것으로서 수도권정비위원회의 심의를 거친 것
   2) 도시지역등에서 시행되는 택지조성사업 중 「국토의 계획 및 이용에 관한 법률」 제51조에 따라 지정된 10만제곱미터 미만의 지구단위계획구역에서 시행되고 주변 지역이 이미 시가화(市街化) 등이 완료되어 추가적으로 개발할 수 있는 지역이 없는 것으로서 국토교통부장관과 협의를 거친 것
   3) 도시지역등이 아닌 지역에서 시행되는 택지조성사업 중 「국토의 계획 및 이용에 관한 법률」 제51조에 따라 지정된 10만제곱미터 이상 50만제곱미터 이하의 지구단위계획구역에서 시행되는 것으로서 수도권정비위원회의 심의를 거친 것
   4) 도시지역등과 도시지역등이 아닌 지역에 걸쳐서 시행되는 택지조성사업 중 「국토의 계획 및 이용에 관한 법률」 제51조에 따라 지정된 10만제곱미터 이상 50만제곱미터 이하의 면적(각 지역의 지구단위계획구역 면적을 합산한 면적을 말한다)의 지구단위계획구역에서 시행되는 것으로서 수도권정비위원회의 심의를 거친 것

   나. 다음의 어느 하나에 해당하는 도시개발사업 또는 지역종합개발사업. 다만, 「한강수계 상수원수질개선 및 주민지원 등에 관한 법률」 제4조 제1항에 따라 지정·고시된 수변구역에서 시행하는 도시개발사업 및 지역종합개발사업은 제외한다.
   1) 6만제곱미터 이하의 도시개발사업 또는 지역종합개발사업(3)에 해당하는 경우는 제외한다)으로서 수도권정비위원회의 심의를 거친 것
   2) 도시지역등에서 시행되는 도시개발사업 또는 지역종합개발사업 중 그 면적이 10만제곱미터 이상인 것으로서 수도권정비위원회의 심의를 거친 것
   3) 도시지역등에서 시행되는 도시개발사업 또는 지역종합개발사업 중 그 면적이 10만제곱미터 미만이고 주변 지역이 이미 시가화 등이 완료되어 추가적으로 개발할 수 있는 지역이 없는 것으로서 국토교통부장관과 협의를 거친 것
   4) 도시지역등이 아닌 지역에서 시행되거나 도시지역등과 도시지역등이 아닌 지역에 걸쳐서 시행되는 도시개발사업 또는 지역종합개발사업 중 그 면적이 10만제곱미터 이상 50만제곱미터 이하인 것으로서 수도권정비위원회의 심의를 거친 것

다. 관광지조성사업 중 시설계획지구의 면적이 3만제곱미터 이상인 것으로서 수도권정비위원회 심의를 거친 것
3. 공업용지조성사업 중 면적이 6만제곱미터 이하인 것으로서 수도권정비위원회의 심의를 거친 것
4. 학교의 경우
　가. 제24조에 따른 총량규제의 내용에 적합한 범위에서의 전문대학, 대학원대학 또는 소규모대학의 신설로서 수도권정비위원회의 심의를 거친 것
　나. 제24조에 따른 총량규제의 내용에 적합한 범위에서의 학교 입학 정원의 증원
　다. 신설된 지 8년이 지나지 아니한 소규모대학 입학 정원의 증원(최초 입학 정원의 100퍼센트 범위에서의 증원만 해당하며, 신설된 후 8년 이내에는 나목에 따른 증원을 할 수 없다)으로서 수도권정비위원회의 심의를 거친 것
　라. 자연보전권역에서의 전문대학, 대학원대학 또는 소규모대학의 이전
　마. 교육부장관이 대학의 구조개혁을 위하여 고시하는 국립대학 및 사립대학 통·폐합기준에 따른 대학과 전문대학 간 통·폐합으로 인한 대학의 신설·증설 또는 이전으로서 다음의 요건을 갖춘 것
　　1) 해당 대학 및 전문대학이 관할 시·도지사의 의견을 들어 교육부장관에게 요청한 것으로서 2012년 12월 31일까지 수도권정비위원회의 심의를 거칠 것
　　2) 대학 본부가 자연보전권역 밖에서 자연보전권역으로 이전하거나 자연보전권역에 신설되지 아니할 것
　　3) 대학의 교사(校舍)와 교지(校地) 등이 종전과 같이 사용되고, 폐지되는 전문대학의 교사와 교지 등은 대학의 교사와 교지 등으로 전환될 것
5. 공공 청사의 경우
　가. 다음에 해당하는 공공 청사의 신축, 증축 또는 용도변경으로서 수도권정비위원회의 심의를 거친 것. 다만, 2)에 해당하는 공공 청사의 경우에는 증축이나 용도변경만 가능하며, 수도권이 아닌 지역에 있는 3)에 해당하는 공공법인이 자연보전권역에 사무소를 신축하는 경우는 제외한다.
　　1) 중앙행정기관(청은 제외한다)의 청사
　　2) 중앙행정기관 중 청의 청사, 중앙행정기관의 소속 기관의 청사(교육, 연수 또는 시험기관의 청사는 제외한다)
　　3) 공공법인의 사무소
　나. 다음의 어느 하나에 해당하는 행위
　　1) 중앙행정기관의 소속 기관 및 공공법인(지점을 포함한다) 중 수도권만을 관할하는 기관 및 공공법인의 청사 또는 사무소의 신축, 증축 또는 용도변경
　　2) 중앙행정기관의 소속 기관 및 공공법인(지점을 포함한다) 중 관할 구역이 수도권과 그 인근의 도 지역만을 관할하는 기관 및 공공법인의 청사 또는 사무소의 신축, 증축 또는 용도변경으로서 국토교통부장관과 협의를 거친 것
6. 연수 시설의 경우
　가. 기존 연수 시설의 건축물 연면적의 100분의 10 범위에서의 증축
　나. 오염총량관리계획 시행지역에서 시행하는 연수 시설의 신축, 증축(기존 연수 시설의 건축물 연면적의 100분의 10 범위에서의 증축은 제외한다) 또는 용도변경으로서 수도권정비위원회의 심의를 거친 것
7. 오염총량관리계획 시행지역에서 시행하는 업무용 건축물, 판매용 건축물 및 복합 건축물의 신축, 증축 또는 용도변경
② 제1항 제2호가목에 따라 수도권정비위원회의 심의를 요청할 때 같은 지구단위계획구역에 여러 개의 택지조성사업이 포함된 경우에는 한꺼번에 수도권정비위원회의 심의를 요청하여야 한다.

정답 ③

033 수도권정비계획법령에 따라 자연보전권역에서 수도권정비위원회의 심의를 거쳐 허용될 수 있는 최대의 택지조성사업 규모 기준은? (단, 오염총량관리계획 시행지역이 아닌 지역에서 시행하는 택지조성사업인 경우이다.)

① 30,000m2 이하
② 60,000m2 이하
③ 100,000m2 이하
④ 1,000,000m2 이하

해설

정답 ②

034 다음 중 수도권정비계획법령에 따른 대규모개발사업의 종류에 해당하지 않는 것은?

① 관광진흥법에 따른 관광단지 조성사업
② 도시개발법에 따른 도시재개발사업
③ 산업집적활성화 및 공장설립에 관한 법률에 따른 공장설립을 위한 공장용지조성사업
④ 택지개발촉진법에 따른 택지개발사업

해설

정답 ②

035 다음 중 수도권정비계획에 따른 과밀억제권역의 행위제한에 대한 설명으로 옳은 것은?

① 과밀억제권역은 인구와 산업을 계획적으로 유치하고 산업의 입지와 도시의 개발을 적정하게 관리할 필요가 있는 지역을 말한다.
② 관계 행정기관의 장은 과밀억제권역에서 공업지역의 지정을 하여서는 아니된다. 단, 시・도별 기존 공업지역의 총면적을 증가시키지 아니하는 범위에서 국토교통부장관이 수도권정비위원회의 심의를 거쳐 지정하는 경우에는 그러하지 아니하다.
③ 관계 행정기관의 장은 과밀억제권역에서 대통령령으로 정하는 학교・공공청사의 신설을 허가하여서는 아니 된다. 단, 국토교통부장관이 수도권정비위원회의 심의를 거쳐 지정하는 경우에는 그러하지 아니하다.
④ 과밀억제권역의 범위는 국토교통부령으로 정한다.

> 해설

제6조(권역의 구분과 지정) ① 수도권의 인구와 산업을 적정하게 배치하기 위하여 수도권을 다음과 같이 구분한다.
  1. 과밀억제권역: 인구와 산업이 지나치게 집중되었거나 집중될 우려가 있어 이전하거나 정비할 필요가 있는 지역
  2. 성장관리권역: 과밀억제권역으로부터 이전하는 인구와 산업을 계획적으로 유치하고 산업의 입지와 도시의 개발을 적정하게 관리할 필요가 있는 지역
  3. 자연보전권역: 한강 수계의 수질과 녹지 등 자연환경을 보전할 필요가 있는 지역
② 과밀억제권역, 성장관리권역 및 자연보전권역의 범위는 대통령령으로 정한다.

제7조(과밀억제권역의 행위 제한) ① 관계 행정기관의 장은 과밀억제권역에서 다음 각 호의 행위나 그 허가·인가·승인 또는 협의 등(이하 "허가등"이라 한다)을 하여서는 아니 된다.
  1. 대통령령으로 정하는 학교, 공공 청사, 연수 시설, 그 밖의 인구집중유발시설의 신설 또는 증설(용도변경을 포함하며, 학교의 증설은 입학 정원의 증원을 말한다. 이하 같다)
  2. 공업지역의 지정
② 관계 행정기관의 장은 국민경제의 발전과 공공복리의 증진을 위하여 필요하다고 인정하면 제1항에도 불구하고 다음 각 호의 행위나 그 허가등을 할 수 있다.
  1. 대통령령으로 정하는 학교 또는 공공 청사의 신설 또는 증설
  2. 서울특별시·광역시·도(이하 "시·도"라 한다)별 기존 공업지역의 총면적을 증가시키지 아니하는 범위에서의 공업지역 지정. 다만, 국토교통부장관이 수도권정비위원회의 심의를 거쳐 지정하거나 허가등을 하는 경우에만 해당한다.

영 제11조(과밀억제권역의 행위 제한 완화) 관계 행정기관의 장은 법 제7조 제2항에 따라 과밀억제권역에서 다음 각 호의 구분에 따라 해당 행위나 그 행위의 허가·인가·승인 또는 협의 등(이하 "허가등"이라 한다)을 할 수 있다.
  1. 학교의 경우
      가. 제24조에 따른 총량규제의 내용에 적합한 범위에서의 산업대학, 전문대학 또는 대학원대학의 신설. 다만, 산업대학과 전문대학의 경우에는 서울특별시가 아닌 지역에 신설되는 경우만 해당한다.
      나. 제24조에 따른 총량규제의 내용에 적합한 범위에서의 학교 입학 정원의 증원
      다. 과밀억제권역에서의 학교 이전(서울특별시로 이전하는 경우는 제외한다). 다만, 대학이나 교육대학을 이전하는 경우에는 교육 여건의 개선 등 교육정책상 부득이하거나 도시 안의 지역균형발전을 위하여 법 제21조에 따른 수도권정비위원회(이하 "수도권정비위원회"라 한다)의 심의를 거친 경우만 해당한다.
      라. 「한국예술종합학교 설치령」에 따른 한국예술종합학교의 각원(各院)을 설치하기 위한 입학 정원의 증원
      마. 전문대학 중 수업연한이 3년인 간호전문대학을 대학 중 간호대학으로 변경하는 것으로서 다음의 요건을 갖춘 것
          1) 간호전문대학은 설립 후 10년이 지날 것
          2) 변경하려는 간호대학의 총학생정원은 간호전문대학의 총학생정원을 초과하지 아니할 것
          3) 수도권정비위원회의 심의를 거칠 것
      바. 교육부장관이 대학의 구조개혁을 위하여 고시하는 국립대학 및 사립대학 통·폐합기준에 따른 대학과 전문대학 간 통·폐합(서울특별시 밖의 대학과 서울특별시 안의 전문대학 간 통·폐합은 제외한다)으로 인한 대학의 신설·증설 또는 이전으로서 다음의 요건을 갖춘 것
          1) 해당 대학 및 전문대학이 관할 시·도지사의 의견을 들어 교육부장관에게 요청한 것으로서 2012년 12월 31일까지 수도권정비위원회의 심의를 거칠 것
          2) 대학 본부가 과밀억제권역 밖에서 과밀억제권역으로 이전하거나 과밀억제권역에 신설되지 아니할 것

3) 대학의 교사(校舍)와 교지(校地) 등이 종전과 같이 사용되고, 폐지되는 전문대학의 교사와 교지 등은 대학의 교사와 교지 등으로 전환될 것
사. 「고등교육법」 제40조의2에 따른 산업대학의 폐지로 인한 대학의 설립으로서 2011년 9월 28일까지 수도권정비위원회의 심의를 거친 것
2. 공공 청사의 경우
가. 다음에 해당하는 공공 청사의 신축, 증축 또는 용도변경으로서 수도권정비위원회의 심의를 거친 것. 다만, 2)에 해당하는 공공 청사의 경우에는 증축이나 용도변경만 가능하며, 수도권이 아닌 지역에 있는 3)에 해당하는 공공법인이 과밀억제권역에 사무소를 신축하는 경우는 제외한다.
1) 중앙행정기관(청은 제외한다)의 청사
2) 중앙행정기관 중 청의 청사, 중앙행정기관의 소속 기관의 청사(교육, 연수 또는 시험기관의 청사는 제외한다)
3) 공공법인의 사무소
나. 다음의 어느 하나에 해당하는 행위
1) 중앙행정기관의 소속 기관 및 공공법인(지점을 포함한다) 중 수도권만을 관할하는 기관 및 공공법인의 청사 또는 사무소의 신축, 증축 또는 용도변경
2) 중앙행정기관의 소속 기관 및 공공법인(지점을 포함한다) 중 관할 구역이 수도권과 그 인근의 도 지역만을 관할하는 기관 및 공공법인의 청사 또는 사무소의 신축, 증축 또는 용도변경으로서 국토교통부장관과 협의를 거친 것

정답 ②

036 다음 중 수도권정비계획법령에 따른 인구집중유발시설의 기준이 옳지 않은 것은?

① 「고등교육법」에 따른 학교로서 대학, 산업대학, 교육대학 또는 전문대학
② 「산업집적활성화 및 공장설립에 관한 법률」에 따른 공장으로서 건축물의 연면적이 200m2 이상인 것
③ 중앙행정기관 및 그 소속 기관의 청사 중 건축물의 연면적이 1,000m2 이상인 것
④ 복합시설이 주용도인 건축물로서 그 연면적이 25,000m2 이상인 건축물

해설

제3조(인구집중유발시설의 종류 등) 법 제2조 제3호에 따른 인구집중유발시설은 다음 각 호의 어느 하나에 해당하는 시설을 말한다. 이 경우 제3호부터 제5호까지의 시설에 해당하는 건축물의 연면적 또는 시설의 면적을 산정할 때 대지가 연접하고 소유자(제3호의 공공 청사인 경우에는 사용자를 포함한다)가 같은 건축물에 대하여는 각 건축물의 연면적 또는 시설의 면적을 합산한다.
1. 「고등교육법」 제2조에 따른 학교로서 대학, 산업대학, 교육대학 또는 전문대학(이에 준하는 각종학교를 각각 포함한다. 이하 같다)
2. <u>「산업집적활성화 및 공장설립에 관한 법률」 제2조 제1호에 따른 공장으로서 건축물의 연면적(제조시설로 사용되는 기계 또는 장치를 설치하기 위한 건축물 및 사업장의 각 층 바닥면적의 합계를 말한다)이 500제곱미터 이상인 것</u>
3. 다음 각 목의 어느 하나에 해당하는 공공 청사(도서관, 전시장, 공연장, 군사시설 중 군부대의 청사, 국가정보원 및 그 소속 기관의 청사는 제외한다. 이하 같다)로서 건축물의 연면적이 1천제곱미터 이상인 것
가. 중앙행정기관 및 그 소속 기관의 청사

나. 다음에 해당하는 법인(이하 "공공법인"이라 한다)의 사무소(연구소와 연수 시설 등을 포함한다. 이하 같다)
  1) 정부가 자본금의 100분의 50 이상을 출자한 법인 및 그 법인이 자본금의 100분의 50 이상을 출자한 법인
  2) 「국유재산법」에 따른 정부출자기업체
  3) 법률에 따른 정부 출연 대상 법인으로서 정부로부터 출연을 받거나 받은 법인
  4) 개별 법률에 따라 설립되는 법인으로서 주무부장관의 인가 또는 허가를 받지 아니하고 해당 법률에 따라 직접 설립된 법인

4. 다음 각 목의 어느 하나에 해당하는 업무용 건축물, 판매용 건축물 및 복합 건축물. 다만, 지방자치단체가 출자하거나 출연한 법인의 사무소로 사용되는 건축물과 자연보전권역이 아닌 지역에 설치되는 「벤처기업육성에 관한 특별조치법」 제2조 제4항에 따른 벤처기업집적시설 및 「국제회의산업 육성에 관한 법률 시행령」 제3조에 따른 국제회의시설 중 전문회의시설은 제외한다.
  가. 업무용 건축물: 다음에 해당하는 시설(이하 "업무용시설" 이라 한다)이 주용도[해당 건축물의 업무용시설 면적의 합계가 「건축법 시행령」 별표 1의 분류에 따른 용도별 면적(이하 "용도별면적"이라 한다) 중 가장 큰 경우를 말한다. 이하 이 목에서 같다]인 건축물로서 그 연면적이 2만5천제곱미터 이상인 건축물 또는 업무용시설이 주용도가 아닌 건축물로서 그 업무용시설 면적의 합계가 2만5천제곱미터 이상인 건축물
    1) 「건축법 시행령」 별표 1 제10호마목의 연구소 및 같은 표 제14호나목의 일반업무시설
    2) 「건축법 시행령」 별표 1 제3호의 제1종 근린생활시설, 같은 표 제4호의 제2종 근린생활시설, 같은 표 제5호의 문화 및 집회시설(같은 호 라목 및 마목의 시설만 해당한다) 및 같은 표 제18호의 창고시설. 다만, 각 시설의 면적이 1)에 따른 시설 면적의 합계보다 작은 경우만 해당한다.
  나. 판매용 건축물: 다음에 해당하는 건축물
    1) 다음에 해당하는 시설(이하 "판매용시설"이라 한다)이 주용도(해당 건축물의 판매용시설 면적의 합계가 용도별면적 중 가장 큰 경우를 말한다. 이하 이 목에서 같다)인 건축물로서 그 연면적이 1만5천제곱미터 이상인 건축물 또는 판매용시설이 주용도가 아닌 건축물로서 그 판매용시설 면적의 합계가 1만5천제곱미터 이상인 건축물
      가) 「건축법 시행령」 별표 1 제7호의 판매시설 및 같은 표 제16호의 위락시설
      나) 「건축법 시행령」 별표 1 제3호의 제1종 근린생활시설, 같은 표 제4호의 제2종 근린생활시설, 같은 표 제5호의 문화 및 집회시설, 같은 표 제13호의 운동시설 및 같은 표 제18호의 창고시설. 다만, 각 시설의 면적이 가)에 따른 시설 면적의 합계보다 작은 경우만 해당한다.
    2) 업무용시설 및 판매용시설(이하 "복합시설"이라 한다)이 주용도(해당 건축물의 복합시설 면적의 합계가 용도별면적 중 가장 큰 경우를 말한다. 이하 이 목 및 다목에서 같다)가 아닌 건축물로서 복합시설의 면적의 합계가 1만5천제곱미터 이상 2만5천제곱미터 미만이고 판매용시설 면적이 업무용시설 면적보다 큰 건축물의 복합시설에 해당하는 부분
  다. 복합 건축물: 복합시설이 주용도인 건축물로서 그 연면적이 2만5천제곱미터 이상인 건축물 또는 복합시설이 주용도가 아닌 건축물로서 그 복합시설의 면적의 합계가 2만5천제곱미터 이상인 건축물

5. 「건축법 시행령」 별표 1 제10호나목의 교육원, 같은 호 다목의 직업훈련소 및 같은 표 제20호사목의 운전 및 정비 관련 직업훈련소로서 건축물의 연면적이 3만제곱미터 이상인 연수 시설. 다만, 지방자치단체 또는 지방자치단체가 출자하거나 출연한 법인이 설치하는 시설은 제외한다.

정답 ②

037 다음 중 수도권정비계획법상 성장관리권역에서 시설의 신설·증설에 대한 허가가 가능하지 않은 경우는?

① 수도권에서의 학교 이전
② 수도권정비위원회를 거친 입학정원 50인 이내의 대학 신설
③ 수도권에서 이전하는 연수 시설의 종전 규모의 2배 신축
④ 기존 연수 시설의 건축물 연면적이 100분의 20 범위에서의 증축

> **해설**

정답 ③

038 다음 중 수도권정비실무위원회의 위원장은?

① 국무총리
② 국토교통부장관
③ 국토교통부 제1차관
④ 서울특별시 2급 공무원

> **해설**

정답 ③

039 다음 중 수도권정비계획법에 따른 '대규모개발사업'의 규모 기준이 옳지 않은 것은?

① 「주택법」에 따른 대지조성으로서 그 면적이 100만m2 이상인 것
② 「산업집적활성화 및 공장설립에 관한 법률」에 따른 공장설립을 위한 공장용지 조성사업으로서 그 면적이 50만m2 이상인 것
③ 「관광진흥법」에 따른 관광지 조성사업으로서 시설계획지구의 면적이 10만m2 이상인 것
④ 공유수면매립지에서 시행하는 관광지 조성사업으로서 그 면적이 30만m2 이상인 것

> **해설**
>
> **제4조(대규모 개발사업의 종류 등)** 법 제2조 제4호에서 "대통령령으로 정하는 종류 및 규모 이상의 사업"이란 다음 각 호의 어느 하나에 해당하는 사업을 말한다. 이 경우 같은 목적으로 여러 번에 걸쳐 부분적으로 개발하거나 연접하여 개발함으로써 사업의 전체 면적이 다음 각 호의 어느 하나로 정하는 규모 이상이 되는 사업을 포함한다.
> 1. 다음 각 목의 어느 하나에 해당하는 택지조성사업(이하 "택지조성사업"이라 한다)으로서 그 면적이 100만제곱미터 이상인 것
>   가. 「택지개발촉진법」에 따른 택지개발사업
>   나. 「주택법」에 따른 주택건설사업 및 대지조성사업
>   다. 「산업입지 및 개발에 관한 법률」에 따른 산업단지 및 특수지역에서의 주택지 조성사업

2. 다음 각 목의 어느 하나에 해당하는 공업용지조성사업(이하 "공업용지조성사업"이라 한다)으로서 그 면적이 30만제곱미터 이상인 것
    가. 「산업입지 및 개발에 관한 법률」에 따른 산업단지개발사업 및 특수지역개발사업
    나. 「자유무역지역의 지정 및 운영에 관한 법률」에 따른 자유무역지역 조성사업
    다. 「중소기업진흥에 관한 법률」에 따른 중소기업협동화단지 조성사업
    라. 「산업집적활성화 및 공장설립에 관한 법률」에 따른 공장설립을 위한 공장용지 조성사업
3. 다음 각 목의 어느 하나에 해당하는 관광지조성사업(이하 "관광지조성사업"이라 한다)으로서 시설계획지구의 면적이 10만제곱미터 이상인 것. 다만, 공유수면매립지에서 시행하는 관광지조성사업은 30만제곱미터 이상인 것으로 한다.
    가. 「관광진흥법」에 따른 관광지 및 관광단지 조성사업과 관광시설 조성사업
    나. 「국토의 계획 및 이용에 관한 법률」에 따른 유원지 설치사업
    다. 「온천법」에 따른 온천이용시설 설치사업
4. 「도시개발법」에 따른 도시개발사업(이하 "도시개발사업"이라 한다)으로서 그 면적이 100만제곱미터 이상인 것 또는 그 면적이 100만제곱미터 미만인 도시개발사업으로서 공업용도로 구획되는 면적이 30만제곱미터 이상인 것
5. 「지역 개발 및 지원에 관한 법률」에 따른 지역개발사업(법률 제12737호 지역 개발 및 지원에 관한 법률 부칙 제4조 제3항에 따라 지역개발사업구역으로 보는 종전의 「지역균형개발 및 지방중소기업 육성에 관한 법률」에 따라 지정·고시된 지역종합개발지구에서 시행하는 지역개발사업만 해당한다. 이하 이 호에서 같다)으로서 그 면적이 100만제곱미터 이상인 것과 그 면적이 100만제곱미터 미만인 지역개발사업으로서 공업용도로 구획되는 면적이 30만제곱미터 이상인 것 또는 10만제곱미터 이상의 관광단지가 포함된 것

정답 ②

---

040 다음 중 수도권정비계획에 따른 과밀억제권역과 해당권역에서의 행위 제한에 대한 설명으로 옳은 것은?

① 과밀억제권역은 인구과 산업을 계획적으로 유치하고 산업의 입지와 도시의 개발을 적정하게 관리할 필요가 있는 지역을 말한다.
② 관계 행정기관의 장은 과밀억제권역에서 공업지역의 지정을 하여서는 아니 된다. 단, 시·도별 기존 공업지역의 지정을 하여서는 아니 된다. 단, 시·도별 기존 공업지역의 총면적을 증가시키지 아니하는 범위에서 국토교통부장관이 수도권정비위원회의 심의를 거쳐 지정하는 경우에는 그러하지 아니하다.
③ 관계 행정기관의 장은 과밀억제권역에서 대통령령으로 정하는 학교·공공청사의 신설을 허가하여서는 아니 된다. 단, 국토교통부장관이 수도권정비위원회의 심의를 거쳐 지정하는 경우에는 그러하지 아니하다.
④ 과밀억제권역의 범위는 국토교통부령으로 정한다.

해설

정답 ②

041 다음 중 수도권정비위원회의 위원장은?

① 국무총리
② 기획재정부장관
③ 국토교통부장관
④ 서울특별시장

해설

제21조(수도권정비위원회의 설치 등) ① 수도권의 정비 및 건전한 발전과 관련되는 중요 정책을 심의하기 위하여 국토교통부장관 소속으로 수도권정비위원회(이하 "위원회"라 한다)를 둔다.
② 위원회는 다음 각 호의 사항을 심의한다.
1. 수도권정비계획의 수립과 변경에 관한 사항
2. 수도권정비계획의 소관별 추진 계획에 관한 사항
3. 수도권의 정비와 관련된 정책과 계획의 조정에 관한 사항
4. 과밀억제권역에서 추진될 공업지역의 지정에 관한 사항
5. 종전대지의 이용 계획에 관한 사항
6. 제18조에 따른 총량규제에 관한 사항
7. 대규모개발사업의 개발 계획에 관한 사항
8. 그 밖에 수도권의 정비에 필요한 사항으로서 대통령령으로 정하는 사항

제22조(구성) ① 위원회는 위원장을 포함한 20명 이내의 위원으로 구성한다.
② 위원장은 국토교통부장관이 된다.
③ 위원회의 위원은 다음 각 호의 사람으로 하되, 제3호에 해당하는 사람이 5명 이상이어야 한다.
1. 대통령령으로 정하는 관계 중앙행정기관의 차관
2. 대통령령으로 정하는 시·도의 부시장 또는 부지사
3. 수도권 정책에 관한 학식과 경험이 풍부한 사람 중에서 국토교통부장관이 위촉하는 사람
④ 제3항 제3호에 해당하는 위원(이하 "위촉위원"이라 한다)의 임기는 2년으로 하며, 연임할 수 있다.

정답 ③

042 다음 중 수도권정비계획법령상 과밀부담금을 내야 하는 인구집중유발시설에 해당하지 않는 것은?

① 업무용 건축물
② 판매용 건축물
③ 공공청사
④ 연수시설

해설

제3조(인구집중유발시설의 종류 등) 법 제2조 제3호에 따른 인구집중유발시설은 다음 각 호의 어느 하나에 해당하는 시설을 말한다. 이 경우 제3호부터 제5호까지의 시설에 해당하는 건축물의 연면적 또는 시설의 면적을 산정할 때 대지가 연접하고 소유자(제3호의 공공 청사인 경우에는 사용자를 포함한다)가 같은 건축물에 대하여는 각 건축물의 연면적 또는 시설의 면적을 합산한다.
1. 「고등교육법」 제2조에 따른 학교로서 대학, 산업대학, 교육대학 또는 전문대학(이에 준하는 각종학교를 각각 포함한다. 이하 같다)
2. 「산업집적활성화 및 공장설립에 관한 법률」 제2조 제1호에 따른 공장으로서 건축물의 연면적(제조시설로 사용되는 기계 또는 장치를 설치하기 위한 건축물 및 사업장의 각 층 바닥면적의 합계를 말한다)이 500제곱미터 이상인 것

3. 다음 각 목의 어느 하나에 해당하는 공공 청사(도서관, 전시장, 공연장, 군사시설 중 군부대의 청사, 국가정보원 및 그 소속 기관의 청사는 제외한다. 이하 같다)로서 건축물의 연면적이 1천제곱미터 이상인 것
   가. 중앙행정기관 및 그 소속 기관의 청사
   나. 다음에 해당하는 법인(이하 "공공법인"이라 한다)의 사무소(연구소와 연수 시설 등을 포함한다. 이하 같다)
      1) 정부가 자본금의 100분의 50 이상을 출자한 법인 및 그 법인이 자본금의 100분의 50 이상을 출자한 법인
      2) 「국유재산법」에 따른 정부출자기업체
      3) 법률에 따른 정부 출연 대상 법인으로서 정부로부터 출연을 받거나 받은 법인
      4) 개별 법률에 따라 설립되는 법인으로서 주무부장관의 인가 또는 허가를 받지 아니하고 해당 법률에 따라 직접 설립된 법인
4. 다음 각 목의 어느 하나에 해당하는 업무용 건축물, 판매용 건축물 및 복합 건축물. 다만, 지방자치단체가 출자하거나 출연한 법인의 사무소로 사용되는 건축물과 자연보전권역이 아닌 지역에 설치되는 「벤처기업육성에 관한 특별조치법」 제2조 제4항에 따른 벤처기업집적시설 및 「국제회의산업 육성에 관한 법률 시행령」 제3조에 따른 국제회의시설 중 전문회의시설은 제외한다.
   가. 업무용 건축물: 다음에 해당하는 시설(이하 "업무용시설"이라 한다)이 주용도[해당 건축물의 업무용시설 면적의 합계가 「건축법 시행령」 별표 1의 분류에 따른 용도별 면적(이하 "용도별면적"이라 한다) 중 가장 큰 경우를 말한다. 이하 이 목에서 같다]인 건축물로서 그 연면적이 2만5천제곱미터 이상인 건축물 또는 업무용시설이 주용도가 아닌 건축물로서 그 업무용시설 면적의 합계가 2만5천제곱미터 이상인 건축물
      1) 「건축법 시행령」 별표 1 제10호마목의 연구소 및 같은 표 제14호나목의 일반업무시설
      2) 「건축법 시행령」 별표 1 제3호의 제1종 근린생활시설, 같은 표 제4호의 제2종 근린생활시설, 같은 표 제5호의 문화 및 집회시설(같은 호 라목 및 마목의 시설만 해당한다) 및 같은 표 제18호의 창고시설. 다만, 각 시설의 면적이 1)에 따른 시설 면적의 합계보다 작은 경우만 해당한다.
   나. 판매용 건축물: 다음에 해당하는 건축물
      1) 다음에 해당하는 시설(이하 "판매용시설"이라 한다)이 주용도(해당 건축물의 판매용시설 면적의 합계가 용도별면적 중 가장 큰 경우를 말한다. 이하 이 목에서 같다)인 건축물로서 그 연면적이 1만5천제곱미터 이상인 건축물 또는 판매용시설이 주용도가 아닌 건축물로서 그 판매용시설 면적의 합계가 1만5천제곱미터 이상인 건축물
         가) 「건축법 시행령」 별표 1 제7호의 판매시설 및 같은 표 제16호의 위락시설
         나) 「건축법 시행령」 별표 1 제3호의 제1종 근린생활시설, 같은 표 제4호의 제2종 근린생활시설, 같은 표 제5호의 문화 및 집회시설, 같은 표 제13호의 운동시설 및 같은 표 제18호의 창고시설. 다만, 각 시설의 면적이 가)에 따른 시설 면적의 합계보다 작은 경우만 해당한다.
      2) 업무용시설 및 판매용시설(이하 "복합시설"이라 한다)이 주용도(해당 건축물의 복합시설 면적의 합계가 용도별면적 중 가장 큰 경우를 말한다. 이하 이 목 및 다목에서 같다)가 아닌 건축물로서 복합시설의 면적의 합계가 1만5천제곱미터 이상 2만5천제곱미터 미만이고 판매용시설 면적이 업무용시설 면적보다 큰 건축물의 복합시설에 해당하는 부분
   다. 복합 건축물: 복합시설이 주용도인 건축물로서 그 연면적이 2만5천제곱미터 이상인 건축물 또는 복합시설이 주용도가 아닌 건축물로서 그 복합시설의 면적의 합계가 2만5천제곱미터 이상인 건축물
5. 「건축법 시행령」 별표 1 제10호나목의 교육원, 같은 호 다목의 직업훈련소 및 같은 표 제20호사목의 운전 및 정비 관련 직업훈련소로서 건축물의 연면적이 3만제곱미터 이상인 연수 시설. 다만, 지방자치단체 또는 지방자치단체가 출자하거나 출연한 법인이 설치하는 시설은 제외한다.

정답 ④

043 다음 중 수도권정비계획법에 따른 과밀부담금에 대한 설명으로 옳지 않은 것은?

① 과밀부담금은 건축비의 100분의 10으로 하되, 지역별 여건 등을 고려하여 대통령령으로 정하는 바에 따라 건축비의 100분의 5까지 조정할 수 있다.
② 과밀부담금의 부과 대상은 성장관리권역에 속하는 지역이다.
③ 과밀부담금은 부과 대상 건축물이 속한 지역을 관할하는 시·도지사가 부과·징수한다.
④ 시·도지사는 납부 의무자가 납부 기한까지 과밀부담금을 내지 아니하면 부담금의 100분의 5에 해당하는 가산금을 부과할 수 있다.

> 해설

정답 ②

044 다음 중 수도권정비계획법령에서 규정하고 있는 인구집중 유발시설 기준으로 옳지 않은 것은?

① 고등교육법 제2조에 따른 학교로서 교육대학 또는 전문대학
② 업무용시설이 주용도인 건축물로서 그 연면적이 3만 제곱미터 이상인 업무용 건축물
③ 건축물의 연면적이 1천 제곱미터 이상인 중앙행정기관 및 그 소속 기관의 청사
④ 판매용시설이 주용도인 건축물로서 그 연면적이 1만5천 제곱미터 이상인 판매용 건축물

> 해설

정답 ②

045 수도권정비계획에 관한 설명으로 틀린 것은?

① 수도권정비계획의 대상이 되는 수도권이란 서울특별시와 인천광역시만을 말한다.
② 수도권정비계획은 수도권의 도시·군계획, 그 밖에 다른 법령에 따른 토지 이용 계획 또는 개발계획 등에 우선하며, 그 계획의 기본이 된다. 다만, 수도권의 군사에 관한 사항에 대하여는 그러하지 아니하다.
③ 국토교통부장관은 수도권의 인구 및 산업의 집중을 억제하고 적정하게 배치하기 위하여 중앙행정기관의 장과 서울특별시장·광역시장 또는 도지사의 의견을 들어 수도권정비계획안을 입안한다.
④ 국토교통부장관은 수도권정비계획안을 수도권정비위원회의 심의를 거친 후 국무회의의 심의와 대통령의 승인을 받아 결정한다.

> **해설**

제2조(정의) 이 법에서 사용하는 용어의 뜻은 다음과 같다.
1. "수도권"이란 서울특별시와 대통령령으로 정하는 그 주변 지역을 말한다.
2. "수도권정비계획"이란 「국토기본법」 제6조 제2항 제1호에 따른 국토종합계획을 기본으로 하여 제4조에 따라 수립되는 계획을 말한다.
3. "인구집중유발시설"이란 학교, 공장, 공공 청사, 업무용 건축물, 판매용 건축물, 연수 시설, 그 밖에 인구 집중을 유발하는 시설로서 대통령령으로 정하는 종류 및 규모 이상의 시설을 말한다.
4. "대규모개발사업"이란 택지, 공업 용지 및 관광지 등을 조성할 목적으로 하는 사업으로서 대통령령으로 정하는 종류 및 규모 이상의 사업을 말한다.
5. "공업지역"이란 다음 각 목의 지역을 말한다.
   가. 「국토의 계획 및 이용에 관한 법률」에 따라 지정된 공업지역
   나. 「국토의 계획 및 이용에 관한 법률」과 그 밖의 관계 법률에 따라 공업 용지와 이에 딸린 용도로 이용되고 있거나 이용될 일단(一團)의 지역으로서 대통령령으로 정하는 종류 및 규모 이상의 지역

> **영 제2조(수도권에 포함되는 서울특별시 주변 지역의 범위)** 「수도권정비계획법」(이하 "법"이라 한다) 제2조 제1호에서 "대통령령으로 정하는 그 주변 지역"이란 인천광역시와 경기도를 말한다.

제3조(다른 계획 등과의 관계) ① 수도권정비계획은 수도권의 「국토의 계획 및 이용에 관한 법률」에 따른 도시·군계획, 그 밖의 다른 법령에 따른 토지 이용 계획 또는 개발 계획 등에 우선하며, 그 계획의 기본이 된다. 다만, 수도권의 군사에 관한 사항에 대하여는 그러하지 아니하다.
② 중앙행정기관의 장이나 서울특별시장·광역시장·도지사 또는 시장·군수·자치구의 구청장 등 관계 행정기관의 장은 수도권정비계획에 맞지 아니하는 토지 이용 계획이나 개발 계획 등을 수립·시행하여서는 아니 된다.

제4조(수도권정비계획의 수립) ① 국토교통부장관은 수도권의 인구 및 산업의 집중을 억제하고 적정하게 배치하기 위하여 중앙행정기관의 장과 서울특별시장·광역시장 또는 도지사(이하 "시·도지사"라 한다)의 의견을 들어 다음 각 호의 사항이 포함된 수도권정비계획안을 입안한다.
1. 수도권 정비의 목표와 기본 방향에 관한 사항
2. 인구와 산업 등의 배치에 관한 사항
3. 권역(圈域)의 구분과 권역별 정비에 관한 사항
4. 인구집중유발시설 및 개발사업의 관리에 관한 사항
5. 광역적 교통 시설과 상하수도 시설 등의 정비에 관한 사항
6. 환경 보전에 관한 사항
7. 수도권 정비를 위한 지원 등에 관한 사항
8. 제1호부터 제7호까지의 사항에 대한 계획의 집행 및 관리에 관한 사항
9. 그 밖에 대통령령으로 정하는 수도권 정비에 관한 사항

② 국토교통부장관은 제1항에 따른 수도권정비계획안을 제21조에 따른 수도권정비위원회의 심의를 거친 후 국무회의의 심의와 대통령의 승인을 받아 결정한다. 결정된 수도권정비계획을 변경할 때에도 또한 같다. 다만, 대통령령으로 정하는 경미한 사항은 수도권정비위원회의 심의를 거쳐 변경할 수 있다.
③ 국토교통부장관은 제2항에 따라 결정·변경된 수도권정비계획을 대통령령으로 정하는 바에 따라 고시하고, 중앙행정기관의 장 및 시·도지사에게 통보하여야 한다.
④ 국토교통부장관은 수도권정비계획을 결정하여 고시한 해부터 5년마다 이를 재검토하고 필요한 경우 제2항에 따라 변경하여야 한다.

정답 ①

046 다음 중 수도권정비계획법에 따른 대규모 개발사업의 종류에 해당하지 않는 택지조성사업은? (단, 면적이 모두 100만제곱미터 이상인 경우다.)

① 「도시 및 주거환경정비법」에 따른 재개발사업
② 「택지개발촉진법」에 따른 택지개발사업
③ 「주택법」에 따른 주택건설사업
④ 「산업입지 및 개발에 관한 법률」에 따른 산업단지 및 특수지역에서의 주택지 조성 사업

해설

제4조(대규모 개발사업의 종류 등) 법 제2조 제4호에서 "대통령령으로 정하는 종류 및 규모 이상의 사업"이란 다음 각 호의 어느 하나에 해당하는 사업을 말한다. 이 경우 같은 목적으로 여러 번에 걸쳐 부분적으로 개발하거나 연접하여 개발함으로써 사업의 전체 면적이 다음 각 호의 어느 하나로 정하는 규모 이상이 되는 사업을 포함한다.

1. 다음 각 목의 어느 하나에 해당하는 택지조성사업(이하 "택지조성사업"이라 한다)으로서 그 면적이 100만제곱미터 이상인 것
   가. 「택지개발촉진법」에 따른 택지개발사업
   나. 「주택법」에 따른 주택건설사업 및 대지조성사업
   다. 「산업입지 및 개발에 관한 법률」에 따른 산업단지 및 특수지역에서의 주택지 조성사업

2. 다음 각 목의 어느 하나에 해당하는 공업용지조성사업(이하 "공업용지조성사업"이라 한다)으로서 그 면적이 30만제곱미터 이상인 것
   가. 「산업입지 및 개발에 관한 법률」에 따른 산업단지개발사업 및 특수지역개발사업
   나. 「자유무역지역의 지정 및 운영에 관한 법률」에 따른 자유무역지역 조성사업
   다. 「중소기업진흥에 관한 법률」에 따른 중소기업협동화단지 조성사업
   라. 「산업집적활성화 및 공장설립에 관한 법률」에 따른 공장설립을 위한 공장용지 조성사업

3. 다음 각 목의 어느 하나에 해당하는 관광지조성사업(이하 "관광지조성사업"이라 한다)으로서 시설계획지구의 면적이 10만제곱미터 이상인 것. 다만, 공유수면매립지에서 시행하는 관광지조성사업은 30만제곱미터 이상인 것으로 한다.
   가. 「관광진흥법」에 따른 관광지 및 관광단지 조성사업과 관광시설 조성사업
   나. 「국토의 계획 및 이용에 관한 법률」에 따른 유원지 설치사업
   다. 「온천법」에 따른 온천이용시설 설치사업

4. 「도시개발법」에 따른 도시개발사업(이하 "도시개발사업"이라 한다)으로서 그 면적이 100만제곱미터 이상인 것 또는 그 면적이 100만제곱미터 미만인 도시개발사업으로서 공업용도로 구획되는 면적이 30만제곱미터 이상인 것

5. 「지역 개발 및 지원에 관한 법률」에 따른 지역개발사업(법률 제12737호 지역 개발 및 지원에 관한 법률 부칙 제4조 제3항에 따라 지역개발사업구역으로 보는 종전의 「지역균형개발 및 지방중소기업 육성에 관한 법률」에 따라 지정·고시된 지역종합개발지구에서 시행하는 지역개발사업만 해당한다. 이하 이 호에서 같다)으로서 그 면적이 100만제곱미터 이상인 것과 그 면적이 100만제곱미터 미만인 지역개발사업으로서 공업용도로 구획되는 면적이 30만제곱미터 이상인 것 또는 10만제곱미터 이상의 관광단지가 포함된 것

정답 ①

047 수도권정비계획법의 정의에 따른 "대규모 개발사업" 기준이 틀린 것은?

① 「택지개발촉진법」에 따른 택지개발사업으로서 그 면적이 100만m2 이상인 것
② 「주택법」에 따른 주택건설사업으로서 그 면적이 100만m2 이상인 것
③ 「도시개발법」에 따른 도시개발사업으로서 그 면적이 10만m2 이상인 것
④ 「산업입지 및 개발에 관한 법률」에 따른 산업단지개발사업으로서 그 면적이 30만m2 이상인 것

해설

정답 ③

048 수도권의 권역 구분과 지정에 관한 설명이 틀린 것은?

① 과밀억제권역, 성장관리권역 및 자연보전권역의 범위는 국토교통부령으로 정한다.
② 과밀억제권역은 인구와 산업이 지나치게 집중되었거나 집중될 우려가 있어 이전하거나 정비할 필요가 있는 지역을 말한다.
③ 성장관리권역은 과밀억제권역으로부터 이전하는 인구와 산업을 계획적으로 유치하고 산업의 입지와 도시의 개발을 적정하게 관리할 필요가 있는 지역을 말한다.
④ 자연보전권역은 한강 수계의 수질과 녹지 등 자연환경을 보전할 필요가 있는 지역을 말한다.

해설

정답 ①

049 수도권 정비계획법상의 인구집중유발시설 기준이 틀린 것은?

① 고등교육법 규정에 따른 산업대학 또는 전문대학
② 산업집적활성화 및 공장설비에 관한 법률의 규정에 따른 공장으로서 건축물의 연면적이 500m2 이상인 것
③ 중앙행정기관 및 그 소속기관의 청사로서 건축물의 연면적이 500m2 이상인 것
④ 업무용시설이 주용도인 건축물로서 그 연면적이 25,000m2 이상인 건축물

해설

정답 ③

THEME 01. 수도권정비계획법

050 수도권정비계획법령에 따른 다음 내용 중 틀린 것은?

① 국토교통부장관은 인구집중유발시설에 대하여 신설 또는 증설의 총허용량을 정하여 이를 초과하는 신설 또는 증설을 제한할 수 있다.
② 도시 및 주거환경정비법에 따른 재개발사업의 건축하는 건축물에는 과밀부담금의 100분의 50을 감 한다.
③ 과밀부담금 산정시 건축비는 국토교통부장관이 고시하는 표준건축비를 기준으로 산정한다.
④ 징수된 부담금의 100분의 50은 부담금을 징수한 건축물이 있는 구에 귀속한다.

해설

제12조(과밀부담금의 부과 · 징수) ① 과밀억제권역에 속하는 지역으로서 대통령령으로 정하는 지역에서 인구집중유발시설 중 업무용 건축물, 판매용 건축물, 공공 청사, 그 밖에 대통령령으로 정하는 건축물을 건축(신축 · 증축 및 공공 청사가 아닌 시설을 공공 청사로 하는 용도변경, 그 밖에 대통령령으로 정하는 용도변경을 말한다. 이하 같다)하려는 자는 과밀부담금(이하 "부담금"이라 한다)을 내야 한다.
② 부담금을 내야 할 자가 대통령령으로 정하는 조합인 경우 그 조합이 해산하면 그 조합원이 부담금을 내야 한다.
③ 부담금 납부 의무의 승계, 연대(連帶) 납부 의무와 제2차 납부 의무에 관하여는 「국세기본법」 제23조부터 제25조까지 및 같은 법 제38조부터 제41조까지의 규정을 준용한다.

제13조(부담금의 감면) 다음 각 호의 건축물에 대하여는 대통령령으로 정하는 바에 따라 부담금을 감면할 수 있다.
  1. 국가나 지방자치단체가 건축하는 건축물
  2. 「도시 및 주거환경정비법」에 따른 재개발사업에 따른 건축물
  3. 건축물 중 주차장이나 그 밖에 대통령령으로 정하는 용도로 사용되는 건축물
  4. 건축물 중 대통령령으로 정하는 면적 이하의 부분

제14조(부담금의 산정 기준) ① 부담금은 건축비의 100분의 10으로 하되, 지역별 여건 등을 고려하여 대통령령으로 정하는 바에 따라 건축비의 100분의 5까지 조정(調整)할 수 있다.
② 제1항에 따른 건축비는 국토교통부장관이 고시하는 표준건축비를 기준으로 산정한다.
③ 부담금의 산정에 관한 구체적인 사항은 대통령령으로 정한다.

정답 ④

051 수도권정비계획법령에서 규정하는 광역적 기반 시설에 해당하지 않는 것은?

① 대규모 개발사업지구와 주변 도시간의 교통시설
② 환경오염 방지시설 및 폐기물 처리시설
③ 용수공급계획에 의한 용수공급시설
④ 대규모 개발사업지구 내의 주요 연수시설

해설

영 제25조(광역적 기반 시설의 설치계획) ① 법 제19조 제2항에 따른 광역적 기반 시설은 대규모 개발사업지구와 그 사업지구 밖의 지역을 연계하여 설치하는 다음 각 호의 기반 시설을 말한다.
1. 대규모 개발사업지구와 주변 도시 간의 교통시설
2. 환경오염 방지시설 및 폐기물 처리시설
3. 용수공급계획에 의한 용수공급시설
4. 그 밖에 광역적 정비가 필요한 시설
② 법 제19조 제2항에 따른 광역적 기반 시설의 설치계획에는 재원조달계획을 포함하여야 한다.

정답 ④

052 수도권정비계획법령상 관계 행정기관의 장이 성장관리권역에서 공업지역을 지정할 수 없는 지역은? ★
① 과밀억제권역에서 이전하는 공장 등을 계획적으로 유치하기 위하여 필요한 지역
② 인구증가율이 수도권의 평균 인구증가율보다 낮은 지역
③ 공장이 밀집된 지역을 재정비하기 위하여 필요한 지역
④ 개발 수준이 다른 지역에 비하여 뚜렷하게 낮은 지역의 주민 소득 기반을 확충하기 위하여 필요한 지역

해설

제8조(성장관리권역의 행위 제한) ① 관계 행정기관의 장은 성장관리권역이 적정하게 성장하도록 하되, 지나친 인구집중을 초래하지 않도록 대통령령으로 정하는 학교, 공공 청사, 연수 시설, 그 밖의 인구집중유발시설의 신설·증설이나 그 허가등을 하여서는 아니 된다.
② 관계 행정기관의 장은 성장관리권역에서 공업지역을 지정하려면 대통령령으로 정하는 범위에서 수도권정비계획으로 정하는 바에 따라야 한다.

> ② 법 제8조 제2항에서 "대통령령으로 정하는 범위"란 다음 각 호의 어느 하나에 해당하는 지역을 말한다.
> 1. 과밀억제권역에서 이전하는 공장 등을 계획적으로 유치하기 위하여 필요한 지역
> 2. 개발 수준이 다른 지역에 비하여 뚜렷하게 낮은 지역의 주민 소득 기반을 확충하기 위하여 필요한 지역
> 3. 공장이 밀집된 지역을 재정비하기 위하여 필요한 지역
> 4. 관계 중앙행정기관의 장이 산업정책상 필요하다고 인정하여 국토교통부장관에게 요청한 지역

정답 ②

053 수도권정비계획법령상 대규모개발사업의 종류가 아닌 것은?
① 택지개발촉진법에 의한 사업부지 면적이 100만m2이상인 택지개발사업
② 주택법에 의한 사업부지 면적이 100만m2이상인 주택건설사업 및 대지조성사업
③ 산업입지 및 개발에 관한 법률에 의한 사업부지 면적이 30만m2이상인 산업단지개발사업
④ 관광진흥법에 의한 관광지조성사업으로서 시설계획지구의 면적이 5만m2이상인 관광단지 조성사업

해설

정답 ④

054 다음 중 수도권정비계획법령에서 규정하고 있는 인구집중 유발시설 기준으로 옳지 않은 것은?

① 고등교육법 제 2조에 따른 학교로서 교육대학 또는 전문대학
② 업무용시설이 주용도인 건축물로서 그 연면적이 3만 제곱미터 이상인 업무용 건축물
③ 건축물의 연면적이 1천 제곱미터 이상인 중앙행정기관 및 그 소속 기관의 청사
④ 판매용시설이 주용도인 건축물로서 그 연면적이 1만5천 제곱미터 이상인 판매용 건축물

해설

정답 ②

055 수도권정비계획법령에 따른 총량규제의 내용으로 틀린 것은?

① 총량규제의 대상이 되는 시설로는 학교·공공청사·연수 시설 등이 있다.
② 대학 및 교육기관의 입학 정원의 증가 층수는 국토교통부장관이 수도권정비위원회의 심의를 거쳐 정한다.
③ 국토교통부장관은 인구집중유발시설이 수도권에 과도하게 집중하지 않도록 그 신설·증설의 총 허용량을 제한할 수 있다.
④ 국토교통부장관은 5년마다 수도권정비위원회의 심의를 거쳐 시·도별 공장건축의 총 허용량을 결정하여 관보에 고시하여야 한다.

해설

제18조(총량규제) ① 국토교통부장관은 공장, 학교, 그 밖에 대통령령으로 정하는 인구집중유발시설이 수도권에 지나치게 집중되지 아니하도록 하기 위하여 그 신설 또는 증설의 총허용량(總許容量)을 정하여 이를 초과하는 신설 또는 증설을 제한할 수 있다. 이 경우 국토교통부장관은 총허용량과 그 산출 근거를 고시하여야 한다.
② 공장에 대한 제1항의 총량규제의 내용과 방법은 대통령령으로 정하는 바에 따라 수도권정비위원회의 심의를 거쳐 결정하며, 국토교통부장관은 이를 고시하여야 한다.
③ 학교나 그 밖에 대통령령으로 정하는 인구집중유발시설에 대한 제1항의 총량규제의 내용은 대통령령으로 정한다.
④ 관계 행정기관의 장은 인구집중유발시설의 신설 또는 증설에 대하여 제2항과 제3항에 따른 총량규제의 내용과 다르게 허가등을 하여서는 아니 된다.
영 제21조(공장 총량규제의 대상) 법 제18조 제2항에 따른 공장에 대한 총량규제는 제3조 제2호에 해당하는 공장 건축물을 「건축법」에 따라 신축, 증축 또는 용도변경(이하 "공장건축"이라 한다)하는 면적으로서 같은 법에 따라 건축허가, 건축신고, 용도변경허가, 용도변경신고 또는 용도변경을 하기 위하여 건축물대장 기재 내용의 변경신청을 한 면적을 기준으로 적용한다.
영 제22조(공장 총허용량의 산출) ① 법 제18조 제2항에 따라 국토교통부장관은 수도권정비위원회의 심의를 거쳐 공장건축의 총허용량을 산출하는 방식을 정하여 관보에 고시하여야 한다.
② 국토교통부장관은 3년마다 수도권정비위원회의 심의를 거쳐 제1항에 따른 산출방식에 따라 시·도별 공장건축의 총허용량(이하 "시·도별 총허용량"이라 한다)을 결정하여 관보에 고시하여야 한다. 결정된 공장건축의 총허용량을 변경하는 경우에도 또한 같다.

③ 시·도지사는 과거 3년간의 공장건축량, 공업용지 중 공장 설립 가능지역 및 향후 3년간의 공장건축 예상량 등 시·도별 총허용량 설정에 관계되는 기초자료를 시·도별 총허용량을 결정하는 해의 1월 31일까지 국토교통부장관에게 제출하여야 한다.

④ 시·도지사는 시·도별 총허용량의 범위에서 연도별 배정계획을 수립하여 국토교통부장관의 승인을 받은 후 그 내용을 해당 시·도의 공보에 고시하여야 한다. 승인된 연도별 배정계획을 변경하는 경우에도 또한 같다.

⑤ 시·도지사는 관할 시·군 또는 구(자치구를 말한다)의 지역별 여건을 고려하여 공장건축을 계획적으로 관리할 필요가 있다고 인정하는 경우에는 관계 행정기관과 협의하여 제4항에 따라 승인을 받은 연도별 배정계획(이하 "연도별 배정계획"이라 한다)의 범위에서 지역별로 공장건축의 총허용량(이하 "지역별·연도별 총허용량"이라 한다)을 배정할 수 있으며, 지역별·연도별 총허용량을 배정하는 경우에는 그 내용을 시·도에서 발행하는 공보에 고시하여야 한다. 배정된 지역별·연도별 총허용량을 변경하는 경우에도 또한 같다.

영 제23조(공장 총허용량의 집행) ① 국토교통부장관은 시·도의 연도별 공장건축량이 연도별 배정계획을 지나치게 많이 초과할 우려가 있는 경우에는 수도권정비위원회의 심의를 거쳐 업종, 규모 및 기간 등을 정하여 해당 시·도의 공장건축을 제한할 수 있으며, 해당 시·도의 공장건축을 제한한 경우에는 그 제한 내용을 관보에 고시하여야 한다.

② 시·도지사는 제22조 제5항에 따라 지역별·연도별 총허용량을 배정한 경우 해당 지역의 연도별 공장건축량이 지역별·연도별 총허용량을 지나치게 많이 초과할 우려가 있는 경우에는 업종, 규모 및 기간 등을 정하여 해당 지역의 공장건축을 제한할 수 있으며, 해당 지역의 공장건축을 제한한 경우에는 그 제한 내용을 시·도에서 발행하는 공보에 고시하여야 한다.

③ 시장·군수 또는 구청장은 공장 총량관리대장을 작성·관리하고, 공장건축량을 월별로 다음 달 10일까지 시·도지사를 거쳐 국토교통부장관에게 보고하여야 한다.

영 제24조(학교에 대한 총량규제) ① 법 제18조 제3항에 따른 학교에 대한 총량규제의 내용은 다음 각 호와 같다.

1. 대학 및 교육대학의 입학 정원 증가 총수는 국토교통부장관이 수도권정비위원회의 심의를 거쳐 정한다. 다만, 제12조 제1항 제1호다목 및 제14조 제1항 제4호다목에 따른 증원은 입학 정원의 증가 총수 산정에서 제외한다.
2. 산업대학, 전문대학 또는 대학원대학의 입학 정원 증가 총수는 다음 각 목의 구분에 따른 기준을 초과할 수 없다. 다만, 국토교통부장관이 국민경제의 발전과 공공복리의 증진을 위하여 부득이하다고 인정하여 수도권정비위원회의 심의를 거쳐 따로 정하는 경우에는 그러하지 아니하다.
   가. 산업대학·전문대학: 전년도 전국 입학 정원 증가 총수의 100분의 10
   나. 대학원대학: 매년 300명. 다만, 컴퓨터, 통신, 디자인, 영상, 신소재, 생명공학 등 첨단 전문 분야의 대학원대학으로서 교육부장관이 국토교통부장관과 협의하여 고시하는 대학원대학의 입학 정원의 증원은 입학 정원 증가 총수의 산정에서 제외한다.
3. 제11조 제1호바목, 제12조 제1항 제1호마목 및 제14조 제1항 제4호마목에 따른 대학과 전문대학 간의 통폐합으로 인한 대학의 신설·증설 또는 이전 당시의 입학 정원은 제1호 및 제2호에도 불구하고 국토교통부장관이 수도권정비위원회의 심의를 거쳐 따로 정한다.
4. 제11조 제1호사목 및 제12조 제1항 제1호바목에 따라 설립하는 대학의 입학 정원은 제1호에도 불구하고 국토교통부장관이 수도권정비위원회의 심의를 거쳐 따로 정한다.

② 교육부장관은 대학의 구조개혁을 위하여 고시하는 국립대학 및 사립대학 통폐합기준에 따라 학교의 입학 정원이 감축되는 경우 그 내용을 해당 연도 말까지 국토교통부장관에게 통보하여야 하며, 국토교통부장관은 이를 반영하여 제1항에 따른 입학 정원의 총량을 조정하여야 한다.

정답 ④

056 수도권정비계획법령 상 자연보전권역에서의 행위제한에 해당하는 개발사업의 최소 규모 기준으로 옳은 것은?

① 면적이 3만m2 이상인 도시개발사업
② 면적이 2만m2 이상인 도시개발사업
③ 면적이 4만m2 이상인 공업용지조성사업
④ 시설계획지구의 면적이 2만m2 이상인 관광지조성사업

> 해설

정답 ①

057 수도권정비실무위원회의 구성에 관한 설명으로 옳지 않은 것은?

① 위원장은 국토교통부장관이 된다.
② 사무를 처리하기 위하여 간사 1명을 둔다.
③ 공무원이 아닌 위원의 임기는 2년으로 한다.
④ 위원장 1명과 25명 이내의 위원으로 구성한다.

> 해설

정답 ①

058 다음 중 수도권정비계획법에 따른 인구집중 유발시설의 기준이 틀린 것은?

① '고등교육법'에 따른 학교로서 대학, 산업 대학, 교육대학 또는 전문대학
② '산업집적활성화 및 공장설립에 관한 법률'에 따른 공장으로서 건축물의 연면적이 200m2이상 인 것
③ 중앙행정기관 및 그 소속 기관의 청사 중 건축물의 연면적이 1,000m2이상인 것
④ 복합시설이 주용도인 건축물로서 그 연면적이 25,000m2이상인 건축물

> 해설

정답 ②

059 수도권정비계획법의 정의에 따른 대규모 개발 사업의 기준이 틀린 것은?

① 「택지개발촉진법」에 따른 택지개발사업으로서 그 면적이 100만m2 이상인 것
② 「주택법」에 따른 주택건설사업으로서 그 면적이 100만 m2이상인 것
③ 「도시개발법」에 따른 도시개발사업으로서 그 면적이 10만m2 이상인 것
④ 「산업입지 및 개발에 관한 법률」에 따른 산업단지개발사업으로서 그 면적이 30만m2 이상인 것

해설

정답 ③

060 수도권정비계획법에 관한 다음 내용 중 틀린 것은?

① 수도권에서 국토교통부장관이 대규모 개발사업을 시행하고자 할 경우에는 수도권정비위원회의 심의를 거칠 필요가 없다.
② 인구집중유발시설인 공장에 대한 총량규제의 내용은 수도권정비위원회의 심의를 거쳐 결정한다.
③ 인구집중유발시설인 학교에 대한 총량규제의 내용은 대통령령으로 정한다.
④ 수도권에서 대규모 개발사업을 시행하는 경우 광역적기반시설의 설치비용을 그 사업시행자에게 부담시킬 수 있다.

해설

제19조(대규모개발사업에 대한 규제) ① 관계 행정기관의 장은 수도권에서 대규모개발사업을 시행하거나 그 허가등을 하려면 그 개발 계획을 수도권정비위원회의 심의를 거쳐 국토교통부장관과 협의하거나 승인을 받아야 한다. 국토교통부장관이 대규모개발사업을 시행하거나 그 허가등을 하려는 경우에도 또한 같다.
② 관계 행정기관의 장이 제1항에 따른 수도권정비위원회의 심의를 요청하는 경우에 교통 문제, 환경오염 문제 및 인구집중 문제 등을 방지하기 위한 방안과 대통령령으로 정하는 광역적 기반 시설의 설치 계획을 각각 수립하여 함께 제출하여야 한다.
③ 제2항에 따른 교통 문제 및 환경오염 문제를 방지하기 위한 방안은 각각 「도시교통정비 촉진법」과 「환경영향평가법」에서 정하는 바에 따르고, 인구집중 문제를 방지하기 위한 인구유발효과 분석, 저감 방안 수립 등에 필요한 사항은 대통령령으로 정하는 바에 따른다.
제20조(광역적 기반 시설의 설치비용 부담) 제19조 제2항에 따른 광역적 기반 시설의 설치비용은 수도권정비위원회의 심의를 거쳐 대규모개발사업을 시행하는 자에게 부담시킬 수 있다.

정답 ①

061 수도권 정비 실무위원회의 위원장은?

① 국무총리 ② 국토교통부장관
③ 국토교통부 제1차관 ④ 서울특별시 2급 공무원

해설

정답 ③

---

062 수도정비계획법상의 총량규제에 관한 설명 중 틀린 것은?

① 국토교통부장관은 인구집중유발시설이 수도권에 과도하게 집중되지 아니하도록 하기 위하여 그 신설 증설의 총 허용량을 정할 수 있다.
② 국토교통부장관은 인구집중유발시설이 수도권에 과도하게 집중되지 아니하도록 하기 위하여 일정한 기준을 초과하는 신설 증설을 제한할 수 있다.
③ 공장에 대한 총량규제의 내용 및 방법은 수도권정비위원회의 심의를 거쳐 결정하며 관할 시, 도지사는 이를 고시하여야 한다.
④ 관계행정기관의 장은 인구집중유발시설의 신설 증설에 대하여 규정에 의한 총량규제의 내용과 다르게 허가 등을 하여서는 아니 된다.

해설

제18조(총량규제) ① 국토교통부장관은 공장, 학교, 그 밖에 대통령령으로 정하는 인구집중유발시설이 수도권에 지나치게 집중되지 아니하도록 하기 위하여 그 신설 또는 증설의 총허용량(總許容量)을 정하여 이를 초과하는 신설 또는 증설을 제한할 수 있다. 이 경우 국토교통부장관은 총허용량과 그 산출 근거를 고시하여야 한다.
② 공장에 대한 제1항의 총량규제의 내용과 방법은 대통령령으로 정하는 바에 따라 수도권정비위원회의 심의를 거쳐 결정하며, 국토교통부장관은 이를 고시하여야 한다.
③ 학교나 그 밖에 대통령령으로 정하는 인구집중유발시설에 대한 제1항의 총량규제의 내용은 대통령령으로 정한다.
④ 관계 행정기관의 장은 인구집중유발시설의 신설 또는 증설에 대하여 제2항과 제3항에 따른 총량규제의 내용과 다르게 허가등을 하여서는 아니 된다.

정답 ③

---

063 수도권정비계획법상 수도권정비계획을 실행하기 위해 확정된 추진 계획을 고시하여야 하는 자는?

① 시·도지사 ② 대통령
③ 국무총리 ④ 국토교통부장관

> 해설

제5조(추진 계획) ① 중앙행정기관의 장 및 시·도지사는 수도권정비계획을 실행하기 위한 소관별 추진 계획을 수립하여 국토교통부장관에게 제출하여야 한다.
② 제1항에 따른 추진 계획은 수도권정비위원회의 심의를 거쳐 확정되며, 국토교통부장관은 추진 계획이 확정되면 중앙행정기관의 장 및 시·도지사에게 통보하여야 한다.
③ 시·도지사는 확정된 추진 계획을 통보받으면 지체 없이 고시하여야 한다.
④ 중앙행정기관의 장 및 시·도지사는 추진 계획을 집행한 실적을 대통령령으로 정하는 바에 따라 국토교통부장관에게 제출하여야 한다.

정답 ①

064 다음 중 수도권정비계획법에 따른 과밀부담금에 대한 설명으로 옳지 않은 것은?

① 과밀부담금의 부과 대상은 성장관리권역에 속하는 지역이다.
② 과밀부담금은 부과 대상 건축물이 속한 지역을 관할하는 시·도지사가 부과·징수한다.
③ 시·도지사는 납부 의무자가 납부 기한까지 부담금을 내지 아니하면 「국세징수법」 제21조를 준용하여 가산금을 징수한다.
④ 과밀부담금은 건축비의 100분의 10으로 하되, 지역별 여건 등을 고려하여 대통령령으로 정하는 바에 따라 여건 등을 고려하여 대통령령으로 정하는 바에 따라 건축비의 100분의 5까지 조정할 수 있다.

> 해설

제14조(부담금의 산정 기준) ① 부담금은 건축비의 100분의 10으로 하되, 지역별 여건 등을 고려하여 대통령령으로 정하는 바에 따라 건축비의 100분의 5까지 조정(調整)할 수 있다.
② 제1항에 따른 건축비는 국토교통부장관이 고시하는 표준건축비를 기준으로 산정한다.
③ 부담금의 산정에 관한 구체적인 사항은 대통령령으로 정한다.

제15조(부담금의 부과·징수 및 납부 기한 등) ① 부담금은 부과 대상 건축물이 속한 지역을 관할하는 시·도지사가 부과·징수하되, 건축물의 건축 허가일, 건축 신고일 또는 용도변경일을 기준으로 산정하여 부과한다.
② 부담금의 납부 기한은 건축물의 사용승인일(임시 사용승인을 받은 경우에는 임시 사용승인일을 말한다)로 하되, 사용승인이 필요 없는 경우에는 부과일부터 6개월로 한다.
③ 시·도지사는 납부 의무자가 부담금을 납부 기한까지 내지 아니하면 납부 기한이 지난 후 10일 이내에 독촉장을 발부하여야 하며, 이 경우의 납부 기한은 독촉장 발부일부터 10일로 한다.
④ 시·도지사는 납부 의무자가 납부 기한까지 부담금을 내지 아니하면 「국세징수법」 제21조를 준용하여 가산금을 징수한다.
⑤ 시·도지사는 납부 의무자가 독촉장을 받고도 지정된 기한까지 부담금과 가산금을 내지 아니하면 「지방행정제재·부과금의 징수 등에 관한 법률」에 따라 징수할 수 있다.
⑥ 과오납(過誤納)된 부담금·가산금 및 체납처분비의 처리에 관하여는 「지방세기본법」을 준용하며, 그 밖에 부담금의 부과·징수·납부의 방법·절차 등에 관하여 필요한 사항은 대통령령으로 정한다.

정답 ①

065 다음 중 수도권 정비계획법령상 과밀부담금을 내야 하는 인구집중 유발시설에 해당하지 않는 것은?

① 공공청사
② 연수시설
③ 업무용 건축물
④ 판매용 건축물

해설

정답 ②

066 수도권정비계획에 관한 설명으로 옳지 않은 것은?

① 수도권정비계획법령상 '수도권'이란 서울특별시와 인천광역시를 말한다.
② 국토교통부장관은 중앙행정기관의 장과 서울특별시장·광역시장 또는 도지사의 의견을 들어 수도권정비계획안을 입안한다.
③ 국토교통부장관은 수도권정비계획안을 수도권정비위원회의 심의를 거친 후 국무회의의 심의와 대통령의 승인을 받아 결정한다.
④ 수도권정비계획은 수도권의 도시·군계획, 그 밖에 다른법령에 따른 토지 이용 계획 또는 개발 계획 등에 우선하며, 그 계획의 기본이 된다. 다만, 수도권의 군사에 관한 사항에 대하여는 그러하지 아니하다.

해설

정답 ①

067 수도권정비계획법령상 대규모개발사업에 해당하지 않는 것은?

① [택지개발촉진법]에 따른 사업부지 면적이 100만m2 이상인 택지개발사업
② [주택법]에 따른 사업부지 면적이 100만m2 이상인 주택건설사업 및 대지조성사업
③ [산업입지 및 개발에 관한 법률]에 따른 사업부지 면적이 30만m2 이상인 산업단지 개발사업
④ [관광진흥법]에 따른 관광지 조성사업으로서 시설계획지구의 면적이 5만m2 이상인 것

해설

정답 ④

068 어느 지역에 다음과 같은 조건의 공공청사를 신축할 경우에 올바른 과밀부담금의 산정식은?

> 건축 연면적: 10,000㎡ (주차장면적 포함)
> 주차장 면적: 2,000㎡
> 단위면적당 건축비: 90,000원/㎡

① (10,000㎡ − 2,000㎡)×90,000원/㎡×0.1
② (10,000㎡ − 2,000㎡)×90,000원/㎡×0.05
③ (10,000㎡ − 2,000㎡ − 1,000㎡)×90,000원/㎡×0.1
④ (10,000㎡ − 2,000㎡ − 1,000㎡)×90,000원/㎡×0.05

해설

> 3. 제3조 제3호의 공공 청사의 경우
>   가. 신축의 경우
>   부담금=(신축면적-주차장면적-기초공제면적)×단위면적당 건축비×0.1
>   기초공제면적은 1천제곱미터로 한다. 이하 이 호에서 같다.

정답 ③

069 수도권정비계획의 수립에 대한 설명으로 옳지 않은 것은?

① 수도권정비계획안은 국토교통부장관이 입안한다.
② 수도권정비계획안은 수도권정비위원회의 심의를 거친 후 확정된다.
③ 시·도지사는 수도권정비계획을 실행하기 위한 소관별 추진 계획을 수립하여야 한다.
④ 수도권정비계획의 대통령령으로 정하는 경미한 사항은 수도권정비위원회의 심의를 거쳐 변경할 수 있다.

해설

제3조(다른 계획 등과의 관계) ① 수도권정비계획은 수도권의 「국토의 계획 및 이용에 관한 법률」에 따른 도시·군계획, 그 밖의 다른 법령에 따른 토지 이용 계획 또는 개발 계획 등에 우선하며, 그 계획의 기본이 된다. 다만, 수도권의 군사에 관한 사항에 대하여는 그러하지 아니하다.
② 중앙행정기관의 장이나 서울특별시장·광역시장·도지사 또는 시장·군수·자치구의 구청장 등 관계 행정기관의 장은 수도권정비계획에 맞지 아니하는 토지 이용 계획이나 개발 계획 등을 수립·시행하여서는 아니 된다.

제4조(수도권정비계획의 수립) ① 국토교통부장관은 수도권의 인구 및 산업의 집중을 억제하고 적정하게 배치하기 위하여 중앙행정기관의 장과 서울특별시장·광역시장 또는 도지사(이하 "시·도지사"라 한다)의 의견을 들어 다음 각 호의 사항이 포함된 수도권정비계획안을 입안한다.
 1. 수도권 정비의 목표와 기본 방향에 관한 사항
 2. 인구와 산업 등의 배치에 관한 사항
 3. 권역(圈域)의 구분과 권역별 정비에 관한 사항
 4. 인구집중유발시설 및 개발사업의 관리에 관한 사항

5. 광역적 교통 시설과 상하수도 시설 등의 정비에 관한 사항
6. 환경 보전에 관한 사항
7. 수도권 정비를 위한 지원 등에 관한 사항
8. 제1호부터 제7호까지의 사항에 대한 계획의 집행 및 관리에 관한 사항
9. 그 밖에 대통령령으로 정하는 수도권 정비에 관한 사항

② 국토교통부장관은 제1항에 따른 수도권정비계획안을 제21조에 따른 수도권정비위원회의 심의를 거친 후 국무회의의 심의와 대통령의 승인을 받아 결정한다. 결정된 수도권정비계획을 변경할 때에도 또한 같다. 다만, 대통령령으로 정하는 경미한 사항은 수도권정비위원회의 심의를 거쳐 변경할 수 있다.
③ 국토교통부장관은 제2항에 따라 결정·변경된 수도권정비계획을 대통령령으로 정하는 바에 따라 고시하고, 중앙행정기관의 장 및 시·도지사에게 통보하여야 한다.
④ 국토교통부장관은 수도권정비계획을 결정하여 고시한 해부터 5년마다 이를 재검토하고 필요한 경우 제2항에 따라 변경하여야 한다.

제5조(추진 계획) ① 중앙행정기관의 장 및 시·도지사는 수도권정비계획을 실행하기 위한 소관별 추진 계획을 수립하여 국토교통부장관에게 제출하여야 한다.
② 제1항에 따른 추진 계획은 수도권정비위원회의 심의를 거쳐 확정되며, 국토교통부장관은 추진 계획이 확정되면 중앙행정기관의 장 및 시·도지사에게 통보하여야 한다.
③ 시·도지사는 확정된 추진 계획을 통보받으면 지체 없이 고시하여야 한다.
④ 중앙행정기관의 장 및 시·도지사는 추진 계획을 집행한 실적을 대통령령으로 정하는 바에 따라 국토교통부장관에게 제출하여야 한다.

정답 ②

070 수도권정비계획법령상 대규모 개발사업의 종류에 해당하지 않는 택지조성사업은? (단, 면적이 모두 100만m2 이상인 경우)

① 「주택법」에 따른 주택건설사업
② 「택지개발촉진법」에 따른 택지개발사업
③ 「도시 및 주거환경정비법」에 따른 재개발사업
④ 「산업입지 및 개발에 관한 법률」에 따른 산업단지 및 특수지역에서의 주택지 조성사업

해설

정답 ③

071 수도권정비계획법령상 관계 행정기관의 장이 성장관리권역에서 공업지역으로 지정할 수 없는 지역은?

① 인구증가율이 수도권의 평균 인구증가율보다 낮은 지역
② 공장이 밀집된 지역을 재정비하기 위하여 필요한 지역
③ 과밀억제권역에서 이전하는 공장 등을 계획적으로 유치하기 위하여 필요한 지역
④ 개발 수준이 다른 지역에 비하여 뚜렷하게 낮은 지역의 주민 소득 기반을 확충하기 위하여 필요한 지역

해설

정답 ①

072 수도정비계획법령상 과밀부담금의 감면에 관한 내용으로 옳지 않은 것은?

① 국가나 지방자치단체가 건축하는 건축물에는 부담금을 부과하지 아니한다.
② 「과학기술기본법」에 따른 과학연구단지에는 부담금을 부과하지 아니한다.
③ 건축물 중 수도권만을 관할하는 공공법인(지점을 포함한다)의 사무소에 대하여는 부담금을 부과하지 아니한다.
④ 「도시 및 주거환경정비법」에 따른 재개발사업으로 건축하는 건축물에는 부담금의 100분의 50을 감면한다.

해설

제17조(과밀부담금의 감면) 법 제12조에 따른 과밀부담금(이하 "부담금"이라 한다)의 감면은 다음 각 호에서 정하는 바에 따른다.
1. 국가나 지방자치단체가 건축하는 건축물에는 부담금을 부과하지 아니한다.
2. 「도시 및 주거환경정비법」에 따른 재개발사업으로 건축하는 건축물에는 부담금의 100분의 50을 감면한다.
3. 건축물 중 주차장, 주택, 「영유아보육법」 제10조 제4호에 따른 직장어린이집 및 국가나 지방자치단체에 기부채납되는 시설에 대하여는 별표 2에서 정하는 바에 따라 부담금을 감면한다.
4. 건축물 중 수도권만을 관할하는 공공법인(지점을 포함한다)의 사무소에 대하여는 부담금을 부과하지 아니한다.
5. <u>「건축법 시행령」 별표 1 제10호마목에 따른 연구소 중 다음 각 호의 어느 하나에 해당하는 단지에 건축하는 연구소에 대하여는 별표 2에서 정하는 바에 따라 부담금을 감면한다.</u>
   가. 「산업입지 및 개발에 관한 법률」 제2조에 따른 산업단지
   나. 「과학기술기본법」 제29조에 따른 과학연구단지
   다. 「나노기술과학촉진법」 제16조에 따른 나노기술연구단지
   라. 「산업기술단지 지원에 관한 특례법」 제2조에 따른 산업기술단지
6. 「금융중심지의 조성과 발전에 관한 법률」 제2조에 따른 금융중심지에 건축하는 「건축법 시행령」 별표 1 제14호나목의 일반업무시설 중 금융업소에 대하여는 별표 2에서 정하는 바에 따라 부담금을 감면한다.
7. 건축물 중 부담금이 부과된 시설을 용도변경하는 경우에는 부담금을 부과하지 아니한다.
8. 다음 각 목의 어느 하나에 해당하는 건축물의 경우에는 해당 면적에 대하여 각각 별표 2에서 정하는 바에 따라 부담금을 감면한다.
   가. 업무용 건축물: 2만5천제곱미터
   나. 판매용 건축물: 1만5천제곱미터
   다. 복합 건축물로서 부과대상 면적 중 판매용 시설의 면적이 용도별면적 중 가장 큰 건축물: 1만5천제곱미터
   라. 다목 외의 복합 건축물: 2만5천제곱미터

정답 ②

073 수도권정비계획법의 정의에 부합되지 않는 것은?

① "수도권"이란 서울특별시와 대통령령으로 정하는 그 주변 지역을 말한다.
② "공업지역"이란 「국토기본법」에 따라 지정된 공업지역을 말한다.
③ "수도권정비계획"이란 「국토기본법」에 따른 국토종합계획을 기본으로 하여 관련 조항에 따라 수립되는 계획을 말한다.
④ "인구집중유발시설"이란 학교, 공장, 공공청사, 업무용 건축물, 판매용 건축물, 연수시설, 그 밖에 인구 집중을 유발하는 시설로서 대통령령으로 정하는 종류 및 규모 이상의 시설을 말한다.

해설

제2조(정의) 이 법에서 사용하는 용어의 뜻은 다음과 같다.
1. "수도권"이란 서울특별시와 대통령령으로 정하는 그 주변 지역을 말한다.
2. "수도권정비계획"이란 「국토기본법」 제6조 제2항 제1호에 따른 국토종합계획을 기본으로 하여 제4조에 따라 수립되는 계획을 말한다.
3. "인구집중유발시설"이란 학교, 공장, 공공 청사, 업무용 건축물, 판매용 건축물, 연수 시설, 그 밖에 인구 집중을 유발하는 시설로서 대통령령으로 정하는 종류 및 규모 이상의 시설을 말한다.
4. "대규모개발사업"이란 택지, 공업 용지 및 관광지 등을 조성할 목적으로 하는 사업으로서 대통령령으로 정하는 종류 및 규모 이상의 사업을 말한다.
5. "공업지역"이란 다음 각 목의 지역을 말한다.
    가. 「국토의 계획 및 이용에 관한 법률」에 따라 지정된 공업지역
    나. 「국토의 계획 및 이용에 관한 법률」과 그 밖의 관계 법률에 따라 공업 용지와 이에 딸린 용도로 이용되고 있거나 이용될 일단(一團)의 지역으로서 대통령령으로 정하는 종류 및 규모 이상의 지역

정답 ②

074 수도권정비계획법상의 총량규제에 관한 내용이 틀린 것은?

① 국토교통부장관은 인구집중유발시설이 수도권에 과도하게 집중되지 아니하도록 하기 위하여 신설·증설의 총 허용량을 정할 수 있다.
② 국토교통부장관은 인구집중유발시설이 수도권에 과도하게 집중되지 아니하도록 하기 위하여 기준을 초과하는 신설·증설을 제한할 수 있다.
③ 공장에 대한 총량규제의 내용과 방법은 수도권정비위원회의 심의를 거쳐 결정하며, 관할 시·도지사는 이를 고시하여야 한다.
④ 관계 행정기관의 장은 인구집중유발시설의 신설·증설에 대하여 규정에 의한 총량규제의 내용과 다르게 허가 등을 하여서는 아니 된다.

해설

정답 ③

075 다음 중 수도권정비위원회의 위원장은?

① 국무총리
② 기획재정부장관
③ 국토교통부장관
④ 서울특별시장

> **해설**

정답 ③

076 수도권정비계획법에 따른 인구집중유발시설의 기준이 틀린 것은?

① 「고등교육법」에 따른 학교로서 대학, 산업대학, 교육대학 또는 전문대학
② 「산업집적활성화 및 공장설립에 관한 법률」에 따른 공장으로서 건축물의 연면적이 200m2 이상인 것
③ 중앙행정기관 및 그 소속 기관의 청사 중 건축물의 연면적이 1,000m2 이상인 것
④ 복합시설이 주용도인 건축물로서 그 연면적이 25,000m2 이상인 건축물

> **해설**

정답 ②

Theme 02 국토의 계획 및 이용에 관한 법률

001 국토의 계획 및 이용에 관한 법률에서 개발행위허가를 받지 않아도 되는 경미한 행위가 아닌 것은?

① 공작물의 설치: 도시지역에서 무게 50t이하, 부피 50m3이하, 수평투영면적이 25m2이하
② 토지의 형질변경: 높이 50cm이내 또는 깊이 50cm이내의 절토, 성토, 정지
③ 토석 채취: 지구단위계획구역에서 면적50m2이하인 토지에서 부피 50m3이하
④ 물건을 쌓아 놓은 행위: 녹지지역에 쌓아 놓은 면적이 25m2이하인 토지에 전체 무게 50t이하, 전체 부피 50m3이하

해설

제56조(개발행위의 허가) ① 다음 각 호의 어느 하나에 해당하는 행위로서 대통령령으로 정하는 행위(이하 "개발행위"라 한다)를 하려는 자는 특별시장·광역시장·특별자치시장·특별자치도지사·시장 또는 군수의 허가(이하 "개발행위허가"라 한다)를 받아야 한다. 다만, 도시·군계획사업(다른 법률에 따라 도시·군계획사업을 의제한 사업을 포함한다)에 의한 행위는 그러하지 아니하다.
  1. 건축물의 건축 또는 공작물의 설치
  2. 토지의 형질 변경(경작을 위한 경우로서 대통령령으로 정하는 토지의 형질 변경은 제외한다)
  3. 토석의 채취
  4. 토지 분할(건축물이 있는 대지의 분할은 제외한다)
  5. 녹지지역·관리지역 또는 자연환경보전지역에 물건을 1개월 이상 쌓아놓는 행위
② 개발행위허가를 받은 사항을 변경하는 경우에는 제1항을 준용한다. 다만, 대통령령으로 정하는 경미한 사항을 변경하는 경우에는 그러하지 아니하다.
③ 제1항에도 불구하고 제1항 제2호 및 제3호의 개발행위 중 도시지역과 계획관리지역의 산림에서의 임도(林道) 설치와 사방사업에 관하여는 「산림자원의 조성 및 관리에 관한 법률」과 「사방사업법」에 따르고, 보전관리지역·생산관리지역·농림지역 및 자연환경보전지역의 산림에서의 제1항 제2호(농업·임업·어업을 목적으로 하는 토지의 형질 변경만 해당한다) 및 제3호의 개발행위에 관하여는 「산지관리법」에 따른다.
④ 다음 각 호의 어느 하나에 해당하는 행위는 제1항에도 불구하고 개발행위허가를 받지 아니하고 할 수 있다. 다만, 제1호의 응급조치를 한 경우에는 1개월 이내에 특별시장·광역시장·특별자치시장·특별자치도지사·시장 또는 군수에게 신고하여야 한다.
  1. 재해복구나 재난수습을 위한 응급조치
  2. 「건축법」에 따라 신고하고 설치할 수 있는 건축물의 개축·증축 또는 재축과 이에 필요한 범위에서의 토지의 형질 변경(도시·군계획시설사업이 시행되지 아니하고 있는 도시·군계획시설의 부지인 경우만 가능하다)
  3. 그 밖에 대통령령으로 정하는 경미한 행위

영 제53조(허가를 받지 아니하여도 되는 경미한 행위) 법 제56조 제4항 제3호에서 "대통령령으로 정하는 경미한 행위"란 다음 각 호의 행위를 말한다. 다만, 다음 각 호에 규정된 범위에서 특별시·광역시·특별자치시·특별자치도·시 또는 군의 도시·군계획조례로 따로 정하는 경우에는 그에 따른다.

1. 건축물의 건축 : 「건축법」 제11조 제1항에 따른 건축허가 또는 같은 법 제14조 제1항에 따른 건축신고 및 같은 법 제20조 제1항에 따른 가설건축물 건축의 허가 또는 같은 조 제3항에 따른 가설건축물의 축조신고 대상에 해당하지 아니하는 건축물의 건축
2. 공작물의 설치
    가. 도시지역 또는 지구단위계획구역에서 무게가 50톤 이하, 부피가 50세제곱미터 이하, 수평투영면적이 50제곱미터 이하인 공작물의 설치. 다만, 「건축법 시행령」 제118조 제1항 각 호의 어느 하나에 해당하는 공작물의 설치는 제외한다.
    나. 도시지역·자연환경보전지역 및 지구단위계획구역외의 지역에서 무게가 150톤 이하, 부피가 150세제곱미터 이하, 수평투영면적이 150제곱미터 이하인 공작물의 설치. 다만, 「건축법 시행령」 제118조 제1항 각 호의 어느 하나에 해당하는 공작물의 설치는 제외한다.
    다. 녹지지역·관리지역 또는 농림지역안에서의 농림어업용 비닐하우스(비닐하우스안에 설치하는 육상어류양식장을 제외한다)의 설치
3. 토지의 형질변경
    가. 높이 50센티미터 이내 또는 깊이 50센티미터 이내의 절토·성토·정지 등(포장을 제외하며, 주거지역·상업지역 및 공업지역외의 지역에서는 지목변경을 수반하지 아니하는 경우에 한한다)
    나. 도시지역·자연환경보전지역 및 지구단위계획구역 외의 지역에서 면적이 660제곱미터 이하인 토지에 대한 지목변경을 수반하지 아니하는 절토·성토·정지·포장 등(토지의 형질변경 면적은 형질변경이 이루어지는 당해 필지의 총면적을 말한다. 이하 같다)
    다. 조성이 완료된 기존 대지에 건축물이나 그 밖의 공작물을 설치하기 위한 토지의 형질변경(절토 및 성토는 제외한다)
    라. 국가 또는 지방자치단체가 공익상의 필요에 의하여 직접 시행하는 사업을 위한 토지의 형질변경
4. 토석채취
    가. <u>도시지역 또는 지구단위계획구역에서 채취면적이 25제곱미터 이하인 토지에서의 부피 50세제곱미터 이하의 토석채취</u>
    나. 도시지역·자연환경보전지역 및 지구단위계획구역외의 지역에서 채취면적이 250제곱미터 이하인 토지에서의 부피 500세제곱미터 이하의 토석채취
5. 토지분할
    가. 「사도법」에 의한 사도개설허가를 받은 토지의 분할
    나. 토지의 일부를 공공용지 또는 공용지로 하기 위한 토지의 분할
    다. 행정재산중 용도폐지되는 부분의 분할 또는 일반재산을 매각·교환 또는 양여하기 위한 분할
    라. 토지의 일부가 도시·군계획시설로 지형도면고시가 된 당해 토지의 분할
    마. 너비 5미터 이하로 이미 분할된 토지의 「건축법」 제57조 제1항에 따른 분할제한면적 이상으로의 분할
6. 물건을 쌓아놓는 행위
    가. 녹지지역 또는 지구단위계획구역에서 물건을 쌓아놓는 면적이 25제곱미터 이하인 토지에 전체무게 50톤 이하, 전체부피 50세제곱미터 이하로 물건을 쌓아놓는 행위
    나. 관리지역(지구단위계획구역으로 지정된 지역을 제외한다)에서 물건을 쌓아놓는 면적이 250제곱미터 이하인 토지에 전체무게 500톤 이하, 전체부피 500세제곱미터 이하로 물건을 쌓아놓는 행위

정답 ③

002 국토의 계획 및 이용에 관한 법률에 의한 국토의 용도지역에 해당되지 않는 것은?

① 자연환경정비지역 ② 도시지역
③ 관리지역 ④ 농림지역

해설

제6조(국토의 용도 구분) 국토는 토지의 이용실태 및 특성, 장래의 토지 이용 방향, 지역 간 균형발전 등을 고려하여 다음과 같은 용도지역으로 구분한다.
1. 도시지역: 인구와 산업이 밀집되어 있거나 밀집이 예상되어 그 지역에 대하여 체계적인 개발·정비·관리·보전 등이 필요한 지역
2. 관리지역: 도시지역의 인구와 산업을 수용하기 위하여 도시지역에 준하여 체계적으로 관리하거나 농림업의 진흥, 자연환경 또는 산림의 보전을 위하여 농림지역 또는 자연환경보전지역에 준하여 관리할 필요가 있는 지역
3. 농림지역: 도시지역에 속하지 아니하는 「농지법」에 따른 농업진흥지역 또는 「산지관리법」에 따른 보전산지 등으로서 농림업을 진흥시키고 산림을 보전하기 위하여 필요한 지역
4. 자연환경보전지역: 자연환경·수자원·해안·생태계·상수원 및 문화재의 보전과 수산자원의 보호·육성 등을 위하여 필요한 지역

제7조(용도지역별 관리 의무) 국가나 지방자치단체는 제6조에 따라 정하여진 용도지역의 효율적인 이용 및 관리를 위하여 다음 각 호에서 정하는 바에 따라 그 용도지역에 관한 개발·정비 및 보전에 필요한 조치를 마련하여야 한다.
1. 도시지역: 이 법 또는 관계 법률에서 정하는 바에 따라 그 지역이 체계적이고 효율적으로 개발·정비·보전될 수 있도록 미리 계획을 수립하고 그 계획을 시행하여야 한다.
2. 관리지역: 이 법 또는 관계 법률에서 정하는 바에 따라 필요한 보전조치를 취하고 개발이 필요한 지역에 대하여는 계획적인 이용과 개발을 도모하여야 한다.
3. 농림지역: 이 법 또는 관계 법률에서 정하는 바에 따라 농림업의 진흥과 산림의 보전·육성에 필요한 조사와 대책을 마련하여야 한다.
4. 자연환경보전지역: 이 법 또는 관계 법률에서 정하는 바에 따라 환경오염 방지, 자연환경·수질·수자원·해안·생태계 및 문화재의 보전과 수산자원의 보호·육성을 위하여 필요한 조사와 대책을 마련하여야 한다.

정답 ①

003 국토의 계획 및 이용에 관한 법률상 건폐율이 가장 작은 용도지역은?

① 주거지역 ② 계획관리지역
③ 공업지역 ④ 상업지역

해설

제84조(용도지역안에서의 건폐율) ①법 제77조 제1항 및 제2항에 따른 건폐율은 다음 각 호의 범위에서 특별시·광역시·특별자치시·특별자치도·시 또는 군의 도시·군계획조례가 정하는 비율 이하로 한다.
1. 제1종전용주거지역 : 50퍼센트 이하
2. 제2종전용주거지역 : 50퍼센트 이하
3. 제1종일반주거지역 : 60퍼센트 이하
4. 제2종일반주거지역 : 60퍼센트 이하
5. 제3종일반주거지역 : 50퍼센트 이하
6. 준주거지역 : 70퍼센트 이하

7. 중심상업지역 : 90퍼센트 이하
8. 일반상업지역 : 80퍼센트 이하
9. 근린상업지역 : 70퍼센트 이하
10. 유통상업지역 : 80퍼센트 이하
11. 전용공업지역 : 70퍼센트 이하
12. 일반공업지역 : 70퍼센트이하
13. 준공업지역 : 70퍼센트 이하
14. 보전녹지지역 : 20퍼센트 이하
15. 생산녹지지역 : 20퍼센트 이하
16. 자연녹지지역 : 20퍼센트 이하
17. 보전관리지역 : 20퍼센트 이하
18. 생산관리지역 : 20퍼센트 이하
19. 계획관리지역 : 40퍼센트 이하
20. 농림지역 : 20퍼센트 이하
21. 자연환경보전지역 : 20퍼센트 이하

② 제1항의 규정에 의하여 도시·군계획조례로 용도지역별 건폐율을 정함에 있어서 필요한 경우에는 당해 지방자치단체의 관할구역을 세분하여 건폐율을 달리 정할 수 있다.

제85조(용도지역 안에서의 용적률) ①법 제78조 제1항 및 제2항에 따른 용적률은 다음 각 호의 범위에서 관할구역의 면적, 인구규모 및 용도지역의 특성 등을 감안하여 특별시·광역시·특별자치시·특별자치도·시 또는 군의 도시·군계획조례가 정하는 비율을 초과할 수 없다.

1. 제1종전용주거지역 : 50퍼센트 이상 100퍼센트 이하
2. 제2종전용주거지역 : 50퍼센트 이상 150퍼센트 이하
3. 제1종일반주거지역 : 100퍼센트 이상 200퍼센트 이하
4. 제2종일반주거지역 : 100퍼센트 이상 250퍼센트 이하
5. 제3종일반주거지역 : 100퍼센트 이상 300퍼센트 이하
6. 준주거지역 : 200퍼센트 이상 500퍼센트 이하
7. 중심상업지역 : 200퍼센트 이상 1천500퍼센트 이하
8. 일반상업지역 : 200퍼센트 이상 1천300퍼센트 이하
9. 근린상업지역 : 200퍼센트 이상 900퍼센트 이하
10. 유통상업지역 : 200퍼센트 이상 1천100퍼센트 이하
11. 전용공업지역 : 150퍼센트 이상 300퍼센트 이하
12. 일반공업지역 : 150퍼센트 이상 350퍼센트 이하
13. 준공업지역 : 150퍼센트 이상 400퍼센트 이하
14. 보전녹지지역 : 50퍼센트 이상 80퍼센트 이하
15. 생산녹지지역 : 50퍼센트 이상 100퍼센트 이하
16. 자연녹지지역 : 50퍼센트 이상 100퍼센트 이하
17. 보전관리지역 : 50퍼센트 이상 80퍼센트 이하
18. 생산관리지역 : 50퍼센트 이상 80퍼센트 이하
19. 계획관리지역 : 50퍼센트 이상 100퍼센트 이하
20. 농림지역 : 50퍼센트 이상 80퍼센트 이하
21. 자연환경보전지역 : 50퍼센트 이상 80퍼센트 이하

② 제1항의 규정에 의하여 도시·군계획조례로 용도지역별 용적률을 정함에 있어서 필요한 경우에는 당해 지방자치단체의 관할구역을 세분하여 용적률을 달리 정할 수 있다.

정답 ②

004 국토의 계획 및 이용에 관한 법률에서 도시기본계획에 포함 되어야할 정책 사항이 아닌 것은?

① 지역적 특성 및 계획의 방향·목표에 관한 사항
② 공간구조, 생활권의 설정 및 인구의 배분에 관한사항
③ 경관계획에 관한 사항
④ 환경의 보전 및 관리에 관한 사항

해설

제19조(도시·군기본계획의 내용) ① 도시·군기본계획에는 다음 각 호의 사항에 대한 정책 방향이 포함되어야 한다.
  1. 지역적 특성 및 계획의 방향·목표에 관한 사항
  2. 공간구조, 생활권의 설정 및 인구의 배분에 관한 사항
  3. 토지의 이용 및 개발에 관한 사항
  4. 토지의 용도별 수요 및 공급에 관한 사항
  5. 환경의 보전 및 관리에 관한 사항
  6. 기반시설에 관한 사항
  7. 공원·녹지에 관한 사항
  8. <u>경관에 관한 사항</u>
  8의2. 기후변화 대응 및 에너지절약에 관한 사항
  8의3. 방재·방범 등 안전에 관한 사항
  9. 제2호부터 제8호까지, 제8호의2 및 제8호의3에 규정된 사항의 단계별 추진에 관한 사항
  10. 그 밖에 대통령령으로 정하는 사항
② 삭제
③ 도시·군기본계획의 수립기준 등은 대통령령으로 정하는 바에 따라 국토교통부장관이 정한다.

영 제15조(도시·군기본계획의 내용) 법 제19조 제1항 제10호에서 "그 밖에 대통령령으로 정하는 사항"이란 다음 각 호의 사항으로서 도시·군기본계획의 방향 및 목표 달성과 관련된 사항을 말한다.
  1. 도심 및 주거환경의 정비·보전에 관한 사항
  2. 다른 법률에 따라 도시·군기본계획에 반영되어야 하는 사항
  3. 도시·군기본계획의 시행을 위하여 필요한 재원조달에 관한 사항
  4. 그 밖에 법 제22조의2제1항에 따른 도시·군기본계획 승인권자가 필요하다고 인정하는 사항

제12조(광역도시계획의 내용) ① 광역도시계획에는 다음 각 호의 사항 중 그 광역계획권의 지정목적을 이루는 데 필요한 사항에 대한 정책 방향이 포함되어야 한다.
  1. 광역계획권의 공간 구조와 기능 분담에 관한 사항
  2. 광역계획권의 녹지관리체계와 환경 보전에 관한 사항
  3. 광역시설의 배치·규모·설치에 관한 사항
  4. <u>경관계획에 관한 사항</u>
  5. 그 밖에 광역계획권에 속하는 특별시·광역시·특별자치시·특별자치도·시 또는 군 상호 간의 기능 연계에 관한 사항으로서 대통령령으로 정하는 사항
② 광역도시계획의 수립기준 등은 대통령령으로 정하는 바에 따라 국토교통부장관이 정한다.

영 제9조(광역도시계획의 내용) 법 제12조 제1항 제5호에서 "대통령령으로 정하는 사항"이란 다음 각 호의 사항을 말한다.
  1. 광역계획권의 교통 및 물류유통체계에 관한 사항
  2. 광역계획권의 문화·여가공간 및 방재에 관한 사항

정답 ③

005 국토의 계획 및 이용에 관한 법률상 자연환경보전지역에 관한 다음 설명 중 타당하지 않는 것은?

① 자연경관, 수자원, 해안, 생태계 등을 보전하기 위하여 필요한 지역이다.
② 수산자원의 보호·육성을 위하여 필요한 지역이다.
③ 산지관리법에 의한 보전임지 등으로서 산림의 보전을 위하여 필요한 지역이다.
④ 생태계 및 문화재 등의 보전을 위하여 필요한 조사와 대책을 마련하여야 하는 지역이다.

> **해설**

제6조(국토의 용도 구분) 국토는 토지의 이용실태 및 특성, 장래의 토지 이용 방향, 지역 간 균형발전 등을 고려하여 다음과 같은 용도지역으로 구분한다.
1. 도시지역: 인구와 산업이 밀집되어 있거나 밀집이 예상되어 그 지역에 대하여 체계적인 개발·정비·관리·보전 등이 필요한 지역
2. 관리지역: 도시지역의 인구와 산업을 수용하기 위하여 도시지역에 준하여 체계적으로 관리하거나 농림업의 진흥, 자연환경 또는 산림의 보전을 위하여 농림지역 또는 자연환경보전지역에 준하여 관리할 필요가 있는 지역
3. 농림지역: 도시지역에 속하지 아니하는 「농지법」에 따른 농업진흥지역 또는 「산지관리법」에 따른 보전산지 등으로서 농림업을 진흥시키고 산림을 보전하기 위하여 필요한 지역
4. 자연환경보전지역: 자연환경·수자원·해안·생태계·상수원 및 문화재의 보전과 수산자원의 보호·육성 등을 위하여 필요한 지역

[정답] ③

006 도시관리계획의 주거지역 중 저층주택 중심의 편리한 주거환경을 조성하기 위하여 세분하여 지정할 수 있는 지역은?

① 자연취락지구
② 제1종일반주거지역
③ 제2종일반주거지역
④ 제3종일반주거지역

> **해설**

영 제30조(용도지역의 세분) ① 국토교통부장관, 시·도지사 또는 대도시의 시장(이하 "대도시 시장"이라 한다)은 법 제36조 제2항에 따라 도시·군관리계획결정으로 주거지역·상업지역·공업지역 및 녹지지역을 다음 각 호와 같이 세분하여 지정할 수 있다.
1. 주거지역
  가. 전용주거지역 : 양호한 주거환경을 보호하기 위하여 필요한 지역
    (1) 제1종전용주거지역 : 단독주택 중심의 양호한 주거환경을 보호하기 위하여 필요한 지역
    (2) 제2종전용주거지역 : 공동주택 중심의 양호한 주거환경을 보호하기 위하여 필요한 지역
  나. 일반주거지역 : 편리한 주거환경을 조성하기 위하여 필요한 지역
    (1) 제1종일반주거지역 : 저층주택을 중심으로 편리한 주거환경을 조성하기 위하여 필요한 지역
    (2) 제2종일반주거지역 : 중층주택을 중심으로 편리한 주거환경을 조성하기 위하여 필요한 지역
    (3) 제3종일반주거지역 : 중고층주택을 중심으로 편리한 주거환경을 조성하기 위하여 필요한 지역
  다. 준주거지역 : 주거기능을 위주로 이를 지원하는 일부 상업기능 및 업무기능을 보완하기 위하여 필요한 지역

2. 상업지역
    가. 중심상업지역 : 도심·부도심의 상업기능 및 업무기능의 확충을 위하여 필요한 지역
    나. 일반상업지역 : 일반적인 상업기능 및 업무기능을 담당하게 하기 위하여 필요한 지역
    다. 근린상업지역 : 근린지역에서의 일용품 및 서비스의 공급을 위하여 필요한 지역
    라. 유통상업지역 : 도시내 및 지역간 유통기능의 증진을 위하여 필요한 지역
3. 공업지역
    가. 전용공업지역 : 주로 중화학공업, 공해성 공업 등을 수용하기 위하여 필요한 지역
    나. 일반공업지역 : 환경을 저해하지 아니하는 공업의 배치를 위하여 필요한 지역
    다. 준공업지역 : 경공업 그 밖의 공업을 수용하되, 주거기능·상업기능 및 업무기능의 보완이 필요한 지역
4. 녹지지역
    가. 보전녹지지역 : 도시의 자연환경·경관·산림 및 녹지공간을 보전할 필요가 있는 지역
    나. 생산녹지지역 : 주로 농업적 생산을 위하여 개발을 유보할 필요가 있는 지역
    다. 자연녹지지역 : 도시의 녹지공간의 확보, 도시확산의 방지, 장래 도시용지의 공급 등을 위하여 보전할 필요가 있는 지역으로서 불가피한 경우에 한하여 제한적인 개발이 허용되는 지역
② 시·도지사 또는 대도시 시장은 해당 시·도 또는 대도시의 도시·군계획조례로 정하는 바에 따라 도시·군관리계획결정으로 제1항에 따라 세분된 주거지역·상업지역·공업지역·녹지지역을 추가적으로 세분하여 지정할 수 있다.

정답 ②

007 국토의 계획 및 이용에 관한 법률에 의한 도시·군관리계획에 포함되는 계획이 아닌 것은?

① 용도지역·용도지구의 지정 또는 변경에 관한 계획
② 광역계획권의 장기 발전방향을 제시하는 계획
③ 기반시설의 설치·정비 또는 개량에 관한 계획
④ 도시개발사업 또는 재개발사업에 관한 계획

해설

제2조(정의) 이 법에서 사용하는 용어의 뜻은 다음과 같다.
1. "광역도시계획"이란 제10조에 따라 지정된 광역계획권의 장기발전방향을 제시하는 계획을 말한다.
2. "도시·군계획"이란 특별시·광역시·특별자치시·특별자치도·시 또는 군(광역시의 관할 구역에 있는 군은 제외한다. 이하 같다)의 관할 구역에 대하여 수립하는 공간구조와 발전방향에 대한 계획으로서 도시·군기본계획과 도시·군관리계획으로 구분한다.
3. "도시·군기본계획"이란 특별시·광역시·특별자치시·특별자치도·시 또는 군의 관할 구역에 대하여 기본적인 공간구조와 장기발전방향을 제시하는 종합계획으로서 도시·군관리계획 수립의 지침이 되는 계획을 말한다.
4. "도시·군관리계획"이란 특별시·광역시·특별자치시·특별자치도·시 또는 군의 개발·정비 및 보전을 위하여 수립하는 토지 이용, 교통, 환경, 경관, 안전, 산업, 정보통신, 보건, 복지, 안보, 문화 등에 관한 다음 각 목의 계획을 말한다.
    가. 용도지역·용도지구의 지정 또는 변경에 관한 계획
    나. 개발제한구역, 도시자연공원구역, 시가화조정구역(市街化調整區域), 수산자원보호구역의 지정 또는 변경에 관한 계획
    다. 기반시설의 설치·정비 또는 개량에 관한 계획

라. 도시개발사업이나 정비사업에 관한 계획
마. 지구단위계획구역의 지정 또는 변경에 관한 계획과 지구단위계획
바. 입지규제최소구역의 지정 또는 변경에 관한 계획과 입지규제최소구역계획

5. "지구단위계획"이란 도시·군계획 수립 대상지역의 일부에 대하여 토지 이용을 합리화하고 그 기능을 증진시키며 미관을 개선하고 양호한 환경을 확보하며, 그 지역을 체계적·계획적으로 관리하기 위하여 수립하는 도시·군관리계획을 말한다.

5의2. "입지규제최소구역계획"이란 입지규제최소구역에서의 토지의 이용 및 건축물의 용도·건폐율·용적률·높이 등의 제한에 관한 사항 등 입지규제최소구역의 관리에 필요한 사항을 정하기 위하여 수립하는 도시·군관리계획을 말한다.

6. "기반시설"이란 다음 각 목의 시설로서 대통령령으로 정하는 시설을 말한다.
   가. 도로·철도·항만·공항·주차장 등 교통시설
   나. 광장·공원·녹지 등 공간시설
   다. 유통업무설비, 수도·전기·가스공급설비, 방송·통신시설, 공동구 등 유통·공급시설
   라. 학교·공공청사·문화시설 및 공공필요성이 인정되는 체육시설 등 공공·문화체육시설
   마. 하천·유수지(遊水池)·방화설비 등 방재시설
   바. 장사시설 등 보건위생시설
   사. 하수도, 폐기물처리 및 재활용시설, 빗물저장 및 이용시설 등 환경기초시설

7. "도시·군계획시설"이란 기반시설 중 도시·군관리계획으로 결정된 시설을 말한다.

8. "광역시설"이란 기반시설 중 광역적인 정비체계가 필요한 다음 각 목의 시설로서 대통령령으로 정하는 시설을 말한다.
   가. 둘 이상의 특별시·광역시·특별자치시·특별자치도·시 또는 군의 관할 구역에 걸쳐 있는 시설
   나. 둘 이상의 특별시·광역시·특별자치시·특별자치도·시 또는 군이 공동으로 이용하는 시설

9. "공동구"란 전기·가스·수도 등의 공급설비, 통신시설, 하수도시설 등 지하매설물을 공동 수용함으로써 미관의 개선, 도로구조의 보전 및 교통의 원활한 소통을 위하여 지하에 설치하는 시설물을 말한다.

10. "도시·군계획시설사업"이란 도시·군계획시설을 설치·정비 또는 개량하는 사업을 말한다.

11. "도시·군계획사업"이란 도시·군관리계획을 시행하기 위한 다음 각 목의 사업을 말한다.

가. 도시·군계획시설사업
나. 「도시개발법」에 따른 도시개발사업
다. 「도시 및 주거환경정비법」에 따른 정비사업

12. "도시·군계획사업시행자"란 이 법 또는 다른 법률에 따라 도시·군계획사업을 하는 자를 말한다.

13. "공공시설"이란 도로·공원·철도·수도, 그 밖에 대통령령으로 정하는 공공용 시설을 말한다.

14. "국가계획"이란 중앙행정기관이 법률에 따라 수립하거나 국가의 정책적인 목적을 이루기 위하여 수립하는 계획 중 제19조 제1항 제1호부터 제9호까지에 규정된 사항이나 도시·군관리계획으로 결정하여야 할 사항이 포함된 계획을 말한다.

15. "용도지역"이란 토지의 이용 및 건축물의 용도, 건폐율(「건축법」 제55조의 건폐율을 말한다. 이하 같다), 용적률(「건축법」 제56조의 용적률을 말한다. 이하 같다), 높이 등을 제한함으로써 토지를 경제적·효율적으로 이용하고 공공복리의 증진을 도모하기 위하여 서로 중복되지 아니하게 도시·군관리계획으로 결정하는 지역을 말한다.

16. "용도지구"란 토지의 이용 및 건축물의 용도·건폐율·용적률·높이 등에 대한 용도지역의 제한을 강화하거나 완화하여 적용함으로써 용도지역의 기능을 증진시키고 경관·안전 등을 도모하기 위하여 도시·군관리계획으로 결정하는 지역을 말한다.

17. "용도구역"이란 토지의 이용 및 건축물의 용도·건폐율·용적률·높이 등에 대한 용도지역 및 용도지구의 제한을 강화하거나 완화하여 따로 정함으로써 시가지의 무질서한 확산방지, 계획적이고 단계적인 토지이용의 도모, 토지이용의 종합적 조정·관리 등을 위하여 도시·군관리계획으로 결정하는 지역을 말한다.

18. "개발밀도관리구역"이란 개발로 인하여 기반시설이 부족할 것으로 예상되나 기반시설을 설치하기 곤란한 지역을 대상으로 건폐율이나 용적률을 강화하여 적용하기 위하여 제66조에 따라 지정하는 구역을 말한다.
19. "기반시설부담구역"이란 개발밀도관리구역 외의 지역으로서 개발로 인하여 도로, 공원, 녹지 등 대통령령으로 정하는 기반시설의 설치가 필요한 지역을 대상으로 기반시설을 설치하거나 그에 필요한 용지를 확보하게 하기 위하여 제67조에 따라 지정·고시하는 구역을 말한다.
20. "기반시설설치비용"이란 단독주택 및 숙박시설 등 대통령령으로 정하는 시설의 신·증축 행위로 인하여 유발되는 기반시설을 설치하거나 그에 필요한 용지를 확보하기 위하여 제69조에 따라 부과·징수하는 금액을 말한다.

정답 ②

008 건축물을 건축하고자 하는 자가 그 대지의 일부를 공공시설부지로 제공하는 경우에 당해 건축물에 대한 규정 용적률의 200% 이하의 범위 안에서 대지면적의 제공비율에 따라 용적률을 따로 정할 수 있는 지역·지구 또는 구역에 해당하지 않는 것은?(단, 국토의 계획 및 이용에 관한 법령에 따름)

① 도시환경정비사업을 위한 정비구역
② 재개발사업을 위한 정비구역
③ 상업지역
④ 개발진흥지구

해설

제46조(도시지역 내 지구단위계획구역에서의 건폐율 등의 완화적용) ① 지구단위계획구역(도시지역 내에 지정하는 경우로 한정한다. 이하 이 조에서 같다)에서 건축물을 건축하려는 자가 그 대지의 일부를 공공시설등의 부지로 제공하거나 공공시설등을 설치하여 제공하는 경우[지구단위계획구역 밖의 「하수도법」 제2조 제14호에 따른 배수구역에 공공하수처리시설을 설치하여 제공하는 경우(지구단위계획구역에 다른 공공시설 및 기반시설이 충분히 설치되어 있는 경우로 한정한다)를 포함한다]에는 법 제52조 제3항에 따라 그 건축물에 대하여 지구단위계획으로 다음 각 호의 구분에 따라 건폐율·용적률 및 높이제한을 완화하여 적용할 수 있다. 이 경우 제공받은 공공시설등은 국유재산 또는 공유재산으로 관리한다.
1. 공공시설등의 부지를 제공하는 경우에는 다음 각 목의 비율까지 건폐율·용적률 및 높이제한을 완화하여 적용할 수 있다. 다만, 지구단위계획구역 안의 일부 토지를 공공시설등의 부지로 제공하는 자가 해당 지구단위계획구역 안의 다른 대지에서 건축물을 건축하는 경우에는 나목의 비율까지 그 용적률을 완화하여 적용할 수 있다.
    가. 완화할 수 있는 건폐율 = 해당 용도지역에 적용되는 건폐율 × [1 + 공공시설등의 부지로 제공하는 면적(공공시설등의 부지를 제공하는 자가 법 제65조 제2항에 따라 용도가 폐지되는 공공시설을 무상으로 양수받은 경우에는 그 양수받은 부지면적을 뺀고 산정한다. 이하 이 조에서 같다)÷원래의 대지면적] 이내
    나. 완화할 수 있는 용적률 = 해당 용도지역에 적용되는 용적률 + [1.5 × (공공시설등의 부지로 제공하는 면적 × 공공시설등 제공 부지의 용적률)÷공공시설등의 부지 제공 후의 대지면적] 이내
    다. 완화할 수 있는 높이 = 「건축법」 제60조에 따라 제한된 높이 × (1 + 공공시설등의 부지로 제공하는 면적÷원래의 대지면적) 이내
2. 공공시설등을 설치하여 제공(그 부지의 제공은 제외한다)하는 경우에는 공공시설등을 설치하는 데에 드는 비용에 상응하는 가액(價額)의 부지를 제공한 것으로 보아 제1호에 따른 비율까지 건폐율·용적률 및 높이제한을 완화하여 적용할 수 있다. 이 경우 공공시설등 설치비용 및 이에 상응하는 부지 가액의 산정 방법 등은 시·도 또는 대도시의 도시·군계획조례로 정한다.
3. 공공시설등을 설치하여 그 부지와 함께 제공하는 경우에는 제1호 및 제2호에 따라 완화할 수 있는 건폐율·용적률 및 높이를 합산한 비율까지 완화하여 적용할 수 있다.

② 특별시장·광역시장·특별자치시장·특별자치도지사·시장 또는 군수는 지구단위계획구역에 있는 토지를 공공시설부지로 제공하고 보상을 받은 자 또는 그 포괄승계인이 그 보상금액에 국토교통부령이 정하는 이자를 더한 금액(이하 이 항에서 "반환금"이라 한다)을 반환하는 경우에는 당해 지방자치단체의 도시·군계획조례가 정하는 바에 따라 제1항 제1호 각 목을 적용하여 당해 건축물에 대한 건폐율·용적률 및 높이제한을 완화할 수 있다. 이 경우 그 반환금은 기반시설의 확보에 사용하여야 한다.

③ 지구단위계획구역에서 건축물을 건축하고자 하는 자가 「건축법」 제43조 제1항에 따른 공개공지 또는 공개공간을 같은 항에 따른 의무면적을 초과하여 설치한 경우에는 법 제52조 제3항에 따라 당해 건축물에 대하여 지구단위계획으로 다음 각 호의 비율까지 용적률 및 높이제한을 완화하여 적용할 수 있다.

　1. 완화할 수 있는 용적률 = 「건축법」 제43조 제2항에 따라 완화된 용적률+(당해 용도지역에 적용되는 용적률×의무면적을 초과하는 공개공지 또는 공개공간의 면적의 절반÷대지면적) 이내
　2. 완화할 수 있는 높이 = 「건축법」 제43조 제2항에 따라 완화된 높이+(「건축법」 제60조에 따른 높이×의무면적을 초과하는 공개공지 또는 공개공간의 면적의 절반÷대지면적) 이내

④ 지구단위계획구역에서는 법 제52조 제3항의 규정에 의하여 도시·군계획조례의 규정에 불구하고 지구단위계획으로 제84조에 규정된 범위안에서 건폐율을 완화하여 적용할 수 있다.

⑤ 지구단위계획구역에서는 법 제52조 제3항의 규정에 의하여 지구단위계획으로 법 제76조의 규정에 의하여 제30조 각호의 용도지역안에서 건축할 수 있는 건축물(도시·군계획조례가 정하는 바에 의하여 건축할 수 있는 건축물의 경우 도시·군계획조례에서 허용되는 건축물에 한한다)의 용도·종류 및 규모 등의 범위안에서 이를 완화하여 적용할 수 있다.

⑥ 지구단위계획구역의 지정목적이 다음 각호의 1에 해당하는 경우에는 법 제52조 제3항의 규정에 의하여 지구단위계획으로 「주차장법」 제19조 제3항의 규정에 의한 주차장 설치기준을 100퍼센트까지 완화하여 적용할 수 있다.

　1. 한옥마을을 보존하고자 하는 경우
　2. 차 없는 거리를 조성하고자 하는 경우(지구단위계획으로 보행자전용도로를 지정하거나 차량의 출입을 금지한 경우를 포함한다)
　3. 그 밖에 국토교통부령이 정하는 경우

⑦ 다음 각호의 1에 해당하는 경우에는 법 제52조 제3항의 규정에 의하여 지구단위계획으로 당해 용도지역에 적용되는 용적률의 120퍼센트 이내에서 용적률을 완화하여 적용할 수 있다.

　1. 도시지역에 개발진흥지구를 지정하고 당해 지구를 지구단위계획구역으로 지정한 경우
　2. 다음 각목의 1에 해당하는 경우로서 특별시장·광역시장·특별자치시장·특별자치도지사·시장 또는 군수의 권고에 따라 공동개발을 하는 경우
　　가. 지구단위계획에 2필지 이상의 토지에 하나의 건축물을 건축하도록 되어 있는 경우
　　나. 지구단위계획에 합벽건축을 하도록 되어 있는 경우
　　다. 지구단위계획에 주차장·보행자통로 등을 공동으로 사용하도록 되어 있어 2필지 이상의 토지에 건축물을 동시에 건축할 필요가 있는 경우

⑧ 도시지역에 개발진흥지구를 지정하고 당해 지구를 지구단위계획구역으로 지정한 경우에는 법 제52조 제3항에 따라 지구단위계획으로 「건축법」 제60조에 따라 제한된 건축물높이의 120퍼센트 이내에서 높이제한을 완화하여 적용할 수 있다.

⑨ 제1항 제1호나목(제1항 제2호 및 제2항에 따라 적용되는 경우를 포함한다), 제3항 제1호 및 제7항은 다음 각 호의 어느 하나에 해당하는 경우에는 적용하지 아니한다.

　1. 개발제한구역·시가화조정구역·녹지지역 또는 공원에서 해제되는 구역과 새로이 도시지역으로 편입되는 구역중 계획적인 개발 또는 관리가 필요한 지역인 경우
　2. 기존의 용도지역 또는 용도지구가 용적률이 높은 용도지역 또는 용도지구로 변경되는 경우로서 기존의 용도지역 또는 용도지구의 용적률을 적용하지 아니하는 경우

⑩ 제1항 내지 제4항 및 제7항의 규정에 의하여 완화하여 적용되는 건폐율 및 용적률은 당해 용도지역 또는 용도지구에 적용되는 건폐율의 150퍼센트 및 용적률의 200퍼센트를 각각 초과할 수 없다.

정답 ④

009 도시지역 내 지구단위계획구역 안에서 건축물을 건축하고자 하는 자가 그 대지의 일부를 공공시설부지로 제공하는 경우 건폐율을 완화 적용 받을 수 있는 것은?

① 당해 용도지역에 적용되는 건폐율 ×(1+공공시설부지로 제공하는 면적 ÷ 당초의 대지면적)이내
② 당해 용도지역에 적용되는 건폐율 ×[(1+1.5×(공공시설부지로 제공하는 면적 ÷ 공공시설부지 제공후의 대지면적)]이내
③ 당해 용도지역에 적용되는 건폐율 ×[(1+2.0×(공공시설부지로 제공하는 면적 ÷ 공공시설부지 제공후의 대지면적)]이내
④ 당해 용도지역에 적용되는 건폐율 ×(1-공공시설부지로 제공하는 면적 × 당초의 대지면적)이내

> **해설**
>
> 가. 완화할 수 있는 건폐율 = 해당 용도지역에 적용되는 건폐율 × [1 + 공공시설등의 부지로 제공하는 면적(공공시설등의 부지를 제공하는 자가 법 제65조 제2항에 따라 용도가 폐지되는 공공시설을 무상으로 양수받은 경우에는 그 양수받은 부지면적을 빼고 산정한다. 이하 이 조에서 같다)÷ 원래의 대지면적] 이내
> 나. 완화할 수 있는 용적률 = 해당 용도지역에 적용되는 용적률 + [1.5 × (공공시설등의 부지로 제공하는 면적 × 공공시설등 제공 부지의 용적률)÷ 공공시설등의 부지 제공 후의 대지면적] 이내
> 다. 완화할 수 있는 높이 =「건축법」제60조에 따라 제한된 높이 × (1 + 공공시설등의 부지로 제공하는 면적÷ 원래의 대지면적) 이내

정답 ①

010 도시기본계획의 특성에 적합하지 않는 것은?

① 도시기본계획은 물적 계획이다.
② 도시기본계획은 도시발전 방향 및 미래상을 제시하는 성격을 갖고 있다.
③ 도시기본계획은 비구속적 계획이다.
④ 도시기본계획 수립시의 주민참여의 형태는 공청회를 취하고 있다.

> **해설**
>
> 도시기본계획은 정책계획이다.
> 도시기본계획은 20년 후 도시가 발전하여야 할 틀을 제시하는 종합계획이다.

정답 ①

011 다음은 국토의 계획 및 이용에 관한 법률상의 국토용도 구분이다. 잘못 설명된 것은?

① 농림지역: 도시지역에 속하지 않는 농지법에 의한 농업진흥지역 또는 산림법에 의한 보전임지 등으로서 농림업의 진흥과 산림의 보전을 위하여 필요한 지역
② 도시지역: 인구와 산업이 밀집되어 있거나 밀집이 예상되어 당해지역에 대하여 체계적인 개발·정비·관리·보전 등이 필요한 지역
③ 관리지역: 도시지역 외의 인구와 산업을 수용하기 위하여 도시지역에 준하여 체계적으로 관리하거나 농림지역으로만 전환 관리가 필요한 지역
④ 자연환경보전지역: 자연환경·수자원·해안·생태계·상수원 및 문화재의 보전과 수산자원의 보호·육성 등을 위하여 필요한 지역

> **해설**

제6조(국토의 용도 구분) 국토는 토지의 이용실태 및 특성, 장래의 토지 이용 방향, 지역 간 균형발전 등을 고려하여 다음과 같은 용도지역으로 구분한다.
  1. 도시지역: 인구와 산업이 밀집되어 있거나 밀집이 예상되어 그 지역에 대하여 체계적인 개발·정비·관리·보전 등이 필요한 지역
  2. 관리지역: 도시지역의 인구와 산업을 수용하기 위하여 도시지역에 준하여 체계적으로 관리하거나 농림업의 진흥, 자연환경 또는 산림의 보전을 위하여 농림지역 또는 자연환경보전지역에 준하여 관리할 필요가 있는 지역
  3. 농림지역: 도시지역에 속하지 아니하는 「농지법」에 따른 농업진흥지역 또는 「산지관리법」에 따른 보전산지 등으로서 농림업을 진흥시키고 산림을 보전하기 위하여 필요한 지역
  4. 자연환경보전지역: 자연환경·수자원·해안·생태계·상수원 및 문화재의 보전과 수산자원의 보호·육성 등을 위하여 필요한 지역

정답 ③

012 광역 도시권을 대상으로 수립하는 광역도시계획의 내용이 아닌 것은?

① 광역계획권의 공간구조와 기능분담에 관한 사항
② 광역계획권의 녹지관리체계와 환경보전에 관한 사항
③ 광역계획권의 토지이용 개발 및 방재에 관한 사항
④ 광역시설의 배치·규모·설치에 관한 사항

> **해설**

제12조(광역도시계획의 내용) ① 광역도시계획에는 다음 각 호의 사항 중 그 광역계획권의 지정목적을 이루는 데 필요한 사항에 대한 정책 방향이 포함되어야 한다.
  1. 광역계획권의 공간 구조와 기능 분담에 관한 사항
  2. 광역계획권의 녹지관리체계와 환경 보전에 관한 사항
  3. 광역시설의 배치·규모·설치에 관한 사항
  4. <u>경관계획에 관한 사항</u>
  5. 그 밖에 광역계획권에 속하는 특별시·광역시·특별자치시·특별자치도·시 또는 군 상호 간의 기능 연계에 관한 사항으로서 대통령령으로 정하는 사항
② 광역도시계획의 수립기준 등은 대통령령으로 정하는 바에 따라 국토교통부장관이 정한다.

영 제9조(광역도시계획의 내용) 법 제12조 제1항 제5호에서 "대통령령으로 정하는 사항"이란 다음 각 호의 사항을 말한다.
1. 광역계획권의 교통 및 물류유통체계에 관한 사항
2. 광역계획권의 문화·여가공간 및 방재에 관한 사항

정답 ③

013 국토의 계획 및 이용에 관한 법률상의 도시계획 시설사업에 대한 단계별 집행계획의 수립에 대하여 기술한 사항 중 틀린 것은?

① 특별시장·광역시장·특별자치시장·특별자치도지사·시장 또는 군수는 도시·군계획시설에 대하여 도시·군계획시설결정의 고시일부터 3개월 이내에 대통령령으로 정하는 바에 따라 재원조달계획, 보상계획 등을 포함하는 단계별 집행계획을 수립하여야 한다.

② 단계별 집행계획은 제1단계 집행계획과 제2단계 집행계획으로 구분하여 수립하되, 3년 이내에 시행하는 도시·군계획시설사업은 제1단계 집행계획에, 3년 후에 시행하는 도시·군계획시설사업은 제2단계 집행계획에 포함되도록 하여야 한다.

③ 국토교통부장관이나 도지사가 직접 입안한 도시·군관리계획인 경우 국토교통부장관이나 도지사는 단계별 집행계획을 수립하여 해당 특별시장·광역시장·특별자치시장·특별자치도지사·시장 또는 군수에게 송부할 수 있다.

④ 특별시장·광역시장·특별자치시장·특별자치도지사·시장 또는 군수는 매년 제1단계집행계획을 검토하여 3년 이내에 도시·군계획시설사업을 시행할 도시·군계획시설은 이를 제1단계집행계획에 포함시킬 수 있다.

해설

제85조(단계별 집행계획의 수립) ① 특별시장·광역시장·특별자치시장·특별자치도지사·시장 또는 군수는 도시·군계획시설에 대하여 도시·군계획시설결정의 고시일부터 3개월 이내에 대통령령으로 정하는 바에 따라 재원조달계획, 보상계획 등을 포함하는 단계별 집행계획을 수립하여야 한다. 다만, 대통령령으로 정하는 법률에 따라 도시·군관리계획의 결정이 의제되는 경우에는 해당 도시·군계획시설결정의 고시일부터 2년 이내에 단계별 집행계획을 수립할 수 있다.

② 국토교통부장관이나 도지사가 직접 입안한 도시·군관리계획인 경우 국토교통부장관이나 도지사는 단계별 집행계획을 수립하여 해당 특별시장·광역시장·특별자치시장·특별자치도지사·시장 또는 군수에게 송부할 수 있다.

③ 단계별 집행계획은 제1단계 집행계획과 제2단계 집행계획으로 구분하여 수립하되, 3년 이내에 시행하는 도시·군계획시설사업은 제1단계 집행계획에, 3년 후에 시행하는 도시·군계획시설사업은 제2단계 집행계획에 포함되도록 하여야 한다.

④ 특별시장·광역시장·특별자치시장·특별자치도지사·시장 또는 군수는 제1항이나 제2항에 따라 단계별 집행계획을 수립하거나 받은 때에는 대통령령으로 정하는 바에 따라 지체 없이 그 사실을 공고하여야 한다.

⑤ 공고된 단계별 집행계획을 변경하는 경우에는 제1항부터 제4항까지의 규정을 준용한다. 다만, 대통령령으로 정하는 경미한 사항을 변경하는 경우에는 그러하지 아니하다.

영 제95조(단계별집행계획의 수립) ① 특별시장·광역시장·특별자치시장·특별자치도지사·시장 또는 군수는 법 제85조 제1항의 규정에 의하여 단계별집행계획을 수립하고자 하는 때에는 미리 관계 행정기관의 장과 협의하여야 하며, 해당 지방의회의 의견을 들어야 한다.
② 법 제85조 제1항 단서에서 "대통령령으로 정하는 법률"이란 다음 각 호의 법률을 말한다.
  1. 「도시 및 주거환경정비법」
  2. 「도시재정비 촉진을 위한 특별법」
  3. 「도시재생 활성화 및 지원에 관한 특별법」
③ 특별시장·광역시장·특별자치시장·특별자치도지사·시장 또는 군수는 매년 법 제85조 제3항의 규정에 의한 제2단계집행계획을 검토하여 3년 이내에 도시·군계획시설사업을 시행할 도시·군계획시설은 이를 제1단계집행계획에 포함시킬 수 있다.
④ 법 제85조 제4항에 따른 단계별집행계획의 공고는 당해 지방자치단체의 공보에 게재하는 방법에 의하며, 필요한 경우 전국 또는 해당 지방자치단체를 주된 보급지역으로 하는 일간신문에 게재하는 방법을 병행할 수 있다.
⑤ 법 제85조 제5항 단서에서 "대통령령으로 정하는 경미한 사항을 변경하는 경우"란 제25조 제3항 각 호 및 제4항 각 호에 따른 도시·군관리계획의 변경에 따라 단계별집행계획을 변경하는 경우를 말한다.

정답 ④

014 국토의 계획 및 이용에 관한 법률에서 개발행위허가를 받지 않아도 되는 경미한 행위가 아닌 것은?

① 공작물의 설치: 도시지역에서 무게 50t이하, 부피 50m3이하, 수평투영면적이 25m2이하
② 토지의 형질변경: 높이 50㎝이내 또는 깊이 50㎝이내의 절토, 성토, 정지
③ 토석 채취: 지구단위계획구역에서 면적 50m2이하인 토지에서 부피 50m3이하
④ 물건을 쌓아 놓은 행위: 녹지지역에 쌓아 놓은 면적이 25m2이하인 토지에 전체 무게 50t이하, 전체 부피 50m3이하

해설

정답 ③

015 시가화조정구역에 관한 설명 중 틀린 것은?

① 도시의 계획적, 단계적 개발을 도모한다.
② 시가지 안의 인구의 동태, 산업발전 상황 등을 고려하여 도시·군관리계획으로 시가화유보기간을 정하여야 한다.
③ 시가화 유보기간은 20년으로 법정되어 있다.
④ 시가화조정구역지정의 실효고시는 실효일자 및 실효사유와 실효된 도시·군관리계획의 내용을 국토교통부장관이 하는 경우에는 관보에, 시·도지사가 하는 경우에는 해당 시·도의 공보에 게재하는 방법에 의한다.

해설

제39조(시가화조정구역의 지정) ① 시·도지사는 직접 또는 관계 행정기관의 장의 요청을 받아 도시지역과 그 주변지역의 무질서한 시가화를 방지하고 계획적·단계적인 개발을 도모하기 위하여 대통령령으로 정하는 기간 동안 시가화를 유보할 필요가 있다고 인정되면 시가화조정구역의 지정 또는 변경을 도시·군관리계획으로 결정할 수 있다. 다만, 국가계획과 연계하여 시가화조정구역의 지정 또는 변경이 필요한 경우에는 **국토교통부장관**이 직접 시가화조정구역의 지정 또는 변경을 도시·군관리계획으로 결정할 수 있다.

② 시가화조정구역의 지정에 관한 도시·군관리계획의 결정은 제1항에 따른 시가화 유보기간이 끝난 날의 다음날부터 그 효력을 잃는다. 이 경우 국토교통부장관 또는 시·도지사는 대통령령으로 정하는 바에 따라 그 사실을 고시하여야 한다.

영 제32조(시가화조정구역의 지정) ① 법 제39조 제1항 본문에서 "대통령령으로 정하는 기간"이란 5년 이상 20년 이내의 기간을 말한다.

② 국토교통부장관 또는 시·도지사는 법 제39조 제1항에 따라 시가화조정구역을 지정 또는 변경하고자 하는 때에는 당해 도시지역과 그 주변지역의 인구의 동태, 토지의 이용상황, 산업발전상황 등을 고려하여 도시·군관리계획으로 시가화유보기간을 정하여야 한다.

③ 법 제39조 제2항 후단에 따른 시가화조정구역지정의 실효고시는 실효일자 및 실효사유와 실효된 도시·군관리계획의 내용을 국토교통부장관이 하는 경우에는 관보에, 시·도지사가 하는 경우에는 해당 시·도의 공보에 게재하는 방법에 의한다.

정답 ③

016 도시지역 내 지구단위계획구역안에서 건축물을 건축하고자 하는 자가 그 대지의 일부를 공공시설부지로 제공하는 경우 건폐율을 완화 적률 받을 수 있는 것은?

① 당해 용도지역에 적용되는 건폐율 ×(1+공공시설부지로 제공하는 면적 ÷ 당초의 대지면적)이내
② 당해 용도지역에 적용되는 건폐율 ×[(1+1.5×(공공시설부지로 제공하는 면적 ÷ 공공시설부지 제공후의 대지면적)]이내
③ 당해 용도지역에 적용되는 건폐율 ×[(1+2.0×(공공시설부지로 제공하는 면적 ÷ 공공시설부지 제공후의 대지면적)]이내
④ 당해 용도지역에 적용되는 건폐율 ×(1-공공시설부지로 제공하는 면적 × 당초의 대지면적)이내

해설

정답 ①

017 시장·군수가 도시계획에 관한 지적 등의 고시의 승인을 시·도지사에게 제출했을 때 지형도면의 축척은? (단, 녹지지역의 임야, 관리지역, 농림지역 및 자연환경보전지역이 아닌 경우)

① 1/300 내지 1/600
② 1/500 내지 1/1,500
③ 1/3,000 내지 1/6,000
④ 1/10,000 내지 1/25,000

해설

○ **지역·지구 등의 지형도면 작성에 관한 지침(국토교통부 고시) 참조.**
제10조(도면의 형식) ① 지형도면등을 작성하는 때에는 국토이용정보체계에 구축되어 있는 데이터베이스를 사용하여 축척 500분의 1부터 1천500분의 1까지로 작성하여야 한다.
② 녹지지역의 임야, 관리지역, 농림지역 및 자연환경보전지역은 축척 3천분의 1 내지 6천분의 1로 작성할 수 있다.
③ 토지이용규제정보시스템(LURIS) 등재시에는 JPG파일 형식을 원칙으로 한다.
④ 지형도면등이 2매 이상인 경우에는 축척 5천분의 1 이상 5만분의 1 이하의 총괄도를 따로 첨부할 수 있다.
⑤ 지형도면등 작성 및 출력시 사용하는 용지의 크기는 A1(594㎜×841㎜)을 표준으로 한다.
⑥ 지역·지구등의 표시기준은 개별법령에서 규정한 도식규정을 따른다.
⑦ 모든 지역·지구선의 수정은 원칙적으로 인정하지 아니하며, 특히 칼로 긁거나 채색 등으로 은폐하는 것을 금지한다.
제13조(지형도면등의 효력) ① 지형도면등을 고시하여야 하는 지역·지구등의 지정의 효력은 지형도면등의 고시를 함으로써 발생한다.
② 다만, 지적도에 지역·지구등을 명시할 수 있으나 지적과 지형의 불일치 등으로 지적도의 활용이 곤란한 경우에는 2년이내에 지형도면등을 고시할 수 있으며, 고시가 없는 경우에는 그 2년이 되는 날의 다음 날부터 그 지정의 효력을 잃는다.

정답 ②

018 국토의 계획 및 이용에 관한 법률에서 도시·군기본계획을 설명한 것 중 옳은 것은?

① 특별시장·광역시장·시장 또는 군수는 10년마다 관할구역의 고시기본계획에 대하여 그 타당성 여부를 전반적으로 재검토하여 이를 정비하여야 한다.
② 용도지역, 용도지구 및 도시계획사업의 골격에 관한 구상과 기본방향이 제시되어야 한다.
③ 특별시·광역시·시 또는 군의 관할구역에 대하여 기본적인 공간구조와 장기발전방향을 제시하는 종합계획이다.
④ 도시기본계획의 내용이 광역도시계획의 내용과 다른 때에는 도시기본계획의 내용이 우선한다.

해설

정답 ③

019 국토의 계획 및 이용에 관한 법에서 경관지구의 분류 중 옳지 않은 것은?

① 자연경관지구
② 시가지경관지구
③ 역사문화환경경관지구
④ 특화경관지구

> 해설

제37조(용도지구의 지정) ① 국토교통부장관, 시·도지사 또는 대도시 시장은 다음 각 호의 어느 하나에 해당하는 용도지구의 지정 또는 변경을 도시·군관리계획으로 결정한다.
  1. 경관지구: 경관의 보전·관리 및 형성을 위하여 필요한 지구
  2. 고도지구: 쾌적한 환경 조성 및 토지의 효율적 이용을 위하여 건축물 높이의 최고한도를 규제할 필요가 있는 지구
  3. 방화지구: 화재의 위험을 예방하기 위하여 필요한 지구
  4. 방재지구: 풍수해, 산사태, 지반의 붕괴, 그 밖의 재해를 예방하기 위하여 필요한 지구
  5. 보호지구: 문화재, 중요 시설물(항만, 공항 등 대통령령으로 정하는 시설물을 말한다) 및 문화적·생태적으로 보존가치가 큰 지역의 보호와 보존을 위하여 필요한 지구
  6. 취락지구: 녹지지역·관리지역·농림지역·자연환경보전지역·개발제한구역 또는 도시자연공원구역의 취락을 정비하기 위한 지구
  7. 개발진흥지구: 주거기능·상업기능·공업기능·유통물류기능·관광기능·휴양기능 등을 집중적으로 개발·정비할 필요가 있는 지구
  8. 특정용도제한지구: 주거 및 교육 환경 보호나 청소년 보호 등의 목적으로 오염물질 배출시설, 청소년 유해시설 등 특정시설의 입지를 제한할 필요가 있는 지구
  9. 복합용도지구: 지역의 토지이용 상황, 개발 수요 및 주변 여건 등을 고려하여 효율적이고 복합적인 토지이용을 도모하기 위하여 특정시설의 입지를 완화할 필요가 있는 지구
  10. 그 밖에 대통령령으로 정하는 지구

영 제31조(용도지구의 지정) ① 법 제37조 제1항 제5호에서 "항만, 공항 등 대통령령으로 정하는 시설물"이란 항만, 공항, 공용시설(공공업무시설, 공공필요성이 인정되는 문화시설·집회시설·운동시설 및 그 밖에 이와 유사한 시설로서 도시·군계획조례로 정하는 시설을 말한다), 교정시설·군사시설을 말한다.
② 국토교통부장관, 시·도지사 또는 대도시 시장은 법 제37조 제2항에 따라 도시·군관리계획결정으로 경관지구·방재지구·보호지구·취락지구 및 개발진흥지구를 다음 각 호와 같이 세분하여 지정할 수 있다.
  1. 경관지구
     가. 자연경관지구 : 산지·구릉지 등 자연경관을 보호하거나 유지하기 위하여 필요한 지구
     나. 시가지경관지구 : 지역 내 주거지, 중심지 등 시가지의 경관을 보호 또는 유지하거나 형성하기 위하여 필요한 지구
     다. 특화경관지구 : 지역 내 주요 수계의 수변 또는 문화적 보존가치가 큰 건축물 주변의 경관 등 특별한 경관을 보호 또는 유지하거나 형성하기 위하여 필요한 지구
  2. 삭제
  3. 삭제
  4. 방재지구
     가. 시가지방재지구: 건축물·인구가 밀집되어 있는 지역으로서 시설 개선 등을 통하여 재해 예방이 필요한 지구

나. 자연방재지구: 토지의 이용도가 낮은 해안변, 하천변, 급경사지 주변 등의 지역으로서 건축 제한 등을 통하여 재해 예방이 필요한 지구
5. 보호지구
　　가. 역사문화환경보호지구 : 문화재·전통사찰 등 역사·문화적으로 보존가치가 큰 시설 및 지역의 보호와 보존을 위하여 필요한 지구
　　나. 중요시설물보호지구 : 중요시설물(제1항에 따른 시설물을 말한다. 이하 같다)의 보호와 기능의 유지 및 증진 등을 위하여 필요한 지구
　　다. 생태계보호지구 : 야생동식물서식처 등 생태적으로 보존가치가 큰 지역의 보호와 보존을 위하여 필요한 지구
6. 삭제
7. 취락지구
　　가. 자연취락지구 : 녹지지역·관리지역·농림지역 또는 자연환경보전지역안의 취락을 정비하기 위하여 필요한 지구
　　나. 집단취락지구 : 개발제한구역안의 취락을 정비하기 위하여 필요한 지구
8. 개발진흥지구
　　가. 주거개발진흥지구 : 주거기능을 중심으로 개발·정비할 필요가 있는 지구
　　나. 산업·유통개발진흥지구 : 공업기능 및 유통·물류기능을 중심으로 개발·정비할 필요가 있는 지구
　　다. 삭제
　　라. 관광·휴양개발진흥지구 : 관광·휴양기능을 중심으로 개발·정비할 필요가 있는 지구
　　마. 복합개발진흥지구 : 주거기능, 공업기능, 유통·물류기능 및 관광·휴양기능중 2 이상의 기능을 중심으로 개발·정비할 필요가 있는 지구
　　바. 특정개발진흥지구 : 주거기능, 공업기능, 유통·물류기능 및 관광·휴양기능 외의 기능을 중심으로 특정한 목적을 위하여 개발·정비할 필요가 있는 지구

정답 ③

020 다음 중 국토의 계획 및 이용에 관한 법률에서 농림지역 및 자연환경보전지역에서 구역 등을 지정하는 경우에 심의를 거쳐야 하는 것은?

① 자연공원법 규정에 의한 공원보호구역
② 자연환경보전법 규정에 의한 생태·자연도 1등급 권역
③ 야생동·식물보호법 규정에 의한 시·도 야생 동·식물 보호구역
④ 문화재보호법 규정에 의한 명승 및 천연기념물과 그 보호구역

해설

제8조(다른 법률에 따른 토지 이용에 관한 구역 등의 지정 제한 등) ① 중앙행정기관의 장이나 지방자치단체의 장은 다른 법률에 따라 토지 이용에 관한 지역·지구·구역 또는 구획 등(이하 이 조에서 "구역등"이라 한다)을 지정하려면 그 구역등의 지정목적이 이 법에 따른 용도지역·용도지구 및 용도구역의 지정목적에 부합되도록 하여야 한다.
② 중앙행정기관의 장이나 지방자치단체의 장은 다른 법률에 따라 지정되는 구역등 중 대통령령으로 정하는 면적 이상의 구역등을 지정하거나 변경하려면 중앙행정기관의 장은 국토교통부장관과 협의하여야 하며 지방자치단체의 장은 국토교통부장관의 승인을 받아야 한다.

③ 지방자치단체의 장이 제2항에 따라 승인을 받아야 하는 구역등 중 대통령령으로 정하는 면적 미만의 구역등을 지정하거나 변경하려는 경우 특별시장·광역시장·특별자치시장·도지사·특별자치도지사(이하 "시·도지사"라 한다)는 제2항에도 불구하고 국토교통부장관의 승인을 받지 아니하되, 시장·군수 또는 구청장(자치구의 구청장을 말한다. 이하 같다)은 시·도지사의 승인을 받아야 한다.

④ 제2항 및 제3항에도 불구하고 다음 각 호의 어느 하나에 해당하는 경우에는 국토교통부장관과의 협의를 거치지 아니하거나 국토교통부장관 또는 시·도지사의 승인을 받지 아니한다.
  1. 다른 법률에 따라 지정하거나 변경하려는 구역등이 도시·군기본계획에 반영된 경우
  2. 제36조에 따른 보전관리지역·생산관리지역·농림지역 또는 자연환경보전지역에서 다음 각 목의 지역을 지정하려는 경우
    가. 「농지법」 제28조에 따른 농업진흥지역
    나. 「한강수계 상수원수질개선 및 주민지원 등에 관한 법률」 등에 따른 수변구역
    다. 「수도법」 제7조에 따른 상수원보호구역
    라. 「자연환경보전법」 제12조에 따른 생태·경관보전지역
    마. 「야생생물 보호 및 관리에 관한 법률」 제27조에 따른 야생생물 특별보호구역
    바. 「해양생태계의 보전 및 관리에 관한 법률」 제25조에 따른 해양보호구역
  3. 군사상 기밀을 지켜야 할 필요가 있는 구역등을 지정하려는 경우
  4. 협의 또는 승인을 받은 구역등을 대통령령으로 정하는 범위에서 변경하려는 경우

⑤ 국토교통부장관 또는 시·도지사는 제2항 및 제3항에 따라 협의 또는 승인을 하려면 제106조에 따른 중앙도시계획위원회(이하 "중앙도시계획위원회"라 한다) 또는 제113조 제1항에 따른 시·도도시계획위원회(이하 "시·도도시계획위원회"라 한다)의 심의를 거쳐야 한다. **다만, 다음 각 호의 경우에는 그러하지 아니하다.**
  1. 보전관리지역이나 생산관리지역에서 다음 각 목의 구역등을 지정하는 경우
    가. 「산지관리법」 제4조 제1항 제1호에 따른 보전산지
    나. 「야생생물 보호 및 관리에 관한 법률」 제33조에 따른 야생생물 보호구역
    다. 「습지보전법」 제8조에 따른 습지보호지역
    라. 「토양환경보전법」 제17조에 따른 토양보전대책지역
  2. 농림지역이나 자연환경보전지역에서 다음 각 목의 구역등을 지정하는 경우
    가. 제1호 각 목의 어느 하나에 해당하는 구역등
    나. 「자연공원법」 제4조에 따른 자연공원
    다. 「자연환경보전법」 제34조 제1항 제1호에 따른 생태·자연도 1등급 권역
    라. 「독도 등 도서지역의 생태계보전에 관한 특별법」 제4조에 따른 특정도서
    마. 「문화재보호법」 제25조 및 제27조에 따른 명승 및 천연기념물과 그 보호구역
    바. 「해양생태계의 보전 및 관리에 관한 법률」 제12조 제1항 제1호에 따른 해양생태도 1등급 권역

정답 ③

021 국토의 계획 및 이용에 관한 법령상 도시계획위원회에 관한 설명으로 틀린 것은?

① 중앙도시계획위원회 위원장은 위원 중에서 국토교통부장관이 임명한다.
② 시·도도시계획위원회의 위원장은 위원 중에서 해당 시·도지사가 임명 또는 위촉하며, 부위원장은 위원중에서 호선한다
③ 중앙도시계획위원회 각 분과위원회는 위원장 1인을 포함한 5인 이상 17인 이하의 위원으로 구성한다.
④ 중앙도시계획위원회 위원의 임기는 3년으로 하되, 연임할 수 없다.

> 해설

제106조(중앙도시계획위원회) 다음 각 호의 업무를 수행하기 위하여 국토교통부에 중앙도시계획위원회를 둔다.
1. 광역도시계획·도시·군계획·토지거래계약허가구역 등 국토교통부장관의 권한에 속하는 사항의 심의
2. 이 법 또는 다른 법률에서 중앙도시계획위원회의 심의를 거치도록 한 사항의 심의
3. 도시·군계획에 관한 조사·연구

제107조(조직) ① 중앙도시계획위원회는 위원장·부위원장 각 1명을 포함한 25명 이상 30명 이하의 위원으로 구성한다.
② 중앙도시계획위원회의 위원장과 부위원장은 위원 중에서 국토교통부장관이 임명하거나 위촉한다.
③ 위원은 관계 중앙행정기관의 공무원과 토지 이용, 건축, 주택, 교통, 공간정보, 환경, 법률, 복지, 방재, 문화, 농림 등 도시·군계획과 관련된 분야에 관한 학식과 경험이 풍부한 자 중에서 국토교통부장관이 임명하거나 위촉한다.
④ 공무원이 아닌 위원의 수는 10명 이상으로 하고, 그 임기는 2년으로 한다.
⑤ 보궐위원의 임기는 전임자 임기의 남은 기간으로 한다.

제110조(분과위원회) ① 다음 각 호의 사항을 효율적으로 심의하기 위하여 중앙도시계획위원회에 분과위원회를 둘 수 있다.
1. 제8조 제2항에 따른 토지 이용에 관한 구역등의 지정·변경 및 제9조에 따른 용도지역 등의 변경계획에 관한 사항
2. 제59조에 따른 심의에 관한 사항
3. 제117조에 따른 허가구역의 지정에 관한 사항
4. 중앙도시계획위원회에서 위임하는 사항
② 분과위원회의 심의는 중앙도시계획위원회의 심의로 본다. 다만, 제1항 제4호의 경우에는 중앙도시계획위원회가 분과위원회의 심의를 중앙도시계획위원회의 심의로 보도록 하는 경우만 해당한다.

영 제109조(중앙도시계획위원회의 분과위원회) ① 법 제110조의 규정에 의하여 중앙도시계획위원회에 두는 분과위원회 및 그 소관업무는 다음 각호와 같다.
1. 제1분과위원회
  가. 법 제8조 제2항의 규정에 의한 토지이용계획에 관한 구역등의 지정
  나. 법 제9조의 규정에 의한 용도지역 등의 변경계획에 관한 사항의 심의
  다. 법 제59조의 규정에 의한 개발행위에 관한 사항의 심의
2. 제2분과위원회 : 중앙도시계획위원회에서 위임하는 사항의 심의
3. 삭제
② 각 분과위원회는 위원장 1인을 포함한 5인 이상 17인 이하의 위원으로 구성한다.
③ 각 분과위원회의 위원은 중앙도시계획위원회가 그 위원중에서 선출하며, 중앙도시계획위원회의 위원은 2 이상의 분과위원회의 위원이 될 수 있다.
④ 각 분과위원회의 위원장은 분과위원회의 위원중에서 호선한다.
⑤ 중앙도시계획위원회의 위원장은 제1항에도 불구하고 효율적인 심사를 위하여 필요한 경우에는 각 분과위원회가 분장하는 업무의 일부를 조정할 수 있다.

제113조(지방도시계획위원회) ① 다음 각 호의 심의를 하게 하거나 자문에 응하게 하기 위하여 시·도에 시·도도시계획위원회를 둔다.
1. 시·도지사가 결정하는 도시·군관리계획의 심의 등 시·도지사의 권한에 속하는 사항과 다른 법률에서 시·도도시계획위원회의 심의를 거치도록 한 사항의 심의
2. 국토교통부장관의 권한에 속하는 사항 중 중앙도시계획위원회의 심의 대상에 해당하는 사항이 시·도지사에게 위임된 경우 그 위임된 사항의 심의
3. 도시·군관리계획과 관련하여 시·도지사가 자문하는 사항에 대한 조언
4. 그 밖에 대통령령으로 정하는 사항에 관한 심의 또는 조언

② 도시·군관리계획과 관련된 다음 각 호의 심의를 하게 하거나 자문에 응하게 하기 위하여 시·군(광역시의 관할 구역에 있는 군을 포함한다. 이하 이 조에서 같다) 또는 구(자치구를 말한다. 이하 같다)에 각각 시·군·구도시계획위원회를 둔다.
　1. 시장 또는 군수가 결정하는 도시·군관리계획의 심의와 국토교통부장관이나 시·도지사의 권한에 속하는 사항 중 시·도도시계획위원회의 심의대상에 해당하는 사항이 시장·군수 또는 구청장에게 위임되거나 재위임된 경우 그 위임되거나 재위임된 사항의 심의
　2. 도시·군관리계획과 관련하여 시장·군수 또는 구청장이 자문하는 사항에 대한 조언
　3. 제59조에 따른 개발행위의 허가 등에 관한 심의
　4. 그 밖에 대통령령으로 정하는 사항에 관한 심의 또는 조언
③ 시·도도시계획위원회나 시·군·구도시계획위원회의 심의 사항 중 대통령령으로 정하는 사항을 효율적으로 심의하기 위하여 시·도도시계획위원회나 시·군·구도시계획위원회에 분과위원회를 둘 수 있다.
④ 분과위원회에서 심의하는 사항 중 시·도도시계획위원회나 시·군·구도시계획위원회가 지정하는 사항은 분과위원회의 심의를 시·도도시계획위원회나 시·군·구도시계획위원회의 심의로 본다.
⑤ 도시·군계획 등에 관한 중요 사항을 조사·연구하기 위하여 지방도시계획위원회에 전문위원을 둘 수 있다.
⑥ 제5항에 따라 지방도시계획위원회에 전문위원을 두는 경우에는 제111조 제2항 및 제3항을 준용한다. 이 경우 "중앙도시계획위원회"는 "지방도시계획위원회"로, "국토교통부장관"은 "해당 지방도시계획위원회가 속한 지방자치단체의 장"으로 본다.

> **영 제111조(시·도도시계획위원회의 구성 및 운영)** ① 시·도도시계획위원회는 위원장 및 부위원장 각 1명을 포함한 25명 이상 30명 이하의 위원으로 구성한다.
> ② 시·도도시계획위원회의 위원장은 위원 중에서 해당 시·도지사가 임명 또는 위촉하며, 부위원장은 위원중에서 호선한다.
> ③ 시·도도시계획위원회의 위원은 다음 각 호의 어느 하나에 해당하는 자 중에서 시·도지사가 임명 또는 위촉한다. 이 경우 제3호에 해당하는 위원의 수는 전체 위원의 3분의 2 이상이어야 하고, 법 제8조 제7항에 따라 농업진흥지역의 해제 또는 보전산지의 지정해제를 할 때에 도시·군관리계획의 변경이 필요하여 시·도도시계획위원회의 심의를 거쳐야 하는 시·도의 경우에는 농림 분야 공무원 및 농림 분야 전문가가 각각 2명 이상이어야 한다.
> 　1. 당해 시·도 지방의회의 의원
> 　2. 당해 시·도 및 도시·군계획과 관련있는 행정기관의 공무원
> 　3. 토지이용·건축·주택·교통·환경·방재·문화·농림·정보통신 등 도시·군계획 관련 분야에 관하여 학식과 경험이 있는 자
> ④ 제3항 제3호에 해당하는 위원의 임기는 2년으로 하되, 연임할 수 있다. 다만, 보궐위원의 임기는 전임자의 임기중 남은 기간으로 한다.
> ⑤ 시·도도시계획위원회의 위원장은 위원회의 업무를 총괄하며, 위원회를 소집하고 그 의장이 된다.
> ⑥ 시·도도시계획위원회의 회의는 재적위원 과반수의 출석(출석위원의 과반수는 제3항 제3호에 해당하는 위원이어야 한다)으로 개의하고, 출석위원 과반수의 찬성으로 의결한다.
> ⑦ 시·도도시계획위원회에 간사 1인과 서기 약간인을 둘 수 있으며, 간사와 서기는 위원장이 임명한다.
> ⑧ 시·도도시계획위원회의 간사는 위원장의 명을 받아 서무를 담당하고, 서기는 간사를 보좌한다.

정답 ④

022 국토의 계획 및 이용에 관한 법률상 도시·군관리계획을 입안 하고자 할 경우, 도시·군관리계획도서 중 계획도의 축척과 백도(base map)의 종류로 적당한 것은?

① 1천분의 1 지형도
② 6백분의 1 지적도
③ 1만분의 1 수치지형도
④ 1천2백분의 1 항공측량도

> **해설**

도시·군관리계획수립지침 참조.

> 제18조(도시·군관리계획도서 및 계획설명서의 작성기준 등) ① 법 제25조 제2항의 규정에 의한 도시·군관리계획도서 중 계획도는 축척 1천분의 1 또는 축척 5천분의 1(축척 1천분의 1 또는 축척 5천분의 1의 지형도가 간행되어 있지 아니한 경우에는 축척 2만5천분의 1)의 지형도(수치지형도를 포함한다. 이하 같다)에 도시·군관리계획사항을 명시한 도면으로 작성하여야 한다. 다만, 지형도가 간행되어 있지 아니한 경우에는 해도·해저지형도 등의 도면으로 지형도에 갈음할 수 있다.

정답 ①

---

023 국토의 계획 및 이용에 관한 법령상 도시계획시설 사업의 단계별집행계획에 관한 기술 중 틀린 것은?

① 특별시장·광역시장·특별자치시장·특별자치도지사·시장 또는 군수는 도시·군계획시설에 대하여 도시·군계획시설결정의 고시일부터 3개월 이내에 대통령령으로 정하는 바에 따라 재원조달계획, 보상계획 등을 포함하는 단계별 집행계획을 수립하여야 한다.
② 특별시장·광역시장·시장 또는 군수는 규정에 의하여 단계별집행계획을 수립하거나 송부받은 때에는 대통령령이 정하는 바에 따라 7일 이내에 공고하여야 한다.
③ 「도시 및 주거환경정비법」, 「도시재정비 촉진을 위한 특별법」, 「도시재생 활성화 및 지원에 관한 특별법」에 따라 도시·군관리계획의 결정이 의제되는 경우에는 해당 도시·군계획시설결정의 고시일부터 2년 이내에 단계별 집행계획을 수립할 수 있다.
④ 단계별 집행계획은 제1단계 집행계획과 제2단계 집행계획으로 구분하여 수립하되, 3년 이내에 시행하는 도시·군계획시설사업은 제1단계 집행계획에, 3년 후에 시행하는 도시·군계획시설사업은 제2단계 집행계획에 포함되도록 하여야 한다.

> 해설

제85조(단계별 집행계획의 수립) ① 특별시장·광역시장·특별자치시장·특별자치도지사·시장 또는 군수는 도시·군계획시설에 대하여 도시·군계획시설결정의 고시일부터 3개월 이내에 대통령령으로 정하는 바에 따라 재원조달계획, 보상계획 등을 포함하는 단계별 집행계획을 수립하여야 한다. 다만, 대통령령으로 정하는 법률에 따라 도시·군관리계획의 결정이 의제되는 경우에는 해당 도시·군계획시설결정의 고시일부터 2년 이내에 단계별 집행계획을 수립할 수 있다.
② 국토교통부장관이나 도지사가 직접 입안한 도시·군관리계획인 경우 국토교통부장관이나 도지사는 단계별 집행계획을 수립하여 해당 특별시장·광역시장·특별자치시장·특별자치도지사·시장 또는 군수에게 송부할 수 있다.
③ 단계별 집행계획은 제1단계 집행계획과 제2단계 집행계획으로 구분하여 수립하되, 3년 이내에 시행하는 도시·군계획시설사업은 제1단계 집행계획에, 3년 후에 시행하는 도시·군계획시설사업은 제2단계 집행계획에 포함되도록 하여야 한다.
④ 특별시장·광역시장·특별자치시장·특별자치도지사·시장 또는 군수는 제1항이나 제2항에 따라 단계별 집행계획을 수립하거나 받은 때에는 대통령령으로 정하는 바에 따라 지체 없이 그 사실을 공고하여야 한다.
⑤ 공고된 단계별 집행계획을 변경하는 경우에는 제1항부터 제4항까지의 규정을 준용한다. 다만, 대통령령으로 정하는 경미한 사항을 변경하는 경우에는 그러하지 아니하다.

영 제95조(단계별집행계획의 수립) ① 특별시장·광역시장·특별자치시장·특별자치도지사·시장 또는 군수는 법 제85조 제1항의 규정에 의하여 단계별집행계획을 수립하고자 하는 때에는 미리 관계 행정기관의 장과 협의하여야 하며, 해당 지방의회의 의견을 들어야 한다.
② 법 제85조 제1항 단서에서 "대통령령으로 정하는 법률"이란 다음 각 호의 법률을 말한다.
 1. 「도시 및 주거환경정비법」
 2. 「도시재정비 촉진을 위한 특별법」
 3. 「도시재생 활성화 및 지원에 관한 특별법」
③ 특별시장·광역시장·특별자치시장·특별자치도지사·시장 또는 군수는 매년 법 제85조 제3항의 규정에 의한 제2단계집행계획을 검토하여 3년 이내에 도시·군계획시설사업을 시행할 도시·군계획시설은 이를 제1단계집행계획에 포함시킬 수 있다.
④ 법 제85조 제4항에 따른 단계별집행계획의 공고는 당해 지방자치단체의 공보에 게재하는 방법에 의하며, 필요한 경우 전국 또는 해당 지방자치단체를 주된 보급지역으로 하는 일간신문에 게재하는 방법을 병행할 수 있다.
⑤ 법 제85조 제5항 단서에서 "대통령령으로 정하는 경미한 사항을 변경하는 경우"란 제25조 제3항 각 호 및 제4항 각 호에 따른 도시·군관리계획의 변경에 따라 단계별집행계획을 변경하는 경우를 말한다.

정답 ②

024 국토의 계획 및 이용에 관한 법령상 지구단위계획 중 관계행정기관의 장과의 협의, 국토교통부장관과의 협의 및 중앙도시계획위원회 또는 지방도시계획위원회의 심의를 거치지 아니하고 지구단위계획을 변경할 수 없는 것은? ★

① 획지면적의 50퍼센트 이내의 변경인 경우
② 건축물 높이의 20퍼센트 이내의 변경인 경우
③ 건축선의 1미터 이내의 변경인 경우
④ 가구면적의 10퍼센트 이내의 변경인 경우

해설

제25조(도시·군관리계획의 결정) ④지구단위계획 중 다음 각 호의 어느 하나에 해당하는 경우(다른 호에 저촉되지 않는 경우로 한정한다)에는 법 제30조 제5항 단서에 따라 관계 행정기관의 장과의 협의, 국토교통부장관과의 협의 및 중앙도시계획위원회·지방도시계획위원회 또는 제2항에 따른 공동위원회의 심의를 거치지 않고 지구단위계획을 변경할 수 있다. 다만, 제14호에 해당하는 경우에는 공동위원회의 심의를 거쳐야 한다.

1. 지구단위계획으로 결정한 용도지역·용도지구 또는 도시·군계획시설에 대한 변경결정으로서 제3항 각호의 1에 해당하는 변경인 경우
2. 가구(제42조의3제2항 제4호에 따른 별도의 구역을 포함한다. 이하 이 항에서 같다)면적의 10퍼센트 이내의 변경인 경우
3. 획지면적의 30퍼센트 이내의 변경인 경우
4. 건축물높이의 20퍼센트 이내의 변경인 경우(층수변경이 수반되는 경우를 포함한다)
5. 제46조 제7항 제2호 각목의 1에 해당하는 획지의 규모 및 조성계획의 변경인 경우
6. 삭제
7. 건축선 또는 차량출입구의 변경으로서 다음 각 목의 어느 하나에 해당하는 경우
   가. 건축선의 1미터 이내의 변경인 경우
   나. 「도시교통정비 촉진법」 제17조 또는 제18조에 따른 교통영향평가서의 심의를 거쳐 결정된 경우
8. 건축물의 배치·형태 또는 색채의 변경인 경우
9. 지구단위계획에서 경미한 사항으로 결정된 사항의 변경인 경우. 다만, 용도지역·용도지구·도시·군계획시설·가구면적·획지면적·건축물높이 또는 건축선의 변경에 해당하는 사항을 제외한다.
10. 법률 제6655호 국토의계획및이용에관한법률 부칙 제17조 제2항의 규정에 의하여 제2종지구단위계획으로 보는 개발계획에서 정한 건폐율 또는 용적률을 감소시키거나 10퍼센트 이내에서 증가시키는 경우(증가시키는 경우에는 제47조 제1항의 규정에 의한 건폐율·용적률의 한도를 초과하는 경우를 제외한다)
11. 지구단위계획구역 면적의 10퍼센트(용도지역 변경을 포함하는 경우에는 5퍼센트를 말한다) 이내의 변경 및 동 변경지역안에서의 지구단위계획의 변경
12. 국토교통부령으로 정하는 경미한 사항의 변경인 경우
13. 그 밖에 제1호부터 제12호까지와 유사한 사항으로서 도시·군계획조례로 정하는 사항의 변경인 경우
14. 「건축법」 등 다른 법령의 규정에 따른 건폐율 또는 용적률 완화 내용을 반영하기 위하여 지구단위계획을 변경하는 경우

정답 ①

025 국토의 계획 및 이용에 관한 법령상 기반시설에 해당되지 않는 것은?

① 유원지 ② 사회복지시설
③ 청소년수련시설 ④ 노유자시설

> **해설**
>
> **영 제2조(기반시설)** ① 「국토의 계획 및 이용에 관한 법률」(이하 "법"이라 한다) 제2조 제6호 각 목 외의 부분에서 "대통령령으로 정하는 시설"이란 다음 각 호의 시설(당해 시설 그 자체의 기능발휘와 이용을 위하여 필요한 부대시설 및 편익시설을 포함한다)을 말한다.
> 1. 교통시설 : 도로·철도·항만·공항·주차장·자동차정류장·궤도·차량 검사 및 면허시설
> 2. 공간시설 : 광장·공원·녹지·유원지·공공공지
> 3. 유통·공급시설 : 유통업무설비, 수도·전기·가스·열공급설비, 방송·통신시설, 공동구·시장, 유류저장 및 송유설비
> 4. 공공·문화체육시설 : 학교·공공청사·문화시설·공공필요성이 인정되는 체육시설·연구시설·사회복지시설·공공직업훈련시설·청소년수련시설
> 5. 방재시설 : 하천·유수지·저수지·방화설비·방풍설비·방수설비·사방설비·방조설비
> 6. 보건위생시설 : 장사시설·도축장·종합의료시설
> 7. 환경기초시설 : 하수도·폐기물처리 및 재활용시설·빗물저장 및 이용시설·수질오염방지시설·폐차장
>
> ② 제1항에 따른 기반시설중 도로·자동차정류장 및 광장은 다음 각 호와 같이 세분할 수 있다.
> 1. 도로
>   가. 일반도로
>   나. 자동차전용도로
>   다. 보행자전용도로
>   라. 보행자우선도로
>   마. 자전거전용도로
>   바. 고가도로
>   사. 지하도로
> 2. 자동차정류장
>   가. 여객자동차터미널
>   나. 화물터미널
>   다. 공영차고지
>   라. 공동차고지
>   마. 화물자동차 휴게소
>   바. 복합환승센터
> 3. 광장
>   가. 교통광장
>   나. 일반광장
>   다. 경관광장
>   라. 지하광장
>   마. 건축물부설광장

정답 ④

026 국토의 계획 및 이용에 관한 법령상 개발밀도관리구역의 지정기준에 해당되지 않는 것은?

① 당해 지역의 도로율이 건설교통부령이 정하는 용도지역별 도로율에 20%이상 미달하는 지역
② 당해 지역의 도로서비스 수준이 매우 낮아 차량통행이 현저하게 지체되는 지역
③ 향후 2년 이내에 당해 지역의 하수발생량이 하수시설의 시설용량을 초과할 것으로 예상되는 지역
④ 향후 2년 이내에 당해 지역의 학생수가 학교수용능력을 10%이상 초과할 것으로 예상되는 지역

해설

제2조(정의) 이 법에서 사용하는 용어의 뜻은 다음과 같다.
  18. "개발밀도관리구역"이란 개발로 인하여 기반시설이 부족할 것으로 예상되나 기반시설을 설치하기 곤란한 지역을 대상으로 건폐율이나 용적률을 강화하여 적용하기 위하여 제66조에 따라 지정하는 구역을 말한다.
  19. "기반시설부담구역"이란 개발밀도관리구역 외의 지역으로서 개발로 인하여 도로, 공원, 녹지 등 대통령령으로 정하는 기반시설의 설치가 필요한 지역을 대상으로 기반시설을 설치하거나 그에 필요한 용지를 확보하게 하기 위하여 제67조에 따라 지정·고시하는 구역을 말한다.
  20. "기반시설설치비용"이란 단독주택 및 숙박시설 등 대통령령으로 정하는 시설의 신·증축 행위로 인하여 유발되는 기반시설을 설치하거나 그에 필요한 용지를 확보하기 위하여 제69조에 따라 부과·징수하는 금액을 말한다.

제66조(개발밀도관리구역) ① 특별시장·광역시장·특별자치시장·특별자치도지사·시장 또는 군수는 주거·상업 또는 공업지역에서의 개발행위로 기반시설(도시·군계획시설을 포함한다)의 처리·공급 또는 수용능력이 부족할 것으로 예상되는 지역 중 기반시설의 설치가 곤란한 지역을 개발밀도관리구역으로 지정할 수 있다.
② 특별시장·광역시장·특별자치시장·특별자치도지사·시장 또는 군수는 개발밀도관리구역에서는 대통령령으로 정하는 범위에서 제77조나 제78조에 따른 건폐율 또는 용적률을 강화하여 적용한다.
③ 특별시장·광역시장·특별자치시장·특별자치도지사·시장 또는 군수는 제1항에 따라 개발밀도관리구역을 지정하거나 변경하려면 다음 각 호의 사항을 포함하여 해당 지방자치단체에 설치된 지방도시계획위원회의 심의를 거쳐야 한다.
  1. 개발밀도관리구역의 명칭
  2. 개발밀도관리구역의 범위
  3. 제77조나 제78조에 따른 건폐율 또는 용적률의 강화 범위
④ 특별시장·광역시장·특별자치시장·특별자치도지사·시장 또는 군수는 제1항에 따라 개발밀도관리구역을 지정하거나 변경한 경우에는 그 사실을 대통령령으로 정하는 바에 따라 고시하여야 한다.
⑤ 개발밀도관리구역의 지정기준, 개발밀도관리구역의 관리 등에 관하여 필요한 사항은 대통령령으로 정하는 바에 따라 국토교통부장관이 정한다.

> **영 제62조(개발밀도의 강화범위 등)** ① 법 제66조 제2항에서 "대통령령으로 정하는 범위"란 해당 용도지역에 적용되는 용적률의 최대한도의 50퍼센트를 말한다.
> ② 법 제66조 제4항의 규정에 의한 개발밀도관리구역의 지정 또는 변경의 고시는 동조제3항 각호의 사항을 당해 지방자치단체의 공보에 게재하는 방법에 의한다.
> ③ 특별시장·광역시장·특별자치시장·특별자치도지사·시장 또는 군수는 제2항에 따라 고시한 내용을 해당 기관의 인터넷 홈페이지에 게재하여야 한다.

> 영 제63조(개발밀도관리구역의 지정기준 및 관리방법) 국토교통부장관은 법 제66조 제5항의 규정에 의하여 개발밀도관리구역의 지정기준 및 관리방법을 정할 때에는 다음 각 호의 사항을 종합적으로 고려하여야 한다.
> 1. 개발밀도관리구역은 도로·수도공급설비·하수도·학교 등 기반시설의 용량이 부족할 것으로 예상되는 지역중 기반시설의 설치가 곤란한 지역으로서 다음 각목의 1에 해당하는 지역에 대하여 지정할 수 있도록 할 것
>   가. 당해 지역의 도로서비스 수준이 매우 낮아 차량통행이 현저하게 지체되는 지역. 이 경우 도로서비스 수준의 측정에 관하여는 「도시교통정비 촉진법」에 따른 교통영향평가의 예에 따른다.
>   나. 당해 지역의 도로율이 국토교통부령이 정하는 용도지역별 도로율에 20퍼센트 이상 미달하는 지역
>   다. 향후 2년 이내에 당해 지역의 수도에 대한 수요량이 수도시설의 시설용량을 초과할 것으로 예상되는 지역
>   라. 향후 2년 이내에 당해 지역의 하수발생량이 하수시설의 시설용량을 초과할 것으로 예상되는 지역
>   마. 향후 2년 이내에 당해 지역의 학생수가 학교수용능력을 20퍼센트 이상 초과할 것으로 예상되는 지역
> 2. 개발밀도관리구역의 경계는 도로·하천 그 밖에 특색 있는 지형지물을 이용하거나 용도지역의 경계선을 따라 설정하는 등 경계선이 분명하게 구분되도록 할 것
> 3. 용적률의 강화범위는 제62조 제1항의 규정에 의한 범위 안에서 제1호 각목에 규정된 기반시설의 부족정도를 감안하여 결정할 것
> 4. 개발밀도관리구역안의 기반시설의 변화를 주기적으로 검토하여 용적률을 강화 또는 완화하거나 개발밀도관리구역을 해제하는 등 필요한 조치를 취하도록 할 것

정답 ④

027 국토의 계획 및 이용에 관한 법령상 용도지구 중 문화재·전통사찰 등 역사·문화적으로 보존가치가 큰 시설 및 지역의 보호와 보존을 위하여 필요한 지구는?

① 특화경관지구
② 중요시설물보호지구
③ 역사문화환경보호지구
④ 특정개발진흥지구

해설

제31조(용도지구의 지정) ① 법 제37조 제1항 제5호에서 "항만, 공항 등 대통령령으로 정하는 시설물"이란 항만, 공항, 공용시설(공공업무시설, 공공필요성이 인정되는 문화시설·집회시설·운동시설 및 그 밖에 이와 유사한 시설로서 도시·군계획조례로 정하는 시설을 말한다), 교정시설·군사시설을 말한다.

② 국토교통부장관, 시·도지사 또는 대도시 시장은 법 제37조 제2항에 따라 도시·군관리계획결정으로 경관지구·방재지구·보호지구·취락지구 및 개발진흥지구를 다음 각 호와 같이 세분하여 지정할 수 있다.

1. 경관지구
   가. 자연경관지구 : 산지·구릉지 등 자연경관을 보호하거나 유지하기 위하여 필요한 지구
   나. 시가지경관지구 : 지역 내 주거지, 중심지 등 시가지의 경관을 보호 또는 유지하거나 형성하기 위하여 필요한 지구
   다. 특화경관지구 : 지역 내 주요 수계의 수변 또는 문화적 보존가치가 큰 건축물 주변의 경관 등 특별한 경관을 보호 또는 유지하거나 형성하기 위하여 필요한 지구
2. 삭제
3. 삭제
4. 방재지구
   가. 시가지방재지구: 건축물·인구가 밀집되어 있는 지역으로서 시설 개선 등을 통하여 재해 예방이 필요한 지구
   나. 자연방재지구: 토지의 이용도가 낮은 해안변, 하천변, 급경사지 주변 등의 지역으로서 건축 제한 등을 통하여 재해 예방이 필요한 지구
5. 보호지구
   가. 역사문화환경보호지구 : 문화재·전통사찰 등 역사·문화적으로 보존가치가 큰 시설 및 지역의 보호와 보존을 위하여 필요한 지구
   나. 중요시설물보호지구 : 중요시설물(제1항에 따른 시설물을 말한다. 이하 같다)의 보호와 기능의 유지 및 증진 등을 위하여 필요한 지구
   다. 생태계보호지구 : 야생동식물서식처 등 생태적으로 보존가치가 큰 지역의 보호와 보존을 위하여 필요한 지구
6. 삭제
7. 취락지구
   가. 자연취락지구 : 녹지지역·관리지역·농림지역 또는 자연환경보전지역안의 취락을 정비하기 위하여 필요한 지구
   나. 집단취락지구 : 개발제한구역안의 취락을 정비하기 위하여 필요한 지구
8. 개발진흥지구
   가. 주거개발진흥지구 : 주거기능을 중심으로 개발·정비할 필요가 있는 지구
   나. 산업·유통개발진흥지구 : 공업기능 및 유통·물류기능을 중심으로 개발·정비할 필요가 있는 지구
   다. 삭제
   라. 관광·휴양개발진흥지구 : 관광·휴양기능을 중심으로 개발·정비할 필요가 있는 지구
   마. 복합개발진흥지구 : 주거기능, 공업기능, 유통·물류기능 및 관광·휴양기능중 2 이상의 기능을 중심으로 개발·정비할 필요가 있는 지구
   바. 특정개발진흥지구 : 주거기능, 공업기능, 유통·물류기능 및 관광·휴양기능 외의 기능을 중심으로 특정한 목적을 위하여 개발·정비할 필요가 있는 지구

정답 ③

028 국토의 계획 및 이용에 관한 법률상 도시·군관리계획에 해당하지 않는 것은?

① 용도지역의 지정 또는 변경에 관한 계획
② 개발제한구역의 지정 또는 변경에 관한 계획
③ 도시개발사업 또는 정비사업에 관한 계획
④ 공개공지의 지정 또는 변경에 관한 계획

해설

정답 ④

029 국토의 계획 및 이용에 관한 법령상 지구단위계획에 대한 설명으로 틀린 것은?

① 지구단위계획은 토지이용을 합리화·구체화하고, 도시 또는 농·산·어촌의 기능의 증진, 미관의 개선 및 양호한 환경을 확보하기 위하여 수립하는 계획이다.
② 지구단위계획구역 및 지구단위계획은 도시·군관리계획으로 결정한다.
③ 국토교통부장관, 시·도지사, 시장 또는 군수는 도시개발법 제3조의 규정에 의하여 지정된 도시개발구역을 지구단위계획구역으로 지정할 수 있다.
④ 지구단위계획구역의 지정에 관한 도시·군관리계획결정의 고시일로부터 3년 이내에 당해 지구단위계획구역에 관한 지구단위계획이 결정·고시되지 아니한 경우에는 그 3년이 되는 날의 다음날에 그 효력이 상실된다.

해설

제2조(정의) 이 법에서 사용하는 용어의 뜻은 다음과 같다.
5. "지구단위계획"이란 도시·군계획 수립 대상지역의 일부에 대하여 토지 이용을 합리화하고 그 기능을 증진시키며 미관을 개선하고 양호한 환경을 확보하며, 그 지역을 체계적·계획적으로 관리하기 위하여 수립하는 도시·군관리계획을 말한다.

제47조(도시·군계획시설 부지의 매수 청구) ① 도시·군계획시설에 대한 도시·군관리계획의 결정(이하 "도시·군계획시설결정"이라 한다)의 고시일부터 10년 이내에 그 도시·군계획시설의 설치에 관한 도시·군계획시설사업이 시행되지 아니하는 경우(제88조에 따른 실시계획의 인가나 그에 상당하는 절차가 진행된 경우는 제외한다. 이하 같다) 그 도시·군계획시설의 부지로 되어 있는 토지 중 지목(地目)이 대(垈)인 토지(그 토지에 있는 건축물 및 정착물을 포함한다. 이하 이 조에서 같다)의 소유자는 대통령령으로 정하는 바에 따라 특별시장·광역시장·특별자치시장·특별자치도지사·시장 또는 군수에게 그 토지의 매수를 청구할 수 있다. 다만, 다음 각 호의 어느 하나에 해당하는 경우에는 그에 해당하는 자(특별시장·광역시장·특별자치시장·특별자치도지사·시장 또는 군수를 포함한다. 이하 이 조에서 "매수의무자"라 한다)에게 그 토지의 매수를 청구할 수 있다.
1. 이 법에 따라 해당 도시·군계획시설사업의 시행자가 정하여진 경우에는 그 시행자
2. 이 법 또는 다른 법률에 따라 도시·군계획시설을 설치하거나 관리하여야 할 의무가 있는 자가 있으면 그 의무가 있는 자. 이 경우 도시·군계획시설을 설치하거나 관리하여야 할 의무가 있는 자가 서로 다른 경우에는 설치하여야 할 의무가 있는 자에게 매수 청구하여야 한다.

② 매수의무자는 제1항에 따라 매수 청구를 받은 토지를 매수할 때에는 현금으로 그 대금을 지급한다. 다만, 다음 각 호의 어느 하나에 해당하는 경우로서 매수의무자가 지방자치단체인 경우에는 채권(이하 "도시·군계획시설채권"이라 한다)을 발행하여 지급할 수 있다.
   1. 토지 소유자가 원하는 경우
   2. 대통령령으로 정하는 부재부동산 소유자의 토지 또는 비업무용 토지로서 매수대금이 대통령령으로 정하는 금액을 초과하여 그 초과하는 금액을 지급하는 경우
③ 도시·군계획시설채권의 상환기간은 10년 이내로 하며, 그 이율은 채권 발행 당시 「은행법」에 따른 인가를 받은 은행 중 전국을 영업으로 하는 은행이 적용하는 1년 만기 정기예금금리의 평균 이상이어야 하며, 구체적인 상환기간과 이율은 특별시·광역시·특별자치시·특별자치도·시 또는 군의 조례로 정한다.
④ 매수 청구된 토지의 매수가격·매수절차 등에 관하여 이 법에 특별한 규정이 있는 경우 외에는 「공익사업을 위한 토지 등의 취득 및 보상에 관한 법률」을 준용한다.
⑤ 도시·군계획시설채권의 발행절차나 그 밖에 필요한 사항에 관하여 이 법에 특별한 규정이 있는 경우 외에는 「지방재정법」에서 정하는 바에 따른다.
⑥ 매수의무자는 제1항에 따른 매수 청구를 받은 날부터 6개월 이내에 매수 여부를 결정하여 토지 소유자와 특별시장·광역시장·특별자치시장·특별자치도지사·시장 또는 군수(매수의무자가 특별시장·광역시장·특별자치시장·특별자치도지사·시장 또는 군수인 경우는 제외한다)에게 알려야 하며, 매수하기로 결정한 토지는 매수 결정을 알린 날부터 2년 이내에 매수하여야 한다.
⑦ 제1항에 따라 매수 청구를 한 토지의 소유자는 다음 각 호의 어느 하나에 해당하는 경우 제56조에 따른 허가를 받아 대통령령으로 정하는 건축물 또는 공작물을 설치할 수 있다. 이 경우 제54조, 제58조와 제64조는 적용하지 아니한다.
   1. 제6항에 따라 매수하지 아니하기로 결정한 경우
   2. 제6항에 따라 매수 결정을 알린 날부터 2년이 지날 때까지 해당 토지를 매수하지 아니하는 경우

제48조(도시·군계획시설결정의 실효 등) ① 도시·군계획시설결정이 고시된 도시·군계획시설에 대하여 그 고시일부터 20년이 지날 때까지 그 시설의 설치에 관한 도시·군계획시설사업이 시행되지 아니하는 경우 그 도시·군계획시설결정은 그 고시일부터 20년이 되는 날의 다음날에 그 효력을 잃는다.
② 시·도지사 또는 대도시 시장은 제1항에 따라 도시·군계획시설결정이 효력을 잃으면 대통령령으로 정하는 바에 따라 지체 없이 그 사실을 고시하여야 한다.
③ 특별시장·광역시장·특별자치시장·특별자치도지사·시장 또는 군수는 도시·군계획시설결정이 고시된 도시·군계획시설(국토교통부장관이 결정·고시한 도시·군계획시설 중 관계 중앙행정기관의 장이 직접 설치하기로 한 시설은 제외한다. 이하 이 조에서 같다)을 설치할 필요성이 없어진 경우 또는 그 고시일부터 10년이 지날 때까지 해당 시설의 설치에 관한 도시·군계획시설사업이 시행되지 아니하는 경우에는 대통령령으로 정하는 바에 따라 그 현황과 제85조에 따른 단계별 집행계획을 해당 지방의회에 보고하여야 한다.
④ 제3항에 따라 보고를 받은 지방의회는 대통령령으로 정하는 바에 따라 해당 특별시장·광역시장·특별자치시장·특별자치도지사·시장 또는 군수에게 도시·군계획시설결정의 해제를 권고할 수 있다.
⑤ 제4항에 따라 도시·군계획시설결정의 해제를 권고받은 특별시장·광역시장·특별자치시장·특별자치도지사·시장 또는 군수는 특별한 사유가 없으면 대통령령으로 정하는 바에 따라 그 도시·군계획시설결정의 해제를 위한 도시·군관리계획을 결정하거나 도지사에게 그 결정을 신청하여야 한다. 이 경우 신청을 받은 도지사는 특별한 사유가 없으면 그 도시·군계획시설결정의 해제를 위한 도시·군관리계획을 결정하여야 한다.

제51조(지구단위계획구역의 지정 등) ① 국토교통부장관, 시·도지사, 시장 또는 군수는 다음 각 호의 어느 하나에 해당하는 지역의 전부 또는 일부에 대하여 지구단위계획구역을 지정할 수 있다.
   1. 제37조에 따라 지정된 용도지구
   2. 「도시개발법」 제3조에 따라 지정된 도시개발구역
   3. 「도시 및 주거환경정비법」 제8조에 따라 지정된 정비구역

4. 「택지개발촉진법」 제3조에 따라 지정된 택지개발지구
5. 「주택법」 제15조에 따른 대지조성사업지구
6. 「산업입지 및 개발에 관한 법률」 제2조 제8호의 산업단지와 같은 조 제12호의 준산업단지
7. 「관광진흥법」 제52조에 따라 지정된 관광단지와 같은 법 제70조에 따라 지정된 관광특구
8. 개발제한구역·도시자연공원구역·시가화조정구역 또는 공원에서 해제되는 구역, 녹지지역에서 주거·상업·공업지역으로 변경되는 구역과 새로 도시지역으로 편입되는 구역 중 계획적인 개발 또는 관리가 필요한 지역
8의2. 도시지역 내 주거·상업·업무 등의 기능을 결합하는 등 복합적인 토지 이용을 증진시킬 필요가 있는 지역으로서 대통령령으로 정하는 요건에 해당하는 지역
8의3. 도시지역 내 유휴토지를 효율적으로 개발하거나 교정시설, 군사시설, 그 밖에 대통령령으로 정하는 시설을 이전 또는 재배치하여 토지 이용을 합리화하고, 그 기능을 증진시키기 위하여 집중적으로 정비가 필요한 지역으로서 대통령령으로 정하는 요건에 해당하는 지역
9. 도시지역의 체계적·계획적인 관리 또는 개발이 필요한 지역
10. 그 밖에 양호한 환경의 확보나 기능 및 미관의 증진 등을 위하여 필요한 지역으로서 대통령령으로 정하는 지역

② 국토교통부장관, 시·도지사, 시장 또는 군수는 다음 각 호의 어느 하나에 해당하는 지역은 지구단위계획구역으로 지정하여야 한다. 다만, 관계 법률에 따라 그 지역에 토지 이용과 건축에 관한 계획이 수립되어 있는 경우에는 그러하지 아니하다.
1. 제1항 제3호 및 제4호의 지역에서 시행되는 사업이 끝난 후 10년이 지난 지역
2. 제1항 각 호 중 체계적·계획적 개발 또는 관리가 필요한 지역으로서 대통령령으로 정하는 지역

③ 도시지역 외의 지역을 지구단위계획구역으로 지정하려는 경우 다음 각 호의 어느 하나에 해당하여야 한다.
1. 지정하려는 구역 면적의 100분의 50 이상이 제36조에 따라 지정된 계획관리지역으로서 대통령령으로 정하는 요건에 해당하는 지역
2. 제37조에 따라 지정된 개발진흥지구로서 대통령령으로 정하는 요건에 해당하는 지역
3. 제37조에 따라 지정된 용도지구를 폐지하고 그 용도지구에서의 행위 제한 등을 지구단위계획으로 대체하려는 지역

제53조(지구단위계획구역의 지정 및 지구단위계획에 관한 도시·군관리계획결정의 실효 등) ① 지구단위계획구역의 지정에 관한 도시·군관리계획결정의 고시일부터 3년 이내에 그 지구단위계획구역에 관한 지구단위계획이 결정·고시되지 아니하면 그 3년이 되는 날의 다음날에 그 지구단위계획구역의 지정에 관한 도시·군관리계획결정은 효력을 잃는다. 다만, 다른 법률에서 지구단위계획의 결정(결정된 것으로 보는 경우를 포함한다)에 관하여 따로 정한 경우에는 그 법률에 따라 지구단위계획을 결정할 때까지 지구단위계획구역의 지정은 그 효력을 유지한다.

② 지구단위계획(제26조 제1항에 따라 주민이 입안을 제안한 것에 한정한다)에 관한 도시·군관리계획결정의 고시일부터 5년 이내에 이 법 또는 다른 법률에 따라 허가·인가·승인 등을 받아 사업이나 공사에 착수하지 아니하면 그 5년이 된 날의 다음날에 그 지구단위계획에 관한 도시·군관리계획결정은 효력을 잃는다. 이 경우 지구단위계획과 관련한 도시·군관리계획결정에 관한 사항은 해당 지구단위계획구역 지정 당시의 도시·군관리계획으로 환원된 것으로 본다.

③ 국토교통부장관, 시·도지사, 시장 또는 군수는 제1항 및 제2항에 따른 지구단위계획구역 지정 및 지구단위계획 결정이 효력을 잃으면 대통령령으로 정하는 바에 따라 지체 없이 그 사실을 고시하여야 한다.

영 제44조(도시지역 외 지역에서의 지구단위계획구역 지정대상지역) ① 법 제51조 제3항 제1호에서 "대통령령으로 정하는 요건"이란 다음 각 호의 요건을 말한다.
1. 계획관리지역 외에 지구단위계획구역에 포함하는 지역은 생산관리지역 또는 보전관리지역일 것
1의2. 지구단위계획구역에 보전관리지역을 포함하는 경우 해당 보전관리지역의 면적은 다음 각 목의 구분에 따른 요건을 충족할 것. 이 경우 개발행위허가를 받는 등 이미 개발된 토지, 「산지관리법」 제25조에 따른 토석채취허가를 받고 토석의 채취가 완료된 토지로서 같은 법 제4조 제1항 제2호의 준보전산지에 해당하는 토지 및 해당 토지를 개발하여도 주변지역의 환경오염·환경훼손 우려가 없는 경우로서 해당 도시계획위원회 또는 제25조 제2항에 따른 공동위원회의 심의를 거쳐 지구단위계획구역에 포함되는 토지의 면적은 다음 각 목에 따른 보전관리지역의 면적 산정에서 제외한다.
    가. 전체 지구단위계획구역 면적이 10만제곱미터 이하인 경우: 전체 지구단위계획구역 면적의 20퍼센트 이내
    나. 전체 지구단위계획구역 면적이 10만제곱미터를 초과하는 경우: 전체 지구단위계획구역 면적의 10퍼센트 이내
2. 지구단위계획구역으로 지정하고자 하는 토지의 면적이 다음 각목의 어느 하나에 규정된 면적 요건에 해당할 것
    가. 지정하고자 하는 지역에 「건축법 시행령」 별표 1 제2호의 공동주택중 아파트 또는 연립주택의 건설계획이 포함되는 경우에는 30만제곱미터 이상일 것. 이 경우 다음 요건에 해당하는 때에는 일단의 토지를 통합하여 하나의 지구단위계획구역으로 지정할 수 있다.
        (1) 아파트 또는 연립주택의 건설계획이 포함되는 각각의 토지의 면적이 10만제곱미터 이상이고, 그 총면적이 30만제곱미터 이상일 것
        (2) (1)의 각 토지는 국토교통부장관이 정하는 범위안에 위치하고, 국토교통부장관이 정하는 규모 이상의 도로로 서로 연결되어 있거나 연결도로의 설치가 가능할 것
    나. 지정하고자 하는 지역에 「건축법시행령」 별표 1 제2호의 공동주택중 아파트 또는 연립주택의 건설계획이 포함되는 경우로서 다음의 어느 하나에 해당하는 경우에는 10만제곱미터 이상일 것
        (1) 지구단위계획구역이 「수도권정비계획법」 제6조 제1항 제3호의 규정에 의한 자연보전권역인 경우
        (2) 지구단위계획구역 안에 초등학교 용지를 확보하여 관할 교육청의 동의를 얻거나 지구단위계획구역 안 또는 지구단위계획구역으로부터 통학이 가능한 거리에 초등학교가 위치하고 학생수용이 가능한 경우로서 관할 교육청의 동의를 얻은 경우
    다. 가목 및 나목의 경우를 제외하고는 3만제곱미터 이상일 것
3. 당해 지역에 도로·수도공급설비·하수도 등 기반시설을 공급할 수 있을 것
4. 자연환경·경관·미관 등을 해치지 아니하고 문화재의 훼손우려가 없을 것
② 법 제51조 제3항 제2호에서 "대통령령으로 정하는 요건"이란 다음 각 호의 요건을 말한다.
1. 제1항 제2호부터 제4호까지의 요건에 해당할 것
2. 당해 개발진흥지구가 다음 각 목의 지역에 위치할 것
    가. 주거개발진흥지구, 복합개발진흥지구(주거기능이 포함된 경우에 한한다) 및 특정개발진흥지구 : 계획관리지역
    나. 산업·유통개발진흥지구 및 복합개발진흥지구(주거기능이 포함되지 아니한 경우에 한한다) : 계획관리지역·생산관리지역 또는 농림지역
    다. 관광·휴양개발진흥지구 : 도시지역외의 지역
③ 국토교통부장관은 지구단위계획구역이 합리적으로 지정될 수 있도록 하기 위하여 필요한 경우에는 제1항 각호 및 제2항 각호의 지정요건을 세부적으로 정할 수 있다.

정답 ①

030 국토의 계획 및 이용에 관한 법령상 각 용도지역 안에서의 건폐율 기준이 옳지 않은 것은?

① 제2종 전용주거지역 : 50% 이하
② 전용공업지역 : 70% 이하
③ 준주거지역 : 60% 이하
④ 보전녹지지역 : 20% 이하

해설

정답 ③

031 국토의 계획 및 이용에 관한 법령상 용도지역 중 상업지역을 세분화한 것으로 틀린 것은?

① 중심상업지역
② 일반상업지역
③ 근린상업지역
④ 준상업지역

해설

정답 ④

032 국토의 계획 및 이용에 관한 법령에서 시가화조정구역에 관한 설명으로 옳은 것은?

① 국토교통부장관이 관계행정기관의 장의 요청을 받은 경우에만 지정할 수 있다.
② 무질서한 시가화 방지를 목적으로는 일정기간 동안 시가화를 유보할 수 없다.
③ 시가화조정구역지정의 실효고시는 국토교통부장관이 하는 경우에는 관보에, 시·도지사가 하는 경우에는 해당 시·도의 공보에 게재하는 방법에 의한다.
④ 시가화조정구역지정의 실효고시는 실효된 도시·군기본계획의 내용을 관보에 게재하는 방법에 의한다.

해설

제39조(시가화조정구역의 지정) ① 시·도지사는 직접 또는 관계 행정기관의 장의 요청을 받아 도시지역과 그 주변지역의 무질서한 시가화를 방지하고 계획적·단계적인 개발을 도모하기 위하여 대통령령으로 정하는 기간 동안 시가화를 유보할 필요가 있다고 인정되면 시가화조정구역의 지정 또는 변경을 도시·군관리계획으로 결정할 수 있다. 다만, 국가계획과 연계하여 시가화조정구역의 지정 또는 변경이 필요한 경우에는 **국토교통부장관**이 직접 시가화조정구역의 지정 또는 변경을 도시·군관리계획으로 결정할 수 있다.

② 시가화조정구역의 지정에 관한 도시·군관리계획의 결정은 제1항에 따른 **시가화 유보기간이 끝난 날의 다음날부터 그 효력을 잃는다.** 이 경우 국토교통부장관 또는 시·도지사는 대통령령으로 정하는 바에 따라 그 사실을 고시하여야 한다.

영 제32조(시가화조정구역의 지정) ① 법 제39조 제1항 본문에서 "대통령령으로 정하는 기간"이란 5년 이상 20년 이내의 기간을 말한다.
② 국토교통부장관 또는 시·도지사는 법 제39조 제1항에 따라 시가화조정구역을 지정 또는 변경하고자 하는 때에는 당해 도시지역과 그 주변지역의 인구의 동태, 토지의 이용상황, 산업발전상황 등을 고려하여 도시·군관리계획으로 시가화유보기간을 정하여야 한다.
③ 법 제39조 제2항 후단에 따른 시가화조정구역지정의 실효고시는 실효일자 및 실효사유와 실효된 도시·군관리계획의 내용을 국토교통부장관이 하는 경우에는 관보에, 시·도지사가 하는 경우에는 해당 시·도의 공보에 게재하는 방법에 의한다.

정답 ③

033 국토의 계획 및 이용에 관한 법률에서 정하고 있는 국토의 용도구분에 관한 설명 중 옳지 않은 것은?

① 도시지역 : 인구와 산업이 밀집되어 있거나 밀집이 예상되어 당해 지역에 대하여 체계적인 개발·정비·관리·보전 등이 필요한 지역
② 관리지역 : 도시지역의 인구와 산업을 수용하기 위하여 도시지역에 준하여 체계적으로 관리하거나 농림업의 진흥, 자연환경 또는 산림의 보전을 위하여 관리가 필요한 지역
③ 농림지역 : 도시지역에 속하지 아니하는 「농지법」에 의한 농업진흥지역 「산지관리법」에 의한 보전산지 등으로서 장해 시가화를 위해 개발을 유보하고 있는 지역
④ 자연환경보전지역 : 자연환경·수자원·해안·생태계·상수원 및 문화재의 보전과 수산자원의 보호·육성 등을 위하여 필요한 지역

해설

제6조(국토의 용도 구분) 국토는 토지의 이용실태 및 특성, 장래의 토지 이용 방향, 지역 간 균형발전 등을 고려하여 다음과 같은 용도지역으로 구분한다.
1. 도시지역: 인구와 산업이 밀집되어 있거나 밀집이 예상되어 그 지역에 대하여 체계적인 개발·정비·관리·보전 등이 필요한 지역
2. 관리지역: 도시지역의 인구와 산업을 수용하기 위하여 도시지역에 준하여 체계적으로 관리하거나 농림업의 진흥, 자연환경 또는 산림의 보전을 위하여 농림지역 또는 자연환경보전지역에 준하여 관리할 필요가 있는 지역
3. 농림지역: <u>도시지역에 속하지 아니하는 「농지법」에 따른 농업진흥지역 또는 「산지관리법」에 따른 보전산지 등으로서 농림업을 진흥시키고 산림을 보전하기 위하여 필요한 지역</u>
4. 자연환경보전지역: 자연환경·수자원·해안·생태계·상수원 및 문화재의 보전과 수산자원의 보호·육성 등을 위하여 필요한 지역

정답 ③

034 국토의 계획 및 이용에 관한 법률상 시가화조정구역에 관한 설명으로 옳은 것은?

① 시가화 조정구역의 지정 또는 변경은 반드시 도시·군기본계획으로 결정하여야 한다.
② 도시지역은 시가화조정구역에 포함될 수 없다.
③ 시가화조정구역은 시가화 유보기간이 만료된 날부터 그 효력을 상실한다.
④ 시가화 유보기간은 5년 이상 20년 이내의 기간에서 결정된다.

해설

정답 ④

035 다음 중 주민이 도시·군관리계획의 입안을 제안할 수 있는 내용이 아닌 것은?

① 용도지역의 지정 또는 변경에 관한 사항
② 기반시설의 설치·정비 또는 개량에 관한 사항
③ 지구단위계획구역의 지정 및 변경에 관한 사항
④ 지구단위계획의 수립 및 변경에 관한 사항

해설

제26조(도시·군관리계획 입안의 제안) ① 주민(이해관계자를 포함한다. 이하 같다)은 다음 각 호의 사항에 대하여 제24조에 따라 도시·군관리계획을 입안할 수 있는 자에게 도시·군관리계획의 입안을 제안할 수 있다. 이 경우 제안서에는 도시·군관리계획도서와 계획설명서를 첨부하여야 한다.
 1. 기반시설의 설치·정비 또는 개량에 관한 사항
 2. 지구단위계획구역의 지정 및 변경과 지구단위계획의 수립 및 변경에 관한 사항
 3. 다음 각 목의 어느 하나에 해당하는 용도지구의 지정 및 변경에 관한 사항
   가. 개발진흥지구 중 공업기능 또는 유통물류기능 등을 집중적으로 개발·정비하기 위한 개발진흥지구로서 대통령령으로 정하는 개발진흥지구
   나. 제37조에 따라 지정된 용도지구 중 해당 용도지구에 따른 건축물이나 그 밖의 시설의 용도·종류 및 규모 등의 제한을 지구단위계획으로 대체하기 위한 용도지구
② 제1항에 따라 도시·군관리계획의 입안을 제안받은 자는 그 처리 결과를 제안자에게 알려야 한다.
③ 제1항에 따라 도시·군관리계획의 입안을 제안받은 자는 제안자와 협의하여 제안된 도시·군관리계획의 입안 및 결정에 필요한 비용의 전부 또는 일부를 제안자에게 부담시킬 수 있다.
④ 제1항 제3호에 따른 개발진흥지구의 지정 제안을 위하여 충족하여야 할 지구의 규모, 용도지역 등의 요건은 대통령령으로 정한다.
⑤ 제1항부터 제4항까지에 규정된 사항 외에 도시·군관리계획의 제안, 제안을 위한 토지소유자의 동의 비율, 제안서의 처리 절차 등에 필요한 사항은 대통령령으로 정한다.

정답 ①

036 다음 중 도시·군관리계획에 포함되지 않는 것은?

① 용도지역·용도지구의 지정 또는 변경에 관한 계획
② 기반시설의 설치·정비 또는 개량에 관한 계획
③ 도시개발사업 또는 정비사업에 관한 계획
④ 광역계획권의 장기발전방향을 제시하는 계획

해설

정답 ④

---

037 다음의 도시기본계획의 정비기준에 대한 내용 중 ( )안에 알맞은 것은?

> 특별시장·광역시장·특별자치시장·특별자치도지사·시장 또는 군수는 ( )마다 관할 구역의 도시·군기본계획에 대하여 타당성을 전반적으로 재검토하여 정비하여야 한다.

① 3년
② 5년
③ 10년
④ 20년

해설

제23조(도시·군기본계획의 정비) ① 특별시장·광역시장·특별자치시장·특별자치도지사·시장 또는 군수는 5년마다 관할 구역의 도시·군기본계획에 대하여 타당성을 전반적으로 재검토하여 정비하여야 한다.
② 특별시장·광역시장·특별자치시장·특별자치도지사·시장 또는 군수는 제4조 제2항 및 제3항에 따라 도시·군기본계획의 내용에 우선하는 광역도시계획의 내용 및 도시·군기본계획에 우선하는 국가계획의 내용을 도시·군기본계획에 반영하여야 한다.

정답 ②

---

038 국토의 계획 및 이용에 관한 법률상 각 용도지역 안에서의 용적률 기준이 옳지 않은 것은?

① 주거지역 : 500퍼센트 이하
② 상업지역 : 1천500퍼센트 이하
③ 공업지역 : 300퍼센트 이하
④ 녹지지역 : 100퍼센트 이하

> **해설**

제78조(용도지역에서의 용적률) ① 제36조에 따라 지정된 용도지역에서 용적률의 최대한도는 관할 구역의 면적과 인구 규모, 용도지역의 특성 등을 고려하여 다음 각 호의 범위에서 대통령령으로 정하는 기준에 따라 특별시·광역시·특별자치시·특별자치도·시 또는 군의 조례로 정한다.

1. 도시지역
   가. 주거지역: 500퍼센트 이하
   나. 상업지역: 1천500퍼센트 이하
   다. 공업지역: 400퍼센트 이하
   라. 녹지지역: 100퍼센트 이하
2. 관리지역
   가. 보전관리지역: 80퍼센트 이하
   나. 생산관리지역: 80퍼센트 이하
   다. 계획관리지역: 100퍼센트 이하. 다만, 성장관리방안을 수립한 지역의 경우 해당 지방자치단체의 조례로 125퍼센트 이내에서 완화하여 적용할 수 있다.
3. 농림지역: 80퍼센트 이하
4. 자연환경보전지역: 80퍼센트 이하

② 제36조 제2항에 따라 세분된 용도지역에서의 용적률에 관한 기준은 제1항 각 호의 범위에서 대통령령으로 따로 정한다.

영 제85조(용도지역 안에서의 용적률) ① 법 제78조 제1항 및 제2항에 따른 용적률은 다음 각 호의 범위에서 관할구역의 면적, 인구규모 및 용도지역의 특성 등을 감안하여 특별시·광역시·특별자치시·특별자치도·시 또는 군의 도시·군계획조례가 정하는 비율을 초과할 수 없다.

1. 제1종전용주거지역 : 50퍼센트 이상 100퍼센트 이하
2. 제2종전용주거지역 : 50퍼센트 이상 150퍼센트 이하
3. 제1종일반주거지역 : 100퍼센트 이상 200퍼센트 이하
4. 제2종일반주거지역 : 100퍼센트 이상 250퍼센트 이하
5. 제3종일반주거지역 : 100퍼센트 이상 300퍼센트 이하
6. 준주거지역 : 200퍼센트 이상 500퍼센트 이하
7. 중심상업지역 : 200퍼센트 이상 1천500퍼센트 이하
8. 일반상업지역 : 200퍼센트 이상 1천300퍼센트 이하
9. 근린상업지역 : 200퍼센트 이상 900퍼센트 이하
10. 유통상업지역 : 200퍼센트 이상 1천100퍼센트 이하
11. 전용공업지역 : 150퍼센트 이상 300퍼센트 이하
12. 일반공업지역 : 150퍼센트 이상 350퍼센트 이하
13. 준공업지역 : 150퍼센트 이상 400퍼센트 이하
14. 보전녹지지역 : 50퍼센트 이상 80퍼센트 이하
15. 생산녹지지역 : 50퍼센트 이상 100퍼센트 이하
16. 자연녹지지역 : 50퍼센트 이상 100퍼센트 이하
17. 보전관리지역 : 50퍼센트 이상 80퍼센트 이하
18. 생산관리지역 : 50퍼센트 이상 80퍼센트 이하
19. 계획관리지역 : 50퍼센트 이상 100퍼센트 이하
20. 농림지역 : 50퍼센트 이상 80퍼센트 이하
21. 자연환경보전지역 : 50퍼센트 이상 80퍼센트 이하

② 제1항의 규정에 의하여 도시·군계획조례로 용도지역별 용적률을 정함에 있어서 필요한 경우에는 당해 지방자치단체의 관할구역을 세분하여 용적률을 달리 정할 수 있다.

정답 ③

039 다음 중 국토의 계획 및 이용에 관한 법률상 보호지구에 해당되지 않는 것은?

① 역사문화환경보호지구
② 군사시설보호지구
③ 중요시설물보호지구
④ 생태계보호지구

> 해설

영 제31조(용도지구의 지정) ① 법 제37조 제1항 제5호에서 "항만, 공항 등 대통령령으로 정하는 시설물"이란 항만, 공항, 공용시설(공공업무시설, 공공필요성이 인정되는 문화시설·집회시설·운동시설 및 그 밖에 이와 유사한 시설로서 도시·군계획조례로 정하는 시설을 말한다), 교정시설·군사시설을 말한다.
② 국토교통부장관, 시·도지사 또는 대도시 시장은 법 제37조 제2항에 따라 도시·군관리계획결정으로 경관지구·방재지구·보호지구·취락지구 및 개발진흥지구를 다음 각 호와 같이 세분하여 지정할 수 있다.
 1. 경관지구
  가. 자연경관지구 : 산지·구릉지 등 자연경관을 보호하거나 유지하기 위하여 필요한 지구
  나. 시가지경관지구 : 지역 내 주거지, 중심지 등 시가지의 경관을 보호 또는 유지하거나 형성하기 위하여 필요한 지구
  다. 특화경관지구 : 지역 내 주요 수계의 수변 또는 문화적 보존가치가 큰 건축물 주변의 경관 등 특별한 경관을 보호 또는 유지하거나 형성하기 위하여 필요한 지구
 2. 삭제
 3. 삭제
 4. 방재지구
  가. 시가지방재지구: 건축물·인구가 밀집되어 있는 지역으로서 시설 개선 등을 통하여 재해 예방이 필요한 지구
  나. 자연방재지구: 토지의 이용도가 낮은 해안변, 하천변, 급경사지 주변 등의 지역으로서 건축 제한 등을 통하여 재해 예방이 필요한 지구
 5. 보호지구
  가. 역사문화환경보호지구 : 문화재·전통사찰 등 역사·문화적으로 보존가치가 큰 시설 및 지역의 보호와 보존을 위하여 필요한 지구
  나. 중요시설물보호지구 : 중요시설물(제1항에 따른 시설물을 말한다. 이하 같다)의 보호와 기능의 유지 및 증진 등을 위하여 필요한 지구
  다. 생태계보호지구 : 야생동식물서식처 등 생태적으로 보존가치가 큰 지역의 보호와 보존을 위하여 필요한 지구
 6. 삭제
 7. 취락지구
  가. 자연취락지구 : 녹지지역·관리지역·농림지역 또는 자연환경보전지역안의 취락을 정비하기 위하여 필요한 지구
  나. 집단취락지구 : 개발제한구역안의 취락을 정비하기 위하여 필요한 지구
 8. 개발진흥지구
  가. 주거개발진흥지구 : 주거기능을 중심으로 개발·정비할 필요가 있는 지구
  나. 산업·유통개발진흥지구 : 공업기능 및 유통·물류기능을 중심으로 개발·정비할 필요가 있는 지구
  다. 삭제
  라. 관광·휴양개발진흥지구 : 관광·휴양기능을 중심으로 개발·정비할 필요가 있는 지구
  마. 복합개발진흥지구 : 주거기능, 공업기능, 유통·물류기능 및 관광·휴양기능중 2 이상의 기능을 중심으로 개발·정비할 필요가 있는 지구
  바. 특정개발진흥지구 : 주거기능, 공업기능, 유통·물류기능 및 관광·휴양기능 외의 기능을 중심으로 특정한 목적을 위하여 개발·정비할 필요가 있는 지구

정답 ②

040 도심·부도심의 상업기능 및 업무기능의 확충을 위하여 지정되는 지역은?

① 근린 상업지역
② 유통 상업지역
③ 중심 상업지역
④ 일반 상업지역

해설

영 제30조(용도지역의 세분) ① 국토교통부장관, 시·도지사 또는 대도시의 시장(이하 "대도시 시장"이라 한다)은 법 제36조 제2항에 따라 도시·군관리계획결정으로 주거지역·상업지역·공업지역 및 녹지지역을 다음 각 호와 같이 세분하여 지정할 수 있다.

1. 주거지역
   가. 전용주거지역 : 양호한 주거환경을 보호하기 위하여 필요한 지역
      (1) 제1종전용주거지역 : 단독주택 중심의 양호한 주거환경을 보호하기 위하여 필요한 지역
      (2) 제2종전용주거지역 : 공동주택 중심의 양호한 주거환경을 보호하기 위하여 필요한 지역
   나. 일반주거지역 : 편리한 주거환경을 조성하기 위하여 필요한 지역
      (1) 제1종일반주거지역 : 저층주택을 중심으로 편리한 주거환경을 조성하기 위하여 필요한 지역
      (2) 제2종일반주거지역 : 중층주택을 중심으로 편리한 주거환경을 조성하기 위하여 필요한 지역
      (3) 제3종일반주거지역 : 중고층주택을 중심으로 편리한 주거환경을 조성하기 위하여 필요한 지역
   다. 준주거지역 : 주거기능을 위주로 이를 지원하는 일부 상업기능 및 업무기능을 보완하기 위하여 필요한 지역
2. 상업지역
   가. 중심상업지역 : 도심·부도심의 상업기능 및 업무기능의 확충을 위하여 필요한 지역
   나. 일반상업지역 : 일반적인 상업기능 및 업무기능을 담당하게 하기 위하여 필요한 지역
   다. 근린상업지역 : 근린지역에서의 일용품 및 서비스의 공급을 위하여 필요한 지역
   라. 유통상업지역 : 도시내 및 지역간 유통기능의 증진을 위하여 필요한 지역
3. 공업지역
   가. 전용공업지역 : 주로 중화학공업, 공해성 공업 등을 수용하기 위하여 필요한 지역
   나. 일반공업지역 : 환경을 저해하지 아니하는 공업의 배치를 위하여 필요한 지역
   다. 준공업지역 : 경공업 그 밖의 공업을 수용하되, 주거기능·상업기능 및 업무기능의 보완이 필요한 지역
4. 녹지지역
   가. 보전녹지지역 : 도시의 자연환경·경관·산림 및 녹지공간을 보전할 필요가 있는 지역
   나. 생산녹지지역 : 주로 농업적 생산을 위하여 개발을 유보할 필요가 있는 지역
   다. 자연녹지지역 : 도시의 녹지공간의 확보, 도시확산의 방지, 장래 도시용지의 공급 등을 위하여 보전할 필요가 있는 지역으로서 불가피한 경우에 한하여 제한적인 개발이 허용되는 지역

② 시·도지사 또는 대도시 시장은 해당 시·도 또는 대도시의 도시·군계획조례로 정하는 바에 따라 도시·군관리계획결정으로 제1항에 따라 세분된 주거지역·상업지역·공업지역·녹지지역을 추가적으로 세분하여 지정할 수 있다.

정답 ③

041 국토의 계획 및 이용에 관한 법률 상 도시·군관리계획을 결정하고자 하는 때에, 중앙도시계획위원회 또는 시·도도시계획위원회의 심의를 생략할 수 있는 경우는? ★

① 국방상 또는 국가안전보장상 기밀을 요한다고 인정될 때
② 건축물의 높이의 최고한도 또는 최저한도에 관한 사항
③ 지가의 변동이 극심하거나 민심의 동요가 발생될 때
④ 천재지변 등 긴급사항이 발생할 때

해설

제30조(도시·군관리계획의 결정) ① 시·도지사는 도시·군관리계획을 결정하려면 관계 행정기관의 장과 미리 협의하여야 하며, 국토교통부장관(제40조에 따른 수산자원보호구역의 경우 해양수산부장관을 말한다. 이하 이 조에서 같다)이 도시·군관리계획을 결정하려면 관계 중앙행정기관의 장과 미리 협의하여야 한다. 이 경우 협의 요청을 받은 기관의 장은 특별한 사유가 없으면 그 요청을 받은 날부터 30일 이내에 의견을 제시하여야 한다.
② 시·도지사는 제24조 제5항에 따라 국토교통부장관이 입안하여 결정한 도시·군관리계획을 변경하거나 그 밖에 대통령령으로 정하는 중요한 사항에 관한 도시·군관리계획을 결정하려면 미리 국토교통부장관과 협의하여야 한다.
③ 국토교통부장관은 도시·군관리계획을 결정하려면 중앙도시계획위원회의 심의를 거쳐야 하며, 시·도지사가 도시·군관리계획을 결정하려면 시·도도시계획위원회의 심의를 거쳐야 한다. 다만, 시·도지사가 지구단위계획(지구단위계획과 지구단위계획구역을 동시에 결정할 때에는 지구단위계획구역의 지정 또는 변경에 관한 사항을 포함할 수 있다)이나 제52조 제1항 제1호의2에 따라 지구단위계획으로 대체하는 용도지구 폐지에 관한 사항을 결정하려면 대통령령으로 정하는 바에 따라 「건축법」 제4조에 따라 시·도에 두는 건축위원회와 도시계획위원회가 공동으로 하는 심의를 거쳐야 한다.
④ 국토교통부장관이나 시·도지사는 국방상 또는 국가안전보장상 기밀을 지켜야 할 필요가 있다고 인정되면(관계 중앙행정기관의 장이 요청할 때만 해당된다) 그 도시·군관리계획의 전부 또는 일부에 대하여 제1항부터 제3항까지의 규정에 따른 절차를 생략할 수 있다.
⑤ 결정된 도시·군관리계획을 변경하려는 경우에는 제1항부터 제4항까지의 규정을 준용한다. 다만, 대통령령으로 정하는 경미한 사항을 변경하는 경우에는 그러하지 아니하다.
⑥ 국토교통부장관이나 시·도지사는 도시·군관리계획을 결정하면 대통령령으로 정하는 바에 따라 그 결정을 고시하고, 국토교통부장관이나 도지사는 관계 서류를 관계 특별시장·광역시장·특별자치시장·특별자치도지사·시장 또는 군수에게 송부하여 일반이 열람할 수 있도록 하여야 하며, 특별시장·광역시장·특별자치시장·특별자치도지사는 관계 서류를 일반이 열람할 수 있도록 하여야 한다.
⑦ 시장 또는 군수가 도시·군관리계획을 결정하는 경우에는 제1항부터 제6항까지의 규정을 준용한다. 이 경우 "시·도지사"는 "시장 또는 군수"로, "시·도도시계획위원회"는 "제113조 제2항에 따른 시·군·구도시계획위원회"로, "「건축법」 제4조에 따라 시·도에 두는 건축위원회"는 "「건축법」 제4조에 따라 시 또는 군에 두는 건축위원회"로, "특별시장·광역시장·특별자치시장·특별자치도지사"는 "시장 또는 군수"로 본다.

정답 ①

042 국토의 계획 및 이용에 관한 법률상 도시계획시설사업의 시행자가 도시계획시설사업에 관한 조사를 위해 타인의 토지에 출입하고자 할 때에는 특별시장·광역시장·시장 또는 군수의 허가를 받아야 하며, 출입하고자 하는 날의 몇 일 전까지 당해 토지의 소유자·점유자 또는 관리인에게 그 일시와 장소를 통지하여야 하는가?(단, 도시계획시설사업의 시행자가 행정청인 경우는 제외)

① 14일　　② 7일
③ 5일　　　④ 3일

해설

제130조(토지에의 출입 등) ① 국토교통부장관, 시·도지사, 시장 또는 군수나 도시·군계획시설사업의 시행자는 다음 각 호의 행위를 하기 위하여 필요하면 타인의 토지에 출입하거나 타인의 토지를 재료 적치장 또는 임시통로로 일시 사용할 수 있으며, 특히 필요한 경우에는 나무, 흙, 돌, 그 밖의 장애물을 변경하거나 제거할 수 있다.
 1. 도시·군계획·광역도시·군계획에 관한 기초조사
 2. 개발밀도관리구역, 기반시설부담구역 및 제67조 제4항에 따른 기반시설설치계획에 관한 기초조사
 3. 지가의 동향 및 토지거래의 상황에 관한 조사
 4. 도시·군계획시설사업에 관한 조사·측량 또는 시행
② 제1항에 따라 타인의 토지에 출입하려는 자는 특별시장·광역시장·특별자치시장·특별자치도지사·시장 또는 군수의 허가를 받아야 하며, 출입하려는 날의 7일 전까지 그 토지의 소유자·점유자 또는 관리인에게 그 일시와 장소를 알려야 한다. 다만, 행정청인 도시·군계획시설사업의 시행자는 허가를 받지 아니하고 타인의 토지에 출입할 수 있다.
③ 제1항에 따라 타인의 토지를 재료 적치장 또는 임시통로로 일시사용하거나 나무, 흙, 돌, 그 밖의 장애물을 변경 또는 제거하려는 자는 토지의 소유자·점유자 또는 관리인의 동의를 받아야 한다.
④ 제3항의 경우 토지나 장애물의 소유자·점유자 또는 관리인이 현장에 없거나 주소 또는 거소가 불분명하여 그 동의를 받을 수 없는 경우에는 행정청인 도시·군계획시설사업의 시행자는 관할 특별시장·광역시장·특별자치시장·특별자치도지사·시장 또는 군수에게 그 사실을 통지하여야 하며, 행정청이 아닌 도시·군계획시설사업의 시행자는 미리 관할 특별시장·광역시장·특별자치시장·특별자치도지사·시장 또는 군수의 허가를 받아야 한다.
⑤ 제3항과 제4항에 따라 토지를 일시 사용하거나 장애물을 변경 또는 제거하려는 자는 토지를 사용하려는 날이나 장애물을 변경 또는 제거하려는 날의 3일 전까지 그 토지나 장애물의 소유자·점유자 또는 관리인에게 알려야 한다.
⑥ 일출 전이나 일몰 후에는 그 토지 점유자의 승낙 없이 택지나 담장 또는 울타리로 둘러싸인 타인의 토지에 출입할 수 없다.
⑦ 토지의 점유자는 정당한 사유 없이 제1항에 따른 행위를 방해하거나 거부하지 못한다.
⑧ 제1항에 따른 행위를 하려는 자는 그 권한을 표시하는 증표와 허가증을 지니고 이를 관계인에게 내보여야 한다.
⑨ 제8항에 따른 증표와 허가증에 관하여 필요한 사항은 국토교통부령으로 정한다.

정답 ②

043 다음 중 국토의 계획 및 이용에 관한 법률상 용적률의 최대한도가 가장 높은 용도지역은?

① 주거지역　　② 공업지역
③ 계획관리지역　　④ 녹지지역

> **해설**

제78조(용도지역에서의 용적률) ① 제36조에 따라 지정된 용도지역에서 용적률의 최대한도는 관할 구역의 면적과 인구 규모, 용도지역의 특성 등을 고려하여 다음 각 호의 범위에서 대통령령으로 정하는 기준에 따라 특별시·광역시·특별자치시·특별자치도·시 또는 군의 조례로 정한다.

1. 도시지역
   가. 주거지역: 500퍼센트 이하
   나. 상업지역: 1천500퍼센트 이하
   다. 공업지역: 400퍼센트 이하
   라. 녹지지역: <u>100퍼센트 이하</u>
2. 관리지역
   가. 보전관리지역: 80퍼센트 이하
   나. 생산관리지역: 80퍼센트 이하
   다. <u>계획관리지역: 100퍼센트 이하</u>. 다만, 성장관리방안을 수립한 지역의 경우 해당 지방자치단체의 조례로 125퍼센트 이내에서 완화하여 적용할 수 있다.
3. 농림지역: 80퍼센트 이하
4. 자연환경보전지역: 80퍼센트 이하

② 제36조 제2항에 따라 세분된 용도지역에서의 용적률에 관한 기준은 제1항 각 호의 범위에서 대통령령으로 따로 정한다.

영 제85조(용도지역 안에서의 용적률) ① 법 제78조 제1항 및 제2항에 따른 용적률은 다음 각 호의 범위에서 관할구역의 면적, 인구규모 및 용도지역의 특성 등을 감안하여 특별시·광역시·특별자치시·특별자치도·시 또는 군의 도시·군계획조례가 정하는 비율을 초과할 수 없다.

1. 제1종전용주거지역 : 50퍼센트 이상 100퍼센트 이하
2. 제2종전용주거지역 : 50퍼센트 이상 150퍼센트 이하
3. 제1종일반주거지역 : 100퍼센트 이상 200퍼센트 이하
4. 제2종일반주거지역 : 100퍼센트 이상 250퍼센트 이하
5. 제3종일반주거지역 : 100퍼센트 이상 300퍼센트 이하
6. 준주거지역 : 200퍼센트 이상 500퍼센트 이하
7. 중심상업지역 : 200퍼센트 이상 1천500퍼센트 이하
8. 일반상업지역 : 200퍼센트 이상 1천300퍼센트 이하
9. 근린상업지역 : 200퍼센트 이상 900퍼센트 이하
10. 유통상업지역 : 200퍼센트 이상 1천100퍼센트 이하
11. 전용공업지역 : 150퍼센트 이상 300퍼센트 이하
12. 일반공업지역 : 150퍼센트 이상 350퍼센트 이하
13. 준공업지역 : 150퍼센트 이상 400퍼센트 이하
14. 보전녹지지역 : 50퍼센트 이상 80퍼센트 이하
15. 생산녹지지역 : 50퍼센트 이상 100퍼센트 이하
16. 자연녹지지역 : 50퍼센트 이상 100퍼센트 이하
17. 보전관리지역 : 50퍼센트 이상 80퍼센트 이하
18. 생산관리지역 : 50퍼센트 이상 80퍼센트 이하
19. 계획관리지역 : 50퍼센트 이상 100퍼센트 이하
20. 농림지역 : 50퍼센트 이상 80퍼센트 이하
21. 자연환경보전지역 : 50퍼센트 이상 80퍼센트 이하

② 제1항의 규정에 의하여 도시·군계획조례로 용도지역별 용적률을 정함에 있어서 필요한 경우에는 당해 지방자치단체의 관할구역을 세분하여 용적률을 달리 정할 수 있다.

정답 ①

044 다음 기반시설 중 공공·문화체육시설에 포함되지 않는 것은?

① 시장
② 청소년수련시설
③ 학교
④ 사회복지시설

> **해설**

영 제2조(기반시설) ① 「국토의 계획 및 이용에 관한 법률」(이하 "법"이라 한다) 제2조 제6호 각 목 외의 부분에서 "대통령령으로 정하는 시설"이란 다음 각 호의 시설(당해 시설 그 자체의 기능발휘와 이용을 위하여 필요한 부대시설 및 편익시설을 포함한다)을 말한다.
1. 교통시설 : 도로·철도·항만·공항·주차장·자동차정류장·궤도·차량 검사 및 면허시설
2. 공간시설 : 광장·공원·녹지·유원지·공공공지
3. 유통·공급시설 : 유통업무설비, 수도·전기·가스·열공급설비, 방송·통신시설, 공동구·시장, 유류저장 및 송유설비
4. 공공·문화체육시설 : 학교·공공청사·문화시설·공공필요성이 인정되는 체육시설·연구시설·사회복지시설·공공직업훈련시설·청소년수련시설
5. 방재시설 : 하천·유수지·저수지·방화설비·방풍설비·방수설비·사방설비·방조설비
6. 보건위생시설 : 장사시설·도축장·종합의료시설
7. 환경기초시설 : 하수도·폐기물처리 및 재활용시설·빗물저장 및 이용시설·수질오염방지시설·폐차장

정답 ①

045 다음 중 국토를 토지의 이용실태 및 특성, 장래의 토지 이용 방향 등을 고려하여 구분한 용도지역이 아닌 것은?

① 도시지역
② 취락지역
③ 농림지역
④ 자연환경보전지역

> **해설**

정답 ②

046 도시·군관리계획 결정이 고시된 경우, 시장 또는 군수가 지적이 표시된 지형도에 도시·군관리계획사항을 명시한 도면을 작성하는 기준 축척은?(단, 녹지지역안의 임야, 관리지역, 농림지역 및 자연환경보전지역의 경우는 고려하지 않음.)

① 1/300 내지 1/600
② 1/500 내지 1/1,500
③ 1/3,000 내지 1/6,000
④ 1/10,000 내지 1/25,000

해설

영 제18조(도시·군관리계획도서 및 계획설명서의 작성기준 등) ① 법 제25조 제2항의 규정에 의한 도시·군관리계획도서 중 계획도는 축척 1천분의 1 또는 축척 5천분의 1(축척 1천분의 1 또는 축척 5천분의 1의 지형도가 간행되어 있지 아니한 경우에는 축척 2만5천분의 1)의 지형도(수치지형도를 포함한다. 이하 같다)에 도시·군관리계획사항을 명시한 도면으로 작성하여야 한다. 다만, 지형도가 간행되어 있지 아니한 경우에는 해도·해저지형도 등의 도면으로 지형도에 갈음할 수 있다.

② 제1항의 규정에 의한 계획도가 2매 이상인 경우에는 법 제25조 제2항의 규정에 의한 계획설명서에 도시·군관리계획총괄도(축척 5만분의 1 이상의 지형도에 주요 도시·군관리계획사항을 명시한 도면을 말한다)를 포함시킬 수 있다.

○ 지역·지구 등의 지형도면 작성에 관한 지침(국토교통부 고시) 참조.

제10조(도면의 형식) ① 지형도면등을 작성하는 때에는 국토이용정보체계에 구축되어 있는 데이터베이스를 사용하여 축척 500분의 1부터 1천500분의 1까지로 작성하여야 한다.
② 녹지지역의 임야, 관리지역, 농림지역 및 자연환경보전지역은 축척 3천분의 1 내지 6천분의 1로 작성할 수 있다.
③ 토지이용규제정보시스템(LURIS) 등재시에는 JPG파일 형식을 원칙으로 한다.
④ 지형도면등이 2매 이상인 경우에는 축척 5천분의 1 이상 5만분의 1 이하의 총괄도를 따로 첨부할 수 있다.
⑤ 지형도면등 작성 및 출력시 사용하는 용지의 크기는 A1(594㎜×841㎜)을 표준으로 한다.
⑥ 지역·지구등의 표시기준은 개별법령에서 규정한 도식규정을 따른다.
⑦ 모든 지역·지구선의 수정은 원칙적으로 인정하지 아니하며, 특히 칼로 긁거나 채색 등으로 은폐하는 것을 금지한다.

제13조(지형도면등의 효력) ① 지형도면등을 고시하여야 하는 지역·지구등의 지정의 효력은 지형도면등의 고시를 함으로써 발생한다.
② 다만, 지적도에 지역·지구등을 명시할 수 있으나 지적과 지형의 불일치 등으로 지적도의 활용이 곤란한 경우에는 2년이내에 지형도면등을 고시할 수 있으며, 고시가 없는 경우에는 그 2년이 되는 날의 다음 날부터 그 지정의 효력을 잃는다.

정답 ②

047 지구단위계획의 내용과 관련한 아래의 설명 중 밑줄 친 부분에 해당하는 도시계획시설로만 나열된 것은?

> 지구단위계획은 도로, 상하수도 등 대통령령으로 정하는 <u>도시·군계획시설</u>의 처리·공급 및 수용능력이 지구단위계획구역에 있는 건축물의 연면적, 수용인구 등 개발밀도와 적절한 조화를 이룰 수 있도록 하여야 한다.

① 주차장, 공원, 공공공지
② 공공청사, 대학교, 열공급설비
③ 방송통신시설, 유수지, 시장
④ 공공직업훈련시설, 도시자연공원, 체육시설

해설

제52조(지구단위계획의 내용) ① 지구단위계획구역의 지정목적을 이루기 위하여 지구단위계획에는 다음 각 호의 사항 중 <u>제2호와 제4호의 사항을 포함한 둘 이상의 사항이 포함</u>되어야 한다. 다만, 제1호의2를 내용으로 하는 지구단위계획의 경우에는 그러하지 아니하다.
1. 용도지역이나 용도지구를 대통령령으로 정하는 범위에서 세분하거나 변경하는 사항
1의2. 기존의 용도지구를 폐지하고 그 용도지구에서의 건축물이나 그 밖의 시설의 용도·종류 및 규모 등의 제한을 대체하는 사항
2. 대통령령으로 정하는 기반시설의 배치와 규모
3. 도로로 둘러싸인 일단의 지역 또는 계획적인 개발·정비를 위하여 구획된 일단의 토지의 규모와 조성계획
4. 건축물의 용도제한, 건축물의 건폐율 또는 용적률, 건축물 높이의 최고한도 또는 최저한도
5. 건축물의 배치·형태·색채 또는 건축선에 관한 계획
6. 환경관리계획 또는 경관계획
7. 교통처리계획
8. <u>그 밖에 토지 이용의 합리화, 도시나 농·산·어촌의 기능 증진 등에 필요한 사항으로서 대통령령으로 정하는 사항</u>

② **지구단위계획은 도로, <u>상하수도</u> 등** 대통령령으로 정하는 도시·군계획시설의 처리·공급 및 수용능력이 지구단위계획구역에 있는 건축물의 연면적, 수용인구 등 개발밀도와 적절한 조화를 이룰 수 있도록 하여야 한다.

> **영 제45조(지구단위계획의 내용)**
> ⑤ 법 제52조 제2항에서 "대통령령으로 정하는 도시·군계획시설"이란 **도로·주차장·공원·녹지·공공공지, 수도·전기·가스·열공급설비, 학교(초등학교 및 중학교에 한한다)·하수도·폐기물처리 및 재활용시설**을 말한다.

③ 지구단위계획구역에서는 제76조부터 제78조까지의 규정과 「건축법」 제42조·제43조·제44조·제60조 및 제61조, 「주차장법」 제19조 및 제19조의2를 대통령령으로 정하는 범위에서 지구단위계획으로 정하는 바에 따라 완화하여 적용할 수 있다.

정답 ①

048 다음 도시·군관리계획에 관한 지형도면의 고시에 대한 내용 중 ( )에 들어갈 말이 모두 옳은 것은?

> 지적이 표시된 지형도에 도시·군관리계획사항을 명시한 도면을 작성할 때에는 축척(①) 내지 (②)로 작성하여야 한다. 다만, 녹지지역 안의 임야, 관리지역, 농림지역 및 자연환경보전지역은 축척 (③) 내지 (④)로 할 수 있다.

① ① 1/1,200 ② 1/6,000 ③ 1/3,000 ④ 1/5,000
② ① 1/500 ② 1/5,000 ③ 1/1,500 ④ 1/3,000
③ ① 1/1,200 ② 1/5,000 ③ 1/2,000 ④ 1/6,000
④ ① 1/500 ② 1/1,500 ③ 1/3,000 ④ 1/6,000

해설

○ **지역·지구 등의 지형도면 작성에 관한 지침(국토교통부 고시) 참조.**

제10조(도면의 형식) ① 지형도면등을 작성하는 때에는 국토이용정보체계에 구축되어 있는 데이터베이스를 사용하여 축척 500분의 1부터 1천500분의 1까지로 작성하여야 한다.
② 녹지지역의 임야, 관리지역, 농림지역 및 자연환경보전지역은 축척 3천분의 1 내지 6천분의 1로 작성할 수 있다.
③ 토지이용규제정보시스템(LURIS) 등재시에는 JPG파일 형식을 원칙으로 한다.
④ 지형도면등이 2매 이상인 경우에는 축척 5천분의 1 이상 5만분의 1 이하의 총괄도를 따로 첨부할 수 있다.
⑤ 지형도면등 작성 및 출력시 사용하는 용지의 크기는 A1(594㎜×841㎜)을 표준으로 한다.
⑥ 지역·지구등의 표시기준은 개별법령에서 규정한 도식규정을 따른다.
⑦ 모든 지역·지구선의 수정은 원칙적으로 인정하지 아니하며, 특히 칼로 긁거나 채색 등으로 은폐하는 것을 금지한다.

제13조(지형도면등의 효력) ① 지형도면등을 고시하여야 하는 지역·지구등의 지정의 효력은 지형도면등의 고시를 함으로써 발생한다.
② 다만, 지적도에 지역·지구등을 명시할 수 있으나 지적과 지형의 불일치 등으로 지적도의 활용이 곤란한 경우에는 2년이내에 지형도면등을 고시할 수 있으며, 고시가 없는 경우에는 그 2년이 되는 날의 다음 날부터 그 지정의 효력을 잃는다.

정답 ④

049 개발밀도관리구역으로 지정하기에 적합하지 않은 지역은?

① 당해 지역 도로의 서비스수준이 매우 낮아 차량통행이 현저하게 지체되는 지역
② 당해 지역의 도로율이 국토해양부령이 정하는 용도지역별 도로율에 20% 이상 미달하는 지역
③ 향후 2년 이내에 당해지역의 하수발생량이 하수 시설의 시설용량을 초과할 것으로 예상되는 지역
④ 향후 2년 이내에 당해지역의 학생수가 학교수용능력을 50% 이상 초과할 것으로 예상되는 지역

해설

정답 ④

050 광역도시계획의 수립권자에 대한 설명으로 옳지 않은 것은?

① 광역계획권이 같은 도의 관할구역에 속하여 있는 경우 관할 시장 또는 군수가 공동으로 수립한다.
② 광역계획권이 둘 이상의 시·도의 관할 구역에 걸쳐 있는 경우 관할 도지사가 수립한다.
③ 국가계획과 관련된 광역도시계획의 수립이 필요한 경우 국토교통부장관이 수립한다.
④ 광역계획권을 지정한 날부터 3년이 지날 때까지 관할 시·도지사로부터 광역도시계획의 승인 신청이 없는 경우 국토교통부장관이 수립한다.

해설

제2조(정의) 이 법에서 사용하는 용어의 뜻은 다음과 같다.
　1. "광역도시계획"이란 제10조에 따라 지정된 광역계획권의 장기발전방향을 제시하는 계획을 말한다.
제4조(국가계획, 광역도시계획 및 도시·군계획의 관계 등) ① 도시·군계획은 특별시·광역시·특별자치시·특별자치도·시 또는 군의 관할 구역에서 수립되는 다른 법률에 따른 토지의 이용·개발 및 보전에 관한 계획의 기본이 된다.
② 광역도시계획 및 도시·군계획은 국가계획에 부합되어야 하며, 광역도시계획 또는 도시·군계획의 내용이 국가계획의 내용과 다를 때에는 국가계획의 내용이 우선한다. 이 경우 국가계획을 수립하려는 중앙행정기관의 장은 미리 지방자치단체의 장의 의견을 듣고 충분히 협의하여야 한다.
③ 광역도시계획이 수립되어 있는 지역에 대하여 수립하는 도시·군기본계획은 그 광역도시계획에 부합되어야 하며, 도시·군기본계획의 내용이 광역도시계획의 내용과 다를 때에는 광역도시계획의 내용이 우선한다.
④ 특별시장·광역시장·특별자치시장·특별자치도지사·시장 또는 군수(광역시의 관할 구역에 있는 군의 군수는 제외한다. 이하 같다. 다만, 제8조 제2항 및 제3항, 제113조, 제117조부터 제124조까지, 제124조의2, 제125조, 제126조, 제133조, 제136조, 제138조 제1항, 제139조 제1항·제2항에서는 광역시의 관할 구역에 있는 군의 군수를 포함한다)가 관할 구역에 대하여 다른 법률에 따른 환경·교통·수도·하수도·주택 등에 관한 부문별 계획을 수립할 때에는 도시·군기본계획의 내용에 부합되게 하여야 한다.

제10조(광역계획권의 지정) ① 국토교통부장관 또는 도지사는 둘 이상의 특별시·광역시·특별자치시·특별자치도·시 또는 군의 공간구조 및 기능을 상호 연계시키고 환경을 보전하며 광역시설을 체계적으로 정비하기 위하여 필요한 경우에는 다음 각 호의 구분에 따라 인접한 둘 이상의 특별시·광역시·특별자치시·특별자치도·시 또는 군의 관할 구역 전부 또는 일부를 대통령령으로 정하는 바에 따라 광역계획권으로 지정할 수 있다.
  1. 광역계획권이 둘 이상의 특별시·광역시·특별자치시·도 또는 특별자치도(이하 "시·도"라 한다)의 관할 구역에 걸쳐 있는 경우: 국토교통부장관이 지정
  2. 광역계획권이 도의 관할 구역에 속하여 있는 경우: 도지사가 지정
② 중앙행정기관의 장, 시·도지사, 시장 또는 군수는 국토교통부장관이나 도지사에게 광역계획권의 지정 또는 변경을 요청할 수 있다.
③ 국토교통부장관은 광역계획권을 지정하거나 변경하려면 관계 시·도지사, 시장 또는 군수의 의견을 들은 후 중앙도시계획위원회의 심의를 거쳐야 한다.
④ 도지사가 광역계획권을 지정하거나 변경하려면 관계 중앙행정기관의 장, 관계 시·도지사, 시장 또는 군수의 의견을 들은 후 지방도시계획위원회의 심의를 거쳐야 한다.
⑤ 국토교통부장관 또는 도지사는 광역계획권을 지정하거나 변경하면 지체 없이 관계 시·도지사, 시장 또는 군수에게 그 사실을 통보하여야 한다.

제11조(광역도시계획의 수립권자) ① 국토교통부장관, 시·도지사, 시장 또는 군수는 다음 각 호의 구분에 따라 광역도시계획을 수립하여야 한다.
  1. 광역계획권이 같은 도의 관할 구역에 속하여 있는 경우: 관할 시장 또는 군수가 공동으로 수립
  2. 광역계획권이 둘 이상의 시·도의 관할 구역에 걸쳐 있는 경우: 관할 시·도지사가 공동으로 수립
  3. <u>광역계획권을 지정한 날부터 3년이 지날 때까지 관할 시장 또는 군수로부터 제16조 제1항에 따른 광역도시계획의 승인 신청이 없는 경우: 관할 도지사가 수립</u>
  4. <u>국가계획과 관련된 광역도시계획의 수립이 필요한 경우나 광역계획권을 지정한 날부터 3년이 지날 때까지 관할 시·도지사로부터 제16조 제1항에 따른 광역도시계획의 승인 신청이 없는 경우: 국토교통부장관이 수립</u>
② 국토교통부장관은 시·도지사가 요청하는 경우와 그 밖에 필요하다고 인정되는 경우에는 제1항에도 불구하고 관할 시·도지사와 공동으로 광역도시계획을 수립할 수 있다.
③ 도지사는 시장 또는 군수가 요청하는 경우와 그 밖에 필요하다고 인정하는 경우에는 제1항에도 불구하고 관할 시장 또는 군수와 공동으로 광역도시계획을 수립할 수 있으며, 시장 또는 군수가 협의를 거쳐 요청하는 경우에는 단독으로 광역도시계획을 수립할 수 있다.

정답 ②

051 특별시장·광역시장·시장 또는 군수는 관할 구역의 도시·군기본계획에 대하여 그 타당성 여부를 몇 년마다 전반적으로 재검토하여 정비하여야 하는가?

① 2년
② 5년
③ 10년
④ 20년

해설

정답 ②

052 다음 중 시가화조정구역의 지정에 관한 설명으로 옳지 않은 것은?

① 시가화를 유보할 수 있는 기간은 5년 이상 20년 이내다.
② 국토교통부장관은 시가화조정구역의 지정 또는 변경을 도시·군관리계획으로 결정할 수 있다.
③ 시가화조정구역지정의 실효고시는 실효일자 및 실효사유와 실효된 도시·군관리계획의 내용을 관보에 게재하는 방법에 의한다.
④ 시가화조정구역의 지정에 관한 도시·군관리계획의 결정은 시가화 유보기간이 만료된 날로부터 효력을 상실한다.

해설

정답 ④

053 다음 중 국토의 계획 및 이용에 관한 법률에 따라 개발행위의 허가를 받아야 하는 경우에 해당하지 않는 것은?

① 건축물의 건축 또는 공작물의 설치
② 토지분할(건축법에 따른 건축물이 있는 대지는 제외)
③ 녹지지역, 관리지역 또는 자연환경보전지역에 물건을 1개월 이상 쌓아놓는 행위
④ 도시·군계획사업에 의한 토지의 형질변경

해설

제56조(개발행위의 허가) ① 다음 각 호의 어느 하나에 해당하는 행위로서 대통령령으로 정하는 행위(이하 "개발행위"라 한다)를 하려는 자는 특별시장·광역시장·특별자치시장·특별자치도지사·시장 또는 군수의 허가(이하 "개발행위허가"라 한다)를 받아야 한다. 다만, 도시·군계획사업(다른 법률에 따라 도시·군계획사업을 의제한 사업을 포함한다)에 의한 행위는 그러하지 아니하다.
  1. 건축물의 건축 또는 공작물의 설치
  2. 토지의 형질 변경(경작을 위한 경우로서 대통령령으로 정하는 토지의 형질 변경은 제외한다)
  3. 토석의 채취
  4. 토지 분할(건축물이 있는 대지의 분할은 제외한다)
  5. 녹지지역·관리지역 또는 자연환경보전지역에 물건을 1개월 이상 쌓아놓는 행위
② 개발행위허가를 받은 사항을 변경하는 경우에는 제1항을 준용한다. 다만, 대통령령으로 정하는 경미한 사항을 변경하는 경우에는 그러하지 아니하다.
③ 제1항에도 불구하고 제1항 제2호 및 제3호의 개발행위 중 도시지역과 계획관리지역의 산림에서의 임도(林道) 설치와 사방사업에 관하여는 「산림자원의 조성 및 관리에 관한 법률」과 「사방사업법」에 따르고, 보전관리지역·생산관리지역·농림지역 및 자연환경보전지역의 산림에서의 제1항 제2호(농업·임업·어업을 목적으로 하는 토지의 형질 변경만 해당한다) 및 제3호의 개발행위에 관하여는 「산지관리법」에 따른다.
④ 다음 각 호의 어느 하나에 해당하는 행위는 제1항에도 불구하고 개발행위허가를 받지 아니하고 할 수 있다. 다만, 제1호의 응급조치를 한 경우에는 1개월 이내에 특별시장·광역시장·특별자치시장·특별자치도지사·시장 또는 군수에게 신고하여야 한다.
  1. 재해복구나 재난수습을 위한 응급조치

2. 「건축법」에 따라 신고하고 설치할 수 있는 건축물의 개축·증축 또는 재축과 이에 필요한 범위에서의 토지의 형질 변경(도시·군계획시설사업이 시행되지 아니하고 있는 도시·군계획시설의 부지인 경우만 가능하다)
3. 그 밖에 대통령령으로 정하는 경미한 행위

영 제53조(허가를 받지 아니하여도 되는 경미한 행위) 법 제56조 제4항 제3호에서 "대통령령으로 정하는 경미한 행위"란 다음 각 호의 행위를 말한다. 다만, 다음 각 호에 규정된 범위에서 특별시·광역시·특별자치시·특별자치도·시 또는 군의 도시·군계획조례로 따로 정하는 경우에는 그에 따른다.

1. 건축물의 건축 : 「건축법」 제11조 제1항에 따른 건축허가 또는 같은 법 제14조 제1항에 따른 건축신고 및 같은 법 제20조 제1항에 따른 가설건축물 건축의 허가 또는 같은 조 제3항에 따른 가설건축물의 축조신고 대상에 해당하지 아니하는 건축물의 건축
2. 공작물의 설치
   가. 도시지역 또는 지구단위계획구역에서 무게가 50톤 이하, 부피가 50세제곱미터 이하, 수평투영면적이 50제곱미터 이하인 공작물의 설치. 다만, 「건축법 시행령」 제118조 제1항 각 호의 어느 하나에 해당하는 공작물의 설치는 제외한다.
   나. 도시지역·자연환경보전지역 및 지구단위계획구역외의 지역에서 무게가 150톤 이하, 부피가 150세제곱미터 이하, 수평투영면적이 150제곱미터 이하인 공작물의 설치. 다만, 「건축법 시행령」 제118조 제1항 각 호의 어느 하나에 해당하는 공작물의 설치는 제외한다.
   다. 녹지지역·관리지역 또는 농림지역안에서의 농림어업용 비닐하우스(비닐하우스안에 설치하는 육상어류양식장을 제외한다)의 설치
3. 토지의 형질변경
   가. 높이 50센티미터 이내 또는 깊이 50센티미터 이내의 절토·성토·정지 등(포장을 제외하며, 주거지역·상업지역 및 공업지역외의 지역에서는 지목변경을 수반하지 아니하는 경우에 한한다)
   나. 도시지역·자연환경보전지역 및 지구단위계획구역 외의 지역에서 면적이 660제곱미터 이하인 토지에 대한 지목변경을 수반하지 아니하는 절토·성토·정지·포장 등(토지의 형질변경 면적은 형질변경이 이루어지는 당해 필지의 총면적을 말한다. 이하 같다)
   다. 조성이 완료된 기존 대지에 건축물이나 그 밖의 공작물을 설치하기 위한 토지의 형질변경(절토 및 성토는 제외한다)
   라. 국가 또는 지방자치단체가 공익상의 필요에 의하여 직접 시행하는 사업을 위한 토지의 형질변경
4. 토석채취
   가. 도시지역 또는 지구단위계획구역에서 채취면적이 25제곱미터 이하인 토지에서의 부피 50세제곱미터 이하의 토석채취
   나. 도시지역·자연환경보전지역 및 지구단위계획구역외의 지역에서 채취면적이 250제곱미터 이하인 토지에서의 부피 500세제곱미터 이하의 토석채취
5. 토지분할
   가. 「사도법」에 의한 사도개설허가를 받은 토지의 분할
   나. 토지의 일부를 공공용지 또는 공용지로 하기 위한 토지의 분할
   다. 행정재산중 용도폐지되는 부분의 분할 또는 일반재산을 매각·교환 또는 양여하기 위한 분할
   라. 토지의 일부가 도시·군계획시설로 지형도면고시가 된 당해 토지의 분할
   마. 너비 5미터 이하로 이미 분할된 토지의 「건축법」 제57조 제1항에 따른 분할제한면적 이상으로의 분할
6. 물건을 쌓아놓는 행위
   가. 녹지지역 또는 지구단위계획구역에서 물건을 쌓아놓는 면적이 25제곱미터 이하인 토지에 전체무게 50톤 이하, 전체부피 50세제곱미터 이하로 물건을 쌓아놓는 행위
   나. 관리지역(지구단위계획구역으로 지정된 지역을 제외한다)에서 물건을 쌓아놓는 면적이 250제곱미터 이하인 토지에 전체무게 500톤 이하, 전체부피 500세제곱미터 이하로 물건을 쌓아놓는 행위

정답 ④

054 도시·군관리계획의 결정이 효력을 발생하는 시기 기준은?

① 도시계획위원회의 심의 후 다음 날
② 도시·군관리계획결정이 고시가 된 날
③ 지형도면을 고시한 날
④ 지형도면을 고시한 다음 날

해설

제31조(도시·군관리계획 결정의 효력) ① 도시·군관리계획 결정의 효력은 제32조 제4항에 따라 지형도면을 고시한 날부터 발생한다.
② 도시·군관리계획 결정 당시 이미 사업이나 공사에 착수한 자(이 법 또는 다른 법률에 따라 허가·인가·승인 등을 받아야 하는 경우에는 그 허가·인가·승인 등을 받아 사업이나 공사에 착수한 자를 말한다)는 그 도시·군관리계획 결정과 관계없이 그 사업이나 공사를 계속할 수 있다. 다만, 시가화조정구역이나 수산자원보호구역의 지정에 관한 도시·군관리계획 결정이 있는 경우에는 대통령령으로 정하는 바에 따라 특별시장·광역시장·특별자치시장·특별자치도지사·시장 또는 군수에게 신고하고 그 사업이나 공사를 계속할 수 있다.
③ 제1항에서 규정한 사항 외에 도시·군관리계획 결정의 효력 발생 및 실효 등에 관하여는 「토지이용규제 기본법」 제8조 제3항부터 제5항까지의 규정에 따른다.

제32조(도시·군관리계획에 관한 지형도면의 고시 등) ① 특별시장·광역시장·특별자치시장·특별자치도지사·시장 또는 군수는 제30조에 따른 도시·군관리계획 결정(이하 "도시·군관리계획결정"이라 한다)이 고시되면 지적(地籍)이 표시된 지형도에 도시·군관리계획에 관한 사항을 자세히 밝힌 도면을 작성하여야 한다.
② 시장(대도시 시장은 제외한다)이나 군수는 제1항에 따른 지형도에 도시·군관리계획(지구단위계획구역의 지정·변경과 지구단위계획의 수립·변경에 관한 도시·군관리계획은 제외한다)에 관한 사항을 자세히 밝힌 도면(이하 "지형도면"이라 한다)을 작성하면 도지사의 승인을 받아야 한다. 이 경우 지형도면의 승인 신청을 받은 도지사는 그 지형도면과 결정·고시된 도시·군관리계획을 대조하여 착오가 없다고 인정되면 대통령령으로 정하는 기간에 그 지형도면을 승인하여야 한다.
③ 국토교통부장관(제40조에 따른 수산자원보호구역의 경우 해양수산부장관을 말한다. 이하 이 조에서 같다)이나 도지사는 도시·군관리계획을 직접 입안한 경우에는 제1항과 제2항에도 불구하고 관계 특별시장·광역시장·특별자치시장·특별자치도지사·시장 또는 군수의 의견을 들어 직접 지형도면을 작성할 수 있다.
④ 국토교통부장관, 시·도지사, 시장 또는 군수는 직접 지형도면을 작성하거나 지형도면을 승인한 경우에는 이를 고시하여야 한다.
⑤ 제1항 및 제3항에 따른 지형도면의 작성기준 및 방법과 제4항에 따른 지형도면의 고시방법 및 절차 등에 관하여는 「토지이용규제 기본법」 제8조 제2항 및 제6항부터 제9항까지의 규정에 따른다.

정답 ③

055 다음 중 도시·군기본계획의 수립권자에 해당하지 않는 자는?

① 국토교통부장관
② 광역시장
③ 시장 또는 군수
④ 특별시장

해설

정답 ①

056 다음 중 중앙도시계획위원회에 대한 설명으로 옳은 것은?

① 위원장과 부위원장 각 1명을 포함하여 20명 이상의 위원으로 구성한다.
② 중앙도시계획위원회의 위원장은 국토교통부 장관이다.
③ 공무원이 아닌 위원의 수는 10명 이상으로 하고, 그 임기는 3년으로 한다.
④ 위원은 관계 중앙행정기관의 공무원과 도시계획에 관한 학식과 경험이 풍부한 자 중에서 국토교통부장관이 임명하거나 위촉한다.

해설

제106조(중앙도시계획위원회) 다음 각 호의 업무를 수행하기 위하여 국토교통부에 중앙도시계획위원회를 둔다.
 1. 광역도시계획·도시·군계획·토지거래계약허가구역 등 국토교통부장관의 권한에 속하는 사항의 심의
 2. 이 법 또는 다른 법률에서 중앙도시계획위원회의 심의를 거치도록 한 사항의 심의
 3. 도시·군계획에 관한 조사·연구

제107조(조직) ① 중앙도시계획위원회는 위원장·부위원장 각 1명을 포함한 25명 이상 30명 이하의 위원으로 구성한다.
② 중앙도시계획위원회의 위원장과 부위원장은 위원 중에서 국토교통부장관이 임명하거나 위촉한다.
③ 위원은 관계 중앙행정기관의 공무원과 토지 이용, 건축, 주택, 교통, 공간정보, 환경, 법률, 복지, 방재, 문화, 농림 등 도시·군계획과 관련된 분야에 관한 학식과 경험이 풍부한 자 중에서 국토교통부장관이 임명하거나 위촉한다.
④ 공무원이 아닌 위원의 수는 10명 이상으로 하고, 그 임기는 2년으로 한다.
⑤ 보궐위원의 임기는 전임자 임기의 남은 기간으로 한다.

제110조(분과위원회) ① 다음 각 호의 사항을 효율적으로 심의하기 위하여 중앙도시계획위원회에 분과위원회를 둘 수 있다.
 1. 제8조 제2항에 따른 토지 이용에 관한 구역등의 지정·변경 및 제9조에 따른 용도지역 등의 변경계획에 관한 사항
 2. 제59조에 따른 심의에 관한 사항
 3. 제117조에 따른 허가구역의 지정에 관한 사항
 4. 중앙도시계획위원회에서 위임하는 사항

② 분과위원회의 심의는 중앙도시계획위원회의 심의로 본다. 다만, 제1항 제4호의 경우에는 중앙도시계획위원회가 분과위원회의 심의를 중앙도시계획위원회의 심의로 보도록 하는 경우만 해당한다.

제113조(지방도시계획위원회) ① 다음 각 호의 심의를 하게 하거나 자문에 응하게 하기 위하여 시·도에 시·도도시계획위원회를 둔다.
  1. 시·도지사가 결정하는 도시·군관리계획의 심의 등 시·도지사의 권한에 속하는 사항과 다른 법률에서 시·도도시계획위원회의 심의를 거치도록 한 사항의 심의
  2. 국토교통부장관의 권한에 속하는 사항 중 중앙도시계획위원회의 심의 대상에 해당하는 사항이 시·도지사에게 위임된 경우 그 위임된 사항의 심의
  3. 도시·군관리계획과 관련하여 시·도지사가 자문하는 사항에 대한 조언
  4. 그 밖에 대통령령으로 정하는 사항에 관한 심의 또는 조언
② 도시·군관리계획과 관련된 다음 각 호의 심의를 하게 하거나 자문에 응하게 하기 위하여 시·군(광역시의 관할 구역에 있는 군을 포함한다. 이하 이 조에서 같다) 또는 구(자치구를 말한다. 이하 같다)에 각각 시·군·구도시계획위원회를 둔다.
  1. 시장 또는 군수가 결정하는 도시·군관리계획의 심의와 국토교통부장관이나 시·도지사의 권한에 속하는 사항 중 시·도도시계획위원회의 심의대상에 해당하는 사항이 시장·군수 또는 구청장에게 위임되거나 재위임된 경우 그 위임되거나 재위임된 사항의 심의
  2. 도시·군관리계획과 관련하여 시장·군수 또는 구청장이 자문하는 사항에 대한 조언
  3. 제59조에 따른 개발행위의 허가 등에 관한 심의
  4. 그 밖에 대통령령으로 정하는 사항에 관한 심의 또는 조언
③ 시·도도시계획위원회나 시·군·구도시계획위원회의 심의 사항 중 대통령령으로 정하는 사항을 효율적으로 심의하기 위하여 시·도도시계획위원회나 시·군·구도시계획위원회에 분과위원회를 둘 수 있다.
④ 분과위원회에서 심의하는 사항 중 시·도도시계획위원회나 시·군·구도시계획위원회가 지정하는 사항은 분과위원회의 심의를 시·도도시계획위원회나 시·군·구도시계획위원회의 심의로 본다.
⑤ 도시·군계획 등에 관한 중요 사항을 조사·연구하기 위하여 지방도시계획위원회에 전문위원을 둘 수 있다.
⑥ 제5항에 따라 지방도시계획위원회에 전문위원을 두는 경우에는 제111조 제2항 및 제3항을 준용한다. 이 경우 "중앙도시계획위원회"는 "지방도시계획위원회"로, "국토교통부장관"은 "해당 지방도시계획위원회가 속한 지방자치단체의 장"으로 본다.

정답 ④

057 개발로 인하여 기반시설이 부족할 것으로 예상되거나 기반시설을 설치하기 곤란한 지역을 대상으로 건폐율이나 용적률을 강화하여 적용하기 위하여 지정하는 구역은?

① 기반시설부담구역
② 개발밀도관리구역
③ 지구단위계획구역
④ 용도구역

해설

정답 ②

058 다음 중 중심상업지역의 건폐율과 용적률 기준이 모두 옳은 것은?

① 80% 이하, 500% 이상 1,000% 이하
② 80% 이하, 500% 이상 1,500% 이하
③ 90% 이하, 200% 이상 1,100% 이하
④ 90% 이하, 200% 이상 1,500% 이하

해설

정답 ④

059 다음 중 광역도시계획의 승인에 관한 설명으로 옳은 것은?

① 시·도지사는 광역도시계획과 관련한 내용을 일반이 열람하게 하거나 공고할 필요는 없다.
② 광역도시계획에 대한 협의 요청을 받은 관계 중앙행정기관의 장은 특별한 사유가 없는 한 그 요청을 받은 날부터 14일 이내에 국토교통부장관에게 의견을 제시 하여야 한다.
③ 시장 또는 군수가 광역도시계획을 수립하거나 변경하는 경우 도지사의 승인을 받을 필요가 없다.
④ 국토교통부장관이 직접 광역도시계획을 수립하려면 관계 중앙행정기관과 협의한 후 중앙도시계획위원회의 심의를 거쳐야 한다.

해설

제16조(광역도시계획의 승인) ① 시·도지사는 광역도시계획을 수립하거나 변경하려면 국토교통부장관의 승인을 받아야 한다. 다만, 제11조 제3항에 따라 도지사가 수립하는 광역도시계획은 그러하지 아니하다.
② 국토교통부장관은 제1항에 따라 광역도시계획을 승인하거나 직접 광역도시계획을 수립 또는 변경(시·도지사와 공동으로 수립하거나 변경하는 경우를 포함한다)하려면 관계 중앙행정기관과 협의한 후 중앙도시계획위원회의 심의를 거쳐야 한다.
③ 제2항에 따라 협의 요청을 받은 관계 중앙행정기관의 장은 특별한 사유가 없으면 그 요청을 받은 날부터 30일 이내에 국토교통부장관에게 의견을 제시하여야 한다.
④ 국토교통부장관은 직접 광역도시계획을 수립 또는 변경거나 승인하였을 때에는 관계 중앙행정기관의 장과 시·도지사에게 관계 서류를 송부하여야 하며, 관계 서류를 받은 시·도지사는 대통령령으로 정하는 바에 따라 그 내용을 공고하고 일반이 열람할 수 있도록 하여야 한다.
⑤ 시장 또는 군수는 광역도시계획을 수립하거나 변경하려면 도지사의 승인을 받아야 한다.
⑥ 도지사가 제5항에 따라 광역도시계획을 승인하거나 제11조 제3항에 따라 직접 광역도시계획을 수립 또는 변경(시장·군수와 공동으로 수립하거나 변경하는 경우를 포함한다)하려면 제2항부터 제4항까지의 규정을 준용한다. 이 경우 "국토교통부장관"은 "도지사"로, "중앙행정기관의 장"은 "행정기관의 장(국토교통부장관을 포함한다)"으로, "중앙도시계획위원회"는 "지방도시계획위원회"로 "시·도지사"는 "시장 또는 군수"로 본다.
⑦ 제1항부터 제6항까지에 규정된 사항 외에 광역도시계획의 수립 및 집행에 필요한 사항은 대통령령으로 정한다.

정답 ④

060 다음 중 도시·군관리계획에 관한 지형도면의 작성방법에 대한 설명으로 옳지 않은 것은?

① 녹지지역 안의 토지에 대해서는 축척 500분의 1 내지 1천500분의 1의 지적도에 지형도면을 작성하여야 한다.
② 지형도가 간행되어 있지 아니한 경우에는 해도·해저 지형도 등의 도면으로 지형도에 갈음할 수 있다.
③ 지형도면이 2매 이상인 경우에는 5천분의 1 내지 5만분의 1의 총괄도를 따로 첨부할 수 있다.
④ 산업단지조성사업이 완료된 구역인 경우 지적도 사본에 도시·군관리계획사항을 명시한 도면으로 지형도면에 갈음할 수 있다.

> **해설**
>
> ○ **지역·지구 등의 지형도면 작성에 관한 지침(국토교통부 고시) 참조.**
> **제10조(도면의 형식)** ① 지형도면 등을 작성하는 때에는 국토이용정보체계에 구축되어 있는 데이터베이스를 사용하여 축척 500분의 1부터 1천500분의 1까지로 작성하여야 한다.
> ② 녹지지역의 임야, 관리지역, 농림지역 및 자연환경보전지역은 축척 3천분의 1 내지 6천분의 1로 작성할 수 있다.
> ③ 토지이용규제정보시스템(LURIS) 등재시에는 JPG파일 형식을 원칙으로 한다.
> ④ <u>지형도면등이 2매 이상인 경우에는 축척 5천분의 1 이상 5만분의 1 이하의 총괄도를 따로 첨부할 수 있다.</u>
> ⑤ 지형도면등 작성 및 출력시 사용하는 용지의 크기는 A1(594㎜×841㎜)을 표준으로 한다.
> ⑥ 지역·지구등의 표시기준은 개별법령에서 규정한 도식규정을 따른다.
> ⑦ 모든 지역·지구선의 수정은 원칙적으로 인정하지 아니하며, 특히 칼로 긁거나 채색 등으로 은폐하는 것을 금지한다.
> **제13조(지형도면등의 효력)** ① 지형도면 등을 고시하여야 하는 지역·지구 등의 지정의 효력은 지형도면 등의 고시를 함으로써 발생한다.
> ② 다만, 지적도에 지역·지구 등을 명시할 수 있으나 지적과 지형의 불일치 등으로 지적도의 활용이 곤란한 경우에는 2년 이내에 지형도면등을 고시할 수 있으며, 고시가 없는 경우에는 그 2년이 되는 날의 다음 날부터 그 지정의 효력을 잃는다.

정답 ①

061 다음 중 해당 용도지역별 용적률의 최대한도가 가장 낮은 것부터 순서대로 옳게 나열한 것은? ★

① 제1종 전용주거지역	② 중심상업지역
③ 준주거지역	④ 일반상업지역
⑤ 전용공업지역	⑥ 보전녹지지역

① ⑥-①-③-⑤-④-②
② ⑥-①-③-④-⑤-②
③ ⑥-①-⑤-③-②-④
④ ⑥-①-⑤-③-④-②

> [해설]

제78조(용도지역에서의 용적률) ① 제36조에 따라 지정된 용도지역에서 용적률의 최대한도는 관할 구역의 면적과 인구 규모, 용도지역의 특성 등을 고려하여 다음 각 호의 범위에서 대통령령으로 정하는 기준에 따라 특별시·광역시·특별자치시·특별자치도·시 또는 군의 조례로 정한다.

1. 도시지역
   가. 주거지역: 500퍼센트 이하
   나. 상업지역: 1천500퍼센트 이하
   다. 공업지역: 400퍼센트 이하
   라. 녹지지역: <u>100퍼센트 이하</u>
2. 관리지역
   가. 보전관리지역: 80퍼센트 이하
   나. 생산관리지역: 80퍼센트 이하
   다. <u>계획관리지역: 100퍼센트 이하</u>. 다만, 성장관리방안을 수립한 지역의 경우 해당 지방자치단체의 조례로 125퍼센트 이내에서 완화하여 적용할 수 있다.
3. 농림지역: 80퍼센트 이하
4. 자연환경보전지역: 80퍼센트 이하

② 제36조 제2항에 따라 세분된 용도지역에서의 용적률에 관한 기준은 제1항 각 호의 범위에서 대통령령으로 따로 정한다.

영 제85조(용도지역 안에서의 용적률) ①법 제78조 제1항 및 제2항에 따른 용적률은 다음 각 호의 범위에서 관할구역의 면적, 인구규모 및 용도지역의 특성 등을 감안하여 특별시·광역시·특별자치시·특별자치도·시 또는 군의 도시·군계획조례가 정하는 비율을 초과할 수 없다.

1. 제1종전용주거지역 : 50퍼센트 이상 100퍼센트 이하
2. 제2종전용주거지역 : 50퍼센트 이상 150퍼센트 이하
3. 제1종일반주거지역 : 100퍼센트 이상 200퍼센트 이하
4. 제2종일반주거지역 : 100퍼센트 이상 250퍼센트 이하
5. 제3종일반주거지역 : 100퍼센트 이상 300퍼센트 이하
6. 준주거지역 : 200퍼센트 이상 <u>500퍼센트 이하</u>
7. 중심상업지역 : 200퍼센트 이상 1천500퍼센트 이하
8. 일반상업지역 : 200퍼센트 이상 1천300퍼센트 이하
9. 근린상업지역 : 200퍼센트 이상 900퍼센트 이하
10. 유통상업지역 : 200퍼센트 이상 1천100퍼센트 이하
11. 전용공업지역 : 150퍼센트 이상 300퍼센트 이하
12. 일반공업지역 : 150퍼센트 이상 350퍼센트 이하
13. 준공업지역 : 150퍼센트 이상 400퍼센트 이하
14. 보전녹지지역 : 50퍼센트 이상 80퍼센트 이하
15. 생산녹지지역 : 50퍼센트 이상 100퍼센트 이하
16. 자연녹지지역 : 50퍼센트 이상 100퍼센트 이하
17. 보전관리지역 : 50퍼센트 이상 80퍼센트 이하
18. 생산관리지역 : 50퍼센트 이상 80퍼센트 이하
19. 계획관리지역 : 50퍼센트 이상 100퍼센트 이하
20. 농림지역 : 50퍼센트 이상 80퍼센트 이하
21. 자연환경보전지역 : 50퍼센트 이상 80퍼센트 이하

정답 ④

062 국토의 계획 및 이용에 관한 법률상 건폐율의 최대한도가 가장 작은 용도지역은?

① 주거지역 ② 관리지역
③ 공업지역 ④ 상업지역

해설

정답 ②

063 다음 중 개발밀도관리구역에 대한 설명으로 옳지 않은 것은?

① 개발밀도관리구역의 지정기준, 관리 등에 관하여 필요한 사항은 대통령령으로 정하는 바에 따라 국토교통부장관이 정한다.
② 개발밀도관리구역은 개발행위로 인한 기반시설의 설치가 곤란한 주거지역에 대해서만 지정할 수 있다
③ 특별시장·광역시장·시장 또는 군수는 개발밀도관리구역에서는 대통령령으로 정하는 범위에서 관련 조항에 따른 건폐율 또는 용적률을 강화하여 적용한다.
④ 개발밀도관리구역을 지정 또는 변경하려면 해당 지방자치단체에 설치된 지방도시계획위원회의 심의를 거쳐야 한다.

해설

영 제63조(개발밀도관리구역의 지정기준 및 관리방법) 국토교통부장관은 법 제66조 제5항의 규정에 의하여 개발밀도관리구역의 지정기준 및 관리방법을 정할 때에는 다음 각호의 사항을 종합적으로 고려하여야 한다.
1. 개발밀도관리구역은 도로·수도공급설비·하수도·학교 등 기반시설의 용량이 부족할 것으로 예상되는 지역중 기반시설의 설치가 곤란한 지역으로서 다음 각목의 1에 해당하는 지역에 대하여 지정할 수 있도록 할 것
    가. 당해 지역의 도로서비스 수준이 매우 낮아 차량통행이 현저하게 지체되는 지역. 이 경우 도로서비스 수준의 측정에 관하여는 「도시교통정비 촉진법」에 따른 교통영향평가의 예에 따른다.
    나. 당해 지역의 도로율이 국토교통부령이 정하는 용도지역별 도로율에 20퍼센트 이상 미달하는 지역
    다. 향후 2년 이내에 당해 지역의 수도에 대한 수요량이 수도시설의 시설용량을 초과할 것으로 예상되는 지역
    라. 향후 2년 이내에 당해 지역의 하수발생량이 하수시설의 시설용량을 초과할 것으로 예상되는 지역
    마. 향후 2년 이내에 당해 지역의 학생수가 학교수용능력을 20퍼센트 이상 초과할 것으로 예상되는 지역
2. 개발밀도관리구역의 경계는 도로·하천 그 밖에 특색 있는 지형지물을 이용하거나 용도지역의 경계선을 따라 설정하는 등 경계선이 분명하게 구분되도록 할 것
3. 용적률의 강화범위는 제62조 제1항의 규정에 의한 범위안에서 제1호 각목에 규정된 기반시설의 부족정도를 감안하여 결정할 것
4. 개발밀도관리구역안의 기반시설의 변화를 주기적으로 검토하여 용적률을 강화 또는 완화하거나 개발밀도관리구역을 해제하는 등 필요한 조치를 취하도록 할 것

정답 ②

064 다음 중 공동주택 중심의 양호한 주거환경을 보호하기 위하여 세분하여 지정하는 용도지역은?

① 제1종 전용주거지역
② 제2종 전용주거지역
③ 제1종 일반주거지역
④ 제2종 일반주거지역

해설

정답 ②

065 다음 중 기반시설에 속하지 않는 것은?

① 도로·철도·항만·공항·주차장 등 교통시설
② 광장·공원·녹지 등 공간시설
③ 하수도·폐기물처리시설 등 환경기초시설
④ 아파트연립주택·다세대주택 등 주거시설

해설

정답 ④

066 개발밀도관리구역에 대한 설명으로 틀린 것은?

① 개발행위가 집중되어 해당 지역의 계획적 관리를 위하여 필요한 경우 시·도지사가 지정한다.
② 개발밀도관리구역에서는 당해 용도지역에 적용되는 용적률의 최대한도의 50%의 범위에서 용적률을 강화하여 적용한다.
③ 당해 지역의 도로율이 국토교통부령으로 정하는 용도 지역별 도로율에 20% 이상 미달하는 지역에 대하여 개발밀도관리구역으로 지정할 수 있다.
④ 향후 2년 이내에 당해 지역의 학생수가 학교수용능력의 20%이상 초과할 것으로 예상되는 지역을 개발밀도관리구역으로 지정할 수 있다.

해설

정답 ①

067 광역도시계획의 수립권자에 대한 설명으로 옳지 않은 것은?

① 광역계획권이 같은 도의 관할구역에 속하여 있는 경우 관할 시장 또는 군수가 공동으로 수립한다.
② 광역계획권이 둘 이상의 시·도의 관할 구역에 걸쳐 있는 경우 국토교통부장관이 수립한다.
③ 국가계획과 관련된 광역도시계획의 수립이 필요한 경우 국토교통부장관이 수립한다.
④ 광역계획권을 지정한 날부터 3년이 지날 때까지 관할 시·도지사로부터 광역도시계획의 승인 신청이 없는 경우 국토교통부장관이 수립한다.

> **해설**

광역계획권의 지정과 광역도시계획의 수립을 잘 구분할 것!

제10조(광역계획권의 지정) ① 국토교통부장관 또는 도지사는 둘 이상의 특별시·광역시·특별자치시·특별자치도·시 또는 군의 공간구조 및 기능을 상호 연계시키고 환경을 보전하며 광역시설을 체계적으로 정비하기 위하여 필요한 경우에는 다음 각 호의 구분에 따라 인접한 둘 이상의 특별시·광역시·특별자치시·특별자치도·시 또는 군의 관할 구역 전부 또는 일부를 대통령령으로 정하는 바에 따라 광역계획권으로 지정할 수 있다.
  1. 광역계획권이 둘 이상의 특별시·광역시·특별자치시·도 또는 특별자치도(이하 "시·도"라 한다)의 관할 구역에 걸쳐 있는 경우: 국토교통부장관이 지정
  2. 광역계획권이 도의 관할 구역에 속하여 있는 경우: 도지사가 지정
② 중앙행정기관의 장, 시·도지사, 시장 또는 군수는 국토교통부장관이나 도지사에게 광역계획권의 지정 또는 변경을 요청할 수 있다.
③ 국토교통부장관은 광역계획권을 지정하거나 변경하려면 관계 시·도지사, 시장 또는 군수의 의견을 들은 후 중앙도시계획위원회의 심의를 거쳐야 한다.
④ 도지사가 광역계획권을 지정하거나 변경하려면 관계 중앙행정기관의 장, 관계 시·도지사, 시장 또는 군수의 의견을 들은 후 지방도시계획위원회의 심의를 거쳐야 한다.
⑤ 국토교통부장관 또는 도지사는 광역계획권을 지정하거나 변경하면 지체 없이 관계 시·도지사, 시장 또는 군수에게 그 사실을 통보하여야 한다.

제11조(광역도시계획의 수립권자) ① 국토교통부장관, 시·도지사, 시장 또는 군수는 다음 각 호의 구분에 따라 광역도시계획을 수립하여야 한다.
  1. 광역계획권이 같은 도의 관할 구역에 속하여 있는 경우: 관할 시장 또는 군수가 공동으로 수립
  2. 광역계획권이 둘 이상의 시·도의 관할 구역에 걸쳐 있는 경우: 관할 시·도지사가 공동으로 수립
  3. 광역계획권을 지정한 날부터 3년이 지날 때까지 관할 시장 또는 군수로부터 제16조 제1항에 따른 광역도시계획의 승인 신청이 없는 경우: 관할 도지사가 수립
  4. 국가계획과 관련된 광역도시계획의 수립이 필요한 경우나 광역계획권을 지정한 날부터 3년이 지날 때까지 관할 시·도지사로부터 제16조 제1항에 따른 광역도시계획의 승인 신청이 없는 경우: 국토교통부장관이 수립
② 국토교통부장관은 시·도지사가 요청하는 경우와 그 밖에 필요하다고 인정되는 경우에는 제1항에도 불구하고 관할 시·도지사와 공동으로 광역도시계획을 수립할 수 있다.
③ 도지사는 시장 또는 군수가 요청하는 경우와 그 밖에 필요하다고 인정하는 경우에는 제1항에도 불구하고 관할 시장 또는 군수와 공동으로 광역도시계획을 수립할 수 있으며, 시장 또는 군수가 협의를 거쳐 요청하는 경우에는 단독으로 광역도시계획을 수립할 수 있다.

정답 ②

068 다음 중 국토의 계획 및 이용에 관한 법률에 따른 '도시·군계획사업'에 해당하지 않는 것은?

① 도시·군계획시설사업
② 도시개발법에 따른 도시개발사업
③ 도시 및 주거환경정비법에 따른 정비사업
④ 택지개발촉진법에 따른 택지개발사업

> **해설**
>
> **제2조(정의)** 이 법에서 사용하는 용어의 뜻은 다음과 같다.
> 11. "도시·군계획사업"이란 도시·군관리계획을 시행하기 위한 다음 각 목의 사업을 말한다.
>   가. 도시·군계획시설사업
>   나. 「도시개발법」에 따른 도시개발사업
>   다. 「도시 및 주거환경정비법」에 따른 정비사업
>
> 정답 ④

069 다음 중 중앙도시계획위원회에 대한 설명으로 옳은 것은?

① 위원장과 부위원장 각 1명을 포함하여 20명 이상 25명 이내의 위원으로 구성한다.
② 중앙도시계획위원회의 위원장은 국토교통부장관이다.
③ 공무원이 아닌 위원의 수는 10명 이상으로 하고, 그 임기는 3년으로 한다.
④ 위원은 관계 중앙행정기관의 공무원과 도시·군계획과 관련된 분야에 관한 학식과 경험이 풍부한 자 중에서 국토교통부장관이 임명하거나 위촉한다.

> **해설**
>
> **제106조(중앙도시계획위원회)** 다음 각 호의 업무를 수행하기 위하여 국토교통부에 중앙도시계획위원회를 둔다.
> 1. 광역도시계획·도시·군계획·토지거래계약허가구역 등 국토교통부장관의 권한에 속하는 사항의 심의
> 2. 이 법 또는 다른 법률에서 중앙도시계획위원회의 심의를 거치도록 한 사항의 심의
> 3. 도시·군계획에 관한 조사·연구
>
> **제107조(조직)** ① 중앙도시계획위원회는 위원장·부위원장 각 1명을 포함한 25명 이상 30명 이하의 위원으로 구성한다.
> ② 중앙도시계획위원회의 위원장과 부위원장은 위원 중에서 국토교통부장관이 임명하거나 위촉한다.
> ③ 위원은 관계 중앙행정기관의 공무원과 토지 이용, 건축, 주택, 교통, 공간정보, 환경, 법률, 복지, 방재, 문화, 농림 등 도시·군계획과 관련된 분야에 관한 학식과 경험이 풍부한 자 중에서 국토교통부장관이 임명하거나 위촉한다.
> ④ 공무원이 아닌 위원의 수는 10명 이상으로 하고, 그 임기는 2년으로 한다.
> ⑤ 보궐위원의 임기는 전임자 임기의 남은 기간으로 한다.
>
> 정답 ④

070 다음 중 중앙도시계획위원회에 대한 설명이 옳은 것은?

① 위원장과 부위원장 각 1명을 포함하여 25명 이상 30명 이내의 위원으로 구성한다.
② 중앙도시계획위원회의 위원장은 국토교통부장관이다.
③ 공무원이 아닌 위원의 수는 10명 이상으로 하고, 그 임기는 3년으로 한다.
④ 위원은 관계 중앙행정기관의 공무원과 도시계획에 관한 학식과 경험이 풍부한 자 중에서 위원장이 임명하거나 위촉한다.

해설

정답 ①

071 다음 중 건폐율에 관한 내용이 틀린 것은?

① 건폐율이란 대지면적에 대한 건축면적의 비율이다.
② 도시지역 내 주거지역의 건폐율 최대한도는 70% 이하이다.
③ 수산자원보호구역의 건폐율에 관한 기준은 90% 이하의 범위에서 국토교통부령으로 정하는 기준에 따라 조례로 따로 정한다.
④ 토지이용의 과밀화를 방지하기 위하여 건폐율을 강화할 필요가 있는 경우, 대통령령으로 정하는 기준에 따라 조례로 건폐율을 따로 정할 수 있다.

해설

제77조(용도지역의 건폐율) ① 제36조에 따라 지정된 용도지역에서 건폐율의 최대한도는 관할 구역의 면적과 인구 규모, 용도지역의 특성 등을 고려하여 다음 각 호의 범위에서 대통령령으로 정하는 기준에 따라 특별시·광역시·특별자치시·특별자치도·시 또는 군의 조례로 정한다.
  1. 도시지역
     가. 주거지역: 70퍼센트 이하
     나. 상업지역: 90퍼센트 이하
     다. 공업지역: 70퍼센트 이하
     라. 녹지지역: 20퍼센트 이하
  2. 관리지역
     가. 보전관리지역: 20퍼센트 이하
     나. 생산관리지역: 20퍼센트 이하
     다. 계획관리지역: 40퍼센트 이하
  3. 농림지역: 20퍼센트 이하
  4. 자연환경보전지역: 20퍼센트 이하
② 제36조 제2항에 따라 세분된 용도지역에서의 건폐율에 관한 기준은 제1항 각 호의 범위에서 대통령령으로 따로 정한다.

③ 다음 각 호의 어느 하나에 해당하는 지역에서의 건폐율에 관한 기준은 제1항과 제2항에도 불구하고 **80퍼센트 이하의 범위에서** 대통령령으로 정하는 기준에 따라 특별시·광역시·특별자치시·특별자치도·시 또는 군의 조례로 따로 정한다.
   1. 제37조 제1항 제6호에 따른 취락지구
   2. 제37조 제1항 제7호에 따른 개발진흥지구(도시지역 외의 지역 또는 대통령령으로 정하는 용도지역만 해당한다)
   3. 제40조에 따른 수산자원보호구역
   4. 「자연공원법」에 따른 자연공원
   5. 「산업입지 및 개발에 관한 법률」 제2조 제8호라목에 따른 농공단지
   6. 공업지역에 있는 「산업입지 및 개발에 관한 법률」 제2조 제8호가목부터 다목까지의 규정에 따른 국가산업단지, 일반산업단지 및 도시첨단산업단지와 같은 조 제12호에 따른 준산업단지
④ 다음 각 호의 어느 하나에 해당하는 경우로서 대통령령으로 정하는 경우에는 제1항에도 불구하고 대통령령으로 정하는 기준에 따라 특별시·광역시·특별자치시·특별자치도·시 또는 군의 조례로 건폐율을 따로 정할 수 있다.
   1. 토지이용의 과밀화를 방지하기 위하여 건폐율을 강화할 필요가 있는 경우
   2. 주변 여건을 고려하여 토지의 이용도를 높이기 위하여 건폐율을 완화할 필요가 있는 경우
   3. 녹지지역, 보전관리지역, 생산관리지역, 농림지역 또는 자연환경보전지역에서 농업용·임업용·어업용 건축물을 건축하려는 경우
   4. 보전관리지역, 생산관리지역, 농림지역 또는 자연환경보전지역에서 주민생활의 편익을 증진시키기 위한 건축물을 건축하려는 경우
⑤ 계획관리지역·생산관리지역 및 대통령령으로 정하는 녹지지역에서 성장관리방안을 수립한 경우에는 제1항에도 불구하고 50퍼센트 이하의 범위에서 대통령령으로 정하는 기준에 따라 특별시·광역시·특별자치시·특별자치도·시 또는 군의 조례로 건폐율을 따로 정할 수 있다.

정답 ③

072 개발밀도관리구역으로의 지정 기준이 적합하지 않은 지역은?

① 당해 지역의 도로 서비스수준이 매우 낮아 차량통행이 현저하게 지체되는 지역
② 당해 지역의 도로율이 국토교통부령이 정하는 용도지역별 도로율에 20%이상 미달하는 지역
③ 향후 2년 이내에 당해 지역의 하수 발생량이 하수 시설의 시설용량을 초과할 것으로 예상되는 지역
④ 향후 2년 이내에 당해 지역의 학생 수가 학교수행능력을 50%이상 초과할 것으로 예상되는 지역

해설

정답 ④

073 광역도시계획의 수립권자에 대한 설명이 틀린 것은?

① 광역계획권이 같은 도의 관할구역에 속하여 있는 경우 관할 시장 또는 군수가 공동으로 수립한다.
② 광역계획권이 둘 이상의 시·도의 관할 구역에 걸쳐 있는 경우 관할 도지사가 단독으로 수립한다.
③ 국가계획과 관련된 광역도시계획의 수립이 필요한 경우 국토교통부장관이 수립한다.
④ 광역계획권을 지정한 날부터 3년이 지날 때까지 관찰시·도지사로부터 광역도시계획의 승인 신청이 없는 경우 국토교통부장관이 수립한다.

해설

정답 ②

074 국토의 계획 및 이용에 관한 법률상 도시·군계획시설사업의 시행자가 도시·군계획시설사업에 관한 조사·측량을 위해 타인의 토지에 출입하고자 할 때, 출입하려는 날의 몇 일전까지 그 토지의 소유자·점유자 또는 관리인에게 그 일시와 장소를 알려야 하는가? (단, 시행자가 행정청인 경우는 제외)

① 14일
② 7일
③ 5일
④ 3일

해설

정답 ②

075 도시·군관리계획결정의 고시일부터 얼마가 되는 날까지 지형도면의 고시가 없는 경우 그 도시·군관리계획결정은 효력을 잃는가?

① 1년
② 2년
③ 3년
④ 5년

> 해설

○ 지역·지구 등의 지형도면 작성에 관한 지침(국토교통부 고시) 참조.
제10조(도면의 형식) ① 지형도면등을 작성하는 때에는 국토이용정보체계에 구축되어 있는 데이터베이스를 사용하여 축척 500분의 1부터 1천500분의 1까지로 작성하여야 한다.
② 녹지지역의 임야, 관리지역, 농림지역 및 자연환경보전지역은 축척 3천분의 1 내지 6천분의 1로 작성할 수 있다.
③ 토지이용규제정보시스템(LURIS) 등재시에는 JPG파일 형식을 원칙으로 한다.
④ 지형도면등이 2매 이상인 경우에는 축척 5천분의 1 이상 5만분의 1 이하의 총괄도를 따로 첨부할 수 있다.
⑤ 지형도면등 작성 및 출력시 사용하는 용지의 크기는 A1(594㎜×841㎜)을 표준으로 한다.
⑥ 지역·지구등의 표시기준은 개별법령에서 규정한 도식규정을 따른다.
⑦ 모든 지역·지구선의 수정은 원칙적으로 인정하지 아니하며, 특히 칼로 긁거나 채색 등으로 은폐하는 것을 금지한다.
제13조(지형도면등의 효력) ① 지형도면등을 고시하여야 하는 지역·지구등의 지정의 효력은 지형도면등의 고시를 함으로써 발생한다.
② 다만, 지적도에 지역·지구등을 명시할 수 있으나 지적과 지형의 불일치 등으로 지적도의 활용이 곤란한 경우에는 2년이내에 지형도면등을 고시할 수 있으며, 고시가 없는 경우에는 그 2년이 되는 날의 다음 날부터 그 지정의 효력을 잃는다.

정답 ②

076 도시·군관리계획 입안에 있어 주민 의견 청취 공고 및 공람에 관한 설명 중 옳은 것은?

① 당해 지역을 주된 보급지역으로 하는 하나의 일간신문에 공고하고 14일간 일반이 열람할 수 있도록 하여야 한다.
② 당해 지역을 주된 보급지역으로 하는 2 이상의 일간 신문과 당해 시·군의 인터넷 홈페이지에 14일 이상 일반인이 열람할 수 있도록 하여야 한다.
③ 중앙지 일간신문에 1회 이상 공고하고 14일간 일반이 열람할 수 있도록 하여야 한다.
④ 중앙지 일간신문에 2회 이상 공고하고 20일간 일반이 열람할 수 있도록 하여야 한다.

> 해설

영 제22조(주민 및 지방의회의 의견청취) ① 법 제28조 제1항 단서에서 "대통령령으로 정하는 경미한 사항"이란 제25조 제3항 각 호의 사항 및 같은 조 제4항 각 호의 사항을 말한다.
② 특별시장·광역시장·특별자치시장·특별자치도지사·시장 또는 군수는 법 제28조 제4항에 따라 도시·군관리계획의 입안에 관하여 주민의 의견을 청취하고자 하는 때[법 제28조 제2항에 따라 국토교통부장관(법 제40조에 따른 수산자원보호구역의 경우 해양수산부장관을 말한다. 이하 이 조에서 같다) 또는 도지사로부터 송부받은 도시·군관리계획안에 대하여 주민의 의견을 청취하고자 하는 때를 포함한다]에는 <u>도시·군관리계획안의 주요내용을 전국 또는 해당 특별시·광역시·특별자치시·특별자치도·시 또는 군의 지역을 주된 보급지역으로 하는 2 이상의 일간신문과 해당 특별시·광역시·특별자치시·특별자치도·시 또는 군의 인터넷 홈페이지 등에 공고하고 도시·군관리계획안을 14일 이상 일반이 열람할 수 있도록 하여야 한다.</u>

정답 ②

077 국토의 계획 및 이용에 관한 법률과 동법 시행령에서 규정한 용도지구에 해당하는 것은?

① 개발진흥지구 ② 산업촉진지구
③ 도시시설지구 ④ 시설용지지구

> 해설

> 정답 ①

078 중앙행정기관의 장이나 지방자치단체의 장이 다른 법률에 따라 토지 이용에 관한 지역·지구·구역 또는 구획 등 중 대통령령으로 정하는 면적 이상을 지정 또는 변경하려면 국토교통부장관의 협의나 승인을 받아야 한다. 이때 국토교통부장관이 협의 또는 승인을 하기 위해 중앙도시계획위원회의 심의를 거치지 않아도 되는 경우는? ★

① 농림지역에서 「농지법」에 따른 농업진흥지역을 지정하는 경우
② 자연환경보전지역에서 「수도법」에 따른 상수원보호구역을 지정하는 경우
③ 보전관리지역이나 생산관리지역에서 「습지보전법」에 따른 습지보호지역을 지정하는 경우
④ 자연환경보전지역에서 「자연환경보전법」에 따른 생태·경관보전지역을 지정하는 경우

> 해설

제8조(다른 법률에 따른 토지 이용에 관한 구역 등의 지정 제한 등) ① 중앙행정기관의 장이나 지방자치단체의 장은 다른 법률에 따라 토지 이용에 관한 지역·지구·구역 또는 구획 등(이하 이 조에서 "구역등"이라 한다)을 지정하려면 그 구역등의 지정목적이 이 법에 따른 용도지역·용도지구 및 용도구역의 지정목적에 부합되도록 하여야 한다.

② 중앙행정기관의 장이나 지방자치단체의 장은 다른 법률에 따라 지정되는 구역등 중 대통령령으로 정하는 면적 이상의 구역등을 지정하거나 변경하려면 중앙행정기관의 장은 국토교통부장관과 협의하여야 하며 지방자치단체의 장은 국토교통부장관의 승인을 받아야 한다.

③ 지방자치단체의 장이 제2항에 따라 승인을 받아야 하는 구역등 중 대통령령으로 정하는 면적 미만의 구역등을 지정하거나 변경하려는 경우 특별시장·광역시장·특별자치시장·도지사·특별자치도지사(이하 "시·도지사"라 한다)는 제2항에도 불구하고 국토교통부장관의 승인을 받지 아니하되, 시장·군수 또는 구청장(자치구의 구청장을 말한다. 이하 같다)은 시·도지사의 승인을 받아야 한다.

④ 제2항 및 제3항에도 불구하고 다음 각 호의 어느 하나에 해당하는 경우에는 국토교통부장관과의 협의를 거치지 아니하거나 국토교통부장관 또는 시·도지사의 승인을 받지 아니한다.
  1. 다른 법률에 따라 지정하거나 변경하려는 구역등이 도시·군기본계획에 반영된 경우
  2. 제36조에 따른 보전관리지역·생산관리지역·농림지역 또는 자연환경보전지역에서 다음 각 목의 지역을 지정하려는 경우
    가. 「농지법」 제28조에 따른 농업진흥지역
    나. 「한강수계 상수원수질개선 및 주민지원 등에 관한 법률」 등에 따른 수변구역
    다. 「수도법」 제7조에 따른 상수원보호구역
    라. 「자연환경보전법」 제12조에 따른 생태·경관보전지역
    마. 「야생생물 보호 및 관리에 관한 법률」 제27조에 따른 야생생물 특별보호구역
    바. 「해양생태계의 보전 및 관리에 관한 법률」 제25조에 따른 해양보호구역
  3. 군사상 기밀을 지켜야 할 필요가 있는 구역등을 지정하려는 경우
  4. 협의 또는 승인을 받은 구역등을 대통령령으로 정하는 범위에서 변경하려는 경우

⑤ 국토교통부장관 또는 시·도지사는 제2항 및 제3항에 따라 협의 또는 승인을 하려면 제106조에 따른 중앙도시계획위원회(이하 "중앙도시계획위원회"라 한다) 또는 제113조 제1항에 따른 시·도도시계획위원회(이하 "시·도도시계획위원회"라 한다)의 심의를 거쳐야 한다. **다만, 다음 각 호의 경우에는 그러하지 아니하다.**
1. 보전관리지역이나 생산관리지역에서 다음 각 목의 구역등을 지정하는 경우
   가. 「산지관리법」 제4조 제1항 제1호에 따른 보전산지
   나. 「야생생물 보호 및 관리에 관한 법률」 제33조에 따른 야생생물 보호구역
   다. 「습지보전법」 제8조에 따른 습지보호지역
   라. 「토양환경보전법」 제17조에 따른 토양보전대책지역
2. 농림지역이나 자연환경보전지역에서 다음 각 목의 구역등을 지정하는 경우
   가. 제1호 각 목의 어느 하나에 해당하는 구역등
   나. 「자연공원법」 제4조에 따른 자연공원
   다. 「자연환경보전법」 제34조 제1항 제1호에 따른 생태·자연도 1등급 권역
   라. 「독도 등 도서지역의 생태계보전에 관한 특별법」 제4조에 따른 특정도서
   마. 「문화재보호법」 제25조 및 제27조에 따른 명승 및 천연기념물과 그 보호구역
   바. 「해양생태계의 보전 및 관리에 관한 법률」 제12조 제1항 제1호에 따른 해양생태도 1등급 권역
⑥ 중앙행정기관의 장이나 지방자치단체의 장은 다른 법률에 따라 지정된 토지 이용에 관한 구역등을 변경하거나 해제하려면 제24조에 따른 도시·군관리계획의 입안권자의 의견을 들어야 한다. 이 경우 의견 요청을 받은 도시·군관리계획의 입안권자는 이 법에 따른 용도지역·용도지구·용도구역의 변경이 필요하면 도시·군관리계획에 반영하여야 한다.
⑦ 시·도지사가 다음 각 호의 어느 하나에 해당하는 행위를 할 때 제6항 후단에 따라 도시·군관리계획의 변경이 필요하여 시·도도시계획위원회의 심의를 거친 경우에는 해당 각 호에 따른 심의를 거친 것으로 본다.
1. 「농지법」 제31조 제1항에 따른 농업진흥지역의 해제: 「농업·농촌 및 식품산업 기본법」 제15조에 따른 시·도 농업·농촌및식품산업정책심의회의 심의
2. 「산지관리법」 제6조 제3항에 따른 보전산지의 지정해제: 「산지관리법」 제22조 제2항에 따른 지방산지관리위원회의 심의

정답 ③

079 중앙도시계획위원회의 구성과 운영 등에 대한 설명이 옳은 것은?

① 중앙도시계획위원회는 국토교통부에 둔다.
② 위원장과 부위원장은 위원 중에서 국무총리가 임명하거나 위촉한다.
③ 위원장은 중앙도시계획위원회의 업무를 총괄하며, 지방도시계획위원회의 의장이 된다.
④ 회의는 재적위원 2/3의 출석으로 개의하고, 출석위원 3/4의 찬성으로 의결한다.

해설

제109조(회의의 소집 및 의결 정족수) ① 중앙도시계획위원회의 회의는 국토교통부장관이나 위원장이 필요하다고 인정하는 경우에 국토교통부장관이나 위원장이 소집한다.
② 중앙도시계획위원회의 회의는 재적위원 과반수의 출석으로 개의(開議)하고, 출석위원 과반수의 찬성으로 의결한다.

정답 ①

080 도시·군관리계획 결정이 효력을 발생하는 시기 기준은?

① 지형도면을 고시한 날부터
② 도시계획위원회의 심의 후 다음 날부터
③ 도시관리계획결정이 고시가 된 날부터 3일 후부터
④ 도시·군관리계획결정이 고시가 된 날부터 5일 후부터

> 해설

정답 ①

---

081 둘 이상의 용도지역·지구·구역(용도지역 등)에 하나의 대지가 걸치는 경우의 적용 기준에 대한 다음 설명 중 틀린 것은? ★★

① 하나의 대지가 둘 이상의 용도지역 등에 걸친 경우 건폐율과 용적률 이외의 건축 제한 등에 관한 사항은 그 대지 중 가장 넓은 면적이 속하는 용도지역 등에 관한 규정을 적용한다.
② 건축물이 고도지구에 걸쳐 있는 경우에는 그 건축물 및 대지의 전부에 대하여 고도지구의 건축물 및 대지에 관한 규정을 적용한다
③ 하나의 건축물이 방화지구와 그 밖의 용도지역 등에 걸쳐 있는 경우에는 그 일부에 대하여 방화지구의 건축물에 관한 규정을 적용한다.
④ 하나의 대지가 녹지지역과 그 밖의 용도지역 등에 걸쳐 있는 경우에는 각각의 용도지역 등의 건축물 및 토지에 관한 규정을 적용한다.

> 해설

제84조(둘 이상의 용도지역·용도지구·용도구역에 걸치는 대지에 대한 적용 기준) ① 하나의 대지가 둘 이상의 용도지역·용도지구 또는 용도구역(이하 이 항에서 "용도지역등"이라 한다)에 걸치는 경우로서 각 용도지역등에 걸치는 부분 중 가장 작은 부분의 규모가 대통령령으로 정하는 규모 이하인 경우에는 전체 대지의 **건폐율 및 용적률**은 각 부분이 전체 대지 면적에서 차지하는 비율을 고려하여 다음 각 호의 구분에 따라 각 용도지역등별 건폐율 및 용적률을 **가중평균**한 값을 적용하고, **그 밖의 건축 제한 등에 관한 사항**은 그 대지 중 **가장 넓은 면적**이 속하는 용도지역등에 관한 규정을 적용한다. 다만, 건축물이 고도지구에 걸쳐 있는 경우에는 그 건축물 및 대지의 전부에 대하여 고도지구의 건축물 및 대지에 관한 규정을 적용한다.
  1. **가중평균한 건폐율** = (f1x1 + f2x2 + … + fnxn) / 전체 대지 면적. 이 경우 f1부터 fn까지는 각 용도지역등에 속하는 토지 부분의 면적을 말하고, x1부터 xn까지는 해당 토지 부분이 속하는 각 용도지역등의 건폐율을 말하며, n은 용도지역등에 걸치는 각 토지 부분의 총 개수를 말한다.
  2. **가중평균한 용적률** = (f1x1 + f2x2 + … + fnxn) / 전체 대지 면적. 이 경우 f1부터 fn까지는 각 용도지역등에 속하는 토지 부분의 면적을 말하고, x1부터 xn까지는 해당 토지 부분이 속하는 각 용도지역등의 용적률을 말하며, n은 용도지역등에 걸치는 각 토지 부분의 총 개수를 말한다.

② 하나의 건축물이 방화지구와 그 밖의 용도지역·용도지구 또는 용도구역에 걸쳐 있는 경우에는 제1항에도 불구하고 그 전부에 대하여 방화지구의 건축물에 관한 규정을 적용한다. 다만, 그 건축물이 있는 방화지구와 그 밖의 용도지역·용도지구 또는 용도구역의 경계가 「건축법」 제50조 제2항에 따른 방화벽으로 구획되는 경우 그 밖의 용도지역·용도지구 또는 용도구역에 있는 부분에 대하여는 그러하지 아니하다.

③ 하나의 대지가 녹지지역과 그 밖의 용도지역·용도지구 또는 용도구역에 걸쳐 있는 경우(규모가 가장 작은 부분이 녹지지역으로서 해당 녹지지역이 제1항에 따라 대통령령으로 정하는 규모 이하인 경우는 제외한다)에는 제1항에도 불구하고 각각의 용도지역·용도지구 또는 용도구역의 건축물 및 토지에 관한 규정을 적용한다. 다만, 녹지지역의 건축물이 고도지구 또는 방화지구에 걸쳐 있는 경우에는 제1항 단서나 제2항에 따른다.

> **영 제94조(2 이상의 용도지역·용도지구·용도구역에 걸치는 토지에 대한 적용기준)** 법 제84조 제1항 각 호 외의 부분 본문 및 같은 조 제3항 본문에서 "대통령령으로 정하는 규모"라 함은 330제곱미터를 말한다. 다만, 도로변에 띠 모양으로 지정된 상업지역에 걸쳐 있는 토지의 경우에는 660제곱미터를 말한다.

정답 ③

082 도시·군관리계획의 설명으로 옳지 않은 것은?

① 지역적 특성 및 방향·목표에 관한 계획
② 기반시설의 설치·정비 또는 개량에 관한 계획
③ 용도지역·용도지구의 지정 또는 변경에 관한 계획
④ 지구단위계획구역의 지정 또는 변경에 관한 계획

해설

정답 ①

083 개발행위허가의 대상으로 볼 수 없는 것은?

① 토석의 채취
② 경작을 위한 토지의 형질 변경
③ 건축물의 건축 또는 공작물 설치
④ 녹지지역·관리지역 또는 자연환경보전지역에 물건을 1개월 쌓아 놓는 행위

해설

정답 ②

084 도시·군기본계획의 수립시 공청회 개최에 관련된 사항들 중 옳지 않은 것은?

① 공청회 개최에 관련된 사항을 일간신문에 공고하여야 한다.
② 공청회 개최일 10일전까지 관계행정기관의 공보에 공고하여야 한다.
③ 공고 시 주요사항으로는 개최목적, 개최예정일시 및 장소, 도시·군기본계획의 개요, 기타 필요한 사항으로 한다.
④ 공청회 개최 시에는 관할구역을 수개의 지역으로 구분하여 개최할 수 있다.

해설

제14조(공청회의 개최) ① 국토교통부장관, 시·도지사, 시장 또는 군수는 광역도시계획을 수립하거나 변경하려면 미리 공청회를 열어 주민과 관계 전문가 등으로부터 의견을 들어야 하며, 공청회에서 제시된 의견이 타당하다고 인정하면 광역도시계획에 반영하여야 한다.
② 제1항에 따른 공청회의 개최에 필요한 사항은 대통령령으로 정한다.

> **영 제12조(광역도시계획의 수립을 위한 공청회)** ① 국토교통부장관, 시·도지사, 시장 또는 군수는 법 제14조 제1항에 따라 공청회를 개최하려면 다음 각 호의 사항을 해당 광역계획권에 속하는 특별시·광역시·특별자치시·특별자치도·시 또는 군의 지역을 주된 보급지역으로 하는 일간신문에 공청회 개최예정일 14일전까지 1회 이상 공고하여야 한다.
> 1. 공청회의 개최목적
> 2. 공청회의 개최예정일시 및 장소
> 3. 수립 또는 변경하고자 하는 광역도시계획의 개요
> 4. 그 밖에 필요한 사항
> ② 법 제14조 제1항의 규정에 의한 공청회는 광역계획권 단위로 개최하되, 필요한 경우에는 광역계획권을 수개의 지역으로 구분하여 개최할 수 있다.
> ③ 법 제14조 제1항에 따른 공청회는 국토교통부장관, 시·도지사, 시장 또는 군수가 지명하는 사람이 주재한다.
> ④ 제1항부터 제3항까지에서 규정한 사항 외에 공청회의 개최에 관하여 필요한 사항은 그 공청회를 개최하는 주체에 따라 국토교통부장관이 정하거나 특별시·광역시·특별자치시·도·특별자치도(이하 "시·도"라 한다), 시 또는 군의 도시·군계획에 관한 조례(이하 "도시·군계획조례"라 한다)로 정할 수 있다.

제20조(도시·군기본계획 수립을 위한 기초조사 및 공청회) ① 도시·군기본계획을 수립하거나 변경하는 경우에는 제13조와 제14조를 준용한다. 이 경우 "국토교통부장관, 시·도지사, 시장 또는 군수"는 "특별시장·광역시장·특별자치시장·특별자치도지사·시장 또는 군수"로, "광역도시계획"은 "도시·군기본계획"으로 본다.
② 시·도지사, 시장 또는 군수는 제1항에 따른 기초조사의 내용에 국토교통부장관이 정하는 바에 따라 실시하는 토지의 토양, 입지, 활용가능성 등 토지의 적성에 대한 평가(이하 "토지적성평가"라 한다)와 재해 취약성에 관한 분석(이하 "재해취약성분석"이라 한다)을 포함하여야 한다.
③ 도시·군기본계획 입안일부터 5년 이내에 토지적성평가를 실시한 경우 등 대통령령으로 정하는 경우에는 제2항에 따른 토지적성평가 또는 재해취약성분석을 하지 아니할 수 있다.

정답 ②

085 국토의 계획 및 이용에 관한 법률에서 용도지구 중 문화재·전통사찰 등 역사·문화적으로 보존 가치가 큰 시설 및 지역의 보호와 보존을 위하여 필요한 곳에 지정할 수 있는 지구는?

① 특화경관지구
② 중요시설물보호지구
③ 역사문화환경보호지구
④ 특정개발진흥지구

> **해설**

정답 ③

---

086 다음 중 시가화조정구역에서 특별시장·광역시장·특별자치시장·특별자치도지사·시장 또는 군수의 허가를 받아 할 수 있는 행위에 대한 내용으로 옳지 않은 것은? ★

① 농업·임업 또는 어업용의 건축물 중 대통령령으로 정하는 종류와 규모의 건축물이나 그 밖의 시설물 건축하는 행위
② 건축물의 건축 및 공작물 중 대통령령으로 정하는 종류의 공장물 설치 행위
③ 마을공동시설, 공익시설·공공시설, 광공업 등 주민의 생활을 영위하는 데에 필요한 행위로서 대통령령으로 정하는 행위
④ 입목의 벌채, 조림, 육림, 토석의 채취, 그 밖에 대통령령으로 정하는 경미한 행위

> **해설**

제81조(시가화조정구역에서의 행위 제한 등) ① 제39조에 따라 지정된 시가화조정구역에서의 도시·군계획사업은 대통령령으로 정하는 사업만 시행할 수 있다.
② 시가화조정구역에서는 제56조와 제76조에도 불구하고 제1항에 따른 도시·군계획사업의 경우 외에는 다음 각 호의 어느 하나에 해당하는 행위에 한정하여 특별시장·광역시장·특별자치시장·특별자치도지사·시장 또는 군수의 허가를 받아 그 행위를 할 수 있다.
1. 농업·임업 또는 어업용의 건축물 중 대통령령으로 정하는 종류와 규모의 건축물이나 그 밖의 시설을 건축하는 행위
2. 마을공동시설, 공익시설·공공시설, 광공업 등 주민의 생활을 영위하는 데에 필요한 행위로서 대통령령으로 정하는 행위
3. 입목의 벌채, 조림, 육림, 토석의 채취, 그 밖에 대통령령으로 정하는 경미한 행위

정답 ②

087 광역계획권의 지정범위에 따른 광역계획권의 지정권자와 광역도시계획의 수립권자가 올바르게 연결된 것은?

구분	광역계획권의 지정권자	광역도시계획의 수립권자
광역계획권이 도의 관할 구역에 속한 경우	㉠	관할 시장 또는 군수 공동
광역계획권이 둘 이상의 시·도의 관할구역에 걸쳐 있는 경우	국토부장관	㉡

① ㉠도지사, ㉡관할·시도지사 공동
② ㉠시·도지사, ㉡국토교통부장관
③ ㉠관할 시장 또는 군수 공동, ㉡관할 시·도지사 공동
④ ㉠관할 시장 또는 군수 공동, ㉡국토교통부장관

해설

정답 ①

088 다음 중 도시·군기본계획에 포함되어야 할 내용으로 옳지 않은 것은?

① 토지의 용도지역·용도지구의 지정에 관한 사항
② 환경의 보전 및 관리에 관한 사항
③ 경관에 관한 사항
④ 공원·녹지에 관한 사항

해설

정답 ①

089 국토의 계획 및 이용에 관한 법령에 따른 보호지구의 분류에 해당되지 않는 것은?

① 역사문화환경보호지구
② 중요시설물보호지구
③ 생태계보호지구
④ 학교시설물보호지구

해설

정답 ④

090 다음 중 기반시설부담구역을 지정할 수 있는 경우가 아닌 것은? ★★

① 관련 법령의 제정·개정으로 인하여 행위제한이 완화되거나 해제되는 지역
② 지정된 용도지역 등이 변경되거나 해제되어 행위 제한이 완화되는 지역
③ 해당 지역의 전영도 개발행위허가 건수가 전전년도 개발행위허가 건수보다 20퍼센트 이상 증가한 지역
④ 해당 지역의 전년도 인구증가율이 그 지역이 속하는 시 또는 군의 전년도 인구증가율보다 10퍼센트 이상 높은 지역

해설

제2조(정의) 이 법에서 사용하는 용어의 뜻은 다음과 같다.
18. "개발밀도관리구역"이란 개발로 인하여 기반시설이 부족할 것으로 예상되나 기반시설을 설치하기 곤란한 지역을 대상으로 건폐율이나 용적률을 강화하여 적용하기 위하여 제66조에 따라 지정하는 구역을 말한다.
19. "기반시설부담구역"이란 개발밀도관리구역 외의 지역으로서 개발로 인하여 도로, 공원, 녹지 등 대통령령으로 정하는 기반시설의 설치가 필요한 지역을 대상으로 기반시설을 설치하거나 그에 필요한 용지를 확보하게 하기 위하여 제67조에 따라 지정·고시하는 구역을 말한다.
20. "기반시설설치비용"이란 단독주택 및 숙박시설 등 대통령령으로 정하는 시설의 신·증축 행위로 인하여 유발되는 기반시설을 설치하거나 그에 필요한 용지를 확보하기 위하여 제69조에 따라 부과·징수하는 금액을 말한다.

제67조(기반시설부담구역의 지정) ① 특별시장·광역시장·특별자치시장·특별자치도지사·시장 또는 군수는 다음 각 호의 어느 하나에 해당하는 지역에 대하여는 기반시설부담구역으로 지정하여야 한다. 다만, 개발행위가 집중되어 특별시장·광역시장·특별자치시장·특별자치도지사·시장 또는 군수가 해당 지역의 계획적 관리를 위하여 필요하다고 인정하면 다음 각 호에 해당하지 아니하는 경우라도 기반시설부담구역으로 지정할 수 있다.
1. 이 법 또는 다른 법령의 제정·개정으로 인하여 행위 제한이 완화되거나 해제되는 지역
2. 이 법 또는 다른 법령에 따라 지정된 용도지역 등이 변경되거나 해제되어 행위 제한이 완화되는 지역
3. 개발행위허가 현황 및 인구증가율 등을 고려하여 대통령령으로 정하는 지역

② 특별시장·광역시장·특별자치시장·특별자치도지사·시장 또는 군수는 기반시설부담구역을 지정 또는 변경하려면 주민의 의견을 들어야 하며, 해당 지방자치단체에 설치된 지방도시계획위원회의 심의를 거쳐 대통령령으로 정하는 바에 따라 이를 고시하여야 한다.
③ 삭제
④ 특별시장·광역시장·특별자치시장·특별자치도지사·시장 또는 군수는 제2항에 따라 기반시설부담구역이 지정되면 대통령령으로 정하는 바에 따라 기반시설설치계획을 수립하여야 하며, 이를 도시·군관리계획에 반영하여야 한다.
⑤ 기반시설부담구역의 지정기준 등에 관하여 필요한 사항은 대통령령으로 정하는 바에 따라 국토교통부장관이 정한다.

영 제64조(기반시설부담구역의 지정) ① 법 제67조 제1항 제3호에서 "대통령령으로 정하는 지역"이란 특별시장·광역시장·특별자치시장·특별자치도지사·시장 또는 군수가 제4조의2에 따른 기반시설의 설치가 필요하다고 인정하는 지역으로서 다음 각 호의 어느 하나에 해당하는 지역을 말한다.
1. 해당 지역의 전년도 개발행위허가 건수가 전전년도 개발행위허가 건수보다 20퍼센트 이상 증가한 지역

2. 해당 지역의 전년도 인구증가율이 그 지역이 속하는 특별시·광역시·특별자치시·특별자치도·시 또는 군(광역시의 관할 구역에 있는 군은 제외한다)의 전년도 인구증가율보다 20퍼센트 이상 높은 지역

② 특별시장·광역시장·특별자치시장·특별자치도지사·시장 또는 군수는 기반시설부담구역을 지정하거나 변경하였으면 법 제67조 제2항에 따라 기반시설부담구역의 명칭·위치·면적 및 지정일자와 관계 도서의 열람방법을 해당 지방자치단체의 공보와 인터넷 홈페이지에 고시하여야 한다.

영 제65조(기반시설설치계획의 수립) ① 특별시장·광역시장·특별자치시장·특별자치도지사·시장 또는 군수는 법 제67조 제4항에 따른 기반시설설치계획(이하 "기반시설설치계획"이라 한다)을 수립할 때에는 다음 각 호의 내용을 포함하여 수립하여야 한다.
1. 설치가 필요한 기반시설(제4조의2 각 호의 기반시설을 말하며, 이하 이 절에서 같다)의 종류, 위치 및 규모
2. 기반시설의 설치 우선순위 및 단계별 설치계획
3. 그 밖에 기반시설의 설치에 필요한 사항

② 특별시장·광역시장·특별자치시장·특별자치도지사·시장 또는 군수는 기반시설설치계획을 수립할 때에는 다음 각 호의 사항을 종합적으로 고려하여야 한다.
1. 기반시설의 배치는 해당 기반시설부담구역의 토지이용계획 또는 앞으로 예상되는 개발수요를 감안하여 적절하게 정할 것
2. 기반시설의 설치시기는 재원조달계획, 시설별 우선순위, 사용자의 편의와 예상되는 개발행위의 완료시기 등을 감안하여 합리적으로 정할 것

③ 제1항 및 제2항에도 불구하고 법 제52조 제1항에 따라 지구단위계획을 수립한 경우에는 기반시설설치계획을 수립한 것으로 본다.

④ 기반시설부담구역의 지정고시일부터 1년이 되는 날까지 기반시설설치계획을 수립하지 아니하면 그 1년이 되는 날의 다음날에 기반시설부담구역의 지정은 해제된 것으로 본다.

제66조(기반시설부담구역의 지정기준) 국토교통부장관은 법 제67조 제5항에 따라 기반시설부담구역의 지정기준을 정할 때에는 다음 각 호의 사항을 종합적으로 고려하여야 한다.
1. 기반시설부담구역은 기반시설이 적절하게 배치될 수 있는 규모로서 최소 10만 제곱미터 이상의 규모가 되도록 지정할 것
2. 소규모 개발행위가 연접하여 시행될 것으로 예상되는 지역의 경우에는 하나의 단위구역으로 묶어서 기반시설부담구역을 지정할 것
3. 기반시설부담구역의 경계는 도로, 하천, 그 밖의 특색 있는 지형지물을 이용하는 등 경계선이 분명하게 구분되도록 할 것

정답 ④

091 국토의 계획 및 이용에 관한 법령상 녹지지역을 세분한 것 중 해당되지 않는 것은?

① 보전녹지지역
② 생산녹지지역
③ 임야녹지지역
④ 자연녹지지역

해설

정답 ③

092 국토의 계획 및 이용에 관한 법령에 따른 공업지역의 분류에 해당되지 않는 것은?

① 준공업지역
② 근린공업지역
③ 전용공업지역
④ 일반공업지역

해설

정답 ②

---

093 다음 중 국토의 계획 및 이용에 관한 법률에 의한 지구단위계획 수립 시 고려사항이 아닌 것은? ★★

① 중심 기능
② 용도지역 특성
③ 지정 목적
④ 건축물 실내 설계

해설

제49조(지구단위계획의 수립) ① 지구단위계획은 다음 각 호의 사항을 고려하여 수립한다.
 1. 도시의 정비·관리·보전·개발 등 지구단위계획구역의 지정 목적
 2. 주거·산업·유통·관광휴양·복합 등 지구단위계획구역의 중심기능
 3. 해당 용도지역의 특성
 4. 그 밖에 대통령령으로 정하는 사항
② 지구단위계획의 수립기준 등은 대통령령으로 정하는 바에 따라 국토교통부장관이 정한다.

> **영 제42조의3(지구단위계획의 수립)** ① 법 제49조 제1항 제4호에서 "대통령령으로 정하는 사항"이란 다음 각 호의 사항을 말한다.
> 1. 지역 공동체의 활성화
> 2. 안전하고 지속가능한 생활권의 조성
> 3. 해당 지역 및 인근 지역의 토지 이용을 고려한 토지이용계획과 건축계획의 조화
> ② 국토교통부장관은 법 제49조 제2항에 따라 지구단위계획의 수립기준을 정할 때에는 다음 각 호의 사항을 고려하여야 한다.
> 1. 개발제한구역에 지구단위계획을 수립할 때에는 개발제한구역의 지정 목적이나 주변환경이 훼손되지 아니하도록 하고, 「개발제한구역의 지정 및 관리에 관한 특별조치법」을 우선하여 적용할 것
> 1의2. 보전관리지역에 지구단위계획을 수립할 때에는 제44조 제1항 제1호의2 각 목 외의 부분 후단에 따른 경우를 제외하고는 녹지 또는 공원으로 계획하는 등 환경 훼손을 최소화할 것
> 1의3. 「문화재보호법」 제13조에 따른 역사문화환경 보존지역에서 지구단위계획을 수립하는 경우에는 문화재 및 역사문화환경과 조화되도록 할 것
> 2. 지구단위계획구역에서 원활한 교통소통을 위하여 필요한 경우에는 지구단위계획으로 건축물부설주차장을 해당 건축물의 대지가 속하여 있는 가구에서 해당 건축물의 대지 바깥에 단독 또는 공동으로 설치하게 할 수 있도록 할 것. 이 경우 대지 바깥에 공동으로 설치하는 건축물부설주차장의 위치 및 규모 등은 지구단위계획으로 정한다.
> 3. 제2호에 따라 대지 바깥에 설치하는 건축물부설주차장의 출입구는 간선도로변에 두지 아니하도록 할 것. 다만, 특별시장·광역시장·특별자치시장·특별자치도지사·시장 또는 군수가 해당 지구단위계획구역의 교통소통에 관한 계획 등을 고려하여 교통소통에 지장이 없다고 인정하는 경우에는 그러하지 아니하다.

4. 지구단위계획구역에서 공공사업의 시행, 대형건축물의 건축 또는 2필지 이상의 토지소유자의 공동개발 등을 위하여 필요한 경우에는 특정 부분을 별도의 구역으로 지정하여 계획의 상세 정도 등을 따로 정할 수 있도록 할 것
5. 지구단위계획구역의 지정 목적, 향후 예상되는 여건변화, 지구단위계획구역의 관리 방안 등을 고려하여 제25조 제4항 제9호에 따른 경미한 사항을 정하는 것이 필요한지를 검토하여 지구단위계획에 반영하도록 할 것
6. 지구단위계획의 내용 중 기존의 용도지역 또는 용도지구를 용적률이 높은 용도지역 또는 용도지구로 변경하는 사항이 포함되어 있는 경우 변경되는 구역의 용적률은 기존의 용도지역 또는 용도지구의 용적률을 적용하되, 공공시설부지의 제공현황 등을 고려하여 용적률을 완화할 수 있도록 계획할 것
7. 제46조 및 제47조에 따른 건폐율・용적률 등의 완화 범위를 포함하여 지구단위계획을 수립하도록 할 것
8. 법 제51조 제1항 제8호의2에 해당하는 도시지역 내 주거・상업・업무 등의 기능을 결합하는 복합적 토지 이용의 증진이 필요한 지역은 지정 목적을 복합용도개발형으로 구분하되, 3개 이상의 중심기능을 포함하여야 하고 중심기능 중 어느 하나에 집중되지 아니하도록 계획할 것
9. 법 제51조 제2항 제1호의 지역에 수립하는 지구단위계획의 내용 중 법 제52조 제1항 제1호 및 같은 항 제4호(건축물의 용도제한은 제외한다)의 사항은 해당 지역에 시행된 사업이 끝난 때의 내용을 유지함을 원칙으로 할 것
10. 도시지역 외의 지역에 지정하는 지구단위계획구역은 해당 구역의 중심기능에 따라 주거형, 산업・유통형, 관광・휴양형 또는 복합형 등으로 지정 목적을 구분할 것
11. 도시지역 외의 지구단위계획구역에서 건축할 수 있는 건축물의 용도・종류 및 규모 등은 해당 구역의 중심기능과 유사한 도시지역의 용도지역별 건축제한 등을 고려하여 지구단위계획으로 정할 것
12. 제45조 제2항 후단에 따라 용적률이 높아지거나 건축제한이 완화되는 용도지역으로 변경되는 경우 또는 법 제43조에 따른 도시・군계획시설 결정의 변경 등으로 행위제한이 완화되는 사항이 포함되어 있는 경우에는 해당 지구단위계획구역 내에 다음 각 목의 시설(이하 이 항 및 제46조 제1항에서 "공공시설등"이라 한다)의 부지를 제공하거나 공공시설등을 설치하여 제공하는 것을 고려하여 용적률 또는 건축제한을 완화할 수 있도록 계획할 것. 이 경우 공공시설등의 부지를 제공하거나 공공시설등을 설치하는 비용은 용도지역의 변경으로 인한 용적률의 증가 및 건축제한의 변경에 따른 토지가치 상승분(「감정평가 및 감정평가사에 관한 법률」에 따른 감정평가업자가 평가한 금액을 말한다)의 범위로 하고, 제공받은 공공시설등은 국유재산 또는 공유재산으로 관리한다.
   가. 공공시설
   나. 기반시설
   다. 「공공주택특별법」 제2조 제1호가목에 따른 공공임대주택 또는 「건축법 시행령」 별표 1 제2호라목에 따른 기숙사 등 공공필요성이 인정되어 해당 시・도 또는 대도시의 도시・군계획조례로 정하는 시설(해당 지구단위계획구역에 가목 및 나목의 시설이 충분히 설치되어 있는 경우로 한정한다)
13. 제12호는 해당 지구단위계획구역 안의 공공시설등이 충분할 때에는 해당 지구단위계획구역 밖의 관할 시・군・구에 지정된 고도지구, 역사문화환경보호지구, 방재지구 또는 공공시설등이 취약한 지역으로서 시・도 또는 대도시의 도시・군계획조례로 정하는 지역에 공공시설등을 설치하거나 공공시설등의 설치비용을 부담하는 것으로 갈음할 수 있다.
14. 제13호에 따른 공공시설등의 설치비용은 해당 지구단위계획구역 밖의 관할 시・군・구에 지정된 고도지구, 역사문화환경보호지구, 방재지구 또는 공공시설등이 취약한 지역으로서 시・도 또는 대도시의 도시・군계획조례로 정하는 지역 내 공공시설등의 확보에 사용할 것
15. 제12호 및 제13호에 따른 공공시설등의 설치내용, 공공시설등의 설치비용에 대한 산정방법 및 구체적인 운영기준 등은 시・도 또는 대도시의 도시・군계획조례로 정할 것

제52조(지구단위계획의 내용) ① 지구단위계획구역의 지정목적을 이루기 위하여 지구단위계획에는 다음 각 호의 사항 중 제2호와 제4호의 사항을 포함한 둘 이상의 사항이 포함되어야 한다. 다만, 제1호의2를 내용으로 하는 지구단위계획의 경우에는 그러하지 아니하다.
1. 용도지역이나 용도지구를 대통령령으로 정하는 범위에서 세분하거나 변경하는 사항
1의2. 기존의 용도지구를 폐지하고 그 용도지구에서의 건축물이나 그 밖의 시설의 용도·종류 및 규모 등의 제한을 대체하는 사항
2. 대통령령으로 정하는 기반시설의 배치와 규모
3. 도로로 둘러싸인 일단의 지역 또는 계획적인 개발·정비를 위하여 구획된 일단의 토지의 규모와 조성계획
4. 건축물의 용도제한, 건축물의 건폐율 또는 용적률, 건축물 높이의 최고한도 또는 최저한도
5. 건축물의 배치·형태·색채 또는 건축선에 관한 계획
6. 환경관리계획 또는 경관계획
7. 교통처리계획
8. 그 밖에 토지 이용의 합리화, 도시나 농·산·어촌의 기능 증진 등에 필요한 사항으로서 **대통령령으로 정하는 사항**

> ④ 법 제52조 제1항 제8호에서 "대통령령으로 정하는 사항"이란 다음 각 호의 사항을 말한다.
> 1. 지하 또는 공중공간에 설치할 시설물의 높이·깊이·배치 또는 규모
> 2. 대문·담 또는 울타리의 형태 또는 색채
> 3. 간판의 크기·형태·색채 또는 재질
> 4. 장애인·노약자 등을 위한 편의시설계획
> 5. 에너지 및 자원의 절약과 재활용에 관한 계획
> 6. 생물서식공간의 보호·조성·연결 및 물과 공기의 순환 등에 관한 계획
> 7. 문화재 및 역사문화환경 보호에 관한 계획

② 지구단위계획은 도로, 상하수도 등 **대통령령으로 정하는** 도시·군계획시설의 처리·공급 및 수용능력이 지구단위계획구역에 있는 건축물의 연면적, 수용인구 등 개발밀도와 적절한 조화를 이룰 수 있도록 하여야 한다.

> ⑤ 법 제52조 제2항에서 "대통령령으로 정하는 도시·군계획시설"이란 도로·주차장·공원·녹지·공공공지, 수도·전기·가스·열공급설비, 학교(초등학교 및 중학교에 한한다)·하수도·폐기물처리 및 재활용시설을 말한다.

③ 지구단위계획구역에서는 제76조부터 제78조까지의 규정과 「건축법」 제42조·제43조·제44조·제60조 및 제61조, 「주차장법」 제19조 및 제19조의2를 대통령령으로 정하는 범위에서 지구단위계획으로 정하는 바에 따라 완화하여 적용할 수 있다.

영 제45조(지구단위계획의 내용) ① 삭제
② 법 제52조 제1항 제1호의 규정에 의한 용도지역 또는 용도지구의 세분 또는 변경은 제30조 각호의 용도지역 또는 제31조 제2항 각호의 용도지구를 그 각호의 범위(제31조 제3항의 규정에 의하여 도시·군계획조례로 세분되는 용도지구를 포함한다)안에서 세분 또는 변경하는 것으로 한다. 이 경우 법 제51조 제1항 제8호의2 및 제8호의3에 따라 지정된 지구단위계획구역에서는 제30조 각 호에 따른 용도지역 간의 변경을 포함한다.
③ 법 제52조 제1항 제2호에서 "대통령령으로 정하는 기반시설"이란 다음 각 호의 시설로서 해당 지구단위계획구역의 지정목적 달성을 위하여 필요한 시설을 말한다.

1. 법 제51조 제1항 제2호부터 제7호까지의 규정에 따른 지역인 경우에는 해당 법률에 따른 개발사업으로 설치하는 기반시설
2. 제2조 제1항에 따른 기반시설. 다만, 다음 각 목의 시설 중 시·도 또는 대도시의 도시·군계획조례로 정하는 기반시설은 제외한다.
   가. 철도
   나. 항만
   다. 공항
   라. 궤도
   마. 공원(「도시공원 및 녹지 등에 관한 법률」 제15조 제1항 제3호라목에 따른 묘지공원으로 한정한다)
   바. 유원지
   사. 방송·통신시설
   아. 유류저장 및 송유설비
   자. 학교(「고등교육법」 제2조에 따른 학교로 한정한다)
   차. 저수지
   카. 도축장
3. 삭제
④ 법 제52조 제1항 제8호에서 "대통령령으로 정하는 사항"이란 다음 각 호의 사항을 말한다.
   1. 지하 또는 공중공간에 설치할 시설물의 높이·깊이·배치 또는 규모
   2. 대문·담 또는 울타리의 형태 또는 색채
   3. 간판의 크기·형태·색채 또는 재질
   4. 장애인·노약자 등을 위한 편의시설계획
   5. 에너지 및 자원의 절약과 재활용에 관한 계획
   6. 생물서식공간의 보호·조성·연결 및 물과 공기의 순환 등에 관한 계획
   7. 문화재 및 역사문화환경 보호에 관한 계획
⑤ 법 제52조 제2항에서 "대통령령으로 정하는 도시·군계획시설"이란 도로·주차장·공원·녹지·공공공지, 수도·전기·가스·열공급설비, 학교(초등학교 및 중학교에 한한다)·하수도·폐기물처리 및 재활용시설을 말한다.

정답 ④

094 국토의 계획 및 이용에 관한 법률에 따른 도시·군 기본계획의 내용에 포함되지 않는 것은?

① 토지의 이용 및 개발에 관한 사항
② 지역적 특성 및 계획의 방향·목표에 관한 사항
③ 건축물의 배치·형태·색채 또는 건축선에 관한 계획
④ 공간구조, 생활권의 설정 및 인구의 배분에 관한 사항

해설

정답 ③

095 시가화조정구역의 지정에 관한 설명으로 옳지 않은 것은?

① 시가화를 유보할 수 있는 기간은 5년 이상 20년 이내이다.
② 시가화조정구역의 지정에 관한 도시·군관리계획의 결정은 시가화 유보기간이 만료된 날로부터 효력을 상실한다.
③ 시가화조정구역의 실효고시는 실효일자 및 실효사유와 실효된 도시·군관리계획의 내용을 관보 또는 공보에 게재하는 방법에 의한다.
④ 국가계획과 연계하여 시가화조정구역의 지정 또는 변경이 필요한 경우에는 국토교통부장관이 직접 시가화주정구역의 지정 또는 변경을 도시·군관리계획으로 결정할 수 있다.

해설

정답 ②

096 국토의 계획 및 이용에 관한 법률에 따른 광역도시계획의 내용으로 옳지 않은 것은?

① 경관계획에 관한 사항
② 광역시설의 배치·규모·설치에 관한 사항
③ 광역계획권의 예산확보 방안에 관한 사항
④ 광역계획권의 녹지관리체계와 환경보전에 관한 사항

해설

정답 ③

097 다음에서 설명하고 있는 제도는?

> 이 제도는 계획의 적절성, 기반시설의 회복여부, 주변 환경과의 조화 등을 고려하여 개발행위에 대한 허가여부를 결정함으로써 난개발을 방지하기 위한 제도이다.

① 토지거래제한
② 개발행위허가제
③ 개발밀도관리제
④ 개발제한구역제

해설

정답 ②

098 국토의 계획 및 이용에 관한 법률 시행령상 용적률 하한치가 가장 낮은 지역은?

① 전용공업지역
② 제2종전용주거지역
③ 유통상업지역
④ 제2종일반주거지역

> 해설

정답 ②

099 도시지역 내에서 자연환경·농지 및 산림의 보호, 보건위생, 보안과 도시의 무질서한 확산을 방지하기 위하여 녹지의 보전이 필요한 지역에 지정하는 용도지역은?

① 녹지지역
② 개발제한지역
③ 산림지역
④ 생활환경보호지역

> 해설

정답 ①

100 다음 중 국토의 계획 및 이용에 관한 법률상 개발행위의 허가를 받아야 하는 경우에 해당되지 않는 것은?

① 건축물의 건축 또는 공작물의 설치
② 도시계획사업에 의한 토지의 형질변경
③ 토지 분할(건축물이 있는 대지의 분할은 제외)
④ 녹지지역·관리지역 또는 자연환경보전지역에 물건을 1개월 이상 쌓아놓는 행위

> 해설

정답 ②

101 국토의 계획 및 이용에 관한 법률상 시가화 조정구역 내에 설치할 수 없는 것은?

① 종합병원
② 공공도서관
③ 119안전센터
④ 산림조합의 공동구판장

해설

■ 국토의 계획 및 이용에 관한 법률 시행령 [별표 24]
시가화조정구역안에서 할 수 있는 행위(제88조관련)

1. 법 제81조 제2항 제1호의 규정에 의하여 할 수 있는 행위 : 농업·임업 또는 어업을 영위하는 자가 행하는 다음 각목의 1에 해당하는 건축물 그 밖의 시설의 건축
   가. 축사
   나. 퇴비사
   다. 잠실
   라. 창고(저장 및 보관시설을 포함한다)
   마. 생산시설(단순가공시설을 포함한다)
   바. 관리용건축물로서 기존 관리용건축물의 면적을 포함하여 33제곱미터 이하인 것
   사. 양어장
2. 법 제81조 제2항 제2호의 규정에 의하여 할 수 있는 행위
   가. 주택 및 그 부속건축물의 건축으로서 다음의 1에 해당하는 행위
      (1) 주택의 증축(기존주택의 면적을 포함하여 100제곱미터 이하에 해당하는 면적의 증축을 말한다)
      (2) 부속건축물의 건축(주택 또는 이에 준하는 건축물에 부속되는 것에 한하되, 기존건축물의 면적을 포함하여 33제곱미터 이하에 해당하는 면적의 신축·증축·재축 또는 대수선을 말한다)
   나. 마을공동시설의 설치로서 다음의 1에 해당하는 행위
      (1) 농로·제방 및 사방시설의 설치
      (2) 새마을회관의 설치
      (3) 기존정미소(개인소유의 것을 포함한다)의 증축 및 이축(시가화조정구역의 인접지에서 시행하는 공공사업으로 인하여 시가화조정구역안으로 이전하는 경우를 포함한다)
      (4) 정자 등 간이휴게소의 설치
      (5) 농기계수리소 및 농기계용 유류판매소(개인소유의 것을 포함한다)의 설치
      (6) 선착장 및 물양장의 설치
   다. 공익시설·공용시설 및 공공시설 등의 설치로서 다음의 1에 해당하는 행위
      (1) 공익사업을위한토지등의취득및보상에관한법률 제4조에 해당하는 공익사업을 위한 시설의 설치
      (2) 문화재의 복원과 문화재관리용 건축물의 설치
      (3) 보건소·경찰파출소·119안전센터·우체국 및 읍·면·동사무소의 설치
      (4) 공공도서관·전신전화국·직업훈련소·연구소·양수장·초소·대피소 및 공중화장실과 예비군운영에 필요한 시설의 설치

(5) 농업협동조합법에 의한 조합, 산림조합 및 수산업협동조합(어촌계를 포함한다)의 <u>공동구판장·하치장 및 창고의 설치</u>
(6) 사회복지시설의 설치
(7) 환경오염방지시설의 설치
(8) 교정시설의 설치
(9) 야외음악당 및 야외극장의 설치

라. 광공업 등을 위한 건축물 및 공작물의 설치로서 다음의 1에 해당하는 행위
(1) 시가화조정구역 지정당시 이미 외국인투자기업이 경영하는 공장, 수출품의 생산 및 가공공장, 「중소기업진흥에 관한 법률」 제29조에 따라 중소기업협동화실천계획의 승인을 얻어 설립된 공장 그 밖에 수출진흥과 경제발전에 현저히 기여할 수 있는 공장의 증축(증축면적은 기존시설 연면적의 100퍼센트에 해당하는 면적 이하로 하되, 증축을 위한 토지의 형질변경은 증축할 건축물의 바닥면적의 200퍼센트를 초과할 수 없다)과 부대시설의 설치
(2) 시가화조정구역 지정당시 이미 관계법령의 규정에 의하여 설치된 공장의 부대시설의 설치(새로운 대지조성은 허용되지 아니하며, 기존공장 부지안에서의 건축에 한한다)
(3) 시가화조정구역 지정당시 이미 광업법에 의하여 설정된 광업권의 대상이 되는 광물의 개발에 필요한 가설건축물 또는 공작물의 설치
(4) 토석의 채취에 필요한 가설건축물 또는 공작물의 설치

마. 기존 건축물의 동일한 용도 및 규모안에서의 개축·재축 및 대수선

바. 시가화조정구역안에서 허용되는 건축물의 건축 또는 공작물의 설치를 위한 공사용 가설건축물과 그 공사에 소요되는 블록·시멘트벽돌·쇄석·레미콘 및 아스콘 등을 생산하는 가설공작물의 설치

사. 다음의 1에 해당하는 용도변경행위
(1) 관계법령에 의하여 적법하게 건축된 건축물의 용도를 시가화조정구역안에서의 신축이 허용되는 건축물로 변경하는 행위
(2) 공장의 업종변경(오염물질 등의 배출이나 공해의 정도가 변경전의 수준을 초과하지 아니하는 경우에 한한다)
(3) 공장·주택 등 시가화조정구역안에서의 신축이 금지된 시설의 용도를 근린생활시설(수퍼마켓·일용품소매점·취사용가스판매점·일반음식점·다과점·다방·이용원·미용원·세탁소·목욕탕·사진관·목공소·의원·약국·접골시술소·안마시술소·침구시술소·조산소·동물병원·기원·당구장·장의사·탁구장 등 간이운동시설 및 간이수리점에 한한다) 또는 종교시설로 변경하는 행위

아. 종교시설의 증축(새로운 대지조성은 허용되지 아니하며, 증축면적은 시가화조정구역 지정당시의 종교시설 연면적의 200퍼센트를 초과할 수 없다)

3. 법 제81조 제2항 제3호의 규정에 의하여 할 수 있는 행위
가. 입목의 벌채, 조림, 육림, 토석의 채취
나. 다음의 1에 해당하는 토지의 형질변경
(1) 제1호 및 제2호의 규정에 의한 건축물의 건축 또는 공작물의 설치를 위한 토지의 형질변경
(2) 공익사업을위한토지등의취득및보상에관한법률 제4조에 해당하는 공익사업을 수행하기 위한 토지의 형질변경
(3) 농업·임업 및 어업을 위한 개간과 축산을 위한 초지조성을 목적으로 하는 토지의 형질변경
(4) 시가화조정구역 지정당시 이미 광업법에 의하여 설정된 광업권의 대상이 되는 광물의 개발을 위한 토지의 형질변경
다. 토지의 합병 및 분할

정답 ①

102 다음 중 국토의 계획 및 이용에 관한 법률에 따른 개발행위 허가권자에 해당하는 경우는?

① 대통령
② 국토교통부장관
③ 특별시장, 광역시장, 도지사
④ 특별시장, 광역시장, 특별자치시장, 특별자치도지사, 시장, 군수

해설

정답 ④

103 광역도시계획의 수립을 위한 공청회에 관한 사항 중 잘못 설명된 것은?

① 해당지역을 주된 보급지역으로 하는 일간 신문에 공청회 개최예정일 14일 전까지 2회 이상 공고
② 공청회는 국토교통부장관, 시, 도지사, 시장 또는 군수가 지명하는 사람이 주재
③ 공청회 개최를 위한 공고 시 공고 내용에는 공청회의 개최목적, 공청회의 개최 예정일시 및 장소 등이 포함
④ 광역계획권 단위로 개최하되 필요한 경우에는 광역계획권을 수 개의 지역으로 구분하여 개최

해설

정답 ①

104 지역의 지정 목적이 바르게 연결되지 않은 것은? ★

① 제2종 일반주거지역 : 중층주택을 중심으로 편리한 주거환경을 조성하기 위하여 필요한 지역
② 보전녹지지역 : 도시의 녹지공간의 확보 도시확산의 방지, 장래 도시용지의 공급 등을 위하여 보전할 필요가 있는 지역으로서 불가피한 경우에 한하여 제한적인 개발이 허용되는 지역
③ 일반상업지역 : 일반적인 상업기능 및 업무기능을 담당하게 하기 위하여 필요한 지역
④ 준공업지역 : 경공업 그밖의 공업용 수용하되 주거기능, 상업기능 및 업무기능의 보완이 필요한 지역

해설

영 제30조(용도지역의 세분) ① 국토교통부장관, 시·도지사 또는 대도시의 시장(이하 "대도시 시장"이라 한다)은 법 제36조 제2항에 따라 도시·군관리계획결정으로 주거지역·상업지역·공업지역 및 녹지지역을 다음 각 호와 같이 세분하여 지정할 수 있다.
 1. 주거지역

가. 전용주거지역 : 양호한 주거환경을 보호하기 위하여 필요한 지역
　　(1) 제1종전용주거지역 : 단독주택 중심의 양호한 주거환경을 보호하기 위하여 필요한 지역
　　(2) 제2종전용주거지역 : 공동주택 중심의 양호한 주거환경을 보호하기 위하여 필요한 지역
나. 일반주거지역 : 편리한 주거환경을 조성하기 위하여 필요한 지역
　　(1) 제1종일반주거지역 : 저층주택을 중심으로 편리한 주거환경을 조성하기 위하여 필요한 지역
　　(2) 제2종일반주거지역 : 중층주택을 중심으로 편리한 주거환경을 조성하기 위하여 필요한 지역
　　(3) 제3종일반주거지역 : 중고층주택을 중심으로 편리한 주거환경을 조성하기 위하여 필요한 지역
다. 준주거지역 : 주거기능을 위주로 이를 지원하는 일부 상업기능 및 업무기능을 보완하기 위하여 필요한 지역
2. 상업지역
　가. 중심상업지역 : 도심·부도심의 상업기능 및 업무기능의 확충을 위하여 필요한 지역
　나. 일반상업지역 : 일반적인 상업기능 및 업무기능을 담당하게 하기 위하여 필요한 지역
　다. 근린상업지역 : 근린지역에서의 일용품 및 서비스의 공급을 위하여 필요한 지역
　라. 유통상업지역 : 도시내 및 지역간 유통기능의 증진을 위하여 필요한 지역
3. 공업지역
　가. 전용공업지역 : 주로 중화학공업, 공해성 공업 등을 수용하기 위하여 필요한 지역
　나. 일반공업지역 : 환경을 저해하지 아니하는 공업의 배치를 위하여 필요한 지역
　다. 준공업지역 : 경공업 그 밖의 공업을 수용하되, 주거기능·상업기능 및 업무기능의 보완이 필요한 지역
4. 녹지지역
　가. 보전녹지지역 : 도시의 자연환경·경관·산림 및 녹지공간을 보전할 필요가 있는 지역
　나. 생산녹지지역 : 주로 농업적 생산을 위하여 개발을 유보할 필요가 있는 지역
　다. 자연녹지지역 : 도시의 녹지공간의 확보, 도시확산의 방지, 장래 도시용지의 공급 등을 위하여 보전할 필요가 있는 지역으로서 불가피한 경우에 한하여 제한적인 개발이 허용되는 지역
② 시·도지사 또는 대도시 시장은 해당 시·도 또는 대도시의 도시·군계획조례로 정하는 바에 따라 도시·군관리계획결정으로 제1항에 따라 세분된 주거지역·상업지역·공업지역·녹지지역을 추가적으로 세분하여 지정할 수 있다.

정답 ②

105 시가화조정구역의 시가화 유보기간은?

① 5년 이상 10년 이내
② 10년 이상 20년 이내
③ 20년 이상
④ 5년 이상 20년 이내

해설

정답 ④

106 지구단위계획 구역의 지정대상으로 틀린 것은? ★

① 도시지역 내 주거 상업 업무 등의 기능을 결합하는 등 복합적인 토지 이용을 증진시킬 필요가 있는 지역으로서 대통령령으로 정하는 요건에 해당하는 지역
② 철도역사, 터미널 항만 공공청사 문화시설 등의 기반시설 중 지역의 거점 역할을 수행하는 시설을 중심으로 주변지역을 집중적으로 정비할 필요가 있는 지역
③ 도시지역 내 유휴 토지를 효율적으로 개발하거나 교정시설, 군사시설, 그 밖에 대통령령으로 정하는 시설을 이전 또는 재배치하여 토지 이용을 합리화하고 그 기능을 증진시키기 위하여 집중적으로 정비가 필요한 지역
④ 개발제한구역 도시자연구역 도시자연공원구역 시가화조정구역 또는 공원에서 해제되는 구역 녹지지역에서 주거 상업공업지역으로 변경되는 구역과 새로 도시지역으로 편입되는 구역 중 계획적인 개발 또는 관리가 필요한 지역

해설

★제40조의2(입지규제최소구역의 지정 등) ① 제29조에 따른 도시·군관리계획의 결정권자(이하 "도시·군관리계획 결정권자"라 한다)는 도시지역에서 복합적인 토지이용을 증진시켜 도시 정비를 촉진하고 지역 거점을 육성할 필요가 있다고 인정되면 다음 각 호의 어느 하나에 해당하는 지역과 그 주변지역의 전부 또는 일부를 입지규제최소구역으로 지정할 수 있다.
 1. 도시·군기본계획에 따른 도심·부도심 또는 생활권의 중심지역
 2. 철도역사, 터미널, 항만, 공공청사, 문화시설 등의 기반시설 중 지역의 거점 역할을 수행하는 시설을 중심으로 주변지역을 집중적으로 정비할 필요가 있는 지역
 3. 세 개 이상의 노선이 교차하는 대중교통 결절지로부터 1킬로미터 이내에 위치한 지역
 4. 「도시 및 주거환경정비법」 제2조 제3호에 따른 노후·불량건축물이 밀집한 주거지역 또는 공업지역으로 정비가 시급한 지역
 5. 「도시재생 활성화 및 지원에 관한 특별법」 제2조 제1항 제5호에 따른 도시재생활성화지역 중 같은 법 제2조 제1항 제6호에 따른 도시경제기반형 활성화계획을 수립하는 지역
② 입지규제최소구역계획에는 입지규제최소구역의 지정 목적을 이루기 위하여 다음 각 호에 관한 사항이 포함되어야 한다.
 1. 건축물의 용도·종류 및 규모 등에 관한 사항
 2. 건축물의 건폐율·용적률·높이에 관한 사항
 3. 간선도로 등 주요 기반시설의 확보에 관한 사항
 4. 용도지역·용도지구, 도시·군계획시설 및 지구단위계획의 결정에 관한 사항
 5. 제83조의2제1항 및 제2항에 따른 다른 법률 규정 적용의 완화 또는 배제에 관한 사항
 6. 그 밖에 입지규제최소구역의 체계적 개발과 관리에 필요한 사항
③ 제1항에 따른 입지규제최소구역의 지정 및 변경과 제2항에 따른 입지규제최소구역계획은 다음 각 호의 사항을 종합적으로 고려하여 도시·군관리계획으로 결정한다.
 1. 입지규제최소구역의 지정 목적
 2. 해당 지역의 용도지역·기반시설 등 토지이용 현황
 3. 도시·군기본계획과의 부합성
 4. 주변 지역의 기반시설, 경관, 환경 등에 미치는 영향 및 도시환경 개선·정비 효과
 5. 도시의 개발 수요 및 지역에 미치는 사회적·경제적 파급효과

④ 입지규제최소구역계획 수립 시 용도, 건폐율, 용적률 등의 건축제한 완화는 기반시설의 확보 현황 등을 고려하여 적용할 수 있도록 계획하고, 시·도지사, 시장, 군수 또는 구청장은 입지규제최소구역에서의 개발사업 또는 개발행위에 대하여 입지규제최소구역계획에 따른 기반시설 확보를 위하여 필요한 부지 또는 설치비용의 전부 또는 일부를 부담시킬 수 있다. 이 경우 기반시설의 부지 또는 설치비용의 부담은 건축제한의 완화에 따른 토지가치상승분(「감정평가 및 감정평가사에 관한 법률」에 따른 감정평가법인등이 건축제한 완화 전·후에 대하여 각각 감정평가한 토지가액의 차이를 말한다)을 초과하지 아니하도록 한다.

⑤ 도시·군관리계획 결정권자가 제3항에 따른 도시·군관리계획을 결정하기 위하여 제30조 제1항에 따라 관계 행정기관의 장과 협의하는 경우 협의 요청을 받은 기관의 장은 그 요청을 받은 날부터 10일(근무일 기준) 이내에 의견을 회신하여야 한다.

⑥ 삭제

⑦ 다른 법률에서 제30조에 따른 도시·군관리계획의 결정을 의제하고 있는 경우에도 이 법에 따르지 아니하고 입지규제최소구역의 지정과 입지규제최소구역계획을 결정할 수 없다.

⑧ 입지규제최소구역계획의 수립기준 등 입지규제최소구역의 지정 및 변경과 입지규제최소구역계획의 수립 및 변경에 관한 세부적인 사항은 국토교통부장관이 정하여 고시한다.

제51조(지구단위계획구역의 지정 등) ① <u>국토교통부장관, 시·도지사, 시장 또는 군수는 다음 각 호의 어느 하나에 해당하는 지역의 전부 또는 일부에 대하여 지구단위계획구역을 지정할 수 있다.</u>

1. 제37조에 따라 지정된 용도지구
2. 「도시개발법」 제3조에 따라 지정된 도시개발구역
3. <u>「도시 및 주거환경정비법」 제8조에 따라 지정된 정비구역</u>
4. <u>「택지개발촉진법」 제3조에 따라 지정된 택지개발지구</u>
5. 「주택법」 제15조에 따른 대지조성사업지구
6. 「산업입지 및 개발에 관한 법률」 제2조 제8호의 산업단지와 같은 조 제12호의 준산업단지
7. 「관광진흥법」 제52조에 따라 지정된 관광단지와 같은 법 제70조에 따라 지정된 관광특구
8. 개발제한구역·도시자연공원구역·시가화조정구역 또는 공원에서 해제되는 구역, 녹지지역에서 주거·상업·공업지역으로 변경되는 구역과 새로 도시지역으로 편입되는 구역 중 계획적인 개발 또는 관리가 필요한 지역
8의2. 도시지역 내 주거·상업·업무 등의 기능을 결합하는 등 복합적인 토지 이용을 증진시킬 필요가 있는 지역으로서 대통령령으로 정하는 요건에 해당하는 지역
8의3. 도시지역 내 유휴토지를 효율적으로 개발하거나 교정시설, 군사시설, 그 밖에 대통령령으로 정하는 시설을 이전 또는 재배치하여 토지 이용을 합리화하고, 그 기능을 증진시키기 위하여 집중적으로 정비가 필요한 지역으로서 대통령령으로 정하는 요건에 해당하는 지역
9. 도시지역의 체계적·계획적인 관리 또는 개발이 필요한 지역
10. 그 밖에 양호한 환경의 확보나 기능 및 미관의 증진 등을 위하여 필요한 지역으로서 대통령령으로 정하는 지역

② **국토교통부장관, 시·도지사, 시장 또는 군수는 다음 각 호의 어느 하나에 해당하는 지역은 지구단위계획구역으로 지정하여야 한다.** 다만, 관계 법률에 따라 그 지역에 토지 이용과 건축에 관한 계획이 수립되어 있는 경우에는 그러하지 아니하다.

1. **제1항 제3호 및 제4호의 지역에서 시행되는 사업이 끝난 후 10년이 지난 지역**
2. 제1항 각 호 중 체계적·계획적인 개발 또는 관리가 필요한 지역으로서 **대통령령으로 정하는 지역**

> ⑤ 법 제51조 제2항 제2호에서 "대통령령으로 정하는 지역"이란 다음 각호의 지역으로서 그 면적이 30만제곱미터 이상인 지역을 말한다.
> 1. <u>시가화조정구역 또는 공원에서 해제되는 지역</u>. 다만, 녹지지역으로 지정 또는 존치되거나 법 또는 다른 법령에 의하여 도시·군계획사업 등 개발계획이 수립되지 아니하는 경우를 제외한다.
> 2. <u>녹지지역에서 주거지역·상업지역 또는 공업지역으로 변경되는 지역</u>
> 3. 그 밖에 특별시·광역시·특별자치시·특별자치도·시 또는 군의 도시·군계획조례로 정하는 지역

③ 도시지역 외의 지역을 지구단위계획구역으로 지정하려는 경우 다음 각 호의 어느 하나에 해당하여야 한다
  1. 지정하려는 구역 면적의 100분의 50 이상이 제36조에 따라 지정된 계획관리지역으로서 대통령령으로 정하는 요건에 해당하는 지역
  2. 제37조에 따라 지정된 개발진흥지구로서 대통령령으로 정하는 요건에 해당하는 지역
  3. 제37조에 따라 지정된 용도지구를 폐지하고 그 용도지구에서의 행위 제한 등을 지구단위계획으로 대체하려는 지역

> **제43조(도시지역 내 지구단위계획구역 지정대상지역)** ① 법 제51조 제1항 제8호의2에서 "대통령령으로 정하는 요건에 해당하는 지역"이란 준주거지역, 준공업지역 및 상업지역에서 낙후된 도심기능을 회복하거나 도시균형발전을 위한 중심지 육성이 필요하여 도시·군기본계획에 반영된 경우로서 다음 각 호의 어느 하나에 해당하는 지역을 말한다.
>   1. 주요 역세권, 고속버스 및 시외버스 터미널, 간선도로의 교차지 등 양호한 기반시설을 갖추고 있어 대중교통 이용이 용이한 지역
>   2. 역세권의 체계적·계획적 개발이 필요한 지역
>   3. 세 개 이상의 노선이 교차하는 대중교통 결절지(結節地)로부터 1킬로미터 이내에 위치한 지역
>   4. 「역세권의 개발 및 이용에 관한 법률」에 따른 역세권개발구역, 「도시재정비 촉진을 위한 특별법」에 따른 고밀복합형 재정비촉진지구로 지정된 지역
> ② 법 제51조 제1항 제8호의3에서 "대통령령으로 정하는 시설"이란 다음 각 호의 시설을 말한다.
>   1. 철도, 항만, 공항, 공장, 병원, 학교, 공공청사, 공공기관, 시장, 운동장 및 터미널
>   2. 그 밖에 제1호와 유사한 시설로서 특별시·광역시·특별자치시·특별자치도·시 또는 군의 도시·군계획조례로 정하는 시설
> ③ 법 제51조 제1항 제8호의3에서 "대통령령으로 정하는 요건에 해당하는 지역"이란 5천제곱미터 이상으로서 도시·군계획조례로 정하는 면적 이상의 유휴토지 또는 대규모 시설의 이전부지로서 다음 각 호의 어느 하나에 해당하는 지역을 말한다.
>   1. 대규모 시설의 이전에 따라 도시기능의 재배치 및 정비가 필요한 지역
>   2. 토지의 활용 잠재력이 높고 지역거점 육성이 필요한 지역
>   3. 지역경제 활성화와 고용창출의 효과가 클 것으로 예상되는 지역
> ④ 법 제51조 제1항 제10호에서 "대통령령으로 정하는 지역"이란 다음 각 호의 지역을 말한다.
>   1. 법 제127조 제1항의 규정에 의하여 지정된 시범도시
>   2. 법 제63조 제2항의 규정에 의하여 고시된 개발행위허가제한지역
>   3. 지하 및 공중공간을 효율적으로 개발하고자 하는 지역
>   4. 용도지역의 지정·변경에 관한 도시·군관리계획을 입안하기 위하여 열람공고된 지역
>   5. 삭제
>   6. 주택재건축사업에 의하여 공동주택을 건축하는 지역
>   7. 지구단위계획구역으로 지정하고자 하는 토지와 접하여 공공시설을 설치하고자 하는 자연녹지지역
>   8. 그 밖에 양호한 환경의 확보 또는 기능 및 미관의 증진 등을 위하여 필요한 지역으로서 특별시·광역시·특별자치시·특별자치도·시 또는 군의 도시·군계획조례가 정하는 지역
> ⑤ 법 제51조 제2항 제2호에서 "대통령령으로 정하는 지역"이란 다음 각호의 지역으로서 그 면적이 30만제곱미터 이상인 지역을 말한다.
>   1. 시가화조정구역 또는 공원에서 해제되는 지역. 다만, 녹지지역으로 지정 또는 존치되거나 법 또는 다른 법령에 의하여 도시·군계획사업 등 개발계획이 수립되지 아니하는 경우를 제외한다.
>   2. 녹지지역에서 주거지역·상업지역 또는 공업지역으로 변경되는 지역
>   3. 그 밖에 특별시·광역시·특별자치시·특별자치도·시 또는 군의 도시·군계획조례로 정하는 지역

제44조(도시지역 외 지역에서의 지구단위계획구역 지정대상지역) ① 법 제51조제3항제1호에서 "대통령령으로 정하는 요건"이란 다음 각 호의 요건을 말한다.
1. 계획관리지역 외에 지구단위계획구역에 포함하는 지역은 생산관리지역 또는 보전관리지역일 것
1의2. 지구단위계획구역에 보전관리지역을 포함하는 경우 해당 보전관리지역의 면적은 다음 각 목의 구분에 따른 요건을 충족할 것. 이 경우 개발행위허가를 받는 등 이미 개발된 토지, 「산지관리법」 제25조에 따른 토석채취허가를 받고 토석의 채취가 완료된 토지로서 같은 법 제4조제1항제2호의 준보전산지에 해당하는 토지 및 해당 토지를 개발하여도 주변지역의 환경오염·환경훼손 우려가 없는 경우로서 해당 도시계획위원회 또는 제25조제2항에 따른 공동위원회의 심의를 거쳐 지구단위계획구역에 포함되는 토지의 면적은 다음 각 목에 따른 보전관리지역의 면적 산정에서 제외한다.
   가. 전체 지구단위계획구역 면적이 10만제곱미터 이하인 경우: 전체 지구단위계획구역 면적의 20퍼센트 이내
   나. 전체 지구단위계획구역 면적이 10만제곱미터를 초과하는 경우: 전체 지구단위계획구역 면적의 10퍼센트 이내
2. 지구단위계획구역으로 지정하고자 하는 토지의 면적이 다음 각목의 어느 하나에 규정된 면적 요건에 해당할 것
   가. 지정하고자 하는 지역에 「건축법 시행령」 별표 1 제2호의 공동주택중 아파트 또는 연립주택의 건설계획이 포함되는 경우에는 30만제곱미터 이상일 것. 이 경우 다음 요건에 해당하는 때에는 일단의 토지를 통합하여 하나의 지구단위계획구역으로 지정할 수 있다.
      (1) 아파트 또는 연립주택의 건설계획이 포함되는 각각의 토지의 면적이 10만제곱미터 이상이고, 그 총면적이 30만제곱미터 이상일 것
      (2) (1)의 각 토지는 국토교통부장관이 정하는 범위안에 위치하고, 국토교통부장관이 정하는 규모 이상의 도로로 서로 연결되어 있거나 연결도로의 설치가 가능할 것
   나. 지정하고자 하는 지역에 「건축법시행령」 별표 1 제2호의 공동주택중 아파트 또는 연립주택의 건설계획이 포함되는 경우로서 다음의 어느 하나에 해당하는 경우에는 10만제곱미터 이상일 것
      (1) 지구단위계획구역이 「수도권정비계획법」 제6조제1항제3호의 규정에 의한 자연보전권역인 경우
      (2) 지구단위계획구역 안에 초등학교 용지를 확보하여 관할 교육청의 동의를 얻거나 지구단위계획구역 안 또는 지구단위계획구역으로부터 통학이 가능한 거리에 초등학교가 위치하고 학생수용이 가능한 경우로서 관할 교육청의 동의를 얻은 경우
   다. 가목 및 나목의 경우를 제외하고는 3만제곱미터 이상일 것
3. 당해 지역에 도로·수도공급설비·하수도 등 기반시설을 공급할 수 있을 것
4. 자연환경·경관·미관 등을 해치지 아니하고 문화재의 훼손우려가 없을 것
② 법 제51조제3항제2호에서 "대통령령으로 정하는 요건"이란 다음 각 호의 요건을 말한다.
1. 제1항제2호부터 제4호까지의 요건에 해당할 것
2. 당해 개발진흥지구가 다음 각 목의 지역에 위치할 것
   가. 주거개발진흥지구, 복합개발진흥지구(주거기능이 포함된 경우에 한한다) 및 특정개발진흥지구 : 계획관리지역
   나. 산업·유통개발진흥지구 및 복합개발진흥지구(주거기능이 포함되지 아니한 경우에 한한다) : 계획관리지역·생산관리지역 또는 농림지역
   다. 관광·휴양개발진흥지구 : 도시지역외의 지역
③ 국토교통부장관은 지구단위계획구역이 합리적으로 지정될 수 있도록 하기 위하여 필요한 경우에는 제1항 각호 및 제2항 각호의 지정요건을 세부적으로 정할 수 있다.

정답 ②

107 국토의 효율적 이용 및 관리를 위한 성장관리방안 수립지역에서의 건폐율 완화기준으로 옳지 않은 것은? ★

① 계획관리지역 : 50퍼센트 이하
② 자연녹지지역 : 30퍼센트 이하
③ 생산관리지역 : 30퍼센트 이하
④ 보전녹지지역 : 20퍼센트 이하

해설

○ 성장관리방안수립지침(건축물의 건폐율 및 용적률)
5-4-1. 건폐율 및 용적률은 당해 용도지역의 건폐율 및 용적률을 적용하는 것을 원칙으로 하되, 토지 일부의 기반시설 편입여부, 권장사항 이행여부 등에 따라 인센티브를 차등 제공하는 등 허용범위를 다르게 제시하여 성장관리방안의 목적달성을 위한 방안으로 활용할 수 있다.
5-4-2. 성장관리방안 수립 시 건폐율 및 용적률은 다음 각 호의 범위에서 도시·군계획조례로 정한 바에 따라 완화하여 적용할 수 있다.
 (1) 건폐율은 법 제77조 제5항 및 영 제84조의3에 따라 <u>계획관리지역은 50%이하, 자연녹지지역 및 생산관리지역은 30%이하</u>. 다만, 공장은 환경관리계획 또는 경관계획이 포함된 경우로 한정한다.
 (2) 용적률은 법 제78조 제1항 제2호다목의 단서규정에 따라 계획관리지역에서 125%이하.

정답 ④

108 중앙행정기관의 장이나 지방자치단체의 장은 다른 법률에 따라 지정되는 토지 이용에 관한 지역·지구구역 또는 구획 중 대통령령으로 정하는 면적 이상을 지정 또는 변경하려면 국토교통부장관의 협의 및 승인을 받아야 한다. 이때 국토교통부장관이 협의 또는 승인을 받기 위해 중앙도시계획위원회의 심의를 거치지 않아도 되는 경우는?

① 농림지역에서 「농지법」에 따른 농업진흥지역을 지정하는 경우
② 자연환경보전지역에서 「수도법」에 따른 상수원 보호구역을 지정하는 경우
③ 자연환경보전지역에서 「자연환경보전법」에 따른 생태·경관보전지역을 지정하는 경우
④ 보전관리지역이나 생산관리지역에서 「습지보전법」에 따른 습지보호지역을 지정하는 경우

해설

정답 ④

109 다음 도시·군기본계획에 관한 설명으로 옳지 않은 것은?

① 도시·군기본계획의 내용에는 도심 및 주거환경의 정비, 보전에 관한 사항도 포함된다.
② 도시·군기본계획을 수립하거나 변경하려면 미리 그 특별시·광역시·특별자치시·특별자치도·시 또는 군의회의 의견을 들어야 한다.
③ 도시·군기본계획은 도시의 기본적인 공간구조와 장기발전방향을 제시하는 종합계획으로서 도시계획수립의 지침이 되는 계획을 말한다.
④ 도시·군기본계획은 원칙적으로 도시계획구역에 대하여 수립하며 필요한 경우 관할 행정 구역 또는 인접한 다른 행정구역을 포함하여 수립할 수 있다.

해설

제18조(도시·군기본계획의 수립권자와 대상지역) ① 특별시장·광역시장·특별자치시장·특별자치도지사·시장 또는 군수는 관할 구역에 대하여 도시·군기본계획을 수립하여야 한다. 다만, 시 또는 군의 위치, 인구의 규모, 인구감소율 등을 고려하여 대통령령으로 정하는 시 또는 군은 도시·군기본계획을 수립하지 아니할 수 있다.
② 특별시장·광역시장·특별자치시장·특별자치도지사·시장 또는 군수는 지역여건상 필요하다고 인정되면 인접한 특별시·광역시·특별자치시·특별자치도·시 또는 군의 관할 구역 전부 또는 일부를 포함하여 도시·군기본계획을 수립할 수 있다.
③ 특별시장·광역시장·특별자치시장·특별자치도지사·시장 또는 군수는 제2항에 따라 인접한 특별시·광역시·특별자치시·특별자치도·시 또는 군의 관할 구역을 포함하여 도시·군기본계획을 수립하려면 미리 그 특별시장·광역시장·특별자치시장·특별자치도지사·시장 또는 군수와 협의하여야 한다.

제19조(도시·군기본계획의 내용) ① 도시·군기본계획에는 다음 각 호의 사항에 대한 정책 방향이 포함되어야 한다.
 1. 지역적 특성 및 계획의 방향·목표에 관한 사항
 2. 공간구조, 생활권의 설정 및 인구의 배분에 관한 사항
 3. 토지의 이용 및 개발에 관한 사항
 4. 토지의 용도별 수요 및 공급에 관한 사항
 5. 환경의 보전 및 관리에 관한 사항
 6. 기반시설에 관한 사항
 7. 공원·녹지에 관한 사항
 8. 경관에 관한 사항
 8의2. 기후변화 대응 및 에너지절약에 관한 사항
 8의3. 방재·방범 등 안전에 관한 사항
 9. 제2호부터 제8호까지, 제8호의2 및 제8호의3에 규정된 사항의 단계별 추진에 관한 사항
 10. 그 밖에 대통령령으로 정하는 사항
② 삭제
③ 도시·군기본계획의 수립기준 등은 대통령령으로 정하는 바에 따라 국토교통부장관이 정한다.

정답 ④

110 지방도시계획위원회를 설치할 수 없는 관할 구역은?

① 도
② 읍
③ 광역시
④ 자치구

해설

정답 ②

111 다음 중 국토의 계획 및 이용에 관한 법률에 따른 용도구역의 종류가 아닌 것은?

① 개발제한구역
② 시가화조정구역
③ 도시자연공원구역
④ 특정시설제한구역

해설

정답 ④

112 다음 중 개발밀도관리구역에 대한 설명으로 옳지 않은 것은?

① 개발밀도관리구역은 개발행위로 인한 기반시설의 설치가 곤란한 주거지역에 대해서만 지정할 수 있다.
② 개발밀도관리구역을 지정하거나 변경하려면 해당 지방자치단체에 설치된 지방도시계획위원회의 심의를 거쳐야 한다.
③ 개발밀도관리구역의 지정기준, 관리 등에 관하여 필요한 사항은 대통령령으로 정하는 바에 따라 국토교통부장관이 정한다.
④ 특별시장·광역시장·특별자치시장·특별자치도 지사·시장 또는 군수는 개발밀도관리구역에서는 대통령령으로 정하는 범위에서 관련 조항에 따른 건폐율 또는 용적률을 강화하여 적용한다.

해설

정답 ①

113 중심상업지역 안에서의 건폐율과 용적률의 기준 중 ( ) 안에 알맞은 것은?

> 중심상업지역의 건폐율은 (㉠)% 이하, 용적률은 (㉡) % 이상 (㉢) % 이하 이어야 한다.

① ㉠ : 80, ㉡ : 500, ㉢ : 1,000
② ㉠ : 80, ㉡ : 500, ㉢ : 1,500
③ ㉠ : 90, ㉡ : 200, ㉢ : 1,100
④ ㉠ : 90, ㉡ : 200, ㉢ : 1,500

해설

정답 ④

114 무질서한 시가화를 방지하고 계획적·단계적인 개발을 도모하기 위하여 대통령령으로 정하는 기간 동안 시가화를 유보하기 위해 지정되는 구역은?

① 개발제한구역
② 상세계획구역
③ 시가화조정구역
④ 특정시설제한구역

해설

정답 ③

115 광역도시계획의 수립권자에 대한 설명으로 옳지 않은 것은?

① 국가계획과 관련된 광역도시계획의 수립이 필요한 경우 국토교통부장관이 수립한다.
② 광역계획권이 둘 이상의 시·도의 관할 구역에 걸쳐 있는 경우 관할 도지사가 단독으로 수립한다.
③ 광역계획권이 같은 도의 관할구역에 속하여 있는 경우 관할 시장 또는 군수가 공동으로 수립한다.
④ 광역계획을 지정한 날부터 3년이 지날 때까지 관할 시·도지사로부터 광역도시계획의 승인 신청이 없는 경우 국토교통부장관이 수립한다.

해설

정답 ②

116 개발행위의 허가 대상으로 볼 수 없는 것은?

① 토석의 채취
② 경작을 위한 토지의 형질 변경
③ 건축물의 건축 또는 공작물 설치
④ 녹지지역·관리지역 또는 자연환경보전지역에 물건을 1개월 이상 쌓아 놓는 행위

해설

정답 ②

117 국토의 계획 및 이용에 관한 법률에 따른 도시·군관리계획의 결정 또는 변경결정에서 주민 및 지방의회의 의견청취를 필요로 하지 않는 것은? ★

① 도시철도
② 주간선도로
③ 여객자동차터미널
④ 소공원 및 어린이공원

해설

제28조(주민과 지방의회의 의견 청취) ① 국토교통부장관(제40조에 따른 수산자원보호구역의 경우 해양수산부장관을 말한다. 이하 이 조에서 같다), 시·도지사, 시장 또는 군수는 제25조에 따라 도시·군관리계획을 입안할 때에는 주민의 의견을 들어야 하며, 그 의견이 타당하다고 인정되면 도시·군관리계획안에 반영하여야 한다. 다만, 국방상 또는 국가안전보장상 기밀을 지켜야 할 필요가 있는 사항(관계 중앙행정기관의 장이 요청하는 것만 해당한다)이거나 대통령령으로 정하는 경미한 사항인 경우에는 그러하지 아니하다.
② 국토교통부장관이나 도지사는 제24조 제5항 및 제6항에 따라 도시·군관리계획을 입안하려면 주민의 의견 청취 기한을 밝혀 도시·군관리계획안을 관계 특별시장·광역시장·특별자치시장·특별자치도지사·시장 또는 군수에게 송부하여야 한다.
③ 제2항에 따라 도시·군관리계획안을 받은 특별시장·광역시장·특별자치시장·특별자치도지사·시장 또는 군수는 명시된 기한까지 그 도시·군관리계획안에 대한 주민의 의견을 들어 그 결과를 국토교통부장관이나 도지사에게 제출하여야 한다.
④ 제1항에 따른 주민의 의견 청취에 필요한 사항은 대통령령으로 정하는 기준에 따라 해당 지방자치단체의 조례로 정한다.
⑤ 국토교통부장관, 시·도지사, 시장 또는 군수는 도시·군관리계획을 입안하려면 대통령령으로 정하는 사항에 대하여 해당 지방의회의 의견을 들어야 한다.
⑥ 국토교통부장관이나 도지사가 제5항에 따라 지방의회의 의견을 듣는 경우에는 제2항과 제3항을 준용한다. 이 경우 "주민"은 "지방의회"로 본다.
⑦ 특별시장·광역시장·특별자치시장·특별자치도지사·시장 또는 군수가 제5항에 따라 지방의회의 의견을 들으려면 의견 제시 기한을 밝혀 도시·군관리계획안을 송부하여야 한다. 이 경우 해당 지방의회는 명시된 기한까지 특별시장·광역시장·특별자치시장·특별자치도지사·시장 또는 군수에게 의견을 제시하여야 한다.
영 제22조(주민 및 지방의회의 의견청취) ① 법 제28조 제1항 단서에서 "대통령령으로 정하는 경미한 사항"이라 제25조 제3항 각 호의 사항 및 같은 조 제4항 각 호의 사항을 말한다.
② 특별시장·광역시장·특별자치시장·특별자치도지사·시장 또는 군수는 법 제28조 제4항에 따라 도시·군관리계획의 입안에 관하여 주민의 의견을 청취하고자 하는 때[법 제28조 제2항에 따라 국토교통부장관(법 제40조에 따른 수산자원보호구역의 경우 해양수산부장관을 말한다. 이하 이 조에서 같다)

또는 도지사로부터 송부받은 도시·군관리계획안에 대하여 주민의 의견을 청취하고자 하는 때를 포함한다)에는 도시·군관리계획안의 주요내용을 전국 또는 해당 특별시·광역시·특별자치시·특별자치도·시 또는 군의 지역을 주된 보급지역으로 하는 2 이상의 일간신문과 해당 특별시·광역시·특별자치시·특별자치도·시 또는 군의 인터넷 홈페이지 등에 공고하고 도시·군관리계획안을 14일 이상 일반이 열람할 수 있도록 하여야 한다.

③ 제2항의 규정에 의하여 공고된 도시·군관리계획안의 내용에 대하여 의견이 있는 자는 열람기간내에 특별시장·광역시장·특별자치시장·특별자치도지사·시장 또는 군수에게 의견서를 제출할 수 있다.

④ 국토교통부장관, 시·도지사, 시장 또는 군수는 제3항의 규정에 의하여 제출된 의견을 도시·군관리계획안에 반영할 것인지 여부를 검토하여 그 결과를 열람기간이 종료된 날부터 60일 이내에 당해 의견을 제출한 자에게 통보하여야 한다.

⑤ 국토교통부장관, 시·도지사, 시장 또는 군수는 제3항의 규정에 의하여 제출된 의견을 도시·군관리계획안에 반영하고자 하는 경우 그 내용이 해당 특별시·광역시·특별자치시·특별자치도·시 또는 군의 도시·군계획조례가 정하는 중요한 사항인 때에는 그 내용을 다시 공고·열람하게 하여 주민의 의견을 들어야 한다.

⑥ 제2항 내지 제4항의 규정은 제5항의 규정에 의한 재공고·열람에 관하여 이를 준용한다.

⑦ 법 제28조 제5항에서 "대통령령으로 정하는 사항"이란 다음 각 호의 사항을 말한다. 다만, 제25조 제3항 각 호의 사항 및 지구단위계획으로 결정 또는 변경결정하는 사항은 제외한다.

1. 법 제36조부터 제38조까지, 제38조의2, 제39조, 제40조 및 제40조의2에 따른 용도지역·용도지구 또는 용도구역의 지정 또는 변경지정. 다만, 용도지구에 따른 건축물이나 그 밖의 시설의 용도·종류 및 규모 등의 제한을 그대로 지구단위계획으로 대체하기 위한 경우로서 해당 용도지구를 폐지하기 위하여 도시·군관리계획을 결정하는 경우에는 제외한다.
2. 광역도시계획에 포함된 광역시설의 설치·정비 또는 개량에 관한 도시·군관리계획의 결정 또는 변경결정
3. 다음 각 목의 어느 하나에 해당하는 기반시설의 설치·정비 또는 개량에 관한 도시·군관리계획의 결정 또는 변경결정. 다만, 법 제48조 제4항에 따른 지방의회의 권고대로 도시·군계획시설결정(도시·군계획시설에 대한 도시·군관리계획결정을 말한다. 이하 같다)을 해제하기 위한 도시·군관리계획을 결정하는 경우는 제외한다.
   가. 도로중 주간선도로(시·군내 주요지역을 연결하거나 시·군 상호간이나 주요지방 상호간을 연결하여 대량통과교통을 처리하는 도로로서 시·군의 골격을 형성하는 도로를 말한다. 이하 같다)
   나. 철도중 도시철도
   다. 자동차정류장중 여객자동차터미널(시외버스운송사업용에 한한다)
   라. 공원(「도시공원 및 녹지 등에 관한 법률」에 따른 소공원 및 어린이공원은 제외한다)
   마. 유통업무설비
   바. 학교중 대학
   사. 삭제
   아. 삭제
   자. 공공청사중 지방자치단체의 청사
   차. 삭제
   카. 삭제
   타. 삭제
   파. 하수도(하수종말처리시설에 한한다)
   하. 폐기물처리 및 재활용시설
   거. 수질오염방지시설
   너. 그 밖에 국토교통부령으로 정하는 시설

정답 ④

118 국토의 계획 및 이용에 관한 법률상 도시·군계획시설이 아닌 것은?

① 공동구
② 도축장
③ 유수지
④ 예식장

해설

정답 ④

119 국토의 계획 및 이용에 관한 법률상 국토교통부장관, 시·도지사 또는 대도시 시장은 도시·군계획시설사업의 실시계획을 인가하려면 미리 대통령령으로 정하는 바에 따라 그 사실을 공고하고, 관계 서류의 사본을 며칠 이상 일반이 열람할 수 있도록 하여야 하는가?

① 3일
② 5일
③ 7일
④ 14일

해설

정답 ④

120 중앙도시계획위원회에 관한 설명으로 옳은 것은?

① 공무원이 아닌 위원의 수는 10명 이상으로 하고, 그 임기는 3년으로 한다.
② 위원장·부위원장 각 1명을 포함한 30명 이상 40명 이하의 위원으로 구성한다.
③ 광역도시계획·도시·군계획·토지거래계약허가구역 등 국토교통부장관의 권한에 속하는 사항의 심의 업무를 수행한다.
④ 위원은 관계 중앙행정기관의 공무원과 도시·군계획과 관련된 분야에 관한 학식과 경험이 풍부한 자 중에서 위원장이 임명하거나 위촉한다.

해설

정답 ③

121 국토의 계획 및 이용에 관한 법령에 따른 용도지구 중 문화재·전통사찰 등 역사·문화적으로 보존가치가 큰 시설 및 지역의 보호와 보존을 위하여 필요한 지구는?

① 복합개발진흥지구
② 특정개발진흥지구
③ 중요시설물보호지구
④ 역사문화환경보호지구

> 해설

정답 ④

122 국토의 계획 및 이용에 관한 법률에 따른 기반시설에 속하지 않는 것은?

① 광장·공원·녹지 등 공간시설
② 도로·철도·항만·공항·주차장 등 교통시설
③ 아파트·연립주택·다세대주택 등 주거시설
④ 하수도, 폐기물처리 및 재활용시설, 빗물저장 및 이용시설 등 환경기초시설

> 해설

정답 ③

123 시가화조정구역에서 특별시장·광역시장·특별자치시장·특별자치도지사·시장 또는 군수의 허가를 받아 할 수 있는 행위에 대한 내용으로 옳지 않은 것은?

① 입목의 벌채, 조림, 육림, 토석의 채취, 그 밖에 대통령령으로 정하는 경미한 행위
② 건축물의 건축 및 공작물 중 대통령령으로 정하는 종류의 공작물을 설치하는 행위
③ 농업·임업 또는 어업용의 건축물 중 대통령령으로 정하는 종류와 규모의 건축물이나 그 밖의 시설을 건축하는 행위
④ 마을공동시설, 공익시설·공공시설, 광공업 등 주민의 생활을 영위하는 데에 필요한 행위로서 대통령령으로 정하는 행위

> 해설

정답 ②

124 다음 중 건폐율에 관한 내용이 틀린 것은?

① 건폐율이란 대지면적에 대한 건축면적의 비율이다.
② 도시지역 내 주거지역의 건폐율 최대한도는 70% 이하이다.
③ 관리지역 내 보전관리지역의 건폐율 최대한도는 10% 이하이다.
④ 농림지역의 건폐율 최대한도는 20% 이하이다.

해설

정답 ③

125 다음 중 관할 구역에 대한 도시·군기본계획의 수립권자에 해당하지 않는 자는?

① 국토교통부장관
② 광역시장
③ 시장 또는 군수
④ 특별시장

정답 ①

해설

126 도시·군기본계획에 대한 타당성 여부는 몇 년마다 전반적으로 재검토하여 정비하여야 하는가?

① 3년
② 5년
③ 10년
④ 20년

해설

정답 ②

127 공동구의 관리에 대한 설명 중 틀린 것은?

① 공동구는 특별시장·광역시장·시장 또는 군수가 이를 관리한다.
② 공동구의 안전점검은 1년에 1회 이상 실시하여야 한다.
③ 공동구의 관리에 소요되는 비용은 연 2회로 분할 납부하게 한다.
④ 공동구의 관리비용은 그 공동구를 관리하는 자가 전액 부담한다.

해설

제2조(정의) 이 법에서 사용하는 용어의 뜻은 다음과 같다.
  9. "공동구"란 전기·가스·수도 등의 공급설비, 통신시설, 하수도시설 등 지하매설물을 공동 수용함으로써 미관의 개선, 도로구조의 보전 및 교통의 원활한 소통을 위하여 지하에 설치하는 시설물을 말한다.

제44조(공동구의 설치) ① 다음 각 호에 해당하는 지역·지구·구역 등(이하 이 항에서 "지역등"이라 한다)이 대통령령으로 정하는 규모를 초과하는 경우에는 해당 지역등에서 개발사업을 시행하는 자(이하 이 조에서 "사업시행자"라 한다)는 공동구를 설치하여야 한다.
  1. 「도시개발법」 제2조 제1항에 따른 도시개발구역
  2. 「택지개발촉진법」 제2조 제3호에 따른 택지개발지구
  3. 「경제자유구역의 지정 및 운영에 관한 특별법」 제2조 제1호에 따른 경제자유구역
  4. 「도시 및 주거환경정비법」 제2조 제1호에 따른 정비구역
  5. 그 밖에 대통령령으로 정하는 지역

> **영 제35조의2(공동구의 설치)** ① 법 제44조 제1항 각 호 외의 부분에서 "대통령령으로 정하는 규모"란 200만제곱미터를 말한다.
> ② 법 제44조 제1항 제5호에서 "대통령령으로 정하는 지역"이란 다음 각 호의 지역을 말한다.
>   1. 「공공주택 특별법」 제2조 제2호에 따른 공공주택지구
>   2. 「도청이전을 위한 도시건설 및 지원에 관한 특별법」 제2조 제3호에 따른 도청이전신도시

② 「도로법」 제23조에 따른 도로 관리청은 지하매설물의 빈번한 설치 및 유지관리 등의 행위로 인하여 도로구조의 보전과 안전하고 원활한 도로교통의 확보에 지장을 초래하는 경우에는 공동구 설치의 타당성을 검토하여야 한다. 이 경우 재정여건 및 설치 우선순위 등을 고려하여 단계적으로 공동구가 설치될 수 있도록 하여야 한다.
③ 공동구가 설치된 경우에는 대통령령으로 정하는 바에 따라 공동구에 수용하여야 할 시설이 모두 수용되도록 하여야 한다.
④ 제1항에 따른 개발사업의 계획을 수립할 경우에는 공동구 설치에 관한 계획을 포함하여야 한다. 이 경우 제3항에 따라 공동구에 수용되어야 할 시설을 설치하고자 공동구를 점용하려는 자(이하 이 조에서 "공동구 점용예정자"라 한다)와 설치 노선 및 규모 등에 관하여 미리 협의한 후 제44조의2제4항에 따른 공동구협의회의 심의를 거쳐야 한다.
⑤ 공동구의 설치(개량하는 경우를 포함한다)에 필요한 비용은 이 법 또는 다른 법률에 특별한 규정이 있는 경우를 제외하고는 공동구 점용예정자와 사업시행자가 부담한다. 이 경우 공동구 점용예정자는 해당 시설을 개별적으로 매설할 때 필요한 비용의 범위에서 대통령령으로 정하는 바에 따라 부담한다.
⑥ 제5항에 따라 공동구 점용예정자와 사업시행자가 공동구 설치비용을 부담하는 경우 국가, 특별시장·광역시장·특별자치시장·특별자치도지사·시장 또는 군수는 공동구의 원활한 설치를 위하여 그 비용의 일부를 보조 또는 융자할 수 있다.
⑦ 제3항에 따라 공동구에 수용되어야 하는 시설물의 설치기준 등은 다른 법률에 특별한 규정이 있는 경우를 제외하고는 국토교통부장관이 정한다.

제44조의2(공동구의 관리·운영 등) ① 공동구는 특별시장·광역시장·특별자치시장·특별자치도지사·시장 또는 군수(이하 이 조 및 제44조의3에서 "공동구관리자"라 한다)가 관리한다. 다만, 공동구의 효율적인 관리·운영을 위하여 필요하다고 인정하는 경우에는 대통령령으로 정하는 기관에 그 관리·운영을 위탁할 수 있다.
② 공동구관리자는 5년마다 해당 공동구의 안전 및 유지관리계획을 대통령령으로 정하는 바에 따라 수립·시행하여야 한다.
③ 공동구관리자는 대통령령으로 정하는 바에 따라 1년에 1회 이상 공동구의 안전점검을 실시하여야 하며, 안전점검결과 이상이 있다고 인정되는 때에는 지체 없이 정밀안전진단·보수·보강 등 필요한 조치를 하여야 한다.
④ 공동구관리자는 공동구의 설치·관리에 관한 주요 사항의 심의 또는 자문을 하게 하기 위하여 공동구협의회를 둘 수 있다. 이 경우 공동구협의회의 구성·운영 등에 필요한 사항은 대통령령으로 정한다.
⑤ 국토교통부장관은 공동구의 관리에 필요한 사항을 정할 수 있다.

제44조의3(공동구의 관리비용 등) ① 공동구의 관리에 소요되는 비용은 그 공동구를 점용하는 자가 함께 부담하되, 부담비율은 점용면적을 고려하여 공동구관리자가 정한다.
② 공동구 설치비용을 부담하지 아니한 자(부담액을 완납하지 아니한 자를 포함한다)가 공동구를 점용하거나 사용하려면 그 공동구를 관리하는 공동구관리자의 허가를 받아야 한다.
③ 공동구를 점용하거나 사용하는 자는 그 공동구를 관리하는 특별시·광역시·특별자치시·특별자치도·시 또는 군의 조례로 정하는 바에 따라 점용료 또는 사용료를 납부하여야 한다.

영 제45조(광역시설의 설치·관리 등) ① 광역시설의 설치 및 관리는 제43조에 따른다.
② 관계 특별시장·광역시장·특별자치시장·특별자치도지사·시장 또는 군수는 협약을 체결하거나 협의회 등을 구성하여 광역시설을 설치·관리할 수 있다. 다만, 협약의 체결이나 협의회 등의 구성이 이루어지지 아니하는 경우 그 시 또는 군이 같은 도에 속할 때에는 관할 도지사가 광역시설을 설치·관리할 수 있다.
③ 국가계획으로 설치하는 광역시설은 그 광역시설의 설치·관리를 사업목적 또는 사업종목으로 하여 다른 법률에 따라 설립된 법인이 설치·관리할 수 있다.
④ 지방자치단체는 환경오염이 심하게 발생하거나 해당 지역의 개발이 현저하게 위축될 우려가 있는 광역시설을 다른 지방자치단체의 관할 구역에 설치할 때에는 대통령령으로 정하는 바에 따라 환경오염방지를 위한 사업이나 해당 지역 주민의 편익을 증진시키기 위한 사업을 해당 지방자치단체와 함께 시행하거나 이에 필요한 자금을 해당 지방자치단체에 지원하여야 한다. 다만, 다른 법률에 특별한 규정이 있는 경우에는 그 법률에 따른다.

영 제35조의2(공동구의 설치) ① 법 제44조 제1항 각 호 외의 부분에서 "대통령령으로 정하는 규모"란 200만제곱미터를 말한다.
② 법 제44조 제1항 제5호에서 "대통령령으로 정하는 지역"이란 다음 각 호의 지역을 말한다.
  1. 「공공주택 특별법」 제2조 제2호에 따른 공공주택지구
  2. 「도청이전을 위한 도시건설 및 지원에 관한 특별법」 제2조 제3호에 따른 도청이전신도시

영 제35조의3(공동구에 수용하여야 하는 시설) 공동구가 설치된 경우에는 법 제44조 제3항에 따라 제1호부터 제6호까지의 시설을 공동구에 수용하여야 하며, 제7호 및 제8호의 시설은 법 제44조의2제4항에 따른 공동구협의회(이하 "공동구협의회"라 한다)의 심의를 거쳐 수용할 수 있다.
  1. 전선로
  2. 통신선로
  3. 수도관
  4. 열수송관
  5. 중수도관
  6. 쓰레기수송관
  7. 가스관
  8. 하수도관, 그 밖의 시설

제39조의3(공동구의 관리비용) 공동구관리자는 법 제44조의3제1항에 따른 공동구의 관리에 드는 비용을 연 2회로 분할하여 납부하게 하여야 한다.

정답 ④

128 시·도 도시계획위원회의 구성 기준으로 옳은 것은? (단, 공동으로 도시계획위원회를 설치하는 경우는 고려하지 않는다.)

① 위원장 및 부위원장 각 1명을 포함한 15명 이상 25명 이하의 위원으로 구성한다.
② 위원장 및 부위원장 각 1명을 포함한 25명 이상 30명 이하의 위원으로 구성한다.
③ 위원장 1명과 부위원장 2명을 포함한 20명 이상 25명 이하의 위원으로 구성한다.
④ 위원장 1명과 부위원장 2명을 포함한 25명 이상 30명 이하의 위원으로 구성한다.

해설

정답 ②

129 국토의 계획 및 이용에 관한 법령상 도시·군 관리계획도서 중 계획도를 작성하는 기준으로 옳은 것은?

① 축척 1천분의 1 지형도에 도시·군관리계획 사항을 명시한 도면으로 작성하여야 한다.
② 축척 6백분의 1 지형도에 도시·군관리계획 사항을 명시한 도면으로 작성하여야 한다.
③ 축척 1만분의 1 지형도에 도시·군관리계획 사항을 명시한 도면으로 작성하여야 한다.
④ 축척 1천2백분의 1 항공측량도에 도시·군관리계획 사항을 명시한 도면으로 작성하여야 한다.

해설

제18조(도시·군관리계획도서 및 계획설명서의 작성기준 등) ① 법 제25조 제2항의 규정에 의한 도시·군 관리계획도서 중 계획도는 축척 1천분의 1 또는 축척 5천분의 1(축척 1천분의 1 또는 축척 5천분의 1의 지형도가 간행되어 있지 아니한 경우에는 축척 2만5천분의 1)의 지형도(수치지형도를 포함한다. 이하 같다)에 도시·군관리계획사항을 명시한 도면으로 작성하여야 한다. 다만, 지형도가 간행되어 있지 아니한 경우에는 해도·해저지형도 등의 도면으로 지형도에 갈음할 수 있다.
② 제1항의 규정에 의한 계획도가 2매 이상인 경우에는 법 제25조 제2항의 규정에 의한 계획설명서에 도시·군관리계획총괄도(축척 5만분의 1 이상의 지형도에 주요 도시·군관리계획사항을 명시한 도면을 말한다)를 포함시킬 수 있다.

정답 ①

130 도시관리계획의 주거지역 중 저층주택 중심의 편리한 주거환경을 조성하기 위하여 세분하여 지정할 수 있는 지역은?

① 자연취락지구
② 제1종일반주거지역
③ 제2종일반주거지역
④ 제3종일반주거지역

해설

정답 ②

131 인구와 산업이 밀집되어 있거나 밀집이 예상되어 그 지역에 대하여 체계적인 개발·정비·보전 등이 필요한 지역에 지정하는 용도지역은?

① 관리지역 ② 도시지역
③ 농림지역 ④ 자연환경보전지역

> 해설

정답 ②

132 다른 법률에 따라 따로 계획이 수립된 도로서, 도종합계획을 수립하지 아니할 수 있는 곳은?

① 기업도시개발특별법에 따른 기업도시
② 제주특별자치도 설치 및 국제자유도시 조성을 위한 특별법에 따른 종합계획이 수립되는 제주특별자치도
③ 경제자유구역의 지정 및 운영에 관한 법률에 따른 사업계획이 수립되는 경기도
④ 신행정수도 후속대책을 위한 연기·공주지역 행정중심복합도시 건설을 위한 특별법에 따른 행정중심복합도시

> 해설

국토기본법 참조

제13조(도종합계획의 수립) ① 도지사(특별자치도의 경우에는 특별자치도지사를 말한다. 이하 같다)는 다음 각 호의 사항에 대한 도종합계획을 수립하여야 한다. 다만, 다른 법률에 따라 따로 계획이 수립된 도로서 대통령령으로 정하는 도는 도종합계획을 수립하지 아니할 수 있다.

> **영 제5조(도종합계획의 수립 등)** ① 법 제13조 제1항 각 호 외의 부분 단서에서 "대통령령으로 정하는 도"란 「수도권정비계획법」 제4조에 따른 수도권정비계획이 수립되는 경기도와 「제주특별자치도 설치 및 국제자유도시 조성을 위한 특별법」 제140조 제1항에 따른 종합계획이 수립되는 제주특별자치도를 말한다.

  1. 지역 현황·특성의 분석 및 대내외적 여건 변화의 전망에 관한 사항
  2. 지역발전의 목표와 전략에 관한 사항
  3. 지역 공간구조의 정비 및 지역 내 기능 분담 방향에 관한 사항
  4. 교통, 물류, 정보통신망 등 기반시설의 구축에 관한 사항
  5. 지역의 자원 및 환경 개발과 보전·관리에 관한 사항
  6. 토지의 용도별 이용 및 계획적 관리에 관한 사항
  7. 그 밖에 도의 지속가능한 발전에 필요한 사항으로서 대통령령으로 정하는 사항
② 도지사는 제1항에 따라 도종합계획을 수립할 때에는 「국토의 계획 및 이용에 관한 법률」에 따라 도에 설치된 도시계획위원회의 심의를 거쳐야 한다.
③ 도종합계획의 수립 기준 및 작성 방법은 대통령령으로 정하는 바에 따라 국토교통부장관이 정한다.

정답 ②

133 도시·군계획시설 결정을 할 때, 시설의 기능 발휘를 위해 설치하는 중요한 세부시설에 대한 조성계획을 함께 결정하지 않아도 되는 것은?

① 항만
② 유원지
③ 유통업무설비
④ 폐기물처리시설

해설

○ 도시·군계획시설의 결정·구조 및 설치기준에 관한 규칙

제2조(도시·군계획시설결정의 범위) ① 기반시설에 대한 도시·군관리계획결정(이하 "도시·군계획시설결정"이라 한다)을 할 경우에는 해당 도시·군계획시설의 종류와 기능에 따라 그 위치·면적 등을 결정해야 하며, 시장·공공청사·문화시설·연구시설·사회복지시설·장사시설 중 장례식장·종합의료시설 등 건축물인 시설로서 그 규모로 인하여 특별시·광역시·특별자치시·시 또는 군(광역시의 관할구역에 있는 군을 제외한다. 이하 같다)의 공간이용에 상당한 영향을 주는 도시·군계획시설인 경우에는 건폐율·용적률 및 높이의 범위를 함께 결정해야 한다.

② 다음 각 호의 시설에 대하여 도시·군계획시설결정을 하는 경우에는 그 시설의 기능발휘를 위하여 설치하는 중요한 세부시설에 대한 조성계획을 함께 결정해야 한다. 다만, 다른 법률에서 해당 법률에 따른 허가, 승인, 인가 등을 받음에 따라 「국토의 계획 및 이용에 관한 법률」 제30조에 따른 도시·군관리계획의 결정을 받은 것으로 의제되는 경우에는 그 시설의 기능발휘를 위하여 설치하는 중요한 세부시설에 대한 조성계획은 해당 도시·군계획시설사업의 실시계획 인가를 받기 전까지 결정할 수 있다.

1. 항만
2. 공항
3. 유원지
4. 유통업무설비
5. 학교(제88조 제3호에 따른 학교로 한정한다)
6. 체육시설(제99조 제7호에 따른 운동장으로 한정한다)
7. 문화시설(제96조 제7호 및 제8호에 따른 문화시설로 한정한다)

③ 제2항에 따라 중요한 세부시설에 대한 조성계획을 결정할 경우에는 도시·군계획시설의 기능 및 장래의 공간수요를 고려한 다음 각 호에 관한 사항을 포함해야 한다.

1. 다음 각 목의 사항이 포함된 토지이용계획
    가. 세부시설의 면적(토지용도별로 세분된 구역의 면적을 말한다)
    나. 주요 건축물·공작물에 대한 배치계획
2. 제1호의 토지이용계획에 따라 세분된 구역별로 설치할 수 있는 건축물에 관한 다음 각 목의 사항. 이 경우 건축물별로 그 내용 및 범위를 달리 정할 수 있다.
    가. 건축물의 용도
    나. 건축면적의 합계
    다. 건축물 연면적의 합계(「건축법 시행령」 제119조 제1항 제4호 각 목에 해당하는 면적은 제외한다)
    라. 건축물의 높이

④ 주차장, 공원, 녹지, 유원지, 광장, 학교, 체육시설, 공공청사, 문화시설, 청소년수련시설 및 종합의료 시설을 다음 각 호의 어느 하나에 해당하는 지역 등 재해에 취약한 지역(이하 "재해취약지역"이라 한다)이나 그 인근에 설치하는 경우에는 저류시설 및 주민대피시설 등을 포함하여 도시·군계획시설결정을 할 수 있다.
  1. 「국토의 계획 및 이용에 관한 법률」 제37조 제1항 제5호에 따른 방재지구(이하 "방재지구"라 한다)
  2. 「급경사지 재해예방에 관한 법률」 제2조 제1호에 따른 급경사지(이하 "급경사지"라 한다)
  3. 「자연재해대책법」 제12조에 따른 자연재해위험지구 및 같은 법 제16조에 따라 수립되는 풍수저감 종합계획에서 자연재해의 발생 위험이 높은 것으로 평가된 지역

정답 ④

134 개발밀도관리구역 지정 지역 기준이 틀린 것은?

① 당해 지역의 도로서비스 수준이 매우 낮아 차량통행이 현저하게 지체되는 지역
② 당해 지역의 도로율이 국토교통부령이 정하는 용도지역별 도로율에 20% 이상 미달하는 지역
③ 향후 2년 이내에 당해 지역의 하수발생량이 하수시설의 시설용량을 초과할 것으로 예상되는 지역
④ 향후 2년 이내에 당해 지역의 학생수가 학교수용능력을 50% 이상 초과할 것으로 예상되는 지역

해설

정답 ④

Theme 03 국토기본법

001 국토기본법에 의거한 국토계획에 대한 설명 중 적당하지 않은 것은?

① 지역계획은 단기적 정책 목표를 달성하기 위하여 수립하는 사업이다.
② 국토종합계획은 국토 전역을 대상으로 한다.
③ 부문별계획을 국토 전역을 대상으로 하여 특정부문에 대한 장기적인 발전방향을 제시하는 계획이다.
④ 시·군종합계획은 국토의 계획 및 이용에 관한 법률에 의하여 수립한다.

해설

제6조(국토계획의 정의 및 구분) ① 이 법에서 "국토계획"이란 국토를 이용·개발 및 보전할 때 미래의 경제적·사회적 변동에 대응하여 국토가 지향하여야 할 발전 방향을 설정하고 이를 달성하기 위한 계획을 말한다.
② 국토계획은 다음 각 호의 구분에 따라 국토종합계획, 도종합계획, 시·군 종합계획, 지역계획 및 부문별계획으로 구분한다.
  1. 국토종합계획: 국토 전역을 대상으로 하여 국토의 장기적인 발전 방향을 제시하는 종합계획
  2. 도종합계획: 도 또는 특별자치도의 관할구역을 대상으로 하여 해당 지역의 장기적인 발전 방향을 제시하는 종합계획
  3. 시·군종합계획: 특별시·광역시·시 또는 군(광역시의 군은 제외한다)의 관할구역을 대상으로 하여 해당 지역의 기본적인 공간구조와 장기 발전 방향을 제시하고, 토지이용, 교통, 환경, 안전, 산업, 정보통신, 보건, 후생, 문화 등에 관하여 수립하는 계획으로서 「국토의 계획 및 이용에 관한 법률」에 따라 수립되는 도시·군계획
  4. 지역계획: 특정 지역을 대상으로 특별한 정책목적을 달성하기 위하여 수립하는 계획
  5. 부문별계획: 국토 전역을 대상으로 하여 특정 부문에 대한 장기적인 발전 방향을 제시하는 계획

제7조(국토계획의 상호 관계) ① 국토종합계획은 도종합계획 및 시·군종합계획의 기본이 되며, 부문별계획과 지역계획은 국토종합계획과 조화를 이루어야 한다.
② 도종합계획은 해당 도의 관할구역에서 수립되는 시·군종합계획의 기본이 된다.
③ 국토종합계획은 20년을 단위로 하여 수립하며, 도종합계획, 시·군종합계획, 지역계획 및 부문별계획의 수립권자는 국토종합계획의 수립 주기를 고려하여 그 수립 주기를 정하여야 한다.

제16조(지역계획의 수립) ① 중앙행정기관의 장 또는 지방자치단체의 장은 지역 특성에 맞는 정비나 개발을 위하여 필요하다고 인정하면 관계 중앙행정기관의 장과 협의하여 관계 법률에서 정하는 바에 따라 다음 각 호의 구분에 따른 지역계획을 수립할 수 있다.
  1. 수도권 발전계획: 수도권에 과도하게 집중된 인구와 산업의 분산 및 적정배치를 유도하기 위하여 수립하는 계획
  2. 지역개발계획: 성장 잠재력을 보유한 낙후지역 또는 거점지역 등과 그 인근지역을 종합적·체계적으로 발전시키기 위하여 수립하는 계획
  3. 삭제
  4. 삭제
  5. 그 밖에 다른 법률에 따라 수립하는 지역계획
② 중앙행정기관의 장 또는 지방자치단체의 장은 제1항에 따라 지역계획을 수립하거나 변경한 때에는 이를 지체 없이 국토교통부장관에게 알려야 한다.

정답 ①

002 국토종합계획의 승인에 대한 설명으로 가장 적절한 것은?

① 국토정책위원회의 자문과 국무회의의 심의를 거쳐 승인
② 관계중앙행정기관의 장과 협의 후 국토정책위원회의 심의
③ 시·도지사는 심의안에 대한 의견을 60일 이내에 제시
④ 국무회의심의는 관계중앙행정기관의 장과의 협의로 대체 가능

해설

제9조(국토종합계획의 수립) ① 국토교통부장관은 국토종합계획을 수립하여야 한다.
② 국토교통부장관은 국토종합계획을 수립하려는 경우에는 중앙행정기관의 장 및 특별시장·광역시장·도지사 또는 특별자치도지사(이하 "시·도지사"라 한다)에게 대통령령으로 정하는 바에 따라 국토종합계획에 반영되어야 할 정책 및 사업에 관한 소관별 계획안의 제출을 요청할 수 있다. 이 경우 중앙행정기관의 장 및 시·도지사는 특별한 사유가 없으면 요청에 따라야 한다.
③ 국토교통부장관은 제2항에 따라 받은 소관별 계획안을 기초로 대통령령으로 정하는 바에 따라 이를 조정·총괄하여 국토종합계획안을 작성하며, 제출된 소관별 계획안의 내용 외에 국토종합계획에 포함되는 것이 타당하다고 인정하는 사항은 관계 행정기관의 장과 협의하여 국토종합계획안에 반영할 수 있다.
④ 이미 수립된 국토종합계획을 변경하는 경우에는 제2항과 제3항을 준용한다.

제10조(국토종합계획의 내용) 국토종합계획에는 다음 각 호의 사항에 대한 기본적이고 장기적인 정책방향이 포함되어야 한다.
1. 국토의 현황 및 여건 변화 전망에 관한 사항
2. 국토발전의 기본 이념 및 바람직한 국토 미래상의 정립에 관한 사항
2의2. 교통, 물류, 공간정보 등에 관한 신기술의 개발과 활용을 통한 국토의 효율적인 발전 방향과 혁신 기반 조성에 관한 사항
3. 국토의 공간구조의 정비 및 지역별 기능 분담 방향에 관한 사항
4. 국토의 균형발전을 위한 시책 및 지역산업 육성에 관한 사항
5. 국가경쟁력 향상 및 국민생활의 기반이 되는 국토 기간 시설의 확충에 관한 사항
6. 토지, 수자원, 산림자원, 해양수산자원 등 국토자원의 효율적 이용 및 관리에 관한 사항
7. 주택, 상하수도 등 생활 여건의 조성 및 삶의 질 개선에 관한 사항
8. 수해, 풍해(風害), 그 밖의 재해의 방제(防除)에 관한 사항
9. 지하 공간의 합리적 이용 및 관리에 관한 사항
10. 지속가능한 국토 발전을 위한 국토 환경의 보전 및 개선에 관한 사항
11. 그 밖에 제1호부터 제10호까지에 부수(附隨)되는 사항

제11조(공청회의 개최) ① 국토교통부장관은 국토종합계획안을 작성하였을 때에는 공청회를 열어 일반 국민과 관계 전문가 등으로부터 의견을 들어야 하며, 공청회에서 제시된 의견이 타당하다고 인정하면 국토종합계획에 반영하여야 한다. 다만, 국방상 기밀을 유지하여야 하는 사항으로서 국방부장관이 요청한 사항은 그러하지 아니하다.
② 제1항에 따른 공청회의 개최에 필요한 사항은 대통령령으로 정한다.

제12조(국토종합계획의 승인) ① 국토교통부장관은 국토종합계획을 수립하거나 확정된 계획을 변경하려면 미리 제26조에 따른 국토정책위원회(이하 "국토정책위원회"라 한다)와 국무회의의 **심의**를 거친 후 대통령의 승인을 받아야 한다.
② 국토교통부장관은 제1항에 따라 국토정책위원회의 심의를 받으려는 경우에는 미리 심의안에 대하여 관계 중앙행정기관의 장과 **협의**하여야 하며 시·도지사의 **의견**을 들어야 한다.

③ 제2항에 따른 심의안을 받은 관계 중앙행정기관의 장 및 시·도지사는 특별한 사유가 없으면 심의안을 받은 날부터 30일 이내에 국토교통부장관에게 의견을 제시하여야 한다.
④ 국토교통부장관은 제1항에 따라 국토종합계획을 승인받았을 때에는 지체 없이 그 주요 내용을 관보에 공고하고, 관계 중앙행정기관의 장, 시·도지사, 시장 및 군수(광역시의 군수는 제외한다. 이하 이 장에서 같다)에게 국토종합계획을 보내야 한다.

정답 ②

003 국토계획의 수립권자가 바르게 연결된 것은?

① 도종합계획 : 도지사 또는 국토교통부장관
② 부문별계획 : 중앙행정기관의 장 또는 지방자치단체의 장
③ 국토종합계획 : 국무총리
④ 지역계획 : 중앙행정기관의 장 또는 지방자치단체의 장

해설

제9조(국토종합계획의 수립) ① 국토교통부장관은 국토종합계획을 수립하여야 한다.
② 국토교통부장관은 국토종합계획을 수립하려는 경우에는 중앙행정기관의 장 및 특별시장·광역시장·도지사 또는 특별자치도지사(이하 "시·도지사"라 한다)에게 대통령령으로 정하는 바에 따라 국토종합계획에 반영되어야 할 정책 및 사업에 관한 소관별 계획안의 제출을 요청할 수 있다. 이 경우 중앙행정기관의 장 및 시·도지사는 특별한 사유가 없으면 요청에 따라야 한다.
③ 국토교통부장관은 제2항에 따라 받은 소관별 계획안을 기초로 대통령령으로 정하는 바에 따라 이를 조정·총괄하여 국토종합계획안을 작성하며, 제출된 소관별 계획안의 내용 외에 국토종합계획에 포함되는 것이 타당하다고 인정하는 사항은 관계 행정기관의 장과 협의하여 국토종합계획안에 반영할 수 있다.
④ 이미 수립된 국토종합계획을 변경하는 경우에는 제2항과 제3항을 준용한다.

제13조(도종합계획의 수립) ① 도지사(특별자치도의 경우에는 특별자치도지사를 말한다. 이하 같다)는 다음 각 호의 사항에 대한 도종합계획을 수립하여야 한다. 다만, 다른 법률에 따라 따로 계획이 수립된 도로서 대통령령으로 정하는 도는 도종합계획을 수립하지 아니할 수 있다.
  1. 지역 현황·특성의 분석 및 대내외적 여건 변화의 전망에 관한 사항
  2. 지역발전의 목표와 전략에 관한 사항
  3. 지역 공간구조의 정비 및 지역 내 기능 분담 방향에 관한 사항
  4. 교통, 물류, 정보통신망 등 기반시설의 구축에 관한 사항
  5. 지역의 자원 및 환경 개발과 보전·관리에 관한 사항
  6. 토지의 용도별 이용 및 계획적 관리에 관한 사항
  7. 그 밖에 도의 지속가능한 발전에 필요한 사항으로서 대통령령으로 정하는 사항
② 도지사는 제1항에 따라 도종합계획을 수립할 때에는 「국토의 계획 및 이용에 관한 법률」에 따라 도에 설치된 도시계획위원회의 심의를 거쳐야 한다.
③ 도종합계획의 수립 기준 및 작성 방법은 대통령령으로 정하는 바에 따라 국토교통부장관이 정한다.

제16조(지역계획의 수립) ① 중앙행정기관의 장 또는 지방자치단체의 장은 지역 특성에 맞는 정비나 개발을 위하여 필요하다고 인정하면 관계 중앙행정기관의 장과 협의하여 관계 법률에서 정하는 바에 따라 다음 각 호의 구분에 따른 지역계획을 수립할 수 있다.
  1. 수도권 발전계획: 수도권에 과도하게 집중된 인구와 산업의 분산 및 적정배치를 유도하기 위하여 수립하는 계획
  2. 지역개발계획: 성장 잠재력을 보유한 낙후지역 또는 거점지역 등과 그 인근지역을 종합적·체계적으로 발전시키기 위하여 수립하는 계획

3. 삭제
4. 삭제
5. 그 밖에 다른 법률에 따라 수립하는 지역계획

② 중앙행정기관의 장 또는 지방자치단체의 장은 제1항에 따라 지역계획을 수립하거나 변경한 때에는 이를 지체 없이 국토교통부장관에게 알려야 한다.

제17조(부문별계획의 수립) ① 중앙행정기관의 장은 국토 전역을 대상으로 하여 소관 업무에 관한 부문별계획을 수립할 수 있다.

② 중앙행정기관의 장은 제1항에 따른 부문별계획을 수립할 때에는 국토종합계획의 내용을 반영하여야 하며, 이와 상충(相衝)되지 아니하도록 하여야 한다.

③ 중앙행정기관의 장은 제1항에 따라 부문별계획을 수립하거나 변경한 때에는 지체 없이 국토교통부장관에게 알려야 한다.

정답 ④

004 국토기본법상의 국토관리의 기본이념으로서 옳지 않은 것은?

① 국토에 관한 계획 및 정책은 개발과 환경의 조화를 바탕으로 한다.
② 국토를 균형 있게 발전시켜 국가의 경쟁력을 높인다.
③ 국토의 지속 가능한 발전을 도모할 수 있도록 국토에 관한 계획 및 정책을 수립·집행하여야 한다.
④ 국토개발에서 투자 효과가 큰 지역을 집중 개발토록 한다.

해설

제2조(국토관리의 기본 이념) 국토는 모든 국민의 삶의 터전이며 후세에 물려줄 민족의 자산이므로, 국토에 관한 계획 및 정책은 개발과 환경의 조화를 바탕으로 국토를 균형 있게 발전시키고 국가의 경쟁력을 높이며 국민의 삶의 질을 개선함으로써 국토의 지속가능한 발전을 도모할 수 있도록 수립·집행하여야 한다.

정답 ④

005 다음 중 국토기본법에 의한 지역계획의 범주에 속하는 것은?

① 수도권 발전계획
② 광역권지역 개발계획
③ 특정용도지역 개발계획
④ 개발촉진지구 개발계획

해설

정답 ①

006 국토기본법상 지역계획수립에 대한 내용이 적절한 것은?

① 지방자치단체의 장은 관계기관과의 협의 없이 지역특성에 맞는 지역계획수립 가능하다.
② 중앙행정기관의 장이 규정에 의하여 부문별 계획을 수립 시에는 국토종합계획의 내용을 반영하여야 한다.
③ 개발촉진지구개발계획은 지역계획이라 볼 수 없다.
④ 중앙행정기관의 장은 국토 전역을 대상으로 해서는 소관 업무에 관한 부문별계획을 수립할 수 없다.

해설

정답 ②

007 국토종합계획의 승인에 대한 설명으로 가장 적절한 것은?

① 국토정책위원회의 자문과 국무회의의 심의를 거쳐 승인
② 관계중앙행정기관의 장과 협의 후 국토정책위원회의 심의
③ 시도지사는 심의안에 대한 의견을 60일 이내에 제시
④ 국토종합계획의 승인을 얻은 경우 주요내용에 대한 검토 기간을 갖고 관보에 공고한다.

해설

제12조(국토종합계획의 승인) ① 국토교통부장관은 국토종합계획을 수립하거나 확정된 계획을 변경하려면 미리 제26조에 따른 국토정책위원회(이하 "국토정책위원회"라 한다)와 국무회의의 심의를 거친 후 대통령의 승인을 받아야 한다.
② 국토교통부장관은 제1항에 따라 국토정책위원회의 심의를 받으려는 경우에는 미리 심의안에 대하여 관계 중앙행정기관의 장과 협의하여야 하며 시·도지사의 의견을 들어야 한다.
③ 제2항에 따른 심의안을 받은 관계 중앙행정기관의 장 및 시·도지사는 특별한 사유가 없으면 심의안을 받은 날부터 30일 이내에 국토교통부장관에게 의견을 제시하여야 한다.
④ 국토교통부장관은 제1항에 따라 국토종합계획을 승인받았을 때에는 지체 없이 그 주요 내용을 관보에 공고하고, 관계 중앙행정기관의 장, 시·도지사, 시장 및 군수(광역시의 군수는 제외한다. 이하 이 장에서 같다)에게 국토종합계획을 보내야 한다.

정답 ②

008 국토기본법상 국토종합계획의 내용으로 직접 명시하지 않은 것은?

① 국토발전의 기본이념 및 바람직한 국토 미래상의 정립에 관한 사항
② 문화, 관광자원개발에 관한 사항
③ 주택, 상·하수도 등 생활여건의 조성에 관한 사항
④ 지하공간의 합리적 이용 및 관리에 관한 사항

해설

제7조(국토계획의 상호 관계) ① 국토종합계획은 도종합계획 및 시·군종합계획의 기본이 되며, 부문별계획과 지역계획은 국토종합계획과 조화를 이루어야 한다.
② 도종합계획은 해당 도의 관할구역에서 수립되는 시·군종합계획의 기본이 된다.
③ 국토종합계획은 20년을 단위로 하여 수립하며, 도종합계획, 시·군종합계획, 지역계획 및 부문별계획의 수립권자는 국토종합계획의 수립 주기를 고려하여 그 수립 주기를 정하여야 한다.

제10조(국토종합계획의 내용) 국토종합계획에는 다음 각 호의 사항에 대한 기본적이고 장기적인 정책방향이 포함되어야 한다.
1. 국토의 현황 및 여건 변화 전망에 관한 사항
2. <u>국토발전의 기본 이념 및 바람직한 국토 미래상의 정립에 관한 사항</u>
2의2. 교통, 물류, 공간정보 등에 관한 신기술의 개발과 활용을 통한 국토의 효율적인 발전 방향과 혁신 기반 조성에 관한 사항
3. 국토의 공간구조의 정비 및 지역별 기능 분담 방향에 관한 사항
4. 국토의 균형발전을 위한 시책 및 지역산업 육성에 관한 사항
5. 국가경쟁력 향상 및 국민생활의 기반이 되는 국토 기간 시설의 확충에 관한 사항
6. 토지, 수자원, 산림자원, 해양수산자원 등 국토자원의 효율적 이용 및 관리에 관한 사항
7. <u>주택, 상하수도 등 생활 여건의 조성 및 삶의 질 개선에 관한 사항</u>
8. 수해, 풍해(風害), 그 밖의 재해의 방제(防除)에 관한 사항
9. <u>지하 공간의 합리적 이용 및 관리에 관한 사항</u>
10. 지속가능한 국토 발전을 위한 국토 환경의 보전 및 개선에 관한 사항
11. 그 밖에 제1호부터 제10호까지에 부수(附隨)되는 사항

정답 ②

009 국토기본법상 국토관리의 기본이념으로 옳지 않은 것은?

① 국토를 균형 있게 발전시킴
② 국민의 삶의 질을 개선
③ 국토의 지속가능한 발전 도모
④ 지속적인 산업발전을 촉진

해설

정답 ④

010 국토기본법령상 국토정책위원회에 관한 설명으로 맞는 것은?

① 국토정책위원회의 위원장은 국토교통부장관이 된다.
② 국토정책위원회는 위원장 1인, 부위원장 2인을 포함한 42명 이내의 위원으로 구성한다.
③ 국토정책위원회 위촉위원의 임기는 3년으로 한다.
④ 국토정책위원회 위원 중 대통령령이 정하는 중앙행정기관의 장에는 중소벤처기업부장관이 해당된다.

> 해설

제26조(국토정책위원회) ① 국토계획 및 정책에 관한 중요 사항을 심의하기 위하여 국무총리 소속으로 국토정책위원회를 둔다.
② 국토정책위원회는 다음 각 호의 사항을 심의한다. 다만, 제3호와 제4호의 경우 다른 법률에서 다른 위원회의 심의를 거치도록 한 경우에는 국토정책위원회의 심의를 거치지 아니한다.
  1. 국토종합계획에 관한 사항
  2. 도종합계획에 관한 사항
  3. 지역계획에 관한 사항
  4. 부문별계획에 관한 사항
  5. 국토계획평가에 관한 사항
  6. 제20조 제2항 및 제21조에 따른 국토계획 및 국토계획에 관한 처분 등의 조정에 관한 사항
  7. 이 법 또는 다른 법률에서 국토정책위원회의 심의를 거치도록 한 사항
  8. 그 밖에 국토정책위원회 위원장 또는 제28조에 따른 분과위원회 위원장이 회의에 부치는 사항

제27조(구성 등) ① 국토정책위원회는 위원장 1명, 부위원장 2명을 포함한 42명 이내의 위원으로 구성하고, 위원은 당연직위원과 위촉위원으로 구성한다. 다만, 지역계획에 관한 사항을 심의하는 경우에는 해당 시·도지사는 위원 정수에도 불구하고 해당 사항에 한정하여 위원이 된다.
② <u>위원장은 국무총리가 되고, 부위원장은 국토교통부장관과 위촉위원 중에서 호선으로 선정된 위원으로 한다.</u>
③ 위원은 다음 각 호의 사람으로 한다.
  1. <u>당연직위원: 대통령령으로 정하는 중앙행정기관의 장과 국무조정실장, 「국가균형발전 특별법」에 따른 국가균형발전위원회 위원장</u>
  2. 위촉위원: 국토계획 및 정책에 관하여 학식과 경험이 풍부한 사람으로서 국무총리가 위촉한 사람
④ <u>위촉위원의 임기는 2년으로 하되,</u> 사임 등으로 인하여 새로 위촉된 위원의 임기는 전임위원 임기의 남은 기간으로 한다.
⑤ 제1항부터 제4항까지에서 규정한 사항 외에 국토정책위원회의 구성 및 운영 등에 필요한 사항은 대통령령으로 정한다.

제28조(분과위원회 및 전문위원 등) ① 국토정책위원회의 업무를 효율적으로 수행하기 위하여 대통령령으로 정하는 바에 따라 분야별로 분과위원회를 둔다.
② 분과위원회의 심의는 국토정책위원회의 심의로 본다.
③ 국토정책위원회와 분과위원회의 주요 심의사항에 관하여 자문하기 위하여 국토정책위원회의 위원장은 국토계획 및 정책에 관한 전문지식 및 경험이 있는 사람 중에서 전문위원을 위촉할 수 있다.
④ 전문위원은 국토정책위원회와 분과위원회에 출석하여 발언할 수 있으며, 필요한 경우 위원회에 서면으로 의견을 제출할 수 있다.
⑤ 분과위원회의 구성·운영 및 전문위원의 임기 등에 필요한 사항은 대통령령으로 정한다.

영 제12조(국토정책위원회의 구성 및 운영) ① 법 제27조 제3항 제1호에서 "대통령령으로 정하는 중앙행정기관의 장"이란 <u>기획재정부장관, 교육부장관, 과학기술정보통신부장관, 국방부장관, 행정안전부장관, 문화체육관광부장관, 농림축산식품부장관, 산업통상자원부장관, 환경부장관, 해양수산부장관 및 산림청장</u>을 말한다.
② 법 제26조 제1항에 따른 국토정책위원회(이하 "위원회"라 한다)의 위원장(이하 "위원장"이라 한다)은 위원회를 대표하고, 위원회의 업무를 총괄한다.
③ 위원장이 부득이한 사유로 직무를 수행할 수 없을 때에는 위원장이 미리 정한 부위원장 순서로 그 직무를 대행하고, 위원장과 부위원장이 모두 부득이한 사유로 그 직무를 수행할 수 없을 때에는 위원장이 미리 지명한 위원이 그 직무를 대행한다.
④ 위원장은 위원회의 회의를 소집하고, 그 의장이 된다.

⑤ 위원장은 위원회의 회의 개최 7일 전까지 회의의 일시·장소 및 심의 안건을 위원회의 위원에게 통보하여야 한다. 다만, 긴급한 사유가 있는 경우에는 회의 일시 등을 회의 전날까지 통보할 수 있다.
⑥ 위원회의 회의는 재적위원 과반수의 출석으로 개의(開議)하고, 출석위원 과반수의 찬성으로 의결한다.
⑦ 위원회에 위원회의 사무를 처리할 간사 1명을 두며, 국토교통부 소속 3급 공무원 또는 고위공무원단에 속하는 일반직공무원 중에서 국토교통부장관이 지명한다.
⑧ 제1항부터 제7항까지에서 규정한 사항 외에 위원회의 운영에 필요한 사항은 위원회의 의결을 거쳐 위원장이 정한다.

제12조의2(위원의 해촉) 국무총리는 법 제27조 제3항 제2호에 따른 위촉위원이 다음 각 호의 어느 하나에 해당하는 경우에는 해당 위원을 해촉(解囑)할 수 있다.
  1. 심신장애로 인하여 직무를 수행할 수 없게 된 경우
  2. 직무와 관련된 비위사실이 있는 경우
  3. 직무태만, 품위손상이나 그 밖의 사유로 인하여 위원으로 적합하지 아니하다고 인정되는 경우
  4. 위원 스스로 직무를 수행하는 것이 곤란하다고 의사를 밝히는 경우

제13조(분과위원회의 구성 및 운영) ① 법 제28조 제1항에 따라 위원회에 지역발전분과위원회 및 국토계획평가분과위원회를 둔다.
② 제1항에 따른 지역발전분과위원회는 법 제26조 제2항 제3호, 제4호, 제7호 및 제8호에 관한 사항 중 위원장이 정하는 사항을 심의한다.
③ 제1항에 따른 국토계획평가분과위원회는 법 제26조 제2항 제5호에 관한 사항 및 그 밖의 사항 중 위원장이 정하는 사항을 심의한다.
④ <u>제1항에 따른 각 분과위원회(이하 "분과위원회"라 한다)는 분과위원회 위원장 1명을 포함하여 위원장이 지명하는 20명 이내의 위원회의 위원으로 구성</u>하며, 분과위원회 위원장은 부위원장 중에서 위원장이 지명한다.
⑤ 분과위원회에 분과위원회의 사무를 처리할 간사 1명을 두며, 국토교통부 소속 3급 공무원 또는 고위공무원단에 속하는 일반직공무원 중에서 국토교통부장관이 지명한다.
⑥ 제1항부터 제3항까지에서 규정한 사항 외에 분과위원회의 운영에 필요한 사항은 위원회의 의결을 거쳐 위원장이 정한다.

제14조(전문위원의 자격 등) ① 법 제28조 제3항에 따라 위원회에 두는 전문위원의 수는 3명 이내로 한다.
② <u>제1항에 따른 전문위원의 임기는 3년으로 한다.</u>
③ 제1항에 따른 전문위원의 자격 및 업무 등에 관한 사항은 위원회의 의결을 거쳐 위원장이 정한다.

정답 ②

---

011 국토기본법에 의한 국토정책위원회에 대한 설명으로 옳은 것은?

① 위원장 1인, 부위원장 3인과 40인 이내의 위원으로 구성한다.
② 국토교통부장관 소속 하에 둔다.
③ 분과위원회와 전문위원을 둘 수 있다.
④ 위원장은 국토교통부장관이다.

해설

정답 ③

012 다음 중 국토기본법에 명시된 도종합계획의 내용에 속하지 않는 것은?

① 국민생활의 기반이 되는 국토기간시설의 확충에 관한 사항
② 교통·물류·정보통신망 등 기반시설의 구축에 관한 사항
③ 지역의 자원 및 환경의 개발과 보전·관리에 관한 사항
④ 토지의 용도별 이용 및 계획적 관리에 관한 사항

해설

제13조(도종합계획의 수립) ① 도지사(특별자치도의 경우에는 특별자치도지사를 말한다. 이하 같다)는 다음 각 호의 사항에 대한 도종합계획을 수립하여야 한다. 다만, 다른 법률에 따라 따로 계획이 수립된 도로서 대통령령으로 정하는 도는 도종합계획을 수립하지 아니할 수 있다.
  1. 지역 현황·특성의 분석 및 대내외적 여건 변화의 전망에 관한 사항
  2. 지역발전의 목표와 전략에 관한 사항
  3. 지역 공간구조의 정비 및 지역 내 기능 분담 방향에 관한 사항
  4. 교통, 물류, 정보통신망 등 기반시설의 구축에 관한 사항
  5. 지역의 자원 및 환경 개발과 보전·관리에 관한 사항
  6. 토지의 용도별 이용 및 계획적 관리에 관한 사항
  7. 그 밖에 도의 지속가능한 발전에 필요한 사항으로서 대통령령으로 정하는 사항
② 도지사는 제1항에 따라 도종합계획을 수립할 때에는 「국토의 계획 및 이용에 관한 법률」에 따라 도에 설치된 도시계획위원회의 심의를 거쳐야 한다.
③ 도종합계획의 수립 기준 및 작성 방법은 대통령령으로 정하는 바에 따라 국토교통부장관이 정한다.

정답 ①

013 국토종합계획에 포함되어야 할 내용이 아닌 것은?

① 개발제한구역의 지정 및 관리에 관한 사항
② 국토의 균형발전을 위한 시책 및 지역산업육성에 관한 사항
③ 토지, 수자원, 산림자원, 해양자원 등 국토자원의 효율적 이용 및 관리에 관한 사항
④ 국가경쟁력 향상 및 국민생활의 기반이 되는 국토 기간 시설의 확충에 관한 사항

해설

제10조(국토종합계획의 내용) 국토종합계획에는 다음 각 호의 사항에 대한 기본적이고 장기적인 정책방향이 포함되어야 한다.
  1. 국토의 현황 및 여건 변화 전망에 관한 사항
  2. 국토발전의 기본 이념 및 바람직한 국토 미래상의 정립에 관한 사항
  2의2. 교통, 물류, 공간정보 등에 관한 신기술의 개발 및 활용을 통한 국토의 효율적인 발전 방향과 혁신 기반 조성에 관한 사항
  3. 국토의 공간구조의 정비 및 지역별 기능 분담 방향에 관한 사항
  4. 국토의 균형발전을 위한 시책 및 지역산업 육성에 관한 사항

5. 국가경쟁력 향상 및 국민생활의 기반이 되는 국토 기간 시설의 확충에 관한 사항
6. 토지, 수자원, 산림자원, 해양수산자원 등 국토자원의 효율적 이용 및 관리에 관한 사항
7. 주택, 상하수도 등 생활 여건의 조성 및 삶의 질 개선에 관한 사항
8. 수해, 풍해(風害), 그 밖의 재해의 방제(防除)에 관한 사항
9. 지하 공간의 합리적 이용 및 관리에 관한 사항
10. 지속가능한 국토 발전을 위한 국토 환경의 보전 및 개선에 관한 사항
11. 그 밖에 제1호부터 제10호까지에 부수(附隨)되는 사항

정답 ①

014 공간계획의 기본이 되는 법률로, 국토에 관한 계획 및 정책의 수립·시행에 관한 기본적인 사항을 정함으로써 국토의 건전한 발전과 국민의 복리 향상에 이바지함을 목적으로 제정·시행되는 것은?

① 국토기본법
② 국토건설종합계획법
③ 국토이용관리법
④ 국토의 계획 및 이용에 관한 법률

해설

정답 ①

015 다음 중 국토기본법에 따른 국토계획의 구분과 그 정의가 옳지 않은 것은?

① 국토종합계획은 국토 전역을 대상으로 하여 국토의 장기적인 발전방향을 제시하는 종합계획이다.
② 도종합계획은 도 또는 특별자치도의 관할구역을 대상으로 하여 해당 지역의 장기적인 발전방향을 제시하는 종합 계획이다.
③ 지역계획은 특정지역을 대상으로 특별한 정책목적을 달성하기 위하여 수립하는 계획이다.
④ 부문별계획은 특정 지역을 대상으로 특정 부문에 대한 단기적인 발전방향을 제시하는 계획이다.

해설

정답 ④

016 다음 중 국토기본법에 따른 국토계획의 구분에 해당하지않는 것은?

① 부문별계획
② 도종합계획
③ 시·군종합계획
④ 권역별계획

해설

정답 ④

017 국토기본법에서 수립하는 조사 및 계획의 수립 주체가 잘못 연결된 것은?

① 국토종합계획의 수립 - 국토교통부장관
② 도종합계획의 수립 - 도지사
③ 부문별계획의 수립 - 중앙행정기관의 장
④ 국토조사 - 지방자치단체의 장

해설

제25조(국토 조사) ① 국토교통부장관은 국토에 관한 계획 또는 정책의 수립, 「국가공간정보 기본법」 제32조 제2항에 따른 공간정보의 제작, 연차보고서의 작성 등을 위하여 필요할 때에는 미리 인구, 경제, 사회, 문화, 교통, 환경, 토지이용, 그 밖에 대통령령으로 정하는 사항에 대하여 조사할 수 있다.
② 국토교통부장관은 중앙행정기관의 장 또는 지방자치단체의 장에게 국토 조사에 필요한 자료의 제출을 요청하거나 제1항의 국토 조사 사항 중 일부를 직접 조사하도록 요청할 수 있다. 이 경우 요청을 받은 중앙행정기관의 장 또는 지방자치단체의 장은 특별한 사유가 없으면 요청에 따라야 한다.
③ 국토교통부장관은 효율적인 국토 조사를 위하여 필요하면 제1항에 따른 조사를 전문기관에 의뢰할 수 있다.
④ 중앙행정기관의 장 및 지방자치단체의 장은 국토계획을 수립하기 위한 기초조사 등을 실시할 때 국토조사 결과를 활용할 수 있다.
⑤ 제1항에 따른 국토 조사의 종류와 방법 등에 필요한 사항은 대통령령으로 정한다.

제25조의2(국토모니터링의 추진 등) ① 국토교통부장관은 국토의 변화상과 국토계획 및 국토정책에 대한 추진상황을 주기적 또는 수시로 점검(이하 "국토모니터링"이라 한다)할 수 있다.
② 중앙행정기관의 장 및 지방자치단체의 장은 국토계획 및 국토정책을 수립할 때, 국토모니터링 결과를 반영하도록 노력하여야 한다.
③ 국토교통부장관은 체계적이고 효율적인 국토계획의 수립과 국토정책의 추진을 위하여 국토모니터링체계를 구축·운영할 수 있다.
④ 국토교통부장관은 국토모니터링체계를 구축·운영하기 위하여 필요한 경우 관계 기관에 자료제공을 요청할 수 있다. 이 경우 이를 요청받은 관계 기관은 정당한 사유가 없으면 이에 따라야 한다.
⑤ 제1항부터 제4항까지에서 규정한 사항 외에 국토모니터링의 추진 및 국토모니터링체계의 구축·운영에 필요한 사항은 대통령령으로 정한다.

정답 ④

018 국토기본법에 의한 국토정책위원회에 대한 설명으로 옳은 것은?

① 위원장 1명, 부위원장 3명을 포함한 40명 이내의 위원으로 구성한다.
② 국무총리 소속으로 둔다.
③ 위촉위원의 임기는 3년으로 한다.
④ 위원장은 국토교통부장관이 되고 부위원장은 위촉위원 중에서 위원장이 임명한다.

해설

정답 ②

---

019 국토기본법상 다른 법률에서 다른 위원회의 심의를 거치도록 하여 국토정책위원회의 심의를 거치지 아니하는 사항은?

① 부문별계획에 관한 사항
② 도종합계획에 관한 사항
③ 국토계획평가에 관한 사항
④ 국토종합계획에 관한 사항

해설

제26조(국토정책위원회) ① 국토계획 및 정책에 관한 중요 사항을 심의하기 위하여 국무총리 소속으로 국토정책위원회를 둔다.
② 국토정책위원회는 다음 각 호의 사항을 심의한다. 다만, 제3호와 제4호의 경우 다른 법률에서 다른 위원회의 심의를 거치도록 한 경우에는 국토정책위원회의 심의를 거치지 아니한다.
  1. 국토종합계획에 관한 사항
  2. 도종합계획에 관한 사항
  3. 지역계획에 관한 사항
  4. 부문별계획에 관한 사항
  5. 국토계획평가에 관한 사항
  6. 제20조 제2항 및 제21조에 따른 국토계획 및 국토계획에 관한 처분 등의 조정에 관한 사항
  7. 이 법 또는 다른 법률에서 국토정책위원회의 심의를 거치도록 한 사항
  8. 그 밖에 국토정책위원회 위원장 또는 제28조에 따른 분과위원회 위원장이 회의에 부치는 사항

정답 ①

020 국토기본법에 따른 환경친화적 국토관리의 내용으로 거리가 먼 것은?

① 국토에 관한 계획 또는 사업을 수립·진행할 때에는 자연환경과 생활환경에 미치는 영향을 사전에 고려하여야 하며, 환경에 미치는 부정적인 영향이 최소화될 수 있도록 하여야 한다.
② 국토의 무질서한 개발을 방지하고 국민 생활에 필요한 토지를 원활하게 공급하기 위하여 토지이용에 관한 종합적인 계획을 수립하고 이에 따라 국토 공간을 체계적으로 관리하여야 한다.
③ 지역 간 경쟁을 통하여 국민생활의 질적 향상을 도모하고 국토의 지리적 특성을 살려 국가 경쟁력을 강화할 수 있는 기간시설을 설치하여야 한다.
④ 자연생태계를 통합적으로 관리·보전하고 훼손된 자연생태계를 복원하기 위한 종합적인 시책을 추진하여 인간이 자연과 더불어 살 수 있는 쾌적한 국토 환경을 조성하여야 한다.

해설

제5조(환경친화적 국토관리) ① 국가와 지방자치단체는 국토에 관한 계획 또는 사업을 수립·집행할 때에는 「환경정책기본법」에 따른 환경보전계획의 내용을 고려하여 자연환경과 생활환경에 미치는 영향을 사전에 검토함으로써 환경에 미치는 부정적인 영향을 최소화하고 환경정의가 실현될 수 있도록 하여야 한다.
② 국가와 지방자치단체는 국토의 무질서한 개발을 방지하고 국민생활에 필요한 토지를 원활하게 공급하기 위하여 토지이용에 관한 종합적인 계획을 수립하고 이에 따라 국토 공간을 체계적으로 관리하여야 한다.
③ 국가와 지방자치단체는 산, 하천, 호수, 늪, 연안, 해양으로 이어지는 자연생태계를 통합적으로 관리·보전하고 훼손된 자연생태계를 복원하기 위한 종합적인 시책을 추진함으로써 인간이 자연과 더불어 살 수 있는 쾌적한 국토 환경을 조성하여야 한다.
④ 국토교통부장관은 제1항에 따른 국토에 관한 계획과 「환경정책기본법」에 따른 환경보전계획의 연계를 위하여 필요한 경우에는 적용범위, 연계 방법 및 절차 등을 환경부장관과 공동으로 정할 수 있다.

정답 ③

021 다음 중 국토기본법에 따른 국토계획의 구분과 그 정의가 옳지 않은 것은?

① 국토종합계획은 국토 전역을 대상으로 하여 국토의 장기적인 발전방향을 제시하는 종합계획이다.
② 도종합계획은 도 또는 특별자치도의 관할구역을 대상으로 하여 해당 지역의 장기적인 발전방향을 제시하는 종합계획이다.
③ 지역계획은 특정 지역을 대상으로 특별한 정책목적을 달성하기 위하여 수립하는 계획이다.
④ 부문별계획은 특정 지역을 대상으로 특정 부문에 대한 단기적인 발전방향을 제시하는 계획이다.

해설

정답 ④

022 국토기본법에 의한 국토정책위원회에 대한 설명으로 옳은 것은?

① 국토정책위원회는 위원장 1명, 부위원장 1명, 34명 이내의 위원으로 구성한다.
② 위원장은 대통령, 부위원장은 국무총리이다.
③ 분과위원회의 심의는 국토정책위원회의 심의로 본다.
④ 대통령은 학식경험이 있는 전문가 중에서 전문위원을 약간인으로 위촉할 수 있다.

해설

정답 ③

023 국토기본법상 부문별계획에 대한 설명으로 틀린 것은?

① 부문별계획은 특정 지역을 대상으로 특별한 정책목적을 달성하기 위하여 수립하는 계획이다.
② 중앙행정기관의 장은 국토 전역을 대상으로 하여 소관 업무에 관한 부문별계획을 수립할 수 있다.
③ 중앙행정기관의 장은 부문별계획을 수립할 때에는 국토종합계획의 내용을 반영하여야 하며, 이와 상충되지 아니하도록 하여야 한다.
④ 중앙행정기관의 장은 부문별계획을 수립하거나 변경한 때에는 지체 없이 국토교통부장관에게 알려야 한다.

해설

정답 ①

024 다음 중 국토기본법에 따른 국토계획의 구분에 해당되지 않는 것은?

① 부문별계획
② 도종합계획
③ 시·군종합계획
④ 권역별계획

해설

정답 ④

025 국토기본법에 의한 국토정책위원회에 관한 설명으로 옳은 것은?

① 위원장은 국토교통부장관이 한다.
② 위촉위원은 국무조정실장이 한다.
③ 당연직위원은 국토계획 및 정책에 관하여 학식과 경험이 풍부한 사람으로서 국무총리가 위촉한 사람으로 한다.
④ 위촉위원의 임기는 2년으로 하되, 사임 등으로 인하여 새로 위촉된 위원의 임기는 전임위원 임기의 남은 기간으로 한다.

해설

정답 ④

026 국토종합계획과 조화를 이뤄야 하는 지역계획 중 국토기본법에 의해 수립되는 지역계획은?

① 지역개발계획
② 광역권개발계획
③ 수도권정비계획
④ 개발진흥지구계획

해설

제16조(지역계획의 수립) ① 중앙행정기관의 장 또는 지방자치단체의 장은 지역 특성에 맞는 정비나 개발을 위하여 필요하다고 인정하면 관계 중앙행정기관의 장과 협의하여 관계 법률에서 정하는 바에 따라 다음 각 호의 구분에 따른 지역계획을 수립할 수 있다.
  1. <u>수도권 발전계획</u>: 수도권에 과도하게 집중된 인구와 산업의 분산 및 적정배치를 유도하기 위하여 수립하는 계획
  2. 지역개발계획: 성장 잠재력을 보유한 낙후지역 또는 거점지역 등과 그 인근지역을 종합적·체계적으로 발전시키기 위하여 수립하는 계획
  3. 삭제
  4. 삭제
  5. 그 밖에 다른 법률에 따라 수립하는 지역계획
② 중앙행정기관의 장 또는 지방자치단체의 장은 제1항에 따라 지역계획을 수립하거나 변경한 때에는 이를 지체 없이 국토교통부장관에게 알려야 한다.

정답 ①

027 다음 중 국토종합계획의 승인 및 정비에 관한 설명으로 옳은 것은?

① 국토교통부장관은 국토종합계획을 수립하거나 확정된 계획을 변경하고자 하는 때에는 국토정책위원회와 국무회의의 심의를 거친 후 대통령의 승인을 받아야 한다.
② 국토교통부장관은 10년마다 국토종합계획을 전반적으로 재검토하고 필요하면 정비하여야 한다.
③ 심의안을 송부받은 관계 중앙행정기관의 장 및 시·도지사는 특별한 사유가 없는 한 송부받은 날부터 14일 이내에 국토교통부장관에게 의견을 제시하여야 한다.
④ 국토교통부장관이 국토종합계획의 승인을 얻은 때에는 30일 이내에 7일간 그 주요내용을 관보에 공고하여야 한다.

해설

제12조(국토종합계획의 승인) ① 국토교통부장관은 국토종합계획을 수립하거나 확정된 계획을 변경하려면 미리 제26조에 따른 국토정책위원회(이하 "국토정책위원회"라 한다)와 국무회의의 심의를 거친 후 대통령의 승인을 받아야 한다.
② 국토교통부장관은 제1항에 따라 국토정책위원회의 심의를 받으려는 경우에는 미리 심의안에 대하여 관계 중앙행정기관의 장과 협의하여야 하며 시·도지사의 의견을 들어야 한다.
③ 제2항에 따른 심의안을 받은 관계 중앙행정기관의 장 및 시·도지사는 특별한 사유가 없으면 심의안을 받은 날부터 30일 이내에 국토교통부장관에게 의견을 제시하여야 한다.
④ 국토교통부장관은 제1항에 따라 국토종합계획을 승인받았을 때에는 지체 없이 그 주요 내용을 관보에 공고하고, 관계 중앙행정기관의 장, 시·도지사, 시장 및 군수(광역시의 군수는 제외한다. 이하 이 장에서 같다)에게 국토종합계획을 보내야 한다.

정답 ①

028 국토기본법에 의한 국토정책위원회에 대한 설명으로 옳은 것은?

① 위원장은 대통령, 부위원장은 국무총리이다.
② 분과위원회의 심의는 국토정책위원회의 심의로 본다.
③ 국토정책위원회는 위원장 1명, 부위원장 2명을 포함한 34명 이내의 위원으로 구성한다.
④ 대통령은 국토계획 및 정책에 관한 전문지식 및 경험이 있는 사람 중에서 전문위원을 위촉할 수 있다.

해설

제27조(구성 등) ① 국토정책위원회는 위원장 1명, 부위원장 2명을 포함한 42명 이내의 위원으로 구성하고, 위원은 당연직위원과 위촉위원으로 구성한다. 다만, 지역계획에 관한 사항을 심의하는 경우에는 해당 시·도지사는 위원 정수에도 불구하고 해당 사항에 한정하여 위원이 된다.
② 위원장은 국무총리가 되고, 부위원장은 국토교통부장관과 위촉위원 중에서 호선으로 선정된 위원으로 한다.

③ 위원은 다음 각 호의 사람으로 한다.
  1. 당연직위원: 대통령령으로 정하는 중앙행정기관의 장과 국무조정실장, 「국가균형발전 특별법」에 따른 국가균형발전위원회 위원장
  2. 위촉위원: 국토계획 및 정책에 관하여 학식과 경험이 풍부한 사람으로서 국무총리가 위촉한 사람
④ 위촉위원의 임기는 2년으로 하되, 사임 등으로 인하여 새로 위촉된 위원의 임기는 전임위원 임기의 남은 기간으로 한다.
⑤ 제1항부터 제4항까지에서 규정한 사항 외에 국토정책위원회의 구성 및 운영 등에 필요한 사항은 대통령령으로 정한다.

제28조(분과위원회 및 전문위원 등) ① 국토정책위원회의 업무를 효율적으로 수행하기 위하여 대통령령으로 정하는 바에 따라 분야별로 분과위원회를 둔다.
② 분과위원회의 심의는 국토정책위원회의 심의로 본다.
③ 국토정책위원회와 분과위원회의 주요 심의사항에 관하여 자문하기 위하여 국토정책위원회의 위원장은 국토계획 및 정책에 관한 전문지식 및 경험이 있는 사람 중에서 전문위원을 위촉할 수 있다.
④ 전문위원은 국토정책위원회와 분과위원회에 출석하여 발언할 수 있으며, 필요한 경우 위원회에 서면으로 의견을 제출할 수 있다.
⑤ 분과위원회의 구성·운영 및 전문위원의 임기 등에 필요한 사항은 대통령령으로 정한다.

정답 ②

029 국토기본법령상 국토조사에 대한 아래 설명 중 ( )안에 들어갈 용어가 바르게 나열된 것은?

> ( )은 중앙행정기관의 장 또는 지방자치단체의 장에게 국토 조사에 필요한 자료의 제출을 요청하거나 국토 조사 사항 중 일부를 직접 조사하도록 요청할 수 있다. 이 경우 요청을 받은 중앙행정기관의 장 또는 지방자치단체의 장은 특별한 사유가 없으면 요청에 따라야 한다.

① 국토교통부장관
② 국토정책위원회
③ 시도지사
④ 국무총리

해설

제25조(국토 조사) ① 국토교통부장관은 국토에 관한 계획 또는 정책의 수립, 「국가공간정보 기본법」 제32조 제2항에 따른 공간정보의 제작, 연차보고서의 작성 등을 위하여 필요할 때에는 미리 인구, 경제, 사회, 문화, 교통, 환경, 토지이용, 그 밖에 대통령령으로 정하는 사항에 대하여 조사할 수 있다.
② 국토교통부장관은 중앙행정기관의 장 또는 지방자치단체의 장에게 국토 조사에 필요한 자료의 제출을 요청하거나 제1항의 국토 조사 사항 중 일부를 직접 조사하도록 요청할 수 있다. 이 경우 요청을 받은 중앙행정기관의 장 또는 지방자치단체의 장은 특별한 사유가 없으면 요청에 따라야 한다.
③ 국토교통부장관은 효율적인 국토 조사를 위하여 필요하면 제1항에 따른 조사를 전문기관에 의뢰할 수 있다.
④ 중앙행정기관의 장 및 지방자치단체의 장은 국토계획을 수립하기 위한 기초조사 등을 실시할 때 국토 조사 결과를 활용할 수 있다.
⑤ 제1항에 따른 국토 조사의 종류와 방법 등에 필요한 사항은 대통령령으로 정한다.
[시행일 : 2020. 10. 8.] 제25조

제25조의2(국토모니터링의 추진 등) ① 국토교통부장관은 국토의 변화상과 국토계획 및 국토정책에 대한 추진상황을 주기적 또는 수시로 점검(이하 "국토모니터링"이라 한다)할 수 있다.
② 중앙행정기관의 장 및 지방자치단체의 장은 국토계획 및 국토정책을 수립할 때, 국토모니터링 결과를 반영하도록 노력하여야 한다.
③ 국토교통부장관은 체계적이고 효율적인 국토계획의 수립과 국토정책의 추진을 위하여 국토모니터링체계를 구축·운영할 수 있다.
④ 국토교통부장관은 국토모니터링체계를 구축·운영하기 위하여 필요한 경우 관계 기관에 자료제공을 요청할 수 있다. 이 경우 이를 요청받은 관계 기관은 정당한 사유가 없으면 이에 따라야 한다.
⑤ 제1항부터 제4항까지에서 규정한 사항 외에 국토모니터링의 추진 및 국토모니터링체계의 구축·운영에 필요한 사항은 대통령령으로 정한다.

영 제10조(국토조사의 실시) ① 법 제25조 제1항에서 "대통령령으로 정하는 사항"이란 다음 각 호의 사항을 말한다.
 1. 지형·지물 등 지리정보에 관한 사항
 2. 농림·해양·수산에 관한 사항
 3. 방재 및 안전에 관한 사항
 4. 그밖에 국토교통부장관이 필요하다고 인정하는 사항
② 국토조사는 다음 각호의 구분에 따라 실시하며, 국토교통부장관은 국토조사를 효율적으로 실시하기 위하여 국토조사 항목 및 조사주체 등 필요한 사항에 대하여 관계 중앙행정기관의 장 및 시·도지사와 사전협의를 거쳐 국토조사계획을 수립할 수 있다.
 1. 정기조사 : 국토에 관한 계획 및 정책의 수립, 집행, 성과진단 및 평가, 국토현황의 시계열적·부문별 변화상 측정 및 비교 등에 활용하기 위하여 매년 실시하는 조사
 2. 수시조사 : 국토교통부장관이 필요하다고 인정하는 경우 특정지역 또는 부문 등을 대상으로 실시하는 조사
③ 국토조사는 행정구역 또는 일정한 격자(格子) 형태의 구역 단위로 할 수 있다.
④ 제2항에 규정한 사항외에 국토조사의 실시에 필요한 사항은 국토교통부장관이 정한다.

영 제10조의2(국토조사 성과의 효율적 관리 및 활용) 국토교통부장관은 국토조사 성과의 효율적인 관리 및 활용을 위하여 다음 각 호의 업무를 수행하여야 한다.
 1. 국토조사 자료의 유지·관리
 2. 국토조사 자료의 제공
 3. 국토조사를 이용한 국토통계지도의 구축, 유지·관리 및 활용

정답 ①

Theme 04 택지개발촉진법

001 택지개발촉진법에서 환매권의 기술 중 올바른 것은?

① 환매권자는 환매권이 발생할 수 있는 사유가 있을 경우 환매로써 제3자에게 대항할 수 있다.
② 환매권자의 권리의 소멸에 관하여는 「공익사업을 위한 토지 등의 취득 및 보상에 관한 법률」의 규정을 준용할 수 없다.
③ 환매권자는 환매권이 발생한 날로부터 2년 이내에 환매 할 수 있다.
④ 환매권은 택지개발지구의 지정의 해제 사유로만 권리가 발생한다.

해설

제13조(환매권) ① 택지개발지구의 지정 해제 또는 변경, 실시계획의 승인 취소 또는 변경, 그 밖의 사유로 수용한 토지등의 전부 또는 일부가 필요 없게 되었을 때에는 수용 당시의 토지등의 소유자 또는 그 포괄승계인(이하 "환매권자"(還買權者)라 한다)은 필요 없게 된 날부터 1년 이내에 토지등의 수용 당시 받은 보상금에 대통령령으로 정한 금액을 가산하여 시행자에게 지급하고 이를 환매할 수 있다.
② 환매권자는 환매로써 제3자에게 대항할 수 있다.
③ 환매권자의 권리의 소멸에 관하여는 「공익사업을 위한 토지 등의 취득 및 보상에 관한 법률」 제92조를 준용한다.

> **영 제91조(환매권)** ① 토지의 협의취득일 또는 수용의 개시일(이하 이 조에서 "취득일"이라 한다)부터 10년 이내에 해당 사업의 폐지·변경 또는 그 밖의 사유로 취득한 토지의 전부 또는 일부가 필요 없게 된 경우 취득일 당시의 토지소유자 또는 그 포괄승계인(이하 "환매권자"라 한다)은 그 토지의 전부 또는 일부가 필요 없게 된 때부터 1년 또는 그 취득일부터 10년 이내에 그 토지에 대하여 받은 보상금에 상당하는 금액을 사업시행자에게 지급하고 그 토지를 환매할 수 있다.
> ② 취득일부터 5년 이내에 취득한 토지의 전부를 해당 사업에 이용하지 아니하였을 때에는 제1항을 준용한다. 이 경우 환매권은 취득일부터 6년 이내에 행사하여야 한다.
> ③ 제74조 제1항에 따라 매수하거나 수용한 잔여지는 그 잔여지에 접한 일단의 토지가 필요 없게 된 경우가 아니면 환매할 수 없다.
> ④ 토지의 가격이 취득일 당시에 비하여 현저히 변동된 경우 사업시행자와 환매권자는 환매금액에 대하여 서로 협의하되, 협의가 성립되지 아니하면 그 금액의 증감을 법원에 청구할 수 있다.
> ⑤ 제1항부터 제3항까지의 규정에 따른 환매권은 「부동산등기법」에서 정하는 바에 따라 공익사업에 필요한 토지의 협의취득 또는 수용의 등기가 되었을 때에는 제3자에게 대항할 수 있다.
> ⑥ 국가, 지방자치단체 또는 「공공기관의 운영에 관한 법률」 제4조에 따른 공공기관 중 대통령령으로 정하는 공공기관이 사업인정을 받아 공익사업에 필요한 토지를 협의취득하거나 수용한 후 해당 공익사업이 제4조 제1호부터 제5호까지에 규정된 다른 공익사업(별표에 따른 사업이 제4조 제1호부터 제5호까지에 규정된 공익사업에 해당하는 경우를 포함한다)으로 변경된 경우 제1항 및 제2항에 따른 환매권 행사기간은 관보에 해당 공익사업의 변경을 고시한 날부터 기산(起算)한다. 이 경우 국가, 지방자치단체 또는 「공공기관의 운영에 관한 법률」 제4조에 따른 공공기관 중 대통령령으로 정하는 공공기관은 공익사업이 변경된 사실을 대통령령으로 정하는 바에 따라 환매권자에게 통지하여야 한다.

제92조(환매권의 통지 등) ① 사업시행자는 제91조 제1항 및 제2항에 따라 환매할 토지가 생겼을 때에는 지체 없이 그 사실을 환매권자에게 통지하여야 한다. 다만, 사업시행자가 과실 없이 환매권자를 알 수 없을 때에는 대통령령으로 정하는 바에 따라 공고하여야 한다.
② 환매권자는 제1항에 따른 통지를 받은 날 또는 공고를 한 날부터 6개월이 지난 후에는 제91조 제1항 및 제2항에도 불구하고 환매권을 행사하지 못한다.

정답 ①

002 시행자가 택지개발사업 실시계획 승인을 얻고자 할 때 택지개발사업 실시계획 승인 신청서를 국토교통부장관에게 제출하여야 할 때, 첨부하는 사항에 거리가 먼 것은?

① 자금계획서
② 계획 평면도 및 개략설계도서
③ 공공시설등의 명세서 및 처분계획서
④ 주요 시설물의 관리처분에 관한 사항

해설

영 제8조(실시계획의 작성 및 승인 등) ① 시행자가 법 제9조 제1항에 따른 택지개발사업 실시계획(이하 "실시계획"이라 한다)을 작성하는 경우에는 제2항 각 호의 사항 및 제3항 각 호 서류의 내용을 포함하여 작성하여야 한다.
② 지정권자가 아닌 시행자가 법 제9조 제1항에 따라 실시계획의 승인을 받으려는 경우에는 다음 각 호의 사항을 적은 택지개발사업실시계획승인신청서를 지정권자에게 제출하여야 한다.
 1. 사업시행지
 2. 사업의 종류 및 명칭
 3. 시행자의 명칭·주소 및 대표자의 성명
 4. 시행기간(공정별 소요기간을 포함한다)
③ 제2항의 택지개발사업실시계획승인신청서에는 다음 각 호의 서류를 첨부하여야 한다. 이 경우 지정권자는 「전자정부법」 제36조 제1항에 따른 행정정보의 공동이용을 통하여 사업시행지의 지적도를 확인하여야 한다.
 1. 자금계획서(연차별 자금투입계획 및 재원조달계획을 포함한다)
 2. 사업시행지의 위치도
 3. 계획평면도 및 개략설계도서
 4. 법 제25조에 따른 공공시설 등의 명세서 및 처분계획서
 5. 토지·물건 또는 권리(이하 "토지등"이라 한다)의 매수 및 보상계획서
 6. 토지등을 수용 또는 사용(이하 "수용"이라 한다)하려는 경우에는 수용할 토지등의 소재지, 지번 및 지목, 면적, 소유권 및 소유권 외의 권리의 명세와 그 소유자 및 권리자의 성명·주소를 적은 서류(법 제8조 제1항 제4호에 따라 개발계획에 포함된 사항과 그 내용이 다른 것으로 한정한다)
 7. 공급할 토지의 위치 및 면적, 공급의 대상자 또는 그 선정방법, 공급의 시기·방법 및 조건, 공급가격 결정방법을 정한 택지의 공급에 관한 계획서와 법 제8조 제1항 제3호의 토지이용에 관한 계획에서 정한 택지의 용도 및 공급대상자별 분할 도면
 8. 제6조의4제2항에 따른 협약서(법 제7조 제1항 제5호의 시행자만 해당한다)

정답 ④

003 도시지역의 시급한 주택난을 해소하기 위하여 주택건설에 필요한 택지의 취득, 개발, 공급 및 관리 등에 관하여 특례를 규정하여 주거생활안정과 복지에 기여함을 목적으로한 법률은?

① 주택법
② 택지개발촉진법
③ 도시개발법
④ 사회복지사업법

해설

제1조(목적) 이 법은 도시지역의 시급한 주택난(住宅難)을 해소하기 위하여 주택건설에 필요한 택지(宅地)의 취득·개발·공급 및 관리 등에 관하여 특례를 규정함으로써 국민 주거생활의 안정과 복지 향상에 이바지함을 목적으로 한다.

제2조(용어의 정의) 이 법에서 사용하는 용어의 뜻은 다음과 같다.
1. "택지"란 이 법에서 정하는 바에 따라 개발·공급되는 주택건설용지 및 공공시설용지를 말한다.
2. "공공시설용지"란 「국토의 계획 및 이용에 관한 법률」 제2조 제6호에서 정하는 기반시설과 대통령령으로 정하는 시설을 설치하기 위한 토지를 말한다.
3. "택지개발지구"란 택지개발사업을 시행하기 위하여 「국토의 계획 및 이용에 관한 법률」에 따른 도시지역과 그 주변지역 중 제3조에 따라 국토교통부장관 또는 특별시장·광역시장·도지사·특별자치도지사(이하 "지정권자"라 한다)가 지정·고시하는 지구를 말한다.
4. "택지개발사업"이란 일단(一團)의 토지를 활용하여 주택건설 및 주거생활이 가능한 택지를 조성하는 사업을 말한다.
5. "간선시설"(幹線施設)이란 「주택법」 제2조 제17호에서 정하는 시설을 말한다.

정답 ②

004 공익사업을 위한 토지등의 취득 및 보상에 관한 법률상의 사업 인정으로 간주되는 택지개발촉진법상의 행정처분은?

① 택지개발계획의 승인·고시
② 택지개발사업 실시계획의 승인·고시
③ 택지개발예정지구 지정·고시
④ 택지개발예정지구 조사

해설

제9조(택지개발사업 실시계획의 작성 및 승인 등) ① 시행자는 대통령령으로 정하는 바에 따라 택지개발사업 실시계획(이하 "실시계획"이라 한다)을 작성하고, 지정권자가 아닌 시행자는 실시계획에 대하여 지정권자의 승인을 받아야 한다. 승인된 실시계획을 변경(대통령령으로 정하는 경미한 사항의 변경은 제외한다)하려는 경우에도 같다.
② 실시계획에는 「국토의 계획 및 이용에 관한 법률」 제52조에 따라 작성된 지구단위계획과 택지의 공급에 관한 계획이 포함되어야 한다.
③ 지정권자가 실시계획을 작성하거나 승인하였을 때에는 이를 고시하고, 시행자 및 관할 시장·군수 또는 자치구의 구청장(특별자치도지사의 경우에는 시행자에 한정한다)에게 그 사실을 통지하여야 한다.

④ 지정권자가 제12조 제1항에 따른 토지등의 수용이 필요한 실시계획을 작성하거나 승인하였을 때에는 시행자의 성명, 사업의 종류 및 수용할 토지 등의 세목(細目)을 관보에 고시하고, 그 토지 등의 소유자 및 권리자에게 이를 통지하여야 한다. 다만, 시행자가 실시계획을 작성하거나 승인 신청을 할 때까지 토지등의 소유자 및 권리자와 미리 협의한 경우에는 그러하지 아니하다.
⑤ 시행자는 택지개발사업을 시행할 때 대통령령으로 정하는 특별한 사유가 있는 경우에는 「도시개발법」에 따른 도시개발사업을 실시할 수 있다.

> **제8조(실시계획의 작성 및 승인 등)**
> ⑧ 법 제9조 제5항에서 "대통령령으로 정하는 특별한 사유가 있는 경우"란 택지개발지구가 다음 각 호의 어느 하나에 해당하는 경우를 말한다.
> 1. 택지개발지구 지정 당시 **이미** 「도시개발법」 제3장제3절에 따른 환지 방식(이하 이 조에서 "환지방식"이라 한다)으로 도시개발사업을 시행하기 위하여 도시개발구역으로 결정·고시된 지역에 해당하는 경우
> 2. **해당 지역의 지가가 인근의 다른 택지개발지구의 지가에 비하여 현저히 높아 환지방식 외의 방법으로는 택지개발이 매우 곤란한 경우**
> 3. 택지개발지구에 집단취락이나 건축물 등이 다수 포함되어 있어 주민의 이주 및 생활대책 수립, 그 밖에 사업지구의 특성 등을 고려하여 환지방식 또는 「도시개발법」 제21조 제1항에 따른 **혼용방식에 따른 사업시행이 필요하다고 인정되는 경우**

정답 ①

005 택지개발촉진법상 토지개발사업을 시행함에 있어 도시개발법에 의한 도시개발을 실시할 수 있는 경우는?

① 당해지역의 지가가 인근의 다른 택지개발예정지구의 지가에 비하여 현저히 높아, 환지방식 외의 다른 방법으로는 심히 곤란한 때
② 택지개발예정지구와 도시개발구역이 동시에 결정된 때
③ 당해지역의 토지소유자 및 이해관계인이 동의한 때
④ 국가, 지방자치단체, 한국토지공사와 대한주택공사 전부가 사업시행을 원하지 않을 때

해설

정답 ①

006 택지개발촉진법상 경미한 변경에 해당되지 않는 것은?

① 사업비의 100분의 10 범위에서의 증감
② 사업면적의 100분의 10 범위에서의 감소
③ 사업면적의 100분의 10 범위에서의 증가
④ 승인을 받은 사업비의 범위에서 설비 및 시설의 설치 변경

> 해설

제3조(택지개발지구의 지정 등) ① 특별시장·광역시장·도지사 또는 특별자치도지사(이하 "시·도지사"라 한다)는 「주거기본법」 제5조에 따른 주거종합계획 중 주택·택지의 수요·공급 및 관리에 관한 사항(이하 "택지수급계획"이라 한다)에서 정하는 바에 따라 택지를 집단적으로 개발하기 위하여 필요한 지역을 택지개발지구로 지정(지정한 택지개발지구를 변경하는 경우를 포함한다. 이하 같다)할 수 있다. 이 경우 택지개발사업이 필요하다고 인정되는 지역이 둘 이상의 특별시·광역시·도 또는 특별자치도(이하 "시·도"라 한다)에 걸치는 경우에는 관계 시·도지사가 협의하여 지정권자를 정한다.

② 제1항의 경우 시·도지사(특별자치도지사는 제외한다)는 택지수급계획에서 정한 해당 시·도의 계획량을 초과하여 지정하려면 국토교통부장관과 미리 협의하여야 하고, **지정하려는 택지개발지구의 면적이 대통령령으로 정하는 규모 이상인 경우**에는 국토교통부장관의 승인을 받아야 한다. 이 경우 국토교통부장관이 택지개발지구의 지정을 승인하려는 때에는 미리 「주거기본법」 제8조에 따른 주거정책심의위원회의 심의를 거쳐야 한다.

③ 국토교통부장관은 다음 각 호의 어느 하나에 해당하는 경우에는 제1항에도 불구하고 택지를 집단적으로 개발하기 위하여 필요한 지역을 택지개발지구로 지정할 수 있다. 다만, 특별자치도에 대하여는 그러하지 아니하다.
  1. 국가가 택지개발사업을 실시할 필요가 있는 경우
  2. 관계 중앙행정기관의 장이 요청하는 경우
  3. 제7조 제1항 제2호의 한국토지주택공사가 택지수급계획상 택지공급을 위하여 **대통령령으로 정하는 규모 이상**으로 택지개발지구의 지정을 제안하는 경우
  4. 제1항 후단에 따른 협의가 성립되지 아니하는 경우

④ 지정권자가 제1항 또는 제3항에 따라 택지개발지구를 지정하려는 경우에는 미리 관계 중앙행정기관의 장(특별자치도지사의 경우에는 관계 행정기관의 장을 말한다)과 협의하고 해당 시장(지정권자가 국토교통부장관인 경우에는 시·도지사를 포함한다)·군수 또는 자치구의 구청장의 의견(특별자치도지사의 경우에는 제외한다)을 들은 후 「주거기본법」 제9조에 따른 시·도 주거정책심의위원회(지정권자가 국토교통부장관인 경우에는 「주거기본법」 제8조에 따른 주거정책심의위원회를 말한다)의 심의를 거쳐야 한다. 다만, 대통령령으로 정하는 경미한 사항을 변경하는 경우에는 그러하지 아니하며, 지정권자가 시·도지사인 경우로서 국토교통부장관이 제2항에 따라 주거정책심의위원회의 심의를 거친 경우에는 시·도 주거정책심의위원회의 심의를 거친 것으로 본다.

⑤ 지정권자는 제1항 또는 제3항에 따른 택지개발지구가 제6항에 따라 고시된 날부터 3년 이내에 제9조에 따라 시행자가 택지개발사업 실시계획의 작성 또는 승인 신청을 하지 아니하는 경우에는 그 지정을 해제하여야 한다.

⑥ 지정권자가 제1항 및 제3항부터 제5항까지의 규정에 따라 택지개발지구를 지정 또는 해제하였을 때에는 택지개발지구의 명칭, 위치, 지정된 면적 및 제8조에서 규정한 택지개발계획을 관보에 고시하고, 관계 서류의 사본을 시장(지정권자가 국토교통부장관인 경우에는 특별시장과 광역시장을 포함한다. 이하 같다)·군수 또는 자치구의 구청장에게 송부하여야 한다. 이 경우 「토지이용규제 기본법」 제8조 제2항에 따른 지형도면의 고시에 관하여는 같은 법 제8조에 따른다.

⑦ 제6항에 따라 관계 서류의 사본을 송부받은 시장·군수 또는 자치구의 구청장은 이를 일반인이 열람할 수 있도록 하여야 한다. 다만, 지정권자가 특별자치도지사인 경우에는 직접 그 내용을 일반인이 열람할 수 있도록 하여야 한다.

⑧ 제1항·제3항 또는 제5항에 따른 택지개발지구의 지정 또는 해제가 있은 때에는 「국토의 계획 및 이용에 관한 법률」 제51조에 따른 지구단위계획구역의 지정 또는 해제가 있은 것으로 본다.

영 제2조의2(택지개발지구의 지정 등) ① 법 제3조 제2항 전단에서 "대통령령으로 정하는 규모"란 330만제곱미터를 말한다.
② 법 제3조 제3항 제3호에서 "대통령령으로 정하는 규모"란 100만제곱미터를 말한다.

> **영 제3조(경미한 사항의 변경)** 법 제3조 제4항 단서에서 "대통령령으로 정하는 경미한 사항을 변경하는 경우"란 다음 각 호의 어느 하나에 해당하는 경우를 말한다. 다만, 제2호의 경우로서 택지개발지구의 면적을 확대하려는 지역이 「농어촌정비법」 제13조에 따라 개간 대상 지역으로 결정·고시된 지역, 「군사기지 및 군사시설 보호법」 제4조에 따라 지정된 군사기지 및 군사시설 보호구역이거나 그 확대하려는 지역에 농지가 새로 포함될 때에는 미리 관계 중앙행정기관의 장(특별자치도의 경우에는 관계 행정기관의 장을 말한다. 이하 같다)과 협의하여야 한다.
> 1. 택지개발지구 면적의 축소
> 2. 택지개발지구 면적의 100분의 10 범위에서의 확대

제9조(택지개발사업 실시계획의 작성 및 승인 등) ① 시행자는 대통령령으로 정하는 바에 따라 택지개발사업 실시계획(이하 "실시계획"이라 한다)을 작성하고, 지정권자가 아닌 시행자는 <u>실시계획에 대하여 지정권자의 승인을 받아야 한다</u>. 승인된 실시계획을 변경(대통령령으로 정하는 **경미한 사항의 변경은 제외**한다)하려는 경우에도 같다.
② 실시계획에는 「국토의 계획 및 이용에 관한 법률」 제52조에 따라 작성된 지구단위계획과 택지의 공급에 관한 계획이 포함되어야 한다.
③ 지정권자가 실시계획을 작성하거나 승인하였을 때에는 이를 고시하고, 시행자 및 관할 시장·군수 또는 자치구의 구청장(특별자치도지사의 경우에는 시행자에 한정한다)에게 그 사실을 통지하여야 한다.
④ 지정권자가 제12조 제1항에 따른 토지등의 수용이 필요한 실시계획을 작성하거나 승인하였을 때에는 시행자의 성명, 사업의 종류 및 수용할 토지 등의 세목(細目)을 관보에 고시하고, 그 토지 등의 소유자 및 권리자에게 이를 통지하여야 한다. 다만, 시행자가 실시계획을 작성하거나 승인 신청을 할 때까지 토지등의 소유자 및 권리자와 미리 협의한 경우에는 그러하지 아니하다.
⑤ 시행자는 택지개발사업을 시행할 때 대통령령으로 정하는 특별한 사유가 있는 경우에는 「도시개발법」에 따른 도시개발사업을 실시할 수 있다.

> **영 제8조(실시계획의 작성 및 승인 등)** ① 시행자가 법 제9조 제1항에 따른 택지개발사업 실시계획(이하 "실시계획"이라 한다)을 작성하는 경우에는 제2항 각 호의 사항 및 제3항 각 호 서류의 내용을 포함하여 작성하여야 한다.
> ② 지정권자가 아닌 시행자가 법 제9조 제1항에 따라 실시계획의 승인을 받으려는 경우에는 다음 각 호의 사항을 적은 택지개발사업실시계획승인신청서를 지정권자에게 제출하여야 한다.
> 1. 사업시행지
> 2. 사업의 종류 및 명칭
> 3. 시행자의 명칭·주소 및 대표자의 성명
> 4. 시행기간(공정별 소요기간을 포함한다)
> ③ 제2항의 택지개발사업실시계획승인신청서에는 다음 각 호의 서류를 첨부하여야 한다. 이 경우 지정권자는 「전자정부법」 제36조 제1항에 따른 행정정보의 공동이용을 통하여 사업시행지의 지적도를 확인하여야 한다.
> 1. 자금계획서(연차별 자금투입계획 및 재원조달계획을 포함한다)
> 2. 사업시행지의 위치도
> 3. 계획평면도 및 개략설계도서
> 4. 법 제25조에 따른 공공시설 등의 명세서 및 처분계획서
> 5. 토지·물건 또는 권리(이하 "토지등"이라 한다)의 매수 및 보상계획서
> 6. 토지등을 수용 또는 사용(이하 "수용"이라 한다)하려는 경우에는 수용할 토지등의 소재지, 지번 및 지목, 면적, 소유권 및 소유권 외의 권리의 명세와 그 소유자 및 권리자의 성명·주소를 적은 서류(법 제8조 제1항 제4호에 따라 개발계획에 포함된 사항과 그 내용이 다른 것으로 한정한다)

7. 공급할 토지의 위치 및 면적, 공급의 대상자 또는 그 선정방법, 공급의 시기·방법 및 조건, 공급가격 결정방법을 정한 택지의 공급에 관한 계획서와 법 제8조 제1항 제3호의 토지이용에 관한 계획에서 정한 택지의 용도 및 공급대상자별 분할 도면
8. 제6조의4제2항에 따른 협약서(법 제7조 제1항 제5호의 시행자만 해당한다)

④ 지정권자(특별자치도지사는 제외한다)는 제1항에 따라 실시계획을 작성하거나 승인하려는 경우에는 관계 시장·군수 또는 자치구의 구청장의 의견을 들어야 한다. 다만, 이미 시행자가 시장·군수 또는 자치구의 구청장과 협의를 한 경우에는 그러하지 아니하다.

⑤ **법 제9조 제1항 후단에서 "대통령령으로 정하는 경미한 사항의 변경"이란 다음 각 호의 요건을 충족하는 경우를 말한다.**
   1. 사업비의 100분의 10 범위에서의 증감
   2. 사업면적의 100분의 10 범위에서의 감소
   3. 승인을 받은 사업비의 범위에서 설비 및 시설의 설치 변경

⑥ 시행자는 제5항 각 호의 어느 하나에 해당하는 사항이 발생하였을 때에는 지체 없이 지정권자에게 이를 보고하여야 한다.

⑦ 지정권자는 법 제9조 제3항 및 제4항에 따라 실시계획을 고시할 때에는 다음 각 호의 사항을 명시하여야 한다.
   1. 사업의 명칭
   2. 시행자의 명칭 및 주소와 대표자의 성명
   3. 사업의 목적과 개요
   4. 사업시행기간
   5. 사업시행지의 위치 및 면적
   6. 법 제21조 제2항에 따른 이해관계인에 대한 서류의 공시송달방법
   7. 수용할 토지등의 소재지, 지번 및 지목, 면적, 소유권 및 소유권 외의 권리의 명세와 그 소유자 및 권리자의 성명·주소. 다만, 법 제3조 제6항에 따라 고시된 개발계획의 내용과 동일한 경우에는 이를 생략할 수 있으나, 그 생략하는 취지를 명시하여야 한다.
   8. 국토의 계획 및 이용에 관한 법령에 따른 지구단위계획에 관한 사항

⑧ 법 제9조 제5항에서 "대통령령으로 정하는 특별한 사유가 있는 경우"란 택지개발지구가 다음 각 호의 어느 하나에 해당하는 경우를 말한다.
   1. 택지개발지구 지정 당시 이미 「도시개발법」 제3장제3절에 따른 환지 방식(이하 이 조에서 "환지방식"이라 한다)으로 도시개발사업을 시행하기 위하여 도시개발구역으로 결정·고시된 지역에 해당하는 경우
   2. 해당 지역의 지가가 인근의 다른 택지개발지구의 지가에 비하여 현저히 높아 환지방식 외의 방법으로는 택지개발이 매우 곤란한 경우
   3. 택지개발지구에 집단취락이나 건축물 등이 다수 포함되어 있어 주민의 이주 및 생활대책 수립, 그 밖에 사업지구의 특성 등을 고려하여 환지방식 또는 「도시개발법」 제21조 제1항에 따른 혼용방식에 따른 사업시행이 필요하다고 인정되는 경우

⑨ 법 제11조 제1항 제1호에 따라 도시·군관리계획의 결정이 있는 것으로 보는 경우에는 관할 시장·군수는 「국토의 계획 및 이용에 관한 법률」 제32조에 따라 실시계획 승인 대상지의 지형도면 승인 신청 등 필요한 절차를 진행하여야 하며, 시행자는 지형도면 고시에 필요한 도면 등을 시장·군수에게 제출하여야 한다.

⑩ 지정권자가 제2항에 따라 시행자로부터 택지개발사업실시계획승인신청서를 제출받은 경우에는 그 날부터 60일 이내에 그 승인 여부를 결정하여 시행자에게 통보하여야 한다.

정답 ③

007 택지개발사업에 의하여 조성된 택지의 공급에 관한 설명 중 틀린 것은?

① 택지를 공급하려는 자는 실시계획에서 정한 바에 따라 택지를 공급하여야 한다.
② 시행자는 「주택법」 제2조 제5호의 국민주택 중 「주택도시기금법」에 따른 주택도시기금으로부터 자금을 지원받는 국민주택의 건설용지로 사용할 택지를 공급할 때 그 가격을 택지조성원가 이하로 할 수 있다
③ 택지를 공급하려는 자는 국토교통부령으로 정하는 기준에 따라 이주대책비 등 택지조성원가를 공시하여야 한다.
④ 택지를 공급받은 자(국가, 지방자치단체 및 한국토지주택공사는 포함한다) 또는 그로부터 그 택지를 취득한 자는 실시계획에서 정한 용도에 따라 주택 등을 건설하여야 한다.

해설

제18조(택지의 공급) ① 택지를 공급하려는 자는 실시계획에서 정한 바에 따라 택지를 공급하여야 한다.
② 제1항에 따라 공급하는 택지의 용도, 공급의 절차·방법 및 대상자, 그 밖에 공급조건에 관한 사항은 대통령령으로 정한다.
③ <u>시행자는 「주택법」 제2조 제5호의 국민주택 중 「주택도시기금법」에 따른 주택도시기금으로부터 자금을 지원받는 국민주택의 건설용지로 사용할 택지를 공급할 때 그 가격을 택지조성원가 이하로 할 수 있다.</u>

제18조의2(택지조성원가의 공개) ① 제18조에 따라 택지를 공급하려는 자는 국토교통부령으로 정하는 기준에 따라 택지조성원가를 공시하여야 한다. 이 경우 택지조성원가는 다음 각 호의 항목으로 구성된다.
  1. 용지비
  2. 조성비
  3. 직접인건비
  4. 이주대책비
  5. 판매비
  6. 일반관리비
  7. 그 밖에 국토교통부령으로 정하는 비용
② 제1항에 따른 택지조성원가의 산정방법과 그 밖에 필요한 사항은 국토교통부령으로 정한다.

제19조(택지의 용도) 택지를 공급받은 자(**국가, 지방자치단체 및 한국토지주택공사는 제외**한다) 또는 그로부터 그 택지를 취득한 자는 실시계획에서 정한 용도에 따라 주택 등을 건설하여야 한다.

제19조의2(택지의 전매행위 제한 등) ① 이 법에 따라 조성된 택지를 공급받은 자는 소유권 이전등기를 하기 전까지는 그 택지를 공급받은 용도대로 사용하지 아니한 채 그대로 **전매**(**轉賣**)(명의변경, 매매 또는 그 밖에 권리의 변동을 수반하는 모든 행위를 포함하되, 상속의 경우는 제외한다. 이하 같다)할 수 없다. 다만, 이주대책용으로 공급하는 주택건설용지 등 대통령령으로 정하는 경우에는 본문을 적용하지 아니할 수 있다.
② 택지를 공급받은 자가 제1항을 위반하여 택지를 전매한 경우 해당 법률행위는 무효로 하며, 택지개발사업의 시행자(당초의 택지공급자를 말한다)는 택지 공급 당시의 가액(**價額**) 및 「은행법」에 따른 은행의 1년 만기 정기예금 평균이자율을 합산한 금액을 지급하고 해당 택지를 환매할 수 있다.

정답 ④

008 택지개발촉진법 시행령의 주거생활의 편익을 위하여 이용되는 시설로서 국토교통부령이 정하는 시설이 아닌 것은?

① 운동시설
② 종교집회장
③ 일반목욕장
④ 공용시장

해설

시행규칙 제2조(공공시설의 범위) ① 「택지개발촉진법 시행령」(이하 "영"이라 한다) 제2조 제1호에서 "주거생활의 편익을 위하여 이용되는 시설로서 국토교통부령이 정하는 시설"이란 다음 각 호의 시설을 말한다.
1. 운동시설
2. 삭제
3. 삭제
4. 일반목욕장
5. 종교집회장
6. 보육시설

정답 ④

009 시행자가 택지개발 사업 실시계획 승인을 얻고자 할 때 택지개발 사업 실시계획 승인 신청서와 함께 국토교통부장관에게 제출하여야 할 사항에 거리가 먼 것은?

① 자금계획서
② 실시설계도서 및 해당지역의 조감도
③ 공공시설등의 명세서 및 처분계획서
④ 토지등의 매수 및 보상계획서

해설

제8조(실시계획의 작성 및 승인 등)
③ 제2항의 택지개발사업실시계획승인신청서에는 다음 각 호의 서류를 첨부하여야 한다. 이 경우 지정권자는 「전자정부법」 제36조 제1항에 따른 행정정보의 공동이용을 통하여 사업시행지의 지적도를 확인하여야 한다.
1. 자금계획서(연차별 자금투입계획 및 재원조달계획을 포함한다)
2. 사업시행지의 위치도
3. 계획평면도 및 개략설계도서
4. 법 제25조에 따른 공공시설 등의 명세서 및 처분계획서
5. 토지·물건 또는 권리(이하 "토지등"이라 한다)의 매수 및 보상계획서
6. 토지등을 수용 또는 사용(이하 "수용"이라 한다)하려는 경우에는 수용할 토지등의 소재지, 지번 및 지목, 면적, 소유권 및 소유권 외의 권리의 명세와 그 소유자 및 권리자의 성명·주소를 적은 서류(법 제8조 제1항 제4호에 따라 개발계획에 포함된 사항과 그 내용이 다른 것으로 한정한다)
7. 공급할 토지의 위치 및 면적, 공급의 대상자 또는 그 선정방법, 공급의 시기·방법 및 조건, 공급가격 결정방법을 정한 택지의 공급에 관한 계획서와 법 제8조 제1항 제3호의 토지이용에 관한 계획에서 정한 택지의 용도 및 공급대상자별 분할 도면

정답 ②

010 국토교통부장관은 택지개발촉진법에 의한 권한의 일부를 대통령령이 정하는 바에 따라서 특별시장, 광역시장, 도지사 또는 누구에게 위임할 수 있는가?

① 한국토지공사장
② 대한주택공사사장
③ 공업개발사업단단장
④ 국토교통부 지방국토관리청장

해설

제30조(권한의 위임 및 위탁) ① 이 법에 따른 지정권자의 권한은 대통령령으로 정하는 바에 따라 그 일부를 시·도지사 또는 국토교통부 지방국토관리청장에게 위임할 수 있다.
② 이 법에 따른 지정권자의 권한 중 다음 각 호의 권한은 대통령령으로 정하는 바에 따라 시행자에게 위탁할 수 있다.
  1. 제9조 제4항 본문에 따른 시행자의 성명, 사업의 종류 및 수용할 토지등의 세목을 그 토지등의 소유자 및 권리자에게 통지하는 권한
  2. 제12조 제2항에 따라 「공익사업을 위한 토지 등의 취득 및 보상에 관한 법률」 제20조 제1항의 사업인정으로 보게 되는 경우 이를 토지소유자 및 관계인에게 통지하는 권한
  3. 제16조 제1항에 따른 준공검사에 관한 권한(시행자가 공공시행자인 경우로 한정한다)

정답 ④

011 국가가 시행하는 택지개발사업에 필요한 토지 등의 수용에 관한 재결기관으로 가장 적당한 것은?

① 도지사
② 지방토지수용위원회
③ 국토교통부장관
④ 중앙토지수용위원회

해설

정답 ④

012 택지개발촉진법에서 택지개발사업시행자가 택지를 수의계약으로 공급할 때에는 1세대당 1필지를 기준으로 1필지당 얼마 이상, 얼마 이하로 공급하여야 하는가?

① 85제곱미터이상, 100제곱미터이하
② 100제곱미터이상, 165제곱미터이하
③ 120제곱미터이상, 245제곱미터이하
④ 140제곱미터이상, 265제곱미터이하

해설

시행규칙 제10조(택지의 공급방법 등) ① 시행자는 공동주택건설호수의 100분의 20 이상을 건설할 수 있는 범위에서 임대주택건설용지를 확보·공급하여야 한다. 이 경우, 공동주택의 종류별·임대기간별·규모별 배분비율 등에 관한 세부기준은 국토교통부장관이 따로 정한다.

⑤ 시행자는 영 제13조의2제5항 제4호에 따라 택지를 수의계약으로 공급할 때에는 1세대당 1필지를 기준으로 하여 1필지당 140제곱미터 이상 265제곱미터 이하의 규모로 공급하여야 한다. 다만, 해당 택지개발지구의 단독주택건설용지를 각 필지로 분할한 후 남은 단독주택건설용지의 규모가 140제곱미터 미만인 경우로서 계획여건상 불가피한 경우에는 그러하지 아니하다.

정답 ④

---

013 택지개발지구로 지정한 날로부터 몇 년 이내에 택지개발사업의 실시계획의 승인 신청을 하지 않으면 국토교통부장관은 그 지정을 해제할 수 있는가?

① 2년
② 3년
③ 5년
④ 10년

해설

제3조(택지개발지구의 지정 등) ① 특별시장·광역시장·도지사 또는 특별자치도지사(이하 "시·도지사"라 한다)는 「주거기본법」 제5조에 따른 주거종합계획 중 주택·택지의 수요·공급 및 관리에 관한 사항(이하 "택지수급계획"이라 한다)에서 정하는 바에 따라 택지를 집단적으로 개발하기 위하여 필요한 지역을 택지개발지구로 지정(지정한 택지개발지구를 변경하는 경우를 포함한다. 이하 같다)할 수 있다. 이 경우 택지개발사업이 필요하다고 인정되는 지역이 둘 이상의 특별시·광역시·도 또는 특별자치도(이하 "시·도"라 한다)에 걸치는 경우에는 관계 시·도지사가 협의하여 지정권자를 정한다.

② 제1항의 경우 시·도지사(특별자치도지사는 제외한다)는 택지수급계획에서 정한 해당 시·도의 계획량을 초과하여 지정하려면 국토교통부장관과 미리 협의하여야 하고, 지정하려는 택지개발지구의 면적이 대통령령으로 정하는 규모 이상인 경우에는 국토교통부장관의 승인을 받아야 한다. 이 경우 국토교통부장관이 택지개발지구의 지정을 승인하려는 때에는 미리 「주거기본법」 제8조에 따른 주거정책심의위원회의 심의를 거쳐야 한다.

③ 국토교통부장관은 다음 각 호의 어느 하나에 해당하는 경우에는 제1항에도 불구하고 택지를 집단적으로 개발하기 위하여 필요한 지역을 택지개발지구로 지정할 수 있다. 다만, 특별자치도에 대하여는 그러하지 아니하다.
 1. 국가가 택지개발사업을 실시할 필요가 있는 경우
 2. 관계 중앙행정기관의 장이 요청하는 경우
 3. 제7조 제1항 제2호의 한국토지주택공사가 택지수급계획상 택지공급을 위하여 대통령령으로 정하는 규모 이상으로 택지개발지구의 지정을 제안하는 경우
 4. 제1항 후단에 따른 협의가 성립되지 아니하는 경우

④ 지정권자가 제1항 또는 제3항에 따라 택지개발지구를 지정하려는 경우에는 미리 관계 중앙행정기관의 장(특별자치도지사의 경우에는 관계 행정기관의 장을 말한다)과 협의하고 해당 시장(지정권자가 국토교통부장관인 경우에는 시·도지사를 포함한다)·군수 또는 자치구의 구청장의 의견(특별자치도지사의 경우에는 제외한다)을 들은 후 「주거기본법」 제9조에 따른 시·도 주거정책심의위원회(지정권자가 국토교통부장관인 경우에는 「주거기본법」 제8조에 따른 주거정책심의위원회를 말한다)의 심의를 거쳐야 한다. 다만, 대통령령으로 정하는 경미한 사항을 변경하는 경우에는 그러하지 아니하며, 지정권자가 시·도지사인 경우로서 국토교통부장관이 제2항에 따라 주거정책심의위원회의 심의를 거친 경우에는 시·도 주거정책심의위원회의 심의를 거친 것으로 본다.
⑤ 지정권자는 제1항 또는 제3항에 따른 택지개발지구가 제6항에 따라 고시된 날부터 <u>3년</u> 이내에 제9조에 따라 시행자가 택지개발사업 실시계획의 작성 또는 승인 신청을 하지 아니하는 경우에는 **그 지정을 해제**하여야 한다.
⑥ 지정권자가 제1항 및 제3항부터 제5항까지의 규정에 따라 택지개발지구를 지정 또는 해제하였을 때에는 택지개발지구의 명칭, 위치, 지정된 면적 및 제8조에서 규정한 택지개발계획을 관보에 고시하고, 관계 서류의 사본을 시장(지정권자가 국토교통부장관인 경우에는 특별시장과 광역시장을 포함한다. 이하 같다)·군수 또는 자치구의 구청장에게 송부하여야 한다. 이 경우 「토지이용규제 기본법」 제8조 제2항에 따른 지형도면의 고시에 관하여는 같은 법 제8조에 따른다.
⑦ 제6항에 따라 관계 서류의 사본을 송부받은 시장·군수 또는 자치구의 구청장은 이를 일반인이 열람할 수 있도록 하여야 한다. 다만, 지정권자가 특별자치도지사인 경우에는 직접 그 내용을 일반인이 열람할 수 있도록 하여야 한다
⑧ 제1항·제3항 또는 제5항에 따른 택지개발지구의 지정 또는 해제가 있은 때에는 「국토의 계획 및 이용에 관한 법률」 제51조에 따른 지구단위계획구역의 지정 또는 해제가 있은 것으로 본다.

정답 ②

014 택지개발사업의 시행자는 택지개발사업을 시행하고자 할 때 택지개발계획을 작성하여 누구에게 승인을 얻어야 하는가?

① 국토교통부장관
② 도지사
③ 광역시장
④ 지정권자

해설

제2조(용어의 정의) 이 법에서 사용하는 용어의 뜻은 다음과 같다.
1. "택지"란 이 법에서 정하는 바에 따라 개발·공급되는 주택건설용지 및 공공시설용지를 말한다.
2. "공공시설용지"란 「국토의 계획 및 이용에 관한 법률」 제2조 제6호에서 정하는 기반시설과 대통령령으로 정하는 시설을 설치하기 위한 토지를 말한다.
3. "<u>택지개발지구</u>"란 택지개발사업을 시행하기 위하여 「국토의 계획 및 이용에 관한 법률」에 따른 도시지역과 그 주변지역 중 제3조에 따라 <u>국토교통부장관 또는 특별시장·광역시장·도지사·특별자치도지사(이하 "지정권자"라 한다)</u>가 지정·고시하는 지구를 말한다.
4. "택지개발사업"이란 일단(一團)의 토지를 활용하여 주택건설 및 주거생활이 가능한 택지를 조성하는 사업을 말한다.
5. "간선시설"(幹線施設)이란 「주택법」 제2조 제17호에서 정하는 시설을 말한다.

제9조(택지개발사업 실시계획의 작성 및 승인 등) ① 시행자는 대통령령으로 정하는 바에 따라 택지개발사업 실시계획(이하 "실시계획"이라 한다)을 작성하고, 지정권자가 아닌 시행자는 실시계획에 대하여 지정권자의 승인을 받아야 한다. 승인된 실시계획을 변경(대통령령으로 정하는 경미한 사항의 변경은 제외한다)하려는 경우에도 같다.
② 실시계획에는 「국토의 계획 및 이용에 관한 법률」 제52조에 따라 작성된 지구단위계획과 택지의 공급에 관한 계획이 포함되어야 한다.
③ 지정권자가 실시계획을 작성하거나 승인하였을 때에는 이를 고시하고, 시행자 및 관할 시장·군수 또는 자치구의 구청장(특별자치도지사의 경우에는 시행자에 한정한다)에게 그 사실을 통지하여야 한다.
④ 지정권자가 제12조 제1항에 따른 토지등의 수용이 필요한 실시계획을 작성하거나 승인하였을 때에는 시행자의 성명, 사업의 종류 및 수용할 토지 등의 세목(細目)을 관보에 고시하고, 그 토지 등의 소유자 및 권리자에게 이를 통지하여야 한다. 다만, 시행자가 실시계획을 작성하거나 승인 신청을 할 때까지 토지등의 소유자 및 권리자와 미리 협의한 경우에는 그러하지 아니하다.
⑤ 시행자는 택지개발사업을 시행할 때 대통령령으로 정하는 특별한 사유가 있는 경우에는 「도시개발법」에 따른 도시개발사업을 실시할 수 있다.

정답 ④

015 택지개발촉진법상 토지개발사업을 시행함에 있어 도시개발법에 의한 도시개발을 실시할 수 있는 경우는?

① 당해 지역의 지가가 인근의 다른 택지개발예정지구의 지가에 비하여 현저히 높아, 환지방식 외의 다른 방법으로써는 택지개발이 심히 곤란한 때
② 택지개발예정지구와 도시개발구역이 동시에 결정된 때
③ 당해 지역의 토지소유자 및 이해관계인이 동의한 때
④ 국가, 지방자치단체, 한국토지공사와 대한주택공사 전부가 사업시행을 원하지 않을 때

해설

제9조(택지개발사업 실시계획의 작성 및 승인 등) ① 시행자는 대통령령으로 정하는 바에 따라 택지개발사업 실시계획(이하 "실시계획"이라 한다)을 작성하고, 지정권자가 아닌 시행자는 실시계획에 대하여 지정권자의 승인을 받아야 한다. 승인된 실시계획을 변경(대통령령으로 정하는 경미한 사항의 변경은 제외한다)하려는 경우에도 같다.
② 실시계획에는 「국토의 계획 및 이용에 관한 법률」 제52조에 따라 작성된 지구단위계획과 택지의 공급에 관한 계획이 포함되어야 한다.
③ 지정권자가 실시계획을 작성하거나 승인하였을 때에는 이를 고시하고, 시행자 및 관할 시장·군수 또는 자치구의 구청장(특별자치도지사의 경우에는 시행자에 한정한다)에게 그 사실을 통지하여야 한다.
④ 지정권자가 제12조 제1항에 따른 토지등의 수용이 필요한 실시계획을 작성하거나 승인하였을 때에는 시행자의 성명, 사업의 종류 및 수용할 토지 등의 세목(細目)을 관보에 고시하고, 그 토지 등의 소유자 및 권리자에게 이를 통지하여야 한다. 다만, 시행자가 실시계획을 작성하거나 승인 신청을 할 때까지 토지등의 소유자 및 권리자와 미리 협의한 경우에는 그러하지 아니하다.
⑤ **시행자는 택지개발사업을 시행할 때 대통령령으로 정하는 특별한 사유가 있는 경우에는 「도시개발법」에 따른 도시개발사업을 실시할 수 있다.**

> **제8조(실시계획의 작성 및 승인 등)**
> ⑧ 법 제9조 제5항에서 "대통령령으로 정하는 특별한 사유가 있는 경우"란 택지개발지구가 다음 각 호의 어느 하나에 해당하는 경우를 말한다.
> 1. 택지개발지구 지정 당시 **이미** 「도시개발법」 제3장제3절에 따른 환지 방식(이하 이 조에서 "환지방식"이라 한다)으로 도시개발사업을 시행하기 위하여 도시개발구역으로 결정·고시된 지역에 해당하는 경우
> 2. 해당 지역의 지가가 인근의 다른 택지개발지구의 지가에 비하여 현저히 높아 환지방식 외의 방법으로는 택지개발이 매우 곤란한 경우
> 3. 택지개발지구에 집단취락이나 건축물 등이 다수 포함되어 있어 주민의 이주 및 생활대책 수립, 그 밖에 사업지구의 특성 등을 고려하여 환지방식 또는 「도시개발법」 제21조 제1항에 따른 혼용방식에 따른 사업시행이 필요하다고 인정되는 경우

정답 ①

016 도시지역의 시급한 주택난을 해소하기 위하여 주택건설에 필요한 택지의 취득, 개발, 공급 및 관리 등에 관하여 특례를 규정함으로써 국민주거생활의 안정과 복지향상에 기여함을 목적으로 한 법률은?

① 주택법
② 택지개발촉진법
③ 도시개발법
④ 도시 및 주거환경정비법

해설

정답 ②

017 국토교통부장관이 택지개발실시계획을 승인하고자 할 때에는 다른 법령의 의제사항에 대하여 관계기관의 장과 협의하여야 하는데 이때 관계기관의 장의 협의요청에 대한 의견 제출기간은?

① 7일
② 14일
③ 20일
④ 30일

해설

제11조(다른 법률과의 관계) ① 시행자가 실시계획을 작성하거나 승인을 받았을 때에는 다음 각 호의 결정·인가·허가·협의·동의·면허·승인·처분·해제·명령 또는 지정(이하 "인·허가등"이라 한다)을 받은 것으로 보며, 지정권자가 실시계획을 작성하거나 승인한 것을 고시하였을 때에는 관계 법률에 따른 인·허가등의 고시 또는 공고가 있은 것으로 본다.

1. 「국토의 계획 및 이용에 관한 법률」 제30조에 따른 도시·군관리계획의 결정, 같은 법 제56조에 따른 개발행위의 허가, 같은 법 제86조에 따른 도시·군계획시설사업 시행자의 지정, 같은 법 제88조에 따른 실시계획의 인가
2. 「도시개발법」 제17조에 따른 실시계획의 인가
3. 「주택법」 제15조에 따른 사업계획의 승인
4. 「수도법」 제17조 및 제49조에 따른 일반수도사업과 공업용수도사업의 인가, 같은 법 제52조 및 제54조에 따른 전용수도설치의 인가
5. 「하수도법」 제16조에 따른 공공하수도공사 시행의 허가
6. 「공유수면 관리 및 매립에 관한 법률」 제8조에 따른 공유수면의 점용·사용허가, 같은 법 제28조에 따른 공유수면의 매립면허, 같은 법 제35조에 따른 국가 등이 시행하는 매립의 협의 또는 승인 및 같은 법 제38조에 따른 공유수면매립실시계획의 승인
7. 「하천법」 제30조에 따른 하천공사 시행의 허가 및 하천공사실시계획의 인가, 같은 법 제33조에 따른 하천의 점용허가 및 같은 법 제50조에 따른 하천수의 사용허가
8. 「도로법」 제36조에 따른 도로공사 시행의 허가, 같은 법 제61조에 따른 도로점용의 허가
9. 「농지법」 제34조에 따른 농지전용(農地轉用)의 허가·협의, 같은 법 제35조에 따른 농지의 전용신고, 같은 법 제36조에 따른 농지의 타용도 일시 사용 허가·협의, 같은 법 제40조에 따른 용도변경의 승인
10. 「산지관리법」 제14조·제15조에 따른 산지전용허가 및 산지전용신고, 같은 법 제15조의2에 따른 산지일시사용허가·신고, 「산림자원의 조성 및 관리에 관한 법률」 제36조 제1항·제4항에 따른 입목벌채등의 허가·신고 및 「산림보호법」 제9조 제1항 및 제2항 제1호·제2호에 따른 산림보호구역(산림유전자원보호구역은 제외한다)에서의 행위의 허가·신고
11. 「초지법」 제23조에 따른 초지전용의 허가
12. 「사방사업법」 제14조에 따른 벌채 등의 허가, 같은 법 제20조에 따른 사방지(砂防地) 지정의 해제
13. 「산업입지 및 개발에 관한 법률」 제16조에 따른 산업단지개발사업 시행자의 지정, 같은 법 제17조 및 제18조에 따른 산업단지개발실시계획의 승인
14. 「광업법」 제24조에 따른 불허가처분, 같은 법 제34조에 따른 광구감소처분 또는 광업권취소처분
15. 「건축법」 제20조에 따른 가설건축물의 허가·신고
16. 「국유재산법」 제30조에 따른 행정재산의 사용허가
17. 「공유재산 및 물품 관리법」 제20조 제1항에 따른 행정재산의 사용·수익허가
18. 「장사 등에 관한 법률」 제27조에 따른 무연분묘의 개장허가
19. 「소하천정비법」 제10조에 따른 비관리청의 공사 시행허가, 같은 법 제14조에 따른 소하천의 점용허가
20. 「공간정보의 구축 및 관리 등에 관한 법률」 제86조 제1항에 따른 사업의 착수·변경 또는 완료의 신고

② 지정권자가 실시계획을 작성하거나 승인하려는 경우 그 계획에 제1항 각 호의 어느 하나에 해당하는 사항이 포함되어 있을 때에는 관계 기관의 장과 협의하여야 한다. 이 경우 관계 기관의 장은 지정권자의 협의 요청을 받은 날부터 대통령령으로 정하는 기간 내에 의견을 제출하여야 한다.

> **영 제9조(협의 요청에 대한 의견제출기간)** 법 제11조 제2항 후단에서 "대통령령으로 정하는 기간"이란 20일을 말한다.

③ 제1항에 따라 다른 법률에 따른 인·허가등을 받은 것으로 보는 경우에는 관계 법률에 따라 부과되는 면허에 대한 등록면허세, 수수료 또는 사용료 등을 면제한다.

정답 ③

018 국토교통부장관이 택지개발촉진법에 의한 권한의 일부를 위임할 수 있는 대상으로 알맞은 것은?

① 국토교통부 지방국토관리청장
② 행정안전부
③ 한국토지공사
④ 대한주택공사

해설

정답 ①

019 다음 중 택지개발촉진법에 의한 택지개발지구 지정 후 도시개발법에 의한 도시개발사업을 실시할 수 있는 경우는?

① 사업시행자가 실시계획에서 정한 사업시행 기간 내에 공사에 착수하지 아니한 경우
② 택지개발사업을 시행할 필요가 없거나 계속 시행이 불가능하다고 인정되는 경우
③ 당해 지역의 지가가 인근의 다른 예정지구의 지가에 비해 현저히 높아 환지방식 이외 방법으로는 택지개발이 심히 곤란한 경우
④ 주택건설사업자가 예정지구 안의 토지면적 중 대통령령이 정하는 비율 이상의 토지를 소유한 경우

해설

정답 ③

020 다음 중 국토교통부장관이 택지개발촉진법에 의한 권한의 일부를 대통령령이 정하는 바에 따라서 위임할 수 있는 경우가 아닌 자는?

① 특별시장
② 구청장
③ 도지사
④ 국토교통부 지방국토관리청장

해설

정답 ②

021 다음 중 택지개발사업의 시행자로 지정될 수 없는 자는?

① 토지소유자 조합
② 한국토지공사
③ 지방자치단체
④ 대한주택공사

해설

제7조(택지개발사업의 시행자 등) ① 택지개발사업은 다음 각 호의 자 중에서 지정권자가 지정하는 자(이하 "시행자"라 한다)가 시행한다.
1. 국가·지방자치단체
2. 「한국토지주택공사법」에 따른 한국토지주택공사(이하 "한국토지주택공사"라 한다)
3. 「지방공기업법」에 따른 지방공사
4. 「주택법」 제4조에 따른 등록업자(이하 "주택건설등 사업자"라 한다)로서 지정하려는 택지개발지구의 토지면적 중 대통령령으로 정하는 비율 이상의 토지를 소유하거나 소유권 이전계약을 체결하고 도시지역의 주택난 해소를 위한 공익성 확보 등 대통령령으로 정하는 요건과 절차에 따라 제1호부터 제3호까지에 해당하는 자(이하 "공공시행자"라 한다)와 공동으로 개발사업을 시행하는 자. 이 경우 대통령령으로 정하는 비율은 다음 각 목의 구분에 따른 범위에서 정한다.
   가. 공공시행자가 공공주택건설 등 시급한 필요에 따라 주택건설등 사업자에게 공동으로 개발사업의 시행을 요청하는 경우: 100분의 20 이상 100분의 50 미만의 범위
   나. 주택건설등 사업자가 토지 취득 또는 사업계획 승인 등의 어려움을 해소하기 위하여 공공시행자에게 공동으로 개발사업의 시행을 요청하는 경우: 100분의 50 이상 100분의 70 미만의 범위
5. 주택건설등 사업자로서 공공시행자와 협약을 체결하여 공동으로 개발사업을 시행하는 자 또는 공공시행자와 주택건설등 사업자가 공동으로 출자하여 설립한 법인(이하 "공동출자법인"이라 한다). 이 경우 주택건설등 사업자의 투자지분은 100분의 50 미만으로 하며, 공공시행자의 주택건설등 사업자 선정 방법, 협약의 내용 및 주택건설등 사업자의 이윤율 등에 대하여는 대통령령으로 정한다.

② 공공시행자는 택지개발사업을 효율적으로 시행하기 위하여 필요한 경우에는 대통령령으로 정하는 바에 따라 설계·분양 등 택지개발사업의 일부를 주택건설등 사업자로 하여금 대행하게 할 수 있다.
③ 지정권자는 제3조의2에 따른 제안에 의하여 지정된 택지개발지구의 택지개발사업에 대하여는 그 지정을 제안한 자를 우선적으로 시행자로 지정할 수 있다.

정답 ①

022 다음 중 택지개발촉진법상의 공공시설용지가 아닌 것은?

① 어린이놀이터를 설치하기 위한 토지
② 공동주택을 설치하기 위한 토지
③ 일반목욕장을 설치하기 위한 토지
④ 노인정을 설치하기 위한 토지

해설

영 제2조(공공시설의 범위) 「택지개발촉진법」(이하 "법"이라 한다) 제2조 제2호에서 "대통령령으로 정하는 시설"이란 다음 각 호의 시설을 말한다.
1. 어린이놀이터, 노인정, 집회소(마을회관을 포함한다), 그 밖에 주거생활의 편익을 위하여 이용되는 시설로서 국토교통부령으로 정하는 시설
2. 삭제
3. 지역의 자족기능 확보를 위하여 필요한 다음 각 목의 시설
   가. 판매시설, 업무시설, 의료시설, 유통시설, 그 밖에 거주자의 생활복리를 위하여 제3조의2에 따른 지정권자가 필요하다고 인정하는 시설
   나. 지역의 발전 및 고용창출을 위한 다음의 시설
      1) 「벤처기업육성에 관한 특별조치법」 제2조 제4항에 따른 벤처기업집적시설
      2) 「산업집적활성화 및 공장설립에 관한 법률」 제28조에 따른 도시형공장
      3) 「소프트웨어산업 진흥법」 제5조에 따른 소프트웨어진흥시설
      4) 1)부터 3)까지의 시설과 유사한 시설로서 국토교통부령으로 정하는 시설
   다. 「관광진흥법」 제3조 제1항 제2호가목에 따른 호텔업 시설
   라. 「건축법 시행령」 별표 1에 따른 문화 및 집회시설
   마. 「건축법 시행령」 별표 1에 따른 교육연구시설
   바. 원예시설 등 농업 관련 시설로서 국토교통부령으로 정하는 시설
   사. 그 밖에 지역의 자족기능 확보를 위하여 필요한 시설로서 국토교통부령으로 정하는 시설
4. 공공시설 등의 관리시설

시행규칙 제2조(공공시설의 범위) ① 「택지개발촉진법 시행령」(이하 "영"이라 한다) 제2조 제1호에서 "주거생활의 편익을 위하여 이용되는 시설로서 국토교통부령이 정하는 시설"이란 다음 각 호의 시설을 말한다.
1. 운동시설
2. 삭제
3. 삭제
4. 일반목욕장
5. 종교집회장
6. 보육시설

② 영 제2조 제3호나목4)에서 "국토교통부령으로 정하는 시설"이란 다음 각 호의 시설을 말한다.
1. 「산업집적활성화 및 공장설립에 관한 법률」 제2조 제9호에 따른 산업집적기반시설
2. 「산업집적활성화 및 공장설립에 관한 법률」 제2조 제13호에 따른 지식산업센터

③ 영 제2조 제3호바목에서 "국토교통부령으로 정하는 시설"이란 다음 각 호의 시설을 말한다.
1. 원예시설
2. 첨단농업시설
3. 「농업협동조합법」 제2조에 따른 조합 및 중앙회의 시설
4. 그 밖에 농업연구 관련 시설

정답 ②

023 다음 중 택지개발촉진법령에 따라 시행자가 택지를 공급하는 방법으로 옳은 것은?

① 추첨
② 임대
③ 수의계약
④ 선착순공급

> **해설**

제13조의2(택지의 공급방법 등) ① 시행자는 그가 개발한 택지를 「주택법」 제2조 제6호에 따른 국민주택규모의 주택(임대주택을 포함한다) 건설용지(이하 "국민주택규모의 주택건설용지"라 한다)와 그 밖의 주택건설용지 및 법 제2조 제2호의 공공시설용지로 구분하여 공급하되, 공공시설용지를 제외하고는 국민주택규모의 주택건설용지로 우선 공급하여야 한다.
② **택지의 공급은 시행자가 미리 가격을 정하고, 추첨의 방법으로 분양 또는 임대한다**. 다만, 다음 각 호의 어느 하나에 해당하는 택지는 경쟁입찰의 방법으로 공급한다.
  1. 판매시설용지 등 영리를 목적으로 사용될 택지
  2. 「주택법」 제15조에 따라 사업계획의 승인을 받아 건설하는 공동주택의 건설용지 외의 택지(시행자가 토지가격의 안정과 공공목적을 위하여 필요하다고 인정하는 경우는 제외한다)

정답 ①

---

024 다음 중 택지개발사업 시행자가 택지를 수의계약으로 공급할 때에 1세대당 1필지를 기준으로 하여 1필지당 얼마의 규모로 공급하는 것을 기준으로 하는가?

① 85m2 이상 100 m2 이하
② 100m2 이상 165 m2 이하
③ 140m2 이상 200 m2 이하
④ 140m2 이상 265 m2 이하

> **해설**

시행규칙 제10조(택지의 공급방법 등) ① 시행자는 공동주택건설호수의 100분의 20 이상을 건설할 수 있는 범위에서 임대주택건설용지를 확보·공급하여야 한다. 이 경우, 공동주택의 종류별·임대기간별·규모별 배분비율 등에 관한 세부기준은 국토교통부장관이 따로 정한다.
⑤ **시행자는 영 제13조의2제5항 제4호에 따라 택지를 수의계약으로 공급할 때에는 1세대당 1필지를 기준으로 하여 1필지당 140제곱미터 이상 265제곱미터 이하의 규모로 공급하여야 한다**. 다만, 해당 택지개발지구의 단독주택건설용지를 각 필지로 분할한 후 남은 단독주택건설용지의 규모가 140제곱미터 미만인 경우로서 계획여건상 불가피한 경우에는 그러하지 아니하다.

정답 ④

025 다음 중 택지개발사업의 시행자에 해당하지 않는 것은?

① 국가·지방자치단체
② 국토교통부장관이 지정하는 정부투자기관
③ 지방공기업법에 의한 지방공사
④ 주택건설등 사업자로서 지정하려는 택지개발지구의 토지면적 중 대통령령으로 정하는 비율 이상의 토지를 소유한 자

해설

제7조(택지개발사업의 시행자 등) ① 택지개발사업은 다음 각 호의 자 중에서 지정권자가 지정하는 자(이하 "시행자"라 한다)가 시행한다.
1. 국가·지방자치단체
2. 「한국토지주택공사법」에 따른 한국토지주택공사(이하 "한국토지주택공사"라 한다)
3. 「지방공기업법」에 따른 지방공사
4. 「주택법」 제4조에 따른 등록업자(이하 "주택건설등 사업자"라 한다)로서 지정하려는 택지개발지구의 토지면적 중 대통령령으로 정하는 비율 이상의 토지를 소유하거나 소유권 이전계약을 체결하고 도시지역의 주택난 해소를 위한 공익성 확보 등 대통령령으로 정하는 요건과 절차에 따라 제1호부터 제3호까지에 해당하는 자(이하 "공공시행자"라 한다)와 공동으로 개발사업을 시행하는 자. 이 경우 대통령령으로 정하는 비율은 다음 각 목의 구분에 따른 범위에서 정한다.
   가. 공공시행자가 공공주택건설 등 시급한 필요에 따라 주택건설등 사업자에게 공동으로 개발사업의 시행을 요청하는 경우: 100분의 20 이상 100분의 50 미만의 범위
   나. 주택건설등 사업자가 토지 취득 또는 사업계획 승인 등의 어려움을 해소하기 위하여 공공시행자에게 공동으로 개발사업의 시행을 요청하는 경우: 100분의 50 이상 100분의 70 미만의 범위
5. 주택건설등 사업자로서 공공시행자와 협약을 체결하여 공동으로 개발사업을 시행하는 자 또는 공공시행자와 주택건설등 사업자가 공동으로 출자하여 설립한 법인(이하 "공동출자법인"이라 한다). 이 경우 주택건설등 사업자의 투자지분은 100분의 50 미만으로 하며, 공공시행자의 주택건설등 사업자 선정 방법, 협약의 내용 및 주택건설등 사업자의 이윤율 등에 대하여는 대통령령으로 정한다.
② 공공시행자는 택지개발사업을 효율적으로 시행하기 위하여 필요한 경우에는 대통령령으로 정하는 바에 따라 설계·분양 등 택지개발사업의 일부를 주택건설등 사업자로 하여금 대행하게 할 수 있다.
③ 지정권자는 제3조의2에 따른 제안에 의하여 지정된 택지개발지구의 택지개발사업에 대하여는 그 지정을 제안한 자를 우선적으로 시행자로 지정할 수 있다.

정답 ②

026 다음 중 택지개발촉진법에 따른 환매권에 대한 설명으로 옳은 것은?

① 환매권자는 환매로써 제3자에게 대항할 수 있다.
② 환매권자의 권리의 소멸에 관하여는 택지개발촉진법 제35조의 규정을 준용한다.
③ 환매권자는 토지가 필요 없게 된 날로부터 2년 내에 이를 환매할 수 있다.
④ 환매권은 택지개발지구의 지정 해제에 의한 경우에만 환매할 수 있는 권한이 발생한다.

해설

제13조(환매권) ① 택지개발지구의 지정 해제 또는 변경, 실시계획의 승인 취소 또는 변경, 그 밖의 사유로 수용한 토지등의 전부 또는 일부가 필요 없게 되었을 때에는 수용 당시의 토지등의 소유자 또는 그 포괄승계인(이하 "환매권자"(還買權者)라 한다)은 필요 없게 된 날부터 1년 이내에 토지등의 수용 당시 받은 보상금에 대통령령으로 정한 금액을 가산하여 시행자에게 지급하고 이를 환매할 수 있다.

> **영 제10조(환매가액)** 법 제13조 제1항에서 "대통령령으로 정한 금액"이란 보상금 지급일부터 환매일까지의 법정이자를 말한다.

② 환매권자는 환매로써 제3자에게 대항할 수 있다.
③ 환매권자의 권리의 소멸에 관하여는 「공익사업을 위한 토지 등의 취득 및 보상에 관한 법률」 제92조를 준용한다.

정답 ①

027 택지개발촉진법령에 따라 수용한 토지 등의 전부 또는 일부가 필요 없게 되었을 때에 환매권자가 이를 시행자에게 환매하는 기준 가격은 어떻게 결정되는가?

① 지급한 보상금액의 상당금액
② 지급받은 보상금액의 법정이자를 가산한 금액
③ 환매 당시 인근 유사토지의 지가 변동률을 곱한 금액
④ 환매 당시 감정 평가 금액의 평균금액

해설

정답 ②

028 다음 중 택지개발촉진법규상 시행자가 택지개발사업을 시행할 때 도시개발사업을 실시할 수 있는 경우는?

① 사업시행자가 실시계획에서 정한 사업시행 기간 내에 공사에 착수하지 아니한 경우
② 택지개발사업을 시행할 필요가 없거나 계속 시행이 불가능하다고 인정되는 경우
③ 당해 지역의 지가가 인근의 다른 택지개발지구의 지가에 비해 현저히 높아 환지방식 이외 방법으로는 택지개발이 심히 곤란한 경우
④ 주택건설사업자가 택지개발지구 안의 토지 면적 중 대통령령이 정하는 비율 이상의 토지를 소유한 경우

해설

정답 ③

029 택지개발지구에서 특별자치도지사·시장·군수 또는 자치구의 구청장의 허가를 받지 아니하고 할 수 있는 행위는?

① 죽목의 벌채 및 식재
② 이동이 용이하지 아니한 물건을 1월 이상 쌓아놓는 행위
③ 토지분할
④ 경작을 위한 토지의 형질변경

해설

제6조(행위제한 등) ① 제3조의3에 따라 택지개발지구의 지정에 관한 주민 등의 의견청취를 위한 공고가 있는 지역 및 택지개발지구에서 건축물의 건축, 공작물의 설치, 토지의 형질변경, 토석(土石)의 채취, 토지분할, 물건을 쌓아놓는 행위 등 대통령령으로 정하는 행위를 하려는 자는 특별자치도지사·시장·군수 또는 자치구의 구청장의 허가를 받아야 한다. 허가받은 사항을 변경하려는 경우에도 또한 같다.
② 다음 각 호의 어느 하나에 해당하는 행위는 제1항에도 불구하고 허가를 받지 아니하고 할 수 있다.
　1. 재해 복구 또는 재난 수습에 필요한 응급조치를 위하여 하는 행위
　2. 그 밖에 대통령령으로 정하는 행위
③ 제1항에 따라 허가를 받아야 하는 행위로서 택지개발지구의 지정 및 고시 당시 이미 관계 법령에 따라 행위허가를 받았거나 허가를 받을 필요가 없는 행위에 관하여 공사 또는 사업에 착수한 자는 대통령령으로 정하는 바에 따라 특별자치도지사·시장·군수 또는 자치구의 구청장에게 신고한 후 이를 계속 시행할 수 있다.
④ 특별자치도지사·시장·군수 또는 자치구의 구청장은 제1항을 위반한 자에게 원상회복을 명할 수 있다. 이 경우 명령을 받은 자가 그 의무를 이행하지 아니하면 특별자치도지사·시장·군수 또는 자치구의 구청장은 「행정대집행법」에 따라 이를 대집행(代執行)할 수 있다.
⑤ 제1항에 따른 허가에 관하여 이 법에 규정된 것을 제외하고는 「국토의 계획 및 이용에 관한 법률」 제57조부터 제60조까지 및 제62조를 준용한다.
⑥ 제1항에 따라 허가를 받은 경우에는 「국토의 계획 및 이용에 관한 법률」 제56조에 따라 허가를 받은 것으로 본다.

영 제6조(행위허가의 대상 등) ① 법 제6조 제1항에 따라 관할 특별자치도지사·시장·군수 또는 자치구의 구청장의 허가를 받아야 하는 행위는 다음 각 호와 같다.
　1. 건축물의 건축 등: 「건축법」 제2조 제1항 제2호에 따른 건축물(가설건축물을 포함한다)의 건축, 대수선 또는 용도변경
　2. 공작물의 설치: 인공을 가하여 제작한 시설물(「건축법」 제2조 제1항 제2호에 따른 건축물은 제외한다)의 설치
　3. 토지의 형질변경: 절토(切土)·성토(盛土)·정지(整地)·포장 등의 방법으로 토지의 형상을 변경하는 행위, 토지의 굴착 또는 공유수면의 매립
　4. 토석의 채취: 흙·모래·자갈·바위 등의 토석을 채취하는 행위. 다만, 토지의 형질변경을 목적으로 하는 것은 제3호에 따른다.
　5. 토지분할
　6. 물건을 쌓아놓는 행위: 이동이 쉽지 아니한 물건을 1개월 이상 쌓아놓는 행위
　7. 죽목의 벌채 및 식재
② 특별자치도지사·시장·군수 또는 자치구의 구청장은 법 제6조 제1항에 따라 제1항 각 호의 행위에 대한 허가를 하려는 경우로서 법 제7조에 따라 택지개발사업시행자(이하 "시행자"라 한다)가 지정되어 있는 경우에는 미리 그 시행자의 의견을 들어야 한다.
③ 법 제6조 제2항 제2호에서 "대통령령으로 정하는 행위"란 다음 각 호의 어느 하나에 해당하는 행위로서 「국토의 계획 및 이용에 관한 법률」 제56조에 따른 개발행위 허가의 대상이 아닌 것을 말한다.

1. 농림수산물의 생산에 직접 이용되는 것으로서 국토교통부령으로 정하는 간이공작물의 설치
2. 경작을 위한 토지의 형질변경
3. 택지개발지구의 개발에 지장을 주지 아니하고 자연경관을 손상하지 아니하는 범위에서의 토석 채취
4. 택지개발지구에 존치하기로 결정된 대지에 물건을 쌓아놓는 행위
5. 관상용 죽목의 임시식재(경작지에서의 임시식재는 제외한다)

④ 법 제6조 제3항에 따라 신고하여야 하는 자는 택지개발지구가 지정·고시된 날부터 30일 이내에 그 공사 또는 사업의 진행상황과 시행계획을 첨부하여 관할 특별자치도지사·시장·군수 또는 자치구의 구청장에게 신고하여야 한다.

정답 ④

030 택지개발지구가 고시된 날부터 최대 얼마 이내에 시행자가 택지개발사업 실시계획의 작성 또는 승인 신청을 하지 아니하는 경우 지정권자는 그 지정을 해제하여야 하는가?

① 2년 이내
② 3년 이내
③ 5년 이내
④ 10년 이내

해설

정답 ②

031 택지개발사업 실시계획의 작성 및 승인에서 지정권자의 승인을 받지 않아도 되는 대통령령으로 정하는 경미한 사항의 변경에 해당하지 않는 것은?

① 사업비의 100분의 10의 범위에서의 사업비의 증감
② 사업면적의 100분의 10의 범위에서의 면적의 감소
③ 3000m2 미만인 공공시설의 위치 및 면적 변경
④ 승인을 얻은 사업비의 범위에서의 설비 및 시설의 설치 변경

해설

정답 ③

032 택지개발촉진법령상 택지의 공급에 관한 설명이 틀린 것은?

① 시행자는 그가 개발한 택지를 국민주택규모의 주택건설용지와 기타의 주택건설용지 및 법의 관련 조항에 따른 공공시설용지로 구분하여 공급한다.
② 주택법에 의한 사업주체 중 국가, 지방자치단체 또는 국토교통부령이 정하는 공공기관에 공급할 경우 수의계약의 방법으로 택지를 공급할 수 있다.
③ 시행자는 공공시설용지를 제외하고는 국민주택규모의 주택건설용지로 택지를 우선 공급하여야 한다.
④ 판매시설용지 등 영리를 목적으로 사용될 택지는 공개 추첨에 의하여 공급한다.

해설

영 제13조의2(택지의 공급방법 등) ① 시행자는 그가 개발한 택지를 「주택법」 제2조 제6호에 따른 국민주택규모의 주택(임대주택을 포함한다) 건설용지(이하 "국민주택규모의 주택건설용지"라 한다)와 그 밖의 주택건설용지 및 법 제2조 제2호의 공공시설용지로 구분하여 공급하되, 공공시설용지를 제외하고는 국민주택규모의 주택건설용지로 우선 공급하여야 한다.
② 택지의 공급은 시행자가 미리 가격을 정하고, 추첨의 방법으로 분양 또는 임대한다. 다만, 다음 각 호의 어느 하나에 해당하는 택지는 경쟁입찰의 방법으로 공급한다.
  1. 판매시설용지 등 영리를 목적으로 사용될 택지
  2. 「주택법」 제15조에 따라 사업계획의 승인을 받아 건설하는 공동주택의 건설용지 외의 택지(시행자가 토지가격의 안정과 공공목적을 위하여 필요하다고 인정하는 경우는 제외한다)

정답 ④

---

033 택지개발촉진법상 환매권에 관한 설명으로 틀린 것은?

① 수용 당시의 토지 등의 소유자로부터 승계를 받은 자는 환매권자가 될 수 없다.
② 수용한 토지 등의 전부 또는 일부가 필요 없게 되었을 때에 환매권자는 필요 없게 된 날부터 1년 이내에 환매할 수 있다.
③ 환매권자는 환매로써 제3자에게 대항할 수 있다.
④ 환매권자는 토지 등의 수용 당시 받은 보상금에 대통령령으로 정한 금액을 가산하여 시행자에게 지급하고 이를 환매할 수 있다.

해설

정답 ①

---

034 택지개발지구가 고시된 날부터 얼마 이내에 택지개발사업 실시계획의 작성 또는 승인신청을 하지 아니하는 경우, 그 지정이 해제되는가?

① 6개월 이내
② 1년 이내
③ 2년 이내
④ 3년 이내

해설

정답 ④

035 택지개발사업에 의하여 조성된 택지의 공급에 관한 설명 중 옳지 않은 것은?

① 택지를 공급하여는 자는 실시계획에서 정한 바에 따라 택지를 공급하여야 한다.
② 주택법에 따른 국민주택의 건설용지로 사용할 택지를 공급할 때 그 가격을 택지조성원가 이하로 할 수 있다.
③ 시행자는 택지를 공급받은 자로부터 그 대금의 일부만 미리 받을 수 있다.
④ 택지를 공급받은 자는 실시계획에서 정한 용도에 따라 주택 등을 건설하여야 한다.

해설

제18조(택지의 공급) ① 택지를 공급하려는 자는 실시계획에서 정한 바에 따라 택지를 공급하여야 한다.
② 제1항에 따라 공급하는 택지의 용도, 공급의 절차·방법 및 대상자, 그 밖에 공급조건에 관한 사항은 대통령령으로 정한다.
③ 시행자는 「주택법」 제2조 제5호의 국민주택 중 「주택도시기금법」에 따른 주택도시기금으로부터 자금을 지원받는 국민주택의 건설용지로 사용할 택지를 공급할 때 그 가격을 택지조성원가 이하로 할 수 있다.

제18조의2(택지조성원가의 공개) ① 제18조에 따라 택지를 공급하려는 자는 국토교통부령으로 정하는 기준에 따라 택지조성원가를 공시하여야 한다. 이 경우 택지조성원가는 다음 각 호의 항목으로 구성된다.
  1. 용지비
  2. 조성비
  3. 직접인건비
  4. 이주대책비
  5. 판매비
  6. 일반관리비
  7. 그 밖에 국토교통부령으로 정하는 비용
② 제1항에 따른 택지조성원가의 산정방법과 그 밖에 필요한 사항은 국토교통부령으로 정한다.

제19조(택지의 용도) 택지를 공급받은 자(국가, 지방자치단체 및 한국토지주택공사는 제외한다) 또는 그로부터 그 택지를 취득한 자는 실시계획에서 정한 용도에 따라 주택 등을 건설하여야 한다.

제19조의2(택지의 전매행위 제한 등) ① 이 법에 따라 조성된 택지를 공급받은 자는 소유권 이전등기를 하기 전까지는 그 택지를 공급받은 용도대로 사용하지 아니한 채 그대로 전매(轉賣)(명의변경, 매매 또는 그 밖에 권리의 변동을 수반하는 모든 행위를 포함하되, 상속의 경우는 제외한다. 이하 같다)할 수 없다. 다만, 이주대책용으로 공급하는 주택건설용지 등 대통령령으로 정하는 경우에는 본문을 적용하지 아니할 수 있다.
② 택지를 공급받은 자가 제1항을 위반하여 택지를 전매한 경우 해당 법률행위는 무효로 하며, 택지개발사업의 시행자(당초의 택지공급자를 말한다)는 택지 공급 당시의 가액(價額) 및 「은행법」에 따른 은행의 1년 만기 정기예금 평균이자율을 합산한 금액을 지급하고 해당 택지를 환매할 수 있다.

제20조(선수금 등) ① 시행자는 택지를 공급받을 자로부터 그 대금의 전부 또는 일부를 미리 받을 수 있다.
② 시행자는 택지를 공급받을 자에게 택지로 상환하는 채권(이하 "토지상환채권"이라 한다)을 발행할 수 있다.
③ 토지상환채권의 발행 절차·방법 및 조건 등에 관하여는 「국채법」, 「지방재정법」, 「한국토지주택공사법」, 그 밖의 법률에서 정하는 바에 따른다.
④ 제1항 또는 제2항에 따라 선수금을 받거나 토지상환채권을 발행하려는 시행자(지정권자가 시행자인 경우는 제외한다)는 지정권자의 승인을 받아야 한다.

정답 ③

036 택지개발촉진법에 따라 지정권자의 권한의 일부를 위임할 수 있는 대상으로 옳은 것은?

① 기획재정부 장관
② 행정안전부 장관
③ 한국토지주택공사장
④ 국토교통부 지방국토관리청장

해설

제17조(토지매수 업무 등의 위탁) ① 지방자치단체가 아닌 시행자는 택지개발사업을 위한 토지매수 업무와 손실보상 업무를 대통령령으로 정하는 바에 따라 관할 시·도지사 또는 시장·군수에게 위탁할 수 있다.
② 시행자가 제1항에 따라 토지매수 업무와 손실보상 업무를 위탁할 때에는 토지매수 금액과 손실보상 금액의 100분의 3의 범위에서 대통령령으로 정하는 요율의 위탁수수료를 지급하여야 한다.

정답 ④

037 택지개발촉진법상 시행자가 토지매수 업무와 손실보상 업무를 위탁할 때 토지매수 금액과 손실보상 금액의 얼마 범위에서 대통령령으로 정하는 요율의 위탁수수료를 지급하여야 하는가?

① 100분의 1의 범위에서
② 100분의 2의 범위에서
③ 100분의 3의 범위에서
④ 100분의 4의 범위에서

해설

제17조(토지매수 업무 등의 위탁) ① 지방자치단체가 아닌 시행자는 택지개발사업을 위한 토지매수 업무와 손실보상 업무를 대통령령으로 정하는 바에 따라 관할 시·도지사 또는 시장·군수에게 위탁할 수 있다.
② 시행자가 제1항에 따라 토지매수 업무와 손실보상 업무를 위탁할 때에는 토지매수 금액과 손실보상 금액의 100분의 3의 범위에서 대통령령으로 정하는 요율의 위탁수수료를 지급하여야 한다.

정답 ③

038 다음 중 국토교통부장관이 택지개발촉진법에 의한 권한의 일부를 대통령령이 정하는 바에 따라서 위임할 수 있는 경우가 아닌 자는?

① 구청장
② 도지사
③ 특별시장
④ 국토교통부 지방국토관리청장

해설

정답 ①

039 택지개발예정지구의 해제, 변경, 승인의 취소 또는 변경의 사유로 포괄승계인은 1년 이내 보상금에 일정 금액을 가산하여 시행자에게 지급하고 환매할 수 있다. 이를 무엇이라 하는가?

① 수용권
② 환매권
③ 처분권
④ 지역권

> 해설

정답 ②

040 다음은 택지개발촉진법 중 준공검사에 관한 내용이다. (   )에 들어갈 내용으로 옳은 것은?

> 시행자는 택지개발사업을 완료하였을 때에는 (   ) 대통령령으로 정하는 바에 따라 지정권자로부터 준공검사를 받아야 한다.

① 지체 없이
② 1개월 이내에
③ 3개월 이내에
④ 6개월 이내에

> 해설

제16조(준공검사) ① 시행자는 택지개발사업을 완료하였을 때에는 지체 없이 대통령령으로 정하는 바에 따라 지정권자로부터 준공검사를 받아야 한다.
② 시행자가 제1항에 따라 준공검사를 받았을 때에는 인·허가등에 따른 해당 사업의 준공검사 또는 준공인가를 받은 것으로 본다.
③ 특별시장·광역시장·특별자치도지사·시장 또는 군수는 택지개발사업이 준공된 지구에 대하여 제9조 제3항에 따라 이미 고시된 실시계획에 포함된 지구단위계획으로 관리하여야 한다.

정답 ①

041 택지개발촉진법상의 '택지'의 정의는?

① 「국토의 계획 및 이용에 관한 법률」에서 정하는 기반시설을 설치하기 위한 토지
② 「택지개발촉진법」에서 정하는 바에 따라 개발·공급되는 주택건설용지 및 공공시설용지
③ 일단(一團)의 토지를 활용하여 주택건설 및 주거생활이 가능한 택지를 조성하는 사업
④ 「국토의 계획 및 이용에 관한 법률」에 따른 조시지역과 그 주변지역 중 지정권자가 지정·고시하는 지구

> **해설**

제2조(용어의 정의) 이 법에서 사용하는 용어의 뜻은 다음과 같다.
  1. "택지"란 이 법에서 정하는 바에 따라 개발·공급되는 주택건설용지 및 공공시설용지를 말한다.
  2. "공공시설용지"란 「국토의 계획 및 이용에 관한 법률」 제2조 제6호에서 정하는 기반시설과 대통령령으로 정하는 시설을 설치하기 위한 토지를 말한다.
  3. "택지개발지구"란 택지개발사업을 시행하기 위하여 「국토의 계획 및 이용에 관한 법률」에 따른 도시지역과 그 주변지역 중 제3조에 따라 국토교통부장관 또는 특별시장·광역시장·도지사·특별자치도지사(이하 "지정권자"라 한다)가 지정·고시하는 지구를 말한다.
  4. "택지개발사업"이란 일단(一團)의 토지를 활용하여 주택건설 및 주거생활이 가능한 택지를 조성하는 사업을 말한다.
  5. "간선시설"(幹線施設)이란 「주택법」 제2조 제17호에서 정하는 시설을 말한다.

> 정답 ②

042 택지개발촉진법 시행규칙에서 주거생활의 편익을 위하여 이용되는 시설로서 국토교통부령이 정하는 시설이 아닌 것은?

① 운동시설
② 종교집회장
③ 일반목욕장
④ 공용시장

> **해설**

> 정답 ④

043 택지개발촉진법령상 택지의 공급에 관한 설명이 틀린 것은?

① 시행자는 그가 개발한 택지를 국민주택 규모의 주택건설용지와 기타의 주택건설용지 및 법의 관련 조항에 따른 공공시설용지로 구분하여 공급한다.
② 주택법에 의한 사업주체 중 국가 지방자치단체 또는 국토교통부령이 정하는 공공기관에 공급할 경우 수의 계약의 방법으로 택지를 공급할 수 있다.
③ 시행자는 공공시설용지를 제외하고는 국민주택규모의 주택건설용지로 택지를 우선 공급하여야 한다.
④ 판매시설용지 등 영리를 목적으로 사용될 택지는 공개추첨에 의하여 공급한다.

> **해설**

> 정답 ④

044 택지개발지구에서 특별자치도지사, 시장, 군수 또는 자치구의 구청장의 허가를 받지 아니하고 할 수 있는 행위는?

① 토지분할
② 죽목의 벌채 및 식재
③ 경작을 위한 토지의 형질 변경
④ 이동이 쉽지 아니한 물건을 1개월 이상 쌓아놓는 행위

해설

정답 ③

045 택지개발촉진법상 지정권자는 택지개발사업 실시계획을 승인하려는 경우 관계 기관과의 장과 협의토록 규정되어 있는데 이 때 관계 기관의 장은 지정권자의 협의 요청을 받은 날로부터 며칠 이내에 의견을 제출하여야 하는가?

① 7일
② 14일
③ 20일
④ 30일

해설

제11조(다른 법률과의 관계)
② 지정권자가 실시계획을 작성하거나 승인하려는 경우 그 계획에 제1항 각 호의 어느 하나에 해당하는 사항이 포함되어 있을 때에는 관계 기관의 장과 협의하여야 한다. 이 경우 관계 기관의 장은 지정권자의 협의 요청을 받은 날부터 대통령령으로 정하는 기간 내에 의견을 제출하여야 한다.

> 영 제9조(협의 요청에 대한 의견제출기간) 법 제11조 제2항 후단에서 "대통령령으로 정하는 기간"이란 20일을 말한다.

정답 ③

046 택지개발촉진법 시행규칙상 택지개발사업 시행자가 택지를 수의계약으로 공급할 때 1세대당 1필지를 기준으로 얼마의 규모로 1필지를 공급하여야 하는가?

① 85m2이상 130m2이하
② 100m2이상 165m2이하
③ 140m2이상 230m2이하
④ 140m2이상 265m2이하

해설

정답 ④

047 택지개발촉진법에 의한 택지개발사업 실시계획 변경승인을 받아야 하는 경우는?

① 사업비의 100분의 10범위에서 사업비의 증감
② 사업비의 100분의 10범위에서 사업면적의 증가
③ 사업면적의 100분의 10범위에서 사업면적의 감소
④ 승인을 얻는 사업비의 범위에서의 시설의 설치 변경

> 해설

정답 ②

048 택지개발촉진법이 지향하는 것이 아닌 것은?

① 시급한 주택난 해소
② 국민 주거생활의 안정
③ 택지의 소유 상한 설정
④ 택지의 취득·개발·공급 및 관리

> 해설

제1조(목적) 이 법은 도시지역의 시급한 주택난(住宅難)을 해소하기 위하여 주택건설에 필요한 택지(宅地)의 취득·개발·공급 및 관리 등에 관하여 특례를 규정함으로써 국민 주거생활의 안정과 복지 향상에 이바지함을 목적으로 한다.

정답 ③

049 택지개발사업 시행자는 토지매수 업무와 손실보상 업무를 위탁할 때 토지매수 금액과 손실보상 금액의 얼마의 범위에서 대통령령으로 정하는 요율의 위탁수수료를 지급하여야 하는가?

① 2/100의 범위
② 3/100의 범위
③ 4/100의 범위
④ 5/100의 범위

> 해설

정답 ②

050 택지개발촉진법에 의하여 시행자가 한 처분에 이의가 있을 때 지정권자에게 행정심판을 제기할 수 있는 기간은?

① 처분이 있은 것을 안 날부터 3개월 이내
② 처분이 있은 날로부터 6개월 이내
③ 처분이 있은 것을 안 날부터 1개월 이내, 처분이 있은 날로부터 3개월 이내
④ 처분이 있은 것을 안 날부터 3개월 이내, 처분이 있은 날로부터 6개월 이내

> **해설**
>
> **제27조(행정심판)** 이 법에 따라 시행자가 한 처분에 대하여 이의가 있을 때에는 그 처분이 있은 것을 안 날부터 1개월 이내, 처분이 있은 날부터 3개월 이내에 지정권자에게 행정심판을 제기할 수 있다.
>
> 정답 ③

051 택지개발지구 내에서 관할 특별자치도지사·시장·군수 또는 자치구의 구청장의 허가를 받아야 하는 행위에 해당하지 않는 것은?

① 죽목의 벌채 및 식재
② 토석의 채취 또는 토지의 굴착
③ 건축물의 건축, 대수선 또는 용도변경
④ 경작을 위한 토지의 형질변경 또는 관상용 식물의 가식

> **해설**
>
> 정답 ④

052 택지개발지구가 고시된 날부터 얼마 이내에 택지개발사업 실시계획의 작성 또는 승인신청을 하지 아니하는 경우, 그 지정이 해제되는가?

① 6개월 이내
② 1년 이내
③ 2년 이내
④ 3년 이내

> **해설**
>
> 정답 ④

053 택지개발촉진법상의 규정 내용을 기술한 것으로 옳은 것은?

① 택지개발사업에 관한 자료 제출 또는 보고를 거짓으로 한 자는 1년 이하의 징역 또는 1천만원 이하의 벌금에 처한다.
② 시행자가 행한 처분에 이의가 있을 때 국토교통부장관에게 1개월 이내에 행정심판을 제기해야 한다.
③ 지정하려는 택지개발지구의 면적이 대통령령으로 정하는 규모 이상인 경우에는 국토교통부장관의 승인을 받아야 한다.
④ 택지개발사업 실시계획 승인신청서에는 수용할 토지 등의 소유권 및 소유권 이외에 권리자의 성명, 주소를 포함한다.

해설

제3조(택지개발지구의 지정 등) ① 특별시장·광역시장·도지사 또는 특별자치도지사(이하 "시·도지사"라 한다)는 「주거기본법」 제5조에 따른 주거종합계획 중 주택·택지의 수요·공급 및 관리에 관한 사항(이하 "택지수급계획"이라 한다)에서 정하는 바에 따라 택지를 집단적으로 개발하기 위하여 필요한 지역을 택지개발지구로 지정(지정한 택지개발지구를 변경하는 경우를 포함한다. 이하 같다)할 수 있다. 이 경우 택지개발사업이 필요하다고 인정되는 지역이 둘 이상의 특별시·광역시·도 또는 특별자치도(이하 "시·도"라 한다)에 걸치는 경우에는 관계 시·도지사가 협의하여 지정권자를 정한다.
② 제1항의 경우 시·도지사(특별자치도지사는 제외한다)는 택지수급계획에서 정한 해당 시·도의 계획량을 초과하여 지정하려면 국토교통부장관과 미리 협의하여야 하고, 지정하려는 택지개발지구의 면적이 **대통령령으로 정하는 규모 이상인 경우에는 국토교통부장관의 승인을 받아야 한다**. 이 경우 국토교통부장관이 택지개발지구의 지정을 승인하려는 때에는 미리 「주거기본법」 제8조에 따른 주거정책심의위원회의 심의를 거쳐야 한다.

> **영 제2조의2(택지개발지구의 지정 등)** ① 법 제3조 제2항 전단에서 "대통령령으로 정하는 규모"란 330만제곱미터를 말한다.

제31조의2(벌칙) 제19조의2를 위반하여 택지를 전매한 자는 3년 이하의 징역 또는 1억원 이하의 벌금에 처한다.
제32조(벌칙) 다음 각 호의 어느 하나에 해당하는 자는 1년 이하의 징역 또는 1천만원 이하의 벌금에 처한다.
  1. 제6조 제1항에 따른 허가 또는 변경허가를 받지 아니하고 같은 항에 규정된 행위를 한 자
  2. 제23조 제1항에 따라 행정청이 행하는 처분 또는 명령을 위반한 자
제35조(과태료) ① 다음 각 호의 어느 하나에 해당하는 자에게는 1천만원 이하의 과태료를 부과한다.
  1. 제10조 제1항 및 제2항에 따른 토지에의 출입 등을 방해한 자
  2. <u>제24조 제1항에 따른 자료 제출 또는 보고를 거짓으로 하거나</u> 같은 조 제2항에 따른 조사를 거부·기피 또는 방해한 자
② 제1항에 따른 과태료는 대통령령으로 정하는 바에 따라 해당 택지개발지구의 지정에 관한 권한을 가진 자가 국토교통부장관인 경우에는 국토교통부장관이, 시·도지사인 경우에는 시·도지사가 부과·징수한다.
영 제8조(실시계획의 작성 및 승인 등) ① 시행자가 법 제9조 제1항에 따른 택지개발사업 실시계획(이하 "실시계획"이라 한다)을 작성하는 경우에는 제2항 각 호의 사항 및 제3항 각 호 서류의 내용을 포함하여 작성하여야 한다.

② 지정권자가 아닌 시행자가 법 제9조 제1항에 따라 실시계획의 승인을 받으려는 경우에는 다음 각 호의 사항을 적은 **택지개발사업실시계획 승인신청서를 지정권자에게 제출**하여야 한다.
  1. 사업시행지
  2. 사업의 종류 및 명칭
  3. 시행자의 명칭·주소 및 대표자의 성명
  4. 시행기간(공정별 소요기간을 포함한다)
③ **제2항의 택지개발사업실시계획승인신청서에는 다음 각 호의 서류를 첨부하여야 한다**. 이 경우 지정권자는 「전자정부법」 제36조 제1항에 따른 행정정보의 공동이용을 통하여 사업시행지의 지적도를 확인하여야 한다.
  1. 자금계획서(연차별 자금투입계획 및 재원조달계획을 포함한다)
  2. 사업시행지의 위치도
  3. 계획평면도 및 개략설계도서
  4. 법 제25조에 따른 공공시설 등의 명세서 및 처분계획서
  5. 토지·물건 또는 권리(이하 "토지등"이라 한다)의 매수 및 보상계획서
  6. 토지등을 수용 또는 사용(이하 "수용"이라 한다)하려는 경우에는 수용할 토지등의 소재지, 지번 및 지목, 면적, 소유권 및 소유권 외의 권리의 명세와 그 소유자 및 권리자의 성명·주소를 적은 서류(법 제8조 제1항 제4호에 따라 개발계획에 포함된 사항과 그 내용이 다른 것으로 한정한다)
  7. 공급할 토지의 위치 및 면적, 공급의 대상자 또는 그 선정방법, 공급의 시기·방법 및 조건, 공급가격 결정방법을 정한 택지의 공급에 관한 계획서와 법 제8조 제1항 제3호의 토지이용에 관한 계획에서 정한 택지의 용도 및 공급대상자별 분할 도면
  8. 제6조의4제2항에 따른 협약서(법 제7조 제1항 제5호의 시행자만 해당한다)
④ 지정권자(특별자치도지사는 제외한다)는 제1항에 따라 실시계획을 작성하거나 승인하려는 경우에는 관계 시장·군수 또는 자치구의 구청장의 의견을 들어야 한다. 다만, 이미 시행자가 시장·군수 또는 자치구의 구청장과 협의를 한 경우에는 그러하지 아니하다.
⑤ **법 제9조 제1항 후단에서 "대통령령으로 정하는 경미한 사항의 변경"이란 다음 각 호의 요건을 충족하는 경우를 말한다**.
  1. 사업비의 100분의 10 범위에서의 증감
  2. 사업면적의 100분의 10 범위에서의 감소
  3. 승인을 받은 사업비의 범위에서 설비 및 시설의 설치 변경
⑥ 시행자는 제5항 각 호의 어느 하나에 해당하는 사항이 발생하였을 때에는 지체 없이 지정권자에게 이를 보고하여야 한다.
⑦ 지정권자는 법 제9조 제3항 및 제4항에 따라 **실시계획을 고시할 때에는** 다음 각 호의 사항을 명시하여야 한다.
  1. 사업의 명칭
  2. 시행자의 명칭 및 주소와 대표자의 성명
  3. 사업의 목적과 개요
  4. 사업시행기간
  5. 사업시행지의 위치 및 면적
  6. 법 제21조 제2항에 따른 이해관계인에 대한 서류의 공시송달방법
  7. <u>수용할 토지등의 소재지, 지번 및 지목, 면적, 소유권 및 소유권 외의 권리의 명세와 그 소유자 및 권리자의 성명·주소</u>. 다만, 법 제3조 제6항에 따라 고시된 개발계획의 내용과 동일한 경우에는 이를 생략할 수 있으나, 그 생략하는 취지를 명시하여야 한다.
  8. 국토의 계획 및 이용에 관한 법령에 따른 지구단위계획에 관한 사항

정답 ③

054 택지개발촉진법에 의한 택지개발 사업의 시행자가 될 수 없는 기관은?

① 조합
② 순천시청
③ 강남구청
④ 한국토지주택공사

해설

제7조(택지개발사업의 시행자 등) ① 택지개발사업은 다음 각 호의 자 중에서 지정권자가 지정하는 자(이하 "시행자"라 한다)가 시행한다.
1. 국가·지방자치단체
2. 「한국토지주택공사법」에 따른 한국토지주택공사(이하 "한국토지주택공사"라 한다)
3. 「지방공기업법」에 따른 지방공사
4. 「주택법」 제4조에 따른 등록업자(이하 "주택건설등 사업자"라 한다)로서 지정하려는 택지개발지구의 토지면적 중 대통령령으로 정하는 비율 이상의 토지를 소유하거나 소유권 이전계약을 체결하고 도시지역의 주택난 해소를 위한 공익성 확보 등 대통령령으로 정하는 요건과 절차에 따라 제1호부터 제3호까지에 해당하는 자(이하 "공공시행자"라 한다)와 공동으로 개발사업을 시행하는 자. 이 경우 대통령령으로 정하는 비율은 다음 각 목의 구분에 따른 범위에서 정한다.
    가. 공공시행자가 공공주택건설 등 시급한 필요에 따라 주택건설등 사업자에게 공동으로 개발사업의 시행을 요청하는 경우: 100분의 20 이상 100분의 50 미만의 범위
    나. 주택건설등 사업자가 토지 취득 또는 사업계획 승인 등의 어려움을 해소하기 위하여 공공시행자에게 공동으로 개발사업의 시행을 요청하는 경우: 100분의 50 이상 100분의 70 미만의 범위
5. 주택건설등 사업자로서 공공시행자와 협약을 체결하여 공동으로 개발사업을 시행하는 자 또는 공공시행자와 주택건설등 사업자가 공동으로 출자하여 설립한 법인(이하 "공동출자법인"이라 한다). 이 경우 주택건설등 사업자의 투자지분은 100분의 50 미만으로 하며, 공공시행자의 주택건설등 사업자 선정 방법, 협약의 내용 및 주택건설등 사업자의 이윤율 등에 대하여는 대통령령으로 정한다.

② 공공시행자는 택지개발사업을 효율적으로 시행하기 위하여 필요한 경우에는 대통령령으로 정하는 바에 따라 설계·분양 등 택지개발사업의 일부를 주택건설등 사업자로 하여금 대행하게 할 수 있다.
③ 지정권자는 제3조의2에 따른 제안에 의하여 지정된 택지개발지구의 택지개발사업에 대하여는 그 지정을 제안한 자를 우선적으로 시행자로 지정할 수 있다.

정답 ①

055 택지개발촉진법령상 수의계약으로 공급할 수 있는 택지로 부적합한 것은?

① 「주택법」에 따른 사업주체 중 국가, 지방자치단체 또는 국토교통부령으로 정하는 공공기관에 공급할 경우
② 면적이 100만m2 이상인 예정지구안에서 지형조건 및 다양한 시설용도 등을 고려하여 복합적이고 입체적인 개발이 필요한 경우
③ 도로, 학교, 공원, 공용의 청사 등 일반인에게 분양할 수 없는 공공시설용지를 국가, 지방자치단체, 그 밖에 법령에 따라 해당 공공시설을 설치할 수 있는 자에게 공급할 경우
④ 주택조합의 조합원에게 공급하여야 할 주택을 건설하는 데 필요한 토지 면적의 2분의 1이상을 취득한 주택조합이 그 토지의 전부를 관련 법률에 따른 협의에 응하여 시행자에게 양도하였을 때 해당 주택조합에 국토교부령으로 정하는 면적의 범위에서 택지를 공급하는 경우

해설

제13조의2(택지의 공급방법 등) ① 시행자는 그가 개발한 택지를 「주택법」 제2조 제6호에 따른 국민주택규모의 주택(임대주택을 포함한다) 건설용지(이하 "국민주택규모의 주택건설용지"라 한다)와 그 밖의 주택건설용지 및 법 제2조 제2호의 공공시설용지로 구분하여 공급하되, 공공시설용지를 제외하고는 국민주택규모의 주택건설용지로 우선 공급하여야 한다.
② 택지의 공급은 시행자가 미리 가격을 정하고, 추첨의 방법으로 분양 또는 임대한다. 다만, 다음 각 호의 어느 하나에 해당하는 택지는 경쟁입찰의 방법으로 공급한다.
  1. 판매시설용지 등 영리를 목적으로 사용될 택지
  2. 「주택법」 제15조에 따라 사업계획의 승인을 받아 건설하는 공동주택의 건설용지 외의 택지(시행자가 토지가격의 안정과 공공목적을 위하여 필요하다고 인정하는 경우는 제외한다)
③ 제2항에 따라 택지를 공급할 때 해당 택지가 학교시설용지·의료시설용지 등 국토교통부령으로 정하는 특정시설용지인 경우에는 택지공급대상자의 자격을 제한할 수 있다.
④ 제2항 각 호 외의 부분 본문에 따라 시행자가 미리 가격을 정할 때에는 도시의 발전과 택지공급의 원활한 수급을 위하여 용도별·지역별·공급대상자별로 그 가격을 달리 정할 수 있다.
⑤ 제2항에도 불구하고 **다음 각 호의 어느 하나에 해당하는 경우에는 수의계약의 방법으로 공급할 수 있다.** 다만, 제4호에 따라 택지를 공급할 때 택지의 공급신청량이 개발계획에서 계획된 수량을 초과하는 경우에는 추첨의 방법으로 공급하되, 「개발제한구역의 지정 및 관리에 관한 특별조치법」에 따른 개발제한구역(이하 "개발제한구역"이라 한다)에 지정된 택지개발지구에 개발제한구역 지정 이전부터 소유하거나 개발제한구역 지정 이후에 상속에 의하여 취득한 토지를 양도하는 자에게 공급하는 경우에는 우선공급할 수 있다.
  1. 「주택법」에 따른 사업주체 중 국가, 지방자치단체 또는 국토교통부령으로 정하는 공공기관에 공급할 경우
  1의2. 임대주택의 건설용지를 다음 각 목에 해당하는 자가 단독 또는 공동으로 총지분의 100분의 50을 초과하여 출자한 부동산투자회사(「부동산투자회사법」 제2조 제1호에 따른 부동산투자회사를 말한다)에 공급할 경우
    가. 국가
    나. 지방자치단체
    다. 「한국토지주택공사법」에 따른 한국토지주택공사
    라. 「지방공기업법」 제49조에 따라 주택사업을 목적으로 설립된 지방공사
  2. 도로, 학교, 공원, 공용의 청사 등 일반인에게 분양할 수 없는 공공시설용지를 국가, 지방자치단체, 그 밖에 법령에 따라 해당 공공시설을 설치할 수 있는 자에게 공급할 경우

3. 택지개발지구의 건축물 등의 시설물로서 법 제9조 제3항에 따라 고시한 실시계획에 따라 존치되는 시설물의 유지·관리에 필요한 최소범위의 택지를 공급하는 경우
4. 「공익사업을 위한 토지 등의 취득 및 보상에 관한 법률」에 따른 협의에 응하여 그가 소유하는 택지개발지구의 토지의 전부(「수도권정비계획법」에 따른 수도권지역의 경우에는 해당 토지의 면적이 국토교통부령으로 정하는 면적 이상인 경우로 한정하며, 해당 토지에 「공익사업을 위한 토지 등의 취득 및 보상에 관한 법률」 제3조에 해당하는 물건이나 권리가 있는 경우에는 이를 포함한다. 이하 이 조에서 같다)를 시행자에게 양도한 자(제5조 제2항에 따른 공고일 이전부터 토지를 소유한 경우로 한정하되, 그 이후에 토지를 소유한 경우로서 택지개발지구 내 토지의 종전 소유자로부터 그 토지의 전부를 취득한 경우와 법원의 판결 또는 상속에 의하여 토지를 취득한 경우를 포함한다)에게 국토교통부령으로 정하는 규모의 택지를 공급하는 경우
5. 「주택법」 제4조에 따라 등록한 주택건설사업자가 제5조 제2항에 따른 공고일 현재 택지개발지구에서 소유(그 공고일 현재 소유권을 이전하기로 하는 계약이 체결되어 있고, 해당 택지개발지구의 지구 지정일까지 그 소유권을 취득하는 경우를 포함한다)하는 토지의 전부를 「공익사업을 위한 토지 등의 취득 및 보상에 관한 법률」에 따른 협의에 응하여 시행자에게 양도하였을 때 해당 주택건설사업자에게 토지의 소유목적·용도 및 주택건설사업의 추진 정도 등을 고려하여 국토교통부령으로 정하는 면적의 범위에서 택지를 공급하는 경우. 다만, 제5조 제2항에 따른 공고일 현재 소유권을 이전하기로 하는 계약이 체결된 토지의 경우에는 그 계약에 대하여 다음 각 목의 어느 하나에 해당하는 행위가 제5조 제2항에 따른 공고일 이전에 이루어진 사실을 확인할 수 있는 경우로 한정한다.
    가. 「부동산등기 특별조치법」 제3조에 따른 검인
    나. 「부동산 거래신고 등에 관한 법률」 제3조에 따른 부동산거래 신고
    다. 「공증인법」 제25조부터 제35조까지, 제35조의2, 제36조부터 제40조까지의 규정에 따른 증서의 작성
    라. 「공증인법」 제57조, 제57조의2, 제58조 및 제59조에 따른 사서증서에 대한 인증
6. <u>택지개발지구에서 주택을 건설하기 위하여 「주택법」 제11조에 따라 설립인가를 받은 주택조합으로서 제5조 제2항에 따른 공고일 현재 그 주택조합의 조합원에게 공급하여야 할 주택을 건설하는 데 필요한 토지 면적의 2분의 1 이상을 취득한 주택조합이 그 토지의 전부를 「공익사업을 위한 토지 등의 취득 및 보상에 관한 법률」에 따른 협의에 응하여 시행자에게 양도하였을 때 해당 주택조합에 국토교통부령으로 정하는 면적의 범위에서 택지를 공급하는 경우</u>
7. 도시의 바람직한 발전을 위하여 특별설계(현상설계 등에 의하여 창의적인 개발안을 받아들일 필요가 있거나 다양한 용도를 수용하기 위한 복합적 개발이 필요한 경우 등에 실시하는 설계를 말한다)를 통한 개발이 필요하여 국토교통부장관이 정하는 절차와 방법에 따라 선정된 자에게 택지를 공급하는 경우
8. 면적이 330만제곱미터 이상인 택지개발지구가 위치한 시·군 지역에 다음 각 목의 어느 하나에 해당하는 「산업입지 및 개발에 관한 법률」에 따른 산업단지(면적이 100만제곱미터 이상인 경우로 한정한다)를 조성하는 경우로서 산업단지 개발사업의 시행자(산업단지 내 산업시설용지의 50퍼센트 이상을 분양받아 공장을 설립하는 기업을 포함한다)가 근로자에게 제공하기 위한 주택건설용지 및 학교시설용지 등이 필요하여 관할 시장·군수 및 산업통상자원부장관의 추천을 받고, 「주거기본법」 제8조에 따른 주거정책심의위원회에서 택지공급의 필요성이 있다고 인정하여 국토교통부령으로 정하는 면적의 범위에서 택지를 공급하는 경우
    가. 「수도권정비계획법」 제2조 제1호에 따른 수도권에서 수도권이 아닌 지역으로 이전하는 기업이 조성하는 산업단지
    나. 국토교통부령으로 정하는 첨단업종의 공장을 설립하기 위하여 조성하는 산업단지
9. 「공익사업을 위한 토지 등의 취득 및 보상에 관한 법률」 제63조 제1항 제1호에 따라 토지로 보상받기로 한 자에게 택지의 효율적인 이용 등을 고려하여 국토교통부령으로 정하는 면적의 범위에서 택지를 공급하는 경우

10. 「부동산투자회사법」 제26조의3제1항에 따라 현물출자를 받은 개발전문 부동산투자회사에 택지의 효율적인 이용 등을 고려하여 국토교통부령으로 정하는 면적의 범위에서 택지를 공급하는 경우
11. 그 밖에 관계 법령에 따라 수의계약으로 공급할 수 있는 경우

⑥ 시행자가 택지를 공급하려 할 때에는 제3항에 따라 택지공급대상자의 자격이 제한되어 있는 경우 및 제5항에 따라 수의계약으로 공급하는 경우를 제외하고는 다음 각 호의 사항을 공고하여야 한다.
  1. 시행자의 명칭 및 주소와 대표자의 성명
  2. 택지의 위치·면적 및 용도(용도에 대한 금지 또는 제한이 있는 경우에는 그 금지 또는 제한의 내용을 포함한다)
  3. 공급의 시기·방법 및 조건
  4. 공급가격
  5. 국토교통부령으로 정하는 택지조성원가
  6. 공급신청의 기간 및 장소
  7. 공급신청자격
  8. 공급신청 시 구비서류

⑦ 국토교통부장관은 국민주택의 공급을 촉진하는 등 국민의 주거생활의 안정을 위하여 필요하다고 인정하는 경우에는 법 제18조 제2항에 따라 용도별·지역별·주택규모별로 택지의 공급방법 및 공급가격의 기준을 정하여 그 기준에 따라 택지의 가격을 정하게 할 수 있다.

정답 ②

056
택지개발촉진법령상 택지개발지구 안에서의 관할 특별자치도지사·시장·군수 또는 자치구의 구청장의 허가를 받아야 하는 행위가 아닌 것은?

① 토지의 형질변경
② 죽목의 벌채 및 식재
③ 건축물의 건축 또는 공작물의 설치
④ 재해 복구 또는 재난 수습에 필요한 응급조치를 위하여 하는 행위

해설

제6조(행위제한 등) ① 제3조의3에 따라 택지개발지구의 지정에 관한 주민 등의 의견청취를 위한 공고가 있는 지역 및 택지개발지구에서 건축물의 건축, 공작물의 설치, 토지의 형질변경, 토석(土石)의 채취, 토지분할, 물건을 쌓아놓는 행위 등 대통령령으로 정하는 행위를 하려는 자는 **특별자치도지사·시장·군수 또는 자치구의 구청장의 허가**를 받아야 한다. 허가받은 사항을 변경하려는 경우에도 또한 같다.

② 다음 각 호의 어느 하나에 해당하는 행위는 제1항에도 불구하고 허가를 받지 아니하고 할 수 있다.
  1. 재해 복구 또는 재난 수습에 필요한 응급조치를 위하여 하는 행위
  2. 그 밖에 대통령령으로 정하는 행위

> **영 제6조(행위허가의 대상 등)** ① 법 제6조 제1항에 따라 관할 특별자치도지사·시장·군수 또는 자치구의 구청장의 허가를 받아야 하는 행위는 다음 각 호와 같다.
> 1. 건축물의 건축 등: 「건축법」 제2조 제1항 제2호에 따른 건축물(가설건축물을 포함한다)의 건축, 대수선 또는 용도변경
> 2. 공작물의 설치: 인공을 가하여 제작한 시설물(「건축법」 제2조 제1항 제2호에 따른 건축물은 제외한다)의 설치
> 3. 토지의 형질변경: 절토(切土)·성토(盛土)·정지(整地)·포장 등의 방법으로 토지의 형상을 변경하는 행위, 토지의 굴착 또는 공유수면의 매립
> 4. 토석의 채취: 흙·모래·자갈·바위 등의 토석을 채취하는 행위. 다만, 토지의 형질변경을 목적으로 하는 것은 제3호에 따른다.
> 5. 토지분할
> 6. 물건을 쌓아놓는 행위: 이동이 쉽지 아니한 물건을 1개월 이상 쌓아놓는 행위
> 7. 죽목의 벌채 및 식재
> ② 특별자치도지사·시장·군수 또는 자치구의 구청장은 법 제6조 제1항에 따라 제1항 각 호의 행위에 대한 허가를 하려는 경우로서 법 제7조에 따라 택지개발사업시행자(이하 "시행자"라 한다)가 지정되어 있는 경우에는 미리 그 시행자의 의견을 들어야 한다.
> ③ **법 제6조 제2항 제2호에서 "대통령령으로 정하는 행위"란 다음 각 호의 어느 하나에 해당하는 행위로서** 「국토의 계획 및 이용에 관한 법률」 제56조에 따른 개발행위 허가의 대상이 아닌 것을 말한다.
> 1. 농림수산물의 생산에 직접 이용되는 것으로서 국토교통부령으로 정하는 간이공작물의 설치
> 2. 경작을 위한 토지의 형질변경
> 3. 택지개발지구의 개발에 지장을 주지 아니하고 자연경관을 손상하지 아니하는 범위에서의 토석 채취
> 4. 택지개발지구에 존치하기로 결정된 대지에 물건을 쌓아놓는 행위
> 5. 관상용 죽목의 임시식재(경작지에서의 임시식재는 제외한다)

정답 ④

057 택지개발촉진법상 환매권에 관한 설명으로 옳지 않은 것은?

① 환매권자는 환매로써 제3자에게 대항할 수 있다.
② 보상금에 가산하는 환매가액은 보상금 산정일부터 환매일까지의 법정이자이다.
③ 수용한 토지 등의 전부 또는 일부가 필요 없게 되었을 때에 환매권자는 필요 없게 된 날부터 1년 이내에 환매할 수 있다.
④ 환매권자는 토지 등의 수용 당시 받은 보상금에 대통령령으로 정한 금액을 가산하여 시행자에게 지급하고 이를 환매할 수 있다.

해설

제10조(환매가액) 법 제13조 제1항에서 "대통령령으로 정한 금액"이란 보상금 지급일부터 환매일까지의 법정이자를 말한다.

정답 ②

Theme 05 건축법

001 건축법에 의하면 시·도지사는 지역계획 또는 도시계획상 특히 필요하다고 인정하는 경우에는 시장·군수·구청장의 건축허가를 제한할 수 있다. 그 사항 중 옳지 않는 것은?

① 건축허가 제한은 2년 이내로 하되 1회에 한하여 1년 연장할 수 있다.
② 건축허가 제한권자인 시·도지사는 지방도시계획위원회의 심의를 거쳐야 한다.
③ 시·도지사는 시장·군수·구청장의 건축허가를 제한한 경우에는 즉시 국토교통부장관에게 보고하여야 한다.
④ 건축허가권자는 건축허가 제한에 관한 사항을 공고하여야 한다.

해설

제18조(건축허가 제한 등) ① 국토교통부장관은 국토관리를 위하여 특히 필요하다고 인정하거나 주무부장관이 국방, 문화재보존, 환경보전 또는 국민경제를 위하여 특히 필요하다고 인정하여 요청하면 허가권자의 건축허가나 허가를 받은 건축물의 착공을 제한할 수 있다.
② 특별시장·광역시장·도지사는 지역계획이나 도시·군계획에 특히 필요하다고 인정하면 시장·군수·구청장의 건축허가나 허가를 받은 건축물의 착공을 제한할 수 있다.
③ 국토교통부장관이나 시·도지사는 제1항이나 제2항에 따라 건축허가나 건축허가를 받은 건축물의 착공을 제한하려는 경우에는 「토지이용규제 기본법」 제8조에 따라 주민의견을 청취한 후 **건축위원회의 심의**를 거쳐야 한다.
④ 제1항이나 제2항에 따라 건축허가나 건축물의 착공을 제한하는 경우 제한기간은 2년 이내로 한다. 다만, 1회에 한하여 1년 이내의 범위에서 제한기간을 연장할 수 있다.
⑤ 국토교통부장관이나 특별시장·광역시장·도지사는 제1항이나 제2항에 따라 건축허가나 건축물의 착공을 제한하는 경우 제한 목적·기간, 대상 건축물의 용도와 대상 구역의 위치·면적·경계 등을 상세하게 정하여 허가권자에게 통보하여야 하며, 통보를 받은 허가권자는 지체 없이 이를 공고하여야 한다.
⑥ 특별시장·광역시장·도지사는 제2항에 따라 시장·군수·구청장의 건축허가나 건축물의 착공을 제한한 경우 즉시 국토교통부장관에게 보고하여야 하며, 보고를 받은 국토교통부장관은 제한 내용이 지나치다고 인정하면 해제를 명할 수 있다.

정답 ②

002 건축법령상 2 이상의 필지를 하나의 대지로 할 수 있는 토지가 아닌 것은?

① 하나의 건축물을 2필지 이상에 걸쳐 건축하는 경우에는 그 건축물이 건축되는 각 필지의 토지를 합한 토지
② 도시·군계획시설에 해당하는 건축물을 건축하는 경우에는 당해 도시·군계획시설이 설치되는 일단의 토지
③ 「공간정보의 구축 및 관리 등에 관한 법률」의 규정에 의하여 합병이 불가능한 경우 중 각 필지의 지번지역이 서로 다르거나 각 필지의 도면 축척이 달라 그 합병이 불가능한 필지의 토지를 합한 토지
④ 도로에 접하여 건축하는 건축물의 경우에는 시장·군수·구청장이 당해 건축물이 건축되는 토지로 정하는 토지

해설

영 제3조(대지의 범위) ① 법 제2조 제1항 제1호 단서에 따라 **둘 이상의 필지를 하나의 대지로** 할 수 있는 토지는 다음 각 호와 같다.
1. 하나의 건축물을 두 필지 이상에 걸쳐 건축하는 경우: 그 건축물이 건축되는 각 필지의 토지를 합한 토지
2. 「공간정보의 구축 및 관리 등에 관한 법률」 제80조 제3항에 따라 합병이 불가능한 경우 중 다음 각 목의 어느 하나에 해당하는 경우: 그 합병이 불가능한 필지의 토지를 합한 토지. 다만, 토지의 소유자가 서로 다르거나 소유권 외의 권리관계가 서로 다른 경우는 제외한다.
   가. 각 필지의 지번부여지역(地番附與地域)이 서로 다른 경우
   나. 각 필지의 도면의 축척이 다른 경우
   다. 서로 인접하고 있는 필지로서 각 필지의 지반(地盤)이 연속되지 아니한 경우
3. 「국토의 계획 및 이용에 관한 법률」 제2조 제7호에 따른 도시·군계획시설에 해당하는 건축물을 건축하는 경우: 그 도시·군계획시설이 설치되는 일단(一團)의 토지
4. 「주택법」 제15조에 따른 사업계획승인을 받아 주택과 그 부대시설 및 복리시설을 건축하는 경우: 같은 법 제2조 제12호에 따른 주택단지
5. 도로의 지표 아래에 건축하는 건축물의 경우: 특별시장·광역시장·특별자치시장·특별자치도지사·시장·군수 또는 구청장(자치구의 구청장을 말한다. 이하 같다)이 그 건축물이 건축되는 토지로 정하는 토지
6. 법 제22조에 따른 사용승인을 신청할 때 둘 이상의 필지를 하나의 필지로 합칠 것을 조건으로 건축허가를 하는 경우: 그 필지가 합쳐지는 토지. 다만, 토지의 소유자가 서로 다른 경우는 제외한다.

② 법 제2조 제1항 제1호 단서에 따라 **하나 이상의 필지의 일부를 하나의 대지로** 할 수 있는 토지는 다음 각 호와 같다.
1. 하나 이상의 필지의 일부에 대하여 도시·군계획시설이 결정·고시된 경우: 그 결정·고시된 부분의 토지
2. 하나 이상의 필지의 일부에 대하여 「농지법」 제34조에 따른 농지전용허가를 받은 경우: 그 허가받은 부분의 토지
3. 하나 이상의 필지의 일부에 대하여 「산지관리법」 제14조에 따른 산지전용허가를 받은 경우: 그 허가받은 부분의 토지
4. 하나 이상의 필지의 일부에 대하여 「국토의 계획 및 이용에 관한 법률」 제56조에 따른 개발행위허가를 받은 경우: 그 허가받은 부분의 토지
5. 법 제22조에 따른 사용승인을 신청할 때 필지를 나눌 것을 조건으로 건축허가를 하는 경우: 그 필지가 나누어지는 토지

정답 ④

003 건축법상 건축물의 용도분류 시 공동주택에 속하지 않는 것은?

① 연립주택
② 다중주택
③ 아파트
④ 다세대주택

> **해설**

기숙사 (암기법: 공동주택은 아! 연세대기숙사)

정답 ②

004 건축법에서 다세대 주택의 범위로 맞는 것은?

① 주택으로 쓰이는 1개 동의 연면적(지하주차장면적을 제외한다.) 300m2 이하이고, 층수가 3개 층 이하인 주택
② 주택으로 쓰이는 1개 동의 연면적(지하주차장면적을 제외한다.) 660m2 이하이고, 층수가 4개 층 이하인 주택
③ 주택으로 쓰이는 1개 동의 연면적(지하주차장면적을 제외한다.) 330m2 이하이고, 층수가 3개 층 이하인 주택
④ 주택으로 쓰이는 1개 동의 연면적(지하주차장면적을 제외한다.) 530m2 이하이고, 층수가 4개 층 이하인 주택

> **해설**

■ **건축법 시행령 [별표 1]**

용도별 건축물의 종류(제3조의5 관련)

1. 단독주택[단독주택의 형태를 갖춘 가정어린이집·공동생활가정·지역아동센터 및 노인복지시설(노인복지주택은 제외한다)을 포함한다]
   가. 단독주택
   나. 다중주택: 다음의 요건을 모두 갖춘 주택을 말한다.
      1) 학생 또는 직장인 등 여러 사람이 장기간 거주할 수 있는 구조로 되어 있는 것
      2) 독립된 주거의 형태를 갖추지 아니한 것(각 실별로 욕실은 설치할 수 있으나, 취사시설은 설치하지 아니한 것을 말한다. 이하 같다)
      3) 1개 동의 주택으로 쓰이는 바닥면적의 합계가 330제곱미터 이하이고 주택으로 쓰는 층수(지하층은 제외한다)가 3개 층 이하일 것
   다. 다가구주택: 다음의 요건을 모두 갖춘 주택으로서 공동주택에 해당하지 아니하는 것을 말한다.
      1) 주택으로 쓰는 층수(지하층은 제외한다)가 3개 층 이하일 것. 다만, 1층의 전부 또는 일부를 필로티 구조로 하여 주차장으로 사용하고 나머지 부분을 주택 외의 용도로 쓰는 경우에는 해당 층을 주택의 층수에서 제외한다.

2) 1개 동의 주택으로 쓰이는 바닥면적(부설 주차장 면적은 제외한다. 이하 같다)의 합계가 660제곱미터 이하일 것
3) 19세대(대지 내 동별 세대수를 합한 세대를 말한다) 이하가 거주할 수 있을 것
　라. 공관(公館)
2. 공동주택[공동주택의 형태를 갖춘 가정어린이집·공동생활가정·지역아동센터·노인복지시설(노인복지주택은 제외한다) 및 「주택법 시행령」 제10조 제1항 제1호에 따른 원룸형 주택을 포함한다]. 다만, 가목이나 나목에서 층수를 산정할 때 1층 전부를 필로티 구조로 하여 주차장으로 사용하는 경우에는 필로티 부분을 층수에서 제외하고, 다목에서 층수를 산정할 때 1층의 전부 또는 일부를 필로티 구조로 하여 주차장으로 사용하고 나머지 부분을 주택 외의 용도로 쓰는 경우에는 해당 층을 주택의 층수에서 제외하며, 가목부터 라목까지의 규정에서 층수를 산정할 때 지하층을 주택의 층수에서 제외한다.
　가. 아파트: 주택으로 쓰는 층수가 5개 층 이상인 주택
　나. 연립주택: 주택으로 쓰는 1개 동의 바닥면적(2개 이상의 동을 지하주차장으로 연결하는 경우에는 각각의 동으로 본다) **합계가 660제곱미터를 초과**하고, 층수가 4개 층 이하인 주택
　다. **다세대주택: 주택으로 쓰는 1개 동의 바닥면적 합계가 660제곱미터 이하이고, 층수가 4개 층 이하인 주택**(2개 이상의 동을 지하주차장으로 연결하는 경우에는 각각의 동으로 본다)
　라. 기숙사: 학교 또는 공장 등의 학생 또는 종업원 등을 위하여 쓰는 것으로서 1개 동의 공동취사시설 이용 세대 수가 전체의 50퍼센트 이상인 것(「교육기본법」 제27조 제2항에 따른 학생복지주택을 포함한다)
3. 제1종 근린생활시설
　가. 식품·잡화·의류·완구·서적·건축자재·의약품·의료기기 등 일용품을 판매하는 소매점으로서 같은 건축물(하나의 대지에 두 동 이상의 건축물이 있는 경우에는 이를 같은 건축물로 본다. 이하 같다)에 해당 용도로 쓰는 바닥면적의 합계가 1천 제곱미터 미만인 것
　나. 휴게음식점, 제과점 등 음료·차(茶)·음식·빵·떡·과자 등을 조리하거나 제조하여 판매하는 시설(제4호너목 또는 제17호에 해당하는 것은 제외한다)로서 같은 건축물에 해당 용도로 쓰는 바닥면적의 합계가 300제곱미터 미만인 것
　다. 이용원, 미용원, 목욕장, 세탁소 등 사람의 위생관리나 의류 등을 세탁·수선하는 시설(세탁소의 경우 공장에 부설되는 것과 「대기환경보전법」, 「물환경보전법」 또는 「소음·진동관리법」에 따른 배출시설의 설치 허가 또는 신고의 대상인 것은 제외한다)
　라. 의원, 치과의원, 한의원, 침술원, 접골원(接骨院), 조산원, 안마원, 산후조리원 등 주민의 진료·치료 등을 위한 시설
　마. 탁구장, 체육도장으로서 같은 건축물에 해당 용도로 쓰는 바닥면적의 합계가 500제곱미터 미만인 것
　바. 지역자치센터, 파출소, 지구대, 소방서, 우체국, 방송국, 보건소, 공공도서관, 건강보험공단 사무소 등 주민의 편의를 위하여 공공업무를 수행하는 시설로서 같은 건축물에 해당 용도로 쓰는 바닥면적의 합계가 1천 제곱미터 미만인 것
　사. 마을회관, 마을공동작업소, 마을공동구판장, 공중화장실, 대피소, 지역아동센터(단독주택과 공동주택에 해당하는 것은 제외한다) 등 주민이 공동으로 이용하는 시설
　아. 변전소, 도시가스배관시설, 통신용 시설(해당 용도로 쓰는 바닥면적의 합계가 1천제곱미터 미만인 것에 한정한다), 정수장, 양수장 등 주민의 생활에 필요한 에너지공급·통신서비스제공이나 급수·배수와 관련된 시설
　자. 금융업소, 사무소, 부동산중개사무소, 결혼상담소 등 소개업소, 출판사 등 일반업무시설로서 같은 건축물에 해당 용도로 쓰는 바닥면적의 합계가 30제곱미터 미만인 것
4. 제2종 근린생활시설
　가. 공연장(극장, 영화관, 연예장, 음악당, 서커스장, 비디오물감상실, 비디오물소극장, 그 밖에 이와 비슷한 것을 말한다. 이하 같다)으로서 같은 건축물에 해당 용도로 쓰는 바닥면적의 합계가 500제곱미터 미만인 것

나. 종교집회장[교회, 성당, 사찰, 기도원, 수도원, 수녀원, 제실(祭室), 사당, 그 밖에 이와 비슷한 것을 말한다. 이하 같대]으로서 같은 건축물에 해당 용도로 쓰는 바닥면적의 합계가 500제곱미터 미만인 것
다. 자동차영업소로서 같은 건축물에 해당 용도로 쓰는 바닥면적의 합계가 1천제곱미터 미만인 것
라. 서점(제1종 근린생활시설에 해당하지 않는 것)
마. 총포판매소
바. 사진관, 표구점
사. 청소년게임제공업소, 복합유통게임제공업소, 인터넷컴퓨터게임시설제공업소, 그 밖에 이와 비슷한 게임 관련 시설로서 같은 건축물에 해당 용도로 쓰는 바닥면적의 합계가 500제곱미터 미만인 것
아. 휴게음식점, 제과점 등 음료·차(茶)·음식·빵·떡·과자 등을 조리하거나 제조하여 판매하는 시설(너목 또는 제17호에 해당하는 것은 제외한다)로서 같은 건축물에 해당 용도로 쓰는 바닥면적의 합계가 300제곱미터 이상인 것
자. 일반음식점
차. 장의사, 동물병원, 동물미용실, 그 밖에 이와 유사한 것
카. 학원(자동차학원·무도학원 및 정보통신기술을 활용하여 원격으로 교습하는 것은 제외한다), 교습소(자동차교습·무도교습 및 정보통신기술을 활용하여 원격으로 교습하는 것은 제외한다), 직업훈련소(운전·정비 관련 직업훈련소는 제외한다)로서 같은 건축물에 해당 용도로 쓰는 바닥면적의 합계가 500제곱미터 미만인 것
타. 독서실, 기원
파. 테니스장, 체력단련장, 에어로빅장, 볼링장, 당구장, 실내낚시터, 골프연습장, 놀이형시설(「관광진흥법」에 따른 기타유원시설업의 시설을 말한다. 이하 같다) 등 주민의 체육 활동을 위한 시설(제3호마목의 시설은 제외한다)로서 같은 건축물에 해당 용도로 쓰는 바닥면적의 합계가 500제곱미터 미만인 것
하. 금융업소, 사무소, 부동산중개사무소, 결혼상담소 등 소개업소, 출판사 등 일반업무시설로서 같은 건축물에 해당 용도로 쓰는 바닥면적의 합계가 500제곱미터 미만인 것(제1종 근린생활시설에 해당하는 것은 제외한다)
거. 다중생활시설(「다중이용업소의 안전관리에 관한 특별법」에 따른 다중이용업 중 고시원업의 시설로서 국토교통부장관이 고시하는 기준에 적합한 것을 말한다. 이하 같다)로서 같은 건축물에 해당 용도로 쓰는 바닥면적의 합계가 500제곱미터 미만인 것
너. 제조업소, 수리점 등 물품의 제조·가공·수리 등을 위한 시설로서 같은 건축물에 해당 용도로 쓰는 바닥면적의 합계가 500제곱미터 미만이고, 다음 요건 중 어느 하나에 해당하는 것
  1) 「대기환경보전법」, 「물환경보전법」 또는 「소음·진동관리법」에 따른 배출시설의 설치 허가 또는 신고의 대상이 아닌 것
  2) 「대기환경보전법」, 「물환경보전법」 또는 「소음·진동관리법」에 따른 배출시설의 설치 허가 또는 신고의 대상 시설로서 발생되는 폐수를 전량 위탁처리하는 것
더. 단란주점으로서 같은 건축물에 해당 용도로 쓰는 바닥면적의 합계가 150제곱미터 미만인 것
러. 안마시술소, 노래연습장

5. 문화 및 집회시설
   가. 공연장으로서 제2종 근린생활시설에 해당하지 아니하는 것
   나. 집회장[예식장, 공회당, 회의장, 마권(馬券) 장외 발매소, 마권 전화투표소, 그 밖에 이와 비슷한 것을 말한다]으로서 제2종 근린생활시설에 해당하지 아니하는 것
   다. 관람장(경마장, 경륜장, 경정장, 자동차 경기장, 그 밖에 이와 비슷한 것과 체육관 및 운동장으로서 관람석의 바닥면적의 합계가 1천 제곱미터 이상인 것을 말한다)
   라. 전시장(박물관, 미술관, 과학관, 문화관, 체험관, 기념관, 산업전시장, 박람회장, 그 밖에 이와 비슷한 것을 말한다)
   마. 동·식물원(동물원, 식물원, 수족관, 그 밖에 이와 비슷한 것을 말한다)

6. 종교시설
   가. 종교집회장으로서 제2종 근린생활시설에 해당하지 아니하는 것
   나. 종교집회장(제2종 근린생활시설에 해당하지 아니하는 것을 말한다)에 설치하는 봉안당(奉安堂)
7. 판매시설
   가. 도매시장(「농수산물유통 및 가격안정에 관한 법률」에 따른 농수산물도매시장, 농수산물공판장, 그 밖에 이와 비슷한 것을 말하며, 그 안에 있는 근린생활시설을 포함한다)
   나. 소매시장(「유통산업발전법」 제2조 제3호에 따른 대규모 점포, 그 밖에 이와 비슷한 것을 말하며, 그 안에 있는 근린생활시설을 포함한다)
   다. 상점(그 안에 있는 근린생활시설을 포함한다)으로서 다음의 요건 중 어느 하나에 해당하는 것
      1) 제3호가목에 해당하는 용도(서점은 제외한다)로서 제1종 근린생활시설에 해당하지 아니하는 것
      2) 「게임산업진흥에 관한 법률」 제2조 제6호의2가목에 따른 청소년게임제공업의 시설, 같은 호 나목에 따른 일반게임제공업의 시설, 같은 조 제7호에 따른 인터넷컴퓨터게임시설제공업의 시설 및 같은 조 제8호에 따른 복합유통게임제공업의 시설로서 제2종 근린생활시설에 해당하지 아니하는 것
8. 운수시설
   가. 여객자동차터미널
   나. 철도시설
   다. 공항시설
   라. 항만시설
   마. 그 밖에 가목부터 라목까지의 규정에 따른 시설과 비슷한 시설
9. 의료시설
   가. 병원(종합병원, 병원, 치과병원, 한방병원, 정신병원 및 요양병원을 말한다)
   나. 격리병원(전염병원, 마약진료소, 그 밖에 이와 비슷한 것을 말한다)
10. 교육연구시설(제2종 근린생활시설에 해당하는 것은 제외한다)
    가. 학교(유치원, 초등학교, 중학교, 고등학교, 전문대학, 대학, 대학교, 그 밖에 이에 준하는 각종 학교를 말한다)
    나. 교육원(연수원, 그 밖에 이와 비슷한 것을 포함한다)
    다. 직업훈련소(운전 및 정비 관련 직업훈련소는 제외한다)
    라. 학원(자동차학원·무도학원 및 정보통신기술을 활용하여 원격으로 교습하는 것은 제외한다)
    마. 연구소(연구소에 준하는 시험소와 계측계량소를 포함한다)
    바. 도서관
11. 노유자시설
    가. 아동 관련 시설(어린이집, 아동복지시설, 그 밖에 이와 비슷한 것으로서 단독주택, 공동주택 및 제1종 근린생활시설에 해당하지 아니하는 것을 말한다)
    나. 노인복지시설(단독주택과 공동주택에 해당하지 아니하는 것을 말한다)
    다. 그 밖에 다른 용도로 분류되지 아니한 사회복지시설 및 근로복지시설
12. 수련시설
    가. 생활권 수련시설(「청소년활동진흥법」에 따른 청소년수련관, 청소년문화의집, 청소년특화시설, 그 밖에 이와 비슷한 것을 말한다)
    나. 자연권 수련시설(「청소년활동진흥법」에 따른 청소년수련원, 청소년야영장, 그 밖에 이와 비슷한 것을 말한다)
    다. 「청소년활동진흥법」에 따른 유스호스텔
    라. 「관광진흥법」에 따른 야영장 시설로서 제29호에 해당하지 아니하는 시설

13. 운동시설
    가. 탁구장, 체육도장, 테니스장, 체력단련장, 에어로빅장, 볼링장, 당구장, 실내낚시터, 골프연습장, 놀이형시설, 그 밖에 이와 비슷한 것으로서 제1종 근린생활시설 및 제2종 근린생활시설에 해당하지 아니하는 것
    나. 체육관으로서 관람석이 없거나 관람석의 바닥면적이 1천제곱미터 미만인 것
    다. 운동장(육상장, 구기장, 볼링장, 수영장, 스케이트장, 롤러스케이트장, 승마장, 사격장, 궁도장, 골프장 등과 이에 딸린 건축물을 말한다)으로서 관람석이 없거나 관람석의 바닥면적이 1천 제곱미터 미만인 것

14. 업무시설
    가. 공공업무시설: 국가 또는 지방자치단체의 청사와 외국공관의 건축물로서 제1종 근린생활시설에 해당하지 아니하는 것
    나. 일반업무시설: 다음 요건을 갖춘 업무시설을 말한다.
        1) 금융업소, 사무소, 결혼상담소 등 소개업소, 출판사, 신문사, 그 밖에 이와 비슷한 것으로서 제1종 근린생활시설 및 제2종 근린생활시설에 해당하지 않는 것
        2) 오피스텔(업무를 주로 하며, 분양하거나 임대하는 구획 중 일부 구획에서 숙식을 할 수 있도록 한 건축물로서 국토교통부장관이 고시하는 기준에 적합한 것을 말한다)

15. 숙박시설
    가. 일반숙박시설 및 생활숙박시설
    나. 관광숙박시설(관광호텔, 수상관광호텔, 한국전통호텔, 가족호텔, 호스텔, 소형호텔, 의료관광호텔 및 휴양 콘도미니엄)
    다. 다중생활시설(제2종 근린생활시설에 해당하지 아니하는 것을 말한다)
    라. 그 밖에 가목부터 다목까지의 시설과 비슷한 것

16. 위락시설
    가. 단란주점으로서 제2종 근린생활시설에 해당하지 아니하는 것
    나. 유흥주점이나 그 밖에 이와 비슷한 것
    다. 「관광진흥법」에 따른 유원시설업의 시설, 그 밖에 이와 비슷한 시설(제2종 근린생활시설과 운동시설에 해당하는 것은 제외한다)
    라. 삭제
    마. 무도장, 무도학원
    바. 카지노영업소

17. 공장
    물품의 제조·가공[염색·도장(塗裝)·표백·재봉·건조·인쇄 등을 포함한다] 또는 수리에 계속적으로 이용되는 건축물로서 제1종 근린생활시설, 제2종 근린생활시설, 위험물저장 및 처리시설, 자동차 관련 시설, 자원순환 관련 시설 등으로 따로 분류되지 아니한 것

18. 창고시설(위험물 저장 및 처리 시설 또는 그 부속용도에 해당하는 것은 제외한다)
    가. 창고(물품저장시설로서 「물류정책기본법」에 따른 일반창고와 냉장 및 냉동 창고를 포함한다)
    나. 하역장
    다. 「물류시설의 개발 및 운영에 관한 법률」에 따른 물류터미널
    라. 집배송 시설

19. 위험물 저장 및 처리 시설
    「위험물안전관리법」, 「석유 및 석유대체연료 사업법」, 「도시가스사업법」, 「고압가스 안전관리법」, 「액화석유가스의 안전관리 및 사업법」, 「총포·도검·화약류 등 단속법」, 「화학물질 관리법」 등에 따라 설치 또는 영업의 허가를 받아야 하는 건축물로서 다음 각 목의 어느 하나에 해당하는 것. 다만, 자가난방, 자가발전, 그 밖에 이와 비슷한 목적으로 쓰는 저장시설은 제외한다.

가. 주유소(기계식 세차설비를 포함한다) 및 석유 판매소
나. 액화석유가스 충전소·판매소·저장소(기계식 세차설비를 포함한다)
다. 위험물 제조소·저장소·취급소
라. 액화가스 취급소·판매소
마. 유독물 보관·저장·판매시설
바. 고압가스 충전소·판매소·저장소
사. 도료류 판매소
아. 도시가스 제조시설
자. 화약류 저장소
차. 그 밖에 가목부터 자목까지의 시설과 비슷한 것

20. 자동차 관련 시설(건설기계 관련 시설을 포함한다)
　　가. 주차장
　　나. 세차장
　　다. 폐차장
　　라. 검사장
　　마. 매매장
　　바. 정비공장
　　사. <u>운전학원 및 정비학원</u>(운전 및 정비 관련 직업훈련시설을 포함한다)
　　아. 「여객자동차 운수사업법」,「화물자동차 운수사업법」및「건설기계관리법」에 따른 차고 및 주기장(駐機場)

21. 동물 및 식물 관련 시설
　　가. 축사(양잠·양봉·양어·양돈·양계·곤충사육 시설 및 부화장 등을 포함한다)
　　나. 가축시설[가축용 운동시설, 인공수정센터, 관리사(管理舍), 가축용 창고, 가축시장, 동물검역소, 실험동물 사육시설, 그 밖에 이와 비슷한 것을 말한다]
　　다. 도축장
　　라. 도계장
　　마. 작물 재배사
　　바. 종묘배양시설
　　사. 화초 및 분재 등의 온실
　　아. 동물 또는 식물과 관련된 가목부터 사목까지의 시설과 비슷한 것(동·식물원은 제외한다)

22. 자원순환 관련 시설
　　가. 하수 등 처리시설
　　나. 고물상
　　다. 폐기물재활용시설
　　라. 폐기물 처분시설
　　마. 폐기물감량화시설

23. 교정 및 군사 시설(제1종 근린생활시설에 해당하는 것은 제외한다)
　　가. 교정시설(보호감호소, 구치소 및 교도소를 말한다)
　　나. 갱생보호시설, 그 밖에 범죄자의 갱생·보육·교육·보건 등의 용도로 쓰는 시설
　　다. 소년원 및 소년분류심사원
　　라. 국방·군사시설

24. 방송통신시설(제1종 근린생활시설에 해당하는 것은 제외한다)
　　가. 방송국(방송프로그램 제작시설 및 송신·수신·중계시설을 포함한다)

나. 전신전화국
다. 촬영소
라. 통신용 시설
마. 데이터센터
바. 그 밖에 가목부터 마목까지의 시설과 비슷한 것

25. 발전시설
발전소(집단에너지 공급시설을 포함한다)로 사용되는 건축물로서 제1종 근린생활시설에 해당하지 아니하는 것

26. 묘지 관련 시설
가. 화장시설
나. 봉안당(종교시설에 해당하는 것은 제외한다)
다. 묘지와 자연장지에 부수되는 건축물
라. 동물화장시설, 동물건조장(乾燥葬)시설 및 동물 전용의 납골시설

27. 관광 휴게시설
가. 야외음악당
나. 야외극장
다. 어린이회관
라. 관망탑
마. 휴게소
바. 공원·유원지 또는 관광지에 부수되는 시설

28. 장례시설
가. 장례식장[의료시설의 부수시설(「의료법」 제36조 제1호에 따른 의료기관의 종류에 따른 시설을 말한다)에 해당하는 것은 제외한다]
나. 동물 전용의 장례식장

29. 야영장 시설
「관광진흥법」에 따른 야영장 시설로서 관리동, 화장실, 샤워실, 대피소, 취사시설 등의 용도로 쓰는 바닥면적의 합계가 300제곱미터 미만인 것

정답 ②

005 건축법에 의한 건축 관련 용어 설명 중 옳지 않은 것은?

① 증축이라 함은 기존건축물이 있는 대지 안에서 건축물의 건축면적·연면적·층수·높이를 증가시키는 것을 말한다.
② 신축이라 함은 기존 건축물이 철거 또는 멸실된 대지에 새로이 건축물을 축조하는 것을 말한다.
③ 개축이라 함은 기존건축물의 전부 또는 일부(내력벽·기둥·보·지붕틀 중 2 이상이 포함되는 경우에 한함)를 철거하고 당해 대지에 종전과 동일한 규모의 범위 안에서 건축물을 다시 축조하는 것을 말한다.
④ 이전이라 함은 건축물을 그 주요 구조부를 해체하지 아니하고 동일한 대지 안에서 다른 위치로 옮기는 것을 말한다.

> 해설

제2조(정의) ① 이 법에서 사용하는 용어의 뜻은 다음과 같다.
1. "대지(垈地)"란 「공간정보의 구축 및 관리 등에 관한 법률」에 따라 각 필지(筆地)로 나눈 토지를 말한다. 다만, 대통령령으로 정하는 토지는 둘 이상의 필지를 하나의 대지로 하거나 하나 이상의 필지의 일부를 하나의 대지로 할 수 있다.
2. "건축물"이란 토지에 정착(定着)하는 공작물 중 지붕과 기둥 또는 벽이 있는 것과 이에 딸린 시설물, 지하나 고가(高架)의 공작물에 설치하는 사무소·공연장·점포·차고·창고, 그 밖에 대통령령으로 정하는 것을 말한다.
3. "건축물의 용도"란 건축물의 종류를 유사한 구조, 이용 목적 및 형태별로 묶어 분류한 것을 말한다.
4. "건축설비"란 건축물에 설치하는 전기·전화 설비, 초고속 정보통신 설비, 지능형 홈네트워크 설비, 가스·급수·배수(配水)·배수(排水)·환기·난방·냉방·소화(消火)·배연(排煙) 및 오물처리의 설비, 굴뚝, 승강기, 피뢰침, 국기 게양대, 공동시청 안테나, 유선방송 수신시설, 우편함, 저수조(貯水槽), 방범시설, 그 밖에 국토교통부령으로 정하는 설비를 말한다.
5. "지하층"이란 건축물의 바닥이 지표면 아래에 있는 층으로서 바닥에서 지표면까지 평균높이가 해당 층 높이의 2분의 1 이상인 것을 말한다.
6. "거실"이란 건축물 안에서 거주, 집무, 작업, 집회, 오락, 그 밖에 이와 유사한 목적을 위하여 사용되는 방을 말한다.
7. "주요구조부"란 내력벽(耐力壁), 기둥, 바닥, 보, 지붕틀 및 주계단(主階段)을 말한다. 다만, 사이 기둥, 최하층 바닥, 작은 보, 차양, 옥외 계단, 그 밖에 이와 유사한 것으로 건축물의 구조상 중요하지 아니한 부분은 제외한다.
8. "건축"이란 건축물을 신축·증축·개축·재축(再築)하거나 건축물을 이전하는 것을 말한다.
8의2. "결합건축"이란 제56조에 따른 용적률을 개별 대지마다 적용하지 아니하고, 2개 이상의 대지를 대상으로 통합적용하여 건축물을 건축하는 것을 말한다.
9. "대수선"이란 건축물의 기둥, 보, 내력벽, 주계단 등의 구조나 외부 형태를 수선·변경하거나 증설하는 것으로서 대통령령으로 정하는 것을 말한다.
10. "리모델링"이란 건축물의 노후화를 억제하거나 기능 향상 등을 위하여 대수선하거나 건축물의 일부를 증축 또는 개축하는 행위를 말한다.
11. "도로"란 보행과 자동차 통행이 가능한 너비 4미터 이상의 도로(지형적으로 자동차 통행이 불가능한 경우와 막다른 도로의 경우에는 대통령령으로 정하는 구조와 너비의 도로)로서 다음 각 목의 어느 하나에 해당하는 도로나 그 예정도로를 말한다.
    가. 「국토의 계획 및 이용에 관한 법률」, 「도로법」, 「사도법」, 그 밖의 관계 법령에 따라 신설 또는 변경에 관한 고시가 된 도로
    나. 건축허가 또는 신고 시에 특별시장·광역시장·특별자치시장·도지사·특별자치도지사(이하 "시·도지사"라 한다) 또는 시장·군수·구청장(자치구의 구청장을 말한다. 이하 같다)이 위치를 지정하여 공고한 도로
12. "건축주"란 건축물의 건축·대수선·용도변경, 건축설비의 설치 또는 공작물의 축조(이하 "건축물의 건축등"이라 한다)에 관한 공사를 발주하거나 현장 관리인을 두어 스스로 그 공사를 하는 자를 말한다.
12의2. "제조업자"란 건축물의 건축·대수선·용도변경, 건축설비의 설치 또는 공작물의 축조 등에 필요한 건축자재를 제조하는 사람을 말한다.
12의3. "유통업자"란 건축물의 건축·대수선·용도변경, 건축설비의 설치 또는 공작물의 축조에 필요한 건축자재를 판매하거나 공사현장에 납품하는 사람을 말한다.
13. "설계자"란 자기의 책임(보조자의 도움을 받는 경우를 포함한다)으로 설계도서를 작성하고 그 설계도서에서 의도하는 바를 해설하며, 지도하고 자문에 응하는 자를 말한다.
14. "설계도서"란 건축물의 건축등에 관한 공사용 도면, 구조 계산서, 시방서(示方書), 그 밖에 국토교통부령으로 정하는 공사에 필요한 서류를 말한다.

15. "공사감리자"란 자기의 책임(보조자의 도움을 받는 경우를 포함한다)으로 이 법으로 정하는 바에 따라 건축물, 건축설비 또는 공작물이 설계도서의 내용대로 시공되는지를 확인하고, 품질관리·공사관리·안전관리 등에 대하여 지도·감독하는 자를 말한다.
16. "공사시공자"란 「건설산업기본법」 제2조 제4호에 따른 건설공사를 하는 자를 말한다.
16의2. "건축물의 유지·관리"란 건축물의 소유자나 관리자가 사용 승인된 건축물의 대지·구조·설비 및 용도 등을 지속적으로 유지하기 위하여 건축물이 멸실될 때까지 관리하는 행위를 말한다.
17. "관계전문기술자"란 건축물의 구조·설비 등 건축물과 관련된 전문기술자격을 보유하고 설계와 공사감리에 참여하여 설계자 및 공사감리자와 협력하는 자를 말한다.
18. "특별건축구역"이란 조화롭고 창의적인 건축물의 건축을 통하여 도시경관의 창출, 건설기술 수준향상 및 건축 관련 제도개선을 도모하기 위하여 이 법 또는 관계 법령에 따라 일부 규정을 적용하지 아니하거나 완화 또는 통합하여 적용할 수 있도록 특별히 지정하는 구역을 말한다.
19. "고층건축물"이란 층수가 30층 이상이거나 높이가 120미터 이상인 건축물을 말한다.
20. "실내건축"이란 건축물의 실내를 안전하고 쾌적하며 효율적으로 사용하기 위하여 내부 공간을 칸막이로 구획하거나 벽지, 천장재, 바닥재, 유리 등 대통령령으로 정하는 재료 또는 장식물을 설치하는 것을 말한다.
21. "부속구조물"이란 건축물의 안전·기능·환경 등을 향상시키기 위하여 건축물에 추가적으로 설치하는 환기시설물 등 대통령령으로 정하는 구조물을 말한다.

② 건축물의 용도는 다음과 같이 구분하되, 각 용도에 속하는 건축물의 세부 용도는 대통령령으로 정한다.
1. 단독주택
2. 공동주택
3. 제1종 근린생활시설
4. 제2종 근린생활시설
5. 문화 및 집회시설
6. 종교시설
7. 판매시설
8. 운수시설
9. 의료시설
10. 교육연구시설
11. 노유자(老幼者: 노인 및 어린이)시설
12. 수련시설
13. 운동시설
14. 업무시설
15. 숙박시설
16. 위락(慰樂)시설
17. 공장
18. 창고시설
19. 위험물 저장 및 처리 시설
20. 자동차 관련 시설
21. 동물 및 식물 관련 시설
22. 자원순환 관련 시설
23. 교정(矯正) 및 군사 시설
24. 방송통신시설
25. 발전시설
26. 묘지 관련 시설
27. 관광 휴게시설
28. 그 밖에 대통령령으로 정하는 시설

영 제2조(정의) 이 영에서 사용하는 용어의 뜻은 다음과 같다.
1. "신축"이란 건축물이 없는 대지(기존 건축물이 해체되거나 멸실된 대지를 포함한다)에 새로 건축물을 축조(築造)하는 것[부속건축물만 있는 대지에 새로 주된 건축물을 축조하는 것을 포함하되, 개축(改築) 또는 재축(再築)하는 것은 제외한다]을 말한다.
2. "증축"이란 기존 건축물이 있는 대지에서 건축물의 건축면적, 연면적, 층수 또는 높이를 늘리는 것을 말한다.
3. "개축"이란 기존 건축물의 전부 또는 일부[내력벽·기둥·보·지붕틀(제16호에 따른 한옥의 경우에는 지붕틀의 범위에서 서까래는 제외한다) 중 셋 이상이 포함되는 경우를 말한다]를 해체하고 그 대지에 종전과 같은 규모의 범위에서 건축물을 다시 축조하는 것을 말한다.
4. "재축"이란 건축물이 천재지변이나 그 밖의 재해(災害)로 멸실된 경우 그 대지에 다음 각 목의 요건을 모두 갖추어 다시 축조하는 것을 말한다.
   가. 연면적 합계는 종전 규모 이하로 할 것
   나. 동(棟)수, 층수 및 높이는 다음의 어느 하나에 해당할 것
      1) 동수, 층수 및 높이가 모두 종전 규모 이하일 것
      2) 동수, 층수 또는 높이의 어느 하나가 종전 규모를 초과하는 경우에는 해당 동수, 층수 및 높이가 「건축법」(이하 "법"이라 한다), 이 영 또는 건축조례(이하 "법령등"이라 한다)에 모두 적합할 것
5. "이전"이란 건축물의 주요구조부를 해체하지 아니하고 같은 대지의 다른 위치로 옮기는 것을 말한다.
6. "내수재료(耐水材料)"란 인조석·콘크리트 등 내수성을 가진 재료로서 국토교통부령으로 정하는 재료를 말한다.
7. "내화구조(耐火構造)"란 화재에 견딜 수 있는 성능을 가진 구조로서 국토교통부령으로 정하는 기준에 적합한 구조를 말한다.
8. "방화구조(防火構造)"란 화염의 확산을 막을 수 있는 성능을 가진 구조로서 국토교통부령으로 정하는 기준에 적합한 구조를 말한다.
9. "난연재료(難燃材料)"란 불에 잘 타지 아니하는 성능을 가진 재료로서 국토교통부령으로 정하는 기준에 적합한 재료를 말한다.
10. "불연재료(不燃材料)"란 불에 타지 아니하는 성질을 가진 재료로서 국토교통부령으로 정하는 기준에 적합한 재료를 말한다.
11. "준불연재료"란 불연재료에 준하는 성질을 가진 재료로서 국토교통부령으로 정하는 기준에 적합한 재료를 말한다.
12. "부속건축물"이란 같은 대지에서 주된 건축물과 분리된 부속용도의 건축물로서 주된 건축물을 이용 또는 관리하는 데에 필요한 건축물을 말한다.
13. "부속용도"란 건축물의 주된 용도의 기능에 필수적인 용도로서 다음 각 목의 어느 하나에 해당하는 용도를 말한다.
    가. 건축물의 설비, 대피, 위생, 그 밖에 이와 비슷한 시설의 용도
    나. 사무, 작업, 집회, 물품저장, 주차, 그 밖에 이와 비슷한 시설의 용도
    다. 구내식당·직장어린이집·구내운동시설 등 종업원 후생복리시설, 구내소각시설, 그 밖에 이와 비슷한 시설의 용도. 이 경우 다음의 요건을 모두 갖춘 휴게음식점(별표 1 제3호의 제1종 근린생활시설 중 같은 호 나목에 따른 휴게음식점을 말한다)은 구내식당에 포함되는 것으로 본다.
      1) 구내식당 내부에 설치할 것
      2) 설치면적이 구내식당 전체 면적의 3분의 1 이하로서 50제곱미터 이하일 것
      3) 다류(茶類)를 조리·판매하는 휴게음식점일 것

라. 관계 법령에서 주된 용도의 부수시설로 설치할 수 있게 규정하고 있는 시설, 그 밖에 국토교통부장관이 이와 유사하다고 인정하여 고시하는 시설의 용도
14. "발코니"란 건축물의 내부와 외부를 연결하는 완충공간으로서 전망이나 휴식 등의 목적으로 건축물 외벽에 접하여 부가적(附加的)으로 설치되는 공간을 말한다. 이 경우 주택에 설치되는 발코니로서 국토교통부장관이 정하는 기준에 적합한 발코니는 필요에 따라 거실·침실·창고 등의 용도로 사용할 수 있다.
15. "초고층 건축물"이란 층수가 50층 이상이거나 높이가 200미터 이상인 건축물을 말한다.
15의2. "준초고층 건축물"이란 고층건축물 중 초고층 건축물이 아닌 것을 말한다.
16. "한옥"이란 「한옥 등 건축자산의 진흥에 관한 법률」 제2조 제2호에 따른 한옥을 말한다.
17. "다중이용 건축물"이란 다음 각 목의 어느 하나에 해당하는 건축물을 말한다.
　가. 다음의 어느 하나에 해당하는 용도로 쓰는 바닥면적의 합계가 5천제곱미터 이상인 건축물
　　1) 문화 및 집회시설(동물원 및 식물원은 제외한다)
　　2) 종교시설
　　3) 판매시설
　　4) 운수시설 중 여객용 시설
　　5) 의료시설 중 종합병원
　　6) 숙박시설 중 관광숙박시설
　나. 16층 이상인 건축물
17의2. "준다중이용 건축물"이란 다중이용 건축물 외의 건축물로서 다음 각 목의 어느 하나에 해당하는 용도로 쓰는 바닥면적의 합계가 1천제곱미터 이상인 건축물을 말한다.
　가. 문화 및 집회시설(동물원 및 식물원은 제외한다)
　나. 종교시설
　다. 판매시설
　라. 운수시설 중 여객용 시설
　마. 의료시설 중 종합병원
　바. 교육연구시설
　사. 노유자시설
　아. 운동시설
　자. 숙박시설 중 관광숙박시설
　차. 위락시설
　카. 관광 휴게시설
　타. 장례시설
18. "특수구조 건축물"이란 다음 각 목의 어느 하나에 해당하는 건축물을 말한다.
　가. 한쪽 끝은 고정되고 다른 끝은 지지(支持)되지 아니한 구조로 된 보·차양 등이 외벽(외벽이 없는 경우에는 외곽 기둥을 말한다)의 중심선으로부터 3미터 이상 돌출된 건축물
　나. 기둥과 기둥 사이의 거리(기둥의 중심선 사이의 거리를 말하며, 기둥이 없는 경우에는 내력벽과 내력벽의 중심선 사이의 거리를 말한다. 이하 같다)가 20미터 이상인 건축물
　다. 특수한 설계·시공·공법 등이 필요한 건축물로서 국토교통부장관이 정하여 고시하는 구조로 된 건축물
19. 법 제2조 제1항 제21호에서 "환기시설물 등 대통령령으로 정하는 구조물"이란 급기(給氣) 및 배기(排氣)를 위한 건축 구조물의 개구부(開口部)인 환기구를 말한다.

정답 ③

006 건축법에서 건축물의 대지가 지역·지구 또는 구역에 걸치는 경우에 대한 설명 중 옳지 않은 것은?

① 대지가 이 법에 의한 지역·지구 또는 구역에 걸치는 경우에는 대통령령이 정하는 바에 의하여 그 건축물 및 대지의 전부에 대하여 그 대지의 과반이 속하는 지역·지구 또는 구역안의 건축물 및 대지 등에 관한 규정을 적용한다.
② 대지가 녹지지역과 그 밖의 지역·지구 또는 구역에 걸치는 경우에는 각 지역·지구 또는 구역안의 건축물 및 대지에 관한 규정을 적용한다.
③ 건축물이 경관지구에 걸치는 경우에는 그 건축물 및 대지의 전부에 대하여 경관지구안의 건축물 및 대지에 관한 규정을 적용한다.
④ 하나의 건축물이 방화지구와 그 밖의 구역에 걸치는 경우에는 그 전부에 대하여 방화지구안의 건축물에 관한 규정을 적용한다.

> **해설**

제54조(건축물의 대지가 지역·지구 또는 구역에 걸치는 경우의 조치) ① 대지가 이 법이나 다른 법률에 따른 지역·지구(녹지지역과 방화지구는 제외한다. 이하 이 조에서 같다) 또는 구역에 걸치는 경우에는 대통령령으로 정하는 바에 따라 그 건축물과 대지의 전부에 대하여 대지의 과반(過半)이 속하는 지역·지구 또는 구역 안의 건축물 및 대지 등에 관한 이 법의 규정을 적용한다.
② 하나의 건축물이 방화지구와 그 밖의 구역에 걸치는 경우에는 <u>그 전부에 대하여 방화지구 안의 건축물에 관한 이 법의 규정을 적용한다</u>. 다만, 건축물의 방화지구에 속한 부분과 그 밖의 구역에 속한 부분의 경계가 방화벽으로 구획되는 경우 그 밖의 구역에 있는 부분에 대하여는 그러하지 아니하다.
③ 대지가 녹지지역과 그 밖의 지역·지구 또는 구역에 걸치는 경우에는 <u>각</u> 지역·지구 또는 구역 안의 건축물과 대지에 관한 이 법의 규정을 적용한다. 다만, 녹지지역 안의 건축물이 방화지구에 걸치는 경우에는 제2항에 따른다.
④ 제1항에도 불구하고 <u>해당 대지의 규모와 그 대지가 속한 용도지역·지구 또는 구역의 성격 등 그 대지에 관한 주변여건상 필요하다고 인정하여 해당 지방자치단체의 조례로 적용방법을 따로 정하는 경우에는 그에 따른다.</u>
영 제77조(건축물의 대지가 지역·지구 또는 구역에 걸치는 경우) 법 제54조 제1항에 따라 대지가 지역·지구 또는 구역에 걸치는 경우 그 대지의 과반이 속하는 지역·지구 또는 구역의 건축물 및 대지 등에 관한 규정을 그 대지의 전부에 대하여 적용 받으려는 자는 해당 대지의 지역·지구 또는 구역별 면적과 적용 받으려는 지역·지구 또는 구역에 관한 사항을 허가권자에게 제출(전자문서에 의한 제출을 포함한다)하여야 한다.

정답 ③

007 다음 건축물 중 건축법이 적용되는 것은?

① 문화재보호법에 의한 지정문화재
② 컨테이너를 이용한 간이 판매시설
③ 고속도로 통행료 징수시설
④ 철도 선로부지 안에 있는 플랫폼

해설

제3조(적용 제외) ① 다음 각 호의 어느 하나에 해당하는 건축물에는 이 법을 적용하지 아니한다.
1. 「문화재보호법」에 따른 지정문화재나 임시지정문화재
2. 철도나 궤도의 선로 부지(敷地)에 있는 다음 각 목의 시설
   가. 운전보안시설
   나. 철도 선로의 위나 아래를 가로지르는 보행시설
   다. 플랫폼
   라. 해당 철도 또는 궤도사업용 급수(給水)·급탄(給炭) 및 급유(給油) 시설
3. 고속도로 통행료 징수시설
4. 컨테이너를 이용한 간이창고(「산업집적활성화 및 공장설립에 관한 법률」 제2조 제1호에 따른 공장의 용도로만 사용되는 건축물의 대지에 설치하는 것으로서 이동이 쉬운 것만 해당된다)
5. 「하천법」에 따른 하천구역 내의 수문조작실

정답 ②

008 건축법령상 2 이상의 필지를 하나의 대지로 할 수 있는 토지가 아닌 것은?

① 하나의 건축물을 2필지 이상에 걸쳐 건축하는 경우에는 그 건축물이 건축되는 각 필지의 토지를 합한 토지
② 도시·군계획시설에 해당하는 건축물을 건축하는 경우에는 당해 도시·군계획시설이 설치되는 일단의 토지
③ 사용승인을 신청하는 때에 2이상의 필지를 하나의 필지로 합필할 것을 조건으로 하여 건축허가를 받는 경우 그 합필대상이 되는 토지
④ 도로의 지표 하에 건축하는 건축물의 경우에는 국토교통부장관이 당해 건축물이 건축되는 토지로 정하는 토지

해설

영 제3조(대지의 범위) ① 법 제2조 제1항 제1호 단서에 따라 **둘 이상의 필지를 하나의 대지로** 할 수 있는 토지는 다음 각 호와 같다.
1. 하나의 건축물을 두 필지 이상에 걸쳐 건축하는 경우: 그 건축물이 건축되는 각 필지의 토지를 합한 토지
2. 「공간정보의 구축 및 관리 등에 관한 법률」 제80조 제3항에 따라 합병이 불가능한 경우 중 다음 각 목의 어느 하나에 해당하는 경우: 그 합병이 불가능한 필지의 토지를 합한 토지. 다만, 토지의 소유자가 서로 다르거나 소유권 외의 권리관계가 서로 다른 경우는 제외한다.
   가. 각 필지의 지번부여지역(地番附與地域)이 서로 다른 경우
   나. 각 필지의 도면의 축척이 다른 경우
   다. 서로 인접하고 있는 필지로서 각 필지의 지반(地盤)이 연속되지 아니한 경우
3. 「국토의 계획 및 이용에 관한 법률」 제2조 제7호에 따른 도시·군계획시설에 해당하는 건축물을 건축하는 경우: 그 도시·군계획시설이 설치되는 일단(一團)의 토지
4. 「주택법」 제15조에 따른 사업계획승인을 받아 주택과 그 부대시설 및 복리시설을 건축하는 경우: 같은 법 제2조 제12호에 따른 주택단지

5. 도로의 지표 아래에 건축하는 건축물의 경우: 특별시장·광역시장·특별자치시장·특별자치도지사·시장·군수 또는 구청장(자치구의 구청장을 말한다. 이하 같다)이 그 건축물이 건축되는 토지로 정하는 토지
6. 법 제22조에 따른 <u>사용승인을 신청할 때 둘 이상의 필지를 하나의 필지로 합칠 것을 조건으로 건축허가를 하는 경우: 그 필지가 합쳐지는 토지</u>. 다만, 토지의 소유자가 서로 다른 경우는 제외한다.

정답 ④

009
건축법에 의하면 시·도지사는 지역계획 또는 도시계획상 특히 필요하다고 인정하는 경우에는 시장·군수·구청장의 건축허가를 제한할 수 있다. 이와 관련된 다음의 설명 중 옳지 않은 것은?

① 건축허가 제한은 2년 이내로 하되, 1회에 한하여 1년 이내의 범위에서 그 제한기간을 연장 할 수 있다.
② 건축허가를 제한할 때 시·도지사는 지방도시계획위원회의 심의를 반드시 거쳐야 한다.
③ 시·도지사는 시장·군수·구청장의 건축허가를 제한한 경우에는 즉시 국토교통부장관에게 보고하여야 한다.
④ 건축허가권자는 건축허가 제한에 관한 사항을 공고하여야 한다.

해설

정답 ②

010
다음 중 건축법상 용도별 건축물의 종류가 잘못 연결된 것은?

① 공동주택 - 기숙사, 다세대주택
② 제1종근린생활시설 - 의원, 일반목욕장
③ 제2종근린생활시설 - 기원, 일반음식점
④ 위락시설 - 무도장, 안마시술소

해설

3. 제1종 근린생활시설
   가. 식품·잡화·의류·완구·서적·건축자재·의약품·의료기기 등 일용품을 판매하는 소매점으로서 같은 건축물(하나의 대지에 두 동 이상의 건축물이 있는 경우에는 이를 같은 건축물로 본다. 이하 같다)에 해당 용도로 쓰는 바닥면적의 합계가 1천 제곱미터 미만인 것
   나. <u>휴게음식점</u>, 제과점 등 음료·차(茶)·음식·빵·떡·과자 등을 조리하거나 제조하여 판매하는 시설(제4호너목 또는 제17호에 해당하는 것은 제외한다)로서 같은 건축물에 해당 용도로 쓰는 바닥면적의 합계가 <u>300제곱미터 미만인 것</u>

다. <u>이용원, 미용원</u>, 목욕장, 세탁소 등 사람의 위생관리나 의류 등을 세탁·수선하는 시설(세탁소의 경우 공장에 부설되는 것과 「대기환경보전법」, 「물환경보전법」 또는 「소음·진동관리법」에 따른 배출시설의 설치 허가 또는 신고의 대상인 것은 제외한다)

라. 의원, 치과의원, 한의원, 침술원, 접골원(接骨院), 조산원, 안마원, 산후조리원 등 주민의 진료·치료 등을 위한 시설

마. 탁구장, 체육도장으로서 같은 건축물에 해당 용도로 쓰는 바닥면적의 합계가 500제곱미터 미만인 것

바. 지역자치센터, 파출소, 지구대, 소방서, 우체국, 방송국, 보건소, 공공도서관, 건강보험공단 사무소 등 주민의 편의를 위하여 공공업무를 수행하는 시설로서 같은 건축물에 해당 용도로 쓰는 바닥면적의 합계가 1천 제곱미터 미만인 것

사. 마을회관, 마을공동작업소, 마을공동구판장, 공중화장실, 대피소, 지역아동센터(단독주택과 공동주택에 해당하는 것은 제외한다) 등 주민이 공동으로 이용하는 시설

아. 변전소, 도시가스배관시설, 통신용 시설(해당 용도로 쓰는 바닥면적의 합계가 1천제곱미터 미만인 것에 한정한다), 정수장, 양수장 등 주민의 생활에 필요한 에너지공급·통신서비스제공이나 급수·배수와 관련된 시설

자. 금융업소, 사무소, 부동산중개사무소, 결혼상담소 등 소개업소, 출판사 등 일반업무시설로서 같은 건축물에 해당 용도로 쓰는 바닥면적의 합계가 30제곱미터 미만인 것

4. 제2종 근린생활시설

가. 공연장(극장, 영화관, 연예장, 음악당, 서커스장, 비디오물감상실, 비디오물소극장, 그 밖에 이와 비슷한 것을 말한다. 이하 같다)으로서 같은 건축물에 해당 용도로 쓰는 바닥면적의 합계가 500제곱미터 미만인 것

나. 종교집회장[교회, 성당, 사찰, 기도원, 수도원, 수녀원, 제실(祭室), 사당, 그 밖에 이와 비슷한 것을 말한다. 이하 같다]으로서 같은 건축물에 해당 용도로 쓰는 바닥면적의 합계가 500제곱미터 미만인 것

다. 자동차영업소로서 같은 건축물에 해당 용도로 쓰는 바닥면적의 합계가 1천제곱미터 미만인 것

라. 서점(제1종 근린생활시설에 해당하지 않는 것)

마. 총포판매소

바. 사진관, 표구점

사. 청소년게임제공업소, 복합유통게임제공업소, 인터넷컴퓨터게임시설제공업소, 그 밖에 이와 비슷한 게임 관련 시설로서 같은 건축물에 해당 용도로 쓰는 바닥면적의 합계가 500제곱미터 미만인 것

아. <u>휴게음식점</u>, 제과점 등 음료·차(茶)·음식·빵·떡·과자 등을 조리하거나 제조하여 판매하는 시설(너목 또는 제17호에 해당하는 것은 제외한다)로서 같은 건축물에 해당 용도로 쓰는 바닥면적의 합계가 <u>300제곱미터 이상</u>인 것

자. <u>일반음식점</u>

차. 장의사, 동물병원, 동물미용실, 그 밖에 이와 유사한 것

카. 학원(자동차학원·무도학원 및 정보통신기술을 활용하여 원격으로 교습하는 것은 제외한다), 교습소(자동차교습·무도교습 및 정보통신기술을 활용하여 원격으로 교습하는 것은 제외한다), 직업훈련소(운전·정비 관련 직업훈련소는 제외한다)로서 같은 건축물에 해당 용도로 쓰는 바닥면적의 합계가 500제곱미터 미만인 것

타. 독서실, 기원

파. 테니스장, 체력단련장, 에어로빅장, 볼링장, 당구장, 실내낚시터, 골프연습장, 놀이형시설(「관광진흥법」에 따른 기타유원시설업의 시설을 말한다. 이하 같다) 등 주민의 체육 활동을 위한 시설(제3호마목의 시설은 제외한다)로서 같은 건축물에 해당 용도로 쓰는 바닥면적의 합계가 500제곱미터 미만인 것

하. 금융업소, 사무소, 부동산중개사무소, 결혼상담소 등 소개업소, 출판사 등 일반업무시설로서 같은 건축물에 해당 용도로 쓰는 바닥면적의 합계가 500제곱미터 미만인 것(제1종 근린생활시설에 해당하는 것은 제외한다)

거. 다중생활시설(「다중이용업소의 안전관리에 관한 특별법」에 따른 다중이용업 중 고시원업의 시설로서 국토교통부장관이 고시하는 기준에 적합한 것을 말한다. 이하 같다)로서 같은 건축물에 해당 용도로 쓰는 바닥면적의 합계가 500제곱미터 미만인 것

너. 제조업소, 수리점 등 물품의 제조·가공·수리 등을 위한 시설로서 같은 건축물에 해당 용도로 쓰는 바닥면적의 합계가 500제곱미터 미만이고, 다음 요건 중 어느 하나에 해당하는 것
  1) 「대기환경보전법」, 「물환경보전법」 또는 「소음·진동관리법」에 따른 배출시설의 설치 허가 또는 신고의 대상이 아닌 것
  2) 「대기환경보전법」, 「물환경보전법」 또는 「소음·진동관리법」에 따른 배출시설의 설치 허가 또는 신고의 대상 시설로서 발생되는 폐수를 전량 위탁처리하는 것

더. 단란주점으로서 같은 건축물에 해당 용도로 쓰는 바닥면적의 합계가 150제곱미터 미만인 것
러. **안마시술소, 노래연습장**

16. 위락시설
  가. 단란주점으로서 제2종 근린생활시설에 해당하지 아니하는 것
  나. 유흥주점이나 그 밖에 이와 비슷한 것
  다. 「관광진흥법」에 따른 유원시설업의 시설, 그 밖에 이와 비슷한 시설(제2종 근린생활시설과 운동시설에 해당하는 것은 제외한다)
  라. 삭제
  마. **무도장**, 무도학원
  바. 카지노영업소

정답 ④

011 다음 중 건축법상 공동주택에 해당하지 않는 것은?

① 연립주택
② 다가구주택
③ 다세대주택
④ 기숙사

해설

정답 ②

012 다음 중 건축법상 시설군과 그 시설군에 속하는 건축물의 용도가 잘못 연결된 것은?

① 전기통신시설군 - 발전시설
② 문화집회시설군 - 운동시설
③ 영업시설군 - 숙박시설
④ 주거업무시설군 - 단독주택

> 해설

영 제14조(용도변경)

③ 국토교통부장관은 법 제19조 제1항에 따른 용도변경을 할 때 적용되는 건축기준을 고시할 수 있다. 이 경우 다른 행정기관의 권한에 속하는 건축기준에 대하여는 미리 관계 행정기관의 장과 협의하여야 한다.

④ 법 제19조 제3항 단서에서 "대통령령으로 정하는 변경"이란 다음 각 호의 어느 하나에 해당하는 건축물 상호 간의 용도변경을 말한다. 다만, 별표 1 제3호다목(목욕장만 해당한다)·라목, 같은 표 제4호가목·사목·카목·파목(골프연습장, 놀이형시설만 해당한다)·더목·러목, 같은 표 제7호다목2) 및 같은 표 제16호가목·나목에 해당하는 용도로 변경하는 경우는 제외한다.
  1. 별표 1의 같은 호에 속하는 건축물 상호 간의 용도변경
  2. 「국토의 계획 및 이용에 관한 법률」이나 그 밖의 관계 법령에서 정하는 용도제한에 적합한 범위에서 제1종 근린생활시설과 제2종 근린생활시설 상호 간의 용도변경

⑤ 법 제19조 제4항 각 호의 시설군에 속하는 건축물의 용도는 다음 각 호와 같다.
  1. 자동차 관련 시설군
       자동차 관련 시설
  2. 산업 등 시설군
       가. 운수시설
       나. 창고시설
       다. 공장
       라. 위험물저장 및 처리시설
       마. 자원순환 관련 시설
       바. 묘지 관련 시설
       사. 장례시설
  3. 전기통신시설군
       가. 방송통신시설
       나. 발전시설
  4. <u>문화집회시설군</u>
       가. 문화 및 집회시설
       나. 종교시설
       다. 위락시설
       라. 관광휴게시설
  5. 영업시설군
       가. 판매시설
       나. <u>운동시설</u>
       다. 숙박시설
       라. 제2종 근린생활시설 중 다중생활시설
  6. 교육 및 복지시설군
       가. 의료시설
       나. 교육연구시설
       다. 노유자시설(老幼者施設)
       라. 수련시설
       마. 야영장 시설
  7. 근린생활시설군
       가. 제1종 근린생활시설
       나. 제2종 근린생활시설(다중생활시설은 제외한다)

8. 주거업무시설군
   가. 단독주택
   나. 공동주택
   다. 업무시설
   라. 교정 및 군사시설
9. 그 밖의 시설군
   가. 동물 및 식물 관련 시설

정답 ②

013 건축법의 정의에 따르면 지하층이란 건축물의 바닥이 지표면 아래에 있는 층으로 바닥에서 지표면까지 평균 높이가 해당 층 높이의 얼마 이상인 것을 말하는가?

① 2분의 1
② 3분의 1
③ 4분의 1
④ 5분의 1

해설

정답 ①

014 막다른 도로의 길이가 35m인 경우, 그 도로의 너비가 최소 얼마 이상이면 건축법상 도로로 정의되는가? (단, 특별자치도지사 또는 시장·군수·구청장이 지형적 조건으로 인하여 차량 통행을 위한 도로의 설치가 곤란하다고 인정하여 그 위치를 지정·공고하는 구간 및 도시지역이 아닌 읍·면지역의 경우는 제외한다)

① 2m
② 4m
③ 6m
④ 10m

해설

제3조의3(지형적 조건 등에 따른 도로의 구조와 너비) 법 제2조 제1항 제11호 각 목 외의 부분에서 "대통령령으로 정하는 구조와 너비의 도로"란 다음 각 호의 어느 하나에 해당하는 도로를 말한다.
1. 특별자치시장·특별자치도지사 또는 시장·군수·구청장이 지형적 조건으로 인하여 차량 통행을 위한 도로의 설치가 곤란하다고 인정하여 그 위치를 지정·공고하는 구간의 너비 3미터 이상(길이가 10미터 미만인 막다른 도로인 경우에는 너비 2미터 이상)인 도로
2. 제1호에 해당하지 아니하는 막다른 도로로서 그 도로의 너비가 그 길이에 따라 각각 다음 표에 정하는 기준 이상인 도로

막다른 도로의 길이	도로의 너비
10미터 미만	2미터
10미터 이상 35미터 미만	3미터
35미터 이상	6미터(도시지역이 아닌 읍·면지역은 4미터)

정답 ③

015 다음 중 건축법상 건축물의 대지는 최소 얼마 이상이 도로에 접하여야 하는가? (단, 자동차만이 통행에 사용되는 도로는 제외한다.)

① 2m
② 4m
③ 5m
④ 6m

해설

제44조(대지와 도로의 관계) ① 건축물의 대지는 2미터 이상이 도로(자동차만의 통행에 사용되는 도로는 제외한다)에 접하여야 한다. 다만, 다음 각 호의 어느 하나에 해당하면 그러하지 아니하다.
1. 해당 건축물의 출입에 지장이 없다고 인정되는 경우
2. 건축물의 주변에 대통령령으로 정하는 공지가 있는 경우
3. 「농지법」 제2조 제1호나목에 따른 농막을 건축하는 경우
② 건축물의 대지가 접하는 도로의 너비, 대지가 도로에 접하는 부분의 길이, 그 밖에 대지와 도로의 관계에 관하여 필요한 사항은 대통령령으로 정하는 바에 따른다.

정답 ①

016 다음 중 건축법령상 각 시설군에 속하는 건축물의 용도가 잘못 연결된 것은?

① 전기통신시설군 - 발전시설
② 문화집회시설군 - 운동시설
③ 영업시설군 - 숙박시설
④ 주거업무시설군 - 단독주택

해설

정답 ②

017 건축법의 정의에 따른 "도로"는 너비 몇 미터 이상을 말하는가?

① 2미터
② 3미터
③ 4미터
④ 5미터

해설

제2조(정의) ① 이 법에서 사용하는 용어의 뜻은 다음과 같다.
1. "대지(垈地)"란 「공간정보의 구축 및 관리 등에 관한 법률」에 따라 각 필지(筆地)로 나눈 토지를 말한다. 다만, 대통령령으로 정하는 토지는 둘 이상의 필지를 하나의 대지로 하거나 하나 이상의 필지의 일부를 하나의 대지로 할 수 있다.
2. "건축물"이란 토지에 정착(定着)하는 공작물 중 지붕과 기둥 또는 벽이 있는 것과 이에 딸린 시설물, 지하나 고가(高架)의 공작물에 설치하는 사무소·공연장·점포·차고·창고, 그 밖에 대통령령으로 정하는 것을 말한다.
3. "건축물의 용도"란 건축물의 종류를 유사한 구조, 이용 목적 및 형태별로 묶어 분류한 것을 말한다.
4. "건축설비"란 건축물에 설치하는 전기·전화 설비, 초고속 정보통신 설비, 지능형 홈네트워크 설비, 가스·급수·배수(配水)·배수(排水)·환기·난방·냉방·소화(消火)·배연(排煙) 및 오물처리의 설비, 굴뚝, 승강기, 피뢰침, 국기 게양대, 공동시청 안테나, 유선방송 수신시설, 우편함, 저수조(貯水槽), 방범시설, 그 밖에 국토교통부령으로 정하는 설비를 말한다.
5. "지하층"이란 건축물의 바닥이 지표면 아래에 있는 층으로서 바닥에서 지표면까지 평균높이가 해당 층 높이의 2분의 1 이상인 것을 말한다.
6. "거실"이란 건축물 안에서 거주, 집무, 작업, 집회, 오락, 그 밖에 이와 유사한 목적을 위하여 사용되는 방을 말한다.
7. "주요구조부"란 내력벽(耐力壁), 기둥, 바닥, 보, 지붕틀 및 주계단(主階段)을 말한다. 다만, 사이 기둥, 최하층 바닥, 작은 보, 차양, 옥외 계단, 그 밖에 이와 유사한 것으로 건축물의 구조상 중요하지 아니한 부분은 제외한다.
8. "건축"이란 건축물을 신축·증축·개축·재축(再築)하거나 건축물을 이전하는 것을 말한다.
8의2. "결합건축"이란 제56조에 따른 용적률을 개별 대지마다 적용하지 아니하고, 2개 이상의 대지를 대상으로 통합적용하여 건축물을 건축하는 것을 말한다.
9. **"대수선"이란 건축물의 기둥, 보, 내력벽, 주계단 등의 구조나 외부 형태를 수선·변경하거나 증설하는 것으로서 대통령령으로 정하는 것을 말한다.**
10. "리모델링"이란 건축물의 노후화를 억제하거나 기능 향상 등을 위하여 대수선하거나 건축물의 일부를 증축 또는 개축하는 행위를 말한다.
11. "도로"란 보행과 자동차 통행이 가능한 너비 4미터 이상의 도로(지형적으로 자동차 통행이 불가능한 경우와 막다른 도로의 경우에는 대통령령으로 정하는 구조와 너비의 도로)로서 다음 각 목의 어느 하나에 해당하는 도로나 그 예정도로를 말한다.
    가. 「국토의 계획 및 이용에 관한 법률」, 「도로법」, 「사도법」, 그 밖의 관계 법령에 따라 신설 또는 변경에 관한 고시가 된 도로
    나. 건축허가 또는 신고 시에 특별시장·광역시장·특별자치시장·도지사·특별자치도지사(이하 "시·도지사"라 한다) 또는 시장·군수·구청장(자치구의 구청장을 말한다. 이하 같다)이 위치를 지정하여 공고한 도로

정답 ③

018 다음 중 건축법령에 따른 '건축'의 정의에 해당하지 않는 것은?

① 기존 건축물이 있는 대지에서 건축물의 건축면적, 연면적, 층수 또는 높이를 늘리는 것
② 건축물의 기둥, 보 구조와 형태를 수선·변경하거나 증설하는 것
③ 건축물의 주요구조부를 해체하지 아니하고 같은 대지의 다른 위치로 옮기는 것
④ 건축물이 천재지변이나 그 밖의 재해로 멸실된 경우 그 대지에 종전과 같은 규모의 범위에서 다시 축조하는 것

해설

제2조(정의) 이 영에서 사용하는 용어의 뜻은 다음과 같다.
1. "신축"이란 건축물이 없는 대지(기존 건축물이 해체되거나 멸실된 대지를 포함한다)에 새로 건축물을 축조(築造)하는 것[부속건축물만 있는 대지에 새로 주된 건축물을 축조하는 것을 포함하되, 개축(改築) 또는 재축(再築)하는 것은 제외한다]을 말한다.
2. "증축"이란 기존 건축물이 있는 대지에서 건축물의 건축면적, 연면적, 층수 또는 높이를 늘리는 것을 말한다.
3. "개축"이란 기존 건축물의 전부 또는 일부[내력벽·기둥·보·지붕틀(제16호에 따른 한옥의 경우에는 지붕틀의 범위에서 서까래는 제외한다) 중 셋 이상이 포함되는 경우를 말한다]를 해체하고 그 대지에 종전과 같은 규모의 범위에서 건축물을 다시 축조하는 것을 말한다.
4. "재축"이란 건축물이 천재지변이나 그 밖의 재해(災害)로 멸실된 경우 그 대지에 다음 각 목의 요건을 모두 갖추어 다시 축조하는 것을 말한다.
   가. 연면적 합계는 종전 규모 이하로 할 것
   나. 동(棟)수, 층수 및 높이는 다음의 어느 하나에 해당할 것
      1) 동수, 층수 및 높이가 모두 종전 규모 이하일 것
      2) 동수, 층수 또는 높이의 어느 하나가 종전 규모를 초과하는 경우에는 해당 동수, 층수 및 높이가 「건축법」(이하 "법"이라 한다), 이 영 또는 건축조례(이하 "법령등"이라 한다)에 모두 적합할 것
5. "이전"이란 건축물의 주요구조부를 해체하지 아니하고 같은 대지의 다른 위치로 옮기는 것을 말한다.

정답 ②

019 다음 중 건축법령상 둘 이상의 필지를 하나의 대지로 할 수 있는 토지가 아닌 것은?

① 하나의 건축물을 두 필지 이상에 걸쳐 건축하는 경우 그 건축물이 건축되는 각 필지의 토지를 합한 토지
② 국토의 계획 및 이용에 관한 법률에 따른 도시·군계획시설에 해당하는 건축물을 건축하는 경우 그 도시·군계획시설이 설치되는 일단의 토지
③ 건축물의 사용승인을 신청할 때 둘 이상의 필지를 하나의 필지로 합칠 것을 조건으로 건축허가를 하는 경우 그 필지가 합쳐지는 토지
④ 도로의 지표 아래에 건축하는 건축물의 경우 국토교통장관이 그 건축물이 건축되는 토지로 정하는 토지

해설

정답 ④

020
건축법상 건축을 하는 건축주가 해당 지방자치단체의 조례로 정하는 기준에 따라 대지에 조경이나 그 밖에 필요한 조치를 하여야 하는 기준은?

① 면적이 100m2 이상인 대지에 건축을 하는 경우
② 면적이 150m2 이상인 대지에 건축을 하는 경우
③ 면적이 165m2 이상인 대지에 건축을 하는 경우
④ 면적이 200m2 이상인 대지에 건축을 하는 경우

해설

제42조(대지의 조경) ① 면적이 200제곱미터 이상인 대지에 건축을 하는 건축주는 용도지역 및 건축물의 규모에 따라 해당 지방자치단체의 조례로 정하는 기준에 따라 대지에 조경이나 그 밖에 필요한 조치를 하여야 한다. 다만, 조경이 필요하지 아니한 건축물로서 대통령령으로 정하는 건축물에 대하여는 조경 등의 조치를 하지 아니할 수 있으며, 옥상 조경 등 대통령령으로 따로 기준을 정하는 경우에는 그 기준에 따른다.
② 국토교통부장관은 식재(植栽) 기준, 조경 시설물의 종류 및 설치방법, 옥상 조경의 방법 등 조경에 필요한 사항을 정하여 고시할 수 있다.

영 제27조(대지의 조경) ① 법 제42조 제1항 단서에 따라 다음 각 호의 어느 하나에 해당하는 건축물에 대하여는 조경 등의 조치를 하지 아니할 수 있다.
  1. 녹지지역에 건축하는 건축물
  2. 면적 5천 제곱미터 미만인 대지에 건축하는 공장
  3. 연면적의 합계가 1천500제곱미터 미만인 공장
  4. 「산업집적활성화 및 공장설립에 관한 법률」 제2조 제14호에 따른 산업단지의 공장
  5. 대지에 염분이 함유되어 있는 경우 또는 건축물 용도의 특성상 조경 등의 조치를 하기가 곤란하거나 조경 등의 조치를 하는 것이 불합리한 경우로서 건축조례로 정하는 건축물
  6. 축사
  7. 법 제20조 제1항에 따른 가설건축물
  8. 연면적의 합계가 1천500제곱미터 미만인 물류시설(주거지역 또는 상업지역에 건축하는 것은 제외한다)로서 국토교통부령으로 정하는 것
  9. 「국토의 계획 및 이용에 관한 법률」에 따라 지정된 자연환경보전지역·농림지역 또는 관리지역(지구단위계획구역으로 지정된 지역은 제외한다)의 건축물
  10. 다음 각 목의 어느 하나에 해당하는 건축물 중 건축조례로 정하는 건축물
      가. 「관광진흥법」 제2조 제6호에 따른 관광지 또는 같은 조 제7호에 따른 관광단지에 설치하는 관광시설
      나. 「관광진흥법 시행령」 제2조 제1항 제3호가목에 따른 전문휴양업의 시설 또는 같은 호 나목에 따른 종합휴양업의 시설
      다. 「국토의 계획 및 이용에 관한 법률 시행령」 제48조 제10호에 따른 관광·휴양형 지구단위계획구역에 설치하는 관광시설
      라. 「체육시설의 설치·이용에 관한 법률 시행령」 별표 1에 따른 골프장
② 법 제42조 제1항 단서에 따른 조경 등의 조치에 관한 기준은 다음 각 호와 같다. 다만, 건축조례로 다음 각 호의 기준보다 더 완화된 기준을 정한 경우에는 그 기준에 따른다.
  1. 공장(제1항 제2호부터 제4호까지의 규정에 해당하는 공장은 제외한다) 및 물류시설(제1항 제8호에 해당하는 물류시설과 주거지역 또는 상업지역에 건축하는 물류시설은 제외한다)
      가. 연면적의 합계가 2천 제곱미터 이상인 경우: 대지면적의 10퍼센트 이상
      나. 연면적의 합계가 1천500 제곱미터 이상 2천 제곱미터 미만인 경우: 대지면적의 5퍼센트 이상

2. 「공항시설법」 제2조 제7호에 따른 공항시설: 대지면적(활주로·유도로·계류장·착륙대 등 항공기의 이륙 및 착륙시설로 쓰는 면적은 제외한다)의 10퍼센트 이상
3. 「철도의 건설 및 철도시설 유지관리에 관한 법률」 제2조 제1호에 따른 철도 중 역시설: 대지면적(선로·승강장 등 철도운행에 이용되는 시설의 면적은 제외한다)의 10퍼센트 이상
4. 그 밖에 면적 200제곱미터 이상 300제곱미터 미만인 대지에 건축하는 건축물: 대지면적의 10퍼센트 이상

③ 건축물의 옥상에 법 제42조 제2항에 따라 국토교통부장관이 고시하는 기준에 따라 조경이나 그 밖에 필요한 조치를 하는 경우에는 옥상부분 조경면적의 3분의 2에 해당하는 면적을 법 제42조 제1항에 따른 대지의 조경면적으로 산정할 수 있다. 이 경우 조경면적으로 산정하는 면적은 법 제42조 제1항에 따른 조경면적의 100분의 50을 초과할 수 없다.

정답 ④

021 건축법상 용어의 정의가 틀린 것은?

① 대지: 「공간정보의 구축 및 관리 등에 관한 법률」에 따라 각 필지(筆地)로 나눈 토지
② 건축: 건축물을 신축·증축·개축·이전 또는 대수선하는 것
③ 건폐율: 대지면적에 대한 건축면적의 비율
④ 용적률: 대지면적에 대한 연면적의 비율

해설

정답 ②

022 건축법령상 공개공지에 대한 설명으로 옳지 않은 것은?

① 공개공지의 면적은 대지면적의 100분의 5이하의 범위에서 건축조례로 정한다.
② 공개공지는 누구나 이용할 수 있는 곳임을 알기 쉽게 국토교통부령으로 정하는 표지판을 1개소 이상 설치한다.
③ 공개공지에는 물건을 쌓아 놓거나 출입을 차단하는 시설을 설치하지 아니한다.
④ 환경친화적으로 편리하게 이용할 수 있도록 긴 의자 또는 파고라 등 건축조례로 정하는 시설을 설치한다.

해설

제43조(공개 공지 등의 확보) ① 다음 각 호의 어느 하나에 해당하는 지역의 환경을 쾌적하게 조성하기 위하여 대통령령으로 정하는 용도와 규모의 건축물은 일반이 사용할 수 있도록 대통령령으로 정하는 기준에 따라 소규모 휴식시설 등의 공개 공지(空地: 공터) 또는 공개 공간(이하 "공개공지등"이라 한다)을 설치하여야 한다.

1. 일반주거지역, 준주거지역
2. 상업지역
3. 준공업지역
4. 특별자치시장·특별자치도지사 또는 시장·군수·구청장이 도시화의 가능성이 크거나 노후 산업단지의 정비가 필요하다고 인정하여 지정·공고하는 지역

② 제1항에 따라 공개공지등을 설치하는 경우에는 제55조, 제56조와 제60조를 대통령령으로 정하는 바에 따라 완화하여 적용할 수 있다.
③ 시·도지사 또는 시장·군수·구청장은 관할 구역 내 공개공지등에 대한 점검 등 유지·관리에 관한 사항을 해당 지방자치단체의 조례로 정할 수 있다.
④ 누구든지 공개공지등에 물건을 쌓아놓거나 출입을 차단하는 시설을 설치하는 등 공개공지등의 활용을 저해하는 행위를 하여서는 아니 된다.
⑤ 제4항에 따라 제한되는 행위의 유형 또는 기준은 대통령령으로 정한다.

영 제27조의2(공개 공지 등의 확보) ① 법 제43조 제1항에 따라 다음 각 호의 어느 하나에 해당하는 건축물의 대지에는 공개 공지 또는 공개 공간(이하 이 조에서 "공개공지등"이라 한다)을 설치해야 한다. 이 경우 공개 공지는 필로티의 구조로 설치할 수 있다.
1. 문화 및 집회시설, 종교시설, 판매시설(「농수산물 유통 및 가격안정에 관한 법률」에 따른 농수산물 유통시설은 제외한다), 운수시설(여객용 시설만 해당한다), 업무시설 및 숙박시설로서 해당 용도로 쓰는 바닥면적의 합계가 5천 제곱미터 이상인 건축물
2. 그 밖에 다중이 이용하는 시설로서 건축조례로 정하는 건축물

② 공개공지등의 면적은 대지면적의 100분의 10 이하의 범위에서 건축조례로 정한다. 이 경우 법 제42조에 따른 조경면적과 「매장문화재 보호 및 조사에 관한 법률」 제14조 제1항 제1호에 따른 매장문화재의 현지보존 조치 면적을 공개공지등의 면적으로 할 수 있다.
③ 제1항에 따라 공개공지등을 설치할 때에는 모든 사람들이 환경친화적으로 편리하게 이용할 수 있도록 긴 의자 또는 조경시설 등 건축조례로 정하는 시설을 설치해야 한다.

정답 ①

023 건축법상 지역의 환경을 쾌적하게 조성하기 위하여 대통령령으로 정하는 용도 및 규모의 건축물에 일반이 사용할 수 있도록 소규모 휴식시설 등을 설치하는 것은 무엇인가?

① 공공공지
② 대지안의 공지
③ 공개공지
④ 공공녹지

해설

정답 ③

THEME 05. 건축법 | **245**

024 건축법에 따른 건축허가의 제한에 관한 설명이 옳지 않은 것은?

① 국토교통부장관은 국토관리를 위하여 특히 필요하다고 인정하는 경우 2년 이내 기간으로 건축허가를 제한할 수 있으며, 1회에 한하여 1년 이내의 범위에서 제한기간을 연장 할 수 있다.
② 특별시장·광역시장·도지사가 도시·군계획에 특히 필요하다고 인정하여 건축허가를 제한하고자 하는 경우에는 지방도시계획위원회의 심의를 거쳐야 한다.
③ 특별시장·광역시장·도지사가 지역계획에 특히 필요하다고 인정하여 건축허가를 제한하고자 하는 경우에는 즉시 국토교통부장관에게 보고하여야 한다.
④ 국토교통부장관이 건축허가를 제한하는 경우 그 내용을 상세하게 정하여 허가권자에게 통보하고, 통보를 받은 허가권자는 지체 없이 이를 공고하여야 한다.

해설

정답 ②

025 건축법령상 둘 이상의 필지를 하나의 대지로 할 수 있는 토지가 아닌 것은?

① 하나의 건축물을 두 필지 이상에 걸쳐 건축하는 경우 그 건축물이 건축되는 각 필지의 토지를 합한 토지
② 국토의 계획 및 이용에 관한 법률에 따른 도시계획시설에 해당하는 건축물을 건축하는 경우 그 도시계획시설이 설치되는 일단의 토지
③ 건축물의 사용승인을 신청할 때 둘 이상의 필지를 하나의 필지로 합칠 것을 조건으로 건축허가를 하는 경우 그 필지가 합쳐지는 토지
④ 도로의 지표 아래에 건축하는 건축물의 경우 국토교통부장관이 그 건축물이 건축되는 토지로 정하는 토지

해설

정답 ④

026 건축법 시행령상 공개공지 등에 대한 설명으로 틀린 것은?

① 공개공지 등의 면적은 대지면적의 100분의 20이상의 범위에서 건축조례로 정한다.
② 매장문화재의 현지보존 조치 면적을 공개공지 등의 면적으로 할 수 있다.
③ 공개공지 등에는 물건을 쌓아 놓거나 출입을 차단하는 시설을 설치하지 아니한다.
④ 환경 친화적으로 편리하게 이용할 수 있도록 긴 의자 또는 파고라 등 건축조례로 정하는 시설을 설치한다.

해설

정답 ①

027 건축법 시행령상 건축물의 용도변경과 관련하여 규정하고 있는 주거업무시설 군에 해당하지 않는 것은?

① 공동주택
② 판매시설
③ 단독주택
④ 업무시설

해설

제14조(용도변경)
⑤ 법 제19조 제4항 각 호의 시설군에 속하는 건축물의 용도는 다음 각 호와 같다.
  1. 자동차 관련 시설군
     자동차 관련 시설
  2. 산업 등 시설군
     가. 운수시설
     나. 창고시설
     다. 공장
     라. 위험물저장 및 처리시설
     마. 자원순환 관련 시설
     바. 묘지 관련 시설
     사. 장례시설
  3. 전기통신시설군
     가. 방송통신시설
     나. 발전시설
  4. 문화집회시설군
     가. 문화 및 집회시설
     나. 종교시설
     다. 위락시설
     라. 관광휴게시설
  5. 영업시설군
     가. 판매시설
     나. 운동시설
     다. 숙박시설
     라. 제2종 근린생활시설 중 다중생활시설
  6. 교육 및 복지시설군
     가. 의료시설
     나. 교육연구시설
     다. 노유자시설(老幼者施設)
     라. 수련시설
     마. 야영장 시설
  7. 근린생활시설군
     가. 제1종 근린생활시설
     나. 제2종 근린생활시설(다중생활시설은 제외한다)

8. 주거업무시설군
   가. 단독주택
   나. 공동주택
   다. 업무시설
   라. 교정 및 군사시설
9. 그 밖의 시설군
   가. 동물 및 식물 관련 시설

정답 ②

028 건축법의 정의에 따른 '도로'의 너비로 옳은 것은?

① 2m 이상
② 3m 이상
③ 4m 이상
④ 5m 이상

해설

정답 ③

029 건축법상 건축물의 대지는 최소 얼마 이상이 도로에 접하여야 하는가? (단, 자동차만의 통행에 사용되는 도로는 제외)

① 2m
② 3m
③ 4m
④ 5m

해설

정답 ①

030 건축법에서 정의하는 초고층 건축물에 해당하는 층수와 높이로 옳은 것은?

① 30층 이상 150미터 이상
② 30층 이상 200미터 이상
③ 50층 이상 150미터 이상
④ 50층 이상 200미터 이상

> 해설

제2조(정의) ① 이 법에서 사용하는 용어의 뜻은 다음과 같다.
1. "대지(垈地)"란 「공간정보의 구축 및 관리 등에 관한 법률」에 따라 각 필지(筆地)로 나눈 토지를 말한다. 다만, 대통령령으로 정하는 토지는 둘 이상의 필지를 하나의 대지로 하거나 하나 이상의 필지의 일부를 하나의 대지로 할 수 있다.
5. "지하층"이란 건축물의 바닥이 지표면 아래에 있는 층으로서 바닥에서 지표면까지 평균높이가 해당 층 높이의 2분의 1 이상인 것을 말한다.
7. "주요구조부"란 내력벽(耐力壁), 기둥, 바닥, 보, 지붕틀 및 주계단(主階段)을 말한다. 다만, 사이 기둥, 최하층 바닥, 작은 보, 차양, 옥외 계단, 그 밖에 이와 유사한 것으로 건축물의 구조상 중요하지 아니한 부분은 제외한다.
8. "건축"이란 건축물을 신축·증축·개축·재축(再築)하거나 건축물을 이전하는 것을 말한다.
8의2. "결합건축"이란 제56조에 따른 용적률을 개별 대지마다 적용하지 아니하고, 2개 이상의 대지를 대상으로 통합적용하여 건축물을 건축하는 것을 말한다.
9. "대수선"이란 건축물의 기둥, 보, 내력벽, 주계단 등의 구조나 외부 형태를 수선·변경하거나 증설하는 것으로서 대통령령으로 정하는 것을 말한다.
11. "도로"란 보행과 자동차 통행이 가능한 너비 4미터 이상의 도로(지형적으로 자동차 통행이 불가능한 경우와 막다른 도로의 경우에는 대통령령으로 정하는 구조와 너비의 도로)로서 다음 각 목의 어느 하나에 해당하는 도로나 그 예정도로를 말한다.
    가. 「국토의 계획 및 이용에 관한 법률」, 「도로법」, 「사도법」, 그 밖의 관계 법령에 따라 신설 또는 변경에 관한 고시가 된 도로
    나. 건축허가 또는 신고 시에 특별시장·광역시장·특별자치시장·도지사·특별자치도지사(이하 "시·도지사"라 한다) 또는 시장·군수·구청장(자치구의 구청장을 말한다. 이하 같다)이 위치를 지정하여 공고한 도로
18. "특별건축구역"이란 조화롭고 창의적인 건축물의 건축을 통하여 도시경관의 창출, 건설기술 수준향상 및 건축 관련 제도개선을 도모하기 위하여 이 법 또는 관계 법령에 따라 일부 규정을 적용하지 아니하거나 완화 또는 통합하여 적용할 수 있도록 특별히 지정하는 구역을 말한다.
19. "<u>고층건축물</u>"이란 <u>층수가 30층 이상이거나 높이가 120미터 이상인 건축물</u>을 말한다.

영 제2조(정의) 이 영에서 사용하는 용어의 뜻은 다음과 같다.
1. "신축"이란 건축물이 없는 대지(기존 건축물이 해체되거나 멸실된 대지를 포함한다)에 새로 건축물을 축조(築造)하는 것[부속건축물만 있는 대지에 새로 주된 건축물을 축조하는 것을 포함하되, 개축(改築) 또는 재축(再築)하는 것은 제외한다]을 말한다.
2. "증축"이란 기존 건축물이 있는 대지에서 건축물의 건축면적, 연면적, 층수 또는 높이를 늘리는 것을 말한다.
3. "개축"이란 기존 건축물의 전부 또는 일부[내력벽·기둥·보·지붕틀(제16호에 따른 한옥의 경우에는 지붕틀의 범위에서 서까래는 제외한다) 중 셋 이상이 포함되는 경우를 말한다]를 해체하고 그 대지에 종전과 같은 규모의 범위에서 건축물을 다시 축조하는 것을 말한다.
4. "재축"이란 건축물이 천재지변이나 그 밖의 재해(災害)로 멸실된 경우 그 대지에 다음 각 목의 요건을 모두 갖추어 다시 축조하는 것을 말한다.
    가. 연면적 합계는 종전 규모 이하로 할 것
    나. 동(棟)수, 층수 및 높이는 다음의 어느 하나에 해당할 것
        1) 동수, 층수 및 높이가 모두 종전 규모 이하일 것
        2) 동수, 층수 또는 높이의 어느 하나가 종전 규모를 초과하는 경우에는 해당 동수, 층수 및 높이가 「건축법」(이하 "법"이라 한다), 이 영 또는 건축조례(이하 "법령등"이라 한다)에 모두 적합할 것
5. "이전"이란 건축물의 주요구조부를 해체하지 아니하고 같은 대지의 다른 위치로 옮기는 것을 말한다.
15. "<u>초고층 건축물</u>"이란 <u>층수가 50층 이상이거나 높이가 200미터 이상인 건축물</u>을 말한다.
15의2. "준초고층 건축물"이란 고층건축물 중 초고층 건축물이 아닌 것을 말한다.

정답 ④

031 건축법에 따른 건축허가의 제한에 관한 설명이 옳지 않은 것은?

① 특별시장·광역시장·도지사가 도시·군계획에 특히 필요하다고 인정하여 건축허가를 제한하고자 하는 경우에는 지방도시계획위원회의 심의를 거쳐야 한다.
② 국토교통부장관이 건축허가를 제한하는 경우 그 내용을 상세하게 정하여 허가권자에게 통보하고, 통보를 받은 허가권자는 지체 없이 이를 공고하여야 한다.
③ 특별시장·광역시장·도지사가 지역계획에 특히 필요하다고 인정하여 시장·군수·구청장의 건축허가를 제한한 경우 즉시 국토교통부장관에게 보고하여야 한다.
④ 국토교통부장관은 국토관리를 위하여 특히 필요하다고 인정하는 경우 건축허가의 제한 기간을 2년 이내로 하며, 1회에 한하여 1년 이내의 범위에서 제한기간을 연장할 수 있다.

해설

정답 ①

032 건축법상 지역의 환경을 쾌적하게 조성하기 위하여 대통령령으로 정하는 용도와 규모의 건축물에 일반이 사용할 수 있도록 설치한 소규모 휴식시설은?

① 공개 공지
② 공공 공지
③ 공공 녹지
④ 대지안의 공지

해설

정답 ①

033 건축법상의 '대지'에 관한 설명으로 옳지 않은 것은?

① 대통령령으로 정하는 토지는 둘 이상의 필지를 하나의 대지로 할 수 있다.
② 「공간정보의 구축 및 관리 등에 관한 법률」 상의 대(垈)와 동일한 개념이다.
③ 「공간정보의 구축 및 관리 등에 관한 법률」에 따라 각 필지(筆地)로 나눈 토지를 말한다.
④ 건축물이 있는 대지는 대통령령으로 정하는 범위에서 해당 지방자치단체의 조례로 정하는 면적에 못 미치게 분할할 수 없다.

해설

대지를 공간정보 구축법상 '대'로 한정하지 않는 것은 지적공부에 잡종지, 임야 등으로 되어 있는 토지라도 요건을 갖추면 주택을 지을 수 있는 건축법상 '대지'로 되기 때문이다.

제57조(대지의 분할 제한) ① 건축물이 있는 대지는 대통령령으로 정하는 범위에서 해당 지방자치단체의 조례로 정하는 면적에 못 미치게 분할할 수 없다.
② 건축물이 있는 대지는 제44조, 제55조, 제56조, 제58조, 제60조 및 제61조에 따른 기준에 못 미치게 분할할 수 없다.
③ 제1항과 제2항에도 불구하고 제77조의6에 따라 건축협정이 인가된 경우 그 건축협정의 대상이 되는 대지는 분할할 수 있다.

제58조(대지 안의 공지) 건축물을 건축하는 경우에는 「국토의 계획 및 이용에 관한 법률」에 따른 용도지역·용도지구, 건축물의 용도 및 규모 등에 따라 건축선 및 인접 대지경계선으로부터 6미터 이내의 범위에서 대통령령으로 정하는 바에 따라 해당 지방자치단체의 조례로 정하는 거리 이상을 띄워야 한다.

정답 ②

---

034 도시지역에서 막다른 도로는 소방활동을 위해서 그 길이에 대하여 일정한 너비 이상으로 건축법에서 규정 하고 있는데 막다른 도로의 길이가 35m일 경우 도로의 너비는 얼마이상으로 하여야 하는가?

① 2m 이상
② 4m 이상
③ 6m 이상
④ 10m 이상

해설

정답 ③

---

035 건축법상 용어의 정의로 옳지 않은 것은?

① "용적률"이란 대지면적에 대한 연면적의 비율을 말한다.
② "건폐율"이란 대지면적에 대한 건축면적의 비율을 말한다.
③ "건축"이란 건축물을 신축·증축·개축·재축·이전 또는 대수선하는 것을 말한다.
④ "대지"란 공간정보의 구축 및 관리 등에 관한 법률에 따라 각 필지로 나눈 토지를 말한다.

해설

정답 ③

036 건축법령에서 규정하고 있지 않는 것은?

① 지역 및 지구의 지정에 관한 규정
② 건축물의 유지와 관리에 관한 규정
③ 건축물의 대지 및 도로에 관한 규정
④ 건축물의 구조 및 재료 등에 관한 규정

해설

정답 ①

037 건축법령상 용도별 건축물의 연결이 틀린 것은?

① 단독주택: 다중주택
② 공동주택: 다가구주택
③ 제1종 근린생활시설: 의원
④ 의료시설: 병원

해설

정답 ②

038 건축법령상 건축물이 있는 대지는 대통령령으로 정하는 범위에서 해당 지방자치단체의 조례로 정하는 면적에 못 미치게 분할할 수 없다. 건축물이 있는 대지의 분할제한은 일정 규모 이상이어야 한다. 이에 관한 설명으로 옳지 않은 것은?

① 주거지역: 60제곱미터 이상
② 상업지역: 150제곱미터
③ 공업지역: 180제곱미터
④ 녹지지역: 200제곱미터

> 해설

제57조(대지의 분할 제한) ① 건축물이 있는 대지는 **대통령령으로 정하는 범위에서** 해당 지방자치단체의 조례로 정하는 면적에 못 미치게 분할할 수 없다.

② 건축물이 있는 대지는 제44조, 제55조, 제56조, 제58조, 제60조 및 제61조에 따른 기준에 못 미치게 분할할 수 없다.

③ 제1항과 제2항에도 불구하고 제77조의6에 따라 건축협정이 인가된 경우 그 건축협정의 대상이 되는 대지는 분할할 수 있다.

영 제80조(건축물이 있는 대지의 분할제한) 법 제57조 제1항에서 "대통령령으로 정하는 범위"란 다음 각 호의 어느 하나에 해당하는 규모 이상을 말한다.

1. 주거지역: 60제곱미터
2. 상업지역: 150제곱미터
3. 공업지역: 150제곱미터
4. 녹지지역: 200제곱미터
5. 제1호부터 제4호까지의 규정에 해당하지 아니하는 지역: 60제곱미터

정답 ③

Theme 06 도시공원 및 녹지 등에 관한 법률

001 도시공원 시설 중 유희시설에 해당되지 않는 것은?

① 그네
② 미끄럼틀
③ 모래사장
④ 야외극장

해설

■ 도시공원 및 녹지 등에 관한 법률 시행규칙 [별표 1] <개정 2020. 5. 8.>

공원시설의 종류(제3조관련)

공원시설	종류
1. 조경시설	관상용식수대·잔디밭·산울타리·그늘시렁·못 및 폭포 그 밖에 이와 유사한 시설로서 공원경관을 아름답게 꾸미기 위한 시설
2. 휴양시설	가. 야유회장 및 야영장(바비큐시설 및 급수시설을 포함한다) 그 밖에 이와 유사한 시설로서 자연공간과 어울려 도시민에게 휴식공간을 제공하기 위한 시설 나. 경로당, 노인복지관 다. 수목원(「수목원·정원의 조성 및 진흥에 관한 법률」제2조 제1호에 따른 수목원을 말한다.)
3. <u>유희시설</u>	시소·정글짐·사다리·순환회전차·궤도·모험놀이장, 유원시설(「관광진흥법」에 따른 유기시설 또는 유기기구를 말한다), 발물놀이터·뱃놀이터 및 낚시터 그 밖에 이와 유사한 시설로서 도시민의 여가선용을 위한 놀이시설
4. 운동시설	가. 「체육시설의 설치·이용에 관한 법률 시행령」 별표 1에서 정하는 운동종목을 위한 운동시설. 다만, 무도학원·무도장 및 자동차경주장은 제외하고, **사격장은 실내사격장에 한하며, 골프장은 6홀 이하의 규모**에 한한다. 나. 자연체험장
5. 교양시설	가. 도서관 및 독서실 나. 온실 다. 야외극장, 문화예술회관, 미술관 및 과학관 라. 「장애인복지법 시행규칙」 별표 4 제2호가목에 따른 장애인복지관(국가 또는 지방자치단체가 설치하는 경우로 한정한다), 「사회복지사업법」 제34조의5에 따른 사회복지관(국가 또는 지방자치단체가 설치하는 경우로 한정한다) 및 「지역보건법」 제14조에 따른 건강생활지원센터 마. 청소년수련시설(생활권 수련시설에 한한다) 및 학생기숙사(「대학설립·운영규정」 별표 2에 따른 지원시설 및 「평생교육법 시행령」 별표 5에 따른 지원시설로 한정한다)

		바. 다음의 어느 하나에 해당하는 어린이집 (1) 「영유아보육법」 제10조 제1호에 따른 국공립어린이집 (2) 「혁신도시 조성 및 발전에 관한 특별법」 제2조에 따른 이전공공기관이 이전한 지역 내 도시공원에 설치하는 「영유아보육법」 제10조 제4호에 따른 직장어린이집 (3) 「산업입지 및 개발에 관한 법률」 제2조 제8호가목부터 다목까지의 규정에 따른 국가산업단지, 일반산업단지 또는 도시첨단산업단지 내 도시공원에 설치하는 「영유아보육법」 제10조 제4호에 따른 직장어린이집 사. 「유아교육법」 제7조 제1호 및 제2호에 따른 국립유치원 및 공립유치원 아. 천체 또는 기상관측시설 자. 기념비, 고분·성터·고옥, 그 밖의 유적 등을 복원한 것으로서 역사적·학술적 가치가 높은 시설 차. 공연장(「공연법」 제2조 제4호의 규정에 의한 공연장을 말한다) 및 전시장 카. 어린이 교통안전교육장, 재난·재해 안전체험장 및 생태학습원(유아숲체험원 및 산림교육센터를 포함한다) 타. 민속놀이마당 및 정원 파. 그 밖에 가목부터 카목까지와 유사한 시설로서 도시민의 교양함양을 위한 시설
6. 편익시설		가. 우체통·공중전화실·휴게음식점[「자동차관리법 시행규칙」 별표 1 제1호·제2호 및 비고 제1호가목에 따른 이동용 음식판매 용도인 소형·경형화물자동차 또는 같은 표 제2호에 따른 이동용 음식판매 용도인 특수작업형 특수자동차(이하 "음식판매자동차"라 한다)를 사용한 휴게음식점을 포함한다]·일반음식점·약국·수화물예치소·전망대·시계탑·음수장·제과점(음식판매자동차를 사용한 제과점을 포함한다) 및 사진관 그 밖에 이와 유사한 시설로서 공원이용객에게 편리함을 제공하는 시설 나. 유스호스텔 다. 선수 전용 숙소, 운동시설 관련 사무실, 「유통산업발전법」 별표에 따른 대형마트 및 쇼핑센터, 「지역농산물 이용촉진 등 농산물 직거래 활성화에 관한 법률 시행령」 제5조 제1호에 따른 농산물 직매장
7. 공원관리시설		창고·차고·게시판·표지·조명시설·폐쇄회로 텔레비전(CCTV)·쓰레기처리장·쓰레기통·수도, 우물, 태양에너지설비(건축물 및 주차장에 설치하는 것으로 한정한다), 그 밖에 이와 유사한 시설로서 공원관리에 필요한 시설
8. 도시농업시설		도시텃밭, 도시농업용 온실·온상·퇴비장, 관수 및 급수 시설, 세면장, 농기구 세척장, 그 밖에 이와 유사한 시설로서 도시농업을 위한 시설
9. 그 밖의 시설		가. 「장사 등에 관한 법률」 제2조 제15호에 따른 장사시설 나. 특별시·광역시·특별자치시·특별자치도·시 또는 군(광역시의 관할 구역에 있는 군은 제외한다)의 조례로 정하는 역사 관련 시설 다. 동물놀이터 라. 국가보훈관계 법령(「국가보훈 기본법」 제3조 제3호에 따른 법령을 말한다)에 따른 보훈단체가 입주하는 보훈회관 마. 무인동력비행장치(「항공안전법 시행규칙」 제5조 제5호가목에 따른 무인동력비행장치로서 연료의 중량을 제외한 자체중량이 12킬로그램 이하인 무인헬리콥터 또는 무인멀티콥터를 말한다) 조종연습장

정답 ④ 시행규칙 별표 1 참조.

002 도시공원법 및 국토의 계획 및 이용에 관한 법률상 녹지에 대한 설명으로 틀린 것은?

① 각종 사고나 자연재해 등 방지를 위하여 설치하는 녹지를 방재녹지라 한다.
② 대기오염, 소음 진동, 악취 등의 공해를 방지하기 위하여 설치하는 녹지를 완충녹지라 한다.
③ 도시의 자연적 환경을 보전하거나 개선하기 위하여 설치하는 녹지를 경관녹지라 한다.
④ 녹지는 국토의 계획 및 이용에 관한 법률상 도시기반시설에 포함된다.

> **해설**
>
> **제35조(녹지의 세분)** 녹지는 그 기능에 따라 다음 각 호와 같이 세분한다.
> 1. 완충녹지: 대기오염, 소음, 진동, 악취, 그 밖에 이에 준하는 공해와 각종 사고나 자연재해, 그 밖에 이에 준하는 재해 등의 방지를 위하여 설치하는 녹지
> 2. 경관녹지: 도시의 자연적 환경을 보전하거나 이를 개선하고 이미 자연이 훼손된 지역을 복원·개선함으로써 도시경관을 향상시키기 위하여 설치하는 녹지
> 3. 연결녹지: 도시 안의 공원, 하천, 산지 등을 유기적으로 연결하고 도시민에게 산책공간의 역할을 하는 등 여가·휴식을 제공하는 선형(線型)의 녹지
>
> 정답 ①

003 도시지역 안의 도시공원 면적기준(개발제한구역, 녹지지역을 포함한 경우)에 맞는 것은?

① 당해 도시지역 안에 거주하는 주민 1인당 3제곱 미터 이상
② 당해 도시지역 안에 거주하는 주민 1인당 6제곱 미터 이상
③ 당해 도시지역 안에 거주하는 주민 1인당 9제곱 미터 이상
④ 당해 도시지역 안에 거주하는 주민 1인당 12제곱 미터 이상

> **해설**
>
> **시행규칙 제4조(도시공원의 면적기준)** 법 제14조 제1항의 규정에 의하여 <u>하나의 도시지역 안에 있어서의 도시공원의 확보기준은 해당도시지역 안에 거주하는 주민 1인당 6제곱미터 이상</u>으로 하고, 개발제한구역 및 녹지지역을 제외한 도시지역 안에 있어서의 도시공원의 확보기준은 해당도시지역 안에 거주하는 주민 1인당 3제곱미터 이상으로 한다.
>
> 정답 ②

004 공원조성계획을 고시한 도시공원 부지 중 국유지 또는 공유지는 「국토의 계획 및 이용에 관한 법률」 제48조에도 불구하고 같은 조에 따른 도시공원 결정의 고시일부터 ( )년이 되는 날까지 사업이 시행되지 아니하는 경우 그 다음 날에 도시공원 결정의 효력을 상실한다. ( ) 안에 들어갈 숫자는?

① 10　　　　② 20
③ 30　　　　④ 40

해설

제17조(도시공원 결정의 실효) ① 도시공원의 설치에 관한 도시·군관리계획결정(이하 이 조에서 "도시공원 결정"이라 한다)은 그 고시일부터 10년이 되는 날까지 공원조성계획의 고시가 없는 경우에는 「국토의 계획 및 이용에 관한 법률」 제48조에도 불구하고 그 10년이 되는 날의 다음 날에 그 효력을 상실한다. <개정 2011. 4. 14., 2020. 2. 4.>

② 공원조성계획을 고시한 도시공원 부지 중 국유지 또는 공유지는 「국토의 계획 및 이용에 관한 법률」 제48조에도 불구하고 같은 조에 따른 도시공원 결정의 고시일부터 30년이 되는 날까지 사업이 시행되지 아니하는 경우 그 다음 날에 도시공원 결정의 효력을 상실한다. 다만, 국토교통부장관이 대통령령으로 정하는 바에 따라 도시공원의 기능을 유지할 수 없다고 공고한 국유지 또는 공유지는 「국토의 계획 및 이용에 관한 법률」 제48조를 적용한다. <개정 2020. 2. 4.>

③ 제2항 본문에 따라 도시공원 결정의 효력이 상실될 것으로 예상되는 국유지 또는 공유지의 경우 대통령령으로 정하는 바에 따라 10년 이내의 기간을 정하여 1회에 한정하여 도시공원 결정의 효력을 연장할 수 있다. <신설 2020. 2. 4.>

④ 시·도지사 또는 대도시 시장은 제1항부터 제3항까지의 규정에 따라 도시공원 결정의 효력이 상실되었을 때에는 대통령령으로 정하는 바에 따라 지체 없이 그 사실을 고시하여야 한다. <신설 2019. 12. 10., 2020. 2. 4.>

정답 ③

005 다음 중 도시공원법상 녹지를 그 기능에 따라 세분할 경우 맞는 것은?

① 완충녹지와 경관녹지
② 시설녹지와 경관녹지
③ 완충녹지와 휴양녹지
④ 자연녹지와 생산녹지

해설

정답 ①

006 도시공원에 관한 조성계획을 수립할 수 있는 자는?

① 서울특별시장
② 행정안전부장관
③ 국토교통부장관
④ 도지사

해설

제16조(공원조성계획의 입안) ① 도시공원의 설치에 관한 도시·군관리계획이 결정되었을 때에는 그 도시공원이 위치한 행정구역을 관할하는 특별시장·광역시장·특별자치시장·특별자치도지사·시장 또는 군수는 그 도시공원의 조성계획(이하 "공원조성계획"이라 한다)을 입안하여야 한다.

② 국토교통부장관은 제5조 제3항 제2호에 따라 도시공원을 설치하는 등 국가의 정책목적 달성을 위하여 도시공원을 설치할 필요가 있는 경우에는 특별시장·광역시장·특별자치시장·특별자치도지사·시장 또는 군수에게 공원조성계획의 입안 등 필요한 조치를 하도록 요청할 수 있으며, 요청을 받은 특별시장·광역시장·특별자치시장·특별자치도지사·시장 또는 군수는 특별한 사유가 없으면 지체 없이 이에 따라야 한다.

③ 특별시장·광역시장·특별자치시장·특별자치도지사·시장 또는 군수가 아닌 자(이하 "민간공원추진자"라 한다)는 도시공원의 설치에 관한 도시·군관리계획이 결정된 도시공원에 대하여 자기의 비용과 책임으로 그 공원을 조성하는 내용의 공원조성계획을 입안하여 줄 것을 특별시장·광역시장·특별자치시장·특별자치도지사·시장 또는 군수에게 제안할 수 있다.

④ 제3항에 따라 공원조성계획의 입안을 제안받은 특별시장·광역시장·특별자치시장·특별자치도지사·시장 또는 군수는 그 제안의 수용 여부를 해당 지방자치단체에 설치된 도시공원위원회의 자문을 거쳐 대통령령으로 정하는 기간 내에 제안자에게 통보하여야 하며, 그 제안 내용을 수용하기로 한 경우에는 이를 공원조성계획의 입안에 반영하여야 한다.

⑤ 특별시장·광역시장·특별자치시장·특별자치도지사·시장 또는 군수는 공원조성계획을 신속히 입안할 필요가 있는 경우에는 공원녹지기본계획의 수립 또는 도시공원의 결정에 관한 도시·군관리계획의 입안과 함께 공원조성계획 수립을 위한 도시·군관리계획을 입안할 수 있다. 이 경우 해당 계획의 수립·승인·결정을 위한 다음 각 호의 심의는 대통령령으로 정하는 바에 따라 제50조 제1항에 따른 시·도도시공원위원회와 「국토의 계획 및 이용에 관한 법률」 제113조 제1항에 따른 시·도도시계획위원회의 공동 심의로 갈음할 수 있다.
  1. 제9조 제1항 또는 제2항에 따른 지방도시계획위원회의 심의
  2. 제16조의2제1항 후단에 따른 시·도도시계획위원회 또는 시·도도시공원위원회의 심의
  3. 「국토의 계획 및 이용에 관한 법률」 제30조 제3항에 따른 시·도도시계획위원회의 심의

제16조의2(공원조성계획의 결정) ① 공원조성계획은 도시·군관리계획으로 결정하여야 한다. 이 경우 「국토의 계획 및 이용에 관한 법률」 제28조 제5항에 따른 지방의회의 의견청취와 같은 법 제30조 제1항에 따른 관계 행정기관의 장과의 협의를 생략할 수 있으며, 같은 법 제30조 제3항에 따른 시·도도시계획위원회의 심의는 제50조 제1항에 따른 시·도도시공원위원회가 설치된 경우 시·도도시공원위원회의 심의로 갈음한다.

② 공원조성계획을 변경하는 경우에는 제1항을 준용한다. 다만, 공원조성계획의 변경에 관하여 주민의 의견을 청취하려면 공보(公報)와 해당 특별시·광역시·특별자치시·특별자치도·시 또는 군의 인터넷 홈페이지 등에 공고하고, 14일 이상 일반인이 열람할 수 있도록 하여야 한다.

③ 제2항에 따른 공원조성계획의 변경 내용이 해당 공원의 주제 또는 특색에 변화를 가져오지 아니하고 다음 각 호에 해당하는 경우에는 제1항에 따른 시·도도시공원위원회의 심의(시·도도시공원위원회를 설치하지 아니한 경우에는 「국토의 계획 및 이용에 관한 법률」 제30조 제3항에 따른 시·도도시계획위원회의 심의를 말한다)와 「국토의 계획 및 이용에 관한 법률」 제28조 제1항에 따른 주민 의견 청취 절차를 생략할 수 있다.
  1. 공원시설 부지면적의 10퍼센트 미만의 범위에서의 변경(공원시설 부지 중 변경되는 부분의 면적의 규모가 3만제곱미터 이하인 경우만 해당한다)
  2. 소규모 공원시설의 설치 등 경미한 변경에 해당하는 행위로서 대통령령으로 정하는 사항

④ 공원조성계획의 수립기준과 그 밖에 필요한 사항은 국토교통부령으로 정한다.

정답 ①

007 도시공원의 설치에 있어서 최소면적을 잘못 표현한 것은?

① 어린이공원 : 1,500m² 이상으로 한다.
② 도보권근린공원 : 10,000m² 이상으로 한다.
③ 체육공원 : 10,000m² 이상으로 한다.
④ 묘지공원 : 100,000m² 이상으로 한다.

해설

■ 도시공원 및 녹지 등에 관한 법률 시행규칙 [별표 3]

도시공원의 설치 및 규모의 기준(제6조관련)

공원구분		설치기준	유치거리	규모
1. 생활권 공원				
	가. 소공원	제한 없음	제한 없음	제한 없음
	나. 어린이공원	제한 없음	250미터 이하	1천5백제곱미터 이상
	다. 근린공원			
	(1) 근린생활권 근린공원(주로 인근에 거주하는 자의 이용에 제공할 것을 목적으로 하는 근린공원)	제한 없음	500미터 이하	1만제곱미터 이상
	(2) 도보권 근린공원(주로 도보권 안에 거주하는 자의 이용에 제공할 것을 목적으로 하는 근린공원)	제한 없음	1천미터 이하	3만제곱미터 이상
	(3) 도시지역권 근린공원(도시지역 안에 거주하는 전체 주민의 종합적인 이용에 제공할 것을 목적으로 하는 근린공원)	해당도시공원의 기능을 충분히 발휘할 수 있는 장소에 설치	제한 없음	10만제곱미터 이상
	(4) 광역권 근린공원(하나의 도시지역을 초과하는 광역적인 이용에 제공할 것을 목적으로 하는 근린공원)	해당도시공원의 기능을 충분히 발휘할 수 있는 장소에 설치	제한 없음	100만제곱미터 이상
2. 주제공원				
	가. 역사공원	제한 없음	제한 없음	제한 없음
	나. 문화공원	제한 없음	제한 없음	제한 없음

다. 수변공원	하천·호수 등의 수변과 접하고 있어 친수공간을 조성할 수 있는 곳에 설치	제한 없음	제한 없음
라. 묘지공원	정숙한 장소로 장래 시가화가 예상되지 아니하는 자연녹지지역에 설치	제한 없음	10만제곱미터 이상
마. 체육공원	해당도시공원의 기능을 충분히 발휘할 수 있는 장소에 설치	제한 없음	1만제곱미터 이상
바. 도시농업공원	제한 없음	제한 없음	1만제곱미터 이상
사. 법 제15조 제1항 제3호사목에 따른 공원	제한 없음	제한 없음	제한 없음

정답 ②

008 도시공원에 관한 설명 중 틀린 것은?

① 조경시설로는 화단, 분수, 조각 등이 있다.
② 도시공원의 설치 및 관리는 관할시장, 군수가 담당 한다.
③ 녹지시설은 완충녹지, 경관녹지, 차폐녹지로 세분 된다.
④ 공원관리청은 공원대장을 작성하여 보관하여야 한다.

해설

정답 ③

009 도시공원에 설치할 수 있는 공원시설의 부지면적 중 적합하지 않은 것은?

① 어린이공원 60% 이하
② 근린공원 40% 이하
③ 도시농업공원 40% 이하
④ 체육공원 60% 이하

> 해설

■ 도시공원 및 녹지 등에 관한 법률 시행규칙 [별표 4]

도시공원 안 공원시설 부지면적(제11조 관련)

공원구분		공원면적	공원시설 부지면적
1. 생활권 공원			
	가. 소공원	전부 해당	100분의 20이하
	나. 어린이공원	전부 해당	100분의 60이하
	다. 근린공원	(1) 3만제곱미터 미만	100분의 40이하
		(2) 3만제곱미터 이상 10만제곱미터 미만	100분의 40이하
		(3) 10만제곱미터 이상	100분의 40이하
2. 주제공원			
	가. 역사공원	전부 해당	제한 없음
	나. 문화공원	전부 해당	제한 없음
	다. 수변공원	전부 해당	100분의 40이하
	라. 묘지공원	전부 해당	100분의 20이상
	마. 체육공원	(1) 3만제곱미터 미만	100분의 50이하
		(2) 3만제곱미터 이상 10만제곱미터 미만	100분의 50이하
		(3) 10만제곱미터 이상	100분의 50이하
	바. 도시농업공원	전부 해당	100분의 40 이하
	사. 법 제15조 제1항 제3호사목에 따른 공원	전부 해당	제한 없음

비고
1. 제1호다목의 근린공원의 부지면적을 산정할 때 수목원의 부지면적은 해당 수목원 안에 있는 건축물의 면적만을 합산하여 산정한다.
2. 제2호바목의 도시농업공원의 부지면적을 산정할 때 도시텃밭의 면적은 제외하여 산정한다.

정답 ④ 별표 4 참조

010 도시공원 시설 중 휴양시설에 해당되지 않는 것은?

① 야유회장
② 야영장
③ 노인복지회관
④ 전망대

해설

2. 휴양시설	가. 야유회장 및 야영장(바비큐시설 및 급수시설을 포함한다) 그 밖에 이와 유사한 시설로서 자연공간과 어울려 도시민에게 휴식공간을 제공하기 위한 시설 나. 경로당, 노인복지관 다. 수목원(「수목원·정원의 조성 및 진흥에 관한 법률」제2조 제1호에 따른 수목원을 말한다.)
3. 유희시설	시소·정글짐·사다리·순환회전차·궤도·모험놀이장, 유원시설(「관광진흥법」에 따른 유기시설 또는 유기기구를 말한다), 발물놀이터·뱃놀이터 및 낚시터 그 밖에 이와 유사한 시설로서 도시민의 여가선용을 위한 놀이시설
4. 운동시설	가. 「체육시설의 설치·이용에 관한 법률 시행령」 별표 1에서 정하는 운동종목을 위한 운동시설. 다만, 무도학원·무도장 및 자동차경주장은 제외하고, <u>사격장은 실내사격장에 한하며, 골프장은 6홀 이하의 규모</u>에 한한다. 나. 자연체험장

5. 교양시설	가. 도서관 및 독서실
	나. 온실
	다. 야외극장, 문화예술회관, 미술관 및 과학관
	라. 「장애인복지법 시행규칙」 별표 4 제2호가목에 따른 장애인복지관(국가 또는 지방자치단체가 설치하는 경우로 한정한다), 「사회복지사업법」 제34조의5에 따른 사회복지관(국가 또는 지방자치단체가 설치하는 경우로 한정한다) 및 「지역보건법」 제14조에 따른 건강생활지원센터
	마. 청소년수련시설(생활권 수련시설에 한한다) 및 학생기숙사(「대학설립·운영규정」 별표 2에 따른 지원시설 및 「평생교육법 시행령」 별표 5에 따른 지원시설로 한정한다)
	바. 다음의 어느 하나에 해당하는 어린이집
	  (1) 「영유아보육법」 제10조 제1호에 따른 국공립어린이집
	  (2) 「혁신도시 조성 및 발전에 관한 특별법」 제2조에 따른 이전공공기관이 이전한 지역 내 도시공원에 설치하는 「영유아보육법」 제10조 제4호에 따른 직장어린이집
	  (3) 「산업입지 및 개발에 관한 법률」 제2조 제8호가목부터 다목까지의 규정에 따른 국가산업단지, 일반산업단지 또는 도시첨단산업단지 내 도시공원에 설치하는 「영유아보육법」 제10조 제4호에 따른 직장어린이집
	사. 「유아교육법」 제7조 제1호 및 제2호에 따른 국립유치원 및 공립유치원
	아. 천체 또는 기상관측시설
	자. 기념비, 고분·성터·고옥, 그 밖의 유적 등을 복원한 것으로서 역사적·학술적 가치가 높은 시설

	차. 공연장(「공연법」 제2조 제4호의 규정에 의한 공연장을 말한다) 및 전시장 카. 어린이 교통안전교육장, 재난·재해 안전체험장 및 생태학습원(유아숲체험원 및 산림교육센터를 포함한다) 타. 민속놀이마당 및 정원 파. 그 밖에 가목부터 카목까지와 유사한 시설로서 도시민의 교양함양을 위한 시설
6. 편익시설	가. 우체통·공중전화실·휴게음식점(「자동차관리법 시행규칙」 별표 1 제1호·제2호 및 비고 제1호가목에 따른 이동용 음식판매 용도인 소형·경형화물자동차 또는 같은 표 제2호에 따른 이동용 음식판매 용도인 특수작업형 특수자동차(이하 "음식판매자동차"라 한다)를 사용한 휴게음식점을 포함한다]·일반음식점·약국·수화물예치소·전망대·시계탑·음수장·제과점(음식판매자동차를 사용한 제과점을 포함한다) 및 사진관 그 밖에 이와 유사한 시설로서 공원이용객에게 편리함을 제공하는 시설 나. 유스호스텔 다. 선수 전용 숙소, 운동시설 관련 사무실, 「유통산업발전법」 별표에 따른 대형마트 및 쇼핑센터, 「지역농산물 이용촉진 등 농산물 직거래 활성화에 관한 법률 시행령」 제5조 제1호에 따른 농산물 직매장

정답 ④

011 도시공원 및 녹지 등에 관한 법률상에서 녹지의 기능에 의한 세분에 포함되지 않는 것은?

① 조화녹지
② 완충녹지
③ 경관녹지
④ 연결녹지

해설

정답 ①

012 도시공원 및 녹지 등에 관한 법률상 생활권공원 및 주제공원에 해당되지 않는 것은?

① 묘지공원　　　　　　　　② 　　근린공원
③ 자연공원
④ 어린이공원

해설

정답 ③

013 도시공원 및 녹지 등에 관한 법률상 도시공원의 규모의 기준으로 맞는 것은?

① 어린이공원 : 1,500m² 이상
② 근린생활권근린공원 : 30,000m² 이상
③ 소공원 : 1,000m² 이상
④ 도보권근린공원 : 100,000m² 이상

해설

정답 ①

연습문제

■ 도시공원 및 녹지 등에 관한 법률 시행규칙 [별표 3] <개정 2019. 1. 4.>

도시공원의 설치 및 규모의 기준(제6조 관련)

공원구분		설치기준	유치거리	규모
1. 생활권 공원				
	가. 소공원	제한 없음	제한 없음	제한 없음
	나. 어린이공원	제한 없음	( )	( )
	다. 근린공원			
	(1) 근린생활권 근린공원 (주로 인근에 거주하는 자의 이용에 제공할 것을 목적으로 하는 근린공원)	제한 없음	( )	( )
	(2) 도보권 근린공원(주로 도보권 안에 거주하는 자의 이용에 제공할 것을 목적으로 하는 근린공원)	제한 없음	( )	3만제곱미터 이상
	(3) 도시지역권 근린공원 (도시지역 안에 거주하는 전체 주민의 종합적인 이용에 제공할 것을 목적으로 하는 근린공원)	해당도시공원의 기능을 충분히 발휘할 수 있는 장소에 설치	제한 없음	10만제곱미터 이상

(4) 광역권 근린공원(하나의 도시지역을 초과하는 광역적인 이용에 제공할 것을 목적으로 하는 근린공원)	해당도시공원의 기능을 충분히 발휘할 수 있는 장소에 설치	제한 없음		( )
2. 주제공원				
가. 역사공원	제한 없음	제한 없음		제한 없음
나. 문화공원	제한 없음	제한 없음		제한 없음
다. 수변공원	하천·호수 등의 수변과 접하고 있어 친수공간을 조성할 수 있는 곳에 설치	제한 없음		제한 없음
라. 묘지공원	정숙한 장소로 장래 시가화가 예상되지 아니하는 자연녹지지역에 설치	제한 없음		( )
마. 체육공원	해당도시공원의 기능을 충분히 발휘할 수 있는 장소에 설치	제한 없음		( )
바. 도시농업공원	제한 없음	제한 없음		( )
사. 법 제15조 제1항 제3호 사목에 따른 공원	제한 없음	제한 없음		제한 없음

014 도시공원 및 녹지 등에 관한 법령상 근린공원의 구분에 따른 유치거리 및 규모의 기준으로 옳지 않은 것은?

공원구분	유치거리	규모
① 근린생활권 근린공원	500미터 이하	1만제곱미터 이상
② 도보권 근린공원	1천미터 이하	5만제곱미터 이상
③ 도시지역권 근린공원	제한 없음	10만제곱미터 이상
④ 광역권 근린공원	제한 없음	100만제곱미터 이상

해설

정답 ②

015 도시공원 및 녹지 등에 관한 법률상 허가를 받지 않고 도시공원 안에서 공원시설 외의 시설, 건축물 또는 공작물을 설치한 자에 대한 벌칙기준은?

① 1년 이하의 징역 또는 1,000만원 이하의 벌금
② 2년 이하의 징역 또는 2,000만원 이하의 벌금
③ 500만원 이하의 벌금
④ 100만원 이하의 벌금

해설

제53조(벌칙) 다음 각 호의 어느 하나에 해당하는 자는 1년 이하의 징역 또는 1천만원 이하의 벌금에 처한다.
1. 제20조 제1항 또는 제21조 제1항을 위반하여 위탁 또는 인가를 받지 아니하고 도시공원 또는 공원시설을 설치하거나 관리한 자
2. 제24조 제1항, 제27조 제1항 단서 또는 제38조 제1항을 위반하여 허가를 받지 아니하거나 허가받은 내용을 위반하여 도시공원 또는 녹지에서 시설·건축물 또는 공작물을 설치한 자
3. 거짓이나 그 밖의 부정한 방법으로 제24조 제1항, 제27조 제1항 단서 또는 제38조 제1항에 따른 허가를 받은 자
4. 제40조 제1항을 위반하여 도시공원에 입장하는 사람으로부터 입장료를 징수한 자

제54조(벌칙) 다음 각 호의 어느 하나에 해당하는 자는 300만원 이하의 벌금에 처한다.
1. 제23조 제1항 단서를 위반하여 도시공원 또는 공원시설의 유지·수선 외의 관리를 한 자
2. 제24조 제1항, 제27조 제1항 단서 또는 제38조 제1항에 따른 허가를 받지 아니하거나 허가받은 내용을 위반하여 도시공원, 도시자연공원구역 또는 녹지에서 금지행위를 한 자(제53조 제2호에 해당하는 자는 제외한다)
3. 제49조 제1항 제1호를 위반하여 공원시설을 훼손한 자

제56조(과태료) ① 제40조 제3항에 따른 신고를 하지 아니하거나 신고한 금액을 초과하여 입장료를 징수한 자에게는 1천만원 이하의 과태료를 부과한다.
② 제49조 제1항 제2호부터 제6호까지 및 같은 조 제2항 각 호에 해당하는 금지행위를 한 자에게는 10만원 이하의 과태료를 부과한다.
③ 제1항 및 제2항에 따른 과태료는 대통령령으로 정하는 바에 따라 특별시장·광역시장·특별자치시장·특별자치도지사·시장 또는 군수가 부과·징수한다.

정답 ①

016 하나의 도시지역 안에 있어서의 도시공원의 확보기준은 해당도시지역 안에 거주하는 주민 1인당 얼마 이상으로 하는가?

① $6m^2$ ② $7m^2$
③ $8m^2$ ④ $9m^2$

해설

정답 ①

017 도시공원 및 녹지 등에 관한 법률에서 정하고 있는 하나의 도시지역 안에 있어서의 도시공원의 확보기준은?

① 해당도시지역 안에 거주하는 주민 1인당 4m² 이상
② 해당도시지역 안에 거주하는 주민 1인당 5m² 이상
③ 해당도시지역 안에 거주하는 주민 1인당 6m² 이상
④ 해당도시지역 안에 거주하는 주민 1인당 7m² 이상

해설

정답 ③

018 하나의 도시공원 안에 설치할 수 있는 공원시설의 부지면적 기준으로 옳지 않은 것은?

① 체육공원인 경우 체육공원면적의 50%를 초과할 수 없다.
② 역사공원인 경우 역사공원면적의 40%를 초과할 수 없다.
③ 어린이공원인 경우 어린이공원면적의 60%를 초과할 수 없다.
④ 근린공원인 경우 근린원면적의 40%를 초과할 수 없다.

해설

정답 ②

019 도시공원 및 녹지 등에 관한 법률상 도시공원이 입장료 또는 공원시설 사용료를 징수하기 위해 갖추어야 할 공원시설은?(단, 공원시설은 당해 도시공원의 기능을 충분히 발휘할 수 있는 규모임.)

① 공원시설 중 조경·휴양·편익시설 및 공원관리시설
② 국토교통부령이 정하는 5개 이상의 유희시설
③ 2종목 이상의 운동시설이나 교양시설
④ 공원시설 중 2종류 이상의 광장

해설

제40조(입장료 등의 징수) ① 공원관리청과 공원수탁관리자 및 제21조 제1항에 따라 도시공원 또는 공원시설을 관리하는 자는 대통령령으로 정하는 기준 이상의 공원시설을 설치한 도시공원에 한정하여 입장료를 징수하거나 공원시설 사용료를 징수할 수 있다.
② 공원관리청과 공원수탁관리자가 제1항에 따라 징수하는 입장료 및 사용료의 금액과 그 징수방법에 관하여 필요한 사항은 그 공원관리청이 속하는 지방자치단체의 조례로 정한다. 다만, 공원관리청이 아닌 자가 설치한 도시공원 또는 공원시설을 공원관리청으로부터 위탁받아 관리하는 경우에는 해당 공원수탁관리자가 이를 정한다.

③ 제2항 단서 및 제21조 제1항에 따라 도시공원 또는 공원시설을 관리하는 자는 입장료를 정하거나 변경하였을 때에는 그 내용을 공원관리청에 신고하여야 한다.

영 제46조(입장료 또는 사용료를 징수할 수 있는 도시공원) 법 제40조 제1항에 따라 입장료 또는 공원시설 사용료를 징수할 수 있는 도시공원은 도시지역 내에 거주하는 전체 주민의 종합적인 이용에 제공할 것을 목적으로 다음 각 호의 공원시설을 모두 설치하여야 한다. 이 경우 공원시설은 당해 도시공원의 기능을 충분히 발휘할 수 있는 규모이어야 한다.
1. 공원시설 중 조경시설·휴양시설·편익시설 및 공원관리시설
2. 그 밖에 공원시설로서 특별시·광역시·특별자치시·특별자치도·시 또는 군의 조례로 정하는 시설

정답 ①

020 도시공원의 점용허가의 일반적 기준이 아닌 것은?

① 점용목적물은 도시공원의 풍치 및 미관과 도시공원으로서의 기능을 저해하지 아니하도록 배치한다.
② 지상에 설치하는 점용목적물의 구조는 넘어지거나 무너지는 것 등을 예방할 수 있도록 하고, 공원시설의 보전 및 도시공원의 이용에 지장에 없도록 하여야 한다.
③ 지하에 설치하는 점용목적물은 견고하고 오래 견딜 수 있도록 하여야 하며, 공원시설물 및 다른 점용목적물의 보전과 도시공원의 이용에 지장이 없도록 하여야 한다.
④ 토지의 형질변경, 토석의 채취, 나무를 베거나 심는 행위 및 물건을 쌓아두는 행위는 도시공원의 풍치 및 미관을 고려하여 점용을 허가하지 않는다.

해설

제24조(도시공원의 점용허가) ① 도시공원에서 다음 각 호의 어느 하나에 해당하는 행위를 하려는 자는 대통령령으로 정하는 바에 따라 그 도시공원을 관리하는 특별시장·광역시장·특별자치시장·특별자치도지사·시장 또는 군수의 점용허가를 받아야 한다. 다만, 산림의 솎아베기 등 대통령령으로 정하는 경미한 행위의 경우에는 그러하지 아니하다.
1. 공원시설 외의 시설·건축물 또는 공작물을 설치하는 행위
2. 토지의 형질변경
3. 죽목(竹木)을 베거나 심는 행위
4. 흙과 돌의 채취
5. 물건을 쌓아놓는 행위

② 특별시장·광역시장·특별자치시장·특별자치도지사·시장 또는 군수는 제1항에 따른 허가신청을 받으면 다음 각 호의 요건을 모두 갖춘 경우에만 그 허가를 할 수 있으며, 토지 소유자가 허가신청을 한 경우에는 다른 사람에 우선하여 허가하여야 한다.
1. 공원조성계획에 저촉되지 아니할 것(공원조성계획이 수립된 경우만 해당한다)
2. 불가피하게 점용하여야 하는 사유가 있을 것
3. 해당 점용으로 인하여 공중(公衆)의 이용에 지장을 주지 아니한다고 인정될 것

③ 제1항에 따른 점용허가를 받아 도시공원을 점용할 수 있는 대상 및 점용기준은 대통령령으로 정한다.

④ 점용허가받은 사항을 변경하려는 경우에는 제1항을 준용한다.
⑤ 「국토의 계획 및 이용에 관한 법률」 제47조 제7항에 따라 같은 법 제56조에 따른 허가를 받아 건축물 또는 공작물을 설치하는 경우에는 제1항에 따른 점용허가를 생략할 수 있다.

영 제23조(도시공원의 점용허가의 기준) 법 제24조 제3항의 규정에 의한 도시공원의 점용허가의 기준은 다음 각 호와 같다.
1. 도시공원의 점용허가의 일반적 기준
   가. 점용목적물은 도시공원의 풍치 및 미관과 도시공원으로서의 기능을 저해하지 아니하도록 배치할 것
   나. 지상에 설치하는 점용목적물의 구조는 넘어지거나 무너지는 것 등을 예방할 수 있도록 하여야 하며, 공원시설의 보전과 도시공원의 이용에 지장이 없도록 할 것
   다. 지하에 설치하는 점용목적물의 구조는 견고하고 오래 견딜 수 있도록 하여야 하며, 공원시설 및 다른 점용목적물의 보전과 도시공원의 이용에 지장이 없도록 할 것
   라. 토지의 형질변경, 토석의 채취, 나무를 베거나 심는 행위 및 물건을 쌓아두는 행위는 도시공원의 풍치 및 미관을 저해하지 아니하도록 하여야 하고, 공원시설의 보전과 도시공원의 이용에 지장이 없도록 하여야 하며, 그로 인한 위해가 발생하지 아니하도록 할 것

정답 ④

021 다음은 도시공원 및 녹지 등에 관한 법규에 따른 도시공원의 면적기준에 대한 설명이다. (①)과 (②)에 들어갈 말이 모두 옳은 것은?

> 하나의 도시지역 안에 있어서의 도시공원의 확보기준은 해당도시지역 안에 거주하는 주민 1인당 (①)이상으로 하고, 개발제한구역 및 녹지지역을 제외한 도시지역 안에 있어서의 도시공원의 확보기준은 해당도시지역 안에 거주하는 주민 1인당 (②) 이상으로 한다.

① ①9m² ②6m²
② ①8m² ②5m²
③ ①7m² ②4m²
④ ①6m² ②3m²

해설

정답 ④

022 도시공원 조성계획의 입안·결정에 관한 내용이 옳지 않은 것은?

① 도시공원 조성계획은 도시·군관리계획으로 결정하여야 한다.
② 도시공원이 위치한 행정구역을 관할하는 특별시장·광역시장·시장 또는 군수는 그 도시공원의 조성계획을 입안하여야 한다.
③ 도시공원을 관리하는 특별시장·광역시장·시장 또는 군수는 도시공원 또는 공원시설의 관리를 공원관리청이 아닌 자에게 위탁할 수 없다.
④ 도시공원의 설치에 관한 도시·군관리계획결정은 그 고시일부터 10년이 되는 날까지 도시공원 조성계획의 고시가 없는 경우에는 그 10년이 되는 날의 다음 날에 그 효력을 상실한다.

해설

제16조의2(공원조성계획의 결정) ① 공원조성계획은 도시·군관리계획으로 결정하여야 한다. 이 경우 「국토의 계획 및 이용에 관한 법률」 제28조 제5항에 따른 지방의회의 의견청취와 같은 법 제30조 제1항에 따른 관계 행정기관의 장과의 협의를 생략할 수 있으며, 같은 법 제30조 제3항에 따른 시·도도시계획위원회의 심의는 제50조 제1항에 따른 시·도도시공원위원회가 설치된 경우 시·도도시공원위원회의 심의로 갈음한다.
② 공원조성계획을 변경하는 경우에는 제1항을 준용한다. 다만, 공원조성계획의 변경에 관하여 주민의 의견을 청취하려면 공보(公報)와 해당 특별시·광역시·특별자치시·특별자치도·시 또는 군의 인터넷 홈페이지 등에 공고하고, 14일 이상 일반인이 열람할 수 있도록 하여야 한다.
③ 제2항에 따른 공원조성계획의 변경 내용이 해당 공원의 주제 또는 특색에 변화를 가져오지 아니하고 다음 각 호에 해당하는 경우에는 제1항에 따른 시·도도시공원위원회의 심의(시·도도시공원위원회를 설치하지 아니한 경우에는 「국토의 계획 및 이용에 관한 법률」 제30조 제3항에 따른 시·도도시계획위원회의 심의를 말한다)와 「국토의 계획 및 이용에 관한 법률」 제28조 제1항에 따른 주민 의견 청취 절차를 생략할 수 있다.
  1. 공원시설 부지면적의 10퍼센트 미만의 범위에서의 변경(공원시설 부지 중 변경되는 부분의 면적의 규모가 3만제곱미터 이하인 경우만 해당한다)
  2. 소규모 공원시설의 설치 등 경미한 변경에 해당하는 행위로서 대통령령으로 정하는 사항
④ 공원조성계획의 수립기준과 그 밖에 필요한 사항은 국토교통부령으로 정한다.

제17조(도시공원 결정의 실효) ① 도시공원의 설치에 관한 도시·군관리계획결정(이하 이 조에서 "도시공원 결정"이라 한다)은 그 고시일부터 10년이 되는 날까지 공원조성계획의 고시가 없는 경우에는 「국토의 계획 및 이용에 관한 법률」 제48조에도 불구하고 그 10년이 되는 날의 다음 날에 그 효력을 상실한다.
② 공원조성계획을 고시한 도시공원 부지 중 국유지 또는 공유지는 「국토의 계획 및 이용에 관한 법률」 제48조에도 불구하고 같은 조에 따른 도시공원 결정의 고시일부터 30년이 되는 날까지 사업이 시행되지 아니하는 경우 그 다음 날에 도시공원 결정의 효력을 상실한다. 다만, 국토교통부장관이 대통령령으로 정하는 바에 따라 도시공원의 기능을 유지할 수 없다고 공고한 국유지 또는 공유지는 「국토의 계획 및 이용에 관한 법률」 제48조를 적용한다. <개정 2020. 2. 4.>
③ 제2항 본문에 따라 도시공원 결정의 효력이 상실될 것으로 예상되는 국유지 또는 공유지의 경우 대통령령으로 정하는 바에 따라 10년 이내의 기간을 정하여 1회에 한정하여 도시공원 결정의 효력을 연장할 수 있다. <신설 2020. 2. 4.>
④ 시·도지사 또는 대도시 시장은 제1항부터 제3항까지의 규정에 따라 도시공원 결정의 효력이 상실되었을 때에는 대통령령으로 정하는 바에 따라 지체 없이 그 사실을 고시하여야 한다. <신설 2019. 12. 10., 2020. 2. 4.>

제20조(도시공원 및 공원시설 관리의 위탁) ① 공원관리청은 도시공원 또는 공원시설의 관리를 공원관리청이 아닌 자에게 위탁할 수 있다.
② 공원관리청은 제1항에 따라 도시공원 또는 공원시설의 관리를 위탁하였을 때에는 그 내용을 공고하여야 한다.
③ 제1항에 따라 도시공원 또는 공원시설을 위탁받아 관리하는 자(이하 "공원수탁관리자"라 한다)는 대통령령으로 정하는 바에 따라 공원관리청의 업무를 대행할 수 있다.
④ 제1항에 따라 도시공원 또는 공원시설의 관리를 위탁하는 경우 위탁의 방법·기준 및 수탁자의 선정기준 등 필요한 사항은 그 공원관리청이 속하는 지방자치단체의 조례로 따로 정할 수 있다.

정답 ③

023 도시공원 및 녹지 등에 관한 법률 및 동법 시행규칙에서 정의한 공원시설이 아닌 것은?

① 수영장, 골프장(8홀 이상) 등의 운동시설
② 박물관, 야외음악당 등의 교양시설
③ 매점, 화장실 등의 편익시설
④ 관리사무소, 울타리 등의 공원관리시설

해설

정답 ①

024 도시공원 및 녹지 등에 관한 법률 및 동법 시행규칙상 하나의 도시지역 안에 있어서의 도시공원의 확보기준은?(단, 개발제한구역 및 녹지지역을 제외한 도시지역 안에 있어서의 경우는 고려하지 않음.)

① 해당도시지역 안에 거주하는 주민 1인당 $4m^2$ 이상
② 해당도시지역 안에 거주하는 주민 1인당 $5m^2$ 이상
③ 해당도시지역 안에 거주하는 주민 1인당 $6m^2$ 이상
④ 해당도시지역 안에 거주하는 주민 1인당 $7m^2$ 이상

해설

정답 ③

025 다음 중 대기오염·소음·진동·악취 및 이에 준하는 공해와, 각종 사고나 자연재해 및 이에 준하는 재해 등의 방지를 위하여 설치하는 것은?

① 완충녹지
② 경관녹지
③ 보전녹지
④ 연결녹지

해설

정답 ①

026 다음 중 도시공원의 점용허가 대상에 해당하지 않는 것은?

① 전주, 전선, 변전소의 설치
② 도로, 교량, 철도 및 궤도, 노외주차장, 선착장의 설치
③ 도시공원의 설치에 관한 도시·군관리계획 결정 당시 기존 건축물 및 기존 공작물의 개축·재축·증축
④ 공원의 자연경관을 훼손하지 않는 전원주택의 신축

해설

제24조(도시공원의 점용허가) ① 도시공원에서 다음 각 호의 어느 하나에 해당하는 행위를 하려는 자는 대통령령으로 정하는 바에 따라 그 도시공원을 관리하는 특별시장·광역시장·특별자치시장·특별자치도지사·시장 또는 군수의 점용허가를 받아야 한다. 다만, 산림의 솎아베기 등 대통령령으로 정하는 경미한 행위의 경우에는 그러하지 아니하다.
  1. 공원시설 외의 시설·건축물 또는 공작물을 설치하는 행위
  2. 토지의 형질변경
  3. 죽목(竹木)을 베거나 심는 행위
  4. 흙과 돌의 채취
  5. 물건을 쌓아놓는 행위
② 특별시장·광역시장·특별자치시장·특별자치도지사·시장 또는 군수는 제1항에 따른 허가신청을 받으면 다음 각 호의 요건을 모두 갖춘 경우에만 그 허가를 할 수 있으며, 토지 소유자가 허가신청을 한 경우에는 다른 사람에 우선하여 허가하여야 한다.
  1. 공원조성계획에 저촉되지 아니할 것(공원조성계획이 수립된 경우만 해당한다)
  2. 불가피하게 점용하여야 하는 사유가 있을 것
  3. 해당 점용으로 인하여 공중(公衆)의 이용에 지장을 주지 아니한다고 인정될 것
③ 제1항에 따른 점용허가를 받아 도시공원을 점용할 수 있는 대상 및 점용기준은 대통령령으로 정한다.
④ 점용허가받은 사항을 변경하려는 경우에는 제1항을 준용한다.
⑤ 「국토의 계획 및 이용에 관한 법률」 제47조 제7항에 따라 같은 법 제56조에 따른 허가를 받아 건축물 또는 공작물을 설치하는 경우에는 제1항에 따른 점용허가를 생략할 수 있다.

영 제21조(도시공원의 점용허가를 받지 아니하고 할 수 있는 경미한 행위) 법 제24조 제1항 각 호 외의 부분 단서에서 "산림의 솎아베기 등 대통령령으로 정하는 경미한 행위"란 다음 각 호의 어느 하나에 해당하는 행위를 말한다.
1. 산림의 경영을 목적으로 솎아베는 행위
2. 나무를 베는 행위 없이 나무를 심는 행위
3. 농사를 짓기 위하여 자기 소유의 논·밭을 갈거나 파는 행위
4. 자기 소유 토지의 이용 용도가 과수원인 경우로서 과수목을 베거나 보충하여 심는 행위

영 제22조(도시공원의 점용허가 대상) 법 제24조 제3항에 따른 도시공원의 점용허가 대상은 다음 각 호와 같다.
1. 전주·전선·변전소·지중변압기·개폐기·가로등분전반·전기통신설비(군용전기통신설비를 제외한다) 및 태양에너지설비 등 분산형 전원설비의 설치
2. 수도관·하수도관·가스관·송유관·가스정압시설·열수송시설·공동구(공동구의 관리사무소를 포함한다)·전력구·송전선로 및 지중정착장치(어스앵커)의 설치
3. 도로·교량·철도 및 궤도·노외주차장·선착장의 설치
4. 농업을 목적으로 하는 용수의 취수시설, 관개용수로(위험방지시설을 설치하는 경우에 한한다), 생활용수의 공급을 위하여 고지대에 설치하는 배수시설(자연유하방식으로 공급하는 경우에 한한다), 비상급수시설과 그 부대시설의 설치
5. 지구대·파출소·초소·등대 및 항로표지 등의 표지의 설치
6. 방화용 저수조·지하대피시설의 설치
7. 군용전기통신설비·축성시설, 그 밖에 국방부장관이 군사작전상 불가피하다고 인정하는 최소한의 시설의 설치
8. 농업·임업·축산업·수산업 또는 광업에 종사하는 자가 생산에 직접 공여할 목적으로 자기 소유의 토지에 설치하는 관리용 가설건축물의 설치
9. 「건축법 시행령」 별표 1의 규정에 의한 다음 각 목의 어느 하나에 해당되는 시설로서 자기 소유의 토지에 설치하는 가설건축물의 설치
    가. 제2종근린생활시설 중 사무소
    나. 창고시설
    다. 동물 및 식물관련시설 중 축사, 작물 재배사, 종묘배양시설, 화초 및 분재 등의 온실
    라. 동물 및 식물관련시설 중 식물과 관련된 작물 재배사, 종묘배양시설, 화초 및 분재 등의 온실과 비슷한 것(동·식물원은 제외한다)
9의2. 법 제14조 제2항에 따른 개발계획에 포함된 도시공원 및 녹지의 예정부지에 그 개발사업의 시행자가 해당 공사를 위하여 필요로 하는 가설건축물의 설치
10. 공원관리청 또는 공원관리자가 도시공원의 관리 및 운영을 위하여 필요로 하는 가설건축물의 설치
11. 비상재해로 인한 이재민을 수용하기 위한 가설공작물의 설치
12. 공원관리청이 재해의 예방 또는 복구를 위하여 필요하다고 인정하는 공작물의 설치
13. 경기·집회·전시회·박람회·공연·영화상영·영화촬영을 위하여 설치하는 단기의 가설건축물 또는 단기의 가설공작물의 설치
14. 도시공원 결정 당시 기존 건축물 및 기존 공작물의 증축·개축·재축 또는 대수선
14의2. 지하에 설치하는 운송통로, 창고시설 등의 시설로서 공원관리청이 시·도도시공원위원회(시·도도시공원위원회가 설치되지 아니한 경우에는 시·도도시계획위원회를 말한다) 또는 시·군도시공원위원회(시·군도시공원위원회가 설치되지 아니한 경우에는 시·군·구도시계획위원회를 말한다)의 심의를 거쳐 산업활동을 위하여 필요하다고 인정하는 시설의 설치
15. 제1호부터 제14호까지 및 제14호의2에 따른 시설의 설치에 필요한 공사용 비품 및 재료의 적치장의 설치

15의2. 연접한 토지에 건축물 또는 공작물을 설치하기 위하여 필요한 공사용 비품 및 재료 적치장의 설치
16. 토지의 형질변경, 토석의 채취 및 나무를 베거나 심는 행위
17. 제1호 내지 제13호의 규정에 의한 시설과 유사한 기능을 갖는 시설의 설치
18. 다음 각 목의 요건을 모두 갖춘 시설로서 특별시·광역시·특별자치시·특별자치도·시 또는 군의 조례로 정하는 시설의 설치. 이 경우 하나의 도시공원에 5개 이내의 시설로 한정한다.
   가. 도시공원의 기능에 지장을 주지 아니하고 공원이용객에게 불편을 초래하지 아니하는 시설일 것
   나. 법 제15조 제1항 제3호사목에 따른 도시공원에 설치하는 시설일 것
   다. 「국토의 계획 및 이용에 관한 법률」 제2조 제6호에 따른 기반시설일 것
   라. 개별 시설의 건축연면적이 200제곱미터 이하인 시설일 것

정답 ④

027 다음 중 도시공원의 종류에 해당하지 않는 것은? (단, 특별시·광역시 또는 도의 조례가 정하는 공원은 고려하지 않음)

① 근린공원
② 묘지공원
③ 체육공원
④ 국립공원

해설

정답 ④

028 다음 중 도시공원 및 녹지 등에 관한 법률에 따른 '공원녹지'에 해당하지 않는 것은?

① 저수지
② 도시공원
③ 유원지
④ 도시자연공원구역

해설

제2조(정의) 이 법에서 사용하는 용어의 뜻은 다음과 같다.
1. "공원녹지"란 쾌적한 도시환경을 조성하고 시민의 휴식과 정서 함양에 이바지하는 다음 각 목의 공간 또는 시설을 말한다.
   가. 도시공원, 녹지, 유원지, 공공공지(公共空地) 및 저수지
   나. 나무, 잔디, 꽃, 지피식물(地被植物) 등의 식생(이하 "식생"이라 한다)이 자라는 공간

다. 그 밖에 국토교통부령으로 정하는 공간 또는 시설

> **시행규칙 제2조(공원녹지의 종류)** 「도시공원 및 녹지 등에 관한 법률」(이하 "법"이라 한다) 제2조 제1호다목에서 "국토교통부령이 정하는 공간 또는 시설"이라 함은 다음 각 호의 어느 하나에 해당하는 공간 또는 시설을 말한다.
> 1. 광장·보행자전용도로·하천 등 녹지가 조성된 공간 또는 시설
> 2. 옥상녹화·벽면녹화 등 특수한 공간에 식생을 조성하는 등의 녹화가 이루어진 공간 또는 시설
> 3. 그 밖에 쾌적한 도시환경을 조성하고 시민의 휴식과 정서함양에 기여하는 공간 또는 시설로서 그 보전을 위하여 관리할 필요성이 있다고 특별시장·광역시장·특별자치시장·특별자치도지사·시장 또는 군수(광역시의 관할구역 안에 있는 군의 군수를 제외한다. 이하 같다)가 인정하는 녹지가 조성된 공간 또는 시설

2. "도시녹화"란 식생, 물, 토양 등 자연친화적인 환경이 부족한 도시지역(「국토의 계획 및 이용에 관한 법률」 제6조 제1호에 따른 도시지역을 말하며, 같은 조 제2호에 따른 관리지역에 지정된 지구단위계획구역을 포함한다. 이하 같다)의 공간(「산림자원의 조성 및 관리에 관한 법률」 제2조 제1호에 따른 산림은 제외한다)에 식생을 조성하는 것을 말한다.

3. "도시공원"이란 도시지역에서 도시자연경관을 보호하고 시민의 건강·휴양 및 정서생활을 향상시키는 데에 이바지하기 위하여 설치 또는 지정된 다음 각 목의 것을 말한다. 다만, 제3조, 제14조, 제15조, 제16조, 제16조의2, 제17조, 제19조, 제19조의2, 제19조의3, 제20조, 제21조, 제21조의2, 제22조부터 제25조까지, 제39조, 제40조, 제42조, 제46조, 제48조의2, 제52조 및 제52조의2에서는 나목에 따른 도시자연공원구역은 제외한다.
    가. 「국토의 계획 및 이용에 관한 법률」 제2조 제6호나목에 따른 공원으로서 같은 법 제30조에 따라 도시·군관리계획으로 결정된 공원
    나. 「국토의 계획 및 이용에 관한 법률」 제38조의2에 따라 도시·군관리계획으로 결정된 도시자연공원구역(이하 "도시자연공원구역"이라 한다)

4. "공원시설"이란 도시공원의 효용을 다하기 위하여 설치하는 다음 각 목의 시설을 말한다.
    가. 도로 또는 광장
    나. 화단, 분수, 조각 등 조경시설
    다. 휴게소, 긴 의자 등 휴양시설
    라. 그네, 미끄럼틀 등 유희시설
    마. 테니스장, 수영장, 궁도장 등 운동시설
    바. 식물원, 동물원, 수족관, 박물관, 야외음악당 등 교양시설
    사. 주차장, 매점, 화장실 등 이용자를 위한 편익시설
    아. 관리사무소, 출입문, 울타리, 담장 등 공원관리시설
    자. 실습장, 체험장, 학습장, 농자재 보관창고 등 도시농업(「도시농업의 육성 및 지원에 관한 법률」 제2조 제1호에 따른 도시농업을 말한다. 이하 같다)을 위한 시설
    차. 내진성 저수조, 발전시설, 소화 및 급수시설, 비상용 화장실 등 재난관리시설
    카. 그 밖에 도시공원의 효용을 다하기 위한 시설로서 국토교통부령으로 정하는 시설

5. "녹지"란 「국토의 계획 및 이용에 관한 법률」 제2조 제6호나목에 따른 녹지로서 도시지역에서 자연환경을 보전하거나 개선하고, 공해나 재해를 방지함으로써 도시경관의 향상을 도모하기 위하여 같은 법 제30조에 따른 도시·군관리계획으로 결정된 것을 말한다.

정답 ④

029 다음 중 도시 및 주거 환경 정비법에 의한 정비계획의 개발규모가 5만m² 이상인 경우 도시공원 또는 녹지의 확보 기준으로 옳은 것은? (단, 도시공원 및 녹지 등에 관한 법규에 따른다.)

① 상주인구 1인당 3m² 이상 또는 개발 부지면적의 5% 이상 중 큰 면적
② 상주인구 1인당 6m² 이상 또는 개발 부지면적의 9% 이상 중 큰 면적
③ 1세대당 3m² 이상 또는 개발부지면적의 5% 이상 중 큰 면적
④ 1세대당 2m² 이상 또는 개발부지면적의 5% 이상 중 큰 면적

해설

■ 도시공원 및 녹지 등에 관한 법률 시행규칙 [별표 2]

개발계획 규모별 도시공원 또는 녹지의 확보기준(제5조관련)

개발계획 \ 기준	도시공원 또는 녹지의 확보기준
4. 「도시 및 주거 환경정비법」에 의한 정비계획	5만제곱미터 이상의 정비계획 : 1세대당 2제곱미터 이상 또는 개발 부지면적의 5퍼센트 이상 중 큰 면적

정답 ④

---

030 다음 중 도시공원의 점용허가대상에 해당하지 않는 것은?

① 개별시설의 건축연면적이 500제곱미터 이하인 시설의 설치
② 농업·임업·수산업 또는 광업에 종사하는 자가 생산에 직접 공여할 목적으로 자기 소유의 토지에 설치하는 관리용 가설건축물의 설치
③ 군용전기통신설비·축성시설·그 밖에 국방부장관이 군사작전상 불가피하다고 인정하는 최소한의 시설의 설치
④ 도시공원의 설치에 관한 도시관리계획 결정 당시 기존건축물 및 기존공작물의 개축·재축·증축 또는 대수선

해설

> 영 제22조(도시공원의 점용허가 대상) 법 제24조 제3항에 따른 도시공원의 점용허가 대상은 다음 각호와 같다.
> 1. 전주·전선·변전소·지중변압기·개폐기·가로등분전반·전기통신설비(군용전기통신설비를 제외한다) 및 태양에너지설비 등 분산형 전원설비의 설치
> 2. 수도관·하수도관·가스관·송유관·가스정압시설·열수송시설·공동구(공동구의 관리사무소를 포함한다)·전력구·송전선로 및 지중정착장치(어스앵커)의 설치

3. 도로·교량·철도 및 궤도·노외주차장·선착장의 설치
4. 농업을 목적으로 하는 용수의 취수시설, 관개용수로(위험방지시설을 설치하는 경우에 한한다), 생활용수의 공급을 위하여 고지대에 설치하는 배수시설(자연유하방식으로 공급하는 경우에 한한다), 비상급수시설과 그 부대시설의 설치
5. 지구대·파출소·초소·등대 및 항로표지 등의 표지의 설치
6. 방화용 저수조·지하대피시설의 설치
7. 군용전기통신설비·축성시설, 그 밖에 국방부장관이 군사작전상 불가피하다고 인정하는 최소한의 시설의 설치
8. 농업·임업·축산업·수산업 또는 광업에 종사하는 자가 생산에 직접 공여할 목적으로 자기 소유의 토지에 설치하는 관리용 가설건축물의 설치
9. 「건축법 시행령」 별표 1의 규정에 의한 다음 각 목의 어느 하나에 해당되는 시설로서 자기 소유의 토지에 설치하는 가설건축물의 설치
    가. 제2종근린생활시설 중 사무소
    나. 창고시설
    다. 동물 및 식물관련시설 중 축사, 작물 재배사, 종묘배양시설, 화초 및 분재 등의 온실
    라. 동물 및 식물관련시설 중 식물과 관련된 작물 재배사, 종묘배양시설, 화초 및 분재 등의 온실과 비슷한 것(동·식물원은 제외한다)
9의2. 법 제14조 제2항에 따른 개발계획에 포함된 도시공원 및 녹지의 예정부지에 그 개발사업의 시행자가 해당 공사를 위하여 필요로 하는 가설건축물의 설치
10. 공원관리청 또는 공원관리자가 도시공원의 관리 및 운영을 위하여 필요로 하는 가설건축물의 설치
11. 비상재해로 인한 이재민을 수용하기 위한 가설공작물의 설치
12. 공원관리청이 재해의 예방 또는 복구를 위하여 필요하다고 인정하는 공작물의 설치
13. 경기·집회·전시회·박람회·공연·영화상영·영화촬영을 위하여 설치하는 단기의 가설건축물 또는 단기의 가설공작물의 설치
14. 도시공원 결정 당시 기존 건축물 및 기존 공작물의 증축·개축·재축 또는 대수선
14의2. 지하에 설치하는 운송통로, 창고시설 등의 시설로서 공원관리청이 시·도도시공원위원회(시·도도시공원위원회가 설치되지 아니한 경우에는 시·도도시계획위원회를 말한다) 또는 시·군도시공원위원회(시·군도시공원위원회가 설치되지 아니한 경우에는 시·군·구도시계획위원회를 말한다)의 심의를 거쳐 산업활동을 위하여 필요하다고 인정하는 시설의 설치
15. 제1호부터 제14호까지 및 제14호의2에 따른 시설의 설치에 필요한 공사용 비품 및 재료의 적치장의 설치
15의2. 연접한 토지에 건축물 또는 공작물을 설치하기 위하여 필요한 공사용 비품 및 재료 적치장의 설치
16. 토지의 형질변경, 토석의 채취 및 나무를 베거나 심는 행위
17. 제1호 내지 제13호의 규정에 의한 시설과 유사한 기능을 갖는 시설의 설치
18. 다음 각 목의 요건을 모두 갖춘 시설로서 특별시·광역시·특별자치시·특별자치도·시 또는 군의 조례로 정하는 시설의 설치. 이 경우 하나의 도시공원에 5개 이내의 시설로 한정한다.
    가. 도시공원의 기능에 지장을 주지 아니하고 공원이용객에게 불편을 초래하지 아니하는 시설일 것
    나. 법 제15조 제1항 제3호사목에 따른 도시공원에 설치하는 시설일 것
    다. 「국토의 계획 및 이용에 관한 법률」 제2조 제6호에 따른 기반시설일 것
    라. 개별 시설의 건축연면적이 200제곱미터 이하인 시설일 것

정답 ①

031 다음 중 도시공원의 구분에 따른 규모 기준이 옳은 것은?

① 어린이공원 – 1,500m² 이상
② 묘지공원 – 10,000m² 이상
③ 도보권 근린공원 – 20,000m² 이상
④ 체육공원 – 30,000m² 이상

해설

정답 ①

032 도시공원 및 녹지 등에 관한 법률상 도시공원의 규모 기준이 옳은 것은?

① 어린이공원 : 1,500m² 이상
② 근린생활권근린공원 : 3,000m² 이상
③ 소공원 : 1,000m² 이상
④ 도보권근린공원 : 100,000m² 이상

해설

정답 ①

033 공원 및 녹지 등에 관한 법규상 하나의 도시지역 안에 있어서의 도시공원의 확보 기준은? (단, 개발제한구역 및 녹지지역을 제외한 도시지역 안에 있어서의 경우는 고려하지 않는다.)

① 해당 도시지역 안에 거주하는 주민 1인당 3m² 이상
② 해당 도시지역 안에 거주하는 주민 1인당 4m² 이상
③ 해당 도시지역 안에 거주하는 주민 1인당 5m² 이상
④ 해당 도시지역 안에 거주하는 주민 1인당 6m² 이상

해설

정답 ④

034 도시공원 및 녹지 등에 관한 법률에 따른 도시공원에 관한 설명으로 옳지 않은 것은?

① 도시공원은 도시지역에서 도시자연경관을 보호하고 시민의 건강·휴양 및 정서생활을 향상시키는 데에 이바지하기 위하여 설치·지정한다.
② 공원시설은 도시공원의 효용을 다하기 위하여 설치하는 시설로 그네·미끄럼틀과 같은 유희시설을 포함한다.
③ 도시공원의 설치기준, 관리기준 및 안전기준은 대통령령으로 정한다.
④ 도시공원이 위치한 행정구역을 관할하는 특별시장·광역시장·특별자치시장·특별자치도지사·시장 또는 군수는 그 도시공원의 조성계획을 입안하여야 한다.

해설

제19조(도시공원의 설치 및 관리) ① 도시공원은 특별시장·광역시장·특별자치시장·특별자치도지사·시장 또는 군수가 공원조성계획에 따라 설치·관리한다.
② 둘 이상의 행정구역에 걸쳐 있는 도시공원의 관리자 및 그 관리방법은 관계 특별시장·광역시장·특별자치시장·특별자치도지사·시장 또는 군수가 협의하여 정한다.
③ 제2항에 따른 협의가 성립되지 아니한 경우에 해당 도시공원이 같은 도의 관할구역에 속할 때에는 관할 도지사에게, 둘 이상의 시·도의 관할구역에 걸쳐 있을 때에는 국토교통부장관에게 공동으로 재정(裁定)을 신청할 수 있다.
④ 제3항에 따른 재정신청에 대하여 국토교통부장관의 재정이 있을 때에는 제2항에 따른 협의가 성립된 것으로 본다.
⑤ 제1항에도 불구하고 다음 각 호의 어느 하나에 해당하는 경우에는 공원조성계획을 수립하거나 변경하기 전이라도 해당 도시공원위원회의 심의를 거쳐 공원시설을 설치할 수 있다.
  1. 「교통약자의 이동편의 증진법」에 따른 교통약자이동편의증진계획에 따라 이동편의시설을 설치하거나 개선하려는 경우
  2. 기존 공원시설 부지에서 공원시설을 변경하는 경우(골프장 등 국토교통부령으로 정하는 시설로 변경하는 경우는 제외한다)
  3. 그 밖에 특별시장·광역시장·특별자치시장·특별자치도지사·시장 또는 군수가 해당 공원의 관리를 위하여 긴급하게 공원시설을 설치하여야 할 필요성이 있다고 인정하는 경우
⑥ 특별시장·광역시장·특별자치시장·특별자치도지사·시장 또는 군수는 제5항에 따라 공원시설을 설치하였을 때에는 빠른 시일 내에 공원조성계획을 변경하여 그 내용을 반영하여야 한다.
⑦ 제1항에 따른 도시공원의 설치기준, 관리기준 및 안전기준은 국토교통부령으로 정한다.

정답 ③

035 도시공원에서 그 도시공원을 관리하는 특별시장·광역시장·특별자치시장·시장 또는 군수의 점용허가를 받아야 할 사항은?

① 토지의 형질을 변경하는 경우
② 산림의 경영을 목적으로 솎아베는 경우
③ 나무를 베는 행위 없이 나무를 심는 경우
④ 농사를 짓기 위하여 자기 소유의 논을 갈거나 파는 경우

해설

영 제21조(도시공원의 점용허가를 받지 아니하고 할 수 있는 경미한 행위) 법 제24조 제1항 각 호 외의 부분 단서에서 "산림의 솎아베기 등 대통령령으로 정하는 경미한 행위"란 다음 각 호의 어느 하나에 해당하는 행위를 말한다.
1. 산림의 경영을 목적으로 솎아베는 행위
2. 나무를 베는 행위 없이 나무를 심는 행위
3. 농사를 짓기 위하여 자기 소유의 논·밭을 갈거나 파는 행위
4. 자기 소유 토지의 이용 용도가 과수원인 경우로서 과수목을 베거나 보충하여 심는 행위

정답 ①

036 도시공원 및 녹지 등에 관한 법률상 "공원관리청"에 해당하는 자는?

① 국립공원관리공단
② 국토교통부장관
③ 시장 또는 군수
④ 도지사

해설

제19조의2(폐쇄회로 텔레비전 등의 설치·관리) 제19조 제1항 및 제2항에 따라 **도시공원을 관리하는 특별시장·광역시장·특별자치시장·특별자치도지사·시장 또는 군수(이하 "공원관리청"이라 한다)**는 대통령령으로 정하는 바에 따라 범죄 또는 안전사고 발생 우려가 있는 도시공원 내 주요 지점에 폐쇄회로 텔레비전과 비상벨 등을 설치·관리하여야 한다.

정답 ③

037 도시개발법에 의한 개발계획의 규모가 100만m² 이상인 경우 도시공원 또는 녹지의 확보 기준으로 옳은 것은?

① 상주인구 1인당 3m² 이상 또는 개발 부지 면적의 5% 이상 큰 면적
② 상주인구 1인당 5m² 이상 또는 개발 부지 면적의 7% 이상 큰 면적
③ 상주인구 1인당 7m² 이상 또는 개발 부지 면적의 10% 이상 큰 면적
④ 상주인구 1인당 9m² 이상 또는 개발 부지 면적의 12% 이상 큰 면적

해설

■ 도시공원 및 녹지 등에 관한 법률 시행규칙 [별표 2]

개발계획 규모별 도시공원 또는 녹지의 확보기준(제5조관련)

기준 개발계획	도시공원 또는 녹지의 확보기준
1. 「도시개발법」에 의한 개발계획	가. 1만제곱미터 이상 30만제곱미터 미만의 개발계획 : 상주인구 1인당 3제곱미터 이상 또는 개발 부지면적의 5 퍼센트 이상 중 큰 면적 나. 30만제곱미터 이상 100만제곱미터 미만의 개발계획 : 상주인구 1인당 6제곱미터 이상 또는 개발 부지면적의 9퍼센트 이상 중 큰 면적 다. 100만제곱미터 이상 : 상주인구 1인당 9제곱미터 이상 또는 개발 부지면적의 12퍼센트 이상 중 큰 면적
2. 「주택법」에 의한 주택건설사업계획	1천세대 이상의 주택건설사업계획 : 1세대당 3제곱미터 이상 또는 개발 부지면적의 5퍼센트 이상 중 큰 면적
3. 「주택법」에 의한 대지조성사업계획	10만제곱미터 이상의 대지조성사업계획 : 1세대당 3제곱미터 이상 또는 개발 부지면적의 5퍼센트 이상 중 큰 면적
4. 「도시 및 주거환경정비법」에 의한 정비계획	5만제곱미터 이상의 정비계획 : 1세대당 2제곱미터 이상 또는 개발 부지면적의 5퍼센트 이상 중 큰 면적

정답 ④

038 도시공원의 효용을 다하기 위하여 설치하는 시설이 아닌 것은?

① 화단, 분수, 조각 등 조경시설
② 휴게소, 긴 의자 등 휴양시설
③ 실외사격장, 골프장 등의 운동시설
④ 식물원, 박물관, 야외음악당 등 교양시설

해설

정답 ③

039 도시공원 조성계획의 입안·결정에 관한 내용이 옳지 않은 것은?

① 도시공원 조성계획은 도시·군관리계획으로 결정하여야 한다.
② 민간공원추진자는 도시공원의 설치가 결정된 도시공원에 대하여 자기의 비용과 책임으로 그 공원을 조성하는 내용의 공원조성계획을 입안하여 줄 것을 제안할 수 있다.
③ 도시공원을 관리하는 특별시장·광역시장·특별자치시장·특별자치도지사·시장 또는 군수는 도시공원 또는 공원시설의 관리를 공원관리청이 아닌 자에게 위탁할 수 없다.
④ 도시공원의 설치에 관한 도시·군관리계획결정은 그 고시일부터 10년이 되는 날까지 공원 조성계획의 고시가 없는 경우에는 그 10년이 되는 날의 다음 날에 그 효력을 상실한다.

해설

제16조(공원조성계획의 입안) ① 도시공원의 설치에 관한 도시·군관리계획이 결정되었을 때에는 그 도시공원이 위치한 행정구역을 관할하는 특별시장·광역시장·특별자치시장·특별자치도지사·시장 또는 군수는 그 도시공원의 조성계획(이하 "공원조성계획"이라 한다)을 입안하여야 한다.
② 국토교통부장관은 제5조 제3항 제2호에 따라 도시공원을 설치하는 등 국가의 정책목적 달성을 위하여 도시공원을 설치할 필요가 있는 경우에는 특별시장·광역시장·특별자치시장·특별자치도지사·시장 또는 군수에게 공원조성계획의 입안 등 필요한 조치를 하도록 요청할 수 있으며, 요청을 받은 특별시장·광역시장·특별자치시장·특별자치도지사·시장 또는 군수는 특별한 사유가 없으면 지체 없이 이에 따라야 한다.
③ 특별시장·광역시장·특별자치시장·특별자치도지사·시장 또는 군수가 아닌 자(이하 "민간공원추진자"라 한다)는 도시공원의 설치에 관한 도시·군관리계획이 결정된 도시공원에 대하여 자기의 비용과 책임으로 그 공원을 조성하는 내용의 공원조성계획을 입안하여 줄 것을 특별시장·광역시장·특별자치시장·특별자치도지사·시장 또는 군수에게 제안할 수 있다.
④ 제3항에 따라 공원조성계획의 입안을 제안받은 특별시장·광역시장·특별자치시장·특별자치도지사·시장 또는 군수는 그 제안의 수용 여부를 해당 지방자치단체에 설치된 도시공원위원회의 자문을 거쳐 대통령령으로 정하는 기간 내에 제안자에게 통보하여야 하며, 그 제안 내용을 수용하기로 한 경우에는 이를 공원조성계획의 입안에 반영하여야 한다.
⑤ 특별시장·광역시장·특별자치시장·특별자치도지사·시장 또는 군수는 공원조성계획을 신속히 입안할 필요가 있는 경우에는 공원녹지기본계획의 수립 또는 도시공원의 결정에 관한 도시·군관리계획의 입안과 함께 공원조성계획 수립을 위한 도시·군관리계획을 입안할 수 있다. 이 경우 해당 계획의 수립·승인·결정을 위한 다음 각 호의 심의는 대통령령으로 정하는 바에 따라 제50조 제1항에 따른 시·도도시공원위원회와 「국토의 계획 및 이용에 관한 법률」 제113조 제1항에 따른 시·도도시계획위원회의 공동 심의로 갈음할 수 있다.
1. 제9조 제1항 또는 제2항에 따른 지방도시계획위원회의 심의
2. 제16조의2제1항 후단에 따른 시·도도시계획위원회 또는 시·도도시공원위원회의 심의
3. 「국토의 계획 및 이용에 관한 법률」 제30조 제3항에 따른 시·도도시계획위원회의 심의

정답 ③

040 다음 중 도시공원의 점용허가대상에 해당하지 않는 것은?

① 개별시설의 건축연면적이 500제곱미터 이하인 시설의 설치
② 농업·임업·수산업 또는 광업에 종사하는 자가 생산에 직접 공여할 목적으로 자기 소유의 토지에 설치하는 관리용 가설건축물의 설치
③ 군용전기통신설비·축성시설, 그 밖에 국방부장관이 군사작전상 불가피하다고 인정하는 최소한의 시설의 설치
④ 도시공원의 설치에 관한 도시·군관계획결정 당시 기준 건축물 및 기존공작물의 개축·재축·증축 또는 대수선

해설

정답 ①

041 다음 중 도시공원의 점용허가 대상에 해당하지 않는 것은?

① 전주, 전선, 변전소의 설치
② 공원의 자연경관을 훼손하지 않는 전원주택의 신축
③ 도로, 교량, 철도 및 궤도, 노외주차장, 선착장의 설치
④ 도시공원의 설치에 관한 도시·군관리계획 결정당시 기존 건축물 및 기존 공작물의 증축·개축·재축 또는 대수선

해설

정답 ②

042 도시공원 및 녹지 등에 관한 법률에서 세분한 도시공원 설명 중 잘못된 것은?

① 근린공원: 근린거주자 또는 근린생활권으로 구성된 지역생활권 거주자의 보건 휴양 및 정서생활의 향상에 이바지하기 위하여 설치하는 공원
② 역사공원: 도시의 각종 문화 역사적 특징을 활용하여 도시민의 휴식 교육을 목적으로 설치하는 공원
③ 도시농업공원: 도시민의 정서순화 및 공동체의식 함양을 위하여 도시농업을 주된 목적으로 설치하는 공원
④ 묘지공원: 묘지이용자에게 휴식 등을 제공하기 위하여 설치한 공원

> **해설**

제15조(도시공원의 세분 및 규모) ① 도시공원은 그 기능 및 주제에 따라 다음 각 호와 같이 세분한다.
1. 국가도시공원: 제19조에 따라 설치·관리하는 도시공원 중 국가가 지정하는 공원
2. 생활권공원: 도시생활권의 기반이 되는 공원의 성격으로 설치·관리하는 공원으로서 다음 각 목의 공원
   가. 소공원: 소규모 토지를 이용하여 도시민의 휴식 및 정서 함양을 도모하기 위하여 설치하는 공원
   나. 어린이공원: 어린이의 보건 및 정서생활의 향상에 이바지하기 위하여 설치하는 공원
   다. 근린공원: 근린거주자 또는 근린생활권으로 구성된 지역생활권 거주자의 보건·휴양 및 정서생활의 향상에 이바지하기 위하여 설치하는 공원
3. 주제공원: 생활권공원 외에 다양한 목적으로 설치하는 다음 각 목의 공원
   가. 역사공원: 도시의 역사적 장소나 **시설물, 유적·유물** 등을 활용하여 도시민의 휴식·교육을 목적으로 설치하는 공원
   나. 문화공원: 도시의 각종 문화적 특징을 활용하여 도시민의 휴식·교육을 목적으로 설치하는 공원
   다. 수변공원: 도시의 하천가·호숫가 등 수변공간을 활용하여 도시민의 여가·휴식을 목적으로 설치하는 공원
   라. 묘지공원: 묘지 이용자에게 휴식 등을 제공하기 위하여 일정한 구역에 「장사 등에 관한 법률」 제2조 제7호에 따른 묘지와 공원시설을 혼합하여 설치하는 공원
   마. 체육공원: 주로 운동경기나 야외활동 등 체육활동을 통하여 건전한 신체와 정신을 배양함을 목적으로 설치하는 공원
   바. 도시농업공원: 도시민의 정서순화 및 공동체의식 함양을 위하여 도시농업을 주된 목적으로 설치하는 공원
   사. 방재공원: 지진 등 재난발생 시 도시민 대피 및 구호 거점으로 활용될 수 있도록 설치하는 공원
   아. 그 밖에 특별시·광역시·특별자치시·도·특별자치도(이하 "시·도"라 한다) 또는 「지방자치법」 제175조에 따른 서울특별시·광역시 및 특별자치시를 제외한 인구 50만 이상 대도시의 조례로 정하는 공원
② 제1항 각 호의 공원이 갖추어야 하는 규모는 국토교통부령으로 정한다.

정답 ②

043 도시공원 및 녹지 등에 관한 법률에 의한 도시공원 조성계획의 입안권자는?

① 도지사
② 산림청장
③ 시장, 군수
④ 토지소유자

> **해설**

정답 ③

044 다음 공원관리청이 아닌 자의 도시공원 및 공원 시설의 설치·관리에 대한 설명으로 옳지 않은 것은?

① 공원관리자는 도시공원대장의 작성 및 보관 권한을 대행할 수 있다.
② 공원관리자는 도시공원 또는 공원시설의 관리방법에 관한 공고 권한을 대행할 수 있다.
③ 공원관리자는 도시공원 또는 공원시설의 관리에 소요되는 비용의 부담에 관한 협의권한을 대행할 수 없다.
④ 공원관리자는 「국토의 계획 및 이용에 관한 법률」에 따른 도시·군계획시설사업 시행자의 지정과 실시계획의 인가를 받아 도시공원 또는 공원시설을 설치할 수 있다.

> 해설

제20조(도시공원 및 공원시설 관리의 위탁) ① <u>공원관리청은 도시공원 또는 공원시설의 관리를 공원관리청이 아닌 자에게 위탁할 수 있다.</u>
② 공원관리청은 제1항에 따라 도시공원 또는 공원시설의 관리를 위탁하였을 때에는 그 내용을 공고하여야 한다.
③ 제1항에 따라 도시공원 또는 공원시설을 위탁받아 관리하는 자(이하 "공원수탁관리자"라 한다)는 대통령령으로 정하는 바에 따라 공원관리청의 업무를 대행할 수 있다.
④ 제1항에 따라 도시공원 또는 공원시설의 관리를 위탁하는 경우 위탁의 방법·기준 및 수탁자의 선정기준 등 필요한 사항은 그 공원관리청이 속하는 지방자치단체의 조례로 따로 정할 수 있다.

제21조(민간공원추진자의 도시공원 및 공원시설의 설치·관리) ① 민간공원추진자는 대통령령으로 정하는 바에 따라 「국토의 계획 및 이용에 관한 법률」 제86조 제5항에 따른 도시·군계획시설사업 시행자의 지정과 같은 법 제88조 제2항에 따른 실시계획의 인가를 받아 도시공원 또는 공원시설을 설치·관리할 수 있다.
② 제1항에 따라 도시공원 또는 공원시설을 관리하는 자는 대통령령으로 정하는 바에 따라 공원관리청의 업무를 대행할 수 있다.
③ 제1항에 따라 설치한 도시공원 또는 공원시설에 대하여는 「국토의 계획 및 이용에 관한 법률」 제99조에 따라 준용되는 같은 법 제65조를 적용하지 아니한다.
④ 민간공원추진자가 제21조의2제6항에 따라 특별시장·광역시장·특별자치시장·특별자치도지사·시장 또는 군수와 공동으로 도시공원의 조성사업을 시행하는 경우로서 민간공원추진자가 해당 도시공원 부지(지장물을 포함한다. 이하 제21조의2제6항에서 같다) 매입비의 5분의 4 이상을 현금으로 예치한 경우에는 「국토의 계획 및 이용에 관한 법률」 제86조 제7항에 따른 도시·군계획시설사업 시행자의 지정요건을 갖춘 것으로 본다. 다만, 해당 부지의 일부를 소유하고 있는 경우에는 그 토지가격에 해당하는 금액을 제외한 나머지 금액을 현금으로 예치할 수 있다.

제23조(겸용 공작물의 관리) ① 도시공원 또는 공원시설과 하천·도로·상하수도·저류시설(貯留施設), 그 밖의 시설·공작물 등(이하 "다른 공작물"이라 한다)이 상호 겸용하는 경우에는 공원관리청과 다른 공작물의 관리자가 서로 협의하여 그 관리방법을 정할 수 있다. 다만, 다른 공작물의 관리자(행정청이 아닌 경우만 해당한다)가 도시공원을 관리하는 경우에는 도시공원 또는 공원시설의 유지·수선에 한정하여 관리를 할 수 있다.
② 공원관리청은 제1항에 따라 관리방법을 정한 경우에는 그 내용을 공고하여야 한다.
③ 제1항에 따라 도시공원 또는 공원시설을 관리하는 다른 공작물의 관리자는 대통령령으로 정하는 바에 따라 공원관리청의 권한을 대행할 수 있다.
④ 도시공원 또는 공원시설과 겸용하는 다른 공작물로서 대통령령으로 정하는 시설·공작물의 설치 및 관리에 관한 기준은 국토교통부령으로 정한다.

영 제16조(공원관리청의 업무의 대행) ① 법 제20조 제1항의 규정에 의하여 도시공원 또는 공원시설을 위탁받아 관리하는 자, 법 제21조 제1항의 규정에 의하여 도시공원 또는 공원시설을 관리하는 자 및 법 제23조 제1항의 규정에 의하여 하천·도로·상하수도·저류시설 그 밖의 시설·공작물 등(이하 "다른공작물"이라 한다)의 관리자로서 도시공원 또는 공원시설을 관리하는 자(이하 "**공원관리자**"라 한다)는 법 제20조 제3항·제21조 제2항 및 제23조 제3항의 규정에 의하여 도시공원 또는 공원시설을 관리하는 공원관리청의 다음 각 호에 관한 업무를 대행할 수 있다.
  1. 법 제23조 제1항 및 제2항의 규정에 의한 도시공원 또는 공원시설의 관리방법에 관한 협의(공원관리청과 공원관리자간의 협의사항에 대한 협의를 제외한다) 및 공고
  2. 법 제39조 제4항의 규정에 의하여 도시공원 또는 공원시설의 관리에 소요되는 비용의 부담에 관한 협의(공원관리청과 공원관리자간의 협의사항에 대한 협의를 제외한다)
  3. 법 제51조 제1항의 규정에 의한 도시공원대장의 작성 및 보관
② 제1항의 규정에 의한 업무의 대행은 공원관리자 1인이 당해 도시공원 전체를 관리하는 경우에 한한다.

정답 ③

045 도시공원 및 녹지 등에 관한 법률상 아래 내용에 대한 벌칙 기준은?

> ○ 위탁 또는 인가를 받지 아니하고 도시공원 또는 공원시설을 설치하거나 관리한 자
> ○ 허가를 받지 아니하거나 허가받은 내용을 위반하여 도시공원 또는 녹지에서 시설·건축물 또는 공작물을 설치한 자

① 300만원 이하의 벌금
② 50만원 이하의 과태료
③ 1년 이하의 징역 또는 1천만원 이하의 벌금
④ 3년 이하의 징역 또는 2천만원 이하의 벌금

해설

제53조(벌칙) 다음 각 호의 어느 하나에 해당하는 자는 1년 이하의 징역 또는 1천만원 이하의 벌금에 처한다.
  1. 제20조 제1항 또는 제21조 제1항을 위반하여 위탁 또는 인가를 받지 아니하고 도시공원 또는 공원시설을 설치하거나 관리한 자
  2. 제24조 제1항, 제27조 제1항 단서 또는 제38조 제1항을 위반하여 허가를 받지 아니하거나 허가받은 내용을 위반하여 도시공원 또는 녹지에서 시설·건축물 또는 공작물을 설치한 자
  3. 거짓이나 그 밖의 부정한 방법으로 제24조 제1항, 제27조 제1항 단서 또는 제38조 제1항에 따른 허가를 받은 자
  4. 제40조 제1항을 위반하여 도시공원에 입장하는 사람으로부터 입장료를 징수한 자

정답 ③

046 도시공원 및 녹지 등에 관한 법률에 따른 생활권공원의 종류에 해당하지 않는 것은?

① 소공원
② 근린공원
③ 묘지공원
④ 어린이공원

해설

정답 ③

047 도시공원 및 녹지 등에 관한 법률상 공원시설에 관한 설명으로 옳지 않은 것은?

① 점용허가의 대상이다.
② 도시공원 조성계획에 포함된다.
③ 민간인도 허가를 받아 관리할 수 있다.
④ 도시공원의 효용을 다하기 위하여 설치되는 시설이다.

해설

정답 ①

048 도시공원의 구분에 따른 규모 기준으로 옳은 것은?

① 묘지공원 - 10,000m^2 이상
② 체육공원 - 30,000m^2 이상
③ 어린이공원 - 1,500m^2 이상
④ 도보권 근린공원 - 20,000m^2

해설

정답 ③

049 도시공원의 설치 규모 기준이 틀린 것은?

① 어린이공원: 1,500m² 이상
② 묘지공원: 30,000m² 이상
③ 도시농업공원: 10,000m² 이상
④ 근린생활권 근린공원: 10,000m² 이상

해설

■ 도시공원 및 녹지 등에 관한 법률 시행규칙 [별표 3]

도시공원의 설치 및 규모의 기준(제6조관련)

공원구분		설치기준	유치거리	규모
1. 생활권 공원				
가. 소공원		제한 없음	제한 없음	제한 없음
나. 어린이공원		제한 없음	250미터 이하	1천5백제곱미터 이상
다. 근린공원				
	(1) 근린생활권 근린공원 (주로 인근에 거주하는 자의 이용에 제공할 것을 목적으로 하는 근린공원)	제한 없음	500미터 이하	1만제곱미터 이상
	(2) 도보권 근린공원(주로 도보권 안에 거주하는 자의 이용에 제공할 것을 목적으로 하는 근린공원)	제한 없음	1천미터 이하	3만제곱미터 이상
	(3) 도시지역권 근린공원 (도시지역 안에 거주하는 전체 주민의 종합적인 이용에 제공할 것을 목적으로 하는 근린공원)	해당도시공원의 기능을 충분히 발휘할 수 있는 장소에 설치	제한 없음	10만제곱미터 이상
	(4) 광역권 근린공원(하나의 도시지역을 초과하는 광역적인 이용에 제공할 것을 목적으로 하는 근린공원)	해당도시공원의 기능을 충분히 발휘할 수 있는 장소에 설치	제한 없음	100만제곱미터 이상
2. 주제공원				
가. 역사공원		제한 없음	제한 없음	제한 없음

나. 문화공원	제한 없음	제한 없음	제한 없음
다. 수변공원	하천·호수 등의 수변과 접하고 있어 친수공간을 조성할 수 있는 곳에 설치	제한 없음	제한 없음
라. 묘지공원	정숙한 장소로 장래 시가화가 예상되지 아니하는 자연녹지지역에 설치	제한 없음	10만제곱미터 이상
마. 체육공원	해당도시공원의 기능을 충분히 발휘할 수 있는 장소에 설치	제한 없음	1만제곱미터 이상
바. 도시농업공원	제한 없음	제한 없음	1만제곱미터 이상
사. 법 제15조 제1항 제3호 사목에 따른 공원	제한 없음	제한 없음	제한 없음

정답 ②

050 도시공원의 설치에 관한 도시·군관리계획이 결정되었을 때, 그 도시공원의 조성계획을 입안하여야 하는 자는?

① 관할 시장 또는 군수
② 시설관리공단 이사장
③ 국토교통부 장관
④ 행정안전부 장관

해설

정답 ①

Theme 07 도시 및 주거환경정비법

001 도시 및 주거환경정비법에서 정한 정비기반시설이 아닌 것은?

① 공원
② 공용주차장
③ 공동구
④ 체육시설

해설

제2조(정의) 이 법에서 사용하는 용어의 뜻은 다음과 같다.
1. "정비구역"이란 정비사업을 계획적으로 시행하기 위하여 제16조에 따라 지정·고시된 구역을 말한다.
2. "정비사업"이란 이 법에서 정한 절차에 따라 도시기능을 회복하기 위하여 정비구역에서 정비기반시설을 정비하거나 주택 등 건축물을 개량 또는 건설하는 다음 각 목의 사업을 말한다.
   가. 주거환경개선사업: 도시저소득 주민이 집단거주하는 지역으로서 정비기반시설이 극히 열악하고 노후·불량건축물이 과도하게 밀집한 지역의 주거환경을 개선하거나 단독주택 및 다세대주택이 밀집한 지역에서 정비기반시설과 공동이용시설 확충을 통하여 주거환경을 보전·정비·개량하기 위한 사업
   나. 재개발사업: 정비기반시설이 열악하고 노후·불량건축물이 밀집한 지역에서 주거환경을 개선하거나 상업지역·공업지역 등에서 도시기능의 회복 및 상권활성화 등을 위하여 도시환경을 개선하기 위한 사업
   다. 재건축사업: 정비기반시설은 양호하나 노후·불량건축물에 해당하는 공동주택이 밀집한 지역에서 주거환경을 개선하기 위한 사업
3. "노후·불량건축물"이란 다음 각 목의 어느 하나에 해당하는 건축물을 말한다.
   가. 건축물이 훼손되거나 일부가 멸실되어 붕괴, 그 밖의 안전사고의 우려가 있는 건축물
   나. 내진성능이 확보되지 아니한 건축물 중 중대한 기능적 결함 또는 부실 설계·시공으로 구조적 결함 등이 있는 건축물로서 대통령령으로 정하는 건축물
   다. 다음의 요건을 모두 충족하는 건축물로서 대통령령으로 정하는 바에 따라 특별시·광역시·특별자치시·도·특별자치도 또는 「지방자치법」 제175조에 따른 서울특별시·광역시 및 특별자치시를 제외한 인구 50만 이상 대도시(이하 "대도시"라 한다)의 조례(이하 "시·도조례"라 한다)로 정하는 건축물
      1) 주변 토지의 이용 상황 등에 비추어 주거환경이 불량한 곳에 위치할 것
      2) 건축물을 철거하고 새로운 건축물을 건설하는 경우 건설에 드는 비용과 비교하여 효용의 현저한 증가가 예상될 것
   라. 도시미관을 저해하거나 노후화된 건축물로서 대통령령으로 정하는 바에 따라 시·도조례로 정하는 건축물
4. "정비기반시설"이란 도로·상하수도·공원·공용주차장·공동구(「국토의 계획 및 이용에 관한 법률」 제2조 제9호에 따른 공동구를 말한다. 이하 같다), 그 밖에 주민의 생활에 필요한 열·가스 등의 공급시설로서 대통령령으로 정하는 시설을 말한다.

> **영 제3조(정비기반시설)** 법 제2조 제4호에서 "대통령령으로 정하는 시설"이란 다음 각 호의 시설을 말한다.
> 1. 녹지
> 2. 하천
> 3. 공공공지
> 4. 광장
> 5. 소방용수시설
> 6. 비상대피시설
> 7. 가스공급시설
> 8. 지역난방시설
> 9. 주거환경개선사업을 위하여 지정·고시된 정비구역에 설치하는 공동이용시설로서 법 제52조에 따른 사업시행계획서(이하 "사업시행계획서"라 한다)에 해당 특별자치시장·특별자치도지사·시장·군수 또는 자치구의 구청장(이하 "시장·군수등"이라 한다)이 관리하는 것으로 포함된 시설

5. "공동이용시설"이란 주민이 공동으로 사용하는 놀이터·마을회관·공동작업장, 그 밖에 대통령령으로 정하는 시설을 말한다.
6. "대지"란 정비사업으로 조성된 토지를 말한다.
7. "주택단지"란 주택 및 부대시설·복리시설을 건설하거나 대지로 조성되는 일단의 토지로서 다음 각 목의 어느 하나에 해당하는 일단의 토지를 말한다.
   가. 「주택법」 제15조에 따른 사업계획승인을 받아 주택 및 부대시설·복리시설을 건설한 일단의 토지
   나. 가목에 따른 일단의 토지 중 「국토의 계획 및 이용에 관한 법률」 제2조 제7호에 따른 도시·군계획시설(이하 "도시·군계획시설"이라 한다)인 도로나 그 밖에 이와 유사한 시설로 분리되어 따로 관리되고 있는 각각의 토지
   다. 가목에 따른 일단의 토지 둘 이상이 공동으로 관리되고 있는 경우 그 전체 토지
   라. 제67조에 따라 분할된 토지 또는 분할되어 나가는 토지
   마. 「건축법」 제11조에 따라 건축허가를 받아 아파트 또는 연립주택을 건설한 일단의 토지
8. "사업시행자"란 정비사업을 시행하는 자를 말한다.
9. "토지등소유자"란 다음 각 목의 어느 하나에 해당하는 자를 말한다. 다만, 제27조 제1항에 따라 「자본시장과 금융투자업에 관한 법률」 제8조 제7항에 따른 신탁업자(이하 "신탁업자"라 한다)가 사업시행자로 지정된 경우 토지등소유자가 정비사업을 목적으로 신탁업자에게 신탁한 토지 또는 건축물에 대하여는 위탁자를 토지등소유자로 본다.
   가. 주거환경개선사업 및 재개발사업의 경우에는 정비구역에 위치한 토지 또는 건축물의 소유자 또는 그 지상권자
   나. 재건축사업의 경우에는 정비구역에 위치한 건축물 및 그 부속토지의 소유자
10. "토지주택공사등"이란 「한국토지주택공사법」에 따라 설립된 한국토지주택공사 또는 「지방공기업법」에 따라 주택사업을 수행하기 위하여 설립된 지방공사를 말한다.
11. "정관등"이란 다음 각 목의 것을 말한다.
    가. 제40조에 따른 조합의 정관
    나. 사업시행자인 토지등소유자가 자치적으로 정한 규약
    다. 특별자치시장, 특별자치도지사, 시장, 군수, 자치구의 구청장(이하 "시장·군수등"이라 한다), 토지주택공사등 또는 신탁업자가 제53조에 따라 작성한 시행규정

정답 ④

002 도시 및 주거환경정비법에 의하여 정비사업을 위한 토지수용 시 공익사업을 위한 토지등의 취득 및 보상에 관한 법률상의 사업인정은 언제로 보는가?

① 재개발기본계획 입안시
② 사업시행 인가 고시
③ 관리처분의 인가 고시
④ 분양신청시

> 해설

정답 ②

003 도시 및 주거환경정비법에 의한 관리처분 계획에 포함될 내용이다. 틀린 것은?

① 분양설계
② 손실보상 및 토지 등의 수용
③ 보류지 등의 명세와 추산가액 및 처분방법
④ 분양대상자별로 분양예정의 대지 또는 건축 시설의 추산액

> 해설

제72조(분양공고 및 분양신청) ① 사업시행자는 제50조 제7항에 따른 <u>사업시행계획인가의 고시가 있은 날</u>(사업시행계획인가 이후 시공자를 선정한 경우에는 시공자와 계약을 체결한 날)부터 120일 이내에 다음 각 호의 사항을 토지등소유자에게 통지하고, 분양의 대상이 되는 대지 또는 건축물의 내역 등 대통령령으로 정하는 사항을 해당 지역에서 발간되는 일간신문에 공고하여야 한다. 다만, 토지등소유자 1인이 시행하는 재개발사업의 경우에는 그러하지 아니하다.
  1. 분양대상자별 종전의 토지 또는 건축물의 명세 및 사업시행계획인가의 고시가 있은 날을 기준으로 한 가격(사업시행계획인가 전에 제81조 제3항에 따라 철거된 건축물은 시장·군수등에게 허가를 받은 날을 기준으로 한 가격)
  2. 분양대상자별 분담금의 추산액
  3. 분양신청기간
  4. 그 밖에 대통령령으로 정하는 사항
② 제1항 제3호에 따른 분양신청기간은 통지한 날부터 30일 이상 60일 이내로 하여야 한다. 다만, 사업시행자는 제74조 제1항에 따른 관리처분계획의 수립에 지장이 없다고 판단하는 경우에는 분양신청기간을 20일의 범위에서 한 차례만 연장할 수 있다.
③ 대지 또는 건축물에 대한 분양을 받으려는 토지등소유자는 제2항에 따른 분양신청기간에 대통령령으로 정하는 방법 및 절차에 따라 사업시행자에게 대지 또는 건축물에 대한 분양신청을 하여야 한다.
④ 사업시행자는 제2항에 따른 분양신청기간 종료 후 제50조 제1항에 따른 사업시행계획인가의 변경(경미한 사항의 변경은 제외한다)으로 세대수 또는 주택규모가 달라지는 경우 제1항부터 제3항까지의 규정에 따라 분양공고 등의 절차를 다시 거칠 수 있다.

⑤ 사업시행자는 정관등으로 정하고 있거나 총회의 의결을 거친 경우 제4항에 따라 제73조 제1항 제1호 및 제2호에 해당하는 토지등소유자에게 분양신청을 다시 하게 할 수 있다

⑥ 제3항부터 제5항까지의 규정에도 불구하고 투기과열지구의 정비사업에서 제74조에 따른 관리처분계획에 따라 같은 조 제1항 제2호 또는 제1항 제4호가목의 분양대상자 및 그 세대에 속한 자는 분양대상자 선정일(조합원 분양분의 분양대상자는 최초 관리처분계획 인가일을 말한다)부터 5년 이내에는 투기과열지구에서 제3항부터 제5항까지의 규정에 따른 분양신청을 할 수 없다. 다만, 상속, 결혼, 이혼으로 조합원 자격을 취득한 경우에는 분양신청을 할 수 있다.

제74조(관리처분계획의 인가 등) ① 사업시행자는 제72조에 따른 분양신청기간이 종료된 때에는 분양신청의 현황을 기초로 다음 각 호의 사항이 포함된 관리처분계획을 수립하여 시장·군수등의 인가를 받아야 하며, 관리처분계획을 변경·중지 또는 폐지하려는 경우에도 또한 같다. 다만, 대통령령으로 정하는 경미한 사항을 변경하려는 경우에는 시장·군수등에게 신고하여야 한다.

1. 분양설계
2. 분양대상자의 주소 및 성명
3. 분양대상자별 분양예정인 대지 또는 건축물의 추산액(임대관리 위탁주택에 관한 내용을 포함한다)
4. 다음 각 목에 해당하는 보류지 등의 명세와 추산액 및 처분방법. 다만, 나목의 경우에는 제30조 제1항에 따라 선정된 임대사업자의 성명 및 주소(법인인 경우에는 법인의 명칭 및 소재지와 대표자의 성명 및 주소)를 포함한다.
    가. 일반 분양분
    나. 공공지원민간임대주택
    다. 임대주택
    라. 그 밖에 부대시설·복리시설 등
5. 분양대상자별 종전의 토지 또는 건축물 명세 및 사업시행계획인가 고시가 있는 날을 기준으로 한 가격(사업시행계획인가 전에 제81조 제3항에 따라 철거된 건축물은 시장·군수등에게 허가를 받은 날을 기준으로 한 가격)
6. 정비사업비의 추산액(재건축사업의 경우에는 「재건축초과이익 환수에 관한 법률」에 따른 재건축부담금에 관한 사항을 포함한다) 및 그에 따른 조합원 분담규모 및 분담시기
7. 분양대상자의 종전 토지 또는 건축물에 관한 소유권 외의 권리명세
8. 세입자별 손실보상을 위한 권리명세 및 그 평가액
9. 그 밖에 정비사업과 관련한 권리 등에 관하여 대통령령으로 정하는 사항

정답 ②

004 도시 및 주거환경정비법에 의하여 정비구역을 지정할 수 있는 자는?

① 시장·군수
② 시·도지사
③ 국토교통부장관
④ 토지 및 건물소유자

> **해설**
>
> **제8조(정비구역의 지정)** ① 특별시장·광역시장·특별자치시장·특별자치도지사·시장 또는 군수(광역시의 군수는 제외하며, 이하 "정비구역의 지정권자"라 한다)는 기본계획에 적합한 범위에서 노후·불량건축물이 밀집하는 등 대통령령으로 정하는 요건에 해당하는 구역에 대하여 제16조에 따라 정비계획을 결정하여 정비구역을 지정(변경지정을 포함한다)할 수 있다.
> ② 제1항에도 불구하고 제26조 제1항 제1호 및 제27조 제1항 제1호에 따라 정비사업을 시행하려는 경우에는 기본계획을 수립하거나 변경하지 아니하고 정비구역을 지정할 수 있다.
> ③ 정비구역의 지정권자는 정비구역의 진입로 설치를 위하여 필요한 경우에는 진입로 지역과 그 인접지역을 포함하여 정비구역을 지정할 수 있다.
> ④ 정비구역의 지정권자는 정비구역 지정을 위하여 직접 제9조에 따른 정비계획을 입안할 수 있다.
> ⑤ 자치구의 구청장 또는 광역시의 군수(이하 제9조, 제11조 및 제20조에서 "구청장등"이라 한다)는 제9조에 따른 정비계획을 입안하여 특별시장·광역시장에게 정비구역 지정을 신청하여야 한다. 이 경우 제15조 제2항에 따른 지방의회의 의견을 첨부하여야 한다.
>
> 정답 ①

005 도시 및 주거환경정비법의 대통령령이 정하는 정비계획의 경미한 사항을 변경하는 경우에 해당되지 않는 것은?

① 정비구역면적의 10퍼센트 미만의 변경인 경우
② 공동이용시설 설치계획의 변경인 경우
③ 건축물의 건폐율·용적률·최고높이 또는 최고층수를 축소하는 경우
④ 정비사업 시행예정시기를 3년의 범위 안에서 조정하는 경우

> **해설**
>
> **제6조(기본계획 수립을 위한 주민의견청취 등)** ① 기본계획의 수립권자는 기본계획을 수립하거나 변경하려는 경우에는 14일 이상 주민에게 공람하여 의견을 들어야 하며, 제시된 의견이 타당하다고 인정되면 이를 기본계획에 반영하여야 한다.

② 기본계획의 수립권자는 제1항에 따른 공람과 함께 지방의회의 의견을 들어야 한다. 이 경우 지방의회는 기본계획의 수립권자가 기본계획을 통지한 날부터 60일 이내에 의견을 제시하여야 하며, 의견제시 없이 60일이 지난 경우 이의가 없는 것으로 본다.
③ 제1항 및 제2항에도 불구하고 대통령령으로 정하는 경미한 사항을 변경하는 경우에는 주민공람과 지방의회의 의견청취 절차를 거치지 아니할 수 있다.

> **영 제6조(기본계획의 수립을 위한 공람 등)** ① 특별시장·광역시장·특별자치시장·특별자치도지사 또는 시장은 법 제6조 제1항에 따라 도시·주거환경정비기본계획(이하 "기본계획"이라 한다)을 주민에게 공람하려는 때에는 미리 공람의 요지 및 장소를 해당 지방자치단체의 공보 및 인터넷(이하 "공보등"이라 한다)에 공고하고, 공람장소에 관계 서류를 갖추어 두어야 한다.
> ② 주민은 법 제6조 제1항에 따른 공람기간 이내에 특별시장·광역시장·특별자치시장·특별자치도지사 또는 시장에게 서면(전자문서를 포함한다)으로 의견을 제출할 수 있다.
> ③ 특별시장·광역시장·특별자치시장·특별자치도지사 또는 시장은 제2항에 따라 제출된 의견을 심사하여 법 제6조 제1항에 따라 채택할 필요가 있다고 인정하는 때에는 이를 채택하고, 채택하지 아니한 경우에는 의견을 제출한 주민에게 그 사유를 알려주어야 한다.
> ④ 법 제6조 제3항 및 제7조 제1항 단서에서 "대통령령으로 정하는 경미한 사항을 변경하는 경우"란 각각 다음 각 호의 경우를 말한다.
>   1. 정비기반시설(제3조 제9호에 해당하는 시설은 제외한다. 이하 제8조 제3항·제13조 제4항·제38조 및 제76조 제3항에서 같다)의 규모를 확대하거나 그 면적을 10퍼센트 미만의 범위에서 축소하는 경우
>   2. 정비사업의 계획기간을 단축하는 경우
>   3. 공동이용시설에 대한 설치계획을 변경하는 경우
>   4. 사회복지시설 및 주민문화시설 등에 대한 설치계획을 변경하는 경우
>   5. 구체적으로 면적이 명시된 법 제5조 제1항 제9호에 따른 정비예정구역(이하 "정비예정구역"이라 한다)의 면적을 20퍼센트 미만의 범위에서 변경하는 경우
>   6. 법 제5조 제1항 제10호에 따른 단계별 정비사업 추진계획(이하 "단계별 정비사업 추진계획"이라 한다)을 변경하는 경우
>   7. 건폐율(「건축법」 제55조에 따른 건폐율을 말한다. 이하 같다) 및 용적률(「건축법」 제56조에 따른 용적률을 말한다. 이하 같다)을 각 20퍼센트 미만의 범위에서 변경하는 경우
>   8. 정비사업의 시행을 위하여 필요한 재원조달에 관한 사항을 변경하는 경우
>   9. 「국토의 계획 및 이용에 관한 법률」 제2조 제3호에 따른 도시·군기본계획의 변경에 따라 기본계획을 변경하는 경우

제15조(정비계획 입안을 위한 주민의견청취 등) ① 정비계획의 입안권자는 정비계획을 입안하거나 변경하려면 주민에게 서면으로 통보한 후 주민설명회 및 30일 이상 주민에게 공람하여 의견을 들어야 하며, 제시된 의견이 타당하다고 인정되면 이를 정비계획에 반영하여야 한다.
② 정비계획의 입안권자는 제1항에 따른 주민공람과 함께 지방의회의 의견을 들어야 한다. 이 경우 지방의회는 정비계획의 입안권자가 정비계획을 통지한 날부터 60일 이내에 의견을 제시하여야 하며, 의견제시 없이 60일이 지난 경우 이의가 없는 것으로 본다.
③ 제1항 및 제2항에도 불구하고 대통령령으로 정하는 경미한 사항을 변경하는 경우에는 주민에 대한 서면통보, 주민설명회, 주민공람 및 지방의회의 의견청취 절차를 거치지 아니할 수 있다.
④ 정비계획의 입안권자는 제97조, 제98조, 제101조 등에 따라 정비기반시설 및 국유·공유재산의 귀속 및 처분에 관한 사항이 포함된 정비계획을 입안하려면 미리 해당 정비기반시설 및 국유·공유재산의 관리청의 의견을 들어야 한다.

> **영 제13조(정비구역의 지정을 위한 주민공람 등)** ① 정비계획의 입안권자는 법 제15조 제1항에 따라 정비계획을 주민에게 공람하려는 때에는 미리 공람의 요지 및 장소를 해당 지방자치단체의 공보등에 공고하고, 공람장소에 관계 서류를 갖추어 두어야 한다.
> ② 주민은 법 제15조 제1항에 따른 공람기간 이내에 정비계획의 입안권자에게 서면(전자문서를 포함한다)으로 의견을 제출할 수 있다.
> ③ 정비계획의 입안권자는 제2항에 따라 제출된 의견을 심사하여 법 제15조 제1항에 따라 채택할 필요가 있다고 인정하는 때에는 이를 채택하고, 채택하지 아니한 경우에는 의견을 제출한 주민에게 그 사유를 알려주어야 한다.
> ④ 법 제15조 제3항에서 "대통령령으로 정하는 경미한 사항을 변경하는 경우"란 다음 각 호의 어느 하나에 해당하는 경우를 말한다.
> 1. 정비구역의 면적을 10퍼센트 미만의 범위에서 변경하는 경우(법 제18조에 따라 정비구역을 분할, 통합 또는 결합하는 경우를 제외한다)
> 2. 정비기반시설의 위치를 변경하는 경우와 정비기반시설 규모를 10퍼센트 미만의 범위에서 변경하는 경우
> 3. 공동이용시설 설치계획을 변경하는 경우
> 4. 재난방지에 관한 계획을 변경하는 경우
> 5. 정비사업시행 예정시기를 3년의 범위에서 조정하는 경우
> 6. 「건축법 시행령」 별표 1 각 호의 용도범위에서 건축물의 주용도(해당 건축물의 가장 넓은 바닥면적을 차지하는 용도를 말한다. 이하 같다)를 변경하는 경우
> 7. 건축물의 건폐율 또는 용적률을 축소하거나 10퍼센트 미만의 범위에서 확대하는 경우
> 8. 건축물의 최고 높이를 변경하는 경우
> 9. 법 제66조에 따라 용적률을 완화하여 변경하는 경우
> 10. 「국토의 계획 및 이용에 관한 법률」 제2조 제3호에 따른 도시·군기본계획, 같은 조 제4호에 따른 도시·군관리계획 또는 기본계획의 변경에 따라 정비계획을 변경하는 경우
> 11. 「도시교통정비 촉진법」에 따른 교통영향평가 등 관계법령에 의한 심의결과에 따른 변경인 경우
> 12. 그 밖에 제1호부터 제8호까지, 제10호 및 제11호와 유사한 사항으로서 시·도조례로 정하는 사항을 변경하는 경우

정답 ③

006 도시 및 주거환경정비법상에서 말하는 정비기반시설이 아닌 것은?

① 초등학교
② 공원
③ 도로
④ 상하수도

해설

정답 ①

007 도시 및 주거환경정비법상에서 정하는 노후·불량 건축물로 볼 수 없는 것은?

① 건축물이 훼손되거나 일부가 멸실되어 붕괴 그 밖의 안전사고의 우려가 있는 건축물
② 주거환경이 불량한 곳에 소재하여 당해 건축물을 준공일 기준으로 40년까지 사용하기 위하여 보수·보강하는 데 드는 비용이 철거 후 새로운 건축물을 건설하는데 드는 비용보다 클 것으로 예상되는 건축물
③ 도시미관을 저해하거나 노후화된 건축물로서 준공된 후 20년 이상 30년 이하의 범위에서 시·도조례로 정하는 기간이 지난 건축물
④ 도시미관, 토지이용도, 난방방식, 구조적 결함 또는 부실시공 등으로 인하여 재건축이 불가피하다고 주변 주민들이 인정하는 주택

해설

제2조(정의) 이 법에서 사용하는 용어의 뜻은 다음과 같다.
  3. "노후·불량건축물"이란 다음 각 목의 어느 하나에 해당하는 건축물을 말한다.
    가. 건축물이 훼손되거나 일부가 멸실되어 붕괴, 그 밖의 안전사고의 우려가 있는 건축물
    나. 내진성능이 확보되지 아니한 건축물 중 중대한 기능적 결함 또는 부실 설계·시공으로 구조적 결함 등이 있는 건축물로서 대통령령으로 정하는 건축물
    다. 다음의 요건을 모두 충족하는 건축물로서 대통령령으로 정하는 바에 따라 특별시·광역시·특별자치시·도·특별자치도 또는 「지방자치법」 제175조에 따른 서울특별시·광역시 및 특별자치시를 제외한 인구 50만 이상 대도시(이하 "대도시"라 한다)의 조례(이하 "시·도조례"라 한다)로 정하는 건축물
      1) 주변 토지의 이용 상황 등에 비추어 주거환경이 불량한 곳에 위치할 것
      2) 건축물을 철거하고 새로운 건축물을 건설하는 경우 건설에 드는 비용과 비교하여 효용의 현저한 증가가 예상될 것
    라. 도시미관을 저해하거나 노후화된 건축물로서 대통령령으로 정하는 바에 따라 시·도조례로 정하는 건축물

영 제2조(노후·불량건축물의 범위) ① 「도시 및 주거환경정비법」(이하 "법"이라 한다) 제2조 제3호나목에서 "대통령령으로 정하는 건축물"이란 건축물을 건축하거나 대수선할 당시 건축법령에 따른 지진에 대한 안전 여부 확인 대상이 아닌 건축물로서 다음 각 호의 어느 하나에 해당하는 건축물을 말한다.
  1. 급수·배수·오수 설비 등의 설비 또는 지붕·외벽 등 마감의 노후화나 손상으로 그 기능을 유지하기 곤란할 것으로 우려되는 건축물
  2. 법 제12조 제4항에 따른 안전진단기관이 실시한 안전진단 결과 건축물의 내구성·내하력(耐荷力) 등이 같은 조 제5항에 따라 국토교통부장관이 정하여 고시하는 기준에 미치지 못할 것으로 예상되어 구조 안전의 확보가 곤란할 것으로 우려되는 건축물
② 법 제2조 제3호다목에 따라 특별시·광역시·특별자치시·도·특별자치도 또는 「지방자치법」 제175조에 따른 서울특별시·광역시 및 특별자치시를 제외한 인구 50만 이상 대도시의 조례(이하 "시·도조례"라 한다)로 정할 수 있는 건축물은 다음 각 호의 어느 하나에 해당하는 건축물을 말한다.
  1. 「건축법」 제57조 제1항에 따라 해당 지방자치단체의 조례로 정하는 면적에 미치지 못하거나 「국토의 계획 및 이용에 관한 법률」 제2조 제7호에 따른 도시·군계획시설(이하 "도시·군계획시설"이라 한다) 등의 설치로 인하여 효용을 다할 수 없게 된 대지에 있는 건축물
  2. 공장의 매연·소음 등으로 인하여 위해를 초래할 우려가 있는 지역에 있는 건축물

3. 해당 건축물을 준공일 기준으로 40년까지 사용하기 위하여 보수·보강하는 데 드는 비용이 철거 후 새로운 건축물을 건설하는 데 드는 비용보다 클 것으로 예상되는 건축물

③ 법 제2조 제3호라목에 따라 시·도조례로 정할 수 있는 건축물은 다음 각 호의 어느 하나에 해당하는 건축물을 말한다.
   1. 준공된 후 20년 이상 30년 이하의 범위에서 시·도조례로 정하는 기간이 지난 건축물
   2. 「국토의 계획 및 이용에 관한 법률」 제19조 제1항 제8호에 따른 도시·군기본계획의 경관에 관한 사항에 어긋나는 건축물

정답 ④

008 도시 및 주거환경정비법에서 재개발 사업 시행시 관리처분계획인가의 고시 후 분양신청자에게 통지할 내용이 아닌 것은?

① 정비사업의 종류 및 명칭
② 정비사업시행구역의 면적
③ 사업시행의 예산내역
④ 관리처분계획의 인가일

해설

영 제65조(통지사항) ① 사업시행자는 법 제78조 제5항에 따라 공람을 실시하려는 경우 공람기간·장소 등 공람계획에 관한 사항과 개략적인 공람사항을 미리 토지등소유자에게 통지하여야 한다.
② 사업시행자는 법 제78조 제5항 및 제6항에 따라 분양신청을 한 자에게 다음 각 호의 사항을 통지하여야 하며, 관리처분계획 변경의 고시가 있는 때에는 변경내용을 통지하여야 한다.
   1. 정비사업의 종류 및 명칭
   2. 정비사업 시행구역의 면적
   3. 사업시행자의 성명 및 주소
   4. 관리처분계획의 인가일
   5. 분양대상자별 기존의 토지 또는 건축물의 명세 및 가격과 분양예정인 대지 또는 건축물의 명세 및 추산가액

정답 ③

009 도시 및 주거환경정비법상 용어의 설명으로 틀린 것은?

① 재개발사업: 주거지역·상업지역 등에서 도시기능의 회복 및 상권활성화 등을 위하여 도시환경을 개선하기 위한 사업
② 주거환경개선사업: 단독주택 및 다세대주택이 밀집한 지역에서 정비기반시설과 공동이용시설 확충을 통하여 주거환경을 보전·정비·개량하기 위한 사업
③ 재건축사업: 정비기반시설은 양호하나 노후·불량건축물에 해당하는 공동주택이 밀집한 지역에서 주거환경을 개선하기 위한 사업
④ "토지주택공사등"이란 「한국토지주택공사법」에 따라 설립된 한국토지주택공사 또는 「지방공기업법」에 따라 주택사업을 수행하기 위하여 설립된 지방공사를 말한다.

해설

제2조(정의) 이 법에서 사용하는 용어의 뜻은 다음과 같다.
1. "정비구역"이란 정비사업을 계획적으로 시행하기 위하여 제16조에 따라 지정·고시된 구역을 말한다.
2. "정비사업"이란 이 법에서 정한 절차에 따라 도시기능을 회복하기 위하여 정비구역에서 정비기반시설을 정비하거나 주택 등 건축물을 개량 또는 건설하는 다음 각 목의 사업을 말한다.
   가. 주거환경개선사업: 도시저소득 주민이 집단거주하는 지역으로서 정비기반시설이 극히 열악하고 노후·불량건축물이 과도하게 밀집한 지역의 주거환경을 개선하거나 <u>단독주택 및 다세대주택이 밀집한 지역에서</u> 정비기반시설과 공동이용시설 확충을 통하여 주거환경을 보전·정비·개량하기 위한 사업
   나. 재개발사업: 정비기반시설이 열악하고 노후·불량건축물이 밀집한 지역에서 주거환경을 개선하거나 <u>상업지역·공업지역 등에서 도시기능의 회복 및 상권활성화</u> 등을 위하여 도시환경을 개선하기 위한 사업
   다. 재건축사업: 정비기반시설은 양호하나 노후·불량건축물에 해당하는 <u>공동주택이 밀집한 지역</u>에서 주거환경을 개선하기 위한 사업
3. "노후·불량건축물"이란 다음 각 목의 어느 하나에 해당하는 건축물을 말한다.
   가. 건축물이 훼손되거나 일부가 멸실되어 붕괴, 그 밖의 안전사고의 우려가 있는 건축물
   나. 내진성능이 확보되지 아니한 건축물 중 중대한 기능적 결함 또는 부실 설계·시공으로 구조적 결함 등이 있는 건축물로서 대통령령으로 정하는 건축물
   다. 다음의 요건을 모두 충족하는 건축물로서 대통령령으로 정하는 바에 따라 특별시·광역시·특별자치시·도·특별자치도 또는 「지방자치법」 제175조에 따른 서울특별시·광역시 및 특별자치시를 제외한 인구 50만 이상 대도시(이하 "대도시"라 한다)의 조례(이하 "시·도조례"라 한다)로 정하는 건축물
      1) 주변 토지의 이용 상황 등에 비추어 주거환경이 불량한 곳에 위치할 것
      2) 건축물을 철거하고 새로운 건축물을 건설하는 경우 건설에 드는 비용과 비교하여 효용의 현저한 증가가 예상될 것
   라. 도시미관을 저해하거나 노후화된 건축물로서 대통령령으로 정하는 바에 따라 시·도조례로 정하는 건축물
4. "정비기반시설"이란 도로·상하수도·공원·공용주차장·공동구(「국토의 계획 및 이용에 관한 법률」 제2조 제9호에 따른 공동구를 말한다. 이하 같다), 그 밖에 주민의 생활에 필요한 열·가스 등의 공급시설로서 대통령령으로 정하는 시설을 말한다.

5. "공동이용시설"이란 주민이 공동으로 사용하는 놀이터·마을회관·공동작업장, 그 밖에 대통령령으로 정하는 시설을 말한다.
6. "대지"란 정비사업으로 조성된 토지를 말한다.
7. "주택단지"란 주택 및 부대시설·복리시설을 건설하거나 대지로 조성되는 일단의 토지로서 다음 각 목의 어느 하나에 해당하는 일단의 토지를 말한다.
    가. 「주택법」 제15조에 따른 사업계획승인을 받아 주택 및 부대시설·복리시설을 건설한 일단의 토지
    나. 가목에 따른 일단의 토지 중 「국토의 계획 및 이용에 관한 법률」 제2조 제7호에 따른 도시·군계획시설(이하 "도시·군계획시설"이라 한다)인 도로나 그 밖에 이와 유사한 시설로 분리되어 따로 관리되고 있는 각각의 토지
    다. 가목에 따른 일단의 토지 둘 이상이 공동으로 관리되고 있는 경우 그 전체 토지
    라. 제67조에 따라 분할된 토지 또는 분할되어 나가는 토지
    마. 「건축법」 제11조에 따라 건축허가를 받아 아파트 또는 연립주택을 건설한 일단의 토지
8. "사업시행자"란 정비사업을 시행하는 자를 말한다.
9. "토지등소유자"란 다음 각 목의 어느 하나에 해당하는 자를 말한다. 다만, 제27조 제1항에 따라 「자본시장과 금융투자업에 관한 법률」 제8조 제7항에 따른 신탁업자(이하 "신탁업자"라 한다)가 사업시행자로 지정된 경우 토지등소유자가 정비사업을 목적으로 신탁업자에게 신탁한 토지 또는 건축물에 대하여는 위탁자를 토지등소유자로 본다.
    가. 주거환경개선사업 및 재개발사업의 경우에는 정비구역에 위치한 토지 또는 건축물의 소유자 또는 그 지상권자
    나. 재건축사업의 경우에는 정비구역에 위치한 건축물 및 그 부속토지의 소유자
10. "토지주택공사등"이란 「한국토지주택공사법」에 따라 설립된 한국토지주택공사 또는 「지방공기업법」에 따라 주택사업을 수행하기 위하여 설립된 지방공사를 말한다.
11. "정관등"이란 다음 각 목의 것을 말한다.
    가. 제40조에 따른 조합의 정관
    나. 사업시행자인 토지등소유자가 자치적으로 정한 규약
    다. 특별자치시장, 특별자치도지사, 시장, 군수, 자치구의 구청장(이하 "시장·군수등"이라 한다), 토지주택공사등 또는 신탁업자가 제53조에 따라 작성한 시행규정

정답 ①

010 도시 및 주거환경정비법령상 도시환경정비사업(기존 건축물에 주택이 포함되어 있는 사업은 제외)의 사업시행계획서 작성에 포함되지 않아도 되는 것은?

① 토지이용계획(건축물 배치계획 포함)
② 임대주택의 건설계획
③ 정비기반시설 및 공동이용시설의 설치계획
④ 정비사업의 시행과정에서 발생하는 폐기물의 처리계획

해설

제52조(사업시행계획서의 작성) ① 사업시행자는 정비계획에 따라 다음 각 호의 사항을 포함하는 사업시행계획서를 작성하여야 한다.
1. 토지이용계획(건축물배치계획을 포함한다)
2. 정비기반시설 및 공동이용시설의 설치계획
3. 임시거주시설을 포함한 주민이주대책
4. 세입자의 주거 및 이주 대책
5. 사업시행기간 동안 정비구역 내 가로등 설치, 폐쇄회로 텔레비전 설치 등 범죄예방대책
6. 제10조에 따른 임대주택의 건설계획(재건축사업의 경우는 제외한다)
7. 제54조 제4항에 따른 소형주택의 건설계획(주거환경개선사업의 경우는 제외한다)
8. 공공지원민간임대주택 또는 임대관리 위탁주택의 건설계획(필요한 경우로 한정한다)
9. 건축물의 높이 및 용적률 등에 관한 건축계획
10. 정비사업의 시행과정에서 발생하는 폐기물의 처리계획
11. 교육시설의 교육환경 보호에 관한 계획(정비구역부터 200미터 이내에 교육시설이 설치되어 있는 경우로 한정한다)
12. 정비사업비
13. 그 밖에 사업시행을 위한 사항으로서 대통령령으로 정하는 바에 따라 시·도조례로 정하는 사항

② 사업시행자가 제1항에 따른 사업시행계획서에 「공공주택 특별법」 제2조 제1호에 따른 공공주택(이하 "공공주택"이라 한다) 건설계획을 포함하는 경우에는 공공주택의 구조·기능 및 설비에 관한 기준과 부대시설·복리시설의 범위, 설치기준 등에 필요한 사항은 같은 법 제37조에 따른다.

정답 ②

011 도시 및 주거환경정비법상 대지 또는 건축물을 분양받을 자에게 소유권을 이전할 경우 종전의 토지 또는 건축물에 설정된 권리는 소유권을 이전 받은 대지 또는 건축물에 설정된 것으로 본다. 다음 중 설정된 권리에 해당하지 않는 것은?

① 지상권
② 전세권
③ 저당권
④ 지역권

해설

제87조(대지 및 건축물에 대한 권리의 확정) ① 대지 또는 건축물을 분양받을 자에게 제86조 제2항에 따라 소유권을 이전한 경우 종전의 토지 또는 건축물에 설정된 지상권·전세권·저당권·임차권·가등기담보권·가압류 등 등기된 권리 및 「주택임대차보호법」 제3조 제1항의 요건을 갖춘 임차권은 소유권을 이전받은 대지 또는 건축물에 설정된 것으로 본다.
② 제1항에 따라 취득하는 대지 또는 건축물 중 토지등소유자에게 분양하는 대지 또는 건축물은 「도시개발법」 제40조에 따라 행하여진 환지로 본다.
③ 제79조 제4항에 따른 보류지와 일반에게 분양하는 대지 또는 건축물은 「도시개발법」 제34조에 따른 보류지 또는 체비지로 본다.

정답 ④

012 도시 및 주거환경정비법에 사용하는 용어의 정의로 옳지 않은 것은?

① 주거환경개선사업: 도시저소득주민이 집단으로 거주하는 지역으로서 정비기반시설이 극히 열악하고 노후·불량건축물이 과도하게 밀집한 지역에서 주거환경을 개선하기 위하여 시행하는 사업
② 재건축사업: 정비기반시설이 열악하고 노후·불량건축물이 밀집한 지역에서 주거환경을 개선하기 위하여 시행하는 사업
③ 공동이용시설: 주민이 공동으로 사용하는 놀이터·마을회관·공동작업장 그 밖에 대통령령이 정하는 시설
④ 주택단지: 주택 및 부대시설·복리시설을 건설하거나 대지로 조성되는 일단의 토지

해설

정답 ②

---

013 도시 및 주거환경정비법상 노후·불량건축물의 범위에 속하지 않는 것은?

① 건축물이 훼손되거나 일부가 멸실되어 붕괴 그 밖의 안전사고의 우려가 있는 건축물
② 도시미관의 저해 등으로 인하여 철거가 불가피한 건축물로서 준공된 후 20이 지난 건축물
③ 건축물의 급수·배수·오수설비 등이 노후화되어 수선만으로는 그 기능을 회복할 수 없게 된 건축물
④ 전체 주민의 95% 이상이 재건축허가를 희망하는 주택 지구내의 건축물

해설

정답 ④

---

014 도시 및 주거환경정비법상 정비계획 변경 시 주민공람 및 지방의회의 의견청취절차를 거치지 아니할 수 있는 경우에 해당되지 않는 것은?

① 정비구역면적의 10퍼센트 미만의 변경인 경우
② 공동이용시설 설치계획의 변경인 경우
③ 건축물의 건폐율·용적률·최고높이 또는 최고층수를 축소하는 경우
④ 정비사업 시행예정시기를 3년의 범위 안에서 조정하는 경우

해설

정답 ③

015 시 및 주거환경정비법에 의한 조합 설립에 관한 내용 중 (   )안에 알맞은 내용은?

> 재개발사업의 추진위원회(제31조 제4항에 따라 추진위원회를 구성하지 아니하는 경우에는 토지등소유자를 말한다)가 조합을 설립하려면 토지등소유자의 (   ) 이상 및 토지면적의 2분의 1 이상의 토지소유자의 동의를 받아 다음 각 호의 사항을 첨부하여 시장·군수등의 인가를 받아야 한다.

① 2분의 1
② 3분의 2
③ 4분의 3
④ 5분의 4

해설

제35조(조합설립인가 등) ① 시장·군수등, 토지주택공사등 또는 지정개발자가 아닌 자가 정비사업을 시행하려는 경우에는 토지등소유자로 구성된 조합을 설립하여야 한다. 다만, 제25조 제1항 제2호에 따라 토지등소유자가 재개발사업을 시행하려는 경우에는 그러하지 아니하다.

② <u>재개발사업의 추진위원회(제31조 제4항에 따라 추진위원회를 구성하지 아니하는 경우에는 토지등소유자를 말한다)가 조합을 설립하려면 토지등소유자의 4분의 3 이상 및 토지면적의 2분의 1 이상의 토지소유자의 동의를 받아</u> 다음 각 호의 사항을 첨부하여 시장·군수등의 인가를 받아야 한다.

1. 정관
2. 정비사업비와 관련된 자료 등 국토교통부령으로 정하는 서류
3. 그 밖에 시·도조례로 정하는 서류

③ 재건축사업의 추진위원회(제31조 제4항에 따라 추진위원회를 구성하지 아니하는 경우에는 토지등소유자를 말한다)가 조합을 설립하려는 때에는 주택단지의 <u>공동주택의 각 동(복리시설의 경우에는 주택단지의 복리시설 전체를 하나의 동으로 본다)별 구분소유자의 과반수 동의(공동주택의 각 동별 구분소유자가 5 이하인 경우는 제외한다)와 주택단지의 전체 구분소유자의 4분의 3 이상 및 토지면적의 4분의 3 이상의 토지소유자의 동의를 받아</u> 제2항 각 호의 사항을 첨부하여 시장·군수등의 인가를 받아야 한다.

④ 제3항에도 불구하고 주택단지가 아닌 지역이 정비구역에 포함된 때에는 주택단지가 아닌 지역의 토지 또는 건축물 소유자의 4분의 3 이상 및 토지면적의 3분의 2 이상의 토지소유자의 동의를 받아야 한다.

정답 ③

016 시장, 군수가 직접 도시환경정비사업의 시행자가 될 수 있는 경우가 아닌 것은?

① 천재지변 그 밖의 불가피한 사유로 인하여 긴급히 정비사업을 시행할 필요가 있다고 인정되는 때
② 당해 정비구역 안의 국·공유지면적이 전체 토지면적의 3분의 1일 때
③ 지방자치단체의 장이 시행하는 도시계획사업과 병행하여 정비사업을 시행할 필요가 있다고 인정되는 때
④ 순환정비방식에 의하여 정비사업을 시행할 필요가 있다고 인정되는 때

해설

제26조(재개발사업·재건축사업의 공공시행자) ① 시장·군수등은 재개발사업 및 재건축사업이 다음 각 호의 어느 하나에 해당하는 때에는 제25조에도 불구하고 직접 정비사업을 시행하거나 토지주택공사등(토지주택공사등이 건설업자 또는 등록사업자와 공동으로 시행하는 경우를 포함한다)을 사업시행자로 지정하여 정비사업을 시행하게 할 수 있다.

1. 천재지변, 「재난 및 안전관리 기본법」 제27조 또는 「시설물의 안전 및 유지관리에 관한 특별법」 제23조에 따른 사용제한·사용금지, 그 밖의 불가피한 사유로 긴급하게 정비사업을 시행할 필요가 있다고 인정하는 때
2. 제16조 제2항 전단에 따라 고시된 정비계획에서 정한 정비사업시행 예정일부터 2년 이내에 사업시행계획인가를 신청하지 아니하거나 사업시행계획인가를 신청한 내용이 위법 또는 부당하다고 인정하는 때(재건축사업의 경우는 제외한다)
3. 추진위원회가 시장·군수등의 구성승인을 받은 날부터 3년 이내에 조합설립인가를 신청하지 아니하거나 조합이 조합설립인가를 받은 날부터 3년 이내에 사업시행계획인가를 신청하지 아니한 때
4. 지방자치단체의 장이 시행하는 「국토의 계획 및 이용에 관한 법률」 제2조 제11호에 따른 도시·군계획사업과 병행하여 정비사업을 시행할 필요가 있다고 인정하는 때
5. 제59조 제1항에 따른 **순환정비방식으로 정비사업을 시행할 필요가 있다고 인정하는 때**
6. 제113조에 따라 사업시행계획인가가 취소된 때
7. 해당 정비구역의 국·공유지 면적 또는 국·공유지와 토지주택공사등이 소유한 토지를 합한 면적이 전체 토지면적의 **2분의 1 이상**으로서 토지등소유자의 과반수가 시장·군수등 또는 토지주택공사등을 사업시행자로 지정하는 것에 동의하는 때
8. 해당 정비구역의 **토지면적 2분의 1 이상의 토지소유자**와 **토지등소유자의 3분의 2 이상**에 해당하는 자가 시장·군수등 또는 토지주택공사등을 사업시행자로 지정할 것을 요청하는 때. 이 경우 제14조 제1항 제2호에 따라 토지등소유자가 정비계획의 입안을 제안한 경우 입안제안에 동의한 토지등소유자는 토지주택공사등의 사업시행자 지정에 동의한 것으로 본다. 다만, 사업시행자의 지정 요청 전에 시장·군수등 및 제47조에 따른 주민대표회의에 사업시행자의 지정에 대한 반대의 의사표시를 한 토지등소유자의 경우에는 그러하지 아니하다.

정답 ②

017 도시 및 주거환경정비법에 의한 관리처분계획에 포함되는 내용이 아닌 것은?

① 분양설계
② 손실보상 및 토지 등의 수용
③ 정비사업비의 추산액 및 그에 따른 조합원 부담규모 및 부담시기
④ 분양대상자별 분양예정인 또는 건축물의 추산액

해설

정답 ②

018 시 · 주거환경정비기본계획의 수립과 관련한 아래 설명에서 ( )에 들어갈 말이 옳은 것은?

특별시장 · 광역시장 · 특별자치시장 · 특별자치도지사 또는 시장은 관할 구역에 대하여 도시 · 주거환경정비기본계획(이하 "기본계획"이라 한다)을 ( )년 단위로 수립하여야 한다. 다만, 도지사가 대도시가 아닌 시로서 기본계획을 수립할 필요가 없다고 인정하는 시에 대하여는 기본계획을 수립하지 아니할 수 있다.

① 3
② 5
③ 10
④ 20

해설

제4조(도시 · 주거환경정비기본계획의 수립) ① 특별시장 · 광역시장 · 특별자치시장 · 특별자치도지사 또는 시장은 관할 구역에 대하여 도시 · 주거환경정비기본계획(이하 "기본계획"이라 한다)을 10년 단위로 수립하여야 한다. 다만, 도지사가 대도시가 아닌 시로서 기본계획을 수립할 필요가 없다고 인정하는 시에 대하여는 기본계획을 수립하지 아니할 수 있다.
② 특별시장 · 광역시장 · 특별자치시장 · 특별자치도지사 또는 시장(이하 "기본계획의 수립권자"라 한다)은 기본계획에 대하여 5년마다 타당성을 검토하여 그 결과를 기본계획에 반영하여야 한다.

정답 ③

019 다음 중 도시 및 주거환경정비법에 따라 ( )에 들어갈 내용으로 옳지 않은 것은?

> 대지 또는 건축물을 분양받을 자에게 소유권을 이전한 경우 종전의 토지 또는 건축물에 설정된 ( )은 소유권을 이전받은 대지 또는 건축물에 설정된 것으로 본다.

① 지상권
② 전세권
③ 저당권
④ 지역권

해설

제87조(대지 및 건축물에 대한 권리의 확정) ① 대지 또는 건축물을 분양받을 자에게 제86조 제2항에 따라 소유권을 이전한 경우 종전의 토지 또는 건축물에 설정된 지상권·전세권·저당권·임차권·가등기담보권·가압류 등 등기된 권리 및 「주택임대차보호법」 제3조 제1항의 요건을 갖춘 임차권은 소유권을 이전받은 대지 또는 건축물에 설정된 것으로 본다.
② 제1항에 따라 취득하는 대지 또는 건축물 중 토지등소유자에게 분양하는 대지 또는 건축물은 「도시개발법」 제40조에 따라 행하여진 환지로 본다.
③ 제79조 제4항에 따른 보류지와 일반에게 분양하는 대지 또는 건축물은 「도시개발법」 제34조에 따른 보류지 또는 체비지로 본다.

정답 ④

020 도시 및 주거환경정비법령상 시장·군수가 그 건설에 소요되는 비용의 전부 또는 일부를 부담할 수 있는 주요 정비기반시설에 해당하지 않는 것은?(단, 시장·군수가 아닌 사업시행자가 시행하는 정비 사업의 정비계획에 따라 설치되는 도시계획시설을 말한다.)

① 공원
② 하천
③ 공용주차장
④ 소방용수시설

해설

제92조(비용부담의 원칙) ① 정비사업비는 이 법 또는 다른 법령에 특별한 규정이 있는 경우를 제외하고는 사업시행자가 부담한다.
② 시장·군수등은 시장·군수등이 아닌 사업시행자가 시행하는 정비사업의 정비계획에 따라 설치되는 다음 각 호의 시설에 대하여는 그 건설에 드는 비용의 전부 또는 일부를 부담할 수 있다.
  1. 도시·군계획시설 중 대통령령으로 정하는 주요 정비기반시설 및 공동이용시설
  2. 임시거주시설
영 제77조(주요 정비기반시설) 법 제92조 제2항 제1호에서 "대통령령으로 정하는 주요 정비기반시설 및 공동이용시설"이란 다음 각 호의 시설을 말한다.
  1. 도로

2. 상·하수도
3. 공원
4. 공용주차장
5. 공동구
6. 녹지
7. 하천
8. 공공공지
9. 광장

정답 ④

021 다음 중 도시 및 주거환경정비법상 조합의 법인격에 대한 설명으로 옳은 것은?

① 조합은 법인으로 할 수 없다.
② 조합은 조합 설립의 인가를 받은 날부터 60일 이내에 등기함으로써 성립한다.
③ 조합은 그 명칭 중에 "정비사업조합"이라는 문자를 사용하여야 한다.
④ 조합의 공식적 업무 시작일은 대통령령이 정하는 사업승인일로부터 시작된다.

해설

제38조(조합의 법인격 등) ① 조합은 법인으로 한다.
② 조합은 조합설립인가를 받은 날부터 30일 이내에 주된 사무소의 소재지에서 대통령령으로 정하는 사항을 등기하는 때에 성립한다.
③ 조합은 명칭에 "정비사업조합"이라는 문자를 사용하여야 한다.

정답 ③

022 다음 중 도시 및 주거환경정비법에 따른 "노후·불량 건축물"로 보기 어려운 것은?

① 건축물이 훼손되거나 일부가 멸실되어 붕괴 그 밖의 안전사고의 우려가 있는 건축물
② 당해 건축물을 준공일 기준으로 40년까지 사용하기 위하여 보수·보강하는데 드는 비용이 철거 후 새로운 건축물을 건설하는데 드는 비용보다 클 것으로 예상되는 건축물
③ 건축물의 기능적 결함으로 철거가 불가피한 건축물로서 준공된 후 20년이 지난 건축물
④ 도시미관의 저해, 구조적 결함으로 인하여 재건축이 불가피하다고 주민조합에서 결정한 건축물

해설

정답 ④

023 다음 중 도시 및 주거환경정비법에 따른 정비기반시설에 해당하지 않는 것은?

① 상하수도
② 공공공지
③ 비상대피시설
④ 도서관

해설

제2조(정의) 이 법에서 사용하는 용어의 뜻은 다음과 같다.
4. "정비기반시설"이란 도로·상하수도·공원·공용주차장·공동구(「국토의 계획 및 이용에 관한 법률」 제2조 제9호에 따른 공동구를 말한다. 이하 같다), 그 밖에 주민의 생활에 필요한 열·가스 등의 공급시설로서 대통령령으로 정하는 시설을 말한다.
5. "공동이용시설"이란 주민이 공동으로 사용하는 놀이터·마을회관·공동작업장, 그 밖에 대통령령으로 정하는 시설을 말한다.

> **영 제3조(정비기반시설)** 법 제2조 제4호에서 "대통령령으로 정하는 시설"이란 다음 각 호의 시설을 말한다.
> 1. 녹지
> 2. 하천
> 3. 공공공지
> 4. 광장
> 5. 소방용수시설
> 6. 비상대피시설
> 7. 가스공급시설
> 8. 지역난방시설
> 9. 주거환경개선사업을 위하여 지정·고시된 정비구역에 설치하는 공동이용시설로서 법 제52조에 따른 사업시행계획서(이하 "사업시행계획서"라 한다)에 해당 특별자치시장·특별자치도지사·시장·군수 또는 자치구의 구청장(이하 "시장·군수등"이라 한다)이 관리하는 것으로 포함된 시설

정답 ④

024 도시 및 주거환경정비법령상 시장·군수가 아닌 사업시행자가 시행하는 정비사업의 정비계획에 따라 설치되는 도시계획시설 중 그 건설에 소용되는 비용의 전부 또는 일부를 시장·군수가 부담할 수 있는 주요 정비기반시설에 해당하지 않는 것은?

① 광장
② 공동구
③ 철도
④ 공원

> **해설**
>
> **제92조(비용부담의 원칙)** ① 정비사업비는 이 법 또는 다른 법령에 특별한 규정이 있는 경우를 제외하고는 사업시행자가 부담한다.
> ② 시장·군수등은 시장·군수등이 아닌 사업시행자가 시행하는 정비사업의 정비계획에 따라 설치되는 다음 각 호의 시설에 대하여는 그 건설에 드는 비용의 전부 또는 일부를 부담할 수 있다.
>   1. 도시·군계획시설 중 대통령령으로 정하는 주요 정비기반시설 및 공동이용시설
>   2. 임시거주시설
> **영 제77조(주요 정비기반시설)** 법 제92조 제2항 제1호에서 "대통령령으로 정하는 주요 정비기반시설 및 공동이용시설"이란 다음 각 호의 시설을 말한다.
>   1. 도로
>   2. 상·하수도
>   3. 공원
>   4. 공용주차장
>   5. 공동구
>   6. 녹지
>   7. 하천
>   8. 공공공지
>   9. 광장
>
> 정답 ③

025 도시 및 주거환경정비법상 정비사업의 시행을 위한 토지 또는 건축물의 소유권과 그밖의 권리에 대한 수용 또는 사용에 관하여 「공익사업을 위한 토지 등의 취득 및 보상에 관한 법률」을 준용하는 경우, 사업 인정 및 그 고시가 있을 것으로 보는 시기는?

① 도시 및 주거환경정비 기본계획의 승인이 있은 때
② 정비계획의 수립 및 정비구역의 지정이 있은 때
③ 사업시행인가의 고시가 있은 때
④ 관리처분인가의 고시가 있은 때

> **해설**
>
> 정답 ③

026 도시 및 주거환경정비법상 주택의 규모 및 건설비율에 대한 아래 내용에서 ㉠과 ㉡에 들어갈 내용이 모두 옳은 것은?

> 정비계획의 입안권자는 주택수급의 안정과 저소득 주민의 입주기회 확대를 위하여 정비사업으로 건설하는 주택에 대하여 다음 각 호의 구분에 따른 범위에서 국토교통부장관이 정하여 고시하는 임대주택 및 주택규모별 건설비율 등을 정비계획에 반영하여야 한다.
> 1. 「주택법」 제2조 제6호에 따른 국민주택규모의 주택이 전체 세대수의 (㉠)이하에서 대통령령으로 정하는 범위
> 2. 임대주택(「민간임대주택에 관한 특별법」에 따른 민간임대주택 및 「공공주택 특별법」에 따른 공공임대주택을 말한다. 이하 같다)이 전체 세대수 또는 전체 연면적의 (㉡) 이하에서 대통령령으로 정하는 범위

① ㉠ 100분의 90 , ㉡ 100분의 50
② ㉠ 100분의 50 , ㉡ 100분의 30
③ ㉠ 100분의 90 , ㉡ 100분의 30
④ ㉠ 100분의 50 , ㉡ 100분의 20

해설

제10조(임대주택 및 주택규모별 건설비율) ① 정비계획의 입안권자는 주택수급의 안정과 저소득 주민의 입주기회 확대를 위하여 정비사업으로 건설하는 주택에 대하여 다음 각 호의 구분에 따른 범위에서 국토교통부장관이 정하여 고시하는 임대주택 및 주택규모별 건설비율 등을 정비계획에 반영하여야 한다.
   1. 「주택법」 제2조 제6호에 따른 국민주택규모의 주택이 전체 세대수의 100분의 90 이하에서 대통령령으로 정하는 범위
   2. 임대주택(「민간임대주택에 관한 특별법」에 따른 민간임대주택 및 「공공주택 특별법」에 따른 공공임대주택을 말한다. 이하 같다)이 전체 세대수 또는 전체 연면적의 100분의 30 이하에서 대통령령으로 정하는 범위
② 사업시행자는 제1항에 따라 고시된 내용에 따라 주택을 건설하여야 한다.

정답 ③

027 도시 및 주거환경정비법상 조합의 설립인가에 관한 아래 내용 중 ( )안에 들어갈 내용이 옳은 것은?

> 재개발사업의 추진위원회(제31조 제4항에 따라 추진위원회를 구성하지 아니하는 경우에는 토지등소유자를 말한다)가 조합을 설립하려면 토지등소유자의 ( ) 이상 및 토지면적의 2분의 1 이상의 토지소유자의 동의를 받아 다음 각 호의 사항을 첨부하여 시장·군수등의 인가를 받아야 한다.

① 2분의 1 ② 3분의 2
③ 4분의 3 ④ 5분의 4

해설

정답 ③

---

028 도시 및 주거환경정비법령상 정비계획의 변경 시 주민에 대한 서면통보, 주민설명회, 주민공람 및 지방의회의 의견 청취절차를 거치지 아니할 수 있는 경우가 아닌 것은?

① 정비구역면적의 10퍼센트 미만의 변경인 경우
② 공동이용시설 설치계획의 변경인 경우
③ 건축물의 건폐율 또는 용적률을 각 20퍼센트 미만의 범위에서 변경하는 경우
④ 정비사업 시행예정시기를 3년의 범위 안에서 조정하는 경우

해설

제6조(기본계획 수립을 위한 주민의견청취 등) ① 기본계획의 수립권자는 기본계획을 수립하거나 변경하려는 경우에는 14일 이상 주민에게 공람하여 의견을 들어야 하며, 제시된 의견이 타당하다고 인정되면 이를 기본계획에 반영하여야 한다.
② 기본계획의 수립권자는 제1항에 따른 공람과 함께 지방의회의 의견을 들어야 한다. 이 경우 지방의회는 기본계획의 수립권자가 기본계획을 통지한 날부터 60일 이내에 의견을 제시하여야 하며, 의견제시 없이 60일이 지난 경우 이의가 없는 것으로 본다.
③ 제1항 및 제2항에도 불구하고 대통령령으로 정하는 경미한 사항을 변경하는 경우에는 주민공람과 지방의회의 의견청취 절차를 거치지 아니할 수 있다.

> **영 제6조(기본계획의 수립을 위한 공람 등)** ① 특별시장·광역시장·특별자치시장·특별자치도지사 또는 시장은 법 제6조 제1항에 따라 도시·주거환경정비기본계획(이하 "기본계획"이라 한다)을 주민에게 공람하려는 때에는 미리 공람의 요지 및 장소를 해당 지방자치단체의 공보 및 인터넷(이하 "공보등"이라 한다)에 공고하고, 공람장소에 관계 서류를 갖추어 두어야 한다.
> ② 주민은 법 제6조 제1항에 따른 공람기간 이내에 특별시장·광역시장·특별자치시장·특별자치도지사 또는 시장에게 서면(전자문서를 포함한다)으로 의견을 제출할 수 있다.

③ 특별시장·광역시장·특별자치시장·특별자치도지사 또는 시장은 제2항에 따라 제출된 의견을 심사하여 법 제6조 제1항에 따라 채택할 필요가 있다고 인정하는 때에는 이를 채택하고, 채택하지 아니한 경우에는 의견을 제출한 주민에게 그 사유를 알려주어야 한다.

④ 법 제6조 제3항 및 제7조 제1항 단서에서 "대통령령으로 정하는 경미한 사항을 변경하는 경우"란 각각 다음 각 호의 경우를 말한다.

1. 정비기반시설(제3조 제9호에 해당하는 시설은 제외한다. 이하 제8조 제3항·제13조 제4항·제38조 및 제76조 제3항에서 같다)의 규모를 확대하거나 그 면적을 10퍼센트 미만의 범위에서 축소하는 경우
2. 정비사업의 계획기간을 단축하는 경우
3. 공동이용시설에 대한 설치계획을 변경하는 경우
4. 사회복지시설 및 주민문화시설 등에 대한 설치계획을 변경하는 경우
5. 구체적으로 면적이 명시된 법 제5조 제1항 제9호에 따른 정비예정구역(이하 "정비예정구역"이라 한다)의 면적을 20퍼센트 미만의 범위에서 변경하는 경우
6. 법 제5조 제1항 제10호에 따른 단계별 정비사업 추진계획(이하 "단계별 정비사업 추진계획"이라 한다)을 변경하는 경우
7. 건폐율(「건축법」 제55조에 따른 건폐율을 말한다. 이하 같다) 및 용적률(「건축법」 제56조에 따른 용적률을 말한다. 이하 같다)을 각 20퍼센트 미만의 범위에서 변경하는 경우
8. 정비사업의 시행을 위하여 필요한 재원조달에 관한 사항을 변경하는 경우
9. 「국토의 계획 및 이용에 관한 법률」 제2조 제3호에 따른 도시·군기본계획의 변경에 따라 기본계획을 변경하는 경우

제15조(정비계획 입안을 위한 주민의견청취 등) ① 정비계획의 입안권자는 정비계획을 입안하거나 변경하려면 주민에게 서면으로 통보한 후 주민설명회 및 30일 이상 주민에게 공람하여 의견을 들어야 하며, 제시된 의견이 타당하다고 인정되면 이를 정비계획에 반영하여야 한다.

② 정비계획의 입안권자는 제1항에 따른 주민공람과 함께 지방의회의 의견을 들어야 한다. 이 경우 지방의회는 정비계획의 입안권자가 정비계획을 통지한 날부터 60일 이내에 의견을 제시하여야 하며, 의견제시 없이 60일이 지난 경우 이의가 없는 것으로 본다.

③ 제1항 및 제2항에도 불구하고 대통령령으로 정하는 경미한 사항을 변경하는 경우에는 주민에 대한 서면통보, 주민설명회, 주민공람 및 지방의회의 의견청취 절차를 거치지 아니할 수 있다.

④ 정비계획의 입안권자는 제97조, 제98조, 제101조 등에 따라 정비기반시설 및 국유·공유재산의 귀속 및 처분에 관한 사항이 포함된 정비계획을 입안하려면 미리 해당 정비기반시설 및 국유·공유재산의 관리청의 의견을 들어야 한다.

영 제13조(정비구역의 지정을 위한 주민공람 등) ① 정비계획의 입안권자는 법 제15조 제1항에 따라 정비계획을 주민에게 공람하려는 때에는 미리 공람의 요지 및 장소를 해당 지방자치단체의 공보등에 공고하고, 공람장소에 관계 서류를 갖추어 두어야 한다.

② 주민은 법 제15조 제1항에 따른 공람기간 이내에 정비계획의 입안권자에게 서면(전자문서를 포함한다)으로 의견을 제출할 수 있다.

③ 정비계획의 입안권자는 제2항에 따라 제출된 의견을 심사하여 법 제15조 제1항에 따라 채택할 필요가 있다고 인정하는 때에는 이를 채택하고, 채택하지 아니한 경우에는 의견을 제출한 주민에게 그 사유를 알려주어야 한다.

④ 법 제15조 제3항에서 "대통령령으로 정하는 경미한 사항을 변경하는 경우"란 다음 각 호의 어느 하나에 해당하는 경우를 말한다.

1. 정비구역의 면적을 10퍼센트 미만의 범위에서 변경하는 경우(법 제18조에 따라 정비구역을 분할, 통합 또는 결합하는 경우를 제외한다)
2. 정비기반시설의 위치를 변경하는 경우와 정비기반시설 규모를 10퍼센트 미만의 범위에서 변경하는 경우
3. 공동이용시설 설치계획을 변경하는 경우
4. 재난방지에 관한 계획을 변경하는 경우
5. 정비사업시행 예정시기를 3년의 범위에서 조정하는 경우
6. 「건축법 시행령」별표 1 각 호의 용도범위에서 건축물의 주용도(해당 건축물의 가장 넓은 바닥면적을 차지하는 용도를 말한다. 이하 같다)를 변경하는 경우
7. 건축물의 건폐율 또는 용적률을 축소하거나 10퍼센트 미만의 범위에서 확대하는 경우
8. 건축물의 최고 높이를 변경하는 경우
9. 법 제66조에 따라 용적률을 완화하여 변경하는 경우
10. 「국토의 계획 및 이용에 관한 법률」제2조 제3호에 따른 도시·군기본계획, 같은 조 제4호에 따른 도시·군관리계획 또는 기본계획의 변경에 따라 정비계획을 변경하는 경우
11. 「도시교통정비 촉진법」에 따른 교통영향평가 등 관계법령에 의한 심의결과에 따른 변경인 경우
12. 그 밖에 제1호부터 제8호까지, 제10호 및 제11호와 유사한 사항으로서 시·도조례로 정하는 사항을 변경하는 경우

정답 ③

029 도시 및 주거환경정비법상 주거환경개선사업을 목적으로 우선 매각하는 국·공유지의 매각가격은 평가금액의 얼마를 기준으로 하는가?

① 100분의 90
② 100분의 80
③ 100분의 70
④ 100분의 50

해설

제98조(국유·공유재산의 처분 등) ① 시장·군수등은 제50조 및 제52조에 따라 인가하려는 사업시행계획 또는 직접 작성하는 사업시행계획서에 국유·공유재산의 처분에 관한 내용이 포함되어 있는 때에는 미리 관리청과 협의하여야 한다. 이 경우 관리청이 불분명한 재산 중 도로·하천·구거 등은 국토교통부장관을, 그 외의 재산은 기획재정부장관을 관리청으로 본다.
② 제1항에 따라 협의를 받은 관리청은 20일 이내에 의견을 제시하여야 한다.
③ 정비구역의 국유·공유재산은 정비사업 외의 목적으로 매각되거나 양도될 수 없다.
④ 정비구역의 국유·공유재산은 「국유재산법」제9조 또는 「공유재산 및 물품 관리법」제10조에 따른 국유재산종합계획 또는 공유재산관리계획과 「국유재산법」제43조 및 「공유재산 및 물품 관리법」제29조에 따른 계약의 방법에도 불구하고 사업시행자 또는 점유자 및 사용자에게 다른 사람에 우선하여 수의계약으로 매각 또는 임대될 수 있다.

⑤ 제4항에 따라 다른 사람에 우선하여 매각 또는 임대될 수 있는 국유·공유재산은 「국유재산법」, 「공유재산 및 물품 관리법」 및 그 밖에 국·공유지의 관리와 처분에 관한 관계 법령에도 불구하고 사업시행계획인가의 고시가 있는 날부터 종전의 용도가 폐지된 것으로 본다.
⑥ 제4항에 따라 정비사업을 목적으로 우선하여 매각하는 국·공유지는 사업시행계획인가의 고시가 있는 날을 기준으로 평가하며, 주거환경개선사업의 경우 매각가격은 평가금액의 100분의 80으로 한다. 다만, 사업시행계획인가의 고시가 있는 날부터 3년 이내에 매매계약을 체결하지 아니한 국·공유지는 「국유재산법」 또는 「공유재산 및 물품 관리법」에서 정한다.

정답 ②

030 도시기능의 회복이 필요하거나 주거환경이 불량한 지역을 계획적으로 정비하고 노후·불량건축물을 효율적으로 개량하기 위하여 필요한 사항을 규정함으로써 도시환경을 개선하고 주거생활의 질을 높이는데 이바지함을 목적으로 하는 법률은?

① 국토의 계획 및 이용에 관한 법률
② 수도권정비계획법
③ 도시 및 주거환경정비법
④ 도시개발법

해설

제1조(목적) 이 법은 도시기능의 회복이 필요하거나 주거환경이 불량한 지역을 계획적으로 정비하고 노후·불량건축물을 효율적으로 개량하기 위하여 필요한 사항을 규정함으로써 도시환경을 개선하고 주거생활의 질을 높이는 데 이바지함을 목적으로 한다.

정답 ③

031 도시 및 주거환경정비법에 따른 정비사업의 시행방법에 관한 설명으로 옳은 것은? ★

① 주거환경개선사업은 사업의 시행자가 환지로 공급하는 방법으로만 시행하여야 한다.
② 재개발사업은 정비구역안에서 인가받은 관리처분계획에 따라 주택 및 부대·복리시설을 건설하여 공급하는 방법으로만 시행한다.
③ 재건축사업은 정비구역안에서 인가받은 관리처분계획에 따라 환지로 공급하는 방법에 의한다.
④ 주거환경개선사업과 재개발사업은 환지 방식도 가능하다.

해설

제23조(정비사업의 시행방법) ① 주거환경개선사업은 다음 각 호의 어느 하나에 해당하는 방법 또는 이를 혼용하는 방법으로 한다.
1. 제24조에 따른 사업시행자가 정비구역에서 정비기반시설 및 공동이용시설을 새로 설치하거나 확대하고 토지등소유자가 스스로 주택을 보전·정비하거나 개량하는 방법
2. 제24조에 따른 사업시행자가 제63조에 따라 정비구역의 전부 또는 일부를 수용하여 주택을 건설한 후 토지등소유자에게 우선 공급하거나 대지를 토지등소유자 또는 토지등소유자 외의 자에게 공급하는 방법
3. 제24조에 따른 사업시행자가 제69조 제2항에 따라 **환지**로 공급하는 방법
4. 제24조에 따른 사업시행자가 정비구역에서 제74조에 따라 인가받은 관리처분계획에 따라 주택 및 부대시설·복리시설을 건설하여 공급하는 방법

② 재개발사업은 정비구역에서 제74조에 따라 인가받은 관리처분계획에 따라 건축물을 건설하여 공급하거나 제69조 제2항에 따라 **환지**로 공급하는 방법으로 한다.
③ 재건축사업은 정비구역에서 제74조에 따라 인가받은 관리처분계획에 따라 주택, 부대시설·복리시설 및 오피스텔(「건축법」 제2조 제2항에 따른 오피스텔을 말한다. 이하 같다)을 건설하여 공급하는 방법으로 한다. 다만, 주택단지에 있지 아니하는 건축물의 경우에는 지형여건·주변의 환경으로 보아 사업 시행상 불가피한 경우로서 정비구역으로 보는 사업에 한정한다.
④ 제3항에 따라 오피스텔을 건설하여 공급하는 경우에는 「국토의 계획 및 이용에 관한 법률」에 따른 준주거지역 및 상업지역에서만 건설할 수 있다. 이 경우 오피스텔의 연면적은 전체 건축물 연면적의 100분의 30 이하이어야 한다.

정답 ④

---

032 도시 및 주거환경정비법상의 도시·주거환경정비 기본계획 수립항목에 포함되지 않는 것은?

① 주거지 관리계획
② 인구·건축물·토지이용·정비기반시설·지형 및 환경 등의 현황
③ 건전하고 지속가능한 주거환경의 조성 및 정비에 관한 사항
④ 건폐율·용적률 등에 관한 건축물의 밀도계획

해설

제5조(기본계획의 내용) ① 기본계획에는 다음 각 호의 사항이 포함되어야 한다.
1. 정비사업의 기본방향
2. 정비사업의 계획기간
3. 인구·건축물·토지이용·정비기반시설·지형 및 환경 등의 현황
4. 주거지 관리계획
5. 토지이용계획·정비기반시설계획·공동이용시설설치계획 및 교통계획
6. 녹지·조경·에너지공급·폐기물처리 등에 관한 환경계획
7. 사회복지시설 및 주민문화시설 등의 설치계획
8. 도시의 광역적 재정비를 위한 기본방향
9. 제16조에 따라 정비구역으로 지정할 예정인 구역(이하 "정비예정구역"이라 한다)의 개략적 범위

10. 단계별 정비사업 추진계획(정비예정구역별 정비계획의 수립시기가 포함되어야 한다)
11. 건폐율·용적률 등에 관한 건축물의 밀도계획
12. 세입자에 대한 주거안정대책
13. 그 밖에 주거환경 등을 개선하기 위하여 필요한 사항으로서 대통령령으로 정하는 사항

> **영 제5조(기본계획의 내용)** 법 제5조 제1항 제13호에서 "대통령령으로 정하는 사항"이란 다음 각 호의 사항을 말한다.
> 1. 도시관리·주택·교통정책 등 「국토의 계획 및 이용에 관한 법률」 제2조 제2호의 도시·군계획과 연계된 도시·주거환경정비의 기본방향
> 2. 도시·주거환경정비의 목표
> 3. 도심기능의 활성화 및 도심공동화 방지 방안
> 4. 역사적 유물 및 전통건축물의 보존계획
> 5. 정비사업의 유형별 공공 및 민간부문의 역할
> 6. 정비사업의 시행을 위하여 필요한 재원조달에 관한 사항

② 기본계획의 수립권자는 기본계획에 다음 각 호의 사항을 포함하는 경우에는 제1항 제9호 및 제10호의 사항을 생략할 수 있다.
  1. 생활권의 설정, 생활권별 기반시설 설치계획 및 주택수급계획
  2. 생활권별 주거지의 정비·보전·관리의 방향
③ 기본계획의 작성기준 및 작성방법은 국토교통부장관이 정하여 고시한다.

정답 ③

033 도시·주거환경정비기본계획에 관한 설명으로 옳지 않은 것은?

① 도시·주거환경정비기본계획은 20년 단위로 수립하여야 한다.
② 도시·주거환경정비기본계획은 작성기준 및 작성방법은 국토교통부장관이 이를 정한다.
③ 도시·주거환경정비기본계획에 대하여 5년마다 타당성 여부를 검토하여 그 결과를 도시·주거환경정비기본계획에 반영하여야 한다.
④ 대도시가 아닌 경우 도지사가 도시·주거환경정비기본계획의 수립이 필요하다고 인정하는 시를 제외하고 도시·주거환경정비기본계획을 수립하지 아니할 수 있다.

해설

제4조(도시·주거환경정비기본계획의 수립) ① 특별시장·광역시장·특별자치시장·특별자치도지사 또는 시장은 관할 구역에 대하여 도시·주거환경정비기본계획(이하 "기본계획"이라 한다)을 10년 단위로 수립하여야 한다. 다만, 도지사가 대도시가 아닌 시로서 기본계획을 수립할 필요가 없다고 인정하는 시에 대하여는 기본계획을 수립하지 아니할 수 있다.
② 특별시장·광역시장·특별자치시장·특별자치도지사 또는 시장(이하 "기본계획의 수립권자"라 한다)은 기본계획에 대하여 5년마다 타당성을 검토하여 그 결과를 기본계획에 반영하여야 한다.

제5조(기본계획의 내용) ① 기본계획에는 다음 각 호의 사항이 포함되어야 한다.
  1. 정비사업의 기본방향

2. 정비사업의 계획기간
3. 인구・건축물・토지이용・정비기반시설・지형 및 환경 등의 현황
4. 주거지 관리계획
5. 토지이용계획・정비기반시설계획・공동이용시설설치계획 및 교통계획
6. 녹지・조경・에너지공급・폐기물처리 등에 관한 환경계획
7. 사회복지시설 및 주민문화시설 등의 설치계획
8. 도시의 광역적 재정비를 위한 기본방향
9. 제16조에 따라 정비구역으로 지정할 예정인 구역(이하 "정비예정구역"이라 한다)의 개략적 범위
10. 단계별 정비사업 추진계획(정비예정구역별 정비계획의 수립시기가 포함되어야 한다)
11. 건폐율・용적률 등에 관한 건축물의 밀도계획
12. 세입자에 대한 주거안정대책
13. 그 밖에 주거환경 등을 개선하기 위하여 필요한 사항으로서 대통령령으로 정하는 사항
② 기본계획의 수립권자는 기본계획에 다음 각 호의 사항을 포함하는 경우에는 제1항 제9호 및 제10호의 사항을 생략할 수 있다.
  1. 생활권의 설정, 생활권별 기반시설 설치계획 및 주택수급계획
  2. 생활권별 주거지의 정비・보전・관리의 방향
③ 기본계획의 작성기준 및 작성방법은 국토교통부장관이 정하여 고시한다.

정답 ①

034 도시 및 주거환경정비법 및 동법 시행 규칙에 따라 사업시행자가 정비사업을 시행하는 지역에 공동구를 설치하는 경우 이를 관리하는 자는?

① 시장・군수
② 국토교통부장관
③ 주택 분양 대상자
④ 전력 및 통신설비 회사

해설

시행규칙 제17조(공동구의 관리) ① 법 제94조 제2항에 따른 공동구는 시장・군수등이 관리한다.
② 시장・군수등은 공동구 관리비용(유지・수선비를 말하며, 조명・배수・통풍・방수・개축・재축・그 밖의 시설비 및 인건비를 포함한다. 이하 같다)의 일부를 그 공동구를 점용하는 자에게 부담시킬 수 있으며, 그 부담비율은 점용면적비율을 고려하여 시장・군수등이 정한다.
③ 공동구 관리비용은 연도별로 산출하여 부과한다.
④ 공동구 관리비용의 납입기한은 매년 3월 31일까지로 하며, 시장・군수등은 납입기한 1개월 전까지 납입통지서를 발부하여야 한다. 다만, 필요한 경우에는 2회로 분할하여 납부하게 할 수 있으며 이 경우 분할금의 납입기한은 3월 31일과 9월 30일로 한다.

정답 ①

035 도시·주거환경정비기본계획의 수립 내용에 해당하지 않는 것은?

① 정비사업의 기본방향
② 정비사업의 사업기간
③ 사회복지시설 및 주민문화시설 등의 설치 계획
④ 인구·건축물·토지이용·정비기반시설·지형 및 환경 등의 영향

해설

정답 ②

---

036 도시 및 주거환경정비법상 정비사업을 지정하는데 적합하지 않은 지역은?

① 도시저소득 주민이 집단거주하는 지역
② 현재의 지구환경은 양호하나 장래 불량하게 될 우려가 있는 지역
③ 정비기반시설이 열악하고 노후·불량건축물이 밀집한 지역
④ 정비기반시설은 양호하나 노후·불량건축물에 해당하는 공동주택이 밀집한 지역

해설

정답 ②

---

037 도시 및 주거환경정비법상 분양신청 현황을 기초로 한 관리처분계획 수립 시 포함되어야 하는 사항이 아닌 것은?

① 분양설계
② 분양대상자의 주소 및 성명
③ 관리처분계획의 인가 연월일
④ 분양대상자별 종전의 토지 또는 건축물 명세

해설

제74조(관리처분계획의 인가 등) ① 사업시행자는 제72조에 따른 분양신청기간이 종료된 때에는 분양신청의 현황을 기초로 다음 각 호의 사항이 포함된 관리처분계획을 수립하여 시장·군수등의 인가를 받아야 하며, 관리처분계획을 변경·중지 또는 폐지하려는 경우에도 또한 같다. 다만, 대통령령으로 정하는 경미한 사항을 변경하려는 경우에는 시장·군수등에게 신고하여야 한다.

1. 분양설계
2. 분양대상자의 주소 및 성명
3. 분양대상자별 분양예정인 대지 또는 건축물의 추산액(임대관리 위탁주택에 관한 내용을 포함한다)
4. 다음 각 목에 해당하는 <u>보류지 등의 명세와 추산액 및 처분방법</u>. 다만, 나목의 경우에는 제30조 제1항에 따라 선정된 임대사업자의 성명 및 주소(법인인 경우에는 법인의 명칭 및 소재지와 대표자의 성명 및 주소)를 포함한다.
   가. 일반 분양분
   나. 공공지원민간임대주택
   다. 임대주택
   라. 그 밖에 부대시설·복리시설 등
5. <u>분양대상자별 종전의 토지 또는 건축물 명세 및 사업시행계획인가 고시가 있은 날을 기준으로 한 가격</u>(사업시행계획인가 전에 제81조 제3항에 따라 철거된 건축물은 시장·군수등에게 허가를 받은 날을 기준으로 한 가격)
6. <u>정비사업비의 추산액</u>(재건축사업의 경우에는 「재건축초과이익 환수에 관한 법률」에 따른 재건축부담금에 관한 사항을 포함한다) 및 그에 따른 조합원 분담규모 및 분담시기
7. <u>분양대상자의 종전 토지 또는 건축물에 관한 소유권 외의 권리명세</u>
8. 세입자별 손실보상을 위한 권리명세 및 그 평가액
9. 그 밖에 정비사업과 관련한 권리 등에 관하여 대통령령으로 정하는 사항

정답 ③

Theme 08 개발제한구역의 지정 및 관리에 관한 특별법

001 개발제한구역 내에서 허용되지 않는 시설 및 행위는?

① 주택의 신축
② 병원
③ 골프장
④ 자동차용 액화석유가스 충전소

해설

시행규칙 제7조(주유소 등의 배치계획의 수립기준)
시행규칙 제8조(개발제한구역에 골프장을 설치할 수 있는 토지의 입지기준)

정답 ②

002 개발제한구역의 지정 및 관리에 관한 특별조치법에 의한 취락지구(국토의 계획 및 이용에 관한 법률의 집단취락지구)의 기본적인 지정 기준으로 올바른 것은?

① 취락의 구성 주택수 10호 이상, 또는 1만제곱미터당 주택수가 10호 이상
② 취락의 구성 주택수 20호 이상, 또는 1만제곱미터당 주택수가 20호 이상
③ 취락의 구성 주택수 20호 이상, 또는 1만제곱미터당 주택수가 40호 이상
④ 취락의 구성 주택수 10호 이상, 또는 1만제곱미터당 주택수가 50호 이상

해설

제25조(취락지구의 지정기준 및 정비) ① 법 제15조 제2항에 따른 취락지구(이하 "취락지구"라 한다)의 지정기준은 다음 각 호와 같다.
1. 취락을 구성하는 주택의 수가 10호 이상일 것
2. 취락지구 1만 제곱미터당 주택의 수(이하 "호수밀도"라 한다)가 10호 이상일 것. 다만, 시·도지사는 해당 지역이 상수원보호구역에 해당하거나 이축(移築) 수요를 수용할 필요가 있는 등 지역의 특성상 필요한 경우에는 취락지구의 지정 면적, 취락지구의 경계선 설정 및 제4항에 따른 취락지구 정비계획의 내용에 대하여 국토교통부장관과 협의한 후, 해당 시·도의 도시·군계획에 관한 조례로 정하는 바에 따라 호수밀도를 5호 이상으로 할 수 있다.
3. 취락지구의 경계 설정은 도시·군관리계획 경계선, 다른 법률에 따른 지역·지구 및 구역의 경계선, 도로, 하천, 임야, 지적 경계선, 그 밖의 자연적 또는 인공적 지형지물을 이용하여 설정하되, 지목이 대인 경우에는 가능한 한 필지가 분할되지 아니하도록 할 것

정답 ①

003 다음 중 개발제한구역 보전부담금에 대한 설명 중 틀린 것은?

① 부담금의 부과·징수권자는 시장·군수이다.
② 부담금징수의 목적은 개발제한구역의 보전과 관리를 위한 재원을 확보하기 위한 것이다.
③ 조합이 해산된 경우 조합원이 부담금을 내야 한다.
④ 개발제한구역의 지정 또는 해제에 관한 조사·연구, 개발제한구역 내 불법행위의 예방과 단속 및 실태조사에 배분액의 100분의 10을 사용한다.

해설

제21조(개발제한구역 보전 부담금) ① 국토교통부장관은 개발제한구역의 보전과 관리를 위한 재원을 확보하기 위하여 다음 각 호의 어느 하나에 해당하는 자에게 개발제한구역 보전부담금(이하 "부담금"이라 한다)을 부과·징수한다.
  1. 해제대상지역 개발사업자 중 제4조 제6항에 따라 복구계획을 제시하지 아니하거나 복구를 하지 아니하기로 한 자
  2. 제12조 제1항 단서 또는 제13조에 따른 허가(토지의 형질변경 허가나 건축물의 건축 허가에 해당하며, 다른 법령에 따라 제12조 제1항 단서 또는 제13조에 따른 허가가 의제되는 협의를 거친 경우를 포함한다)를 받은 자
② 부담금을 내야 할 자(이하 "납부의무자"라 한다)가 대통령령으로 정하는 조합으로서 다음 각 호의 어느 하나에 해당하면 그 조합원(조합이 해산된 경우에는 해산 당시의 조합원을 말한다)이 부담금을 내야 한다.
  1. 조합이 해산된 경우
  2. 조합의 재산으로 그 조합에 부과되거나 그 조합이 내야 할 부담금·가산금 등을 충당하여도 부족한 경우

제39조의2(부담금의 용도) 법 제26조 제2항에 따른 부담금의 사용용도와 사용용도별 배분 비율은 다음 각 호와 같다. 다만, 예산편성금액, 예산 집행실적, 자금 배정 등을 감안하여 배분비율의 일부를 조정하여 사용할 수 있다.
  1. 법 제26조 제2항 제1호에 따른 주민지원사업: 100분의 45
  2. 법 제26조 제2항 제2호에 따른 토지등의 매수 및 같은 항 제3호에 따른 훼손지 복구, 공원화 사업, 인공조림 조성, 여가체육공간조성 등: 100분의 45
  3. 법 제26조 제2항 제4호에 따른 개발제한구역의 지정 또는 해제에 관한 조사·연구, 같은 항 제5호에 따른 개발제한구역 내 불법행위의 예방과 단속 및 같은 항 제6호에 따른 실태조사: 배분액의 100분의 10

정답 ①

004 국토교통부장관이 개발제한구역을 조정 또는 해제할 수 있는 요건이 아닌 것은? ★

① 개발제한구역에 대한 영향평가결과 보존가치가 낮게 나타나는 곳으로서 도시용지의 적정한 공급을 위해 필요한 지역
② 도시의 정체성 확보 및 적정한 성장관리를 위하여 개발을 제한할 필요가 있는 지역
③ 주민이 집단적으로 거주하는 취락으로서 주거환경 개선 및 취락정비가 필요한 지역
④ 도시의 균형적 성장을 위하여 기반시설의 설치 및 시가화 면적 조정 등 토지이용의 합리화를 위하여 필요한 지역

해설

영 제2조(개발제한구역의 지정 및 해제의 기준) ① 국토교통부장관이 「개발제한구역의 지정 및 관리에 관한 특별조치법」(이하 "법"이라 한다) 제3조 제1항에 따라 개발제한구역을 지정할 때에는 다음 각 호의 어느 하나에 해당하는 지역을 대상으로 한다.
1. 도시가 무질서하게 확산되는 것 또는 서로 인접한 도시가 시가지로 연결되는 것을 방지하기 위하여 개발을 제한할 필요가 있는 지역
2. 도시주변의 자연환경 및 생태계를 보전하고 도시민의 건전한 생활환경을 확보하기 위하여 개발을 제한할 필요가 있는 지역
3. 국가보안상 개발을 제한할 필요가 있는 지역
4. 도시의 정체성 확보 및 적정한 성장 관리를 위하여 개발을 제한할 필요가 있는 지역

② 개발제한구역은 법 제3조 제1항에 따른 지정 목적을 달성하기 위하여 공간적으로 연속성을 갖도록 지정하되, 도시의 자족성 확보, 합리적인 토지이용 및 적정한 성장 관리 등을 고려하여야 한다.

③ 법 제3조 제2항에 따라 개발제한구역이 다음 각 호의 어느 하나에 해당하는 경우에는 국토교통부장관이 정하는 바에 따라 개발제한구역을 조정하거나 해제할 수 있다.
1. 개발제한구역에 대한 환경평가 결과 보존가치가 낮게 나타나는 곳으로서 도시용지의 적절한 공급을 위하여 필요한 지역. 이 경우 도시의 기능이 쇠퇴하여 활성화할 필요가 있는 지역과 연계하여 개발할 수 있는 지역을 우선적으로 고려하여야 한다.
2. 주민이 집단적으로 거주하는 취락으로서 주거환경 개선 및 취락 정비가 필요한 지역
3. 도시의 균형적 성장을 위하여 기반시설의 설치 및 시가화(市街化) 면적의 조정 등 토지이용의 합리화를 위하여 필요한 지역
4. 지정 목적이 달성되어 개발제한구역으로 유지할 필요가 없게 된 지역
5. 도로(국토교통부장관이 정하는 규모의 도로만 해당한다)·철도 또는 하천 개수로(開水路)로 인하여 단절된 3만 제곱미터 미만의 토지. 다만, 개발제한구역의 조정 또는 해제로 인하여 그 지역과 주변지역에 무질서한 개발 또는 부동산 투기행위가 발생하거나 그 밖에 도시의 적정한 관리에 지장을 줄 우려가 큰 때에는 그러하지 아니하다.
6. 개발제한구역 경계선이 관통하는 대지(垈地: 「공간정보의 구축 및 관리 등에 관한 법률」에 따라 각 필지로 구획된 토지를 말한다)로서 다음 각 목의 요건을 모두 갖춘 지역
   가. 개발제한구역의 지정 당시 또는 해제 당시부터 대지의 면적이 1천제곱미터 이하로서 개발제한구역 경계선이 그 대지를 관통하도록 설정되었을 것
   나. 대지 중 개발제한구역인 부분의 면적이 기준 면적 이하일 것. 이 경우 기준 면적은 특별시·광역시·특별자치시·도 또는 특별자치도(이하 "시·도"라 한다)의 관할구역 중 개발제한구역 경계선이 관통하는 대지의 수, 그 대지 중 개발제한구역인 부분의 규모와 그 분포 상황, 토지이용 실태 및 지형·지세 등 지역 특성을 고려하여 시·도의 조례로 정한다.
7. 제6호의 지역이 개발제한구역에서 해제되는 경우 개발제한구역의 공간적 연속성이 상실되는 1천제곱미터 미만의 소규모 토지

정답 ②

005 개발제한구역의 지정 및 관리에 관한 특별조치법에서 개발제한구역을 종합적으로 관리하기 위한 개발제한구역관리계획은 몇 년을 단위로 수립하는가?

① 2년　　　　　② 3년
③ 5년　　　　　④ 10년

해설

제3조(개발제한구역의 지정 등) ① 국토교통부장관은 도시의 무질서한 확산을 방지하고 도시 주변의 자연환경을 보전하여 도시민의 건전한 생활환경을 확보하기 위하여 도시의 개발을 제한할 필요가 있거나 국방부장관의 요청으로 보안상 도시의 개발을 제한할 필요가 있다고 인정되면 개발제한구역의 지정 및 해제를 도시·군관리계획으로 결정할 수 있다.
② 개발제한구역의 지정 및 해제의 기준은 대상 도시의 인구·산업·교통 및 토지이용 등 경제적·사회적 여건과 도시 확산 추세, 그 밖의 지형 등 자연환경 여건을 종합적으로 고려하여 대통령령으로 정한다.

제8조(도시·군관리계획의 결정) ① 도시·군관리계획은 국토교통부장관이 결정한다.
⑥ 국토교통부장관은 도시·군관리계획을 결정하면 대통령령으로 정하는 바에 따라 고시하고 관계 서류를 일반인에게 공람시켜야 한다. 이 경우 국토교통부장관은 자신이 결정한 도시·군관리계획에 대하여 관계 특별시장·광역시장·특별자치시장·특별자치도지사·시장 또는 군수에게 관계 서류를 보내어 이를 일반인이 공람할 수 있도록 하여야 한다.
⑦ 도시·군관리계획 결정은 제6항에 따른 고시를 한 날부터 그 효력이 발생한다.

제11조(개발제한구역관리계획의 수립 등) ① 개발제한구역을 관할하는 시·도지사는 개발제한구역을 종합적으로 관리하기 위하여 5년 단위로 다음 각 호의 사항이 포함된 개발제한구역관리계획(이하 "관리계획"이라 한다)을 수립하여 국토교통부장관의 승인을 받아야 한다.
1. 개발제한구역 관리의 목표와 기본방향
2. 개발제한구역의 현황 및 실태에 대한 조사
3. 개발제한구역의 토지이용 및 보전
4. 개발제한구역에서 「국토의 계획 및 이용에 관한 법률」 제2조 제7호에 따른 도시·군계획시설(이하 "도시·군계획시설"이라 한다)의 설치. 다만, 제12조 제1항 제1호가목 및 나목의 시설 등으로서 국토교통부장관이 정하는 도시·군계획시설은 관리계획을 수립하지 아니할 수 있다.
5. 개발제한구역에서 대통령령으로 정하는 규모 이상인 건축물의 건축 및 토지의 형질변경. 다만, 다음 각 목의 어느 하나에 해당하는 경우에는 제외한다.
　　가. 제12조 제1항 제1호라목의 건축물로서 국토교통부장관이 정하는 건축물을 건축하는 경우
　　나. 제13조에 따른 건축물의 건축으로서 개발제한구역 지정 이전에 조성된 기존 부지 안에서의 증축인 경우
5의2. 삭제
6. 제15조에 따른 취락지구의 지정 및 정비
7. 제16조에 따른 주민지원사업(이하 "주민지원사업"이라 한다)
8. 개발제한구역의 관리와 주민지원사업에 필요한 재원의 조달 및 운용
9. 그 밖에 개발제한구역의 합리적인 관리를 위하여 대통령령으로 정하는 사항
② 시·도지사가 관리계획을 변경하려면 국토교통부장관의 승인을 받아야 한다. 다만, 대통령령으로 정하는 경미한 사항을 변경하는 경우에는 승인을 받지 아니하여도 된다.

정답 ③

006 개발제한구역의 지정 및 관리에 관한 특별조치법의 취락지구 특례 및 취락지구 정비에 관한 설명으로 옳은 것은?

① 시·도지사는 개발제한구역 안에 주민이 집단적으로 거주하는 취락을 취락지구로 지정할 수 있다.
② 취락을 구성하는 주택의 수, 취락지구의 경계설정기준 등 취락지구의 지정기준에 관한 사항은 시조례로 정한다.
③ 취락지구에서의 건축물의 용도·높이·연면적 및 건폐율에 관하여는 반드시 지구단위계획으로 정하여야 한다.
④ 취락지구정비사업을 시행하는 경우 대통령령이 정하는 바에 따라 생활편익시설 등을 설치할 수 있다.

> **해설**

제15조(취락지구에 대한 특례) ① 시·도지사는 개발제한구역에서 주민이 집단적으로 거주하는 취락(제12조 제1항 제3호에 따른 이주단지를 포함한다)을 「국토의 계획 및 이용에 관한 법률」 제37조 제1항 제8호에 따른 취락지구(이하 "취락지구"라 한다)로 지정할 수 있다.
② 취락을 구성하는 주택의 수, 단위면적당 주택의 수, 취락지구의 경계설정 기준 등 취락지구의 지정기준 및 정비에 관한 사항은 대통령령으로 정한다.
③ 취락지구에서의 건축물의 용도·높이·연면적 및 건폐율에 관하여는 제12조 제9항에도 불구하고 따로 대통령령으로 정한다.

영 제25조(취락지구의 지정기준 및 정비) ① 법 제15조 제2항에 따른 취락지구(이하 "취락지구"라 한다)의 지정기준은 다음 각 호와 같다.
1. 취락을 구성하는 주택의 수가 10호 이상일 것
2. 취락지구 1만 제곱미터당 주택의 수(이하 "호수밀도"라 한다)가 10호 이상일 것. 다만, 시·도지사는 해당 지역이 상수원보호구역에 해당하거나 이축(移築) 수요를 수용할 필요가 있는 등 지역의 특성상 필요한 경우에는 취락지구의 지정 면적, 취락지구의 경계선 설정 및 제4항에 따른 취락지구정비계획의 내용에 대하여 국토교통부장관과 협의한 후, 해당 시·도의 도시·군계획에 관한 조례로 정하는 바에 따라 호수밀도를 5호 이상으로 할 수 있다.
3. 취락지구의 경계 설정은 도시·군관리계획 경계선, 다른 법률에 따른 지역·지구 및 구역의 경계선, 도로, 하천, 임야, 지적 경계선, 그 밖의 자연적 또는 인공적 지형지물을 이용하여 설정하되, 지목이 대인 경우에는 가능한 한 필지가 분할되지 아니하도록 할 것
② 제1항에 따른 주택의 수는 국토교통부령으로 정하는 기준에 따라 산정한다.
③ 시·도지사, 시장·군수 또는 구청장은 취락지구에서 주거환경을 개선하고 기반시설을 정비하기 위한 사업(이하 "취락지구정비사업"이라 한다)을 시행할 수 있다.
④ 제3항에 따라 취락지구정비사업을 시행할 때에는 「국토의 계획 및 이용에 관한 법률」 제51조에 따라 취락지구를 지구단위계획구역으로 지정하고 취락지구의 정비를 위한 지구단위계획(이하 "취락지구정비계획"이라 한다)을 수립하여야 한다.
⑤ 취락지구의 지정, 취락지구정비사업의 시행 및 취락지구정비계획의 수립에 필요한 세부사항은 국토교통부령으로 정한다.

영 제26조(취락지구 건축물의 용도 및 규모 등에 관한 특례) ① 취락지구 건축물의 용도·높이·연면적 및 건폐율은 다음 각 호의 경우를 제외하고는 취락지구 밖의 개발제한구역에 적용되는 기준에 따른다.

1. 주택 또는 공장 등 신축이 금지된 건축물을 「건축법 시행령」 별표 1의 제1종 및 제2종 근린생활시설(단란주점, 안마시술소 및 안마원은 제외한다), 액화가스 판매소, 세차장, 병원, 치과병원 또는 한방병원으로 용도변경하는 경우
2. 별표 1 제5호다목에 따른 주택 또는 같은 표 제5호라목에 따른 근린생활시설을 다음 각 목의 기준에 따라 건축하는 경우
    가. 건폐율 100분의 60 이내로 건축하는 경우: 높이 3층 이하, 용적률 300퍼센트 이하로서 기존 면적을 포함하여 연면적 300제곱미터 이하
    나. 건폐율 100분의 40 이내로 건축하는 경우: 높이 3층 이하, 용적률 100퍼센트 이하
② 취락지구정비사업을 시행하는 경우에는 제1항에 따른 범위에서 국토교통부령으로 정하는 바에 따라 주거 및 생활편익시설 등을 설치할 수 있다.

정답 ①

007
개발제한구역 내의 토지 중 매수청구가 있는 토지가 매수대상인 경우에는 매수대상토지임을 통보하여야 한다. 매수대상토지임을 통보한 후에 매수하여야 하는 기한은?

① 2년   ② 3년
③ 4년   ④ 5년

해설

제17조(토지매수의 청구) ① 개발제한구역의 지정에 따라 개발제한구역의 토지를 종래의 용도로 사용할 수 없어 그 효용이 현저히 감소된 토지나 그 토지의 사용 및 수익이 사실상 불가능하게 된 토지(이하 "매수대상토지"라 한다)의 소유자로서 다음 각 호의 어느 하나에 해당하는 자는 국토교통부장관에게 그 토지의 매수를 청구할 수 있다.
1. 개발제한구역으로 지정될 당시부터 계속하여 해당 토지를 소유한 자
2. 토지의 사용·수익이 사실상 불가능하게 되기 전에 해당 토지를 취득하여 계속 소유한 자
3. 제1호나 제2호에 해당하는 자로부터 해당 토지를 상속받아 계속하여 소유한 자
② 국토교통부장관은 제1항에 따라 매수청구를 받은 토지가 제3항에 따른 기준에 해당되면 그 토지를 매수하여야 한다.
③ 매수대상토지의 구체적인 판정기준은 대통령령으로 정한다.
제18조(매수청구의 절차 등) ① 국토교통부장관은 토지의 매수를 청구받은 날부터 2개월 이내에 매수대상 여부와 매수예상가격 등을 매수청구인에게 알려주어야 한다.
② 국토교통부장관은 제1항에 따라 매수대상토지임을 알린 경우에는 5년의 범위에서 대통령령으로 정하는 기간에 매수계획을 수립하여 그 매수대상토지를 매수하여야 한다.
③ 매수대상토지를 매수하는 가격(이하 "매수가격"이라 한다)은 「부동산 가격공시에 관한 법률」에 따른 공시지가를 기준으로 해당 토지의 위치·형상·환경 및 이용 상황 등을 고려하여 평가한 금액으로 한다. 이 경우 매수가격의 산정시기와 산정방법 등은 대통령령으로 정한다.
④ 제1항부터 제3항까지의 규정에 따라 매수한 토지는 「국가균형발전 특별법」에 따른 국가균형발전특별회계의 재산으로 귀속된다.
⑤ 제1항부터 제3항까지의 규정에 따라 토지를 매수하는 경우에 그 매수절차와 그 밖에 필요한 사항은 대통령령으로 정한다.

정답 ④

008 국토교통부장관이 개발제한구역을 지정할 수 있는 경우가 아닌 것은?

① 도시의 무질서한 확산을 방지할 필요가 있을 때
② 도시주변의 자연환경을 보전할 필요가 있을 때
③ 국가보안상 도시의 개발을 제한할 필요가 있을 때
④ 올림픽 등 국제행사에 대비하여 대규모 자연공간을 확보할 필요가 있을 때

해설

영 제2조(개발제한구역의 지정 및 해제의 기준) ① 국토교통부장관이 「개발제한구역의 지정 및 관리에 관한 특별조치법」(이하 "법"이라 한다) 제3조 제1항에 따라 개발제한구역을 지정할 때에는 다음 각 호의 어느 하나에 해당하는 지역을 대상으로 한다.
1. 도시가 무질서하게 확산되는 것 또는 서로 인접한 도시가 시가지로 연결되는 것을 방지하기 위하여 개발을 제한할 필요가 있는 지역
2. 도시주변의 자연환경 및 생태계를 보전하고 도시민의 건전한 생활환경을 확보하기 위하여 개발을 제한할 필요가 있는 지역
3. 국가보안상 개발을 제한할 필요가 있는 지역
4. 도시의 정체성 확보 및 적정한 성장 관리를 위하여 개발을 제한할 필요가 있는 지역

정답 ④

009 개발제한구역이 해제된 지역에 대하여 해제 후 최초로 결정되는 도시·군관리계획의 내용이 해제의 목적이나 용도에 부합하지 아니하는 경우, 그 도시·군관리계획에 대하여 국토교통부장관이 관할 시장 또는 군수에게 조정하도록 요구하는 기준 기간으로 옳은 것은?

① 도시관리계획이 결정·고시된 날부터 6개월 이내
② 도시관리계획이 결정·고시된 날부터 3개월 이내
③ 도시관리계획이 결정·고시된 날부터 1개월 이내
④ 도시관리계획이 결정·고시된 날부터 14일 이내

해설

제5조(해제된 개발제한구역의 재지정 등에 관한 특례) ① 국토교통부장관은 개발제한구역이 해제된 지역에 대하여 해제 후 최초로 결정되는 도시·군관리계획(「국토의 계획 및 이용에 관한 법률」 제2조 제4호에 따른 도시·군관리계획을 말한다. 이하 이 조에서 같다)의 내용이 해제의 목적이나 용도 등에 부합하지 아니하는 경우에는 그 도시·군관리계획이 결정·고시된 날부터 3개월 이내에 해제지역을 관할하는 특별시장·광역시장·특별자치시장·특별자치도지사·시장 또는 군수에게 상당한 기한을 정하여 도시·군관리계획을 조정하도록 요구할 수 있다. 이 경우 특별시장·광역시장·특별자치시장·특별자치도지사·시장 또는 군수는 도시·군관리계획을 다시 검토하여 정비하여야 한다.

정답 ②

010 개발제한구역의 지정 및 관리에 관한 특별조치법상 매수대상토지의 소유자로서 다음 중 국토교통부장관에게 그 토지의 매수를 청구할 수 없는 자는?

① 개발제한구역으로 지정할 당시부터 계속하여 해당 토지를 소유한 자
② 토지의 사용·수익이 사실상 불가능하게 되기 전에 해당 토지를 취득하여 계속 소유한 자
③ 개발제한구역으로 지정할 당시부터 계속하여 해당 토지를 소유한 자로부터 해당 토지를 증여받아 계속 소유한 자
④ 토지의 사용·수익이 사실상 불가능하게 되기 전에 해당 토지를 취득하여 계속 소유한 자로부터 해당 토지를 상속받아 계속 소유한 자

> **해설**
>
> **제17조(토지매수의 청구)** ① 개발제한구역의 지정에 따라 개발제한구역의 토지를 종래의 용도로 사용할 수 없어 그 효용이 현저히 감소된 토지나 그 토지의 사용 및 수익이 사실상 불가능하게 된 토지(이하 "매수대상토지"라 한다)의 소유자로서 다음 각 호의 어느 하나에 해당하는 자는 국토교통부장관에게 그 토지의 매수를 청구할 수 있다.
> 　1. 개발제한구역으로 지정될 당시부터 계속하여 해당 토지를 소유한 자
> 　2. 토지의 사용·수익이 사실상 불가능하게 되기 전에 해당 토지를 취득하여 계속 소유한 자
> 　3. 제1호나 제2호에 해당하는 자로부터 해당 토지를 상속받아 계속하여 소유한 자
> ② 국토교통부장관은 제1항에 따라 매수청구를 받은 토지가 제3항에 따른 기준에 해당되면 그 토지를 매수하여야 한다.
> ③ 매수대상토지의 구체적인 판정기준은 대통령령으로 정한다.
>
> 정답 ③

011 개발제한구역의 지정 및 관리에 관한 특별조치법 및 동법시행령에서 규정한 존속 중인 건축물 등에 관한 특례에 관한 아래의 내용에서 밑줄 친 부분에 해당하는 사유가 아닌 것은?

> 시장·군수·구청장은 법령의 개정·폐지나 <u>그 밖에 대통령령으로 정하는 사유</u>로 인하여 그 사유가 발생할 당시에 이미 존재하고 있던 대지·건축물 또는 공작물이 이 법에 적합하지 아니하게 된 경우에는 대통령령으로 정하는 바에 따라 건축물의 건축이나 공작물의 설치와 이에 따르는 토지의 형질변경을 허가할 수 있다.

① 도시기본계획을 결정 또는 변경하는 경우
② 공유토지분할에 관한 특례법(법률 제7037호로 제정되어 2006년 12월 31일까지 시행되던 것)에 따라 대지가 분할된 경우
③ 도시·군계획시설의 설치사업을 시행하는 경우
④ 도시개발법에 따른 도시개발사업을 시행하는 경우

해설

제13조(존속 중인 건축물 등에 대한 특례) 시장·군수·구청장은 법령의 개정·폐지나 그 밖에 대통령령으로 정하는 사유로 인하여 그 사유가 발생할 당시에 이미 존재하고 있던 대지·건축물 또는 공작물이 이 법에 적합하지 아니하게 된 경우에는 대통령령으로 정하는 바에 따라 건축물의 건축이나 공작물의 설치와 이에 따르는 토지의 형질변경을 허가할 수 있다.

> **영 제23조(존속 중인 건축물 등에 관한 특례)** ① 법 제13조에서 "그 밖에 대통령령으로 정하는 사유"란 다음 각 호의 어느 하나에 해당하는 경우를 말한다.
> 1. 도시·군관리계획을 결정 또는 변경하거나 행정구역을 변경하는 경우
> 2. 도시·군계획시설을 설치하거나 「도시개발법」에 따른 도시개발사업을 시행하는 경우
> 3. 「특정건축물 정리에 관한 특별조치법」(법률 제3719호 및 법률 제6253호를 말한다)에 따라 준공검사필증을 받았거나 사용승인서를 받은 경우
> 4. 「도시저소득주민의 주거환경개선을 위한 임시조치법」(법률 제4115호로 제정되어 2004년 12월 31일까지 시행되던 것을 말한다)에 따라 준공검사필증·사용검사필증 또는 사용승인서를 발급받은 경우
> 5. 종전의 「공유토지분할에 관한 특례법」(법률 제3811호로 제정되어 1991년 12월 31일까지 시행되던 것, 법률 제4875호로 제정되어 2000년 12월 31일까지 시행되던 것 및 법률 제7037호로 제정되어 2006년 12월 31일까지 시행되던 것을 말한다)에 따라 대지가 분할된 경우
> 6. 법률 제10926호 국방·군사시설 사업에 관한 법률 일부개정법률 부칙 제2조 제3항에 따라 「건축법」에 적합하다고 국방부장관이 확인하여 고시한 경우

정답 ①

---

012 다음 중 개발제한구역관리계획에 대한 설명이 옳은 것은?

① 개발제한구역관리계획은 개발제한구역을 관할하는 시장·군수가 5년 단위로 수립하여 국토교통부장관의 승인을 받아야 한다.
② 개발제한구역관리계획에는 개발제한구역에서의 취락지구의 지정 및 정비에 대한 사항을 포함한다.
③ 개발제한구역관리계획에는 개발제한구역에서 연면적이 1,000m² 이상이 건축물의 건축 및 30,000m² 이상의 토지의 형질변경에 관한 내용을 포함한다.
④ 시·도지사가 개발제한구역의 현황 및 실태에 관한 조사계획을 변경하고자 하는 경우에는 국토교통부장관의 승인을 받아야 한다.

해설

제11조(개발제한구역관리계획의 수립 등) ① 개발제한구역을 관할하는 시·도지사는 개발제한구역을 종합적으로 관리하기 위하여 5년 단위로 다음 각 호의 사항이 포함된 개발제한구역관리계획(이하 "관리계획"이라 한다)을 수립하여 국토교통부장관의 승인을 받아야 한다.
1. 개발제한구역 관리의 목표와 기본방향
2. 개발제한구역의 현황 및 실태에 대한 조사

3. 개발제한구역의 토지이용 및 보전
4. 개발제한구역에서 「국토의 계획 및 이용에 관한 법률」 제2조 제7호에 따른 도시·군계획시설(이하 "도시·군계획시설"이라 한다)의 설치. 다만, 제12조 제1항 제1호가목 및 나목의 시설 등으로서 국토교통부장관이 정하는 도시·군계획시설은 관리계획을 수립하지 아니할 수 있다.
5. **개발제한구역에서 대통령령으로 정하는 규모 이상인 건축물의 건축 및 토지의 형질변경**.

> **영 제10조(개발제한구역관리계획의 내용 등)** ① 법 제11조 제1항 제5호 본문에서 "대통령령으로 정하는 규모 이상인 건축물의 건축 또는 토지의 형질변경"이란 다음 각 호의 건축물의 건축 또는 토지의 형질변경(토석의 채취를 포함한다. 이하 같다)을 말한다.
> 1. 연면적 3천 제곱미터 이상(같은 목적으로 여러 번에 걸쳐 부분적으로 건축하거나 연접하여 건축하는 경우에는 그 전체 면적을 말한다)인 건축물의 건축
> 2. 1만 제곱미터 이상(같은 목적으로 여러 번에 걸쳐 부분적으로 형질변경을 하거나 연접하여 형질변경을 하는 경우에는 그 전체면적을 말한다)의 토지의 형질변경

다만, 다음 각 목의 어느 하나에 해당하는 경우에는 제외한다.
  가. 제12조 제1항 제1호라목의 건축물로서 국토교통부장관이 정하는 건축물을 건축하는 경우
  나. 제13조에 따른 건축물의 건축으로서 개발제한구역 지정 이전에 조성된 기존 부지 안에서의 증축인 경우

5의2. 삭제
6. 제15조에 따른 **취락지구의 지정 및 정비**
7. 제16조에 따른 주민지원사업(이하 "주민지원사업"이라 한다)
8. 개발제한구역의 관리와 주민지원사업에 필요한 재원의 조달 및 운용
9. 그 밖에 개발제한구역의 합리적인 관리를 위하여 대통령령으로 정하는 사항

② 시·도지사가 **관리계획을 변경하려면** 국토교통부장관의 승인을 받아야 한다. 다만, 대통령령으로 정하는 경미한 사항을 변경하는 경우에는 승인을 받지 아니하여도 된다.
③ 개발제한구역이 둘 이상의 특별시·광역시·특별자치시·도에 걸쳐 있으면 관계 시·도지사가 공동으로 관리계획을 수립하거나 협의하여 관리계획을 수립할 자를 정한다. 관계 시·도지사가 협의를 하였으나 협의가 성립되지 아니하면 국토교통부장관이 관리계획을 수립할 자를 지정한다.
④ 제1항 및 제3항에도 불구하고 제1항 제4호 및 제5호에 관한 사항이 「국토의 계획 및 이용에 관한 법률」 제2조 제14호에 따른 국가계획에 해당하는 경우에는 국토교통부장관이 직접 관할 시·도지사 및 시장·군수·구청장(자치구의 구청장을 말한다. 이하 같다)의 의견을 듣고 관리계획을 수립 또는 변경할 수 있다.
⑤ 시·도지사가 관리계획을 수립 또는 변경하려면 미리 관계 시장·군수 또는 구청장의 의견을 듣고 「국토의 계획 및 이용에 관한 법률」 제113조에 따른 지방도시계획위원회의 심의를 거쳐야 한다. 다만, 대통령령으로 정하는 경미한 사항을 변경하는 경우에는 그러하지 아니하다.
⑥ 특별자치시장·특별자치도지사나 제4항 또는 제5항에 따라 관리계획에 대한 의견을 제시하려는 관계 시·도지사, 시장·군수 또는 구청장은 대통령령으로 정하는 바에 따라 미리 주민의 의견을 들어야 한다. 다만, 국방을 위하여 기밀을 지켜야 할 필요가 있는 경우에는 주민의 의견을 듣지 아니하여도 된다.
⑦ 국토교통부장관이 제1항이나 제2항에 따라 관리계획의 수립 또는 변경에 대한 승인을 하거나 제4항에 따라 직접 관리계획을 수립 또는 변경하려면 관계 중앙행정기관의 장과 협의한 후 「국토의 계획 및 이용에 관한 법률」 제106조에 따른 중앙도시계획위원회의 심의를 거쳐야 한다.
⑧ 시·도지사가 제1항이나 제2항에 따라 관리계획의 수립 또는 변경에 대한 승인을 받으면 대통령령으로 정하는 바에 따라 그 내용을 공고한 후 일반인이 열람할 수 있도록 하여야 한다.

⑨ 국토교통부장관이 제4항에 따라 직접 수립 또는 변경한 관리계획을 확정한 경우에는 그 내용을 관보에 고시하고, 관계 서류의 사본을 관할 시·도지사에게 송부하여야 하며, 관계 서류의 사본을 받은 시·도지사는 그 내용을 일반인이 열람할 수 있도록 하여야 한다.
⑩ 시·도지사 및 시장·군수·구청장은 건축물·공작물의 설치 허가, 토지의 형질변경 허가, 제15조에 따른 취락지구의 지정 및 주민지원사업의 시행 등 개발제한구역을 관리할 때 관리계획을 위반하여서는 아니 된다.
⑪ 관리계획의 수립에 관한 기본원칙, 개발제한구역의 관리에 관한 계획서 및 도면의 작성기준, 그 밖에 관리계획의 수립에 필요한 사항은 국토교통부장관이 정한다.

정답 ②

013 개발제한구역의 지정 및 관리에 관한 특별조치법령에 따른 취락지구 지정기준 및 정비에 관한 설명으로 옳지 않은 것은?

① 취락을 구성하는 주택의 수가 10호 이상이어야 한다.
② 취락지구 10,000m² 당 주택의 수(호수밀도)가 원칙적으로 10호 이상이어야 한다.
③ 취락지구의 경계 설정은 지목과 무관하게 한 필지가 분할되지 아니하도록 도시·군관리계획 경계선만을 이용하여 설정하도록 한다.
④ 취락지구정비사업을 시행할 때에는 「국토의 계획 및 이용에 관한 법률」에 따라 취락지구를 지구단위계획구역으로 지정하고 취락지구의 정비를 위한 지구단위계획을 수립하여야 한다.

해설

제25조(취락지구의 지정기준 및 정비) ① 법 제15조 제2항에 따른 취락지구(이하 "취락지구"라 한다)의 지정기준은 다음 각 호와 같다.
  1. 취락을 구성하는 주택의 수가 10호 이상일 것
  2. 취락지구 1만 제곱미터당 주택의 수(이하 "호수밀도"라 한다)가 10호 이상일 것. 다만, 시·도지사는 해당 지역이 상수원보호구역에 해당하거나 이축(移築) 수요를 수용할 필요가 있는 등 지역의 특성상 필요한 경우에는 취락지구의 지정 면적, 취락지구의 경계선 설정 및 제4항에 따른 취락지구정비계획의 내용에 대하여 국토교통부장관과 협의한 후, 해당 시·도의 도시·군계획에 관한 조례로 정하는 바에 따라 호수밀도를 5호 이상으로 할 수 있다.
  3. 취락지구의 경계 설정은 도시·군관리계획 경계선, 다른 법률에 따른 지역·지구 및 구역의 경계선, 도로, 하천, 임야, 지적 경계선, 그 밖의 자연적 또는 인공적 지형지물을 이용하여 설정하되, **지목이 대인 경우에는 가능한 한 필지가 분할되지 아니하도록 할 것**
② 제1항에 따른 주택의 수는 국토교통부령으로 정하는 기준에 따라 산정한다.
③ 시·도지사, 시장·군수 또는 구청장은 취락지구에서 주거환경을 개선하고 기반시설을 정비하기 위한 사업(이하 "취락지구정비사업"이라 한다)을 시행할 수 있다.
④ 제3항에 따라 취락지구정비사업을 시행할 때에는 「국토의 계획 및 이용에 관한 법률」 제51조에 따라 취락지구를 지구단위계획구역으로 지정하고 취락지구의 정비를 위한 지구단위계획(이하 "취락지구정비계획"이라 한다)을 수립하여야 한다.
⑤ 취락지구의 지정, 취락지구정비사업의 시행 및 취락지구정비계획의 수립에 필요한 세부사항은 국토교통부령으로 정한다.

정답 ③

014 다음 중 개발제한구역으로 지정하는 대상 지역 기준에 대한 설명으로 옳지 않은 것은?

① 도시가 무질서하게 확산되는 것 또는 서로 인접한 도시가 시가지로 연결되는 것을 방지하기 위하여 개발을 제한할 필요가 있는 지역
② 주민이 집단적으로 거주하는 취락으로서 주거환경의 개선 및 취락정비가 필요한 지역
③ 도시주변의 자연환경 및 생태계를 보전하고 도시민의 건전한 생활환경을 확보하기 위하여 개발을 제한할 필요가 있는 지역
④ 도시의 정체성 확보 및 적정한 성장관리를 위하여 개발을 제한할 필요가 있는 지역

> **해설**
>
> **영 제2조(개발제한구역의 지정 및 해제의 기준)** ① 국토교통부장관이 「개발제한구역의 지정 및 관리에 관한 특별조치법」(이하 "법"이라 한다) 제3조 제1항에 따라 개발제한구역을 지정할 때에는 다음 각 호의 어느 하나에 해당하는 지역을 대상으로 한다.
> 1. 도시가 무질서하게 확산되는 것 또는 서로 인접한 도시가 **시가지로 연결되는 것을 방지**하기 위하여 개발을 제한할 필요가 있는 지역
> 2. 도시주변의 **자연환경 및 생태계를 보전하고 도시민의 건전한 생활환경을 확보**하기 위하여 개발을 제한할 필요가 있는 지역
> 3. **국가보안상** 개발을 제한할 필요가 있는 지역
> 4. **도시의 정체성** 확보 및 적정한 성장 관리를 위하여 개발을 제한할 필요가 있는 지역
>
> 정답 ②

015 다음 중 개발제한구역에서 허가를 받아 그 행위를 할 수 있는 건축물의 용도변경에 해당하지 않는 경우는?

① 국제행사 관련 체육시설 중 국토교통부령으로 정하는 시설을 기존 시설의 연면적의 범위에서 경륜장으로 용도 변경하는 행위
② 주택을 다른 용도로 변경한 건축물을 다시 주택으로 용도 변경하는 행위
③ 공장을 연구소, 교육원으로 용도 변경하는 행위
④ 주택을 고아원, 양로시설 또는 종교시설로 용도 변경하는 행위

> **해설**
>
> **제18조(용도변경)** ① 법 제12조 제1항 제8호에서 "대통령령으로 정하는 건축물을 근린생활시설 등 대통령령으로 정하는 용도로 용도변경하는 행위"란 다음 각 호의 행위를 말한다.
> 1. **주택을 다음 각 목의 시설로 용도변경하는 행위**. 다만, 「수도법」 제3조 제2호에 따른 상수원의 상류 하천(「하천법」에 따른 국가하천 및 지방하천을 말한다)의 양안(兩岸) 중 그 하천의 경계로부터 직선거리 1킬로미터 이내의 지역(「하수도법」 제2조 제15호에 따른 하수처리구역은 제외한다)에서 1999년 6월 24일 이후에 신축된 주택을 근린생활시설로 용도변경하는 경우에는 「한강수계 상수원 수질개선 및 주민지원 등에 관한 법률」 제5조에 따라 설치할 수 없는 시설을 제외한 근린생활시설만 해당한다.

가. 「건축법 시행령」 별표 1 제3호에 따른 제1종 근린생활시설(안마원은 제외한다)
나. 「건축법 시행령」 별표 1 제4호에 따른 제2종 근린생활시설(단란주점, 안마시술소, 노래연습장은 제외한다)
다. 「건축법 시행령」 별표 1 제6호에 따른 종교시설
라. 「건축법 시행령」 별표 1 제11호에 따른 노유자시설
마. 「박물관 및 미술관 진흥법」 제2조에 따른 박물관 및 미술관

2. 별표 1 제5호라목에 따른 근린생활시설(주택에서 용도변경되었거나 1999년 6월 24일 이후에 신축된 경우만 해당한다)을 다음 각 목의 시설로 용도변경하는 행위
    가. 주택
    나. 「건축법 시행령」 별표 1 제3호에 따른 제1종 근린생활시설(안마원은 제외한다)
    다. 「건축법 시행령」 별표 1 제4호에 따른 제2종 근린생활시설(단란주점, 안마시술소, 노래연습장은 제외한다)
    라. 「건축법 시행령」 별표 1 제6호에 따른 종교시설
    마. 「건축법 시행령」 별표 1 제11호에 따른 노유자시설
    바. 「박물관 및 미술관 진흥법」 제2조에 따른 박물관 및 미술관

3. <u>주택을 다른 용도로 변경한 건축물을 다시 주택으로 용도변경하는 행위</u>

4. 개발제한구역에서 **공장** 등 신축이 금지된 건축물을 다음 각 목의 시설로 용도변경(용도변경된 건축물을 다시 다음 각 목의 시설로 용도변경하는 경우를 포함한다)하는 행위. 다만, 라목 및 사목의 시설로의 용도변경은 공장을 용도변경하는 경우로 한정한다.
    가. 「건축법 시행령」 별표 1 제3호에 따른 제1종 근린생활시설(안마원은 제외한다)
    나. 「건축법 시행령」 별표 1 제4호에 따른 제2종 근린생활시설(단란주점, 안마시술소, 노래연습장은 제외한다)
    다. 「건축법 시행령」 별표 1 제6호에 따른 종교시설
    라. 「건축법 시행령」 별표 1 제10호나목 및 마목에 따른 <u>교육원 및 연구소</u>
    마. 「건축법 시행령」 별표 1 제11호에 따른 노유자시설
    바. 「박물관 및 미술관 진흥법」 제2조에 따른 박물관 및 미술관
    사. 「물류시설의 개발 및 운영에 관한 법률」 제2조 제5호의2에 따른 물류창고(「고압가스 안전관리법」에 따른 고압가스, 「위험물안전관리법」 제2조 제1호에 따른 위험물 및 「화학물질관리법」 제2조 제2호에 따른 유독물질이 아닌 물품을 저장하는 창고를 말한다)

5. 삭제

6. **폐교된 학교시설**을 기존 시설의 연면적의 범위에서 자연학습시설, 청소년수련시설(청소년수련관·청소년수련원 및 청소년야영장만 해당한다), 연구소, 교육원, 연수원, 도서관, 박물관, 미술관 또는 종교시설로 용도변경하는 행위

7. 「가축분뇨의 관리 및 이용에 관한 법률」 제8조에 따라 가축의 사육이 제한된 지역에 있는 **기존 축사**를 기존 시설의 연면적의 범위에서 그 지역에서 생산되는 농수산물보관용 창고로 용도변경하는 행위

8. **기존 공항·비행장**의 여유시설을 활용하기 위하여 「공항시설법」 제7조 제1항에 따른 개발사업 실시계획에 따라 기존 건축물을 연면적의 범위에서 용도변경하는 행위

9. 삭제

10. 별표 1에 따른 건축 또는 설치의 범위에서 시설 상호 간에 용도변경을 하는 행위. 이 경우 기존 건축물의 규모·위치 등이 새로운 용도에 적합하여 기존 시설의 확장이 필요하지 아니하여야 하며, 주택이나 근린생활시설로 용도변경하는 것은 개발제한구역 지정 당시부터 지목이 대인 토지에 개발제한구역 지정 이후에 건축물이 건축되거나 공작물이 설치된 경우만 해당한다.

11. **기존 공공업무시설**[「혁신도시 조성 및 발전에 관한 특별법」에 따라 이전하는 중앙행정기관(소속기관을 포함한다)의 청사를 말한다. 이하 이 호에서 같다]을 일반업무시설[「공공기관의 운영에 관한 법률」에 따른 공공기관(「민법」 제32조 또는 다른 법률에 따라 설립한 비영리법인으로서 「수도권정비계획법」 제21조에 따른 수도권정비위원회의 심의를 거쳐 기존 공공업무시설 대지의 이용이 허용된 법인을 포함한다)의 업무용 시설을 말한다]로 용도변경하는 행위

정답 ①

016
다음 중 국토교통부장관이 개발제한구역이 해제된 지역에 대하여 해제 후 최초로 결정되는 도시·군관리계획의 내용이 해제의 목적이나 용도에 부합하지 아니하는 경우, 해제지역을 관할하는 자에게 도시·군관리계획을 조정하도록 요구할 수 있는 기간 기준은?

① 도시·군관리계획이 결정·고시된 날부터 6개월 이내
② 도시·군관리계획이 결정·고시된 날부터 3개월 이내
③ 도시·군관리계획이 결정·고시된 날부터 1개월 이내
④ 도시·군관리계획이 결정·고시된 날부터 14일 이내

해설

제5조(해제된 개발제한구역의 재지정 등에 관한 특례) ① 국토교통부장관은 개발제한구역이 해제된 지역에 대하여 해제 후 최초로 결정되는 도시·군관리계획(「국토의 계획 및 이용에 관한 법률」 제2조 제4호에 따른 도시·군관리계획을 말한다. 이하 이 조에서 같다)의 내용이 해제의 목적이나 용도 등에 부합하지 아니하는 경우에는 그 도시·군관리계획이 결정·고시된 날부터 3개월 이내에 해제지역을 관할하는 특별시장·광역시장·특별자치시장·특별자치도지사·시장 또는 군수에게 상당한 기한을 정하여 도시·군관리계획을 조정하도록 요구할 수 있다. 이 경우 특별시장·광역시장·특별자치시장·특별자치도지사·시장 또는 군수는 도시·군관리계획을 다시 검토하여 정비하여야 한다.

정답 ②

017
개발제한구역의 지정 및 관리에 관한 특별조치법령에 따른 취락지구 지정기준 및 정비에 관한 설명으로 옳지 않은 것은?

① 취락을 구성하는 주택의 수가 10호 이상이어야 한다.
② 취락지구 1만m² 당 주택의 수가 원칙적으로 5호 이상이어야 한다.
③ 취락지구의 경계 설정 시 지목이 대인 경우에는 가능한 한 필지가 분할되지 아니하도록 한다.
④ 취락지구정비사업을 시행할 때에는 「국토의 계획 및 이용에 관한 법률」에 따라 취락지구를 지구단위계획구역으로 지정하고 취락지구의 정비를 위한 지구단위계획을 수립하여야 한다.

해설

제25조(취락지구의 지정기준 및 정비) ① 법 제15조 제2항에 따른 취락지구(이하 "취락지구"라 한다)의 지정기준은 다음 각 호와 같다.
1. <u>취락을 구성하는 주택의 수가 10호 이상일 것</u>
2. <u>취락지구 1만 제곱미터당 주택의 수(이하 "호수밀도"라 한다)가 10호 이상일 것</u>. 다만, 시·도지사는 해당 지역이 상수원보호구역에 해당하거나 이축(移築) 수요를 수용할 필요가 있는 등 지역의 특성상 필요한 경우에는 취락지구의 지정 면적, 취락지구의 경계선 설정 및 제4항에 따른 취락지구 정비계획의 내용에 대하여 국토교통부장관과 협의한 후, 해당 시·도의 도시·군계획에 관한 조례로 정하는 바에 따라 호수밀도를 5호 이상으로 할 수 있다.
3. <u>취락지구의 경계 설정은 도시·군관리계획 경계선, 다른 법률에 따른 지역·지구 및 구역의 경계선, 도로, 하천, 임야, 지적 경계선, 그 밖의 자연적 또는 인공적 지형지물을 이용하여 설정하되,</u> **지목이 대인 경우에는 가능한 한 필지가 분할되지 아니하도록 할 것**
② 제1항에 따른 주택의 수는 국토교통부령으로 정하는 기준에 따라 산정한다.
③ 시·도지사, 시장·군수 또는 구청장은 취락지구에서 주거환경을 개선하고 기반시설을 정비하기 위한 사업(이하 "취락지구정비사업"이라 한다)을 시행할 수 있다.
④ 제3항에 따라 <u>취락지구정비사업을 시행할 때에는 「국토의 계획 및 이용에 관한 법률」 제51조에 따라 취락지구를 지구단위계획구역으로 지정하고 취락지구의 정비를 위한 지구단위계획(이하 "취락지구정비계획"이라 한다)을 수립하여야 한다.</u>
⑤ 취락지구의 지정, 취락지구정비사업의 시행 및 취락지구정비계획의 수립에 필요한 세부사항은 국토교통부령으로 정한다.

정답 ②

018 다음 중 국토교통부장관이 개발제한구역의 지정 및 해제를 도시·군관리계획으로 결정할 수 있는 경우로 가장 거리가 먼 것은?

① 도시의 무질서한 확산을 방지할 필요가 있는 경우
② 도시민의 건전한 생활환경을 확보하기 위하여 도시의 개발을 제한할 필요가 있는 경우
③ 국방부장관의 요청으로 보안상 도시의 개발을 제한할 필요가 있는 경우
④ 올림픽 등 국제행사에 대비하여 대규모 자연공간을 확보할 필요가 있을 경우

해설

영 제2조(개발제한구역의 지정 및 해제의 기준) ① 국토교통부장관이 「개발제한구역의 지정 및 관리에 관한 특별조치법」(이하 "법"이라 한다) 제3조 제1항에 따라 <u>개발제한구역을 지정할 때에는 다음 각 호의 어느 하나에 해당하는 지역을 대상으로 한다.</u>
1. 도시가 무질서하게 확산되는 것 또는 서로 인접한 도시가 시가지로 연결되는 것을 방지하기 위하여 개발을 제한할 필요가 있는 지역
2. 도시주변의 자연환경 및 생태계를 보전하고 도시민의 건전한 생활환경을 확보하기 위하여 개발을 제한할 필요가 있는 지역
3. 국가보안상 개발을 제한할 필요가 있는 지역

4. 도시의 정체성 확보 및 적정한 성장 관리를 위하여 개발을 제한할 필요가 있는 지역
② 개발제한구역은 법 제3조 제1항에 따른 지정 목적을 달성하기 위하여 공간적으로 연속성을 갖도록 지정하되, 도시의 자족성 확보, 합리적인 토지이용 및 적정한 성장 관리 등을 고려하여야 한다.
③ 법 제3조 제2항에 따라 개발제한구역이 다음 각 호의 어느 하나에 해당하는 경우에는 국토교통부장관이 정하는 바에 따라 <u>개발제한구역을 조정하거나 해제할 수 있다.</u>
  1. 개발제한구역에 대한 환경평가 결과 보존가치가 낮게 나타나는 곳으로서 도시용지의 적절한 공급을 위하여 필요한 지역. 이 경우 도시의 기능이 쇠퇴하여 활성화할 필요가 있는 지역과 연계하여 개발할 수 있는 지역을 우선적으로 고려하여야 한다.
  2. 주민이 집단적으로 거주하는 취락으로서 주거환경 개선 및 취락 정비가 필요한 지역
  3. 도시의 균형적 성장을 위하여 기반시설의 설치 및 시가화(市街化) 면적의 조정 등 토지이용의 합리화를 위하여 필요한 지역
  4. 지정 목적이 달성되어 개발제한구역으로 유지할 필요가 없게 된 지역
  5. 도로(국토교통부장관이 정하는 규모의 도로만 해당한다)·철도 또는 하천 개수로(開水路)로 인하여 단절된 3만제곱미터 미만의 토지. 다만, 개발제한구역의 조정 또는 해제로 인하여 그 지역과 주변 지역에 무질서한 개발 또는 부동산 투기행위가 발생하거나 그 밖에 도시의 적정한 관리에 지장을 줄 우려가 큰 때에는 그러하지 아니하다.
  6. 개발제한구역 경계선이 관통하는 대지(垈地: 「공간정보의 구축 및 관리 등에 관한 법률」에 따라 각 필지로 구획된 토지를 말한다)로서 다음 각 목의 요건을 모두 갖춘 지역
    가. 개발제한구역의 지정 당시 또는 해제 당시부터 대지의 면적이 1천제곱미터 이하로서 개발제한구역 경계선이 그 대지를 관통하도록 설정되었을 것
    나. 대지 중 개발제한구역인 부분의 면적이 기준 면적 이하일 것. 이 경우 기준 면적은 특별시·광역시·특별자치시·도 또는 특별자치도(이하 "시·도"라 한다)의 관할구역 중 개발제한구역 경계선이 관통하는 대지의 수, 그 대지 중 개발제한구역인 부분의 규모와 그 분포 상황, 토지이용 실태 및 지형·지세 등 지역 특성을 고려하여 시·도의 조례로 정한다.
  7. 제6호의 지역이 개발제한구역에서 해제되는 경우 개발제한구역의 공간적 연속성이 상실되는 1천제곱미터 미만의 소규모 토지

정답 ④

019 개발제한구역의 지정에 따라 국토교통부장관이 매수청구인에게 매수대상토지임을 알린 경우, 몇 년의 범위에서 대통령령으로 정하는 기간에 매수계획을 수립하여 그 매수대상토지를 매입하여야 하는가?

① 2년의 범위
② 3년의 범위
③ 5년의 범위
④ 10년의 범위

해설

정답 ③

020 개발제한구역의 지정 및 관리에 관한 특별조치법상 개발제한구역을 관할하는 시·도지사는 몇 년을 단위로 개발제한구역관리계획을 수립하여 승인을 받아야 하는가?

① 2년 ② 3년
③ 5년 ④ 10년

해설

제11조(개발제한구역관리계획의 수립 등) ① 개발제한구역을 관할하는 시·도지사는 개발제한구역을 종합적으로 관리하기 위하여 5년 단위로 다음 각 호의 사항이 포함된 개발제한구역관리계획(이하 "관리계획"이라 한다)을 수립하여 국토교통부장관의 승인을 받아야 한다.
1. 개발제한구역 관리의 목표와 기본방향
2. 개발제한구역의 현황 및 실태에 대한 조사
3. 개발제한구역의 토지이용 및 보전
4. 개발제한구역에서 「국토의 계획 및 이용에 관한 법률」 제2조 제7호에 따른 도시·군계획시설(이하 "도시·군계획시설"이라 한다)의 설치. 다만, 제12조 제1항 제1호가목 및 나목의 시설 등으로서 국토교통부장관이 정하는 도시·군계획시설은 관리계획을 수립하지 아니할 수 있다.
5. 개발제한구역에서 대통령령으로 정하는 규모 이상인 건축물의 건축 및 토지의 형질변경. 다만, 다음 각 목의 어느 하나에 해당하는 경우에는 제외한다.
    가. 제12조 제1항 제1호라목의 건축물로서 국토교통부장관이 정하는 건축물을 건축하는 경우
    나. 제13조에 따른 건축물의 건축으로서 개발제한구역 지정 이전에 조성된 기존 부지 안에서의 증축인 경우
5의2. 삭제
6. 제15조에 따른 취락지구의 지정 및 정비
7. 제16조에 따른 주민지원사업(이하 "주민지원사업"이라 한다)
8. 개발제한구역의 관리와 주민지원사업에 필요한 재원의 조달 및 운용
9. 그 밖에 개발제한구역의 합리적인 관리를 위하여 대통령령으로 정하는 사항
② 시·도지사가 관리계획을 변경하려면 국토교통부장관의 승인을 받아야 한다. 다만, 대통령령으로 정하는 경미한 사항을 변경하는 경우에는 승인을 받지 아니하여도 된다.

정답 ③

021 개발제한구역관리계획에 관한 설명으로 옳은 것은?

① 개발제한구역관리계획은 도시·군관리계획으로 결정한다.
② 국토교통부장관이 직접 관리계획을 수립하려면 중앙도시계획위원회의 심의를 거쳐야 한다.
③ 10년 단위로 수립하여 5년마다 재정비하여야 한다.
④ 시장·군수가 수립하여 시·도지사의 승인을 받아야 한다.

> 해설

제3조(개발제한구역의 지정 등) ① 국토교통부장관은 도시의 무질서한 확산을 방지하고 도시 주변의 자연환경을 보전하여 도시민의 건전한 생활환경을 확보하기 위하여 도시의 개발을 제한할 필요가 있거나 국방부장관의 요청으로 보안상 도시의 개발을 제한할 필요가 있다고 인정되면 개발제한구역의 지정 및 해제를 도시·군관리계획으로 결정할 수 있다.
② 개발제한구역의 지정 및 해제의 기준은 대상 도시의 인구·산업·교통 및 토지이용 등 경제적·사회적 여건과 도시 확산 추세, 그 밖의 지형 등 자연환경 여건을 종합적으로 고려하여 대통령령으로 정한다.

제8조(도시·군관리계획의 결정) ① 도시·군관리계획은 국토교통부장관이 결정한다.
② 국토교통부장관은 도시·군관리계획을 결정하려는 때에는 관계 중앙행정기관의 장과 미리 협의하여야 한다. 이 경우 협의를 요청받은 기관의 장은 그 요청을 받은 날부터 30일 이내에 의견을 제시하여야 한다.
③ 국토교통부장관은 도시·군관리계획을 결정하려는 때에는 「국토의 계획 및 이용에 관한 법률」 제106조에 따른 중앙도시계획위원회의 심의를 거쳐야 한다.

제11조(개발제한구역관리계획의 수립 등) ① 개발제한구역을 관할하는 시·도지사는 개발제한구역을 종합적으로 관리하기 위하여 5년 단위로 다음 각 호의 사항이 포함된 개발제한구역관리계획(이하 "관리계획"이라 한다)을 수립하여 국토교통부장관의 승인을 받아야 한다.
  1. 개발제한구역 관리의 목표와 기본방향
  2. 개발제한구역의 현황 및 실태에 대한 조사
  3. 개발제한구역의 토지이용 및 보전
  4. 개발제한구역에서 「국토의 계획 및 이용에 관한 법률」 제2조 제7호에 따른 도시·군계획시설(이하 "도시·군계획시설"이라 한다)의 설치. 다만, 제12조 제1항 제1호가목 및 나목의 시설 등으로서 국토교통부장관이 정하는 도시·군계획시설은 관리계획을 수립하지 아니할 수 있다.
  5. 개발제한구역에서 대통령령으로 정하는 규모 이상인 건축물의 건축 및 토지의 형질변경. 다만, 다음 각 목의 어느 하나에 해당하는 경우에는 제외한다.
     가. 제12조 제1항 제1호라목의 건축물로서 국토교통부장관이 정하는 건축물을 건축하는 경우
     나. 제13조에 따른 건축물의 건축으로서 개발제한구역 지정 이전에 조성된 기존 부지 안에서의 증축인 경우
  5의2. 삭제
  6. 제15조에 따른 취락지구의 지정 및 정비
  7. 제16조에 따른 주민지원사업(이하 "주민지원사업"이라 한다)
  8. 개발제한구역의 관리와 주민지원사업에 필요한 재원의 조달 및 운용
  9. 그 밖에 개발제한구역의 합리적인 관리를 위하여 대통령령으로 정하는 사항
② 시·도지사가 관리계획을 변경하려면 국토교통부장관의 승인을 받아야 한다. 다만, 대통령령으로 정하는 경미한 사항을 변경하는 경우에는 승인을 받지 아니하여도 된다.
③ 개발제한구역이 둘 이상의 특별시·광역시·특별자치시·도에 걸쳐 있으면 관계 시·도지사가 공동으로 관리계획을 수립하거나 협의하여 관리계획을 수립할 자를 정한다. 관계 시·도지사가 협의를 하였으나 협의가 성립되지 아니하면 국토교통부장관이 관리계획을 수립할 자를 지정한다.
④ 제1항 및 제3항에도 불구하고 제1항 제4호 및 제5호에 관한 사항이 「국토의 계획 및 이용에 관한 법률」 제2조 제14호에 따른 국가계획에 해당하는 경우에는 국토교통부장관이 직접 관할 시·도지사 및 시장·군수·구청장(자치구의 구청장을 말한다. 이하 같다)의 의견을 듣고 관리계획을 수립 또는 변경할 수 있다.
⑤ 시·도지사가 관리계획을 수립 또는 변경하려면 미리 관계 시장·군수 또는 구청장의 의견을 듣고 「국토의 계획 및 이용에 관한 법률」 제113조에 따른 지방도시계획위원회의 심의를 거쳐야 한다. 다만, 대통령령으로 정하는 경미한 사항을 변경하는 경우에는 그러하지 아니하다.

⑥ 특별자치시장·특별자치도지사나 제4항 또는 제5항에 따라 관리계획에 대한 의견을 제시하려는 관계 시·도지사, 시장·군수 또는 구청장은 대통령령으로 정하는 바에 따라 미리 주민의 의견을 들어야 한다. 다만, 국방을 위하여 기밀을 지켜야 할 필요가 있는 경우에는 주민의 의견을 듣지 아니하여도 된다.

⑦ 국토교통부장관이 제1항이나 제2항에 따라 관리계획의 수립 또는 변경에 대한 승인을 하거나 제4항에 따라 직접 관리계획을 수립 또는 변경하려면 관계 중앙행정기관의 장과 협의한 후 「국토의 계획 및 이용에 관한 법률」 제106조에 따른 중앙도시계획위원회의 심의를 거쳐야 한다.

정답 ②

022 개발제한구역의 지정 및 관리에 관한 특별조치법령에 따른 취락지구의 지정기준 및 정비에 관한 설명으로 틀린 것은?

① 취락을 구성하는 주택의 수가 10호 이상이어야 한다.
② 취락지구 1만m² 당 주택의 수가 원칙적으로 30호 이상이어야 한다.
③ 취락지구의 경계 설정 시 지목이 대인 경우에는 가능한 한 필지가 분할되지 아니하도록 한다.
④ 취락지구정비사업을 시행할 때에는 국토의 계획 및 이용에 관한 법률에 따라 취락지구를 지구단위계획구역으로 지정한다.

해설

정답 ②

023 개발제한구역의 지정목적에 해당되지 않는 것은?

① 도시의 무질서한 확산 방지
② 도시주변의 자연환경 보전
③ 도시민의 건전한 생활환경 확보
④ 도시 내 중요 시설 보호

해설

제1조(목적) 이 법은 「국토의 계획 및 이용에 관한 법률」 제38조에 따른 개발제한구역의 지정과 개발제한구역에서의 행위 제한, 주민에 대한 지원, 토지 매수, 그 밖에 개발제한구역을 효율적으로 관리하는 데에 필요한 사항을 정함으로써 도시의 무질서한 확산을 방지하고 도시 주변의 자연환경을 보전하여 도시민의 건전한 생활환경을 확보하는 것을 목적으로 한다.

정답 ④

024 다음 중 국토교통부장관이 개발제한구역이 해제된 지역에 대하여 해제 후 최초로 결정 되는 도시·군관리계획의 내용이 해제의 목적이나 용도에 부합하지 아니하는 경우, 도시·군관리계획을 조정하도록 요구할 수 있는 기간의 기준은?

① 도시·군관리계획이 결정·고시된 날부터 6개월 이내
② 도시·군관리계획이 결정·고시된 날부터 3개월 이내
③ 도시·군관리계획이 결정·고시된 날부터 1개월 이내
④ 도시·군관리계획이 결정·고시된 날부터 14월 이내

해설

정답 ②

025 개발제한구역관리계획에 관한 설명 중 옳지 않은 것은?

① 개발제한구역관리계획은 개발제한구역안의 취락지구의 지정 및 정비에 관한 사항을 포함하여야 한다.
② 개발제한구역관리계획을 승인하고자 할 경우에는 중앙도시계획위원회의 심의를 거쳐야 한다.
③ 개발제한구역관리계획은 5년 단위로 수립하여 국토교통부장관의 승인을 받아야 한다.
④ 개발제한구역관리계획에는 시설설치에 따라 수용될 토지 등의 세목이 첨부되어야 한다.

해설

정답 ④

026 개발제한구역에서의 행위제한 사항으로 거리가 먼 것은?

① 건축물의 건축 및 용도변경, 공작물의 설치
② 토지의 형질변경과 토지의 분할
③ 죽목의 재식과 간벌
④ 물건을 쌓아놓는 행위

해설

제12조(개발제한구역에서의 행위제한) ① 개발제한구역에서는 건축물의 건축 및 용도변경, 공작물의 설치, 토지의 형질변경, 죽목(竹木)의 벌채, 토지의 분할, 물건을 쌓아놓는 행위 또는 「국토의 계획 및 이용에 관한 법률」 제2조 제11호에 따른 도시·군계획사업(이하 "도시·군계획사업"이라 한다)의 시행을 할 수 없다. 다만, 다음 각 호의 어느 하나에 해당하는 행위를 하려는 자는 특별자치시장·특별자치도지사·시장·군수 또는 구청장(이하 "시장·군수·구청장"이라 한다)의 허가를 받아 그 행위를 할 수 있다.

1. 다음 각 목의 어느 하나에 해당하는 건축물이나 공작물로서 대통령령으로 정하는 건축물의 건축 또는 공작물의 설치와 이에 따르는 토지의 형질변경
   가. 공원, 녹지, 실외체육시설, 시장·군수·구청장이 설치하는 노인의 여가활용을 위한 소규모 실내 생활체육시설 등 개발제한구역의 존치 및 보전관리에 도움이 될 수 있는 시설
   나. 도로, 철도 등 개발제한구역을 통과하는 선형(線形)시설과 이에 필수적으로 수반되는 시설
   다. 개발제한구역이 아닌 지역에 입지가 곤란하여 개발제한구역 내에 입지하여야만 그 기능과 목적이 달성되는 시설
   라. 국방·군사에 관한 시설 및 교정시설
   마. 개발제한구역 주민과 「공익사업을 위한 토지 등의 취득 및 보상에 관한 법률」 제4조에 따른 공익사업의 추진으로 인하여 개발제한구역이 해제된 지역 주민의 주거·생활편익·생업을 위한 시설
1의2. 도시공원, 물류창고 등 정비사업을 위하여 필요한 시설로서 대통령령으로 정하는 시설을 정비사업 구역에 설치하는 행위와 이에 따르는 토지의 형질변경
2. 개발제한구역의 건축물로서 제15조에 따라 지정된 취락지구로의 이축(移築)
3. 「공익사업을 위한 토지 등의 취득 및 보상에 관한 법률」 제4조에 따른 공익사업(개발제한구역에서 시행하는 공익사업만 해당한다. 이하 이 항에서 같다)의 시행에 따라 철거된 건축물을 이축하기 위한 이주단지의 조성
3의2. 「공익사업을 위한 토지 등의 취득 및 보상에 관한 법률」 제4조에 따른 공익사업의 시행에 따라 철거되는 건축물 중 취락지구로 이축이 곤란한 건축물로서 개발제한구역 지정 당시부터 있던 주택, 공장 또는 종교시설을 취락지구가 아닌 지역으로 이축하는 행위
4. 건축물의 건축을 수반하지 아니하는 토지의 형질변경으로서 영농을 위한 경우 등 대통령령으로 정하는 토지의 형질변경
5. 벌채 면적 및 수량(樹量), 그 밖에 대통령령으로 정하는 규모 이상의 죽목(竹木) 벌채
6. 대통령령으로 정하는 범위의 토지 분할
7. 모래·자갈·토석 등 대통령령으로 정하는 물건을 대통령령으로 정하는 기간까지 쌓아 놓는 행위
8. 제1호 또는 제13조에 따른 건축물 중 대통령령으로 정하는 건축물을 근린생활시설 등 대통령령으로 정하는 용도로 용도변경하는 행위
9. 개발제한구역 지정 당시 지목(地目)이 대(垈)인 토지가 개발제한구역 지정 이후 지목이 변경된 경우로서 제1호마목의 시설 중 대통령령으로 정하는 건축물의 건축과 이에 따르는 토지의 형질변경

정답 ③

027 개발제한구역으로 지정하는 대상지역 기준으로 옳지 않은 것은?

① 도시의 정체성 확보 및 적정한 성장관리를 위하여 개발을 제한할 필요가 있는 지역
② 주민이 집단적으로 거주하는 취락으로서 주거환경의 개선 및 취락정비가 필요한 지역
③ 도시가 무질서하게 확산되는 것 또는 서로 인접한 도시가 시가지로 연결되는 것을 방지하기 위하여 개발을 제한할 필요가 있는 지역
④ 도시주변의 자연환경 및 생태계를 보전하고 도시민의 건전한 생활환경을 확보하기 위하여 개발을 제한할 필요가 있는 지역

해설

정답 ②

028 개발제한구역의 지정 및 관리에 관한 특별조치법상 개발제한구역을 관할하는 시 도지사는 몇 년 단위로 개발제한구역 관리 계획을 수립하여 승인 받아야 하는가?

① 2년 ② 3년
③ 5년 ④ 10년

해설

정답 ③

029 다음 중 개발제한구역에서 허가를 받아 그 행위를 할 수 있는 건축물의 용도변경에 해당하지 않는 경우는?

① 주택을 종교시설로 용도변경하는 행위
② 공장을 교육원 및 연구소로 용도변경하는 행위
③ 신축된 근린생활시설을 노래연습장으로 용도변경하는 행위
④ 주택을 다른 용도로 변경한 건축물을 다시 주택으로 용도변경하는 행위

해설

정답 ③

030 개발제한구역내 토지 중 매수청구가 있는 경우 매수대상여부와 매수예상가격 등을 매수청구인에게 알려주어야 하는 기간은?

① 토지의 매수를 청구받은 날부터 2개월 이내
② 토지의 매수를 청구받은 날부터 3개월 이내
③ 토지의 매수를 청구받은 날부터 6개월 이내
④ 토지의 매수를 청구받은 날부터 1년 이내

해설

제18조(매수청구의 절차 등) ① 국토교통부장관은 토지의 매수를 청구받은 날부터 2개월 이내에 매수대상 여부와 매수예상가격 등을 매수청구인에게 알려주어야 한다.
② 국토교통부장관은 제1항에 따라 매수대상토지임을 알린 경우에는 5년의 범위에서 대통령령으로 정하는 기간에 매수계획을 수립하여 그 매수대상토지를 매수하여야 한다.

③ 매수대상토지를 매수하는 가격(이하 "매수가격"이라 한다)은 「부동산 가격공시에 관한 법률」에 따른 공시지가를 기준으로 해당 토지의 위치·형상·환경 및 이용 상황 등을 고려하여 평가한 금액으로 한다. 이 경우 매수가격의 산정시기와 산정방법 등은 대통령령으로 정한다.
④ 제1항부터 제3항까지의 규정에 따라 매수한 토지는 「국가균형발전 특별법」에 따른 국가균형발전특별회계의 재산으로 귀속된다.
⑤ 제1항부터 제3항까지의 규정에 따라 토지를 매수하는 경우에 그 매수절차와 그 밖에 필요한 사항은 대통령령으로 정한다.

정답 ①

031 다음 중 국토교통부장관이 개발제한구역이 해제된 지역에 대하여 해제 후 최초로 결정되는 도시·군관리계획의 내용이 해제의 목적이나 용도에 부합하지 아니하는 경우, 도시·군관리계획을 조정하도록 요구할 수 있는 기간은?

① 도시·군관리계획이 결정·고시된 날부터 14일 이내
② 도시·군관리계획이 결정·고시된 날부터 1개월 이내
③ 도시·군관리계획이 결정·고시된 날부터 3개월 이내
④ 도시·군관리계획이 결정·고시된 날부터 6개월 이내

해설

정답 ③

032 개발제한구역관리계획에 관한 설명으로 옳지 않은 것은?

① 개발제한구역관리계획에는 시설설치에 따라 수용될 토지 등의 세목이 첨부되어야 한다.
② 개발제한구역관리계획은 5년 단위로 수립하여 국토교통부장관의 승인을 받아야 한다.
③ 개발제한구역관리계획을 승인하고자 할 경우에는 중앙도시계획위원회의 심의를 거쳐야 한다.
④ 개발제한구역관리계획은 개발제한구역안의 취락지구의 지정 및 정비에 관한 사항을 포함하여야 한다.

해설

정답 ①

033 국토교통부장관이 개발제한구역의 지정 및 해제를 도시·군관리계획으로 결정할 수 있는 경우로 가장 거리가 먼 것은?

① 도시의 무질서한 확산을 방지할 필요가 있는 경우
② 올림픽 등 국제행사에 대비하여 대규모 자연공간을 확보할 필요가 있는 경우
③ 국가보안상 도시의 개발을 제한할 필요가 있다고 인정되는 경우
④ 도시민의 건전한 생활환경을 확보하기 위하여 도시의 개발을 제한할 필요가 있는 경우

해설

정답 ②

---

034 개발제한구역의 지정에 따른 매수가격의 산정을 위한 감정평가 등에 드는 비용을 부담하는 자는?

① 대통령
② 국무총리
③ 국토교통부장관
④ 해당 지역의 시장·군수

해설

제19조(비용의 부담) ① 국토교통부장관은 매수가격의 산정을 위한 감정평가 등에 드는 비용을 부담한다.
② 국토교통부장관은 제1항에도 불구하고 매수청구인이 정당한 사유 없이 매수청구를 철회하면 대통령령으로 정하는 바에 따라 감정평가에 따르는 비용의 전부 또는 일부를 매수청구인에게 부담시킬 수 있다. 다만, 다음 각 호의 어느 하나에 해당하면 그러하지 아니하다.
  1. 매수예상가격에 비하여 매수가격이 대통령령으로 정하는 비율 이상으로 하락한 경우
  2. 법령의 개정·폐지나 오염원의 소멸 등 대통령령으로 정하는 원인으로 제17조 제1항에 따른 토지매수청구의 사유가 소멸된 경우
③ 매수청구인이 제2항 각 호 외의 부분 본문에 따라 부담하여야 하는 비용을 내지 아니하면 국세 체납처분의 예에 따라 징수한다.

정답 ③

Theme 09 도시개발법

001 환지방식에 의한 도시개발법에 있어서 청산금의 소멸 시효는?

① 1년
② 3년
③ 5년
④ 10년

> **해설**
>
> **제41조(청산금)** ① 환지를 정하거나 그 대상에서 제외한 경우 그 과부족분(過不足分)은 종전의 토지(제32조에 따라 입체 환지 방식으로 사업을 시행하는 경우에는 환지 대상 건축물을 포함한다. 이하 제42조 및 제45조에서 같다) 및 환지의 위치·지목·면적·토질·수리·이용 상황·환경, 그 밖의 사항을 종합적으로 고려하여 금전으로 청산하여야 한다.
> ② 제1항에 따른 청산금은 <u>환지처분을 하는 때에 결정</u>하여야 한다. 다만, 제30조나 제31조에 따라 환지 대상에서 제외한 토지등에 대하여는 청산금을 교부하는 때에 청산금을 결정할 수 있다.
>
> **제42조(환지처분의 효과)** ① 환지 계획에서 정하여진 환지는 그 <u>환지처분이 공고된 날의 다음 날부터 종전의 토지로 보며</u>, 환지 계획에서 환지를 정하지 아니한 종전의 토지에 있던 권리는 그 <u>환지처분이 공고된 날이 끝나는 때에 소멸</u>한다.
> ② 제1항은 행정상 처분이나 재판상의 처분으로서 종전의 토지에 전속(專屬)하는 것에 관하여는 영향을 미치지 아니한다.
> ③ 도시개발구역의 토지에 대한 지역권(地役權)은 제1항에도 불구하고 종전의 토지에 존속한다. 다만, 도시개발사업의 시행으로 행사할 이익이 없어진 지역권은 환지처분이 공고된 날이 끝나는 때에 소멸한다.
> ④ 제28조에 따른 환지 계획에 따라 환지처분을 받은 자는 환지처분이 공고된 날의 다음 날에 환지 계획으로 정하는 바에 따라 건축물의 일부와 해당 건축물이 있는 토지의 공유지분을 취득한다. 이 경우 종전의 토지에 대한 저당권은 환지처분이 공고된 날의 다음 날부터 해당 건축물의 일부와 해당 건축물이 있는 토지의 공유지분에 존재하는 것으로 본다.
> ⑤ 제34조에 따른 체비지는 시행자가, 보류지는 환지 계획에서 정한 자가 각각 환지처분이 공고된 날의 다음 날에 해당 소유권을 취득한다. 다만, 제36조 제4항에 따라 이미 처분된 체비지는 그 체비지를 매입한 자가 소유권 이전 등기를 마친 때에 소유권을 취득한다.
> ⑥ 제41조에 따른 청산금은 환지처분이 공고된 날의 다음 날에 확정된다.
>
> **제47조(청산금의 소멸시효)** 청산금을 받을 권리나 징수할 권리를 5년간 행사하지 아니하면 시효로 소멸한다.

정답 ③

002 다음은 도시개발법상 환지를 정한 토지에 대한 일반적인 청산금 징수시기에 관한 것이다. 옳은 것은?

① 등기완료 후
② 공사시행 완료 보고 후
③ 환지처분 공고가 있은 후
④ 환지계획 인가 후

해설

제46조(청산금의 징수·교부 등) ① 시행자는 환지처분이 공고된 후에 확정된 청산금을 징수하거나 교부하여야 한다. 다만, 제30조와 제31조에 따라 환지를 정하지 아니하는 토지에 대하여는 환지처분 전이라도 청산금을 교부할 수 있다.
② 청산금은 대통령령으로 정하는 바에 따라 이자를 붙여 분할징수하거나 분할교부할 수 있다.
③ 행정청인 시행자는 청산금을 내야 할 자가 이를 내지 아니하면 국세 또는 지방세 체납처분의 예에 따라 징수할 수 있으며, 행정청이 아닌 시행자는 특별자치도지사·시장·군수 또는 구청장에게 청산금의 징수를 위탁할 수 있다. 이 경우 제16조 제5항을 준용한다.
④ 청산금을 받을 자가 주소 불분명 등의 이유로 청산금을 받을 수 없거나 받기를 거부하면 그 청산금을 공탁할 수 있다.

정답 ③

003 도시개발법에 의하여 도시개발구역으로 지정할 수 있는 규모 기준으로 바른 것은?

① 도시지역안의 주거지역: 1만제곱미터 이상
② 도시지역안의 자연녹지지역: 3만제곱미터 이상
③ 도시지역안의 공업지역: 3만제곱미터 이상
④ 도시지역외의 지역: 30만제곱미터 이상

해설

영 제2조(도시개발구역의 지정대상지역 및 규모) ① 「도시개발법」(이하 "법"이라 한다) 제3조에 따라 도시개발구역으로 지정할 수 있는 대상 지역 및 규모는 다음과 같다.
  1. 도시지역
    가. 주거지역 및 상업지역: 1만 제곱미터 이상
    나. <u>공업지역: 3만 제곱미터 이상</u>
    다. 자연녹지지역: 1만 제곱미터 이상
    라. 생산녹지지역(생산녹지지역이 도시개발구역 지정면적의 100분의 30 이하인 경우만 해당된다): 1만 제곱미터 이상

2. 도시지역 외의 지역: 30만 제곱미터 이상. 다만, 「건축법 시행령」 별표 1 제2호의 공동주택 중 아파트 또는 연립주택의 건설계획이 포함되는 경우로서 다음 요건을 모두 갖춘 경우에는 10만제곱미터 이상으로 한다.
    가. 도시개발구역에 초등학교용지를 확보(도시개발구역 내 또는 도시개발구역으로부터 통학이 가능한 거리에 학생을 수용할 수 있는 초등학교가 있는 경우를 포함한다)하여 관할 교육청과 협의한 경우
    나. 도시개발구역에서 「도로법」 제12조부터 제15조까지의 규정에 해당하는 도로 또는 국토교통부령으로 정하는 도로와 연결되거나 4차로 이상의 도로를 설치하는 경우

정답 ②

004 다음 중 환지에 의한 도시개발법에서 규정하는 설명이 옳지 않은 것은?

① 청산금은 청산금 교부시에 결정하여야 한다.
② 관련 규정에 의하여 주택으로 환지하는 경우에 동 주택에 대하여는 주택법의 규정에 의한 주택의 공급에 관한 기준을 적용하지 아니한다.
③ 시행자는 토지면적의 규모를 조정할 특별한 필요가 있는 때에는 면적이 작은 토지에 대하여는 과소토지가 되지 아니하도록 면적을 증가하여 환지를 정하거나 환지대상에서 제외할 수 있다.
④ 환지를 청하거나 그 대상에서 제외한 경우에 그 과부족분에 대하여는 종전의 토지 및 환지의 위치·지목·면적·토질·환경 등 기타의 사항을 종합적으로 고려하여 금전으로 이를 청산하여야 한다.

해설

제31조(토지면적을 고려한 환지) ① 시행자는 토지 면적의 규모를 조정할 특별한 필요가 있으면 면적이 작은 토지는 과소(過小) 토지가 되지 아니하도록 면적을 늘려 환지를 정하거나 환지 대상에서 제외할 수 있고, 면적이 넓은 토지는 그 면적을 줄여서 환지를 정할 수 있다.
② 제1항의 과소 토지의 기준이 되는 면적은 대통령령으로 정하는 범위에서 시행자가 규약·정관 또는 시행규정으로 정한다.
제32조의3(입체 환지에 따른 주택 공급 등) ① 시행자는 입체 환지로 건설된 주택 등 건축물을 제29조에 따라 인가된 환지 계획에 따라 환지신청자에게 공급하여야 한다. 이 경우 주택을 공급하는 경우에는 「주택법」 제54조에 따른 주택의 공급에 관한 기준을 적용하지 아니한다.
제41조(청산금) ① 환지를 정하거나 그 대상에서 제외한 경우 그 과부족분(過不足分)은 종전의 토지(제32조에 따라 입체 환지 방식으로 사업을 시행하는 경우에는 환지 대상 건축물을 포함한다. 이하 제42조 및 제45조에서 같다) 및 환지의 위치·지목·면적·토질·수리·이용 상황·환경, 그 밖의 사항을 종합적으로 고려하여 금전으로 청산하여야 한다.
② 제1항에 따른 **청산금은 환지처분을 하는 때에 결정**하여야 한다. 다만, 제30조나 제31조에 따라 환지 대상에서 제외한 토지등에 대하여는 청산금을 교부하는 때에 청산금을 결정할 수 있다.

정답 ①

005 도시개발법령상 사업시행자의 환지처분 절차가 맞는 것은?

① 공사관계서류의 공람→공사완료의 공고→의견수렴→환지처분
② 공사관계서류의 공람→의견수렴→환지처분→공사완료의 공고
③ 공사완료의 공고→공사관계서류의 공람→의견수렴→환지처분
④ 환지처분→공사관계서류의 공람→의견수렴→공사완료의 공고

해설

정답 ③

006 다음의 도시개발법에 관한 내용 중 ( )안에 공통으로 들어갈 말로 알맞은 것은?

> 제10조(도시개발구역 지정의 해제) ① 도시개발구역의 지정은 다음 각 호의 어느 하나에 규정된 날의 다음 날에 해제된 것으로 본다.
> 1. 도시개발구역이 지정·고시된 날부터 ( )이 되는 날까지 제17조에 따른 실시계획의 인가를 신청하지 아니하는 경우에는 그 ( )이 되는 날

① 2년　　　　　　　　　② 3년
③ 5년　　　　　　　　　④ 7년

해설

제10조(도시개발구역 지정의 해제) ① 도시개발구역의 지정은 다음 각 호의 어느 하나에 규정된 날의 다음 날에 해제된 것으로 본다.
1. 도시개발구역이 지정·고시된 날부터 3년이 되는 날까지 제17조에 따른 실시계획의 인가를 신청하지 아니하는 경우에는 그 3년이 되는 날
2. 도시개발사업의 공사 완료(환지 방식에 따른 사업인 경우에는 그 환지처분)의 공고일

정답 ②

007 도시개발법에 의하여 도시개발구역으로 지정할 수 있는 규모 기준으로 옳지 않은 것은?

① 도시지역안의 주거지역: 1만제곱미터 이상
② 도시지역안의 자연녹지지역: 3만제곱미터 이상
③ 도시지역안의 공업지역: 3만제곱미터 이상
④ 도시지역안의 지역: 30만제곱미터 이상

해설

정답 ②

008 도시개발법령상 사업시행자의 환지처분 절차가 맞는 것은?

① 공사관계서류의 공람→공사완료의 공고→의견수렴→환지처분
② 공사관계서류의 공람→의견수렴→환지처분→공사완료의 공고
③ 공사완료의 공고→공사관계서류의 공람→의견수렴→환지처분
④ 환지처분→공사관계서류의 공람→의견수렴→공사완료의 공고

해설

정답 ③

009 다음 중 협의의 환지처분에 해당하지 않는 것은?

① 적응환지처분
② 입체환지처분
③ 증환지처분
④ 감환지처분

해설

○ 협의의 환지처분
1. 적응환지처분
   토지상에 존재하던 임차권, 지상권 등에 대하여 토지이용상황 등을 감안하여 환지지정

2. 증환지 처분
   과소토지기준에 미달하는 경우 그 기준 면적 이상으로 환지를 지정하여 처분(증가된 대지는 금전청산)

3. 감환지 처분
   증환지 처분을 충당하기 위하여 토지소유와 관계없이 적응환지의 면적을 감하여 지정처분(감소된 대지는 금전청산)

○ 광의의 환지처분
1. 권리자의 동의를 요건으로 하는 환지부지정 처분(금전청산)
2. 과소토지에 대한 환지부지정 처분
3. 입체환지처분
4. 보류지(체비지)처분

정답 ②

010
환지계획에 있어서 과소 대지가 되지 아니하게 하기 위하여 토지소유자의 동의하에 토지에 갈음하여 건축물이 있는 토지의 공유지분을 주도록 하는 것은?

① 청산환지　　② 평면환지
③ 입체환지　　④ 절충환지

해설

제32조(입체 환지) ① 시행자는 도시개발사업을 원활히 시행하기 위하여 특히 필요한 경우에는 <u>토지 또는 건축물 소유자의 신청을 받아 건축물의 일부와 그 건축물이 있는 토지의 공유지분을 부여할 수 있다</u>. 다만, 토지 또는 건축물이 대통령령으로 정하는 기준 이하인 경우에는 시행자가 규약·정관 또는 시행규정으로 신청대상에서 제외할 수 있다.
② 삭제
③ 제1항에 따른 입체 환지의 경우 시행자는 제28조에 따른 환지 계획 작성 전에 실시계획의 내용, 환지 계획 기준, 환지 대상 필지 및 건축물의 명세, 환지신청 기간 등 대통령령으로 정하는 사항을 토지 소유자(건축물 소유자를 포함한다. 이하 제4항, 제32조의3 및 제35조부터 제45조까지에서 입체 환지 방식으로 사업을 시행하는 경우에서 같다)에게 통지하고 해당 지역에서 발행되는 일간신문에 공고하여야 한다.
④ 제1항에 따른 입체 환지의 신청 기간은 제3항에 따라 통지한 날부터 30일 이상 60일 이하로 하여야 한다. 다만, 시행자는 제28조 제1항에 따른 환지 계획의 작성에 지장이 없다고 판단하는 경우에는 20일의 범위에서 그 신청기간을 연장할 수 있다.
⑤ 입체 환지를 받으려는 토지 소유자는 제3항에 따른 환지신청 기간 이내에 대통령령으로 정하는 방법 및 절차에 따라 시행자에게 환지신청을 하여야 한다.
⑥ 입체 환지 계획의 작성에 관하여 필요한 사항은 국토교통부장관이 정할 수 있다.

정답 ③

011
환지방식에 의한 도시개발사업에 있어서 용도 폐지되는 종전의 공공시설 용지에 대한 환지계획의 기준은?

① 면적주의　　② 평가주의
③ 총액주의　　④ 환지를 정하지 않음

해설

제33조(공공시설의 용지 등에 관한 조치) ① 「공익사업을 위한 토지 등의 취득 및 보상에 관한 법률」 제4조 각 호의 어느 하나에 해당하는 공공시설의 용지에 대하여는 환지 계획을 정할 때 그 위치·면적 등에 관하여 제28조 제2항에 따른 기준을 적용하지 아니할 수 있다.
② 시행자가 도시개발사업의 시행으로 국가 또는 지방자치단체가 소유한 공공시설과 대체되는 공공시설을 설치하는 경우 **종전의 공공시설의 전부 또는 일부의 용도가 폐지되거나 변경되어 사용하지 못하게 될 토지는 제66조 제1항 및 제2항에도 불구하고 환지를 정하지 아니하며**, 이를 다른 토지에 대한 환지의 대상으로 하여야 한다.

정답 ④

012 택지개발촉진법상 토지개발사업을 시행함에 있어 도시개발법에 의한 도시개발을 실시할 수 있는 경우는?

① 당해 지역의 지가가 인근의 다른 택지개발예정지구의 지가에 비하여 현저히 높아, 환지방식 외의 다른 방법으로써는 택지개발이 심히 곤란한 때
② 택지개발예정지구와 도시개발구역이 동시에 결정된 때
③ 당해 지역의 토지소유자 및 이해관계인이 동의한 때
④ 국가, 지방자치단체, 한국토지공사와 대한주택공사 전부가 사업시행을 원하지 않을 때

해설

제9조(택지개발사업 실시계획의 작성 및 승인 등)
⑤ 시행자는 택지개발사업을 시행할 때 대통령령으로 정하는 특별한 사유가 있는 경우에는 「도시개발법」에 따른 도시개발사업을 실시할 수 있다.

> **영 제8조(실시계획의 작성 및 승인 등)**
> ⑧ 법 제9조 제5항에서 "대통령령으로 정하는 특별한 사유가 있는 경우"란 택지개발지구가 다음 각 호의 어느 하나에 해당하는 경우를 말한다.
> 1. 택지개발지구 지정 당시 이미 「도시개발법」 제3장제3절에 따른 환지 방식(이하 이 조에서 "환지방식"이라 한다)으로 도시개발사업을 시행하기 위하여 도시개발구역으로 결정·고시된 지역에 해당하는 경우
> 2. 해당 지역의 지가가 인근의 다른 택지개발지구의 지가에 비하여 현저히 높아 환지방식 외의 방법으로는 택지개발이 매우 곤란한 경우
> 3. 택지개발지구에 집단취락이나 건축물 등이 다수 포함되어 있어 주민의 이주 및 생활대책 수립, 그 밖에 사업지구의 특성 등을 고려하여 환지방식 또는 「도시개발법」 제21조 제1항에 따른 혼용방식에 따른 사업시행이 필요하다고 인정되는 경우

정답 ① 택지개발촉진법 참조.

013 도시개발법상 환지를 정한 토지에 대한 일반적인 청산금 징수시기는?

① 등기완료 후
② 공사시행 완료 보고 후
③ 환지처분 공고 후
④ 환지계획 인가 후

해설

정답 ③

014 도시개발법상 도시개발구역의 지정권자가 도시개발사업의 시행자를 변경할 수 있는 경우에 해당되지 않는 것은?

① 시행자가 도시개발사업에 관한 실시계획의 인가를 받은 후 5년 이내에 조합 설립의 인가를 받지 아니하는 경우
② 시행자로 지정된 자가 대통령령으로 정하는 기간에 도시개발사업에 관한 실시계획의 인가를 신청하지 아니하는 경우
③ 행정처분으로 시행자의 지정이나 실시계획의 인가가 취소된 경우
④ 시행자의 부도로 도시개발사업의 목적을 달성하기 어렵다고 인정되는 경우

> **해설**

제11조(시행자 등) ① 도시개발사업의 시행자(이하 "시행자"라 한다)는 다음 각 호의 자 중에서 지정권자가 지정한다. 다만, 도시개발구역의 전부를 환지 방식으로 시행하는 경우에는 제5호의 토지 소유자나 제6호의 조합을 시행자로 지정한다.
 1. 국가나 지방자치단체
 2. 대통령령으로 정하는 공공기관
 3. 대통령령으로 정하는 정부출연기관
 4. 「지방공기업법」에 따라 설립된 지방공사
 5. 도시개발구역의 토지 소유자(「공유수면 관리 및 매립에 관한 법률」 제28조에 따라 면허를 받은 자를 해당 공유수면을 소유한 자로 보고 그 공유수면을 토지로 보며, 제21조에 따른 수용 또는 사용 방식의 경우에는 도시개발구역의 국공유지를 제외한 토지면적의 3분의 2 이상을 소유한 자를 말한다)
 6. 도시개발구역의 토지 소유자(「공유수면 관리 및 매립에 관한 법률」 제28조에 따라 면허를 받은 자를 해당 공유수면을 소유한 자로 보고 그 공유수면을 토지로 본다)가 도시개발을 위하여 설립한 조합(도시개발사업의 전부를 환지 방식으로 시행하는 경우에만 해당하며, 이하 "조합"이라 한다)
 7. 「수도권정비계획법」에 따른 과밀억제권역에서 수도권 외의 지역으로 이전하는 법인 중 과밀억제권역의 사업 기간 등 대통령령으로 정하는 요건에 해당하는 법인
 8. 「주택법」 제4조에 따라 등록한 자 중 도시개발사업을 시행할 능력이 있다고 인정되는 자로서 대통령령으로 정하는 요건에 해당하는 자(「주택법」 제2조 제12호에 따른 주택단지와 그에 수반되는 기반시설을 조성하는 경우에만 해당한다)
 9. 「건설산업기본법」에 따른 토목공사업 또는 토목건축공사업의 면허를 받는 등 개발계획에 맞게 도시개발사업을 시행할 능력이 있다고 인정되는 자로서 대통령령으로 정하는 요건에 해당하는 자
 9의2. 「부동산개발업의 관리 및 육성에 관한 법률」 제4조 제1항에 따라 등록한 부동산개발업자로서 대통령령으로 정하는 요건에 해당하는 자
 10. 「부동산투자회사법」에 따라 설립된 자기관리부동산투자회사 또는 위탁관리부동산투자회사로서 대통령령으로 정하는 요건에 해당하는 자
 11. 제1호부터 제9호까지, 제9호의2 및 제10호에 해당하는 자(제6호에 따른 조합은 제외한다)가 도시개발사업을 시행할 목적으로 출자에 참여하여 설립한 법인으로서 대통령령으로 정하는 요건에 해당하는 법인
⑧ **지정권자는 다음 각 호의 어느 하나에 해당하는 경우에는 시행자를 변경할 수 있다.**
 1. 도시개발사업에 관한 실시계획의 인가를 받은 후 2년 이내에 사업을 착수하지 아니하는 경우
 2. 행정처분으로 시행자의 지정이나 실시계획의 인가가 취소된 경우
 3. 시행자의 부도·파산, 그 밖에 이와 유사한 사유로 도시개발사업의 목적을 달성하기 어렵다고 인정되는 경우

4. 제1항 단서에 따라 시행자로 지정된 자가 대통령령으로 정하는 기간에 도시개발사업에 관한 실시계획의 인가를 신청하지 아니하는 경우

> **영 제24조(시행자의 변경)** 법 제11조 제8항 제4호에서 "대통령령으로 정하는 기간"이란 법 제9조 제1항에 따른 도시개발구역 지정의 고시일부터 1년 이내를 말한다. 다만, 지정권자가 실시계획의 인가신청기간의 연장이 불가피하다고 인정하여 6개월의 범위에서 연장한 경우에는 그 연장된 기간을 말한다.

⑨ 제5항에 따라 도시개발구역의 지정을 제안하는 경우 도시개발구역의 규모, 제안 절차, 제출 서류, 기초조사 등에 관하여 필요한 사항은 제3조 제5항과 제6조를 준용한다.
⑩ 제2항 제3호 및 제6항에 따른 동의자 수의 산정방법, 동의절차, 그 밖에 필요한 사항은 대통령령으로 정한다.
⑪ 제1항 제1호부터 제4호까지의 규정에 해당하는 자는 도시개발사업을 효율적으로 시행하기 위하여 필요한 경우에는 대통령령으로 정하는 바에 따라 설계·분양 등 도시개발사업의 일부를 「주택법」 제4조에 따른 주택건설사업자 등으로 하여금 대행하게 할 수 있다.

정답 ①

015 도시개발법령상 도시개발구역으로 지정할 수 있는 대상지역과 규모 기준이 잘못 연결된 것은?

① 도시지역 외의 지역: 300,000m² 이상(단, 건축법 시행령에 의한 공동주택 중 아파트 또는 연립주택의 건설계획이 포함되고 기타의 요건을 갖추어 200,000m² 이상으로 할 수 있는 경우도 있음)
② 도시지역의 자연녹지지역: 10,000m² 이상
③ 도시지역의 공업지역: 20,000m² 이상
④ 도시지역의 주거지역 및 상업지역: 10,000m² 이상

해설

정답 ③

016 도시개발법령에 따른 도시개발구역의 지정대상지역 및 규모 기준이 옳지 않은 것은?

① 도시지역 안의 상업지역 : 10,000m² 이상
② 도시지역 안의 주거지역 : 30,000m² 이상
③ 도시지역 안의 공업지역 : 30,000m² 이상
④ 도시지역 외의 지역 : 300,000m² 이상

해설

정답 ②

017 다음 중 수도권정비계획법령에 따른 대규모개발사업의 종류에 해당하지 않는 것은?

① 관광진흥법에 따른 관광단지 조성사업
② 도시개발법에 따른 도시재개발사업
③ 산업집적활성화 및 공장설립에 관한 법률에 따른 공장설립을 위한 공장용지조성사업
④ 택지개발촉진법에 따른 택지개발사업

> 해설

정답 ②

---

018 다음 중 도시개발법상 원칙적으로 도시개발구역을 지정할 수 없는 자는?

① 특별시장
② 도지사
③ 구청장
④ 광역시장

> 해설

제3조(도시개발구역의 지정 등) ① 다음 각 호의 어느 하나에 해당하는 자는 계획적인 도시개발이 필요하다고 인정되는 때에는 도시개발구역을 지정할 수 있다.
  1. 특별시장·광역시장·도지사·특별자치도지사(이하 "시·도지사"라 한다)
  2. 「지방자치법」 제175조에 따른 서울특별시와 광역시를 제외한 인구 50만 이상의 대도시의 시장(이하 "대도시 시장"이라 한다)
② 도시개발사업이 필요하다고 인정되는 지역이 둘 이상의 특별시·광역시·도·특별자치도(이하 "시·도"라 한다) 또는 「지방자치법」 제175조에 따른 서울특별시와 광역시를 제외한 인구 50만 이상의 대도시(이하 이 조 및 제8조에서 "대도시"라 한다)의 행정구역에 걸치는 경우에는 관계 시·도지사 또는 대도시 시장이 협의하여 도시개발구역을 지정할 자를 정한다.
③ 국토교통부장관은 다음 각 호의 어느 하나에 해당하면 제1항과 제2항에도 불구하고 도시개발구역을 지정할 수 있다.
  1. 국가가 도시개발사업을 실시할 필요가 있는 경우
  2. 관계 중앙행정기관의 장이 요청하는 경우
  3. 제11조 제1항 제2호에 따른 공공기관의 장 또는 같은 항 제3호에 따른 정부출연기관의 장이 대통령령으로 정하는 규모 이상으로서 국가계획과 밀접한 관련이 있는 도시개발구역의 지정을 제안하는 경우
  4. 제2항에 따른 협의가 성립되지 아니하는 경우
  5. 그 밖에 대통령령으로 정하는 경우
④ 시장(대도시 시장은 제외한다)·군수 또는 구청장(자치구의 구청장을 말한다. 이하 같다)은 대통령령으로 정하는 바에 따라 시·도지사에게 도시개발구역의 지정을 요청할 수 있다.
⑤ 제1항에 따라 도시개발구역을 지정하거나 그 지정을 요청하는 경우 도시개발구역의 지정대상 지역 및 규모, 요청 절차, 제출 서류 등에 필요한 사항은 대통령령으로 정한다.

정답 ③

019 다음 중 도시개발법에 따른 도시개발구역의 지정권자에 포함되지 않는 자는?

① 국토교통부장관　② 도지사
③ 구청장　　　　　④ 광역시장

> 해설

정답 ③

020 다음 중 도시개발법상 도시개발구역의 지정권자가 도시개발사업의 시행자를 변경할 수 있는 경우에 해당하지 않는 것은?

① 도시개발사업에 관한 기초조사를 실시한 결과가 포함된 기본계획을 제출하지 않은 경우
② 시행자로 지정된 자가 대통령령으로 정하는 기간에 도시개발사업에 관한 실시 계획의 인가를 신청하지 아니하는 경우
③ 행정처분으로 시행자의 지정이나 실시계획의 인가가 취소된 경우
④ 시행자의 부도로 도시개발사업의 목적을 달성하기 어렵다고 인정되는 경우

> 해설

제4조(개발계획의 수립 및 변경) ① 지정권자는 도시개발구역을 지정하려면 해당 도시개발구역에 대한 도시개발사업의 계획(이하 "개발계획"이라 한다)을 수립하여야 한다. 다만, 제2항에 따라 개발계획을 공모하거나 대통령령으로 정하는 지역에 도시개발구역을 지정할 때에는 도시개발구역을 지정한 후에 개발계획을 수립할 수 있다.
② 지정권자는 창의적이고 효율적인 도시개발사업을 추진하기 위하여 필요한 경우에는 대통령령으로 정하는 바에 따라 개발계획안을 공모하여 선정된 안을 개발계획에 반영할 수 있다. 이 경우 선정된 개발계획안의 응모자가 제11조 제1항에 따른 자격 요건을 갖춘 자인 경우에는 해당 응모자를 우선하여 시행자로 지정할 수 있다.
③ 지정권자는 직접 또는 제3조 제3항 제2호 및 같은 조 제4항에 따른 관계 중앙행정기관의 장 또는 시장(대도시 시장은 제외한다)·군수·구청장 또는 제11조 제1항에 따른 도시개발사업의 시행자의 요청을 받아 개발계획을 변경할 수 있다.
④ 지정권자는 환지(換地) 방식의 도시개발사업에 대한 개발계획을 수립하려면 환지 방식이 적용되는 지역의 토지면적의 3분의 2 이상에 해당하는 토지 소유자와 그 지역의 토지 소유자 총수의 2분의 1 이상의 동의를 받아야 한다. 환지 방식으로 시행하기 위하여 개발계획을 변경(대통령령으로 정하는 경미한 사항의 변경은 제외한다)하려는 경우에도 또한 같다.
⑤ 지정권자는 도시개발사업을 환지 방식으로 시행하려고 개발계획을 수립하거나 변경할 때에 도시개발사업의 시행자가 제11조 제1항 제1호에 해당하는 자이면 제4항에도 불구하고 토지 소유자의 동의를 받을 필요가 없다.
⑥ 지정권자가 도시개발사업의 전부를 환지 방식으로 시행하려고 개발계획을 수립하거나 변경할 때에 도시개발사업의 시행자가 제11조 제1항 제6호의 조합에 해당하는 경우로서 조합이 성립된 후 총회에서 도시개발구역의 토지면적의 3분의 2 이상에 해당하는 조합원과 그 지역의 조합원 총수의 2분의 1 이상의 찬성으로 수립 또는 변경을 의결한 개발계획을 지정권자에게 제출한 경우에는 제4항에도 불구하고 토지 소유자의 동의를 받은 것으로 본다.

⑦ 제4항에 따른 동의자 수의 산정방법, 동의절차, 그 밖에 필요한 사항은 대통령령으로 정한다.

제11조(시행자 등)

⑧ 지정권자는 다음 각 호의 어느 하나에 해당하는 경우에는 시행자를 변경할 수 있다.
   1. 도시개발사업에 관한 실시계획의 인가를 받은 후 2년 이내에 사업을 착수하지 아니하는 경우
   2. 행정처분으로 시행자의 지정이나 실시계획의 인가가 취소된 경우
   3. 시행자의 부도·파산, 그 밖에 이와 유사한 사유로 도시개발사업의 목적을 달성하기 어렵다고 인정되는 경우
   4. 제1항 단서에 따라 시행자로 지정된 자가 대통령령으로 정하는 기간에 도시개발사업에 관한 실시계획의 인가를 신청하지 아니하는 경우

> **영 제24조(시행자의 변경)** 법 제11조 제8항 제4호에서 "대통령령으로 정하는 기간"이란 법 제9조 제1항에 따른 도시개발구역 지정의 고시일부터 1년 이내를 말한다. 다만, 지정권자가 실시계획의 인가신청기간의 연장이 불가피하다고 인정하여 6개월의 범위에서 연장한 경우에는 그 연장된 기간을 말한다.

정답 ①

---

021 다음 중 도시개발법령에 따라 도시개발구역으로 지정할 수 있는 대상지역과 규모 기준이 옳은 것은?

① 도시지역 중 주거지역 : 3만 제곱미터 이상
② 도시지역 중 공업지역 : 5만 제곱미터 이상
③ 도시지역 중 자연녹지지역 : 1만 제곱미터 이상
④ 도시지역 외의 지역 : 66만 제곱미터 이상

해설

정답 ③

---

022 도시개발법에 따라 도시개발구역으로 지정할 수 있는 대상지역 및 규모 기준이 틀린 것은?(단, 도시지역의 경우이다.)

① 주거지역 : 1만m² 이상
② 공업지역 : 3만m² 이상
③ 자연녹지지역 : 1만m² 이상
④ 상업지역 : 3만m² 이상

해설

정답 ④

023 도시개발법에 따른 아래 내용에서 ( )에 들어갈 내용이 모두 옳은 것은?

> 조합 설립의 인가를 신청하려면 해당 도시개발구역의 토지면적의 ( ) 이상에 해당하는 토지 소유자와 그 구역의 토지 소유자 총수의 ( ) 이상의 동의를 받아야 한다.

① ① 3분의 2, ② 3분의 2
② ① 3분의 2, ② 2분의 1
③ ① 2분의 1, ② 3분의 2
④ ① 2분의 1, ② 2분의 1

해설

제13조(조합 설립의 인가) ① 조합을 설립하려면 도시개발구역의 토지 소유자 7명 이상이 대통령령으로 정하는 사항을 포함한 정관을 작성하여 지정권자에게 조합 설립의 인가를 받아야 한다.
② 조합이 제1항에 따라 인가를 받은 사항을 변경하려면 지정권자로부터 변경인가를 받아야 한다. 다만, 대통령령으로 정하는 경미한 사항을 변경하려는 경우에는 신고하여야 한다.
③ 제1항에 따라 조합 설립의 인가를 신청하려면 해당 도시개발구역의 토지면적의 3분의 2 이상에 해당하는 토지 소유자와 그 구역의 토지 소유자 총수의 2분의 1 이상의 동의를 받아야 한다.
④ 제3항에 따른 동의자 수의 산정방법 및 동의절차, 그 밖에 필요한 사항은 대통령령으로 정한다.

정답 ②

024 도시개발법에 따르면 청산금을 받을 권리나 징수할 권리를 얼마동안 행사하지 아니하면 시효로 소멸하는가?

① 1년
② 3년
③ 5년
④ 10년

해설

정답 ③

025 수도권정비계획법의 정의에 따른 "대규모 개발사업" 기준이 틀린 것은?

① 「택지개발촉진법」에 따른 택지개발사업으로서 그 면적이 100만m² 이상인 것
② 「주택법」에 따른 주택건설사업으로서 그 면적이 100만m² 이상인 것
③ 「도시개발법」에 따른 도시개발사업으로서 그 면적이 10만m² 이상인 것
④ 「산업입지 및 개발에 관한 법률」에 따른 산업단지 개발사업으로서 그 면적이 30만m² 이상인 것

해설

영 제4조(대규모 개발사업의 종류 등) 법 제2조 제4호에서 "대통령령으로 정하는 종류 및 규모 이상의 사업"이란 다음 각 호의 어느 하나에 해당하는 사업을 말한다. 이 경우 같은 목적으로 여러 번에 걸쳐 부분적으로 개발하거나 연접하여 개발함으로써 사업의 전체 면적이 다음 각 호의 어느 하나로 정하는 규모 이상이 되는 사업을 포함한다.

1. 다음 각 목의 어느 하나에 해당하는 택지조성사업(이하 "택지조성사업"이라 한다)으로서 그 면적이 100만제곱미터 이상인 것
   가. 「택지개발촉진법」에 따른 택지개발사업
   나. 「주택법」에 따른 주택건설사업 및 대지조성사업
   다. 「산업입지 및 개발에 관한 법률」에 따른 산업단지 및 특수지역에서의 주택지 조성사업
2. 다음 각 목의 어느 하나에 해당하는 공업용지조성사업(이하 "공업용지조성사업"이라 한다)으로서 그 면적이 30만제곱미터 이상인 것
   가. 「산업입지 및 개발에 관한 법률」에 따른 산업단지개발사업 및 특수지역개발사업
   나. 「자유무역지역의 지정 및 운영에 관한 법률」에 따른 자유무역지역 조성사업
   다. 「중소기업진흥에 관한 법률」에 따른 중소기업협동화단지 조성사업
   라. 「산업집적활성화 및 공장설립에 관한 법률」에 따른 공장설립을 위한 공장용지 조성사업
3. 다음 각 목의 어느 하나에 해당하는 관광지조성사업(이하 "관광지조성사업"이라 한다)으로서 시설계획지구의 면적이 10만제곱미터 이상인 것. 다만, 공유수면매립지에서 시행하는 관광지조성사업은 30만제곱미터 이상인 것으로 한다.
   가. 「관광진흥법」에 따른 관광지 및 관광단지 조성사업과 관광시설 조성사업
   나. 「국토의 계획 및 이용에 관한 법률」에 따른 유원지 설치사업
   다. 「온천법」에 따른 온천이용시설 설치사업
4. 「도시개발법」에 따른 도시개발사업(이하 "도시개발사업"이라 한다)으로서 그 면적이 100만제곱미터 이상인 것 또는 그 면적이 100만제곱미터 미만인 도시개발사업으로서 공업용도로 구획되는 면적이 30만제곱미터 이상인 것
5. 「지역 개발 및 지원에 관한 법률」에 따른 지역개발사업(법률 제12737호 지역 개발 및 지원에 관한 법률 부칙 제4조 제3항에 따라 지역개발사업구역으로 보는 종전의 「지역균형개발 및 지방중소기업 육성에 관한 법률」에 따라 지정·고시된 지역종합개발지구에서 시행하는 지역개발사업만 해당한다. 이하 이 호에서 같다)으로서 그 면적이 100만제곱미터 이상인 것과 그 면적이 100만제곱미터 미만인 지역개발사업으로서 공업용도로 구획되는 면적이 30만제곱미터 이상인 것 또는 10만제곱미터 이상의 관광단지가 포함된 것

정답 ③

026 도시개발법상 환지방식으로 사업을 시행하는 경우 시행자가 청산금을 징수하거나 교부하는 시기 기준은? (단, 환지를 정하지 아니하는 토지에 대한 경우는 고려하지 않는다.)

① 등기완료 후
② 공사시행 완료 보고 후
③ 환지처분 공고 후
④ 환지계획 인가 후

> 해설

정답 ③

027 도시개발법에 의한 개발계획의 규모가 100만m² 이상인 경우 도시공원 또는 녹지의 확보 기준으로 옳은 것은?

① 상주인구 1인당 3m² 이상 또는 개발 부지 면적의 5% 이상 큰 면적
② 상주인구 1인당 5m² 이상 또는 개발 부지 면적의 7% 이상 큰 면적
③ 상주인구 1인당 7m² 이상 또는 개발 부지 면적의 10% 이상 큰 면적
④ 상주인구 1인당 9m² 이상 또는 개발 부지 면적의 12% 이상 큰 면적

> 해설

■ 도시공원 및 녹지 등에 관한 법률 시행규칙 [별표 2]

개발계획 규모별 도시공원 또는 녹지의 확보기준(제5조관련)

기준 개발계획	도시공원 또는 녹지의 확보기준
1. 「도시개발법」에 의한 개발계획	가. 1만제곱미터 이상 30만제곱미터 미만의 개발계획 : 상주인구 1인당 3제곱미터 이상 또는 개발 부지면적의 5 퍼센트 이상 중 큰 면적 나. 30만제곱미터 이상 100만제곱미터 미만의 개발계획 : 상주인구 1인당 6제곱미터 이상 또는 개발 부지면적의 9퍼센트 이상 중 큰 면적 다. 100만제곱미터 이상 : 상주인구 1인당 9제곱미터 이상 또는 개발 부지면적의 12퍼센트 이상 중 큰 면적

정답 ④

028 도시개발법령상 환지방식으로 도시개발사업을 시행할 경우 시행자가 도시개발사업에 필요한 경비를 충당하기 위하여 환지로 정하지 않고 보류지로 정한 토지로 옳은 것은?

① 체비지
② 담보지
③ 유보지
④ 이택지

> **해설**
>
> **제34조(체비지 등)** ① 시행자는 도시개발사업에 필요한 경비에 충당하거나 규약·정관·시행규정 또는 실시계획으로 정하는 목적을 위하여 일정한 토지를 환지로 정하지 아니하고 **보류지**로 정할 수 있으며, **그 중 일부를 체비지로 정하여** 도시개발사업에 필요한 경비에 충당할 수 있다.
> ② 특별자치도지사·시장·군수 또는 구청장은 「주택법」에 따른 공동주택의 건설을 촉진하기 위하여 필요하다고 인정하면 제1항에 따른 체비지 중 일부를 같은 지역에 집단으로 정하게 할 수 있다.
>
> 정답 ①

029 택지개발촉진법상 시행자가 택지개발사업을 시행할 때 도시개발법에 의한 도시개발을 실시할 수 있는 경우는?

① 택지개발예정지구와 도시개발구역이 동시에 결정된 경우
② 해당 지역의 토지소유자 및 이해관계인이 동의한 경우
③ 국가, 지방자치단체, 한국토지주택공사 전부가 사업시행을 원하지 않는 경우
④ 해당 지역의 지가가 인근의 다른 택지개발지구의 지가에 비하여 현저히 높아 환지방식 외의 방법으로는 택지개발이 매우 곤란한 경우

> **해설**
>
> **제9조(택지개발사업 실시계획의 작성 및 승인 등)**
> ⑤ 시행자는 택지개발사업을 시행할 때 대통령령으로 정하는 특별한 사유가 있는 경우에는 「도시개발법」에 따른 도시개발사업을 실시할 수 있다.
>
> > **영 제8조(실시계획의 작성 및 승인 등)**
> > ⑧ 법 제9조 제5항에서 "대통령령으로 정하는 특별한 사유가 있는 경우"란 택지개발지구가 다음 각 호의 어느 하나에 해당하는 경우를 말한다.
> > 1. 택지개발지구 지정 당시 이미 「도시개발법」 제3장제3절에 따른 환지 방식(이하 이 조에서 "환지방식"이라 한다)으로 도시개발사업을 시행하기 위하여 도시개발구역으로 결정·고시된 지역에 해당하는 경우
> > 2. **해당 지역의 지가가 인근의 다른 택지개발지구의 지가에 비하여 현저히 높아 환지방식 외의 방법으로는 택지개발이 매우 곤란한 경우**
> > 3. 택지개발지구에 집단취락이나 건축물 등이 다수 포함되어 있어 주민의 이주 및 생활대책 수립, 그 밖에 사업지구의 특성 등을 고려하여 환지방식 또는 「도시개발법」 제21조 제1항에 따른 혼용방식에 따른 사업시행이 필요하다고 인정되는 경우
>
> 정답 ④ 택지개발촉진법 참조.

030 다음 중 환지에 의한 도시개발법에서 규정하는 설명이 옳지 않은 것은?

① 청산금은 청산금 교부시에 결정하여야 한다.
② 관련 규정에 의하여 주택으로 환지하는 경우에 동 주택에 대하여는 주택법의 규정에 의한 주택의 공급에 관한 기준을 적용하지 아니한다.
③ 시행자는 토지 면적의 규모를 조정할 특별한 필요가 있을 때에는 면적이 작은 토지에 대하여는 과소 토지가 되지 아니하도록 면적을 증가하여 환지를 정하거나 환지대상에서 제외할 수 있다.
④ 환지를 정하거나 그 대상에서 제외한 경우에 그 과부족분에 대하여는 종전의 토지 및 환지의 위치·지목·면적·토질·환경 등 기타의 사항을 종합적으로 고려하여 금전으로 이를 청산하여야 한다.

해설

정답 ①

031 다음 중 도시개발법상 도시개발구역의 지정권자가 도시개발사업의 시행자를 변경할 수 있는 경우에 해당하지 않는 것은?

① 행정처분으로 시행자의 지정이나 실시계획의 인가가 취소된 경우
② 시행자의 부도로 도시개발사업의 목적을 달성하기 어렵다고 인정되는 경우
③ 도시개발사업에 관한 기초조사 실시결과가 포함된 기본계획을 제출하지 않은 경우
④ 도시개발사업에 관한 실시계획의 인가를 받은 후 2년 이내에 사업을 착수하지 아니하는 경우

해설

정답 ③

032 도시개발법상 도시개발사업의 환지계획 작성 시 포함하여야 할 사항으로 옳지 않은 것은?

① 환지설계
② 필지별로 된 환지명세
③ 축척 1000분의 1 이하의 환지예정지도
④ 필지별과 권리별로 된 청산 대상 토지 명세

해설

제28조(환지 계획의 작성) ① 시행자는 도시개발사업의 전부 또는 일부를 환지 방식으로 시행하려면 다음 각 호의 사항이 포함된 환지 계획을 작성하여야 한다.
 1. 환지 설계
 2. 필지별로 된 환지 명세
 3. 필지별과 권리별로 된 청산 대상 토지 명세
 4. 제34조에 따른 체비지(替費地) 또는 보류지(保留地)의 명세
 5. 제32조에 따른 입체 환지를 계획하는 경우에는 입체 환지용 건축물의 명세와 제32조의3에 따른 공급 방법·규모에 관한 사항
 6. 그 밖에 국토교통부령으로 정하는 사항
② 환지 계획은 종전의 토지와 환지의 위치·지목·면적·토질·수리(水利)·이용 상황·환경, 그 밖의 사항을 종합적으로 고려하여 합리적으로 정하여야 한다.
③ 시행자는 환지 방식이 적용되는 도시개발구역에 있는 조성토지등의 가격을 평가할 때에는 토지평가협의회의 심의를 거쳐 결정하되, 그에 앞서 대통령령으로 정하는 공인평가기관이 평가하게 하여야 한다.
④ 제3항에 따른 토지평가협의회의 구성 및 운영 등에 필요한 사항은 해당 규약·정관 또는 시행규정으로 정한다.
⑤ 제1항의 환지 계획의 작성에 따른 환지 계획의 기준, 보류지(체비지·공공시설 용지)의 책정 기준 등에 관하여 필요한 사항은 국토교통부령으로 정할 수 있다.

> **시행규칙 제26조(환지 계획에 포함되어야 하는 내용)** ① 법 제28조 제1항 제1호에 따른 환지 설계(이하 "환지설계"라 한다)에는 축척 1천2백분의 1 이상의 환지예정지도, 환지전후대비도, 과부족면적표시도 및 환지전후 평가단가 표시도가 첨부되어야 한다.
> ② 시행자는 법 제28조 제1항 제3호에 따른 청산 대상 토지 명세를 작성할 때에는 법 제30조 및 법 제31조에 따라 환지대상에서 제외하는 토지에 대하여도 영 제62조 제1항 후단에 따른 권리면적(이하 "권리면적"이라 한다)을 정하여야 한다.

정답 ③

033 도시개발법령상 도시개발구역의 지정에 대한 설명으로 옳지 않은 것은?

① 도시개발구역으로 지정할 수 있는 상업지역의 규모는 3만 제곱미터 이상이다.
② 국토교통부장관은 관계 중앙행정기관의 장이 요청하는 경우 도시개발구역을 지정할 수 있다.
③ 대도시장을 제외한 시장·군수 또는 구청장은 시·도지사에게 도시개발구역의 지정을 요청할 수 있다.
④ 도시개발구역의 지정권자는 도시개발사업의 효율적인 추진과 도시의 경관 보호 등을 위하여 필요하다고 인정하는 경우에는 도시개발구역을 둘 이상의 사업시행지구로 분할할 수 있다.

> **해설**
>
> **제3조의2(도시개발구역의 분할 및 결합)** ① 제3조에 따라 도시개발구역을 지정하는 자(이하 "지정권자"라 한다)는 도시개발사업의 효율적인 추진과 도시의 경관 보호 등을 위하여 필요하다고 인정하는 경우에는 도시개발구역을 둘 이상의 사업시행지구로 분할하거나 서로 떨어진 둘 이상의 지역을 결합하여 하나의 도시개발구역으로 지정할 수 있다.
> ② 제1항에 따라 도시개발구역을 분할 또는 결합하여 지정하는 요건과 절차 등에 필요한 사항은 대통령령으로 정한다.

정답 ①

---

034 도시개발법상 환지를 정한 토지에 대한 일반적인 청산금 확정시기로 옳은 것은?

① 등기 완료된 날의 다음 날
② 환지계획 인가된 날의 다음 날
③ 환지처분 공고된 날의 다음 날
④ 공사시행 완료 보고된 날의 다음 날

> **해설**
>
> **제41조(청산금)** ① 환지를 정하거나 그 대상에서 제외한 경우 그 과부족분(過不足分)은 종전의 토지(제32조에 따라 입체 환지 방식으로 사업을 시행하는 경우에는 환지 대상 건축물을 포함한다. 이하 제42조 및 제45조에서 같다) 및 환지의 위치·지목·면적·토질·수리·이용 상황·환경, 그 밖의 사항을 종합적으로 고려하여 금전으로 청산하여야 한다.
> ② 제1항에 따른 청산금은 환지처분을 하는 때에 결정하여야 한다. 다만, 제30조나 제31조에 따라 환지 대상에서 제외한 토지등에 대하여는 청산금을 교부하는 때에 청산금을 결정할 수 있다.
>
> **제42조(환지처분의 효과)** ① 환지 계획에서 정하여진 환지는 그 환지처분이 공고된 날의 다음 날부터 종전의 토지로 보며, 환지 계획에서 환지를 정하지 아니한 종전의 토지에 있던 권리는 그 환지처분이 공고된 날이 끝나는 때에 소멸한다.
> ② 제1항은 행정상 처분이나 재판상의 처분으로서 종전의 토지에 전속(專屬)하는 것에 관하여는 영향을 미치지 아니한다.
> ③ 도시개발구역의 토지에 대한 지역권(地役權)은 제1항에도 불구하고 종전의 토지에 존속한다. 다만, 도시개발사업의 시행으로 행사할 이익이 없어진 지역권은 환지처분이 공고된 날이 끝나는 때에 소멸한다.

④ 제28조에 따른 환지 계획에 따라 환지처분을 받은 자는 환지처분이 공고된 날의 다음 날에 환지 계획으로 정하는 바에 따라 건축물의 일부와 해당 건축물이 있는 토지의 공유지분을 취득한다. 이 경우 종전의 토지에 대한 저당권은 환지처분이 공고된 날의 다음 날부터 해당 건축물의 일부와 해당 건축물이 있는 토지의 공유지분에 존재하는 것으로 본다.
⑤ 제34조에 따른 체비지는 시행자가, 보류지는 환지 계획에서 정한 자가 각각 환지처분이 공고된 날의 다음 날에 해당 소유권을 취득한다. 다만, 제36조 제4항에 따라 이미 처분된 체비지는 그 체비지를 매입한 자가 소유권 이전 등기를 마친 때에 소유권을 취득한다.
⑥ 제41조에 따른 청산금은 환지처분이 공고된 날의 다음 날에 확정된다.

정답 ③

035 도시개발법상 도시개발사업에서 토지소유자에 포함되는 자는?

① 임차권자　　　　　② 전세권자
③ 지역권자　　　　　④ 지상권자

해설

정답 ④ 토지소유자(지상권자 포함)

036 도시개발법에 의한 개발계획의 수립 및 변경에 관한 설명으로 옳은 것은?

① 개발계획은 지정권자가 수립하여야 한다.
② 개발계획 수립 시 지구단위계획을 첨부하여야 한다.
③ 개발계획을 수립함에 있어서는 공청회 또는 주민공람을 거쳐 주민의 의견을 청취하여야 한다.
④ 도시개발구역지정권자는 도시개발사업을 환지방식으로 시행하고자 하는 경우 개발계획을 수립하는 때에는 환지방식이 적용되는 지역의 토지면적의 3분의 2 이상에 해당하는 토지소유자와 그 지역의 토지소유자 총수의 3분의 2 이상의 동의를 얻어야 한다.

해설

제3조(도시개발구역의 지정 등) ① 다음 각 호의 어느 하나에 해당하는 자는 계획적인 도시개발이 필요하다고 인정되는 때에는 도시개발구역을 지정할 수 있다.
　1. 특별시장·광역시장·도지사·특별자치도지사(이하 "시·도지사"라 한다)
　2. 「지방자치법」 제175조에 따른 서울특별시와 광역시를 제외한 인구 50만 이상의 대도시의 시장(이하 "대도시 시장"이라 한다)
② 도시개발사업이 필요하다고 인정되는 지역이 둘 이상의 특별시·광역시·도·특별자치도(이하 "시·도"라 한다) 또는 「지방자치법」 제175조에 따른 서울특별시와 광역시를 제외한 인구 50만 이상의 대도시(이하 이 조 및 제8조에서 "대도시"라 한다)의 행정구역에 걸치는 경우에는 관계 시·도지사 또는 대도시 시장이 협의하여 도시개발구역을 지정할 자를 정한다.

③ 국토교통부장관은 다음 각 호의 어느 하나에 해당하면 제1항과 제2항에도 불구하고 도시개발구역을 지정할 수 있다.
  1. 국가가 도시개발사업을 실시할 필요가 있는 경우
  2. 관계 중앙행정기관의 장이 요청하는 경우
  3. 제11조 제1항 제2호에 따른 공공기관의 장 또는 같은 항 제3호에 따른 정부출연기관의 장이 대통령령으로 정하는 규모 이상으로서 국가계획과 밀접한 관련이 있는 도시개발구역의 지정을 제안하는 경우
  4. 제2항에 따른 협의가 성립되지 아니하는 경우
  5. 그 밖에 대통령령으로 정하는 경우
④ 시장(대도시 시장은 제외한다)·군수 또는 구청장(자치구의 구청장을 말한다. 이하 같다)은 대통령령으로 정하는 바에 따라 시·도지사에게 도시개발구역의 지정을 요청할 수 있다.
⑤ 제1항에 따라 도시개발구역을 지정하거나 그 지정을 요청하는 경우 도시개발구역의 지정대상 지역 및 규모, 요청 절차, 제출 서류 등에 필요한 사항은 대통령령으로 정한다.

제4조(개발계획의 수립 및 변경) ① 지정권자는 도시개발구역을 지정하려면 해당 도시개발구역에 대한 도시개발사업의 계획(이하 "개발계획"이라 한다)을 수립하여야 한다. **다만, 제2항에 따라 개발계획을 공모하거나 대통령령으로 정하는 지역에 도시개발구역을 지정할 때에는 도시개발구역을 지정한 후에 개발계획을 수립할 수 있다.**
② 지정권자는 창의적이고 효율적인 도시개발사업을 추진하기 위하여 필요한 경우에는 대통령령으로 정하는 바에 따라 개발계획안을 공모하여 선정된 안을 개발계획에 반영할 수 있다. 이 경우 선정된 개발계획안의 응모자가 제11조 제1항에 따른 자격 요건을 갖춘 자인 경우에는 해당 응모자를 우선하여 시행자로 지정할 수 있다.
③ 지정권자는 직접 또는 제3조 제3항 제2호 및 같은 조 제4항에 따른 관계 중앙행정기관의 장 또는 시장(대도시 시장은 제외한다)·군수·구청장 또는 제11조 제1항에 따른 도시개발사업의 시행자의 요청을 받아 개발계획을 변경할 수 있다.
④ 지정권자는 환지(換地) 방식의 도시개발사업에 대한 개발계획을 수립하려면 환지 방식이 적용되는 지역의 토지면적의 3분의 2 이상에 해당하는 토지 소유자와 그 지역의 토지 소유자 총수의 2분의 1 이상의 동의를 받아야 한다. 환지 방식으로 시행하기 위하여 개발계획을 변경(대통령령으로 정하는 경미한 사항의 변경은 제외한다)하려는 경우에도 또한 같다.
⑤ 지정권자는 도시개발사업을 환지 방식으로 시행하려고 개발계획을 수립하거나 변경할 때에 도시개발사업의 시행자가 제11조 제1항 제1호에 해당하는 자이면 제4항에도 불구하고 토지 소유자의 동의를 받을 필요가 없다.
⑥ 지정권자가 도시개발사업의 전부를 환지 방식으로 시행하려고 개발계획을 수립하거나 변경할 때에 도시개발사업의 시행자가 제11조 제1항 제6호의 조합에 해당하는 경우로서 조합이 성립된 후 총회에서 도시개발구역의 토지면적의 3분의 2 이상에 해당하는 조합원과 그 지역의 조합원 총수의 2분의 1 이상의 찬성으로 수립 또는 변경을 의결한 개발계획을 지정권자에게 제출한 경우에는 제4항에도 불구하고 토지 소유자의 동의를 받은 것으로 본다.
⑦ 제4항에 따른 동의자 수의 산정방법, 동의절차, 그 밖에 필요한 사항은 대통령령으로 정한다.

제7조(주민 등의 의견청취) ① 제3조에 따라 국토교통부장관, 시·도지사 또는 대도시 시장이 도시개발구역을 지정(대도시 시장이 아닌 시장·군수 또는 구청장의 요청에 의하여 지정하는 경우는 제외한다)하고자 하거나 대도시 시장이 아닌 시장·군수 또는 구청장이 도시개발구역의 지정을 요청하려고 하는 경우에는 공람이나 공청회를 통하여 주민이나 관계 전문가 등으로부터 의견을 들어야 하며, 공람이나 공청회에서 제시된 의견이 타당하다고 인정되면 이를 반영하여야 한다. 도시개발구역을 변경(대통령령으로 정하는 경미한 사항은 제외한다)하려는 경우에도 또한 같다.
② 제1항에 따른 공람의 대상 또는 공청회의 개최 대상 및 주민의 의견청취 방법 등에 필요한 사항은 대통령령으로 정한다.

정답 ①

037 도시개발법상 환지계획의 작성사항에 해당하지 않는 것은?

① 환지 설계
② 권리별로 된 환지 명세
③ 필지별과 권리별로 된 청산 대상 토지 명세
④ 입체 환지를 계획하는 경우에는 입체 환지용 건축물의 명세

해설

제28조(환지 계획의 작성) ① 시행자는 도시개발사업의 전부 또는 일부를 환지 방식으로 시행하려면 다음 각 호의 사항이 포함된 환지 계획을 작성하여야 한다.
1. 환지 설계
2. 필지별로 된 환지 명세
3. 필지별과 권리별로 된 청산 대상 토지 명세
4. 제34조에 따른 체비지(替費地) 또는 보류지(保留地)의 명세
5. 제32조에 따른 입체 환지를 계획하는 경우에는 입체 환지용 건축물의 명세와 제32조의3에 따른 공급 방법·규모에 관한 사항
6. 그 밖에 국토교통부령으로 정하는 사항

정답 ②

038 도시개발법상 도시개발구역을 지정할 수 없는 자는?

① 구청장
② 도지사
③ 광역시장
④ 특별시장

해설

정답 ①

039 도시개발법상 토지 등의 수용 또는 사용에 관하여 ()안에 들어갈 내용으로 옳은 것은?

> 시행자는 도시개발사업에 필요한 토지 등을 수용하거나 사용할 수 있다. 다만... 해당하는 시행자는 사업대상 토지면적의 (   )에 해당하는 토지를 소유하고 토지 소유자 총수의 2분의 1 이상에 해당하는 자의 동의를 받아야 한다.

① 2분의 1이상
② 3분의 1이상
③ 3분의 2이상
④ 4분의 3이상

해설

제4조(개발계획의 수립 및 변경) ① 지정권자는 도시개발구역을 지정하려면 해당 도시개발구역에 대한 도시개발사업의 계획(이하 "개발계획"이라 한다)을 수립하여야 한다. 다만, 제2항에 따라 개발계획을 공모하거나 대통령령으로 정하는 지역에 도시개발구역을 지정할 때에는 도시개발구역을 지정한 후에 개발계획을 수립할 수 있다.
② 지정권자는 창의적이고 효율적인 도시개발사업을 추진하기 위하여 필요한 경우에는 대통령령으로 정하는 바에 따라 개발계획안을 공모하여 선정된 안을 개발계획에 반영할 수 있다. 이 경우 선정된 개발계획안의 응모자가 제11조 제1항에 따른 자격 요건을 갖춘 자인 경우에는 해당 응모자를 우선하여 시행자로 지정할 수 있다.
③ 지정권자는 직접 또는 제3조 제3항 제2호 및 같은 조 제4항에 따른 관계 중앙행정기관의 장 또는 시장(대도시 시장은 제외한다)·군수·구청장 또는 제11조 제1항에 따른 도시개발사업의 시행자의 요청을 받아 개발계획을 변경할 수 있다.
④ 지정권자는 환지(換地) 방식의 도시개발사업에 대한 개발계획을 수립하려면 환지 방식이 적용되는 지역의 토지면적의 3분의 2 이상에 해당하는 토지 소유자와 그 지역의 토지 소유자 총수의 2분의 1 이상의 동의를 받아야 한다. 환지 방식으로 시행하기 위하여 개발계획을 변경(대통령령으로 정하는 경미한 사항의 변경은 제외한다)하려는 경우에도 또한 같다.
⑤ 지정권자는 도시개발사업을 환지 방식으로 시행하려고 개발계획을 수립하거나 변경할 때에 도시개발사업의 시행자가 제11조 제1항 제1호에 해당하는 자이면 제4항에도 불구하고 토지 소유자의 동의를 받을 필요가 없다.
⑥ 지정권자가 도시개발사업의 전부를 환지 방식으로 시행하려고 개발계획을 수립하거나 변경할 때에 도시개발사업의 시행자가 제11조 제1항 제6호의 조합에 해당하는 경우로서 조합이 성립된 후 총회에서 도시개발구역의 토지면적의 3분의 2 이상에 해당하는 조합원과 그 지역의 조합원 총수의 2분의 1 이상의 찬성으로 수립 또는 변경을 의결한 개발계획을 지정권자에게 제출한 경우에는 제4항에도 불구하고 토지 소유자의 동의를 받은 것으로 본다.
⑦ 제4항에 따른 동의자 수의 산정방법, 동의절차, 그 밖에 필요한 사항은 대통령령으로 정한다.

제13조(조합 설립의 인가) ① 조합을 설립하려면 도시개발구역의 토지 소유자 7명 이상이 대통령령으로 정하는 사항을 포함한 정관을 작성하여 지정권자에게 조합 설립의 인가를 받아야 한다.
② 조합이 제1항에 따라 인가를 받은 사항을 변경하려면 지정권자로부터 변경인가를 받아야 한다. 다만, 대통령령으로 정하는 경미한 사항을 변경하려는 경우에는 신고하여야 한다.
③ 제1항에 따라 조합 설립의 인가를 신청하려면 해당 도시개발구역의 토지면적의 3분의 2 이상에 해당하는 토지 소유자와 그 구역의 토지 소유자 총수의 2분의 1 이상의 동의를 받아야 한다.
④ 제3항에 따른 동의자 수의 산정방법 및 동의절차, 그 밖에 필요한 사항은 대통령령으로 정한다.

제22조(토지등의 수용 또는 사용) ① 시행자는 도시개발사업에 필요한 토지등을 수용하거나 사용할 수 있다. 다만, 제11조 제1항 제5호 및 제7호부터 제11호까지의 규정(같은 항 제1호부터 제4호까지의 규정에 해당하는 자가 100분의 50 비율을 초과하여 출자한 경우는 제외한다)에 해당하는 시행자는 사업대상 토지면적의 3분의 2 이상에 해당하는 토지를 소유하고 토지 소유자 총수의 2분의 1 이상에

해당하는 자의 동의를 받아야 한다. 이 경우 토지 소유자의 동의요건 산정기준일은 도시개발구역지정 고시일을 기준으로 하며, 그 기준일 이후 시행자가 취득한 토지에 대하여는 동의 요건에 필요한 토지 소유자의 총수에 포함하고 이를 동의한 자의 수로 산정한다.
② 제1항에 따른 토지등의 수용 또는 사용에 관하여 이 법에 특별한 규정이 있는 경우 외에는 「공익사업을 위한 토지 등의 취득 및 보상에 관한 법률」을 준용한다.
③ 제2항에 따라 「공익사업을 위한 토지 등의 취득 및 보상에 관한 법률」을 준용할 때 제5조 제1항 제14호에 따른 수용 또는 사용의 대상이 되는 토지의 세부목록을 고시한 경우에는 「공익사업을 위한 토지 등의 취득 및 보상에 관한 법률」 제20조 제1항과 제22조에 따른 사업인정 및 그 고시가 있었던 것으로 본다. 다만, 재결신청은 같은 법 제23조 제1항과 제28조 제1항에도 불구하고 개발계획에서 정한 도시개발사업의 시행 기간 종료일까지 하여야 한다.
④ 제1항에 따른 동의자 수의 산정방법 및 동의절차, 그 밖에 필요한 사항은 대통령령으로 정한다.

정답 ③

040 도시개발채권에 대한 설명으로 틀린 것은?

① 지방자치단체의 장은 도시개발에 필요한 자금을 조달하기 위하여 도시개발채권을 발행할 수 있다.
② 도시개발채권의 소멸시효는 상환일부터 기산하여 원금은 2년, 이자는 5년으로 한다
③ 시·도지사가 도시개발채권을 발행하려는 경우 행정안전부장관의 승인을 받아야 한다.
④ 도시개발채권의 상환은 5년부터 10년까지의 범위에서 지방자치단체의 조례로 정한다.

해설

제62조(도시개발채권의 발행) ① 지방자치단체의 장은 도시개발사업 또는 도시·군계획시설사업에 필요한 자금을 조달하기 위하여 도시개발채권을 발행할 수 있다.
③ 도시개발채권의 소멸시효는 상환일부터 기산(起算)하여 원금은 5년, 이자는 2년으로 한다.
④ 도시개발채권의 이율, 발행 방법, 발행 절차, 상환, 발행 사무 취급, 그 밖에 필요한 사항은 대통령령으로 정한다.

> **영 제83조(도시개발채권의 발행방법 등)** ① 도시개발채권은 「주식·사채 등의 전자등록에 관한 법률」에 따라 전자등록하여 발행하거나 무기명으로 발행할 수 있으며, 발행방법에 필요한 세부적인 사항은 시·도의 조례로 정한다.
> ② 도시개발채권의 이율은 채권의 발행 당시의 국채·공채 등의 금리와 특별회계의 상황 등을 고려하여 해당 시·도의 조례로 정한다.
> ③ 법 제62조에 따른 도시개발채권의 상환은 5년부터 10년까지의 범위에서 지방자치단체의 조례로 정한다.
> ④ 도시개발채권의 매출 및 상환업무의 사무취급기관은 해당 시·도지사가 지정하는 은행 또는 「자본시장과 금융투자업에 관한 법률」 제294조에 따라 설립된 한국예탁결제원으로 한다.
> ⑤ 도시개발채권의 재발행·상환·매입필증의 교부 등 도시개발채권의 발행과 사무취급에 필요한 사항은 국토교통부령으로 정한다.

정답 ②

041 도시개발법령에 따라 도시개발구역의 지정대상 지역 및 규모 기준이 옳은 것은?

① 도시지역 중 주거지역: 3만 제곱미터 이상
② 도시지역 중 공업지역: 5만 제곱미터 이상
③ 도시지역 중 자연녹지지역: 1만 제곱미터 이상
④ 도시지역 외의 지역: 66만 제곱미터 이상

> 해설

정답 ③

042 도시개발법상 환지 처분의 효과와 관련한 아래 내용에서 ㉠에 공통으로 들어갈 내용으로 옳은 것은?

> ① 환지 계획에서 정하여진 환지는 그 환지처분이 공고된 날의 다음 날부터 종전의 토지로 보며, 환지 계획에서 환지를 정하지 아니한 종전의 토지에 있던 권리는 그 환지처분이 공고된 날이 끝나는 때에 소멸한다.
> ② 제1항은 행정상 처분이나 재판상의 처분으로서 종전의 토지에 전속(專屬)하는 것에 관하여는 영향을 미치지 아니한다.
> ③ 도시개발구역의 토지에 대한 (㉠)은 제1항에도 불구하고 종전의 토지에 존속한다. 다만, 도시개발사업의 시행으로 행사할 이익이 없어진 (㉠)은 환지처분이 공고된 날이 끝나는 때에 소멸한다.

① 지역권
② 전세권
③ 지상권
④ 점유권

> 해설

제42조(환지처분의 효과) ① 환지 계획에서 정하여진 환지는 그 환지처분이 공고된 날의 다음 날부터 종전의 토지로 보며, 환지 계획에서 환지를 정하지 아니한 종전의 토지에 있던 권리는 그 환지처분이 공고된 날이 끝나는 때에 소멸한다.
② 제1항은 행정상 처분이나 재판상의 처분으로서 종전의 토지에 전속(專屬)하는 것에 관하여는 영향을 미치지 아니한다.
③ 도시개발구역의 토지에 대한 지역권(地役權)은 제1항에도 불구하고 종전의 토지에 존속한다. 다만, 도시개발사업의 시행으로 행사할 이익이 없어진 지역권은 환지처분이 공고된 날이 끝나는 때에 소멸한다.

④ 제28조에 따른 환지 계획에 따라 환지처분을 받은 자는 환지처분이 공고된 날의 다음 날에 환지 계획으로 정하는 바에 따라 건축물의 일부와 해당 건축물이 있는 토지의 공유지분을 취득한다. 이 경우 종전의 토지에 대한 저당권은 환지처분이 공고된 날의 다음 날부터 해당 건축물의 일부와 해당 건축물이 있는 토지의 공유지분에 존재하는 것으로 본다.
⑤ 제34조에 따른 체비지는 시행자가, 보류지는 환지 계획에서 정한 자가 각각 환지처분이 공고된 날의 다음 날에 해당 소유권을 취득한다. 다만, 제36조 제4항에 따라 이미 처분된 체비지는 그 체비지를 매입한 자가 소유권 이전 등기를 마친 때에 소유권을 취득한다.
⑥ 제41조에 따른 청산금은 환지처분이 공고된 날의 다음 날에 확정된다.

정답 ①

043 도시개발채권에 대한 설명으로 틀린 것은?

① 지방자치단체의 장은 도시개발사업 또는 도시·군계획 시설사업에 필요한 자금을 조달하기 위하여 도시개발채권을 발행할 수 있다.
② 도시개발채권의 소멸시효는 상환일부터 기산하여 원금은 2년, 이자는 5년으로 한다.
③ 시·도지사가 도시개발채권을 발행하려는 경우 안전행정부장관의 승인을 받아야 하는 사항이 있다.
④ 도시개발채권의 상환은 5년부터 10년까지의 범위에서 지방자치단체의 조례로 정한다.

해설

제62조(도시개발채권의 발행) ① 지방자치단체의 장은 도시개발사업 또는 도시·군계획시설사업에 필요한 자금을 조달하기 위하여 도시개발채권을 발행할 수 있다.
② 삭제
③ 도시개발채권의 소멸시효는 상환일부터 기산(起算)하여 원금은 5년, 이자는 2년으로 한다.
④ 도시개발채권의 이율, 발행 방법, 발행 절차, 상환, 발행 사무 취급, 그 밖에 필요한 사항은 대통령령으로 정한다.

> **영 제82조(도시개발채권의 발행절차)** ① 법 제62조 제1항에 따른 도시개발채권은 시·도의 조례로 정하는 바에 따라 시·도지사가 이를 발행한다.
> ② 시·도지사는 법 제62조 제1항에 따라 도시개발채권의 발행하려는 경우에는 다음 각 호의 사항에 대하여 행정안전부장관의 승인을 받아야 한다.
>   1. 채권의 발행총액
>   2. 채권의 발행방법
>   3. 채권의 발행조건
>   4. 상환방법 및 절차
>   5. 그 밖에 채권의 발행에 필요한 사항

정답 ②

Theme 10 산업입지 및 개발에 관한 법률

001 산업입지 및 개발에 관한 법령상 도시첨단산업단지의 지정에 관한 설명으로 틀린 것은?

① 시장·군수 또는 구청장 시·도지사에게 도시첨단산업단지의 지정을 신청하고자 하는 때에는 산업단지개발계획을 입안하여 제출하여야 한다.
② 산업단지개발계획 등의 협의요청을 받은 관계행정기관의 장은 그 날부터 20일 이내에 의견을 회신하여야 하며, 타 법령에 협의사항에 관한 특별한 규정이 있는 경우에는 그러하지 아니하다.
③ 도시첨단산업단지의 지정제외 제역은 특별시 및 광역시를 말한다.
④ 국토교통부장관 등 산업단지지정권자는 지정된 도시첨단산업단지가 시·도별로 면적 330만 m² 이상 또는 미분양 비율 30% 이상인 지방자치단체인 경우 산업단지를 지정하여서는 아니 된다.

해설

제2조(정의) 이 법에서 사용하는 용어의 뜻은 다음과 같다.
1. "공장"이란 「산업집적활성화 및 공장설립에 관한 법률」 제2조 제1호에 따른 공장을 말한다.
2. "지식산업"이란 컴퓨터소프트웨어개발업·연구개발업·엔지니어링서비스업 등 전문 분야의 지식을 기반으로 하여 창의적 정신활동에 의하여 고부가가치의 지식서비스를 창출하는 데에 이바지할 수 있는 산업을 말한다.
3. "문화산업"이란 「문화산업진흥 기본법」 제2조 제1호에 따른 문화산업을 말한다.
4. "정보통신산업"이란 「정보통신산업 진흥법」 제2조 제2호에 따른 정보통신산업을 말한다.
5. "재활용산업"이란 「자원의 절약과 재활용촉진에 관한 법률」 제2조 제11호에 따른 재활용산업을 말한다.
6. "자원비축시설"이란 석탄, 석유, 원자력, 천연가스 등 에너지자원의 비축·저장·공급 등을 위한 시설과 이에 관련된 시설을 말한다.
7. "물류시설"이란 「물류시설의 개발 및 운영에 관한 법률」 제2조 제1호에 따른 시설(물류단지는 제외한다)을 말한다.
7의2. "산업시설용지"란 공장, 지식산업 관련 시설, 문화산업 관련 시설, 정보통신산업 관련 시설, 재활용산업 관련 시설, 자원비축시설, 물류시설, 교육·연구시설 및 그 밖에 대통령령으로 정하는 시설의 용지를 말한다.
7의3. "복합용지"란 제7호의2와 제9호나목부터 자목까지의 시설을 하나의 용지에 일부 또는 전부를 설치하기 위한 용지를 말한다.
8. "산업단지"란 제7호의2에 따른 시설과 이와 관련된 교육·연구·업무·지원·정보처리·유통 시설 및 이들 시설의 기능 향상을 위하여 주거·문화·환경·공원녹지·의료·관광·체육·복지 시설 등을 집단적으로 설치하기 위하여 포괄적 계획에 따라 지정·개발되는 일단(一團)의 토지로서 다음 각 목의 것을 말한다.
   가. 국가산업단지: 국가기간산업, 첨단과학기술산업 등을 육성하거나 개발 촉진이 필요한 낙후지역이나 둘 이상의 특별시·광역시·특별자치시 또는 도에 걸쳐 있는 지역을 산업단지로 개발하기 위하여 제6조에 따라 지정된 산업단지
   나. 일반산업단지: 산업의 적정한 지방 분산을 촉진하고 지역경제의 활성화를 위하여 제7조에 따라 지정된 산업단지

다. 도시첨단산업단지: 지식산업·문화산업·정보통신산업, 그 밖의 첨단산업의 육성과 개발 촉진을 위하여 「국토의 계획 및 이용에 관한 법률」에 따른 도시지역에 제7조의2에 따라 지정된 산업단지
라. 농공단지(農工團地): 대통령령으로 정하는 농어촌지역에 농어민의 소득 증대를 위한 산업을 유치·육성하기 위하여 제8조에 따라 지정된 산업단지
9. "산업단지개발사업"이란 산업단지를 조성하기 위하여 시행하는 다음 각 목의 사업을 말한다.
   가. 제7호의2에 따른 시설의 용지조성사업 및 건축사업
   나. 첨단과학기술산업의 발전을 위한 교육·연구시설용지 조성사업 및 건축사업
   다. 산업단지의 효율 증진을 위한 업무시설·정보처리시설·지원시설·전시시설·유통시설 등의 용지조성사업 및 건축사업
   라. 산업단지의 기능 향상을 위한 주거시설·문화시설·의료복지시설·체육시설·교육시설·관광휴양시설 등의 용지조성사업 및 건축사업과 공원조성사업
   마. 공업용수와 생활용수의 공급시설사업
   바. 도로·철도·항만·궤도·운하·유수지(溜水池) 및 저수지 건설사업
   사. 전기·통신·가스·유류·증기 및 원료 등의 수급시설사업
   아. 하수도·폐기물처리시설, 그 밖의 환경오염방지시설 사업
   자. 그 밖에 가목부터 아목까지의 사업에 부대되는 사업
10. "산업단지 재생사업지구"(이하 "재생사업지구"라 한다)란 제39조의2 및 제39조의3에 따라 산업기능의 활성화를 위하여 산업단지 또는 공업지역(「국토의 계획 및 이용에 관한 법률」 제36조 제1항 제1호다목에 해당하는 공업지역을 말한다. 이하 같다) 및 산업단지 또는 공업지역의 주변 지역에 지정·고시되는 지구를 말한다.
11. "산업단지 재생사업"(이하 "재생사업"이라 한다)란 재생사업지구에서 산업입지기능을 발전시키고 기반시설과 지원시설 및 편의시설을 확충·개량하기 위한 사업을 말한다.
12. "준산업단지"란 도시 또는 도시 주변의 특정 지역에 입지하는 개별 공장들의 밀집도가 다른 지역에 비하여 높아 포괄적 계획에 따라 계획적 관리가 필요하여 제8조의3에 따라 지정된 일단의 토지 및 시설물을 말한다.

제7조의2(도시첨단산업단지의 지정) ① 도시첨단산업단지는 국토교통부장관, 시·도지사 또는 대도시시장이 지정하며, 시·도지사(특별자치도지사는 제외한다)가 지정하는 경우에는 시장·군수 또는 구청장의 신청을 받아 지정한다. 다만, 대통령령으로 정하는 면적 미만인 경우에는 시장·군수 또는 구청장이 직접 지정할 수 있다.
② 인구의 과밀 방지 등을 위하여 서울특별시 등 대통령령으로 정하는 지역에는 도시첨단산업단지를 지정할 수 없다.

> **영 제8조의3(도시첨단산업단지의 지정 등)** ① 법 제7조의2제1항 단서에서 "대통령령으로 정하는 면적"이란 10만제곱미터를 말한다.
> ② 법 제7조의2제2항에서 "서울특별시 등 대통령령으로 정하는 지역"이란 **서울특별시**를 말한다.

제7조의3(도시첨단산업단지의 지정특례) ① 도시첨단산업단지지정권자는 다음 각 호의 어느 하나에 해당하는 사업지역·지구에 조성된 자족기능 확보를 위한 시설용지의 전부 또는 일부를 도시첨단산업단지로 지정할 수 있다.
1. 「신행정수도 후속대책을 위한 연기·공주지역 행정중심복합도시 건설을 위한 특별법」 제2조 제2호의 예정지역
2. 「혁신도시 조성 및 발전에 관한 특별법」 제2조 제4호의 혁신도시개발예정지구
3. 「도청이전을 위한 도시건설 및 지원에 관한 특별법」 제2조 제4호의 도청이전신도시 개발예정지구
4. 「공공주택 특별법」 제2조 제2호의 공공주택지구
5. 「친수구역 활용에 관한 특별법」 제2조 제2호의 친수구역

6. 「택지개발촉진법」 제2조 제3호의 택지개발지구
7. 그 밖에 대통령령으로 정하는 지역·지구

② 제1항에 따라 도시첨단산업단지를 지정하려는 경우에는 산업단지개발계획에 대하여 제7조의2제4항에 따른 관계 행정기관의 장과의 협의를 생략할 수 있으며, 제1항 각 호의 어느 하나에 해당하는 사업지역·지구지정에 관한 주민 등의 의견을 들을 때에 도시첨단산업단지의 지정에 관한 사항이 포함된 경우에는 제10조에 따른 주민 등의 의견청취 절차를 생략할 수 있다.

③ 제1항에 따라 지정된 도시첨단산업단지의 개발 및 사업시행자가 개발한 토지·시설 등의 분양·임대·양도에 관하여는 같은 항 각 호의 개별 법률에서 정하는 절차 및 방법에도 불구하고 이 법에 따른다.

④ 도시첨단산업단지에 적용되는 녹지율은 제5조에 따른 산업입지개발지침으로 정하는 녹지율에도 불구하고 100분의 50을 초과하는 범위에서 도시첨단산업단지지정권자가 따로 정할 수 있다.

⑤ 국토교통부장관은 도시첨단산업단지 개발 활성화를 위하여 시·도지사 등의 요청을 받아 다음 각 호의 사업 중 필요한 지원을 관계 행정기관의 장에게 요청할 수 있다.

1. 산업기반 및 연구기반 구축에 관한 다음 각 목의 사업
   가. 「산업교육진흥 및 산학연협력촉진에 관한 법률」 제37조의4에 따른 연구시설·장비의 활용 지원 및 같은 법 제39조에 따른 산학연협력 촉진을 위한 지원
   나. 「산업기술혁신 촉진법」 제11조에 따른 산업기술개발사업 및 같은 법 제19조에 따른 산업기술기반조성사업
   다. 「산업집적활성화 및 공장설립에 관한 법률」 제22조의3에 따른 산업집적지경쟁력강화사업 및 같은 법 제22조의4에 따른 산학융합지구의 지정
   라. 「신에너지 및 재생에너지 개발·이용·보급 촉진법」 제10조에 따른 신·재생에너지 공급의무화 지원, 신·재생에너지 시범사업 및 보급사업
   마. 「중소기업창업 지원법」 제2조 제7호에 따른 창업보육센터
   바. 「중소기업 기술혁신 촉진법」 제9조, 제10조, 제11조, 제12조, 제14조, 제16조, 제17조의3 및 제25조의2에 따른 기술개발사업

2. 도시첨단산업단지 내 정주여건 및 근로자 생활환경 개선에 관한 다음 각 목의 사업
   가. 「공공주택건설 등에 관한 특별법」에 따른 공공주택건설사업
   나. 「국민체육진흥법」 제22조 제1항 제2호에 따른 국민체육시설 확충을 위한 지원 사업
   다. 「근로복지기본법」 제28조에 따른 근로복지시설 설치 등의 지원
   라. 「문화예술진흥법」 제18조 제9호 및 제10호에 따른 공공미술(대중에게 공개된 장소에 미술작품을 설치·전시하는 것을 말한다) 진흥을 위한 사업이나 그 밖에 도서관의 지원·육성 등 문화예술의 진흥을 목적으로 하는 문화시설의 사업이나 활동
   마. 「영유아보육법」 제12조에 따른 국공립어린이집의 설치
   바. 「중소기업 인력지원 특별법」 제24조 제2호에 따른 공동숙박시설의 지원 및 같은 법 제30조에 따른 중소기업 장기재직자의 주택 입주 지원

3. 그 밖에 도시첨단산업단지 개발 활성화를 위하여 대통령령으로 정하는 사업

⑥ 제5항에 따라 협조 요청을 받은 행정기관의 장은 우선적으로 필요한 지원을 할 수 있다.

⑦ 도시첨단산업단지지정권자는 필요한 경우 제5항 각 호의 사업 중 지원이 확정된 사항을 산업단지개발계획에 반영할 수 있다.

제8조의2(산업단지 지정의 제한) ① 산업단지지정권자는 지정된 산업단지의 면적 또는 미분양 비율이 산업단지의 종류별로 대통령령으로 정하는 면적 또는 미분양 비율에 해당하는 지방자치단체인 경우에는 산업단지를 지정하여서는 아니 된다. 다만, 다음 각 호의 어느 하나에 해당하는 경우에는 그러하지 아니하다.

1. 제16조 제1항 제3호 및 제4호에 해당하는 사업시행자가 산업단지를 개발하는 경우
2. 대통령령으로 정하는 바에 따라 기업의 입주 수요가 확인된 산업단지를 개발하는 경우

② 제1항에 따른 지정면적 또는 미분양 비율의 산정방식은 산업입지개발지침으로 정한다.

> **영 제10조의2(산업단지지정의 제한)** ① 법 제8조의2제1항 각 호 외의 부분 본문에서 "대통령령으로 정하는 면적 또는 미분양 비율"이란 다음 각 호의 구분에 따른 면적 또는 미분양 비율을 말한다.
> 1. 국가산업단지 : 시·도별로 미분양 비율 15퍼센트 이상
> 2. 일반산업단지 : 시·도별로 미분양 비율 30퍼센트 이상
> 3. 도시첨단산업단지 : 다음 각 목의 구분에 따른 시·도별 면적 또는 미분양 비율
>   가. 면적: 330만제곱미터 이상. 다만, 국토교통부장관이 도시첨단산업단지를 지정하는 경우는 제외한다.
>   나. 미분양 비율: 30퍼센트 이상
> 4. 농공단지 : 시·군·구(구는 자치구를 말하며, 이하 "시·군·구"라 한다)별로 100만제곱미터부터 200만제곱미터까지의 범위에서 농공단지개발세부지침이 정하는 면적 이상 또는 미분양 비율 30퍼센트 이상

정답 ③

002 산업입지 및 개발에 관한 법률에 명시된 산업입지수급계획에 포함되어야 하는 내용이 아닌 것은?

① 지역별 및 산업단지 유형별 산업용지의 공급에 관한 사항
② 산업용지의 원활한 공급을 위한 각종 지원에 관한 사항
③ 수용 사용할 토지공급 확보에 관한 사항
④ 산업단지 종류별 공급에 관한 사항

해설

제5조의2(산업입지수급계획 등) ① 국토교통부장관은 산업입지정책의 수립 및 산업입지의 원활한 공급을 위하여 산업입지수급계획 수립지침을 작성하여 시·도지사에게 통보하여야 한다.
② 제1항에 따른 산업입지수급계획 수립지침에는 다음 각 호의 사항이 포함되어야 한다.
　1. 산업입지정책의 기본방향
　2. 산업입지 공급 규모의 산정방법
　3. 시·도별 및 산업입지 유형별 수급전망
　4. 산업용지의 원활한 공급을 위한 각종 지원에 관한 사항
　5. 그 밖에 산업입지수급계획을 수립하는 데에 필요한 사항
③ 제1항에 따른 산업입지수급계획 수립지침은 「산업집적활성화 및 공장설립에 관한 법률」 제3조에 따른 산업집적활성화 기본계획과 조화를 이루도록 하여야 한다.
④ 제1항에 따른 산업입지수급계획 수립지침의 작성에 관하여는 제5조 제3항을 준용한다.
⑤ 시·도지사는 산업입지수급계획 수립지침에 따라 산업입지수급계획을 수립하여 제3조에 따른 산업입지정책심의회의 심의를 거쳐 해당 지방자치단체의 공보에 고시하여야 하며, 고시한 즉시 그 내용을 국토교통부장관에게 통보하여야 한다.
⑥ 제5항에 따른 산업입지수급계획에는 다음 각 호의 사항이 포함되어야 한다.
　1. 산업입지정책의 기본방향
　2. 지역별 및 산업입지 유형별 산업용지의 공급에 관한 사항

3. 산업단지 종류별 공급에 관한 사항
4. 산업용지의 원활한 공급을 위한 각종 지원에 관한 사항
5. 그 밖에 대통령령으로 정하는 사항
⑦ 제1항에 따른 산업입지수급계획 수립지침의 작성 및 제5항에 따른 산업입지수급계획의 수립에 필요한 사항은 대통령령으로 정한다.

정답 ③

003 산업입지 및 개발에 관한 법률상 산업단지지정의 제한에 대한 아래 설명과 관련하여, 밑줄 그은 부분에 대한 기준이 잘못 제시된 것은?

> 산업단지지정권자는 지정된 산업단지의 면적 또는 미분양 비율이 <u>산업단지의 종류별로 대통령령으로 정하는 면적 또는 미분양 비율</u>에 해당하는 지방자치단체인 경우에는 산업단지를 지정하여서는 아니 된다.

① 국가산업단지 : 특별시·광역시·도별로 미분양 비율 15% 이상
② 일반산업단지 : 시·도별로 미분양 비율 30% 이상
③ 도시첨단산업단지 : 시·도별로 면적 300만m² 이상
④ 농공단지 : 시·군·자치구별로 100만m²부터 200만m²까지의 범위 안에 농공단지개발세부지침이 정하는 면적이상 또는 미분양 비율 30% 이상

해설

제8조의2(산업단지 지정의 제한) ① 산업단지지정권자는 지정된 산업단지의 면적 또는 미분양 비율이 산업단지의 종류별로 대통령령으로 정하는 면적 또는 미분양 비율에 해당하는 지방자치단체인 경우에는 산업단지를 지정하여서는 아니 된다. 다만, 다음 각 호의 어느 하나에 해당하는 경우에는 그러하지 아니하다.
  1. 제16조 제1항 제3호 및 제4호에 해당하는 사업시행자가 산업단지를 개발하는 경우
  2. 대통령령으로 정하는 바에 따라 기업의 입주 수요가 확인된 산업단지를 개발하는 경우
② 제1항에 따른 지정면적 또는 미분양 비율의 산정방식은 산업입지개발지침으로 정한다.

> **영 제10조의2(산업단지지정의 제한)** ① 법 제8조의2제1항 각 호 외의 부분 본문에서 "대통령령으로 정하는 면적 또는 미분양 비율"이란 다음 각 호의 구분에 따른 면적 또는 미분양 비율을 말한다.
>   1. 국가산업단지 : <u>시·도별로 미분양 비율 15퍼센트 이상</u>
>   2. 일반산업단지 : 시·도별로 미분양 비율 30퍼센트 이상
>   3. 도시첨단산업단지 : 다음 각 목의 구분에 따른 시·도별 면적 또는 미분양 비율
>   가. 면적: <u>330만제곱미터 이상</u>. 다만, 국토교통부장관이 도시첨단산업단지를 지정하는 경우는 제외한다.
>   나. 미분양 비율: <u>30퍼센트 이상</u>

4. 농공단지 : 시・군・구(구는 자치구를 말하며, 이하 "시・군・구"라 한다)별로 100만제곱미터부터 200만제곱미터까지의 범위에서 농공단지개발세부지침이 정하는 면적 이상 또는 미분양 비율 30퍼센트 이상

② 법 제8조의2제1항 제2호에서 "대통령령으로 정하는 바에 따라 기업의 입주수요가 확인된 산업단지"란 산업단지지정권자와 산업단지 입주희망 기업이 체결한 입주협약서 등 객관적인 자료에 의하여 기업의 입주수요가 확인된 산업단지를 말한다.

정답 ③

004 산업입지 및 개발에 관한 법령상 도시첨단산업단지의 지정에 관한 설명으로 옳지 않은 것은?

① 시장・군수 또는 구청장이 시・도지사에게 도시첨단산업단지의 지정을 신청하고자 하는 때에는 산업단지개발계획을 입안하여 제출하여야 한다.
② 인구의 과밀방지 등을 위하여 대통령령이 정하는 지역에는 도시첨단산업단지를 지정할 수 없다.
③ 도시첨단산업단지의 지정 제외 지역은 특별시와 광역시다.
④ 도시첨단산업단지의 지정권자가 도시첨단산업단지를 지정하려는 때에는 개발계획에 대하여 관계 행정기관의 장과 협의하여야 한다.

해설

정답 ③

005 다음 중 산업입지 및 개발에 관한 법률에 따른 산업단지에 해당하는 것으로만 나열된 것은?

① 국가산업단지, 일반산업단지, 농공단지
② 국가산업단지, 도시산업단지, 농공산업단지
③ 국가산업단지, 일반산업단지, 특수산업단지
④ 국가산업단지, 지역산업단지, 농공단지

해설

제2조(정의) 이 법에서 사용하는 용어의 뜻은 다음과 같다.
1. "공장"이란 「산업집적활성화 및 공장설립에 관한 법률」 제2조 제1호에 따른 공장을 말한다.
2. "지식산업"이란 컴퓨터소프트웨어개발업・연구개발업・엔지니어링서비스업 등 전문 분야의 지식을 기반으로 하여 창의적 정신활동에 의하여 고부가가치의 지식서비스를 창출하는 데에 이바지할 수 있는 산업을 말한다.
3. "문화산업"이란 「문화산업진흥 기본법」 제2조 제1호에 따른 문화산업을 말한다.
4. "정보통신산업"이란 「정보통신산업 진흥법」 제2조 제2호에 따른 정보통신산업을 말한다.

5. "재활용산업"이란 「자원의 절약과 재활용촉진에 관한 법률」 제2조 제11호에 따른 재활용산업을 말한다.
6. "자원비축시설"이란 석탄, 석유, 원자력, 천연가스 등 에너지자원의 비축·저장·공급 등을 위한 시설과 이에 관련된 시설을 말한다.
7. "물류시설"이란 「물류시설의 개발 및 운영에 관한 법률」 제2조 제1호에 따른 시설(물류단지는 제외한다)을 말한다.
7의2. "산업시설용지"란 공장, 지식산업 관련 시설, 문화산업 관련 시설, 정보통신산업 관련 시설, 재활용산업 관련 시설, 자원비축시설, 물류시설, 교육·연구시설 및 그 밖에 대통령령으로 정하는 시설의 용지를 말한다.
7의3. "복합용지"란 제7호의2와 제9호나목부터 자목까지의 시설을 하나의 용지에 일부 또는 전부를 설치하기 위한 용지를 말한다.
8. "산업단지"란 제7호의2에 따른 시설과 이와 관련된 교육·연구·업무·지원·정보처리·유통 시설 및 이들 시설의 기능 향상을 위하여 주거·문화·환경·공원녹지·의료·관광·체육·복지 시설 등을 집단적으로 설치하기 위하여 포괄적 계획에 따라 지정·개발되는 일단(一團)의 토지로서 다음 각 목의 것을 말한다.
    가. 국가산업단지: 국가기간산업, 첨단과학기술산업 등을 육성하거나 개발 촉진이 필요한 낙후지역이나 둘 이상의 특별시·광역시·특별자치시 또는 도에 걸쳐 있는 지역을 산업단지로 개발하기 위하여 제6조에 따라 지정된 산업단지
    나. 일반산업단지: 산업의 적정한 지방 분산을 촉진하고 지역경제의 활성화를 위하여 제7조에 따라 지정된 산업단지
    다. 도시첨단산업단지: 지식산업·문화산업·정보통신산업, 그 밖의 첨단산업의 육성과 개발 촉진을 위하여 「국토의 계획 및 이용에 관한 법률」에 따른 도시지역에 제7조의2에 따라 지정된 산업단지
    라. 농공단지(農工團地): 대통령령으로 정하는 농어촌지역에 농어민의 소득 증대를 위한 산업을 유치·육성하기 위하여 제8조에 따라 지정된 산업단지
9. "산업단지개발사업"이란 산업단지를 조성하기 위하여 시행하는 다음 각 목의 사업을 말한다.
    가. 제7호의2에 따른 시설의 용지조성사업 및 건축사업
    나. 첨단과학기술산업의 발전을 위한 교육·연구시설용지 조성사업 및 건축사업
    다. 산업단지의 효율 증진을 위한 업무시설·정보처리시설·지원시설·전시시설·유통시설 등의 용지조성사업 및 건축사업
    라. 산업단지의 기능 향상을 위한 주거시설·문화시설·의료복지시설·체육시설·교육시설·관광휴양시설 등의 용지조성사업 및 건축사업과 공원조성사업
    마. 공업용수와 생활용수의 공급시설사업
    바. 도로·철도·항만·궤도·운하·유수지(溜水池) 및 저수지 건설사업
    사. 전기·통신·가스·유류·증기 및 원료 등의 수급시설사업
    아. 하수도·폐기물처리시설, 그 밖의 환경오염방지시설 사업
    자. 그 밖에 가목부터 아목까지의 사업에 부대되는 사업
10. "산업단지 재생사업지구"(이하 "재생사업지구"라 한다)란 제39조의2 및 제39조의3에 따라 산업기능의 활성화를 위하여 산업단지 또는 공업지역(「국토의 계획 및 이용에 관한 법률」 제36조 제1항 제1호다목에 해당하는 공업지역을 말한다. 이하 같다) 및 산업단지 또는 공업지역의 주변 지역에 지정·고시되는 지구를 말한다.
11. "산업단지 재생사업"(이하 "재생사업"이라 한다)이란 재생사업지구에서 산업입지기능을 발전시키고 기반시설과 지원시설 및 편의시설을 확충·개량하기 위한 사업을 말한다.
12. "준산업단지"란 도시 또는 도시 주변의 특정 지역에 입지하는 개별 공장들의 밀집도가 다른 지역에 비하여 높아 포괄적 계획에 따라 계획적 관리가 필요하여 제8조의3에 따라 지정된 일단의 토지 및 시설물을 말한다.

제6조(국가산업단지의 지정) ① 국가산업단지는 국토교통부장관이 지정한다.
② 중앙행정기관의 장은 국가산업단지의 지정이 필요하다고 인정하면 대상지역을 정하여 국토교통부장관에게 국가산업단지로의 지정을 요청할 수 있다.
③ 국토교통부장관은 제1항 또는 제2항에 따라 국가산업단지를 지정하려면 산업단지개발계획을 수립하여 관할 시·도지사의 의견을 듣고, 관계 중앙행정기관의 장과 협의하여야 한다. 산업단지개발계획을 변경하려는 경우에도 또한 같다.
④ 국토교통부장관은 제3항에 따라 협의 후 심의회의 심의를 거쳐 국가산업단지를 지정하여야 한다. 대통령령으로 정하는 중요 사항을 변경하려는 경우에도 또한 같다.
⑤ 제3항에 따른 산업단지개발계획에는 다음 각 호의 사항이 포함되어야 한다. 다만, 산업단지개발계획을 수립할 때 부득이한 경우에는 산업단지를 지정한 후에 제3호의 산업단지개발사업의 시행자를 지정하거나 또는 제8호의 사항을 정하여 이를 산업단지개발계획에 포함시킬 수 있다.
  1. 산업단지의 명칭·위치 및 면적
  2. 산업단지의 지정 목적
  3. 산업단지개발사업의 시행자(이하 "사업시행자"라 한다)
  4. 사업 시행방법
  5. 주요 유치업종 또는 제한업종
  6. 토지이용계획 및 주요기반시설계획
  7. 재원(財源) 조달계획
  8. 수용·사용할 토지·건축물 또는 그 밖의 물건이나 권리가 있는 경우에는 그 세부 목록
  9. 그 밖에 대통령령으로 정하는 사항
⑥ 국토교통부장관은 제5항에도 불구하고 창의적이고 효율적인 산업단지개발을 추진하기 위하여 필요한 경우에는 대통령령으로 정하는 바에 따라 산업단지개발계획안을 공모하여 선정된 안을 산업단지개발계획에 반영할 수 있다. 다만, 산업단지가 지정된 후 공모를 통하여 산업단지개발계획을 변경하려는 경우에는 사업시행자와 공동으로 공모할 수 있다.
⑦ 제6항 본문에 따라 공모를 실시하려는 경우 제5항 제3호부터 제9호까지의 사항은 공모 이후 산업단지개발계획에 포함할 수 있다. 이 경우 선정된 산업단지개발계획안의 응모자가 제16조 제1항에 따른 자격요건을 갖춘 경우에는 해당 응모자를 사업시행자로 지정하거나 같은 조 제3항에 따라 산업단지개발사업의 일부를 대행하게 할 수 있다(제6항 단서에 따라 공모를 시행한 경우에도 또한 같다).
⑧ 제5항에 따른 산업단지개발계획의 내용 중 산업시설용지의 면적(산업시설의 면적이 100분의 50 이상인 제2조 제7호의3의 복합용지를 포함한다)은 산업단지의 종류에 따라 산업단지 유상공급면적의 100분의 40 이상 100분의 70 이하의 범위에서 대통령령으로 정하는 비율 이상이 되도록 하여야 한다.

제7조(일반산업단지의 지정) ① 일반산업단지는 시·도지사 또는 대도시시장이 지정한다. 다만, <u>대통령령으로 정하는 면적 미만의 산업단지의 경우에는 시장·군수 또는 구청장이 지정할 수 있다.</u>

> **영 제8조(일반산업단지의 지정)** 법 제7조 제1항 단서에서 "대통령령으로 정하는 면적"이란 30만제곱미터를 말한다.

② 제1항에 따른 일반산업단지의 지정권자(이하 "일반산업단지지정권자"라 한다)는 일반산업단지를 지정하려면 산업단지개발계획을 수립하여 관할 시장·군수 또는 구청장의 의견을 듣고 국토교통부장관을 비롯한 관계 행정기관의 장(대상지역에 「공유수면 관리 및 매립에 관한 법률」 제2조 제1호가목의 바다·바닷가가 포함된 경우에는 해양수산부장관을 포함한다)과 협의하여야 한다. 산업단지개발계획을 변경하려는 경우에도 또한 같다.
⑤ 일반산업단지지정권자는 일반산업단지의 지정 또는 변경 내용을 국토교통부장관에게 통보하여야 한다. 이 경우 지정권자가 시장·군수 또는 구청장인 경우에는 그 지정 또는 변경 내용을 시·도지사에게도 통보하여야 한다.
⑥ 제2항에 따른 산업단지개발계획에 관하여는 제6조 제5항부터 제8항까지를 준용한다.

⑦ 일반산업단지지정권자는 제2항에 따른 관계 행정기관의 장과의 협의 과정에서 관계 기관 간의 의견조정을 위하여 필요하다고 인정하는 경우에는 국토교통부장관에게 조정을 요청할 수 있으며, 조정을 요청받은 국토교통부장관은 심의회의 심의를 거쳐 이를 조정할 수 있다.

제7조의2(도시첨단산업단지의 지정) ① 도시첨단산업단지는 국토교통부장관, 시·도지사 또는 대도시시장이 지정하며, 시·도지사(특별자치도지사는 제외한다)가 지정하는 경우에는 시장·군수 또는 구청장의 신청을 받아 지정한다. 다만, 대통령령으로 정하는 면적 미만인 경우에는 시장·군수 또는 구청장이 직접 지정할 수 있다.

> **영 제8조의3(도시첨단산업단지의 지정 등)** ① 법 제7조의2제1항 단서에서 "대통령령으로 정하는 면적"이란 10만제곱미터를 말한다.
> ② 법 제7조의2제2항에서 "서울특별시 등 대통령령으로 정하는 지역"이란 서울특별시를 말한다.

② 인구의 과밀 방지 등을 위하여 서울특별시 등 대통령령으로 정하는 지역에는 도시첨단산업단지를 지정할 수 없다.
③ 시장·군수 또는 구청장은 제1항 본문에 따라 시·도지사에게 도시첨단산업단지의 지정을 신청하려는 경우에는 산업단지개발계획을 작성하여 제출하여야 한다.
④ 제1항에 따른 도시첨단산업단지의 지정권자(이하 "도시첨단산업단지지정권자"라 한다)는 도시첨단산업단지를 지정하려는 경우에는 산업단지개발계획에 대하여 관계 행정기관의 장(대상지역에 「공유수면 관리 및 매립에 관한 법률」 제2조 제1호가목의 바다·바닷가가 포함된 경우에는 해양수산부장관을 포함한다)과 협의하여야 한다. 산업단지개발계획을 변경하려는 경우에도 또한 같다.
⑤ 국토교통부장관이 도시첨단산업단지를 지정하려는 경우에는 제4항에 따른 협의 후 심의회의 심의를 거쳐 지정하여야 하며, 대통령령으로 정하는 중요 사항을 변경하려는 경우에도 또한 같다.
⑥ 제3항 및 제4항에 따른 산업단지개발계획에 관하여는 제6조 제5항부터 제8항까지를 준용하고, 제4항에 따른 관계 행정기관의 장과의 협의에 관하여는 제7조 제7항을 준용한다.
⑦ 지방자치단체의 장은 도시첨단산업단지의 지정 또는 변경 내용을 국토교통부장관에게 통보하여야 한다. 이 경우 지정권자가 시장·군수 또는 구청장인 경우에는 그 지정 또는 변경 내용을 시·도지사에게도 통보하여야 한다.

제8조(농공단지의 지정) ① 농공단지는 특별자치도지사 또는 시장·군수·구청장이 지정한다.
② 제1항에 따른 농공단지의 지정권자(대도시시장은 제외한다)는 농공단지를 지정하려면 대통령령으로 정하는 서류와 도면을 첨부한 산업단지개발계획을 작성하여 시·도지사의 승인을 받아야 한다. 승인받은 사항을 변경하려는 경우에도 또한 같다. 다만, 대통령령으로 정하는 경미한 사항의 변경은 그러하지 아니하다.
④ 제2항에 따른 산업단지개발계획에 관하여는 제6조 제5항부터 제8항까지를 준용한다.
⑤ 제2항에 따라 승인을 요청받은 시·도지사는 대상지역에 「공유수면 관리 및 매립에 관한 법률」 제2조 제1호가목의 바다·바닷가가 포함된 경우에는 해양수산부장관과 협의하여야 한다.
⑥ 농림축산식품부장관 및 산업통상자원부장관은 제2조 제8호라목에 따른 대통령령으로 정하는 농어촌지역에 지정된 일반산업단지 또는 도시첨단산업단지를 농공단지와 동일하게 지원할 수 있다.

정답 ①

006 다음 중 산업입지정책심의회의 구성에 대한 설명이 옳지 않은 것은?

① 위원장 및 부위원장 각 1인을 포함하여 30인 이내의 위원으로 구성한다.
② 위원장은 산업통상자원부 장관이 되고, 부위원장은 산업통상자원부 정책국장이 된다.
③ 간사는 국토교통부 소속 공무원 중에서 위원장이 임명한다.
④ 심의회의 사무를 처리하기 위하여 심의회에서 간사 1인을 둔다.

해설

제3조(산업입지정책심의회) ① 산업입지정책에 관한 중요 사항을 심의하기 위하여 **국토교통부**에 산업입지정책심의회(이하 "심의회"라 한다)를 둔다.
② 심의회의 기능·구성·운영 등에 필요한 사항은 대통령령으로 정한다.
③ 산업단지의 지정·개발에 관하여 특별시장·광역시장·특별자치시장·도지사 및 특별자치도지사(이하 "시·도지사"라 한다)와 시장·군수·구청장(자치구의 구청장을 말한다. 이하 같다)의 자문을 위하여 특별시·광역시·특별자치시·도 및 특별자치도(이하 "시·도"라 한다)와 시·군·자치구에 지방산업입지심의회를 둘 수 있다.
④ 지방산업입지심의회의 기능·구성·운영 등에 필요한 사항은 해당 지방자치단체의 조례로 정한다.

> **영 제2조의3(산업입지정책심의회의 구성)** ① 심의회는 위원장 및 부위원장 각 1명을 포함하여 30명 이내의 위원으로 구성한다.
> ② 위원장은 국토교통부 제1차관이 되고, 부위원장은 국토교통부 국토도시실장이 된다.
> ③ 위원은 다음 각 호의 사람이 된다.
>   1. 국무조정실·기획재정부·교육부·과학기술정보통신부·행정안전부·문화체육관광부·농림축산식품부·산업통상자원부·보건복지부·환경부·고용노동부·해양수산부·중소벤처기업부 및 산림청의 3급 공무원 또는 고위공무원단에 속하는 일반직공무원 중에서 소속기관의 장이 지정하는 사람 각 1명
>   2. 산업입지정책에 관한 전문적 학식과 경험이 풍부한 사람 중에서 국토교통부장관이 위촉하는 사람
> ④ 심의회의 사무를 처리하기 위하여 심의회에 간사 1인을 두며, 간사는 국토교통부 소속 공무원중에서 위원장이 임명한다.

정답 ②

007 산업단지의 종류와 지정권자의 연결이 옳지 않은 것은?

① 국가산업단지 - 국토교통부장관
② 일반산업단지 - 시·도지사 또는 대도시시장
③ 농공단지 - 시장·군수 또는 구청장
④ 도시첨단산업단지 - 서울특별시장

> 해설

정답 ④

008 산업입지 및 개발에 관한 법령상 도시첨단산업단지의 지정에 관한 설명으로 옳지 않은 것은?

① 시장·군수 또는 구청장이 시·도지사에게 도시첨단산업단지의 지정을 신청하고자 하는 때에는 산업단지개발계획을 작성하여 제출하여야 한다.
② 인구의 과밀방지 등을 위하여 대통령령으로 정하는 지역에는 도시첨단산업단지를 지정할 수 없다.
③ 도시첨단산업단지의 지정 제외 지역은 특별시와 광역시다.
④ 도시첨단산업단지의 지정권자가 도시첨단산업단지를 지정하려는 경우에는 산업단지개발계획에 대하여 관계 행정기관의 장과 협의하여야 한다.

> 해설

정답 ③

009 산업입지 및 개발에 관한 법률에 의가하여 산업입지정책에 관한 중요 사항을 심의하기 위하여 국토교통부에 두는 위원회는?

① 산업입지정책심의회
② 산업입지평가위원회
③ 산업정책위원회
④ 국토정책심의회

> 해설

정답 ①

010 산업입지 및 개발에 관한 법률상 산업단지지정의 제한에 대한 아래 설명과 관련하여 밑줄 그은 부분에 대한 기분이 잘못 제시된 것은?

> 산업단지지정권자는 지정된 산업단지의 면적 또는 미분양 비율이 <u>산업단지의 종류별로 대통령령으로 정하는 면적 또는 미분양 비율</u>에 해당하는 지방자치단체인 경우에는 산업단지를 지정하여서는 아니 된다.

① 국가산업단지 : 시·도별로 미분양 비율 15% 이상
② 일반산업단지 : 시·도별로 미분양 비율 30% 이상
③ 도시첨단산업단지 : 시·도별로 미분양비율 15% 이상
④ 농공단지 : 시·군·자치구별로 100만㎡부터 200만㎡까지의 범위 안에서 농공단지개발세부지침이 정하는 면적 이상 또는 미분양비율 30% 이상

해설

제8조의2(산업단지 지정의 제한) ① 산업단지지정권자는 지정된 산업단지의 면적 또는 미분양 비율이 산업단지의 종류별로 대통령령으로 정하는 면적 또는 미분양 비율에 해당하는 지방자치단체인 경우에는 산업단지를 지정하여서는 아니 된다. 다만, 다음 각 호의 어느 하나에 해당하는 경우에는 그러하지 아니하다.
  1. 제16조 제1항 제3호 및 제4호에 해당하는 사업시행자가 산업단지를 개발하는 경우
  2. 대통령령으로 정하는 바에 따라 기업의 입주 수요가 확인된 산업단지를 개발하는 경우
② 제1항에 따른 지정면적 또는 미분양 비율의 산정방식은 산업입지개발지침으로 정한다.

> **영 제10조의2(산업단지지정의 제한)** ① 법 제8조의2제1항 각 호 외의 부분 본문에서 "대통령령으로 정하는 면적 또는 미분양 비율"이란 다음 각 호의 구분에 따른 면적 또는 미분양 비율을 말한다.
>   1. 국가산업단지 : <u>시·도별로 미분양 비율 15퍼센트 이상</u>
>   2. 일반산업단지 : 시·도별로 미분양 비율 30퍼센트 이상
>   3. 도시첨단산업단지 : 다음 각 목의 구분에 따른 시·도별 면적 또는 미분양 비율
>   가. 면적: <u>330만제곱미터 이상</u>. 다만, 국토교통부장관이 도시첨단산업단지를 지정하는 경우는 제외한다.
>   나. 미분양 비율: <u>30퍼센트 이상</u>
>   4. 농공단지 : 시·군·구(구는 자치구를 말하며, 이하 "시·군·구"라 한다)별로 100만제곱미터부터 200만제곱미터까지의 범위에서 농공단지개발세부지침이 정하는 면적 이상 또는 미분양 비율 30퍼센트 이상
> ② 법 제8조의2제1항 제2호에서 "대통령령으로 정하는 바에 따라 기업의 입주수요가 확인된 산업단지"란 산업단지지정권자와 산업단지 입주희망 기업이 체결한 입주협약서 등 객관적인 자료에 의하여 기업의 입주수요가 확인된 산업단지를 말한다.

정답 ③

011 산업입지 및 개발에 관한 법령상 사업시행자가 개발토지·시설등을 분양 또는 임대받을 자를 선정함에 있어, 산업시설용지를 우선적으로 선정 받을 수 있는 자가 아닌 경우는?

① 수도권정비계획법의 관련 규정에 의한 과밀억제권역으로부터 이전하고자 하는 자
② 국외에서 운영하던 사업장을 국내로 이전하려는 자
③ 재생계획에 의하여 이전이 요구되는 자
④ 관련 법률의 규정에 따라 증축을 원하는 공장을 소유하고 있는 자

해설

제42조의3(개발토지·시설 등의 공급방법 및 처분절차 등) ① 사업시행자가 개발한 토지·시설등을 분양 또는 임대하고자 하는 때에는 제39조 및 제41조의 규정에 의한 분양계획 및 임대사업계획(이하 이 조에서 "처분계획"이라 한다)에서 정하는 바에 따라 가격기준·자격요건 및 대상자선정방법등 주요내용을 중앙 또는 당해 지방에서 발간되는 일간신문에 공고하여야 한다.
② 제1항의 규정에 의하여 개발토지·시설등을 분양 또는 임대받고자 하는 자는 사업시행자에게 분양·임대신청서를 제출하여야 한다.
③ 사업시행자는 제2항에 따른 신청자 중에서 처분계획에서 정한 자격요건에 따라 분양 또는 임대받을 자를 선정하되, 그 대상자 간에 경쟁이 있는 경우에는 추첨의 방법으로 선정한다. 다만, **산업시설용지(복합용지 내에 산업시설을 설치하기 위한 용지를 포함하며, 이하 이 조에서 같다)의 경우 다음 각 호의 어느 하나에 해당하는 자를 우선적으로 선정할 수 있다.**
　1.「수도권정비계획법」제6조의 규정에 의한 과밀억제권역으로부터 이전하고자 하는 자
　2.「산업집적활성화 및 공장설립에 관한 법률」제2조 제13호에 따른 지식산업센터를 설립하고자 하는 자
　3. 제2호에 해당하는 자에게 출자 또는 융자한 다음 각 목의 어느 하나에 해당하는 자
　　가.「부동산투자회사법」제49조의3제1항에 따른 공모부동산투자회사
　　나.「자본시장과 금융투자업에 관한 법률」제229조 제2호에 따른 부동산집합투자기구 중 같은 법 제9조 제19항에 따른 사모집합투자기구에 해당하지 않는 부동산집합투자기구
　4.「중소기업진흥에 관한 법률」제29조에 따라 협동화실천계획의 승인을 얻어 시행하고자 하는 자
　5. 재생계획에 의하여 이전이 요구되는 자
　6. 관련 법률의 규정에 따라 이전이 요구되는 공장이나 물류시설을 소유하고 있는 자
　7.「재해경감을 위한 기업의 자율활동 지원에 관한 법률」제2조 제6호에 따른 재해경감 우수기업
　8.「국토의 계획 및 이용에 관한 법률 시행령」제93조 제1항 각 호의 어느 하나에 해당하는 사유로 증축이 제한되는 공장 중 시·도지사가 그 관할구역의 산업단지로 이전이 필요하다고 인정하는 공장을 소유하고 있는 자
　9. 국외에서 운영하던 사업장을 국내로 이전하려는 자
　10.「국가를 당사자로 하는 계약에 관한 법률 시행령」제42조 제5항 본문에 따른 세부심사기준에 따라 신규채용 실적이 우수하거나 청년고용 실적이 우수한 것으로 평가되는 기업

정답 ④

012 산업입지 및 개발에 관한 법령상 도시첨단 산업단지의 지정에 관한 설명으로 옳지 않은 것은?

① 도시첨단산업단지의 지정 제외 지역은 특별시와 광역시다.
② 인구의 과밀방지 등을 위하여 대통령령으로 정하는 지역에는 도시첨단산업단지를 지정할 수 없다.
③ 시장·군수 또는 구청장은 시·도지사에게 도시첨단산업단지의 지정을 신청하려는 경우에는 산업단지개발계획을 작성하여 제출하여야 한다.
④ 도시첨단산업단지의 지정권자가 도시첨단 산업단지를 지정하려는 경우에는 산업단지개발 계획에 대하여 관계 행정기관의 장과 협의하여야 한다.

해설

정답 ①

013 산업입지 및 개발에 관한 법률에 따른 산업단지에 해당하는 것으로만 나열된 것은?

① 국가산업단지, 일반산업단지, 농공단지
② 국가산업단지, 지역산업단지, 농공단지
③ 국가산업단지, 도시산업단지, 농공산업단지
④ 국가산업단지, 일반산업단지, 특수산업단지

해설

정답 ①

Theme 11. 도시계획시설의 결정·구조 및 설치기준에 관한 규칙

001 도시계획시설의 결정·구조 및 설치기준에 관한 규칙에서 정한 용도지역별 도로율이 틀린 것은?

① 주거지역: 20% 이상 ~ 30% 미만
② 상업지역: 25% 이상 ~ 35% 미만
③ 공업지역: 10% 이상 ~ 20% 미만
④ 녹지지역: 5% 이상 ~ 15% 미만

해설

제9조(도로의 구분) 도로는 다음 각호와 같이 구분한다.
1. 사용 및 형태별 구분
   가. 일반도로 : 폭 4미터 이상의 도로로서 통상의 교통소통을 위하여 설치되는 도로
   나. 자동차전용도로 : 특별시·광역시·특별자치시·시 또는 군(이하 "시·군"이라 한다)내 주요지역간이나 시·군 상호간에 발생하는 대량교통량을 처리하기 위한 도로로서 자동차만 통행할 수 있도록 하기 위하여 설치하는 도로
   다. 보행자전용도로 : 폭 1.5미터 이상의 도로로서 보행자의 안전하고 편리한 통행을 위하여 설치하는 도로
   라. 보행자우선도로: 폭 10미터 미만의 도로로서 보행자와 차량이 혼합하여 이용하되 보행자의 안전과 편의를 우선적으로 고려하여 설치하는 도로
   마. 자전거전용도로 : 하나의 차로를 기준으로 폭 1.5미터(지역 상황 등에 따라 부득이하다고 인정되는 경우에는 1.2미터) 이상의 도로로서 자전거의 통행을 위하여 설치하는 도로
   바. 고가도로 : 시·군내 주요지역을 연결하거나 시·군 상호간을 연결하는 도로로서 지상교통의 원활한 소통을 위하여 공중에 설치하는 도로
   사. 지하도로 : 시·군내 주요지역을 연결하거나 시·군 상호간을 연결하는 도로로서 지상교통의 원활한 소통을 위하여 지하에 설치하는 도로(도로·광장 등의 지하에 설치된 지하공공보도시설을 포함한다). 다만, 입체교차를 목적으로 지하에 도로를 설치하는 경우를 제외한다.
2. 규모별 구분
   가. 광로
      (1) 1류 : 폭 70미터 이상인 도로
      (2) 2류 : 폭 50미터 이상 70미터 미만인 도로
      (3) 3류 : 폭 40미터 이상 50미터 미만인 도로
   나. 대로
      (1) 1류 : 폭 35미터 이상 40미터 미만인 도로
      (2) 2류 : 폭 30미터 이상 35미터 미만인 도로
      (3) 3류 : 폭 25미터 이상 30미터 미만인 도로
   다. 중로
      (1) 1류 : 폭 20미터 이상 25미터 미만인 도로
      (2) 2류 : 폭 15미터 이상 20미터 미만인 도로
      (3) 3류 : 폭 12미터 이상 15미터 미만인 도로

라. 소로
  (1) 1류 : 폭 10미터 이상 12미터 미만인 도로
  (2) 2류 : 폭 8미터 이상 10미터 미만인 도로
  (3) 3류 : 폭 8미터 미만인 도로
3. 기능별 구분
  가. 주간선도로 : 시·군내 주요지역을 연결하거나 시·군 상호간을 연결하여 대량통과교통을 처리하는 도로로서 시·군의 골격을 형성하는 도로
  나. 보조간선도로 : 주간선도로를 집산도로 또는 주요 교통발생원과 연결하여 시·군 교통이 모였다 흩어지도록 하는 도로로서 근린주거구역의 외곽을 형성하는 도로
  다. 집산도로(集散道路) : 근린주거구역의 교통을 보조간선도로에 연결하여 근린주거구역내 교통이 모였다 흩어지도록 하는 도로로서 근린주거구역의 내부를 구획하는 도로
  라. 국지도로 : 가구(街區 : 도로로 둘러싸인 일단의 지역을 말한다. 이하 같다)를 구획하는 도로
  마. 특수도로 : 보행자전용도로·자전거전용도로 등 자동차 외의 교통에 전용되는 도로

제10조(도로의 일반적 결정기준) 도로의 일반적 결정기준은 다음 각 호와 같다.
1. 도로의 효용을 높이기 위하여 당해 도로가 교통의 소통에 미치는 영향이 최대화 되도록 할 것
2. 도로의 종류별로 일관성 있게 계통화된 도로망이 형성되도록 하고, 광역교통망과의 연계를 고려할 것
3. 도로의 배치간격은 다음 각목의 기준에 의하되, 시·군의 규모, 지형조건, 토지이용계획, 인구밀도 등을 감안할 것
  가. <u>주간선도로와 주간선도로의 배치간격 : 1천미터 내외</u>
  나. <u>주간선도로와 보조간선도로의 배치간격 : 500미터 내외</u>
  다. 보조간선도로와 집산도로의 배치간격 : 250미터 내외
  라. 국지도로간의 배치간격 : 가구의 짧은변 사이의 배치간격은 90미터 내지 150미터 내외, 가구의 긴변 사이의 배치간격은 25미터 내지 60미터 내외
4. 국도대체우회도로 및 자동차전용도로에는 집산도로 또는 국지도로가 직접 연결되지 아니하도록 할 것
5. 도로의 폭은 당해 시·군의 인구 및 발전전망을 감안한 교통수단별 교통량분담계획, 당해 도로의 기능과 인근의 토지이용계획에 의하여 정할 것
6. 차로의 폭은 「도로의 구조·시설기준에 관한 규칙」 제10조의 규정에 의할 것
7. 보도, 자전거도로, 분리대, 주·정차대, 안전지대, 식수대 및 노상공작물 등 필요한 시설의 설치가 가능한 폭을 확보할 것
8. 연석, 장애물 및 차선 등을 설치하여 차로, 보도 및 자전거도로 등으로 공간을 구획하는 경우에는 특정 교통수단 또는 이용주체에게 불리하지 아니하도록 공간 배분의 형평성을 고려할 것
9. 도로의 선형은 근린주거구역, 지역 공동체, 도로의 설계속도, 지형·지물, 경제성, 안전성, 향후의 유지·관리 등을 고려하여 정할 것
10. 도로가 전력·전화선 등을 가설하거나 변압기탑·개폐탑 등 지상시설물이나 상하수도·공동구 등 지하시설물을 설치할 수 있는 기반이 되도록 할 것
11. 기존 도로를 확장하는 경우에는 원칙적으로 한쪽 방향으로 확장하도록 하고, 도로의 선형, 보상비, 공사의 난이도, 공사비, 주변토지의 이용효율, 다른 공공시설과의 관계 등을 종합적으로 고려하며, 도로부지에 국·공유지가 우선적으로 편입되도록 할 것
12. 일반도로, 보행자전용도로 및 보행우선도로의 경우에는 장애인·노인·임산부·어린이 등의 이용을 고려할 것
13. 보전녹지지역·생산녹지지역·보전관리지역·생산관리지역·농림지역 및 자연환경보전지역에는 원칙적으로 다음 각 목의 도로에 한정하여 설치하여야 한다.
  가. 당해 지역을 통과하는 교통량을 처리하기 위한 도로

나. 도시·군계획시설에의 진입도로
다. 도시·군계획사업 및 다른 법령에 의한 대규모 개발사업이 시행되는 구역과 연결되는 도로
라. 지구단위계획구역에 설치하는 도로 및 지구단위계획구역과 연결되는 도로
마. 기존 취락에 설치하는 도로 및 기존 취락과 연결되는 도로
14. 개발이 되지 아니한 주거지역·상업지역 및 공업지역에는 지역개발에 필요한 주간선도로 및 보조간선도로에 한하여 설치하고, 주간선도로 및 보조간선도로외의 도로는 지구단위계획을 수립한 후 이에 의하여 설치할 것

제11조(용도지역별 도로율) ① 용도지역별 도로율은 다음 각 호의 구분에 따르며, 「도시교통정비 촉진법」 제15조에 따른 교통영향평가, 건축물의 용도·밀도, 주택의 형태 및 지역여건에 따라 적절히 증감할 수 있다.
1. 주거지역 : 15퍼센트 이상 30퍼센트 미만. 이 경우 간선도로(주간선도로와 보조간선도로를 말한다. 이하 같다)의 도로율은 8퍼센트 이상 15퍼센트 미만이어야 한다.
2. 상업지역 : 25퍼센트 이상 35퍼센트 미만. 이 경우 간선도로의 도로율은 10퍼센트 이상 15퍼센트 미만이어야 한다.
3. 공업지역 : 8퍼센트 이상 20퍼센트 미만. 이 경우 간선도로의 도로율은 4퍼센트 이상 10퍼센트 미만이어야 한다.

정답 ④

002 도시계획시설의 결정·구조 및 설치기준에 관한 규칙에서 정한 용도지역별 도로율이 옳은 것은? (간선도로에 한함)

① 주거지역: 8% 이상 ~ 10% 미만
② 주거지역: 15% 이상 ~ 30% 미만
③ 상업지역: 25% 이상 ~ 35% 미만
④ 공업지역: 4% 이상 ~ 10% 미만

해설

정답 ④

003 다음 중 도로의 배치간격 기준을 옳게 나열한 것은?

> ㉠ 주간선도로와 보조간선도로   ㉡ 보조간선도로와 집산도로

① ㉠ : 250m 내외, ㉡ : 500m 내외
② ㉠ : 500m 내외, ㉡ : 250m 내외
③ ㉠ : 500m 내외, ㉡ : 1km 내외
④ ㉠ : 1km 내외, ㉡ : 500m 내외

해설

정답 ②

004 도시계획시설의 결정·구조 및 설치기준에 관한 규칙상 도로종류와 도로폭에 대한 설명으로 틀린 것은?

① 대로 1류: 35m 이상~40m 미만
② 중로 3류: 12m 이상~15m 미만
③ 광로 2류: 50m 이상~70m 미만
④ 소로 2류: 10m 이상~12m 미만

해설

> 2. 규모별 구분
>   가. 광로
>   (1) 1류 : 폭 70미터 이상인 도로
>   (2) 2류 : 폭 50미터 이상 70미터 미만인 도로
>   (3) 3류 : 폭 40미터 이상 50미터 미만인 도로
>   나. 대로
>   (1) 1류 : 폭 35미터 이상 40미터 미만인 도로
>   (2) 2류 : 폭 30미터 이상 35미터 미만인 도로
>   (3) 3류 : 폭 25미터 이상 30미터 미만인 도로
>   다. 중로
>   (1) 1류 : 폭 20미터 이상 25미터 미만인 도로
>   (2) 2류 : 폭 15미터 이상 20미터 미만인 도로
>   (3) 3류 : 폭 12미터 이상 15미터 미만인 도로
>   라. 소로
>   (1) 1류 : 폭 10미터 이상 12미터 미만인 도로
>   (2) 2류 : 폭 8미터 이상 10미터 미만인 도로
>   (3) 3류 : 폭 8미터 미만인 도로

정답 ④

연습문제 – 규모별 구분

가. 광로
   (1) 1류 : 폭 70미터 이상인 도로
   (2) 2류 : 폭 50미터 이상 70미터 미만인 도로
   (3) 3류 : 폭 40미터 이상 50미터 미만인 도로
나. 대로
   (1) 1류 : 폭 (　)미터 이상 40미터 미만인 도로
   (2) 2류 : 폭 (　)미터 이상 35미터 미만인 도로
   (3) 3류 : 폭 (　)미터 이상 30미터 미만인 도로
다. 중로
   (1) 1류 : 폭 (　)미터 이상 25미터 미만인 도로
   (2) 2류 : 폭 (　)미터 이상 20미터 미만인 도로
   (3) 3류 : 폭 (　)미터 이상 15미터 미만인 도로
라. 소로
   (1) 1류 : 폭 (　)미터 이상 12미터 미만인 도로
   (2) 2류 : 폭 8미터 이상 10미터 미만인 도로
   (3) 3류 : 폭 8미터 미만인 도로

005 기능별 구분에 의한 도로의 종류로서 보조간선도로와 집산도로의 배치간격의 기준은?

① 120~150m 내외
② 250m 내외
③ 500m 내외
④ 1000m 내외

해설

정답 ②

006 도시·군계획시설의 결정·구조 및 설치기준에 관한 규칙에 의한 보행자 전용도로의 최소 폭은?

① 1.0m
② 1.5m
③ 2.0m
④ 2.5m

해설

정답 ②

007 도시·군계획시설의 결정·구조 및 설치기준에서 폭 35m 도로는 다음 중 어느 규모별 구분에 해당하는가?

① 대로 1류
② 대로 2류
③ 중로 1류
④ 광로 3류

해설

정답 ①

008 도시·군계획시설의 결정·구조 및 설치기준에 관한 규칙에 의하면 도로를 규모별로 구분할 때 소로 1류의 기준으로 옳은 것은?

① 폭 15m 이상 20m 미만인 도로
② 폭 12m 이상 15m 미만인 도로
③ 폭 10m 이상 12m 미만인 도로
④ 폭 8m 이상 10m 미만인 도로

해설

정답 ③

009 도시계획시설의 결정·구조 및 설치기준에 관한 규칙에 의한 보행자전용도로의 최소 폭은?

① 1.0m
② 1.5m
③ 2.0m
④ 2.5m

해설

정답 ②

010 다음 중 기능별 구분에 따른 도로의 유형으로 옳지 않은 것은?

① 혼용도로
② 특수도로
③ 집산도로
④ 보조간선도로

해설

정답 ①

011 다음 중 도로의 기능별 구분에 따른 설명으로 옳지 않은 것은?

① 주간선도로: 시·군 상호간을 연결하여 대량 통과교통을 처리하는 도로로서 시·군의 골격을 형성하는 도로
② 보조간선도로: 시·군 교통의 집산기능을 하는 도로로서 근린주거구역의 외곽을 형성하는 도로
③ 국지도로: 근린주거구역 내 교통의 집산기능을 하는 도로로서 근린주거구역 내부를 구획하는 도로
④ 특수도로: 보행자전용도로·자전거전용도로 등 자동차 외의 교통에 전용되는 도로

해설

정답 ③

012 집산도로의 기능에 대한 설명으로 옳은 것은?

① 가구를 구획하고 택지로의 접근성을 높이는 것을 목적으로 한다.
② 근린주거구역의 교통을 보조간선도로에 연결하여 근린 주거구역 내 교통의 집산기능을 한다.
③ 도시 내 주요 지역을 연결하거나 시·군의 골격을 형성한다.
④ 대량 통과교통의 처리를 목적으로 하여 도시 내의 골격을 형성한다.

해설

정답 ②

013 다음 중 도로의 기능별 구분에 따른 설명으로 옳지 않은 것은?

① 주간선도로: 시·군 상호간을 연결하여 대향 통과교통을 처리하는 도로로서 시·군의 골격을 형성하는 도로
② 보조간선도로: 시·군 교통의 집산기능을 하는 도로로서 근린주거구역의 외곽을 형성하는 도로
③ 국지도로: 근린주거구역 내 교통의 집산기능을 하는 도로로서 근린주거구역 내부를 구획하는 도로
④ 특수도로: 보행자전용도로·자전거전용도로 등 자동차외의 교통에 전용되는 도로

해설

정답 ③

Theme 12 주차장법

001 주차장법상 '주차장'의 정의에 따른 종류에 해당하지 않는 것은?

① 부설주차장
② 노상주차장
③ 지하주차장
④ 노외주차장

해설

제2조(정의) 이 법에서 사용하는 용어의 뜻은 다음과 같다.
1. "주차장"이란 자동차의 주차를 위한 시설로서 다음 각 목의 어느 하나에 해당하는 종류의 것을 말한다.
   가. 노상주차장(路上駐車場): 도로의 노면 또는 교통광장(교차점광장만 해당한다. 이하 같다)의 일정한 구역에 설치된 주차장으로서 일반(一般)의 이용에 제공되는 것
   나. 노외주차장(路外駐車場): 도로의 노면 및 교통광장 외의 장소에 설치된 주차장으로서 일반의 이용에 제공되는 것
   다. 부설주차장: 제19조에 따라 건축물, 골프연습장, 그 밖에 주차수요를 유발하는 시설에 부대(附帶)하여 설치된 주차장으로서 해당 건축물·시설의 이용자 또는 일반의 이용에 제공되는 것
2. "기계식주차장치"란 노외주차장 및 부설주차장에 설치하는 주차설비로서 기계장치에 의하여 자동차를 주차할 장소로 이동시키는 설비를 말한다.
3. "기계식주차장"이란 기계식주차장치를 설치한 노외주차장 및 부설주차장을 말한다.
4. "도로"란 「건축법」 제2조 제1항 제11호에 따른 도로로서 자동차가 통행할 수 있는 도로를 말한다.
5. "자동차"란 「도로교통법」 제2조 제18호에 따른 자동차 및 같은 법 제2조 제19호에 따른 원동기장치자전거를 말한다.
6. "주차"란 「도로교통법」 제2조 제24호에 따른 주차를 말한다.
7. "주차단위구획"이란 자동차 1대를 주차할 수 있는 구획을 말한다.
8. "주차구획"이란 하나 이상의 주차단위구획으로 이루어진 구획 전체를 말한다.
9. "전용주차구획"이란 제6조 제1항에 따른 경형자동차(輕型自動車) 등 일정한 자동차에 한정하여 주차가 허용되는 주차구획을 말한다.
10. "건축물"이란 「건축법」 제2조 제1항 제2호에 따른 건축물을 말한다.
11. "주차전용건축물"이란 건축물의 연면적 중 대통령령으로 정하는 비율 이상이 주차장으로 사용되는 건축물을 말한다.
12. "건축"이란 「건축법」 제2조 제1항 제8호 및 제9호에 따른 건축 및 대수선(같은 법 제19조에 따른 용도변경을 포함한다)을 말한다.
13. "기계식주차장치 보수업"이란 기계식주차장치의 고장을 수리하거나 고장을 예방하기 위하여 정비를 하는 사업을 말한다.

> **영 제1조의2(주차전용건축물의 주차면적비율)** ① 「주차장법」(이하 "법"이라 한다) 제2조 제11호에서 "대통령령으로 정하는 비율 이상이 주차장으로 사용되는 건축물"이란 건축물의 연면적 중 주차장으로 사용되는 부분의 비율이 95퍼센트 이상인 것을 말한다. 다만, 주차장 외의 용도로 사용되는 부분이 「건축법 시행령」 별표 1에 따른 단독주택(같은 표 제1호에 따른 단독주택을 말한다. 이하 "단독주택"이라 한다), 공동주택, 제1종 근린생활시설, 제2종 근린생활시설, 문화 및 집회시설, 종교시설, 판매시설, 운수시설, 운동시설, 업무시설, 창고시설 또는 자동차 관련 시설인 경우에는 주차장으로 사용되는 부분의 비율이 70퍼센트 이상인 것을 말한다.
> ② 제1항에 따른 건축물의 연면적의 산정방법은 「건축법」에 따른다. 다만, 기계식주차장의 연면적은 기계식주차장치에 의하여 자동차를 주차할 수 있는 면적과 기계실, 관리사무소 등의 면적을 합하여 계산한다.

정답 ③

002 설치된 부설주차장의 용도를 변경할 수 있는 경우가 아닌 것은?

① 인근 300m이내에 새로운 부지를 마련하여 주차장을 옮기는 경우
② 시설물의 내부 또는 부지 안에서 주차장의 위치를 변경하는 경우
③ 부설주차장 설치 기준을 초과하여 설치한 주차장 부분에 대하여 시장, 군수, 구청장의 의 확인을 받은 경우
④ 도로교통법의 규정에 의한 차량통행이 금지되어 당해 주차장의 이용이 사실상 불가능한 경우

해설

제19조의4(부설주차장의 용도변경 금지 등) ① 부설주차장은 주차장 외의 용도로 사용할 수 없다. 다만, 다음 각 호의 어느 하나에 해당하는 경우에는 그러하지 아니하다.
  1. 시설물의 내부 또는 그 부지(제19조 제4항에 따라 해당 시설물의 부지 인근에 부설주차장을 설치하는 경우에는 그 인근 부지를 말한다) 안에서 주차장의 위치를 변경하는 경우로서 시장·군수 또는 구청장이 주차장의 이용에 지장이 없다고 인정하는 경우
  2. 시설물의 내부에 설치된 주차장을 추후 확보된 인근 부지로 위치를 변경하는 경우로서 시장·군수 또는 구청장이 주차장의 이용에 지장이 없다고 인정하는 경우
  3. 그 밖에 대통령령으로 정하는 기준에 해당하는 경우

> **영 제12조(부설주차장의 용도변경 등)** ① 법 제19조의4제1항 제3호에서 "대통령령으로 정하는 기준에 해당하는 경우"란 다음 각 호의 어느 하나에 해당하는 경우를 말한다.
>   1. 「도로교통법」 제6조에 따른 차량통행의 금지 또는 주변의 토지이용 상황 등으로 인하여 시장·군수 또는 구청장이 해당 주차장의 이용이 사실상 불가능하다고 인정한 경우. 이 경우 변경 후의 용도는 주차장으로 이용할 수 없는 사유가 소멸되었을 때에 즉시 주차장으로 환원하는 데에 지장이 없는 경우로 한정하고, 변경된 용도로의 사용기간은 주차장으로 이용이 불가능한 기간으로 한정한다.

2. 직거래 장터 개설 등 지역경제 활성화를 위하여 시장·군수 또는 구청장이 정하여 고시하는 바에 따라 주차장을 일시적으로 이용하려는 경우로서 시장·군수 또는 구청장이 해당 주차장의 이용에 지장이 없다고 인정하는 경우
3. 제6조 또는 법 제19조 제10항에 따른 <u>해당 시설물의 부설주차장의 설치기준 또는 설치제한 기준</u>(시설물을 설치한 후 법령·조례의 개정 등으로 설치기준 또는 설치제한기준이 변경된 경우에는 그 변경된 설치기준 또는 설치제한기준을 말한다)을 <u>초과하는 주차장으로서 그 초과 부분에 대하여 시장·군수 또는 구청장의 확인을 받은 경우</u>
4. 「국토의 계획 및 이용에 관한 법률」 제2조 제10호에 따른 도시·군계획시설사업으로 인하여 그 전부 또는 일부를 사용할 수 없게 된 주차장으로서 시장·군수 또는 구청장의 확인을 받은 경우
5. 법 제19조 제4항에 따라 시설물의 부지 인근에 설치한 부설주차장 또는 법 제19조의4제1항 제2호 및 이 항 제6호에 따라 시설물 내부 또는 그 부지에서 인근 부지로 위치 변경된 부설주차장을 그 부지 인근의 범위에서 위치 변경하여 설치하는 경우
6. 「산업입지 및 개발에 관한 법률」 제2조 제8호에 따른 산업단지 안에 있는 공장의 부설주차장을 법 제19조 제4항 후단에 따른 시설물 부지 인근의 범위에서 위치 변경하여 설치하는 경우
7. 「도시교통정비 촉진법 시행령」 제13조의2제1항 각 호에 따른 건축물(「주택건설기준 등에 관한 규정」이 적용되는 공동주택은 제외한다)의 주차장이 「도시교통정비 촉진법」 제33조 제1항 제4호에 따른 승용차공동이용 지원(승용차공동이용을 위한 전용주차구획을 설치하고 공동이용을 위한 승용자동차를 상시 배치하는 것을 말한다. 이하 같다)을 위하여 사용되는 경우로서 다음 각 목의 모든 요건을 충족하는지 여부에 대하여 시장·군수 또는 구청장의 확인을 받은 경우
   가. 주차장 외의 용도로 사용하는 주차장의 면적이 승용차공동이용 지원을 위하여 설치한 전용주차구획 면적의 2배를 초과하지 아니할 것
   나. 주차장 외의 용도로 사용하는 주차장의 면적이 해당 주차장의 전체 주차구획 면적의 100분의 10을 초과하지 아니할 것
   다. 해당 주차장이 승용차공동이용 지원에 사용되지 아니하는 경우에는 주차장 외의 용도로 사용하는 부분을 즉시 주차장으로 환원하는 데에 지장이 없을 것

② 시설물의 소유자 또는 부설주차장의 관리책임이 있는 자는 해당 시설물의 이용자가 부설주차장을 이용하는 데에 지장이 없도록 부설주차장 본래의 기능을 유지하여야 한다. 다만, 대통령령으로 정하는 기준에 해당하는 경우에는 그러하지 아니하다.
③ 시장·군수 또는 구청장은 제1항 또는 제2항을 위반하여 부설주차장을 다른 용도로 사용하거나 부설주차장 본래의 기능을 유지하지 아니하는 경우에는 해당 시설물의 소유자 또는 부설주차장의 관리책임이 있는 자에게 지체 없이 원상회복을 명하여야 한다. 이 경우 시설물의 소유자 또는 부설주차장의 관리책임이 있는 자가 그 명령에 따르지 아니할 때에는 「행정대집행법」에 따라 원상회복을 대집행(代執行)할 수 있다.
④ 제1항 및 제2항을 위반하여 부설주차장을 다른 용도로 사용하거나 부설주차장 본래의 기능을 유지하지 아니하는 경우에는 해당 시설물을 「건축법」 제79조 제1항에 따른 위반 건축물로 보아 같은 조 제2항 본문을 적용한다.

정답 ①

003 노외주차장의 출구 및 입구를 설치해서는 안 되는 곳은?

① 너비 8 m 이고, 횡단구배 10%를 초과하는 도로
② 너비 4 m 미만, 종단구배 10%를 초과하는 도로
③ 주차대수 20대로서 너비 5 m미만의 도로
④ 주차대수 200대로서 너비 10 m이상인 도로

해설

제5조(노외주차장의 설치에 대한 계획기준) 법 제12조 제1항 및 법 제12조의3제1항에 따른 노외주차장 설치에 대한 계획기준은 다음 각 호와 같다.

> 5. **노외주차장의 출구 및 입구**(노외주차장의 차로의 노면이 도로의 노면에 접하는 부분을 말한다. 이하 같다)는 다음 각 목의 어느 하나에 해당하는 장소에 설치하여서는 아니 된다.
>   가. 「도로교통법」 제32조 제1호부터 제4호까지, 제5호(건널목의 가장자리만 해당한다) 및 같은 법 제33조 제1호부터 제3호까지의 규정에 해당하는 도로의 부분
>   나. 횡단보도(육교 및 지하횡단보도를 포함한다)로부터 5미터 이내에 있는 도로의 부분
>   다. <u>너비 4미터 미만의 도로(주차대수 200대 이상인 경우에는 너비 6미터 미만의 도로)와 종단 기울기가 10퍼센트를 초과하는 도로</u>
>   라. 유아원, 유치원, 초등학교, 특수학교, 노인복지시설, 장애인복지시설 및 아동전용시설 등의 출입구로부터 20미터 이내에 있는 도로의 부분

정답 ②

004 주차장법에 의한 용어의 정의로서 틀리는 것은?

① 노상주차장이란 도로의 노면 또는 교차점광장의 일정한 구역에 설치된 주차장으로서 일반의 이용에 제공되는 것을 말한다.
② 노외주차장이란 도로의 노면 및 교통광장외의 장소에 설치된 주차장으로서 일반의 이용에 제공되는 것을 말한다.
③ 부설주차장이란 도시지역 및 지방자치단체의 조례가 정하는 관리지역안에서의 건축물, 골프연습장 기타 주차수요를 유발하는 시설에 부대하여 설치된 주차장으로서 당해 건축물·시설의 이용자 또는 일반의 이용에 제공되는 것을 말한다.
④ 기계식주차장이란 기계식 주차장치를 설치한 노상주차장과 노외주차장을 말한다.

해설

제2조(정의) 이 법에서 사용하는 용어의 뜻은 다음과 같다.
1. "주차장"이란 자동차의 주차를 위한 시설로서 다음 각 목의 어느 하나에 해당하는 종류의 것을 말한다.

가. 노상주차장(路上駐車場): 도로의 노면 또는 교통광장(교차점광장만 해당한다. 이하 같다)의 일정한 구역에 설치된 주차장으로서 일반(一般)의 이용에 제공되는 것

나. 노외주차장(路外駐車場): 도로의 노면 및 교통광장 외의 장소에 설치된 주차장으로서 일반의 이용에 제공되는 것

다. 부설주차장: 제19조에 따라 건축물, 골프연습장, 그 밖에 주차수요를 유발하는 시설에 부대(附帶)하여 설치된 주차장으로서 해당 건축물·시설의 이용자 또는 일반의 이용에 제공되는 것

2. "기계식주차장치"란 노외주차장 및 부설주차장에 설치하는 주차설비로서 기계장치에 의하여 자동차를 주차할 장소로 이동시키는 설비를 말한다.
3. "기계식주차장"이란 기계식주차장치를 설치한 노외주차장 및 부설주차장을 말한다.
4. "도로"란 「건축법」 제2조 제1항 제11호에 따른 도로로서 자동차가 통행할 수 있는 도로를 말한다.
5. "자동차"란 「도로교통법」 제2조 제18호에 따른 자동차 및 같은 법 제2조 제19호에 따른 원동기장치자전거를 말한다.
6. "주차"란 「도로교통법」 제2조 제24호에 따른 주차를 말한다.
7. "주차단위구획"이란 자동차 1대를 주차할 수 있는 구획을 말한다.
8. "주차구획"이란 하나 이상의 주차단위구획으로 이루어진 구획 전체를 말한다.
9. "전용주차구획"이란 제6조 제1항에 따른 경형자동차(輕型自動車) 등 일정한 자동차에 한정하여 주차가 허용되는 주차구획을 말한다.
10. "건축물"이란 「건축법」 제2조 제1항 제2호에 따른 건축물을 말한다.
11. "주차전용건축물"이란 건축물의 연면적 중 대통령령으로 정하는 비율 이상이 주차장으로 사용되는 건축물을 말한다.
12. "건축"이란 「건축법」 제2조 제1항 제8호 및 제9호에 따른 건축 및 대수선(같은 법 제19조에 따른 용도변경을 포함한다)을 말한다.
13. "기계식주차장치 보수업"이란 기계식주차장치의 고장을 수리하거나 고장을 예방하기 위하여 정비를 하는 사업을 말한다.

> **영 제1조의2(주차전용건축물의 주차면적비율)** ① 「주차장법」(이하 "법"이라 한다) 제2조 제11호에서 "대통령령으로 정하는 비율 이상이 주차장으로 사용되는 건축물"이란 건축물의 연면적 중 주차장으로 사용되는 부분의 비율이 95퍼센트 이상인 것을 말한다. 다만, 주차장 외의 용도로 사용되는 부분이 「건축법 시행령」 별표 1에 따른 단독주택(같은 표 제1호에 따른 단독주택을 말한다. 이하 "단독주택"이라 한다), 공동주택, 제1종 근린생활시설, 제2종 근린생활시설, 문화 및 집회시설, 종교시설, 판매시설, 운수시설, 운동시설, 업무시설, 창고시설 또는 자동차 관련 시설인 경우에는 주차장으로 사용되는 부분의 비율이 70퍼센트 이상인 것을 말한다.
> ② 제1항에 따른 건축물의 연면적의 산정방법은 「건축법」에 따른다. 다만, 기계식주차장의 연면적은 기계식주차장치에 의하여 자동차를 주차할 수 있는 면적과 기계실, 관리사무소 등의 면적을 합하여 계산한다.

정답 ④

005 도시지역 안의 15,000m²의 종합병원이 300 병상의 시설을 갖출 경우 최소 부설주차장의 설치기준은?

① 100대
② 110대
③ 120대
④ 125대

해설

■ 주차장법 시행령 [별표 1]

부설주차장의 설치대상 시설물 종류 및 설치기준(제6조 제1항 관련)

시설물	설치기준
1. 위락시설	○ 시설면적 100㎡당 1대(시설면적/100㎡)
2. 문화 및 집회시설(관람장은 제외한다), 종교시설, 판매시설, 운수시설, 의료시설(정신병원·요양병원 및 격리병원은 제외한다), 운동시설(골프장·골프연습장 및 옥외수영장은 제외한다), 업무시설(외국공관 및 오피스텔은 제외한다), 방송통신시설 중 방송국, 장례식장	○ 시설면적 150㎡당 1대(시설면적/150㎡)

정답 ① 15,000 / 150 = 100대

---

006 주차장의 주차단위구획의 설치기준에 대한 설명으로서 맞지 않는 것은?

① 일반형의 기본규격은 너비 2미터이상, 길이 6미터 이상이다.
② 지체장애인 전용주차장의 주차구획의 길이는 5미터 이상이다.
③ 지체장애인 전용주차장의 주차구획의 너비는 3.3미터 이상이다.
④ 평행 주차 형식인 경우 경형 주차구획의 길이는 4미터 이상이다.

해설

제3조(주차장의 주차구획) ① 법 제6조 제1항에 따른 주차장의 주차단위구획은 다음 각 호와 같다.
 1. 평행주차형식의 경우

구분	너비	길이
경형	1.7미터 이상	4.5미터 이상
일반형	2.0미터 이상	6.0미터 이상
보도와 차도의 구분이 없는 주거지역의 도로	2.0미터 이상	5.0미터 이상
이륜자동차전용	1.0미터 이상	2.3미터 이상

2. 평행주차형식 외의 경우

구분	너비	길이
경형	2.0미터 이상	3.6미터 이상
일반형	2.5미터 이상	5.0미터 이상
확장형	2.6미터 이상	5.2미터 이상
장애인전용	3.3미터 이상	5.0미터 이상
이륜자동차 전용	1.0미터 이상	2.3미터 이상

② 제1항에 따른 주차단위구획은 흰색 실선(경형자동차 전용주차구획의 주차단위구획은 파란색 실선)으로 표시하여야 한다.
③ 둘 이상의 연속된 주차단위구획의 총 너비 또는 총 길이는 제1항에 따른 주차단위구획의 너비 또는 길이에 주차단위구획의 개수를 곱한 것 이상이 되어야 한다.

정답 ④

007 주차장법령상 건축물부설주차장에 관한 설명 중 틀린 것은?

① 국토계획 및 이용에 관한 법률의 규정에 의한 도시지역 안에서 건축물·골프연습장 기타 주차수요를 유발하는 시설을 건축 또는 설치하고자 하는 자는 당해 시설물의 내부 또는 그 부지 안에 부설주차장을 설치하여야 한다.
② 부설주차장은 당해 시설물의 이용자가 아닌 일반의 이용에 제공하여서는 아니 된다.
③ 부설주차장이 대통령령이 정하는 규모이하인 때에는 동항의 규정에 불구하고 시설물의 부지 인근에 단독 또는 공동으로 부설주차장을 설치할 수 있다.
④ 특별시장·광역시장 또는 시장은 부설주차장의 설치로 인하여 교통의 혼잡을 가중시킬 우려가 있는 지역에 대하여는 부설주차장의 설치를 제한할 수 있다.

> 해설

제19조(부설주차장의 설치·지정) ① 「국토의 계획 및 이용에 관한 법률」에 따른 도시지역, 같은 법 제51조 제3항에 따른 지구단위계획구역 및 지방자치단체의 조례로 정하는 관리지역에서 건축물, 골프연습장, 그 밖에 주차수요를 유발하는 시설(이하 "시설물"이라 한다)을 건축하거나 설치하려는 자는 그 시설물의 내부 또는 그 부지에 부설주차장(화물의 하역과 그 밖의 사업 수행을 위한 주차장을 포함한다. 이하 같다)을 설치하여야 한다.
② 부설주차장은 해당 시설물의 이용자 또는 일반의 이용에 제공할 수 있다.
③ 제1항에 따른 시설물의 종류와 부설주차장의 설치기준은 대통령령으로 정한다.
④ 제1항의 경우에 부설주차장이 대통령령으로 정하는 규모 이하이면 같은 항에도 불구하고 시설물의 부지 인근에 단독 또는 공동으로 부설주차장을 설치할 수 있다. 이 경우 시설물의 부지 인근의 범위는 대통령령으로 정하는 범위에서 지방자치단체의 조례로 정한다.
⑤ 제1항의 경우에 시설물의 위치·용도·규모 및 부설주차장의 규모 등이 대통령령으로 정하는 기준에 해당할 때에는 해당 주차장의 설치에 드는 비용을 시장·군수 또는 구청장에게 납부하는 것으로 부설주차장의 설치를 갈음할 수 있다. 이 경우 부설주차장의 설치를 갈음하여 납부된 비용은 노외주차장의 설치 외의 목적으로 사용할 수 없다.
⑥ 시장·군수 또는 구청장은 제5항에 따라 주차장의 설치비용을 납부한 자에게 대통령령으로 정하는 바에 따라 납부한 설치비용에 상응하는 범위에서 노외주차장(특별시장·광역시장, 시장·군수 또는 구청장이 설치한 노외주차장만 해당한다)을 무상으로 사용할 수 있는 권리(이하 이 조에서 "노외주차장 무상사용권"이라 한다)를 주어야 한다. 다만, 시설물의 부지로부터 제4항 후단에 따른 범위에 노외주차장 무상사용권을 줄 수 있는 노외주차장이 없는 경우에는 그러하지 아니하다.
⑦ 시장·군수 또는 구청장은 제6항 단서에 따라 노외주차장 무상사용권을 줄 수 없는 경우에는 제5항에 따른 주차장 설치비용을 줄여 줄 수 있다.
⑧ 시설물의 소유자가 변경되는 경우에는 노외주차장 무상사용권은 새로운 소유자가 승계한다.
⑨ 제5항과 제7항에 따른 설치비용의 산정기준 및 감액기준 등에 관하여 필요한 사항은 해당 지방자치단체의 조례로 정한다.
⑩ 특별시장·광역시장·특별자치시장·특별자치도지사 또는 시장은 부설주차장을 설치하면 교통 혼잡이 가중될 우려가 있는 지역에 대하여는 제1항 및 제3항에도 불구하고 부설주차장의 설치를 제한할 수 있다. 이 경우 제한지역의 지정 및 설치 제한의 기준은 국토교통부령으로 정하는 바에 따라 해당 지방자치단체의 조례로 정한다.
⑪ 시장·군수 또는 구청장은 설치기준에 적합한 부설주차장이 제3항에 따른 부설주차장 설치기준의 개정으로 인하여 설치기준에 미달하게 된 기존 시설물 중 대통령령으로 정하는 시설물에 대하여는 그 소유자에게 개정된 설치기준에 맞게 부설주차장을 설치하도록 권고할 수 있다.
⑫ 시장·군수 또는 구청장은 제11항에 따라 부설주차장의 설치권고를 받은 자가 부설주차장을 설치하려는 경우 제21조의2제6항에 따라 부설주차장의 설치비용을 우선적으로 보조할 수 있다.
⑬ 시장·군수 또는 구청장은 주차난을 해소하기 위하여 필요한 경우 공공기관, 그 밖에 대통령령으로 정하는 시설물의 부설주차장을 일반이 이용할 수 있는 개방주차장(이하 "개방주차장"이라 한다)으로 지정할 수 있다.
⑭ 시장·군수 또는 구청장은 개방주차장을 지정하기 위하여 그 시설물을 관리하는 자에게 협조를 요청할 수 있다. 이 경우 요청을 받은 자는 특별한 사정이 없으면 이에 따라야 한다.
⑮ 개방주차장의 지정에 필요한 절차, 개방시간, 보조금의 지원, 시설물 관리 및 운영에 대한 손해배상책임 등에 관하여 필요한 사항은 해당 지방자치단체의 조례로 정한다.

정답 ②

008 노외주차장에 설치할 수 있는 부대시설이 아닌 것은?

① 관리사무소
② 자동차관련수리 판매시설
③ 노외주차장 운영상 필요한 편의시설
④ 간이매점 및 자동차의 장식품점

해설

제6조(노외주차장의 구조·설비기준) ① 법 제6조 제1항에 따른 노외주차장의 구조·설비기준은 다음 각 호와 같다.
④ **노외주차장에 설치할 수 있는 부대시설은 다음 각 호와 같다.** 다만, 그 설치하는 부대시설의 총면적은 주차장 총시설면적(주차장으로 사용되는 면적과 주차장 외의 용도로 사용되는 면적을 합한 면적을 말한다. 이하 같다)의 20퍼센트를 초과하여서는 아니 된다.
  1. 관리사무소, 휴게소 및 공중화장실
  2. 간이매점, 자동차 장식품 판매점 및 전기자동차 충전시설
  2의2. 「석유 및 석유대체연료 사업법 시행령」 제2조 제3호에 따른 주유소(특별시장·광역시장, 시장·군수 또는 구청장이 설치한 노외주차장만 해당한다)
  3. 노외주차장의 관리·운영상 필요한 편의시설
  4. 특별자치도·시·군 또는 자치구(이하 "시·군 또는 구"라 한다)의 조례로 정하는 이용자 편의시설

정답 ②

009 시설물의 부지인근에 단독 또는 공동으로 부설주차장을 설치할 수 있는 규모는?

① 100대 이하
② 200대 이하
③ 300대 이하
④ 400대 이하

해설

제19조(부설주차장의 설치·지정) ① 「국토의 계획 및 이용에 관한 법률」에 따른 도시지역, 같은 법 제51조 제3항에 따른 지구단위계획구역 및 지방자치단체의 조례로 정하는 관리지역에서 건축물, 골프연습장, 그 밖에 주차수요를 유발하는 시설(이하 "시설물"이라 한다)을 건축하거나 설치하려는 자는 그 시설물의 내부 또는 그 부지에 부설주차장(화물의 하역과 그 밖의 사업 수행을 위한 주차장을 포함한다. 이하 같다)을 설치하여야 한다.
② 부설주차장은 해당 시설물의 이용자 또는 일반의 이용에 제공할 수 있다.
③ 제1항에 따른 시설물의 종류와 부설주차장의 설치기준은 대통령령으로 정한다.

④ 제1항의 경우에 부설주차장이 대통령령으로 정하는 규모 이하이면 같은 항에도 불구하고 시설물의 부지 인근에 단독 또는 공동으로 부설주차장을 설치할 수 있다. 이 경우 시설물의 부지 인근의 범위는 대통령령으로 정하는 범위에서 지방자치단체의 조례로 정한다.

> **영 제7조(부설주차장의 인근 설치)** ① 법 제19조 제4항 전단에서 "대통령령으로 정하는 규모"란 주차대수 300대의 규모를 말한다.

정답 ③

010 도시계획구역 내의 사업지역에서 연면적 5000m² 의 종합병원을 건축할 경우 설치해야 할 주차장의 최소 주차대수로 맞는 것은?

① 27대
② 30대
③ 34대
④ 42대

해설

정답 ③

011 노외주차장에 설치하는 부대시설에 대한 설명 중 옳지 않는 것은?

① 노외주차장에 설치할 수 있는 부대시설의 총 면적은 주차장 총 시설면적의 20%를 초과할 수 없다.
② 노외주차장에 부대시설로서 관리 사무소, 간이매점, 세차장, 미장원을 설치할 수 있다.
③ 노외주차장에 설치할 수 있는 부대시설의 종류, 부대시설이 차지하는 비율에 대하여는 지자체의 조례로 따로 정할 수 있다.
④ 노외주차장의 관리 운영상 필요한 편의시설, 조례에 정한 이용자 편의시설은 부대시설로 설치할 수 있다.

> **해설**

시행규칙 제6조(노외주차장의 구조·설비기준) ① 법 제6조 제1항에 따른 노외주차장의 구조·설비기준은 다음 각 호와 같다.
  4. 노외주차장의 출입구 너비는 3.5미터 이상으로 하여야 하며, 주차대수 규모가 50대 이상인 경우에는 출구와 입구를 분리하거나 너비 5.5미터 이상의 출입구를 설치하여 소통이 원활하도록 하여야 한다.
④ 노외주차장에 설치할 수 있는 부대시설은 다음 각 호와 같다. 다만, 그 설치하는 부대시설의 총면적은 주차장 총시설면적(주차장으로 사용되는 면적과 주차장 외의 용도로 사용되는 면적을 합한 면적을 말한다. 이하 같다)의 20퍼센트를 초과하여서는 아니 된다.
  1. 관리사무소, 휴게소 및 공중화장실
  2. 간이매점, 자동차 장식품 판매점 및 전기자동차 충전시설
  2의2. 「석유 및 석유대체연료 사업법 시행령」 제2조 제3호에 따른 주유소(특별시장·광역시장, 시장·군수 또는 구청장이 설치한 노외주차장만 해당한다)
  3. 노외주차장의 관리·운영상 필요한 편의시설
  4. 특별자치도·시·군 또는 자치구(이하 "시·군 또는 구"라 한다)의 조례로 정하는 이용자 편의시설
⑤ 법 제20조 제2항 또는 제3항에 따른 노외주차장에 설치할 수 있는 부대시설의 종류 및 주차장 총시설면적 중 부대시설이 차지하는 비율에 대해서는 제4항에도 불구하고 특별시·광역시, 시·군 또는 구의 조례로 정할 수 있다. 이 경우 부대시설이 차지하는 면적의 비율은 주차장 총시설면적의 40퍼센트를 초과할 수 없다.
⑥ 시장·군수 또는 구청장이 노외주차장 안에 「국토의 계획 및 이용에 관한 법률」 제2조 제7호의 도시·군계획시설을 부대시설로서 중복하여 설치하려는 경우에는 노외주차장 외의 용도로 사용하려는 도시·군계획시설이 차지하는 면적의 비율은 부대시설을 포함하여 주차장 총시설면적의 40퍼센트를 초과할 수 없다.
⑦ 제1항 제12호에 따른 추락방지 안전시설의 설계 및 설치 등에 관한 세부적인 사항은 국토교통부장관이 정하여 고시한다.

정답 ②

012 다음 중 주차장법시행령에 의하여 노외주차장인 주차전용건축물의 건폐율과 용적률의 최대한도 기준으로 가장 바른 것은?

① 건폐율 : 60%이하, 용적율 : 500%이하
② 건폐율 : 70%이하, 용적율 : 700%이하
③ 건폐율 : 80%이하, 용적율 : 1,000%이하
④ 건폐율 : 90%이하, 용적율 : 1,500%이하

> 해설

제12조의2(다른 법률과의 관계) 노외주차장인 주차전용건축물의 건폐율, 용적률, 대지면적의 최소한도 및 높이 제한 등 건축 제한에 대하여는 「국토의 계획 및 이용에 관한 법률」 제76조부터 제78조까지, 「건축법」 제57조 및 제60조에도 불구하고 다음 각 호의 기준에 따른다.

1. 건폐율: 100분의 90 이하
2. 용적률: 1천500퍼센트 이하
3. 대지면적의 최소한도: 45제곱미터 이상
4. 높이 제한: 다음 각 목의 배율 이하
    가. 대지가 너비 12미터 미만의 도로에 접하는 경우: 건축물의 각 부분의 높이는 그 부분으로부터 대지에 접한 도로(대지가 둘 이상의 도로에 접하는 경우에는 가장 넓은 도로를 말한다. 이하 이 호에서 같다)의 반대쪽 경계선까지의 수평거리의 3배
    나. 대지가 너비 12미터 이상의 도로에 접하는 경우: 건축물의 각 부분의 높이는 그 부분으로부터 대지에 접한 도로의 반대쪽 경계선까지의 수평거리의 36/도로의 너비(미터를 단위로한다)배. 다만, 배율이 1.8배 미만인 경우에는 1.8배로 한다.

정답 ④

013 시설면적 15,000m²의 제1종 근린생활시설의 경우 최소 부설주차장의 설치기준은?

① 40대
② 75대
③ 150대
④ 200대

> 해설

부설주차장의 설치대상 시설물 종류 및 설치기준(제6조 제1항 관련)

시설물	설치기준
1. 위락시설	○ 시설면적 100m²당 1대(시설면적/100m²)
2. 문화 및 집회시설(관람장은 제외한다), 종교시설, 판매시설, 운수시설, 의료시설(정신병원·요양병원 및 격리병원은 제외한다), 운동시설(골프장·골프연습장 및 옥외수영장은 제외한다), 업무시설(외국공관 및 오피스텔은 제외한다), 방송통신시설 중 방송국, 장례식장	○ 시설면적 150m²당 1대(시설면적/150m²)
3. 제1종 근린생활시설[「건축법 시행령」 별표 1 제3호바목 및 사목(공중화장실, 대피소, 지역아동센터는 제외한다)은 제외한다], 제2종 근린생활시설, 숙박시설	○ 시설면적 200m²당 1대(시설면적/200m²)

정답 ②

014 주차장법에 의한 용어의 정의로서 틀린 것은?

① 노상주차장이란 도로의 노면 또는 교통광장의 일정한 구역에 설치된 주차장으로서 일반의 이용에 제공되는 것을 말한다.
② 노외주차장이란 도로의 노면 및 교통광장외의 장소에 설치된 주차장으로서 일반의 이용에 제공되는 것을 말한다.
③ 부설주차장이란 관련규정에 의하여 건축물, 골프연습장 기타 주차수요를 유발하는 시설에 부대하여 설치된 주차장으로서 당해 건축물·시설의 이용자 또는 일반의 이용에 제공되는 것을 말한다.
④ 기계식주차장이란 기계식 주차장치를 설치한 노상주차장과 노외주차장을 말한다.

해설

정답 ④

015 주차장법 규정에 의한 노외주차장인 주차전용건축물과 관련한 최소한도 및 높이제한의 기준으로 옳지 않은 것은?

① 건폐율 : 100분의 90이하
② 용적률 : 1천500퍼센트 이하
③ 대지면적의 최소한도 : 60제곱미터이상
④ 대지가 너비 12미터인 도로에 접하는 경우: 건축물의 각 부분의 높이는 그 부분으로부터 대지에 접한 도로의 반대쪽 경계선까지의 3배로 한다.

해설

제12조의2(다른 법률과의 관계) 노외주차장인 주차전용건축물의 건폐율, 용적률, 대지면적의 최소한도 및 높이 제한 등 건축 제한에 대하여는 「국토의 계획 및 이용에 관한 법률」제76조부터 제78조까지, 「건축법」제57조 및 제60조에도 불구하고 다음 각 호의 기준에 따른다.
1. 건폐율: 100분의 90 이하
2. 용적률: 1천500퍼센트 이하
3. 대지면적의 최소한도: 45제곱미터 이상
4. 높이 제한: 다음 각 목의 배율 이하
   가. 대지가 너비 12미터 미만의 도로에 접하는 경우: 건축물의 각 부분의 높이는 그 부분으로부터 대지에 접한 도로(대지가 둘 이상의 도로에 접하는 경우에는 가장 넓은 도로를 말한다. 이하 이 호에서 같다)의 반대쪽 경계선까지의 수평거리의 3배
   나. 대지가 너비 12미터 이상의 도로에 접하는 경우: 건축물의 각 부분의 높이는 그 부분으로부터 대지에 접한 도로의 반대쪽 경계선까지의 수평거리의 36/도로의 너비(미터를 단위로한다)배. 다만, 배율이 1.8배 미만인 경우에는 1.8배로 한다.

정답 ③

016 주차장법에서 단지조성사업 등을 하는 경우에는 일정 규모 이상의 노외주차장의 설치를 의무화하고 있다. 여기에 해당하는 단지조성사업이 아닌 것은?

① 도시재개발사업
② 도시철도건설사업
③ 산업단지개발사업
④ 관광지조성사업

해설

제12조의3(단지조성사업등에 따른 노외주차장) ① 택지개발사업, 산업단지개발사업, 도시재개발사업, 도시철도건설사업, 그 밖에 단지 조성 등을 목적으로 하는 사업(이하 "단지조성사업등"이라 한다)을 시행할 때에는 일정 규모 이상의 노외주차장을 설치하여야 한다.
② 단지조성사업등의 종류와 규모, 노외주차장의 규모와 관리방법은 해당 지방자치단체의 조례로 정한다.
③ 제1항에 따라 단지조성사업등으로 설치되는 노외주차장에는 경형자동차 및 환경친화적 자동차를 위한 전용주차구획을 대통령령으로 정하는 비율 이상 설치하여야 한다.

정답 ④

017 주차장법의 노상주차장에서 제한하는 주차행위가 아닌 것은?

① 하역주차구획에 긴급자동차를 주차하는 행위
② 자동차별 주차시간이 제한되어 있는 경우에 그 제한시간을 초과하여 주차하는 행위
③ 주차장 안의 지정된 주차구획 외에 주차하는 행위
④ 주차장을 주차장 외의 목적으로 이용하는 행위

해설

제7조(노상주차장의 설치 및 폐지) ① 노상주차장은 특별시장·광역시장, 시장·군수 또는 구청장이 설치한다. 이 경우 「국토의 계획 및 이용에 관한 법률」 제43조 제1항은 적용하지 아니한다.
③ 특별시장·광역시장, 시장·군수 또는 구청장은 다음 각 호의 어느 하나에 해당하는 경우에는 지체 없이 해당 노상주차장을 폐지하여야 한다.
 1. 노상주차장에의 주차로 인하여 대중교통수단의 운행이나 그 밖의 교통소통에 장애를 주는 경우
 2. 노상주차장을 대신하는 노외주차장의 설치 등으로 인하여 노상주차장이 필요 없게 된 경우
④ 특별시장·광역시장, 시장·군수 또는 구청장은 노상주차장 중 해당 지역의 교통 여건을 고려하여 화물의 하역(荷役)을 위한 주차구획(이하 "하역주차구획"이라 한다)을 지정할 수 있다. 이 경우 특별시장·광역시장, 시장·군수 또는 구청장은 해당 지방자치단체의 조례로 정하는 바에 따라 하역주차구획에 화물자동차 외의 자동차(「도로교통법」 제2조 제22호에 따른 긴급자동차는 제외한다)의 주차를 금지할 수 있다.

제8조의2(노상주차장에서의 주차행위 제한 등) ① 특별시장·광역시장, 시장·군수 또는 구청장은 다음 각 호의 어느 하나에 해당하는 경우에는 해당 자동차의 운전자 또는 관리책임이 있는 자에게 주차방법을 변경하거나 자동차를 그 곳으로부터 다른 장소로 이동시킬 것을 명할 수 있다. 다만, 「도로교통법」 제2조 제22호에 따른 긴급자동차의 경우에는 그러하지 아니하다.
 1. 제7조 제4항에 따른 하역주차구획에 화물자동차가 아닌 자동차를 주차하는 경우

2. 정당한 사유 없이 제9조 제1항에 따른 주차요금을 내지 아니하고 주차하는 경우
3. 제10조 제1항 각 호의 제한조치를 위반하여 주차하는 경우
4. 주차장의 지정된 주차구획 외의 곳에 주차하는 경우
5. 주차장을 주차장 외의 목적으로 이용하는 경우

② 특별시장·광역시장, 시장·군수 또는 구청장은 제1항 각 호의 어느 하나에 해당하는 경우 해당 자동차의 운전자 또는 관리책임이 있는 자가 현장에 없을 때에는 주차장의 효율적인 이용 및 주차장 이용자의 안전과 도로의 원활한 소통을 위하여 필요한 범위에서 스스로 그 자동차의 주차방법을 변경하거나 변경에 필요한 조치를 할 수 있으며, 부득이한 경우에는 미리 지정한 다른 장소로 그 자동차를 이동시키거나 그 자동차에 이동을 제한하는 장치를 설치할 수 있다.

③ 제2항에 따라 자동차를 이동시키는 경우에는 「도로교통법」 제35조 제3항부터 제7항까지 및 제36조를 준용한다.

정답 ①

018
주차장법령상 건축물의 연면적이 1,000m²인 주차전용건축물에서 주차장 외의 부분을 판매 및 영업시설로 사용할 경우 주차장으로 사용되어야 할 면적은 얼마 이상이어야 하는가?

① 700m²
② 800m²
③ 900m²
④ 950m²

해설

영 제1조의2(주차전용건축물의 주차면적비율) ① 「주차장법」(이하 "법"이라 한다) 제2조 제11호에서 "대통령령으로 정하는 비율 이상이 주차장으로 사용되는 건축물"이란 건축물의 연면적 중 주차장으로 사용되는 부분의 비율이 95퍼센트 이상인 것을 말한다. 다만, 주차장 외의 용도로 사용되는 부분이 「건축법 시행령」 별표 1에 따른 단독주택(같은 표 제1호에 따른 단독주택을 말한다. 이하 "단독주택"이라 한다), 공동주택, 제1종 근린생활시설, 제2종 근린생활시설, 문화 및 집회시설, 종교시설, 판매시설, 운수시설, 운동시설, 업무시설, 창고시설 또는 자동차 관련 시설인 경우에는 주차장으로 사용되는 부분의 비율이 70퍼센트 이상인 것을 말한다.

정답 ①

019
노상 주차장을 설치할 수 있는 자가 아닌 것은?

① 도지사
② 특별시장
③ 군수
④ 구청장

> 해설

제7조(노상주차장의 설치 및 폐지) ① 노상주차장은 특별시장·광역시장, 시장·군수 또는 구청장이 설치한다. 이 경우 「국토의 계획 및 이용에 관한 법률」 제43조 제1항은 적용하지 아니한다.
③ 특별시장·광역시장, 시장·군수 또는 구청장은 다음 각 호의 어느 하나에 해당하는 경우에는 지체 없이 해당 노상주차장을 폐지하여야 한다.
  1. 노상주차장에의 주차로 인하여 대중교통수단의 운행이나 그 밖의 교통소통에 장애를 주는 경우
  2. 노상주차장을 대신하는 노외주차장의 설치 등으로 인하여 노상주차장이 필요 없게 된 경우
④ 특별시장·광역시장, 시장·군수 또는 구청장은 노상주차장 중 해당 지역의 교통 여건을 고려하여 화물의 하역(荷役)을 위한 주차구획(이하 "하역주차구획"이라 한다)을 지정할 수 있다. 이 경우 특별시장·광역시장, 시장·군수 또는 구청장은 해당 지방자치단체의 조례로 정하는 바에 따라 하역주차구획에 화물자동차 외의 자동차(「도로교통법」 제2조 제22호에 따른 긴급자동차는 제외한다)의 주차를 금지할 수 있다.

정답 ①

020 부설주차장 설치의무가 면제되는 시설물의 위치·용도·규모 및 부설주차장의 규모 기준으로 옳지 않은 것은?

① 연면적 10,000m² 이상의 판매 및 영업시설에 해당하지 아니하는 시설물
② 연면적 15,000m² 이상의 문화 및 집회시설에 해당하지 아니하는 시설물
③ 부설주차장의 규모가 주차대수 500대 이하의 규모인 경우
④ 시설물의 위치가 도로교통법에 의한 차량통행의 금지 또는 주변의 토지이용상황으로 인하여 부설주차장의 설치가 곤란하다고 시장·군수 또는 구청장이 인정하는 장소

> 해설

영 제8조(부설주차장 설치의무 면제 등) ① 법 제19조 제5항에 따라 부설주차장의 설치의무가 면제되는 시설물의 위치·용도·규모 및 부설주차장의 규모는 다음 각 호와 같다.
  1. 시설물의 위치
     가. 「도로교통법」 제6조에 따른 차량통행의 금지 또는 주변의 토지이용 상황으로 인하여 제6조 및 제7조에 따른 부설주차장의 설치가 곤란하다고 특별자치도지사·시장·군수 또는 자치구의 구청장(이하 "시장·군수 또는 구청장"이라 한다)이 인정하는 장소
     나. 부설주차장의 출입구가 도심지 등의 간선도로변에 위치하게 되어 자동차교통의 혼잡을 가중시킬 우려가 있다고 시장·군수 또는 구청장이 인정하는 장소
  2. 시설물의 용도 및 규모: 연면적 1만제곱미터 이상의 판매시설 및 운수시설에 해당하지 아니하거나 연면적 1만 5천제곱미터 이상의 문화 및 집회시설(공연장·집회장 및 관람장만을 말한다), 위락시설, 숙박시설 또는 업무시설에 해당하지 아니하는 시설물(「도로교통법」 제6조에 따라 차량통행이 금지된 장소의 시설물인 경우에는 「건축법」에서 정하는 용도별 건축허용 연면적의 범위에서 설치하는 시설물을 말한다)
  3. 부설주차장의 규모: 주차대수 300대 이하의 규모(「도로교통법」 제6조에 따라 차량통행이 금지된 장소의 경우에는 별표 1의 부설주차장 설치기준에 따라 산정한 주차대수에 상당하는 규모를 말한다)

정답 ③

021 다음 중 주차장법에서 규정하고 있는 주차장의 종류가 아닌 것은?

① 노상주차장
② 노외주차장
③ 부설주차장
④ 공공주차장

해설

정답 ④

022 다음의 부설주차장과 관련된 설명 중 옳지 않은 것은?

① 특별시장·광역시장 또는 시장은 부설주차장의 설치로 인하여 교통의 혼잡을 가중시킬 우려가 있는 지역에 대하여는 부설주차장의 설치를 제한할 수 있다.
② 부설주차장은 당해 시설물의 이용자 또는 일반의 이용에 제공할 수 있다.
③ 시장·군수 또는 구청장은 노외주차장무상사용권을 부여할 수 없는 경우에는 주차장설치비용을 감액할 수 있다.
④ 노외주차장무상사용권은 승계할 수 없다.

해설

제19조(부설주차장의 설치·지정) ① 「국토의 계획 및 이용에 관한 법률」에 따른 도시지역, 같은 법 제51조 제3항에 따른 지구단위계획구역 및 지방자치단체의 조례로 정하는 관리지역에서 건축물, 골프연습장, 그 밖에 주차수요를 유발하는 시설(이하 "시설물"이라 한다)을 건축하거나 설치하려는 자는 그 시설물의 내부 또는 그 부지에 부설주차장(화물의 하역과 그 밖의 사업 수행을 위한 주차장을 포함한다. 이하 같다)을 설치하여야 한다.
② 부설주차장은 해당 시설물의 이용자 또는 일반의 이용에 제공할 수 있다.
③ 제1항에 따른 시설물의 종류와 부설주차장의 설치기준은 대통령령으로 정한다.
④ 제1항의 경우에 부설주차장이 대통령령으로 정하는 규모 이하이면 같은 항에도 불구하고 시설물의 부지 인근에 단독 또는 공동으로 부설주차장을 설치할 수 있다. 이 경우 시설물의 부지 인근의 범위는 대통령령으로 정하는 범위에서 지방자치단체의 조례로 정한다.
⑤ 제1항의 경우에 시설물의 위치·용도·규모 및 부설주차장의 규모 등이 대통령령으로 정하는 기준에 해당할 때에는 해당 주차장의 설치에 드는 비용을 시장·군수 또는 구청장에게 납부하는 것으로 부설주차장의 설치를 갈음할 수 있다. 이 경우 부설주차장의 설치를 갈음하여 납부된 비용은 노외주차장의 설치 외의 목적으로 사용할 수 없다.
⑥ 시장·군수 또는 구청장은 제5항에 따라 주차장의 설치비용을 납부한 자에게 대통령령으로 정하는 바에 따라 납부한 설치비용에 상응하는 범위에서 노외주차장(특별시장·광역시장, 시장·군수 또는 구청장이 설치한 노외주차장만 해당한다)을 무상으로 사용할 수 있는 권리(이하 이 조에서 "노외주차장 무상사용권"이라 한다)를 주어야 한다. 다만, 시설물의 부지로부터 제4항 후단에 따른 범위에 노외주차장 무상사용권을 줄 수 있는 노외주차장이 없는 경우에는 그러하지 아니하다.

⑦ 시장·군수 또는 구청장은 제6항 단서에 따라 노외주차장 무상사용권을 줄 수 없는 경우에는 제5항에 따른 주차장 설치비용을 줄여 줄 수 있다.
⑧ 시설물의 소유자가 변경되는 경우에는 노외주차장 무상사용권은 새로운 소유자가 승계한다.
⑨ 제5항과 제7항에 따른 설치비용의 산정기준 및 감액기준 등에 관하여 필요한 사항은 해당 지방자치단체의 조례로 정한다.
⑩ 특별시장·광역시장·특별자치시장·특별자치도지사 또는 시장은 부설주차장을 설치하면 교통 혼잡이 가중될 우려가 있는 지역에 대하여는 제1항 및 제3항에도 불구하고 부설주차장의 설치를 제한할 수 있다. 이 경우 제한지역의 지정 및 설치 제한의 기준은 국토교통부령으로 정하는 바에 따라 해당 지방자치단체의 조례로 정한다.
⑪ 시장·군수 또는 구청장은 설치기준에 적합한 부설주차장이 제3항에 따른 부설주차장 설치기준의 개정으로 인하여 설치기준에 미달하게 된 기존 시설물 중 대통령령으로 정하는 시설물에 대하여는 그 소유자에게 개정된 설치기준에 맞게 부설주차장을 설치하도록 권고할 수 있다.
⑫ 시장·군수 또는 구청장은 제11항에 따라 부설주차장의 설치권고를 받은 자가 부설주차장을 설치하려는 경우 제21조의2제6항에 따라 부설주차장의 설치비용을 우선적으로 보조할 수 있다.
⑬ 시장·군수 또는 구청장은 주차난을 해소하기 위하여 필요한 경우 공공기관, 그 밖에 대통령령으로 정하는 시설물의 부설주차장을 일반이 이용할 수 있는 개방주차장(이하 "개방주차장"이라 한다)으로 지정할 수 있다. <신설 2020. 2. 4.>
⑭ 시장·군수 또는 구청장은 개방주차장을 지정하기 위하여 그 시설물을 관리하는 자에게 협조를 요청할 수 있다. 이 경우 요청을 받은 자는 특별한 사정이 없으면 이에 따라야 한다. <신설 2020. 2. 4.>
⑮ 개방주차장의 지정에 필요한 절차, 개방시간, 보조금의 지원, 시설물 관리 및 운영에 대한 손해배상책임 등에 관하여 필요한 사항은 해당 지방자치단체의 조례로 정한다.

정답 ④

023 시설물의 부지 인근에 단독 또는 공동으로 부설주차장을 설치할 수 있는 최대 규모는?

① 100대
② 200대
③ 300대
④ 400대

해설

제19조(부설주차장의 설치·지정)
④ 제1항의 경우에 부설주차장이 대통령령으로 정하는 규모 이하이면 같은 항에도 불구하고 시설물의 부지 인근에 단독 또는 공동으로 부설주차장을 설치할 수 있다. 이 경우 시설물의 부지 인근의 범위는 대통령령으로 정하는 범위에서 지방자치단체의 조례로 정한다.

> **영 제7조(부설주차장의 인근 설치)** ① 법 제19조 제4항 전단에서 "대통령령으로 정하는 규모"란 주차대수 300대의 규모를 말한다.

정답 ③

024 노외주차장에 설치할 수 있는 부대시설이 아닌 것은?

① 관리사무소
② 자동차관련수리 판매시설
③ 노외주차장 운영상 필요한 편의시설
④ 간이매점 및 자동차의 장식품판매점

해설

정답 ②

025 주차장법상 노외주차장인 주차전용건축물에 대한 높이제한 기준으로 옳지 않은 것은?

① 대지가 너비 10m 의 도로에 접하는 경우 - 건축물의 각 부분의 높이는 그 부분으로부터 대지에 접한 도로의 반대쪽 경계선까지의 수평거리의 3배 이하
② 대지가 너비 12m 의 도로에 접하는 경우 - 건축물의 각 부분의 높이는 그 부분으로부터 대지에 접한 도로의 반대쪽 경계선까지의 수평거리의 3배 이하
③ 대지가 너비 18m 의 도로에 접하는 경우 - 건축물의 각 부분의 높이는 그 부분으로부터 대지에 접한 도로의 반대쪽 경계선까지의 수평거리의 2배 이하
④ 대지가 너비 24m 의 도로에 접하는 경우 - 건축물의 각 부분의 높이는 그 부분으로부터 대지에 접한 도로의 반대쪽 경계선까지의 수평거리의 1.5배 이하

해설

제12조의2(다른 법률과의 관계) 노외주차장인 주차전용건축물의 건폐율, 용적률, 대지면적의 최소한도 및 높이 제한 등 건축 제한에 대하여는 「국토의 계획 및 이용에 관한 법률」 제76조부터 제78조까지, 「건축법」 제57조 및 제60조에도 불구하고 다음 각 호의 기준에 따른다.
1. 건폐율: 100분의 90 이하
2. 용적률: 1천500퍼센트 이하
3. 대지면적의 최소한도: 45제곱미터 이상
4. 높이 제한: 다음 각 목의 배율 이하
   가. 대지가 너비 12미터 미만의 도로에 접하는 경우: 건축물의 각 부분의 높이는 그 부분으로부터 대지에 접한 도로(대지가 둘 이상의 도로에 접하는 경우에는 가장 넓은 도로를 말한다. 이하 이 호에서 같다)의 반대쪽 경계선까지의 수평거리의 3배
   나. 대지가 너비 12미터 이상의 도로에 접하는 경우: 건축물의 각 부분의 높이는 그 부분으로부터 대지에 접한 도로의 반대쪽 경계선까지의 수평거리의 36/도로의 너비(미터를 단위로한다)배. 다만, 배율이 1.8배 미만인 경우에는 1.8배로 한다.

정답 ④

026 주차장법상 노외주차장인 주차 전용 건축물의 대지면적의 최소한도는?

① 30m² 이상
② 45m² 이상
③ 60m² 이상
④ 75m² 이상

해설

정답 ②

---

027 주차장법상 주차전용건축물에 관한 다음의 설명 중 옳지 않은 것은?

① 주차전용건축물이란 건축물의 연면적 중 주차장으로 사용되는 부분의 비율이 95% 이상인 것을 말한다.
② 기계식주차장의 연면적의 산정은 기계식주차장장치에 의하여 자동차가 주차할 수 있는 면적에 한하여 계산한다.
③ 노외주차장인 주차전용건축물의 건폐율은 90% 이내의 범위에서 특별시·광역시·시 또는 군의 조례로 정한다.
④ 노외주차장인 주차전용건축물의 용적률은 1500% 이내의 범위에서 특별시·광역시·시 또는 군의 조례로 정한다.

해설

제1조의2(주차전용건축물의 주차면적비율) ① 「주차장법」(이하 "법"이라 한다) 제2조 제11호에서 "대통령령으로 정하는 비율 이상이 주차장으로 사용되는 건축물"이란 건축물의 연면적 중 주차장으로 사용되는 부분의 비율이 95퍼센트 이상인 것을 말한다. **다만, 주차장 외의 용도로 사용되는 부분이 「건축법 시행령」 별표 1에 따른 단독주택**(같은 표 제1호에 따른 단독주택을 말한다. 이하 "단독주택"이라 한다), **공동주택, 제1종 근린생활시설, 제2종 근린생활시설, 문화 및 집회시설, 종교시설, 판매시설, 운수시설, 운동시설, 업무시설, 창고시설 또는 자동차 관련 시설인 경우에는 주차장으로 사용되는 부분의 비율이 70퍼센트 이상인 것을 말한다.**
② 제1항에 따른 건축물의 연면적의 산정방법은 「건축법」에 따른다. 다만, 기계식주차장의 연면적은 기계식주차장장치에 의하여 자동차를 주차할 수 있는 면적과 기계실, 관리사무소 등의 면적을 합하여 계산한다.
③ 특별시장·광역시장·특별자치도지사 또는 시장은 법 제12조 제6항 또는 제19조 제10항에 따라 노외주차장 또는 부설주차장의 설치를 제한하는 지역의 주차전용건축물의 경우에는 제1항 단서에도 불구하고 해당 지방자치단체의 조례로 정하는 바에 따라 주차장 외의 용도로 사용되는 부분에 설치할 수 있는 시설의 종류를 해당 지역의 구역별로 제한할 수 있다.

정답 ②

028 주차장법상 공공시설의 지하에 노외주차장을 설치하기 위하여 도시·군계획시설사업의 실시계획 인가를 받은 때에는 노외주차장의 최초의 사용기간 동안 그 부지에 대한 점용료 및 그 시설물에 대한 사용료를 면제한다. 다음 중 이에 해당하지 않는 공공시설은?

① 도로
② 광장
③ 녹지
④ 공원

해설

제20조(국유재산·공유재산의 처분 제한) ① 국가 또는 지방자치단체 소유의 토지로서 노외주차장 설치계획에 따라 노외주차장을 설치하는 데에 필요한 토지는 다른 목적으로 매각(賣却)하거나 양도할 수 없으며, 관계 행정청은 노외주차장의 설치에 적극 협조하여야 한다.
② 도로, 광장, 공원, 그 밖에 대통령령으로 정하는 학교 등 공공시설의 지하에 노외주차장을 설치하기 위하여 「국토의 계획 및 이용에 관한 법률」 제88조에 따른 도시·군계획시설사업의 실시계획인가를 받은 경우에는 「도로법」, 「도시공원 및 녹지 등에 관한 법률」, 「학교시설사업 촉진법」, 그 밖에 대통령령으로 정하는 관계 법령에 따른 점용허가를 받거나 토지형질변경에 대한 협의 등을 한 것으로 보며, 노외주차장으로 사용되는 토지 및 시설물에 대하여는 대통령령으로 정하는 바에 따라 그 점용료 및 사용료를 감면할 수 있다.
③ 대통령령으로 정하는 공공시설의 지상에 노외주차장을 설치하는 경우에도 제2항을 준용한다.

> **영 제13조(점용료 및 사용료의 감면)** ① 법 제20조 제2항에서 "대통령령으로 정하는 학교 등 공공시설"이란 초등학교·중학교·고등학교·공용의 청사·주차장 및 운동장을 말한다.
> ② 법 제20조 제2항에 따라 <u>노외주차장을 도로·광장·공원 및 제1항의 공공시설의 지하에 설치하는 경우에는 노외주차장의 최초 사용기간 동안 그 부지에 대한 점용료와 그 시설물에 대한 사용료를 면제한다.</u>
> ③ 법 제20조 제3항에서 "대통령령으로 정하는 공공시설"이란 공용의 청사·하천·유수지(遊水池)·주차장 및 운동장을 말한다.

정답 ③

029 시설면적이 15,000m² 인 제1종 근린생활시설의 경우 부설주차장의 최소 설치기준은?

① 50대
② 75대
③ 100대
④ 150대

해설

정답 ②

030 다음 중 자주식 주차장의 형태에 해당하지 않는 것은?

① 건축물식
② 기계식
③ 지하식
④ 지평식

> **해설**

시행규칙 제2조(주차장의 형태) 법 제6조 제1항에 따른 주차장의 형태는 운전자가 자동차를 직접 운전하여 주차장으로 들어가는 주차장(이하 "자주식주차장"이라 한다)과 법 제2조 제3호에 따른 기계식주차장(이하 "기계식주차장"이라 한다)으로 구분하되, 이를 다시 다음과 같이 세분한다.
> 1. 자주식주차장: 지하식·지평식(地平式) 또는 건축물식(공작물식을 포함한다. 이하 같다)
> 2. 기계식주차장: 지하식·건축물식

정답 ②

031 택지개발사업, 산업단지개발사업, 도시재개발사업, 도시철도건설사업, 그 밖에 단지 조성 등을 목적으로 하는 사업을 시행할 때에 일정 규모 이상 설치하여야 하는 주차장은?

① 노상주차장
② 노외주차장
③ 부설주차장
④ 노면주차장

> **해설**

제12조의3(단지조성사업등에 따른 노외주차장) ① 택지개발사업, 산업단지개발사업, 도시재개발사업, 도시철도건설사업, 그 밖에 단지 조성 등을 목적으로 하는 사업(이하 "단지조성사업등"이라 한다)을 시행할 때에는 **일정 규모 이상의 노외주차장을 설치하여야 한다.**
> ② 단지조성사업등의 종류와 규모, 노외주차장의 규모와 관리방법은 해당 지방자치단체의 조례로 정한다.
> ③ 제1항에 따라 단지조성사업등으로 설치되는 노외주차장에는 경형자동차 및 환경친화적 자동차를 위한 전용주차구획을 대통령령으로 정하는 비율 이상 설치하여야 한다.

정답 ②

032 주차장법령상 부설주차장을 시설물의 부지인근에 설치할 수 있는 시설물의 부지인근의 범위 기준으로 아래의 ①과 ②에 들어갈 말이 모두 옳은 것은?

> 당해 부지의 경계선으로부터 부설주차장의 경계선까지의 직선거리 (①) 미터 이내 또는 도보거리 (②) 미터 이내

① ①100 ②200
② ①200 ②300
③ ①300 ②450
④ ①300 ②600

해설

제7조(부설주차장의 인근 설치) ① 법 제19조 제4항 전단에서 "대통령령으로 정하는 규모"란 주차대수 300대의 규모를 말한다. 다만, 다음 각 호의 어느 하나에 해당하는 경우에는 별표 1의 부설주차장 설치기준에 따라 산정한 주차대수에 상당하는 규모를 말한다.
1. 「도로교통법」 제6조에 따라 차량통행이 금지된 장소의 시설물인 경우
2. 시설물의 부지에 접한 대지나 시설물의 부지와 통로로 연결된 대지에 부설주차장을 설치하는 경우
3. 시설물의 부지가 너비 12미터 이하인 도로에 접해 있는 경우 도로의 맞은편 토지(시설물의 부지에 접한 도로의 건너편에 있는 시설물 정면의 필지와 그 좌우에 위치한 필지를 말한다)에 부설주차장을 그 도로에 접하도록 설치하는 경우
4. 「산업입지 및 개발에 관한 법률」 제2조 제8호에 따른 산업단지 안에 있는 공장인 경우

② 법 제19조 제4항 후단에 따른 **시설물의 부지 인근의 범위는 다음 각 호의 어느 하나의 범위에서 특별자치도·시·군 또는 자치구**(이하 "시·군 또는 구"라 한다)의 조례로 정한다.
1. 해당 부지의 경계선으로부터 부설주차장의 경계선까지의 **직선거리 300미터 이내 또는 도보거리 600미터 이내**
2. 해당 시설물이 있는 동·리(행정동·리를 말한다. 이하 이 호에서 같다) 및 그 시설물과의 통행 여건이 편리하다고 인정되는 인접 동·리

정답 ④

033 다음 중 노외주차장의 출구와 입구를 각각 따로 설치하거나 출입구의 너비의 합이 5.5m 이상으로서 출구와 입구가 차선 등으로 분리되는 경우에 출입구를 함께 설치할 수 있는 주차대수의 규모 기준은?

① 100대 초과
② 200대 초과
③ 300대 초과
④ 400대 초과

> **해설**

제5조(노외주차장의 설치에 대한 계획기준) 법 제12조 제1항 및 법 제12조의3제1항에 따른 노외주차장 설치에 대한 계획기준은 다음 각 호와 같다.

7. 주차대수 400대를 초과하는 규모의 노외주차장의 경우에는 노외주차장의 출구와 입구를 각각 따로 설치하여야 한다. 다만, 출입구의 너비의 합이 5.5미터 이상으로서 출구와 입구가 차선 등으로 분리되는 경우에는 함께 설치할 수 있다.
8. 특별시장·광역시장, 시장·군수 또는 구청장이 설치하는 노외주차장의 주차대수 규모가 50대 이상인 경우에는 주차대수의 2퍼센트부터 4퍼센트까지의 범위에서 장애인의 주차수요를 고려하여 지방자치단체의 조례로 정하는 비율 이상의 장애인 전용주차구획을 설치하여야 한다.
9. 경사진 곳에 노외주차장을 설치하는 경우에는 미끄럼 방지시설 및 미끄럼 주의 안내표지 설치 등 안전대책을 마련해야 한다.

정답 ④

---

034 다음 중 주차장법에 따른 단지조성사업 등으로 설치하는 노외주차장에는 경형자동차와 환경친화적 자동차에 대한 전용주차구획을 얼마 이상의 비율로 설치하여야 하는가?

① 노외주차장 총주차대수의 2%
② 노외주차장 총주차대수의 5%
③ 노외주차장 총주차대수의 10%
④ 노외주차장 총주차대수의 15%

> **해설**

제12조의3(단지조성사업등에 따른 노외주차장) ① 택지개발사업, 산업단지개발사업, 도시재개발사업, 도시철도건설사업, 그 밖에 단지 조성 등을 목적으로 하는 사업(이하 "단지조성사업등"이라 한다)을 시행할 때에는 일정 규모 이상의 노외주차장을 설치하여야 한다.
② 단지조성사업등의 종류와 규모, 노외주차장의 규모와 관리방법은 해당 지방자치단체의 조례로 정한다.
③ 제1항에 따라 단지조성사업등으로 설치되는 노외주차장에는 경형자동차 및 환경친화적 자동차를 위한 전용주차구획을 대통령령으로 정하는 비율 이상 설치하여야 한다.

> **영 제4조(경형자동차 및 환경친화적 자동차 전용주차구획의 설치비율)** 법 제12조의3제3항에 따라 노외주차장에는 경형자동차를 위한 전용주차구획과 환경친화적 자동차를 위한 전용주차구획을 합한 주차구획이 노외주차장 총주차대수의 100분의 10 이상이 되도록 설치하여야 한다.

정답 ③

035 다음 중 주차장법규상 노외주차장의 출구 및 입구를 설치하여서는 아니 되는 장소 기준에 해당하지 않는 것은?

① 육교 및 지하횡단보도에서 5m 이내의 도로의 부분
② 유치원의 출입구로부터 20m 이내의 도로의 부분
③ 종단 기울기가 10%를 초과하는 도로
④ 폭 6m 이상의 도로

해설

제5조(노외주차장의 설치에 대한 계획기준) 법 제12조 제1항 및 법 제12조의3제1항에 따른 노외주차장 설치에 대한 계획기준은 다음 각 호와 같다.

5. 노외주차장의 출구 및 입구(노외주차장의 차로의 노면이 도로의 노면에 접하는 부분을 말한다. 이하 같다)는 다음 각 목의 어느 하나에 해당하는 장소에 설치하여서는 아니 된다.
   가. 「도로교통법」 제32조 제1호부터 제4호까지, 제5호(건널목의 가장자리만 해당한다) 및 같은 법 제33조 제1호부터 제3호까지의 규정에 해당하는 도로의 부분
   나. 횡단보도(육교 및 지하횡단보도를 포함한다)로부터 5미터 이내에 있는 도로의 부분
   다. 너비 4미터 미만의 도로(주차대수 200대 이상인 경우에는 너비 6미터 미만의 도로)와 종단 기울기가 10퍼센트를 초과하는 도로
   라. 유아원, 유치원, 초등학교, 특수학교, 노인복지시설, 장애인복지시설 및 아동전용시설 등의 출입구로부터 20미터 이내에 있는 도로의 부분
6. 노외주차장과 연결되는 도로가 둘 이상인 경우에는 자동차교통에 미치는 지장이 적은 도로에 노외주차장의 출구와 입구를 설치하여야 한다. 다만, 보행자의 교통에 지장을 가져올 우려가 있거나 그 밖의 특별한 이유가 있는 경우에는 그러하지 아니하다.
7. 주차대수 400대를 초과하는 규모의 노외주차장의 경우에는 노외주차장의 출구와 입구를 각각 따로 설치하여야 한다. 다만, 출입구의 너비의 합이 5.5미터 이상으로서 출구와 입구가 차선 등으로 분리되는 경우에는 함께 설치할 수 있다.
8. 특별시장·광역시장, 시장·군수 또는 구청장이 설치하는 노외주차장의 주차대수 규모가 50대 이상인 경우에는 주차대수의 2퍼센트부터 4퍼센트까지의 범위에서 장애인의 주차수요를 고려하여 지방자치단체의 조례로 정하는 비율 이상의 장애인 전용주차구획을 설치하여야 한다.
9. 경사진 곳에 노외주차장을 설치하는 경우에는 미끄럼 방지시설 및 미끄럼 주의 안내표지 설치 등 안전대책을 마련해야 한다.

정답 ④

036 다음 중 부설주차장설치의무가 면제되는 시설물의 위치·용도·규모 및 부설주차장의 규모 기준으로 옳지 않은 것은?

① 연면적 10,000m² 이상의 판매시설 및 운수 시설에 해당하지 아니하는 시설물
② 연면적 15,000m² 이상의 문화 및 집회시설, 위락시설에 해당하지 아니하는 시설물
③ 주차대수가 400대 이하의 규모인 부설주차장의 경우
④ 도로교통법에 따른 차량통행의 금지 또는 주변의 토지이용 상황으로 인하여 부설주차장의 설치가 곤란하다고 시장·군수가 인정하는 장소

해설

영 제8조(부설주차장 설치의무 면제 등) ① 법 제19조 제5항에 따라 부설주차장의 설치의무가 면제되는 시설물의 위치·용도·규모 및 부설주차장의 규모는 다음 각 호와 같다.
1. 시설물의 위치
    가. 「도로교통법」 제6조에 따른 차량통행의 금지 또는 주변의 토지이용 상황으로 인하여 제6조 및 제7조에 따른 부설주차장의 설치가 곤란하다고 특별자치도지사·시장·군수 또는 자치구의 구청장(이하 "시장·군수 또는 구청장"이라 한다)이 인정하는 장소
    나. 부설주차장의 출입구가 도심지 등의 간선도로변에 위치하게 되어 자동차교통의 혼잡을 가중시킬 우려가 있다고 시장·군수 또는 구청장이 인정하는 장소
2. 시설물의 용도 및 규모: 연면적 1만제곱미터 이상의 판매시설 및 운수시설에 해당하지 아니하거나 연면적 1만 5천제곱미터 이상의 문화 및 집회시설(공연장·집회장 및 관람장만을 말한다), 위락시설, 숙박시설 또는 업무시설에 해당하지 아니하는 시설물(「도로교통법」 제6조에 따라 차량통행이 금지된 장소의 시설물인 경우에는 「건축법」에서 정하는 용도별 건축허용 연면적의 범위에서 설치하는 시설물을 말한다)
3. 부설주차장의 규모: 주차대수 300대 이하의 규모(「도로교통법」 제6조에 따라 차량통행이 금지된 장소의 경우에는 별표 1의 부설주차장 설치기준에 따라 산정한 주차대수에 상당하는 규모를 말한다)

정답 ③

---

037 부설주차장의 설치에 관한 아래의 설명에서 ( )안에 들어갈 수 있는 용어로 옳은 것은?

> 「국토의 계획 및 이용에 관한 법률」에 따른 (   ) 및 지방자치단체의 조례로 정하는 관리지역에서 건축물, 골프연습장, 그 밖에 주차수요를 유발하는 시설을 건축하거나 설치하려는 자는 그 시설물의 내부 또는 그 부지에 부설주차장(화물의 하역과 그 밖의 사업 수행을 위한 주차장을 포함한다. 이하 같다)을 설치하여야 한다.

① 관리지역   ② 지구단위계획구역
③ 준도시지역   ④ 농림지역

해설

제19조(부설주차장의 설치·지정) ① 「국토의 계획 및 이용에 관한 법률」에 따른 도시지역, 같은 법 제51조 제3항에 따른 지구단위계획구역 및 지방자치단체의 조례로 정하는 관리지역에서 건축물, 골프연습장, 그 밖에 주차수요를 유발하는 시설(이하 "시설물"이라 한다)을 건축하거나 설치하려는 자는 그 시설물의 내부 또는 그 부지에 **부설주차장(화물의 하역과 그 밖의 사업 수행을 위한 주차장을 포함한다. 이하 같다)을 설치하여야 한다.**
② 부설주차장은 해당 시설물의 이용자 또는 일반의 이용에 제공할 수 있다.
③ 제1항에 따른 시설물의 종류와 부설주차장의 설치기준은 대통령령으로 정한다.
④ 제1항의 경우에 부설주차장이 대통령령으로 정하는 규모 이하이면 같은 항에도 불구하고 시설물의 부지 인근에 단독 또는 공동으로 부설주차장을 설치할 수 있다. 이 경우 시설물의 부지 인근의 범위는 대통령령으로 정하는 범위에서 지방자치단체의 조례로 정한다.

정답 ②

038 다음 중 주차장법에 따라 일정 규모 이상의 노외주차장을 설치하여야 하는 단지조성사업에 해당하지 않는 것은?

① 택지개발사업
② 도시재개발사업
③ 역세권개발사업
④ 산업단지개발사업

해설

정답 ③

---

039 다음 중 건축물의 연면적 중 주차장으로 사용되는 부분의 비율이 70% 이상인 경우 주차전용건축물로 인정받을 수 있는 것은?

① 주차장 외의 용도로 사용되는 부분이 공동주택인 경우
② 주차장 외의 용도로 사용되는 부분이 문화 및 집회시설인 경우
③ 주차장 외의 용도로 사용되는 부분이 공장인 경우
④ 주차장 외의 용도로 사용되는 부분이 위락시설인 경우

해설

영 제1조의2(주차전용건축물의 주차면적비율) ① 「주차장법」(이하 "법"이라 한다) 제2조 제11호에서 "대통령령으로 정하는 비율 이상이 주차장으로 사용되는 건축물"이란 건축물의 연면적 중 주차장으로 사용되는 부분의 비율이 95퍼센트 이상인 것을 말한다. **다만, 주차장 외의 용도로 사용되는 부분이 「건축법 시행령」 별표 1에 따른 단독주택**(같은 표 제1호에 따른 단독주택을 말한다. 이하 "단독주택"이라 한다), 공동주택, 제1종 근린생활시설, 제2종 근린생활시설, 문화 및 집회시설, 종교시설, 판매시설, 운수시설, 운동시설, 업무시설, 창고시설 또는 자동차 관련 시설인 경우에는 주차장으로 사용되는 부분의 비율이 70퍼센트 이상인 것을 말한다.
② 제1항에 따른 건축물의 연면적의 산정방법은 「건축법」에 따른다. 다만, 기계식주차장의 연면적은 기계식주차장치에 의하여 자동차를 주차할 수 있는 면적과 기계실, 관리사무소 등의 면적을 합하여 계산한다.
③ 특별시장·광역시장·특별자치도지사 또는 시장은 법 제12조 제6항 또는 제19조 제10항에 따라 노외주차장 또는 부설주차장의 설치를 제한하는 지역의 주차전용건축물의 경우에는 제1항 단서에도 불구하고 해당 지방자치단체의 조례로 정하는 바에 따라 주차장 외의 용도로 사용되는 부분에 설치할 수 있는 시설의 종류를 해당 지역의 구역별로 제한할 수 있다.

정답 ②

040 다음 중 주차장법규상 노외주차장의 출구 및 입구를 설치하여서는 아니 되는 장소 기분이 옳지 않은 것은?

① 도로교통법의 관련 규정에 해당하는 도로의 부분
② 횡단보도로부터 5m 이내에 있는 도로의 부분
③ 유치원, 초등학교의 출입구로부터 20m 이내에 있는 도로의 부분
④ 너비 8m 미만이고 종단 기울기가 8%를 초과하는 도로

해설

제5조(노외주차장의 설치에 대한 계획기준) 법 제12조 제1항 및 법 제12조의3제1항에 따른 노외주차장 설치에 대한 계획기준은 다음 각 호와 같다.

5. 노외주차장의 출구 및 입구(노외주차장의 차로의 노면이 도로의 노면에 접하는 부분을 말한다. 이하 같다)는 다음 각 목의 어느 하나에 해당하는 장소에 설치하여서는 아니 된다.
   가. 「도로교통법」 제32조 제1호부터 제4호까지, 제5호(건널목의 가장자리만 해당한다) 및 같은 법 제33조 제1호부터 제3호까지의 규정에 해당하는 도로의 부분
   나. 횡단보도(육교 및 지하횡단보도를 포함한다)로부터 5미터 이내에 있는 도로의 부분
   다. 너비 4미터 미만의 도로(주차대수 200대 이상인 경우에는 너비 6미터 미만의 도로)와 종단 기울기가 10퍼센트를 초과하는 도로
   라. 유아원, 유치원, 초등학교, 특수학교, 노인복지시설, 장애인복지시설 및 아동전용시설 등의 출입구로부터 20미터 이내에 있는 도로의 부분
6. 노외주차장과 연결되는 도로가 둘 이상인 경우에는 자동차교통에 미치는 지장이 적은 도로에 노외주차장의 출구와 입구를 설치하여야 한다. 다만, 보행자의 교통에 지장을 가져올 우려가 있거나 그 밖의 특별한 이유가 있는 경우에는 그러하지 아니하다.
7. 주차대수 400대를 초과하는 규모의 노외주차장의 경우에는 노외주차장의 출구와 입구를 각각 따로 설치하여야 한다. 다만, 출입구의 너비의 합이 5.5미터 이상으로서 출구와 입구가 차선 등으로 분리되는 경우에는 함께 설치할 수 있다.
8. 특별시장·광역시장, 시장·군수 또는 구청장이 설치하는 노외주차장의 주차대수 규모가 50대 이상인 경우에는 주차대수의 2퍼센트부터 4퍼센트까지의 범위에서 장애인의 주차수요를 고려하여 지방자치단체의 조례로 정하는 비율 이상의 장애인 전용주차구획을 설치하여야 한다.
9. 경사진 곳에 노외주차장을 설치하는 경우에는 미끄럼 방지시설 및 미끄럼 주의 안내표지 설치 등 안전대책을 마련해야 한다.

정답 ④

041 다음 중 노상주차장의 구조·설비기준에 대한 내용으로 옳지 않은 것은?

① 주간선도로에 설치하여서는 아니 된다.
② 종단경사도가 6%를 초과하는 도로에 설치하여서는 아니 된다.
③ 너비 6미터 미만의 도로에 설치하여서는 아니 된다.
④ 고속도로, 자동차전용도로 또는 고가도로에 설치하여서는 아니 된다.

해설

시행규칙 제4조(노상주차장의 구조·설비기준) ① 법 제6조 제1항에 따른 노상주차장의 구조·설비기준은 다음 각 호와 같다.
  1. 노상주차장을 설치하려는 지역에서의 주차수요와 노외주차장 또는 그 밖에 자동차의 주차에 사용되는 시설 또는 장소와의 연관성을 고려하여 유기적으로 대응할 수 있도록 적정하게 분포되어야 한다.
  2. <u>주간선도로에 설치하여서는 아니 된다.</u> 다만, 분리대나 그 밖에 도로의 부분으로서 도로교통에 크게 지장을 주지 아니하는 부분에 대해서는 그러하지 아니하다.
  3. <u>너비 6미터 미만의 도로에 설치하여서는 아니 된다.</u> 다만, 보행자의 통행이나 연도(沿道)의 이용에 지장이 없는 경우로서 해당 지방자치단체의 조례로 따로 정하는 경우에는 그러하지 아니하다.
  4. <u>종단경사도(자동차 진행방향의 기울기를 말한다. 이하 같다)가 4퍼센트를 초과하는 도로에 설치하여서는 아니 된다.</u> 다만, 다음 각 목의 경우에는 그러하지 아니하다.
      가. 종단경사도가 6퍼센트 이하인 도로로서 보도와 차도가 구별되어 있고, 그 차도의 너비가 13미터 이상인 도로에 설치하는 경우
      나. 종단경사도가 6퍼센트 이하인 도로로서 해당 시장·군수 또는 구청장이 안전에 지장이 없다고 인정하는 도로에 제6조의2제1항 제1호에 해당하는 노상주차장을 설치하는 경우
  5. <u>고속도로, 자동차전용도로 또는 고가도로에 설치하여서는 아니 된다.</u>
  6. 「도로교통법」 제32조 각 호의 어느 하나에 해당하는 도로의 부분 및 같은 법 제33조 각 호의 어느 하나에 해당하는 도로의 부분에 설치하여서는 아니 된다.
  7. 도로의 너비 또는 교통 상황 등을 고려하여 그 도로를 이용하는 자동차의 통행에 지장이 없도록 설치하여야 한다.
  8. 노상주차장에는 다음 각 목의 구분에 따라 장애인 전용주차구획을 설치하여야 한다.
      가. 주차대수 규모가 20대 이상 50대 미만인 경우: 한 면 이상
      나. 주차대수 규모가 50대 이상인 경우: 주차대수의 2퍼센트부터 4퍼센트까지의 범위에서 장애인의 주차수요를 고려하여 해당 지방자치단체의 조례로 정하는 비율 이상
② 노상주차장의 주차구획 설치에 필요한 사항은 해당 지방자치단체의 조례로 정할 수 있다.

정답 ②

042 다음 중 주차장법령상 부설주차장의 설치에 관한 기준이 옳은 것은?

① 부설주차장의 설치의무는 도시계획구역 안에서만 적용된다.
② 부설주차장이 주차대수 400대의 규모 이하이면 시설물의 부지 인근에 단독 또는 공동으로 부설주차장을 설치할 수 있다.
③ 특별시장·광역시장·특별자치도지사 또는 시장은 부설주차장을 설치하면 교통 혼잡이 가중될 우려가 있는 지역에 대하여는 부설주차장의 설치를 제한할 수 있다.
④ 시설물의 위치·용도·규모 및 부설주차장의 규모 등이 국토교통부령으로 정하는 기준에 해당할 때에는 해당 주차장의 설치에 드는 비용을 시장·군수·구청장에게 납부하는 것으로 부설주차장의 설치를 갈음할 수 있다.

해설

제19조(부설주차장의 설치·지정) ① 「국토의 계획 및 이용에 관한 법률」에 따른 **도시지역**, 같은 법 제51조 제3항에 따른 지구단위계획구역 및 지방자치단체의 조례로 정하는 관리지역에서 건축물, 골프연습장, 그 밖에 주차수요를 유발하는 시설(이하 "시설물"이라 한다)을 건축하거나 설치하려는 자는 그 시설물의 내부 또는 그 부지에 부설주차장(화물의 하역과 그 밖의 사업 수행을 위한 주차장을 포함한다. 이하 같다)을 설치하여야 한다.
② 부설주차장은 해당 시설물의 이용자 또는 일반의 이용에 제공할 수 있다.
③ 제1항에 따른 시설물의 종류와 부설주차장의 설치기준은 대통령령으로 정한다.
④ **제1항의 경우에 부설주차장이 대통령령으로 정하는 규모 이하이면 같은 항에도 불구하고 시설물의 부지 인근에 단독 또는 공동으로 부설주차장을 설치할 수 있다.** 이 경우 시설물의 부지 인근의 범위는 대통령령으로 정하는 범위에서 지방자치단체의 조례로 정한다.

> **영 제7조(부설주차장의 인근 설치)** ① 법 제19조 제4항 전단에서 "대통령령으로 정하는 규모"란 주차대수 300대의 규모를 말한다.

⑤ 제1항의 경우에 시설물의 위치·용도·규모 및 부설주차장의 규모 등이 **대통령령**으로 정하는 기준에 해당할 때에는 해당 주차장의 설치에 드는 비용을 시장·군수 또는 구청장에게 납부하는 것으로 부설주차장의 설치를 갈음할 수 있다. 이 경우 부설주차장의 설치를 갈음하여 납부된 비용은 노외주차장의 설치 외의 목적으로 사용할 수 없다.
⑥ 시장·군수 또는 구청장은 제5항에 따라 주차장의 설치비용을 납부한 자에게 대통령령으로 정하는 바에 따라 납부한 설치비용에 상응하는 범위에서 노외주차장(특별시장·광역시장, 시장·군수 또는 구청장이 설치한 노외주차장만 해당한다)을 무상으로 사용할 수 있는 권리(이하 이 조에서 "노외주차장 무상사용권"이라 한다)를 주어야 한다. 다만, 시설물의 부지로부터 제4항 후단에 따른 범위에 노외주차장 무상사용권을 줄 수 있는 노외주차장이 없는 경우에는 그러하지 아니하다.
⑦ 시장·군수 또는 구청장은 제6항 단서에 따라 노외주차장 무상사용권을 줄 수 없는 경우에는 제5항에 따른 주차장 설치비용을 줄여 줄 수 있다.
⑧ 시설물의 소유자가 변경되는 경우에는 노외주차장 무상사용권은 새로운 소유자가 승계한다.
⑨ 제5항과 제7항에 따른 설치비용의 산정기준 및 감액기준 등에 관하여 필요한 사항은 해당 지방자치단체의 조례로 정한다.
⑩ 특별시장·광역시장·특별자치시장·특별자치도지사 또는 시장은 부설주차장을 설치하면 교통 혼잡이 가중될 우려가 있는 지역에 대하여는 제1항 및 제3항에도 불구하고 부설주차장의 설치를 제한할 수 있다. 이 경우 제한지역의 지정 및 설치 제한의 기준은 국토교통부령으로 정하는 바에 따라 해당 지방자치단체의 조례로 정한다.

⑪ 시장·군수 또는 구청장은 설치기준에 적합한 부설주차장이 제3항에 따른 부설주차장 설치기준의 개정으로 인하여 설치기준에 미달하게 된 기존 시설물 중 대통령령으로 정하는 시설물에 대하여는 그 소유자에게 개정된 설치기준에 맞게 부설주차장을 설치하도록 권고할 수 있다.
⑫ 시장·군수 또는 구청장은 제11항에 따라 부설주차장의 설치권고를 받은 자가 부설주차장을 설치하려는 경우 제21조의2제6항에 따라 부설주차장의 설치비용을 우선적으로 보조할 수 있다.
⑬ 시장·군수 또는 구청장은 주차난을 해소하기 위하여 필요한 경우 공공기관, 그 밖에 대통령령으로 정하는 시설물의 부설주차장을 일반이 이용할 수 있는 개방주차장(이하 "개방주차장"이라 한다)으로 지정할 수 있다. <신설 2020. 2. 4.>
⑭ 시장·군수 또는 구청장은 개방주차장을 지정하기 위하여 그 시설물을 관리하는 자에게 협조를 요청할 수 있다. 이 경우 요청을 받은 자는 특별한 사정이 없으면 이에 따라야 한다. <신설 2020. 2. 4.>
⑮ 개방주차장의 지정에 필요한 절차, 개방시간, 보조금의 지원, 시설물 관리 및 운영에 대한 손해배상책임 등에 관하여 필요한 사항은 해당 지방자치단체의 조례로 정한다.

정답 ③

043 주차장법상 주차전용건축물에 관한 설명으로 틀린 것은?

① 주차전용건축물이란 건축물의 연면적 중 주차장으로 사용되는 부분의 비율이 95% 이상인 것을 말한다.
② 기계식주차장의 연면적은 기계식주차장치에 의하여 자동차가 주차할 수 있는 면적과 기계실, 관리사무소 등의 면적을 합하여 계산한다.
③ 노외주차장인 주차전용건축물의 건폐율은 90% 이내의 범위에서 특별시·광역시·시 또는 군의 조례로 정한다.
④ 노외주차장의 설치를 제한하는 지역의 주차전용건축물의 경우에는 해당 지방자치 단체의 조례로 정하는 바에 따라 주차장 외의 용도로 사용되는 부분에 설치할 수 있는 시설의 종류를 해당 지역의 구역별로 제한할 수 있다.

해설

제12조의2(다른 법률과의 관계) 노외주차장인 주차전용건축물의 건폐율, 용적률, 대지면적의 최소한도 및 높이 제한 등 건축 제한에 대하여는 「국토의 계획 및 이용에 관한 법률」 제76조부터 제78조까지, 「건축법」 제57조 및 제60조에도 불구하고 다음 각 호의 기준에 따른다.
1. 건폐율: 100분의 90 이하
2. 용적률: 1천500퍼센트 이하
3. 대지면적의 최소한도: 45제곱미터 이상
4. 높이 제한: 다음 각 목의 배율 이하
   가. 대지가 너비 12미터 미만의 도로에 접하는 경우: 건축물의 각 부분의 높이는 그 부분으로부터 대지에 접한 도로(대지가 둘 이상의 도로에 접하는 경우에는 가장 넓은 도로를 말한다. 이하 이 호에서 같다)의 반대쪽 경계선까지의 수평거리의 3배
   나. 대지가 너비 12미터 이상의 도로에 접하는 경우: 건축물의 각 부분의 높이는 그 부분으로부터 대지에 접한 도로의 반대쪽 경계선까지의 수평거리의 36/도로의 너비(미터를 단위로한다)배. 다만, 배율이 1.8배 미만인 경우에는 1.8배로 한다.

정답 ③

044
특별시장·광역시장·특별자치도지사·시장 또는 군수가 설치하는 주차장 특별회계의 재원이 아닌 것은?

① 과징금의 징수금
② 해당 지방자치단체의 일반회계로부터의 전입금
③ 자동차세 징수액의 20%에 해당하는 금액
④ 정부의 보조금

해설

제21조의2(주차장특별회계의 설치 등) ① 특별시장·광역시장, 시장·군수 또는 구청장은 주차장을 효율적으로 설치 및 관리·운영하기 위하여 주차장특별회계를 설치할 수 있다.
② 제1항에 따라 특별시장·광역시장·특별자치시장·특별자치도지사·시장 또는 군수가 설치하는 주차장특별회계는 다음 각 호의 재원(財源)으로 조성한다.
  1. 제9조 제1항 및 제3항, 제14조 제1항에 따른 주차요금 등의 수입금과 제19조 제5항에 따른 노외주차장 설치를 위한 비용의 납부금
  2. 제24조의2에 따른 과징금의 징수금
  3. 해당 지방자치단체의 일반회계로부터의 전입금
  4. 정부의 보조금
  5. 「지방세법」 제112조(같은 조 제1항 제1호는 제외한다)에 따른 재산세 징수액 중 대통령령으로 정하는 일정 비율에 해당하는 금액

> **영 제15조(주차장특별회계의 재원)** ① 법 제21조의2제2항 제5호에서 "대통령령으로 정하는 일정 비율"이란 「지방세법」 제112조(같은 조 제1항 제1호는 제외한다)에 따른 재산세 징수액의 10퍼센트를 말한다.

  6. 「도로교통법」 제161조 제1항 제2호 및 제3호에 따라 제주특별자치도지사 또는 시장등이 부과·징수한 과태료
  7. 제32조에 따른 이행강제금의 징수금
  8. 「지방세기본법」 제8조 제1항 제1호에 따른 보통세 징수액의 100분의 1의 범위에서 광역시의 조례로 정하는 비율에 해당하는 금액(광역시에 한정한다)

정답 ③

045 부설주차장의 설치 의무가 면제되는 시설물의 위치·용도·규모 및 부설주차장의 규모 기준으로 옳지 않은 것은?

① 연면적 1만m² 이상의 판매시설 및 운수시설에 해당하지 아니하는 시설물
② 연면적 1만5천m² 이상의 문화 및 집회시설 위락시설에 해당하지 아니하는 시설물
③ 주차대수가 500대 이하 규모의 부설주차장의 경우
④ 도로교통법에 따른 차량통행의 금지 또는 주변의 토지이용 상황으로 인하여 부설주차장의 설치가 곤란하다고 시장·군수 또는 구청장이 인정하는 장소

해설

정답 ③

046 노외주차장의 출구와 입구를 각각 따로 설치하여야 하는 노외주차장의 규모 기준은?

① 주차대수 300대를 초과하는 규모
② 주차대수 400대를 초과하는 규모
③ 주차대수 500대를 초과하는 규모
④ 주차대수 600대를 초과하는 규모

해설

제5조(노외주차장의 설치에 대한 계획기준) 법 제12조 제1항 및 법 제12조의3제1항에 따른 노외주차장 설치에 대한 계획기준은 다음 각 호와 같다.
  7. 주차대수 400대를 초과하는 규모의 노외주차장의 경우에는 노외주차장의 출구와 입구를 각각 따로 설치하여야 한다. 다만, 출입구의 너비의 합이 5.5미터 이상으로서 출구와 입구가 차선 등으로 분리되는 경우에는 함께 설치할 수 있다.

정답 ②

047 택지개발사업, 산업단지개발사업, 도시재개발사업, 도시철도건설사업, 그 밖에 단지 조성 등을 목적으로 하는 사업을 시행할 때에 일정 규모 이상 설치하여야 하는 주차장은?

① 노상주차장
② 노외주차장
③ 부설주차장
④ 노면주차장

해설

정답 ②

048 다음 중 자주식 주차장의 형태에 해당하지 않는 것은?

① 건축물식
② 기계식
③ 지하식
④ 지평식

해설

정답 ②

049 주차장법상 공공시설의 지하에 노외주차장을 설치하기 위하여 도시·군계획시설사업의 실시계획인가를 받은 경우 노외주차장의 최초의 사용기간 동안 그 부지에 대한 점용료 및 그 시설물에 대한 사용료를 면제한다. 다음 중 이에 해당하지 않는 공공시설은?

① 도로
② 광장
③ 녹지
④ 공원

해설

정답 ③

050 자주식주차장으로서 지하식 또는 건축물식 노외주차장의 사람이 출입하는 통로의 경우, 벽면에서부터 50센티미터 이내를 제외한 바닥면의 최소 조도 기준이 옳은 것은?

① 10럭스 이상
② 50럭스 이상
③ 300럭스 이상
④ 최소 조도 기준 없음

해설

> **제6조(노외주차장의 구조·설비기준)** 준용규정
> 9. 자주식주차장으로서 지하식 또는 건축물식 노외주차장에는 벽면에서부터 50센티미터 이내를 제외한 바닥면의 최소 조도(照度)와 최대 조도를 다음 각 목과 같이 한다.
>   가. 주차구획 및 차로: 최소 조도는 10럭스 이상, 최대 조도는 최소 조도의 10배 이내
>   나. 주차장 출구 및 입구: 최소 조도는 300럭스 이상, 최대 조도는 없음
>   다. 사람이 출입하는 통로: 최소 조도는 50럭스 이상, 최대 조도는 없음

정답 ②

---

051 주차장법령상 설치된 부설주차장의 용도를 변경할 수 있는 경우가 아닌 것은?

① 도시개발법에 따른 도시개발사업으로 인하여 그 전부 또는 일부를 사용할 수 없게 된 주차장으로서 시·도지사의 확인을 받은 경우
② 시설물의 내부 또는 그 부지 안에서 주차장의 위치를 변경하는 경우로 시장·군수 또는 구청장이 주차장의 이용에 지장이 없다고 인정하는 경우
③ 해당 시설물의 부설주차장의 설치 기준을 초과하는 주차장으로서 그 초과 부분에 대하여 시장·군수 또는 구청장의 확인을 받은 경우
④ 도로교통법의 규정에 따라 차량통행이 금지되어 시장·군수 또는 구청장이 해당 주차장의 이용이 사실상 불가능하다고 인정한 경우

해설

영 제12조(부설주차장의 용도변경 등) ① 법 제19조의4제1항 제3호에서 "대통령령으로 정하는 기준에 해당하는 경우"란 다음 각 호의 어느 하나에 해당하는 경우를 말한다.
1. 「도로교통법」 제6조에 따른 차량통행의 금지 또는 주변의 토지이용 상황 등으로 인하여 시장·군수 또는 구청장이 해당 주차장의 이용이 사실상 불가능하다고 인정한 경우. 이 경우 변경 후의 용도는 주차장으로 이용할 수 없는 사유가 소멸되었을 때에 즉시 주차장으로 환원하는 데에 지장이 없는 경우로 한정하고, 변경된 용도로의 사용기간은 주차장으로 이용이 불가능한 기간으로 한정한다.

2. 직거래 장터 개설 등 지역경제 활성화를 위하여 시장·군수 또는 구청장이 정하여 고시하는 바에 따라 주차장을 일시적으로 이용하려는 경우로서 시장·군수 또는 구청장이 해당 주차장의 이용에 지장이 없다고 인정하는 경우
3. 제6조 또는 법 제19조 제10항에 따른 해당 시설물의 부설주차장의 설치기준 또는 설치제한기준(시설물을 설치한 후 법령·조례의 개정 등으로 설치기준 또는 설치제한기준이 변경된 경우에는 그 변경된 설치기준 또는 설치제한기준을 말한다)을 초과하는 주차장으로서 그 초과 부분에 대하여 시장·군수 또는 구청장의 확인을 받은 경우
4. 「국토의 계획 및 이용에 관한 법률」 제2조 제10호에 따른 도시·군계획시설사업으로 인하여 그 전부 또는 일부를 사용할 수 없게 된 주차장으로서 시장·군수 또는 구청장의 확인을 받은 경우
5. 법 제19조 제4항에 따라 시설물의 부지 인근에 설치한 부설주차장 또는 법 제19조의4제1항 제2호 및 이 항 제6호에 따라 시설물 내부 또는 그 부지에서 인근 부지로 위치 변경된 부설주차장을 그 부지 인근의 범위에서 위치 변경하여 설치하는 경우
6. 「산업입지 및 개발에 관한 법률」 제2조 제8호에 따른 산업단지 안에 있는 공장의 부설주차장을 법 제19조 제4항 후단에 따른 시설물 부지 인근의 범위에서 위치 변경하여 설치하는 경우
7. 「도시교통정비 촉진법 시행령」 제13조의2제1항 각 호에 따른 건축물(「주택건설기준 등에 관한 규정」이 적용되는 공동주택은 제외한다)의 주차장이 「도시교통정비 촉진법」 제33조 제1항 제4호에 따른 승용차공동이용 지원(승용차공동이용을 위한 전용주차구획을 설치하고 공동이용을 위한 승용자동차를 상시 배치하는 것을 말한다. 이하 같다)을 위하여 사용되는 경우로서 다음 각 목의 모든 요건을 충족하는지 여부에 대하여 시장·군수 또는 구청장의 확인을 받은 경우
   가. 주차장 외의 용도로 사용하는 주차장의 면적이 승용차공동이용 지원을 위하여 설치한 전용주차구획 면적의 2배를 초과하지 아니할 것
   나. 주차장 외의 용도로 사용하는 주차장의 면적이 해당 주차장의 전체 주차구획 면적의 100분의 10을 초과하지 아니할 것
   다. 해당 주차장이 승용차공동이용 지원에 사용되지 아니하는 경우에는 주차장 외의 용도로 사용하는 부분을 즉시 주차장으로 환원하는 데에 지장이 없을 것

정답 ①

052 노상 주차장을 설치할 수 있는 자가 아닌 것은?

① 도지사
② 특별시장
③ 군수
④ 구청장

해설

정답 ①

053 부설주차장의 설치 의무가 면제되는 시설물의 위치·용도·규모 및 부설 주차장의 규모 기준으로 옳지 않은 것은?

① 연면적 1만제곱미터 이상의 판매시설 및 운수시설에 해당하지 아니하는 시설물
② 연면적 1만5천제곱미터 이상의 문화 및 집회시설, 위락시설에 해당하지 아니하는 시설물
③ 주차대수가 500대 규모의 부설주차장의 경우
④ 도로교통법에 따른 차량통행의 금지 또는 주변의 토지이용 상황으로 인하여 부설주차장의 설치가 곤란하다고 시장·군수 또는 구청장이 인정하는 장소

해설

정답 ③

054 주차장법에 의한 용어의 정의로 옳지 않은 것은?

① 기계식주차장이란 기계식 주차장치를 설치한 노상주차장과 노외주차장을 말한다.
② 노외주차장이란 도로의 노면 및 교통광장 외의 장소에 설치된 주차장으로서 일반의 이용에 제공되는 것을 말한다.
③ 노상주차장이란 도로의 노면 또는 교통광장의 일전한 구역에 설치된 주차장으로서 일반의 이용에 제공되는 것을 말한다.
④ 부설주차장이란 관련 규정에 의하여 건축물, 골프연습장, 그 밖에 주차수요를 유발하는 시설에 부대하여 설치된 주차장으로서 해당 건축물·시설의 이용자 또는 일반의 이용에 제공되는 것을 말한다.

해설

정답 ①

055 주차장법에서 단지조성사업 등을 하는 경우에는 일정 규모 이상의 노외주차장의 설치를 의무화하고 있다. 여기에 해당하는 단지조성사업이 아닌 것은?

① 도시재개발사업
② 도시철도건설사업
③ 산업단지개발사업
④ 초고층건물조성사업

해설

정답 ④

056
다음은 주차장법 시행규칙 노외주차장의 설치에 대한 계획기준이다. 빈 칸에 차례대로 들어갈 용어로 옳은 것은?

> 주차대수 (㉠)를 초과하는 규모의 노외주차장의 경우에는 노외주차장의 출구와 입구를 각각 따로 설치하여야 한다. 다만, 출입구의 너비의 합이 (㉡) 이상으로서 출구와 입구가 차선 등으로 분리되는 경우에는 함께 설치할 수 있다.

① ㉠ 100대, ㉡ 3.0미터
② ㉠ 200대, ㉡ 3.5미터
③ ㉠ 300대, ㉡ 5.0미터
④ ㉠ 400대, ㉡ 5.5미터

해설

제5조(노외주차장의 설치에 대한 계획기준) 법 제12조 제1항 및 법 제12조의3제1항에 따른 노외주차장 설치에 대한 계획기준은 다음 각 호와 같다.
7. 주차대수 400대를 초과하는 규모의 노외주차장의 경우에는 노외주차장의 출구와 입구를 각각 <u>따로 설치하여야 한다</u>. 다만, 출입구의 너비의 합이 5.5미터 이상으로서 출구와 입구가 차선 등으로 분리되는 경우에는 함께 설치할 수 있다.

정답 ④

057
주차장법 시행규칙상 노외주차장의 출구 및 입구를 설치하여서는 아니 되는 장소 기준으로 옳지 않은 것은?

① 횡단보도로부터 5m 이내에 있는 도로의 부분
② 도로교통법의 관련 규정에 해당하는 도로의 부분
③ 너비 8m 미만이고 종단 기울기가 8%를 초과하는 도로
④ 유치원, 초등학교 등의 출입구로부터 20m 이내에 있는 도로의 부분

해설

정답 ③

058 주차장법 시행규칙상 노외주차장에 설치할 수 있는 부대시설에 해당되지 않는 것은?(단, 시·군 또는 구의 조례로 정하는 이용자 편의시설은 고려하지 않는다.)

① 관리사무소
② 공중화장실
③ 자동차 관련 수리시설 및 장식품 판매점
④ 노외주차장의 관리·운영상 필요한 편의시설

> 해설

정답 ③

059 주차장법상 단지조성사업 등으로 설치되는 노외주차장에 경형자동차 및 환경친화적 자동차를 위한 전용 주차구획을 설치하여야 하는 비율기준은?

① 노외 주차장 총주차대수의 100분의 3 이상
② 노외 주차장 총주차대수의 100분의 5 이상
③ 노외 주차장 총주차대수의 100분의 8 이상
④ 노외 주차장 총주차대수의 100분의 10 이상

> 해설

정답 ④

060 다음 중 주차장법령상 부설주차장의 설치에 관한 기준이 옳은 것은?

① 부설주차장의 설치 의무는 도시계획구역 안에서만 적용된다.
② 부설주차장이 주차대수 400대의 규모 이하이면 시설물의 부지 인근에 단독 또는 공동으로 부설주차장을 설치할 수 있다.
③ 특별시장, 광역시장, 특별자치도지사 또는 시장은 부설주차장을 설치하면 교통 혼잡이 가중될 우려가 있는 지역에 대하여는 부설주차장의 설치를 제한할 수 있다.
④ 시설물의 위치 용도 규모 및 부설주차장의 규모 등이 국토교통부령으로 정하는 기준에 해당할 때에는 해당 주차장의 설치에 드는 비용을 시장 군수 구청장에게 납부하는 것으로 부설주차장의 설치를 갈음할 수 있다.

> 해설

정답 ③

061 노상주차장에 대한 설명으로 옳은 것은?

① 시장, 군수 또는 구청장만이 관리하여야 한다.
② 도시교통정비 기본계획과 관계없이 설치할 수 있다.
③ 특별시장, 광역시장, 시장 군수 또는 구청장이 설치할 수 있다.
④ 노외주차장이 설치되어 노상주차장이 필요 없는 경우에도 폐지할 필요는 없다.

> **해설**
>
> **제7조(노상주차장의 설치 및 폐지)** ① 노상주차장은 특별시장·광역시장, 시장·군수 또는 구청장이 설치한다. 이 경우 「국토의 계획 및 이용에 관한 법률」 제43조 제1항은 적용하지 아니한다.
> ③ 특별시장·광역시장, 시장·군수 또는 구청장은 다음 각 호의 어느 하나에 해당하는 경우에는 지체 없이 해당 노상주차장을 폐지하여야 한다.
>   1. 노상주차장에의 주차로 인하여 대중교통수단의 운행이나 그 밖의 교통소통에 장애를 주는 경우
>   2. 노상주차장을 대신하는 노외주차장의 설치 등으로 인하여 노상주차장이 필요 없게 된 경우
> ④ 특별시장·광역시장, 시장·군수 또는 구청장은 노상주차장 중 해당 지역의 교통 여건을 고려하여 화물의 하역(荷役)을 위한 주차구획(이하 "하역주차구획"이라 한다)을 지정할 수 있다. 이 경우 특별시장·광역시장, 시장·군수 또는 구청장은 해당 지방자치단체의 조례로 정하는 바에 따라 하역주차구획에 화물자동차 외의 자동차(「도로교통법」 제2조 제22호에 따른 긴급자동차는 제외한다)의 주차를 금지할 수 있다.
> **제8조(노상주차장의 관리)** ① 노상주차장은 제7조 제1항에 따라 해당 주차장을 설치한 특별시장·광역시장, 시장·군수 또는 구청장이 관리하거나 특별시장·광역시장, 시장·군수 또는 구청장으로부터 그 관리를 위탁받은 자(이하 "노상주차장관리 수탁자"라 한다)가 관리한다.
> ② 노상주차장관리 수탁자의 자격과 그 밖에 노상주차장의 관리에 관하여 필요한 사항은 해당 지방자치단체의 조례로 정한다.
> ③ 노상주차장관리 수탁자와 그 관리를 직접 담당하는 사람은 「형법」 제129조부터 제132조까지의 규정을 적용할 때에는 공무원으로 본다.
>
> 정답 ③

062 주차장법령상 노상주차장에 주차대수 규모가 최소 몇 대 이상일 경우 한 면 이상의 장애인 전용 주차구획을 설치해야 하는가?

① 20대
② 30대
③ 40대
④ 50대

> **해설**
>
> **제4조(노상주차장의 구조·설비기준)** ① 법 제6조 제1항에 따른 노상주차장의 구조·설비기준은 다음 각 호와 같다.

1. 노상주차장을 설치하려는 지역에서의 주차수요와 노외주차장 또는 그 밖에 자동차의 주차에 사용되는 시설 또는 장소와의 연관성을 고려하여 유기적으로 대응할 수 있도록 적정하게 분포되어야 한다.
2. 주간선도로에 설치하여서는 아니 된다. 다만, 분리대나 그 밖에 도로의 부분으로서 도로교통에 크게 지장을 주지 아니하는 부분에 대해서는 그러하지 아니하다.
3. 너비 6미터 미만의 도로에 설치하여서는 아니 된다. 다만, 보행자의 통행이나 연도(沿道)의 이용에 지장이 없는 경우로서 해당 지방자치단체의 조례로 따로 정하는 경우에는 그러하지 아니하다.
4. 종단경사도(자동차 진행방향의 기울기를 말한다. 이하 같다)가 4퍼센트를 초과하는 도로에 설치하여서는 아니 된다. 다만, 다음 각 목의 경우에는 그러하지 아니하다.
    가. 종단경사도가 6퍼센트 이하인 도로로서 보도와 차도가 구별되어 있고, 그 차도의 너비가 13미터 이상인 도로에 설치하는 경우
    나. 종단경사도가 6퍼센트 이하인 도로로서 해당 시장·군수 또는 구청장이 안전에 지장이 없다고 인정하는 도로에 제6조의2제1항 제1호에 해당하는 노상주차장을 설치하는 경우
5. 고속도로, 자동차전용도로 또는 고가도로에 설치하여서는 아니 된다.
6. 「도로교통법」 제32조 각 호의 어느 하나에 해당하는 도로의 부분 및 같은 법 제33조 각 호의 어느 하나에 해당하는 도로의 부분에 설치하여서는 아니 된다.
7. 도로의 너비 또는 교통 상황 등을 고려하여 그 도로를 이용하는 자동차의 통행에 지장이 없도록 설치하여야 한다.
8. **노상주차장에는 다음 각 목의 구분에 따라 장애인 전용주차구획을 설치하여야 한다.**
    가. <u>주차대수 규모가 20대 이상 50대 미만인 경우: 한 면 이상</u>
    나. 주차대수 규모가 50대 이상인 경우: 주차대수의 2퍼센트부터 4퍼센트까지의 범위에서 장애인의 주차수요를 고려하여 해당 지방자치단체의 조례로 정하는 비율 이상
② 노상주차장의 주차구획 설치에 필요한 사항은 해당 지방자치단체의 조례로 정할 수 있다.

정답 ①

063 주차장의 효율적인 설치 및 관리 운영을 위하여 지방자치단체에 설치하는 주차장특별회계의 설치 등에 관한 설명으로 옳지 않은 것은?

① 시장, 군수, 구청장이 설치할 수 있다.
② 지방도시교통사업특별회계와 통합하여 운용할 수 있다.
③ 노외주차장의 설치자에게 노외주차장의 설치 비용의 일부를 보조할 수 있다.
④ 부설주차장의 설치자에게 부설주차장의 설치 비용의 일부를 융자할 수 없다.

해설

제21조의2(주차장특별회계의 설치 등) ① 특별시장·광역시장, 시장·군수 또는 구청장은 주차장을 효율적으로 설치 및 관리·운영하기 위하여 주차장특별회계를 설치할 수 있다.
② 제1항에 따라 특별시장·광역시장·특별자치시장·특별자치도지사·시장 또는 군수가 설치하는 주차장특별회계는 다음 각 호의 재원(財源)으로 조성한다.
    1. 제9조 제1항 및 제3항, 제14조 제1항에 따른 주차요금 등의 수입금과 제19조 제5항에 따른 노외주차장 설치를 위한 비용의 납부금

2. 제24조의2에 따른 과징금의 징수금
   3. 해당 지방자치단체의 일반회계로부터의 전입금
   4. 정부의 보조금
   5. 「지방세법」 제112조(같은 조 제1항 제1호는 제외한다)에 따른 재산세 징수액 중 대통령령으로 정하는 일정 비율에 해당하는 금액
   6. 「도로교통법」 제161조 제1항 제2호 및 제3호에 따라 제주특별자치도지사 또는 시장등이 부과·징수한 과태료
   7. 제32조에 따른 이행강제금의 징수금
   8. 「지방세기본법」 제8조 제1항 제1호에 따른 보통세 징수액의 100분의 1의 범위에서 광역시의 조례로 정하는 비율에 해당하는 금액(광역시에 한정한다)
③ 제1항에 따라 구청장이 설치하는 주차장특별회계는 다음 각 호의 재원으로 조성한다.
   1. 제2항 제1호의 수입금 및 납부금 중 해당 구청장이 설치·관리하는 노상주차장 및 노외주차장의 주차요금과 대통령령으로 정하는 납부금
   2. 제24조의2에 따른 과징금의 징수금
   3. 해당 지방자치단체의 일반회계로부터의 전입금
   4. 특별시 또는 광역시의 보조금
   5. 「도로교통법」 제161조 제1항 제3호에 따라 시장등이 부과·징수한 과태료
   6. 제32조에 따른 이행강제금의 징수금
④ 제1항에 따른 주차장특별회계의 설치 및 운용·관리에 필요한 사항은 해당 지방자치단체의 조례로 정한다.
⑤ 특별시장·광역시장, 시장·군수 또는 구청장은 노상주차장 또는 노외주차장의 관리를 위탁한 경우 그 위탁을 받은 자에게 위탁수수료 외에 노상주차장 또는 노외주차장의 관리·운영비용의 <u>일부를 보조할 수 있다</u>. 다만, 주차장특별회계가 설치된 경우에는 그 회계로부터 보조할 수 있다.
⑥ 특별시장·광역시장, 시장·군수 또는 구청장은 노외주차장 또는 부설주차장의 설치자에게 주차장특별회계로부터 노외주차장 또는 부설주차장의 설치비용의 <u>일부를 보조하거나 융자할 수 있다</u>. 이 경우 보조 또는 융자의 대상·방법 및 융자금의 상환 등에 관하여 필요한 사항은 해당 지방자치단체의 조례로 정한다.
⑦ 특별시장·광역시장·특별자치시장·특별자치도지사 또는 시장은 해당 지방자치단체에 「도시교통정비 촉진법」에 따른 <u>지방도시교통사업특별회계가 설치되어 있는 경우에는 그 회계에 이 법에 따른 주차장특별회계를 통합하여 운용할 수 있다</u>. 이 경우 계정(計定)은 분리하여야 한다.

정답 ④

064 다음 중 노상주차장의 구조·설비기준에 대한 내용으로 옳지 않은 것은?

① 주간선도로에 설치하여서는 아니 된다.
② 종단경사도가 6%를 초과하는 도로에 설치하여서는 아니 된다.
③ 고속도로, 자동차전용도로 또는 고가도로에 설치하여서는 아니 된다.
④ 지방자치단체의 조례로 따로 정하지 않는 경우 너비 6미터 미만의 도로에 설치하여서는 아니 된다.

해설

제4조(노상주차장의 구조·설비기준) ① 법 제6조 제1항에 따른 노상주차장의 구조·설비기준은 다음 각 호와 같다.

1. 노상주차장을 설치하려는 지역에서의 주차수요와 노외주차장 또는 그 밖에 자동차의 주차에 사용되는 시설 또는 장소와의 연관성을 고려하여 유기적으로 대응할 수 있도록 적정하게 분포되어야 한다.
2. <u>주간선도로에 설치하여서는 아니 된다.</u> 다만, 분리대나 그 밖에 도로의 부분으로서 도로교통에 크게 지장을 주지 아니하는 부분에 대해서는 그러하지 아니하다.
3. **너비 6미터 미만의 도로에 설치하여서는 아니 된다.** 다만, 보행자의 통행이나 연도(沿道)의 이용에 지장이 없는 경우로서 해당 지방자치단체의 조례로 따로 정하는 경우에는 그러하지 아니하다.
4. **종단경사도(자동차 진행방향의 기울기를 말한다. 이하 같다)가 4퍼센트를 초과하는 도로에 설치하여서는 아니 된다.** 다만, 다음 각 목의 경우에는 그러하지 아니하다.
   가. 종단경사도가 6퍼센트 이하인 도로로서 보도와 차도가 구별되어 있고, 그 차도의 너비가 13미터 이상인 도로에 설치하는 경우
   나. 종단경사도가 6퍼센트 이하인 도로로서 해당 시장·군수 또는 구청장이 안전에 지장이 없다고 인정하는 도로에 제6조의2제1항 제1호에 해당하는 노상주차장을 설치하는 경우
5. 고속도로, 자동차전용도로 또는 고가도로에 설치하여서는 아니 된다.
6. 「도로교통법」 제32조 각 호의 어느 하나에 해당하는 도로의 부분 및 같은 법 제33조 각 호의 어느 하나에 해당하는 도로의 부분에 설치하여서는 아니 된다.
7. 도로의 너비 또는 교통 상황 등을 고려하여 그 도로를 이용하는 자동차의 통행에 지장이 없도록 설치하여야 한다.
8. **노상주차장에는 다음 각 목의 구분에 따라 장애인 전용주차구획을 설치하여야 한다.**
   가. 주차대수 규모가 20대 이상 50대 미만인 경우: 한 면 이상
   나. 주차대수 규모가 50대 이상인 경우: 주차대수의 2퍼센트부터 4퍼센트까지의 범위에서 장애인의 주차수요를 고려하여 해당 지방자치단체의 조례로 정하는 비율 이상

② 노상주차장의 주차구획 설치에 필요한 사항은 해당 지방자치단체의 조례로 정할 수 있다.

정답 ②

065 노상주차장의 구조·설비기준으로 옳은 것은? (단, 일반적인 경우에 한하며 단서조건은 고려하지 않는다.)

① 주간선도로에 설치할 수 있다.
② 너비 6미터 미만의 도로에 설치하여서는 아니 된다.
③ 고속도로, 자동차전용도로 또는 고가도로에 설치할 수 있다.
④ 주차규모대수 10대 이상의 경우 장애인 전용 주차구획을 한 면 이상 설치하여야 한다.

해설

정답 ②

066 부설주차장의 설치 의무가 면제되는 시설물의 위치·용도·규모 및 부설주차장의 규모기준으로 옳지 않은 것은?

① 주차대수가 500대 규모의 부설주차장의 경우
② 연면적 1만제곱미터 이상의 판매시설 및 운수시설에 해당하지 아니하는 시설물
③ 연면적 1만 5천제곱미터 이상의 문화 및 집회시설, 위락시설에 해당하지 아니하는 시설물
④ 「도로교통법」에 따른 차량통행의 금지 또는 주변의 토지이용 상황으로 인하여 부설주차장의 설치가 곤란하다고 시장·군수 또는 구청장이 인정하는 장소

해설

영 제8조(부설주차장 설치의무 면제 등) ① 법 제19조 제5항에 따라 <u>부설주차장의 설치의무가 면제되는 시설물의 위치·용도·규모 및 부설주차장의 규모</u>는 다음 각 호와 같다.
  1. 시설물의 위치
     가. 「도로교통법」 제6조에 따른 차량통행의 금지 또는 주변의 토지이용 상황으로 인하여 제6조 및 제7조에 따른 부설주차장의 설치가 곤란하다고 특별자치도지사·시장·군수 또는 자치구의 구청장(이하 "시장·군수 또는 구청장"이라 한다)이 인정하는 장소
     나. 부설주차장의 출입구가 도심지 등의 간선도로변에 위치하게 되어 자동차교통의 혼잡을 가중시킬 우려가 있다고 시장·군수 또는 구청장이 인정하는 장소
  2. 시설물의 용도 및 규모: <u>연면적 1만제곱미터 이상의 판매시설 및 운수시설에 해당하지 아니하거나 연면적 1만 5천제곱미터 이상의 문화 및 집회시설(공연장·집회장 및 관람장만을 말한다), 위락시설, 숙박시설 또는 업무시설에 해당하지 아니하는 시설물</u>(「도로교통법」 제6조에 따라 차량통행이 금지된 장소의 시설물인 경우에는 「건축법」에서 정하는 용도별 건축허용 연면적의 범위에서 설치하는 시설물을 말한다)
  3. 부설주차장의 규모: **주차대수 300대 이하의 규모**(「도로교통법」 제6조에 따라 차량통행이 금지된 장소의 경우에는 별표 1의 부설주차장 설치기준에 따라 산정한 주차대수에 상당하는 규모를 말한다)

정답 ①

Theme 13 주택법

001 주택법에 의하여 주택건설사업 등록을 요하는 주택 건설 사업의 호수는?

① 10호, 10세대 이상
② 20호, 20세대 이상
③ 50호, 30세대 이상
④ 100호,100세대 이상

해설

제4조(주택건설사업 등의 등록) ① 연간 대통령령으로 정하는 <u>호수(戶數)</u> 이상의 주택건설사업을 시행하려는 자 또는 연간 대통령령으로 정하는 <u>면적 이상의 대지조성사업</u>을 시행하려는 자는 국토교통부장관에게 등록하여야 한다. 다만, 다음 각 호의 사업주체의 경우에는 그러하지 아니하다.

> **영 제14조(주택건설사업자 등의 범위 및 등록기준 등)** ① 법 제4조 제1항 각 호 외의 부분 본문에서 "대통령령으로 정하는 호수"란 다음 각 호의 구분에 따른 호수(戶數) 또는 세대수를 말한다.
> 1. 단독주택의 경우: 20호
> 2. 공동주택의 경우: 20세대. 다만, 도시형 생활주택(제10조 제2항 제1호의 경우를 포함한다)은 30세대로 한다.
>
> ② 법 제4조 제1항 각 호 외의 부분 본문에서 "대통령령으로 정하는 면적"이란 1만제곱미터를 말한다.

1. 국가·지방자치단체
2. 한국토지주택공사
3. 지방공사
4. 「공익법인의 설립·운영에 관한 법률」 제4조에 따라 주택건설사업을 목적으로 설립된 공익법인
5. 제11조에 따라 설립된 주택조합(제5조 제2항에 따라 등록사업자와 공동으로 주택건설사업을 하는 주택조합만 해당한다)
6. 근로자를 고용하는 자(제5조 제3항에 따라 등록사업자와 공동으로 주택건설사업을 시행하는 고용자만 해당하며, 이하 "고용자"라 한다)

② 제1항에 따라 등록하여야 할 사업자의 자본금과 기술인력 및 사무실면적에 관한 등록의 기준·절차·방법 등에 필요한 사항은 대통령령으로 정한다.

정답 ②

002 주택법상 리모델링 기본계획을 수립하기 위한 사항에 포함되지 않는 것은?

① 도시기본계획 등 관련 계획 검토
② 계획의 목표 및 기본방향
③ 주택의 노후도 정도 및 현황에 관한 사항
④ 리모델링 대상 공동주택 현황 및 세대수 증가형 리모델링 수요 예측

해설

제71조(리모델링 기본계획의 수립권자 및 대상지역 등) ① 특별시장·광역시장 및 대도시의 시장은 관할 구역에 대하여 다음 각 호의 사항을 포함한 리모델링 기본계획을 10년 단위로 수립하여야 한다. 다만, 세대수 증가형 리모델링에 따른 도시과밀의 우려가 적은 경우 등 대통령령으로 정하는 경우에는 리모델링 기본계획을 수립하지 아니할 수 있다.
1. 계획의 목표 및 기본방향
2. 도시기본계획 등 관련 계획 검토
3. 리모델링 대상 공동주택 현황 및 세대수 증가형 리모델링 수요 예측
4. 세대수 증가에 따른 기반시설의 영향 검토
5. 일시집중 방지 등을 위한 단계별 리모델링 시행방안
6. 그 밖에 대통령령으로 정하는 사항

② 대도시가 아닌 시의 시장은 세대수 증가형 리모델링에 따른 도시과밀이나 일시집중 등이 우려되어 도지사가 리모델링 기본계획의 수립이 필요하다고 인정한 경우 리모델링 기본계획을 수립하여야 한다.
③ 리모델링 기본계획의 작성기준 및 작성방법 등은 국토교통부장관이 정한다.

정답 ③

003 다음 중 주택법에 관한 내용이 아닌 것은?

① 투기과열지구의 지정 및 전매행위 등의 제한
② 공동주택 리모델링에 따른 특례
③ 최저주거기준 미달가구에 대한 우선 지원
④ 협의양도인 택지

해설

정답 ④

004 주택법상에서 간선시설의 종류별 설치 범위 기준으로 옳지 않은 것은?

① 도로의 경우 주택단지 밖의 기간이 되는 도로로부터 주택단지의 경계석까지로 하되, 그 길이가 150미터를 초과하는 경우로써 그 초과부분에 한한다.
② 상하수도시설의 경우 주택단지 밖의 기간이 되는 상·하수도시설로부터 주택단지의 경계선까지의 시설로 하되, 그 길이가 200미터를 초과하는 경우로서 그 초과부분에 한한다.
③ 지역난방시설의 경우 주택단지 밖의 기간이 되는 열수송관의 분기점으로부터 주택단지내의 각 기계실 입구차단밸브까지로 한다.
④ 통신시설의 경우 관로시설은 주택단지 밖의 기간이 되는 시설로부터 주택단지 경계선까지, 케이블시설은 주택단지 밖의 기간이 되는 시설로부터 주택단지안의 최초 단지까지로 한다.

해설

제2조(정의) 이 법에서 사용하는 용어의 뜻은 다음과 같다.
15. "기반시설"이란 「국토의 계획 및 이용에 관한 법률」 제2조 제6호에 따른 기반시설을 말한다.
16. "기간시설"(基幹施設)이란 도로·상하수도·전기시설·가스시설·통신시설·지역난방시설 등을 말한다.
17. "간선시설"(幹線施設)이란 도로·상하수도·전기시설·가스시설·통신시설 및 지역난방시설 등 주택단지(둘 이상의 주택단지를 동시에 개발하는 경우에는 각각의 주택단지를 말한다) 안의 기간시설을 그 주택단지 밖에 있는 같은 종류의 기간시설에 연결시키는 시설을 말한다. 다만, 가스시설·통신시설 및 지역난방시설의 경우에는 주택단지 안의 기간시설을 포함한다.

■ 주택법 시행령 [별표 2]
간선시설의 종류별 설치범위(제39조 제5항 관련)

1. 도로
   주택단지 밖의 기간(基幹)이 되는 도로부터 주택단지의 경계선(단지의 주된 출입구를 말한다. 이하 같다)까지로 하되, 그 길이가 200미터를 초과하는 경우로서 그 초과부분에 한정한다.
2. 상하수도시설
   주택단지 밖의 기간이 되는 상·하수도시설부터 주택단지의 경계선까지의 시설로 하되, 그 길이가 200미터를 초과하는 경우로서 그 초과부분에 한정한다.
3. 전기시설
   주택단지 밖의 기간이 되는 시설부터 주택단지의 경계선까지로 한다. 다만, 지중선로는 사업지구 밖의 기간이 되는 시설부터 그 사업지구 안의 가장 가까운 주택단지(사업지구 안에 1개의 주택단지가 있는 경우에는 그 주택단지를 말한다)의 경계선까지로 한다. 다만, 「공공주택 특별법 시행령」 제2조 제1항 제2호에 따른 국민임대주택을 건설하는 주택단지에 대해서는 국토교통부장관이 산업통상자원부장관과 따로 협의하여 정하는 바에 따른다.
4. 가스공급시설
   주택단지 밖의 기간이 되는 가스공급시설부터 주택단지의 경계선까지로 한다. 다만, 주택단지 안에 취사 및 개별난방용(중앙집중식 난방용은 제외한다)으로 가스를 공급하기 위하여 정압조정실을 설치하는 경우에는 그 정압조정실까지로 한다.

5. 통신시설(세대별 전화 설치를 위한 시설을 포함한다)
   관로시설은 주택단지 밖의 기간이 되는 시설부터 주택단지 경계선까지, 케이블시설은 주택단지 밖의 기간이 되는 시설부터 주택단지 안의 최초 단자까지로 한다. 다만, 국민주택을 건설하는 주택단지에 설치하는 케이블시설의 경우에는 그 설치 및 유지·보수에 관하여는 국토교통부장관이 과학기술정보통신부장관과 따로 협의하여 정하는 바에 따른다.
6. 지역난방시설
   주택단지 밖의 기간이 되는 열수송관의 분기점(해당 주택단지에서 가장 가까운 분기점을 말한다)부터 주택단지 안의 각 기계실입구 차단밸브까지로 한다.

정답 ①

005 주택법령상 주택조합의 정의로 틀린 것은?

① 지역주택조합: 동일한 특별시·광역시·시 또는 군에 거주하는 주민이 주택을 마련하기 위하여 설립한 조합
② 동호인주택조합: 동일한 직업의 근로자가 주택을 마련하기 위하여 설립한 조합
③ 직장주택조합: 같은 직장의 근로자가 주택을 마련하기 위하여 설립한 조합
④ 리모델링주택조합: 공동주택의 소유자가 당해 주택을 리모델링하기 위하여 설립한 조합

해설

제2조(정의) 이 법에서 사용하는 용어의 뜻은 다음과 같다.
  10. "사업주체"란 제15조에 따른 주택건설사업계획 또는 대지조성사업계획의 승인을 받아 그 사업을 시행하는 다음 각 목의 자를 말한다.
      가. 국가·지방자치단체
      나. 한국토지주택공사 또는 지방공사
      다. 제4조에 따라 등록한 주택건설사업자 또는 대지조성사업자
      라. 그 밖에 이 법에 따라 주택건설사업 또는 대지조성사업을 시행하는 자
  11. "주택조합"이란 많은 수의 구성원이 제15조에 따른 사업계획의 승인을 받아 주택을 마련하거나 제66조에 따라 리모델링하기 위하여 결성하는 다음 각 목의 조합을 말한다.
      가. 지역주택조합: 다음 구분에 따른 지역에 거주하는 주민이 주택을 마련하기 위하여 설립한 조합
          1) 서울특별시·인천광역시 및 경기도
          2) 대전광역시·충청남도 및 세종특별자치시
          3) 충청북도
          4) 광주광역시 및 전라남도
          5) 전라북도
          5) 대구광역시 및 경상북도
          7) 부산광역시·울산광역시 및 경상남도
          8) 강원도
          9) 제주특별자치도
      나. 직장주택조합: 같은 직장의 근로자가 주택을 마련하기 위하여 설립한 조합
      다. 리모델링주택조합: 공동주택의 소유자가 그 주택을 리모델링하기 위하여 설립한 조합

정답 ②

006 주택법에 정의된 용어에 대한 설명 중 옳지 않은 것은?

① 공동주택이란 건축물의 벽·복도·계단 그 밖의 설비 등의 전부 또는 일부를 공동으로 사용하는 각 세대가 하나의 건축물 안에서 각각 독립된 주거생활을 영위할 수 있는 구조로 된 주택을 말한다.
② 국민주택이란 국민주택기금으로부터 자금을 지원받아 건설되거나 개량되는 주택으로서 주거의 용도로만 쓰이는 면적이 1호 또는 1세대 당 85제곱미터 이하인 주택을 말한다.
③ 간선시설이란 도로·상하수도·전기시설·가스시설·통신시설 및 지역난방시설 등 주택단지안의 기간시설을 당해 주택단지 밖에 있는 동종의 기간시설에 연결시키는 시설을 말한다.
④ 복리시설이란 주차장, 관리사무소 등 주택에 부대되는 시설 또는 설비를 말한다.

해설

제2조(정의) 이 법에서 사용하는 용어의 뜻은 다음과 같다.
1. "주택"이란 세대(世帶)의 구성원이 장기간 독립된 주거생활을 할 수 있는 구조로 된 건축물의 전부 또는 일부 및 그 부속토지를 말하며, 단독주택과 공동주택으로 구분한다.
2. "단독주택"이란 1세대가 하나의 건축물 안에서 독립된 주거생활을 할 수 있는 구조로 된 주택을 말하며, 그 종류와 범위는 대통령령으로 정한다.
3. "공동주택"이란 건축물의 벽·복도·계단이나 그 밖의 설비 등의 전부 또는 일부를 공동으로 사용하는 각 세대가 하나의 건축물 안에서 각각 독립된 주거생활을 영위할 수 있는 구조로 된 주택을 말하며, 그 종류와 범위는 대통령령으로 정한다.
4. "준주택"이란 주택 외의 건축물과 그 부속토지로서 주거시설로 이용가능한 시설 등을 말하며, 그 범위와 종류는 대통령령으로 정한다.
5. "국민주택"이란 다음 각 목의 어느 하나에 해당하는 주택으로서 국민주택규모 이하인 주택을 말한다.
   가. 국가·지방자치단체, 「한국토지주택공사법」에 따른 한국토지주택공사(이하 "한국토지주택공사"라 한다) 또는 「지방공기업법」 제49조에 따라 주택사업을 목적으로 설립된 지방공사(이하 "지방공사"라 한다)가 건설하는 주택
   나. 국가·지방자치단체의 재정 또는 「주택도시기금법」에 따른 주택도시기금(이하 "주택도시기금"이라 한다)으로부터 자금을 지원받아 건설되거나 개량되는 주택
6. "국민주택규모"란 주거의 용도로만 쓰이는 면적(이하 "주거전용면적"이라 한다)이 1호(戶) 또는 1세대당 85제곱미터 이하인 주택(「수도권정비계획법」 제2조 제1호에 따른 수도권을 제외한 도시지역이 아닌 읍 또는 면 지역은 1호 또는 1세대당 주거전용면적이 100제곱미터 이하인 주택을 말한다)을 말한다. 이 경우 주거전용면적의 산정방법은 국토교통부령으로 정한다.
7. "민영주택"이란 국민주택을 제외한 주택을 말한다.
8. "임대주택"이란 임대를 목적으로 하는 주택으로서, 「공공주택 특별법」 제2조 제1호가목에 따른 공공임대주택과 「민간임대주택에 관한 특별법」 제2조 제1호에 따른 민간임대주택으로 구분한다.
9. "토지임대부 분양주택"이란 토지의 소유권은 제15조에 따른 사업계획의 승인을 받아 토지임대부 분양주택 건설사업을 시행하는 자가 가지고, 건축물 및 복리시설(福利施設) 등에 대한 소유권[건축물의 전유부분(專有部分)에 대한 구분소유권은 이를 분양받은 자가 가지고, 건축물의 공용부분·부속건물 및 복리시설은 분양받은 자들이 공유한다]은 주택을 분양받은 자가 가지는 주택을 말한다.
10. "사업주체"란 제15조에 따른 주택건설사업계획 또는 대지조성사업계획의 승인을 받아 그 사업을 시행하는 다음 각 목의 자를 말한다.
    가. 국가·지방자치단체
    나. 한국토지주택공사 또는 지방공사

다. 제4조에 따라 등록한 주택건설사업자 또는 대지조성사업자

라. 그 밖에 이 법에 따라 주택건설사업 또는 대지조성사업을 시행하는 자

11. "주택조합"이란 많은 수의 구성원이 제15조에 따른 사업계획의 승인을 받아 주택을 마련하거나 제66조에 따라 리모델링하기 위하여 결성하는 다음 각 목의 조합을 말한다.

    가. 지역주택조합: 다음 구분에 따른 지역에 거주하는 주민이 주택을 마련하기 위하여 설립한 조합
        1) 서울특별시·인천광역시 및 경기도
        2) 대전광역시·충청남도 및 세종특별자치시
        3) 충청북도
        4) 광주광역시 및 전라남도
        5) 전라북도
        5) 대구광역시 및 경상북도
        7) 부산광역시·울산광역시 및 경상남도
        8) 강원도
        9) 제주특별자치도

    나. 직장주택조합: 같은 직장의 근로자가 주택을 마련하기 위하여 설립한 조합

    다. 리모델링주택조합: 공동주택의 소유자가 그 주택을 리모델링하기 위하여 설립한 조합

12. "주택단지"란 제15조에 따른 주택건설사업계획 또는 대지조성사업계획의 승인을 받아 주택과 그 부대시설 및 복리시설을 건설하거나 대지를 조성하는 데 사용되는 일단(一團)의 토지를 말한다. 다만, 다음 각 목의 시설로 분리된 토지는 각각 별개의 주택단지로 본다.

    가. 철도·고속도로·자동차전용도로
    나. 폭 20미터 이상인 일반도로
    다. 폭 8미터 이상인 도시계획예정도로
    라. 가목부터 다목까지의 시설에 준하는 것으로서 대통령령으로 정하는 시설

13. **"부대시설"**이란 주택에 딸린 다음 각 목의 시설 또는 설비를 말한다.

    가. 주차장, 관리사무소, 담장 및 주택단지 안의 도로
    나. 「건축법」 제2조 제1항 제4호에 따른 건축설비
    다. 가목 및 나목의 시설·설비에 준하는 것으로서 대통령령으로 정하는 시설 또는 설비

14. **"복리시설"**이란 주택단지의 입주자 등의 생활복리를 위한 다음 각 목의 공동시설을 말한다.

    가. 어린이놀이터, 근린생활시설, 유치원, 주민운동시설 및 경로당
    나. 그 밖에 입주자 등의 생활복리를 위하여 대통령령으로 정하는 공동시설

15. "기반시설"이란 「국토의 계획 및 이용에 관한 법률」 제2조 제6호에 따른 기반시설을 말한다.

16. "기간시설"(基幹施設)이란 도로·상하수도·전기시설·가스시설·통신시설·지역난방시설 등을 말한다.

17. "간선시설"(幹線施設)이란 도로·상하수도·전기시설·가스시설·통신시설 및 지역난방시설 등 주택단지(둘 이상의 주택단지를 동시에 개발하는 경우에는 각각의 주택단지를 말한다) 안의 기간시설을 그 주택단지 밖에 있는 같은 종류의 기간시설에 연결시키는 시설을 말한다. 다만, 가스시설·통신시설 및 지역난방시설의 경우에는 주택단지 안의 기간시설을 포함한다.

18. "공구"란 하나의 주택단지에서 대통령령으로 정하는 기준에 따라 둘 이상으로 구분되는 일단의 구역으로, 착공신고 및 사용검사를 별도로 수행할 수 있는 구역을 말한다.

19. "세대구분형 공동주택"이란 공동주택의 주택 내부 공간의 일부를 세대별로 구분하여 생활이 가능한 구조로 하되, 그 구분된 공간의 일부를 구분소유 할 수 없는 주택으로서 대통령령으로 정하는 건설기준, 설치기준, 면적기준 등에 적합한 주택을 말한다.

20. **"도시형 생활주택"**이란 300세대 미만의 국민주택규모에 해당하는 주택으로서 대통령령으로 정하는 주택을 말한다.

> 영 제10조(도시형 생활주택) ① 법 제2조 제20호에서 "대통령령으로 정하는 주택"이란 「국토의 계획 및 이용에 관한 법률」 제36조 제1항 제1호에 따른 도시지역에 건설하는 다음 각 호의 주택을 말한다.
>   1. 원룸형 주택: 다음 각 목의 요건을 모두 갖춘 공동주택
>   가. 세대별 주거전용면적은 50제곱미터 이하일 것
>   나. 세대별로 독립된 주거가 가능하도록 욕실 및 부엌을 설치할 것
>   다. 욕실 및 보일러실을 제외한 부분을 하나의 공간으로 구성할 것. 다만, 주거전용면적이 30제곱미터 이상인 경우에는 두 개의 공간으로 구성할 수 있다.
>   라. 지하층에는 세대를 설치하지 아니할 것
>   2. 단지형 연립주택: 원룸형 주택이 아닌 연립주택. 다만, 「건축법」 제5조 제2항에 따라 같은 법 제4조에 따른 건축위원회의 심의를 받은 경우에는 주택으로 쓰는 층수를 5개층까지 건축할 수 있다.
>   3. 단지형 다세대주택: 원룸형 주택이 아닌 다세대주택. 다만, 「건축법」 제5조 제2항에 따라 같은 법 제4조에 따른 건축위원회의 심의를 받은 경우에는 주택으로 쓰는 층수를 5개층까지 건축할 수 있다.
> ② 하나의 건축물에는 도시형 생활주택과 그 밖의 주택을 함께 건축할 수 없다. 다만, 다음 각 호의 어느 하나에 해당하는 경우는 예외로 한다.
>   1. 원룸형 주택과 주거전용면적이 85제곱미터를 초과하는 주택 1세대를 함께 건축하는 경우
>   2. 「국토의 계획 및 이용에 관한 법률 시행령」 제30조 제1호다목에 따른 준주거지역 또는 같은 조 제2호에 따른 상업지역에서 원룸형 주택과 도시형 생활주택 외의 주택을 함께 건축하는 경우
> ③ 하나의 건축물에는 단지형 연립주택 또는 단지형 다세대주택과 원룸형 주택을 함께 건축할 수 없다.

21. "에너지절약형 친환경주택"이란 저에너지 건물 조성기술 등 대통령령으로 정하는 기술을 이용하여 에너지 사용량을 절감하거나 이산화탄소 배출량을 저감할 수 있도록 건설된 주택을 말하며, 그 종류와 범위는 대통령령으로 정한다.
22. "건강친화형 주택"이란 건강하고 쾌적한 실내환경의 조성을 위하여 실내공기의 오염물질 등을 최소화할 수 있도록 대통령령으로 정하는 기준에 따라 건설된 주택을 말한다.
23. "장수명 주택"이란 구조적으로 오랫동안 유지·관리될 수 있는 내구성을 갖추고, 입주자의 필요에 따라 내부 구조를 쉽게 변경할 수 있는 가변성과 수리 용이성 등이 우수한 주택을 말한다.
24. "공공택지"란 다음 각 목의 어느 하나에 해당하는 공공사업에 의하여 개발·조성되는 공동주택이 건설되는 용지를 말한다.
    가. 제24조 제2항에 따른 국민주택건설사업 또는 대지조성사업
    나. 「택지개발촉진법」에 따른 택지개발사업. 다만, 같은 법 제7조 제1항 제4호에 따른 주택건설등사업자가 같은 법 제12조 제5항에 따라 활용하는 택지는 제외한다.
    다. 「산업입지 및 개발에 관한 법률」에 따른 산업단지개발사업
    라. 「공공주택 특별법」에 따른 공공주택지구조성사업
    마. 「민간임대주택에 관한 특별법」에 따른 공공지원민간임대주택 공급촉진지구 조성사업(같은 법 제23조 제1항 제2호에 해당하는 시행자가 같은 법 제34조에 따른 수용 또는 사용의 방식으로 시행하는 사업만 해당한다)
    바. 「도시개발법」에 따른 도시개발사업(같은 법 제11조 제1항 제1호부터 제4호까지의 시행자가 같은 법 제21조에 따른 수용 또는 사용의 방식으로 시행하는 사업과 혼용방식 중 수용 또는 사용의 방식이 적용되는 구역에서 시행하는 사업만 해당한다)

사. 「경제자유구역의 지정 및 운영에 관한 특별법」에 따른 경제자유구역개발사업(수용 또는 사용의 방식으로 시행하는 사업과 혼용방식 중 수용 또는 사용의 방식이 적용되는 구역에서 시행하는 사업만 해당한다)
아. 「혁신도시 조성 및 발전에 관한 특별법」에 따른 혁신도시개발사업
자. 「신행정수도 후속대책을 위한 연기·공주지역 행정중심복합도시 건설을 위한 특별법」에 따른 행정중심복합도시건설사업
차. 「공익사업을 위한 토지 등의 취득 및 보상에 관한 법률」 제4조에 따른 공익사업으로서 대통령령으로 정하는 사업

25. "리모델링"이란 제66조 제1항 및 제2항에 따라 건축물의 노후화 억제 또는 기능 향상 등을 위한 다음 각 목의 어느 하나에 해당하는 행위를 말한다.
    가. 대수선(大修繕)
    나. 제49조에 따른 사용검사일(주택단지 안의 공동주택 전부에 대하여 임시사용승인을 받은 경우에는 그 임시사용승인일을 말한다) 또는 「건축법」 제22조에 따른 사용승인일부터 15년[15년 이상 20년 미만의 연수 중 특별시·광역시·특별자치시·도 또는 특별자치도(이하 "시·도"라 한다)의 조례로 정하는 경우에는 그 연수로 한다]이 지난 공동주택을 각 세대의 주거전용면적(「건축법」 제38조에 따른 건축물대장 중 집합건축물대장의 전유부분의 면적을 말한다)의 30퍼센트 이내(세대의 주거전용면적이 85제곱미터 미만인 경우에는 40퍼센트 이내)에서 증축하는 행위. 이 경우 공동주택의 기능 향상 등을 위하여 공용부분에 대하여도 별도로 증축할 수 있다.
    다. 나목에 따른 각 세대의 증축 가능 면적을 합산한 면적의 범위에서 기존 세대수의 15퍼센트 이내에서 세대수를 증가하는 증축 행위(이하 "세대수 증가형 리모델링"이라 한다). 다만, 수직으로 증축하는 행위(이하 "수직증축형 리모델링"이라 한다)는 다음 요건을 모두 충족하는 경우로 한정한다.
        1) 최대 3개층 이하로서 대통령령으로 정하는 범위에서 증축할 것
        2) 리모델링 대상 건축물의 구조도 보유 등 대통령령으로 정하는 요건을 갖출 것
26. "리모델링 기본계획"이란 세대수 증가형 리모델링으로 인한 도시과밀, 이주수요 집중 등을 체계적으로 관리하기 위하여 수립하는 계획을 말한다.
27. "입주자"란 다음 각 목의 구분에 따른 자를 말한다.
    가. 제8조·제54조·제57조의2·제64조·제88조·제91조 및 제104조의 경우: 주택을 공급받는 자
    나. 제66조의 경우: 주택의 소유자 또는 그 소유자를 대리하는 배우자 및 직계존비속
28. "사용자"란 「공동주택관리법」 제2조 제6호에 따른 사용자를 말한다.
29. "관리주체"란 「공동주택관리법」 제2조 제10호에 따른 관리주체를 말한다.

정답 ④

007 다음 중 "국민주택규모"라 함은 1호 또는 1세대당 주거전용면적이 얼마 이하인 경우를 뜻하는가?(단, 수도권을 제외한 도시지역이 아닌 읍 또는 면 지역의 경우는 고려하지 않은)

① 60m² ② 66m²
③ 85m² ④ 100m²

해설

정답 ③

THEME 13. 주택법 | 443

008 주택법상 주택조합의 종류가 아닌 것은?

① 지역주택조합
② 직장주택조합
③ 리모델링주택조합
④ 농어촌주택조합

해설

정답 ④

009 주택법상 100호 이상의 주택건설사업을 시행하는 경우, 간선시설의 설치비용을 국가가 2분의 1의 범위 안에서 보조할 수 있는 시설에 해당하는 것은?

① 전기시설
② 지역난방시설
③ 통신시설
④ 상하수도 시설

해설

제28조(간선시설의 설치 및 비용의 상환) ① 사업주체가 대통령령으로 정하는 **호수 이상**의 주택건설사업을 시행하는 경우 또는 대통령령으로 정하는 **면적 이상**의 대지조성사업을 시행하는 경우 다음 각 호에 해당하는 자는 각각 해당 간선시설을 설치하여야 한다. 다만, 제1호에 해당하는 시설로서 사업주체가 제15조 제1항 또는 제3항에 따른 주택건설사업계획 또는 대지조성사업계획에 포함하여 설치하려는 경우에는 그러하지 아니하다.
  1. **지방자치단체: 도로 및 상하수도시설**
  2. 해당 지역에 전기·통신·가스 또는 난방을 공급하는 자: 전기시설·통신시설·가스시설 또는 지역난방시설
  3. 국가: 우체통
② 제1항 각 호에 따른 간선시설은 특별한 사유가 없으면 제49조 제1항에 따른 사용검사일까지 설치를 완료하여야 한다.
③ **제1항에 따른 간선시설의 설치 비용은 설치의무자가 부담한다. 이 경우 제1항 제1호에 따른 간선시설의 설치 비용은 그 비용의 50퍼센트의 범위에서 국가가 보조할 수 있다.**

> **제39조(간선시설의 설치 등)** ① 법 제28조 제1항 각 호 외의 부분 본문에서 "대통령령으로 정하는 호수"란 다음 각 호의 구분에 따른 호수 또는 세대수를 말한다.
>   1. 단독주택인 경우: 100호
>   2. 공동주택인 경우: 100세대(리모델링의 경우에는 늘어나는 세대수를 기준으로 한다)
> ② 법 제28조 제1항 각 호 외의 부분 본문에서 "대통령령으로 정하는 면적"이란 1만6천500제곱미터를 말한다.

정답 ④

010 주택법상 주택건설사업을 시행하려는 자가 국토교통부장관에게 등록하여야 하는 호수 기준은?(단, 시행자가 연간 건설하는 호수임.)

① 단독주택: 10호 이상, 공동주택: 10세대 이상
② 단독주택: 20호 이상, 공동주택: 20세대 이상
③ 단독주택: 30호 이상, 공동주택: 50세대 이상
④ 단독주택: 100호 이상, 공동주택: 100세대 이상

해설

정답 ②

011 다음 중 "국민주택규모"라 함은 1호 또는 1세대당 주거 전용면적이 얼마 이하인 경우를 뜻하는가? (단, 수도권을 제외한 도시지역이 아닌 읍 또는 면 지역의 경우는 고려하지 않는다.)

① 60m²
② 66m²
③ 85m²
④ 100m²

해설

정답 ③

012 주택법에 정의된 용어에 대한 설명 중 옳지 않은 것은?

① 공동주택이란 건축물의 벽·복도·계단이나 그 밖의 설비 등의 전부 또는 일부를 공동으로 사용하는 각 세대가 하나의 건축물 안에서 각각 독립된 주거생활을 할 수 있는 구조로 된 주택을 말한다.
② 국민주택이란 국민주택기금으로부터 자금을 지원받아 건설되거나 개량되는 주택으로서 주거전용면적이 1호 또는 1세대당 85제곱미터 이하인 주택을 말한다.
③ 도시형 생활주택이란 300세대 미만의 국민주택규모에 해당하는 주택으로서 단지형 다세대주택, 원룸형 주택, 단지형 다세대 주택을 말한다.
④ 복리시설이란 주차장, 관리사무소, 담장 및 주택단지 안의 도로 등 주택에 딸린 시설 또는 설비를 말한다.

해설

정답 ④

013 다음 중 주택법상 지방자치단체가 설치하는 도로 및 상하수도시설에 대한 설치비용에 대하여 국가는 얼마의 범위에서 보조할 수 있는가?

① 그 비용의 전부
② 그 비용의 2분의 1
③ 그 비용의 3분의 1
④ 지방자치단체 부담

해설

정답 ②

014 다음 중 주택법에 따른 간선시설의 종류별 설치범위 기준으로 옳지 않은 것은?

① 도로-주택단지 밖의 기간이 되는 도로로부터 주택단지의 경계선까지로 하되, 그 길이가 150m를 초과하는 경우로서 그 초과부분에 한한다.
② 상하수도시설-주택단지 밖의 기간이 되는 상·하수도시설로부터 주택단지의 경계선까지의 시설로 하되, 그 길이가 200m를 초과하는 경우로서 그 초과부분에 한한다.
③ 지역난방시설-주택단지 밖의 기간이 되는 열수송관의 분기점으로부터 주택단지내의 각기계실입구 차단밸브까지로 한다.
④ 통신시설-관로시설은 주택단지 밖의 기간이 되는 시설로부터 주택단지 경계선까지, 케이블시설은 주택단지 밖의 기간이 되는 시설로부터 주택단지 안의 최초 단자까지로 한다.

해설

정답 ①

015 다음 중 주택법상 '준주택'의 범위와 종류에 해당하지 않는 것은?

① 건축법 시행령의 관련 규정에 따른 고시원
② 건축법 시행령과 노인복지법의 관련 규정에 따른 노인복지주택
③ 건축법 시행령의 관련 규정에 따른 오피스텔
④ 건축법 시행령의 관련 규정에 따른 단독주택

> [해설]

제4조(준주택의 종류와 범위) 법 제2조 제4호에 따른 준주택의 종류와 범위는 다음 각 호와 같다.
1. 「건축법 시행령」 별표 1 제2호라목에 따른 기숙사
2. 「건축법 시행령」 별표 1 제4호거목 및 제15호다목에 따른 다중생활시설
3. 「건축법 시행령」 별표 1 제11호나목에 따른 노인복지시설 중 「노인복지법」 제32조 제1항 제3호의 노인복지주택
4. 「건축법 시행령」 별표 1 제14호나목2)에 따른 오피스텔

정답 ④

---

016 다음 중 주택법상 각각 별개의 주택단지로 볼 수 있는 기준 시설에 해당하지 않는 것은?

① 철도·고속도로
② 폭 15m 이상인 일반도로
③ 폭 8m 이상인 도시계획예정도로
④ 자동차전용도로

> [해설]

제2조(정의) 이 법에서 사용하는 용어의 뜻은 다음과 같다.
12. "주택단지"란 제15조에 따른 주택건설사업계획 또는 대지조성사업계획의 승인을 받아 주택과 그 부대시설 및 복리시설을 건설하거나 대지를 조성하는 데 사용되는 일단(一團)의 토지를 말한다. 다만, 다음 각 목의 시설로 분리된 토지는 각각 별개의 주택단지로 본다.
  가. 철도·고속도로·자동차전용도로
  나. 폭 20미터 이상인 일반도로
  다. 폭 8미터 이상인 도시계획예정도로
  라. 가목부터 다목까지의 시설에 준하는 것으로서 대통령령으로 정하는 시설

정답 ②

---

017 택법상 사업주체가 대통령령으로 정하는 호수 이상의 주택건설사업을 시행하는 경우 지방자치단체가 설치하는 도로 및 상하수도시설에 대한 설치비용에 대하여 얼마의 범위에서 국가가 보조할 수 있는가?

① 그 비용의 전부
② 그 비용의 2분의 1
③ 그 비용의 3분의 1
④ 그 비용의 4분의 1

> [해설]

정답 ②

018 주택법에 따른 용어의 정의가 틀린 것은?

① 공동주택이란 건축물의 벽·복도·계단이나 그 밖의 설비 등의 전부 또는 일부를 공동으로 사용하는 각 세대가 하나의 건축물 안에서 각각 독립된 주거생활을 할 수 있는 구조로 된 주택을 말한다.
② 국민주택이란 국민주택기금으로부터 자금을 지원받아 건설되거나 개량되는 주택으로서 주거전용면적이 1호 또는 1세대당 85제곱미터 이하인 주택을 말한다.
③ 도시형 생활주택이란 150세대 미만의 국민주택규모에 해당하는 주택으로서 단지형 다세대주택, 원룸형 주택, 기숙사형 주택을 말한다.
④ 에너지절약형 친환경주택이란 저에너지 건물 조성기술 등 대통령령으로 정하는 기술을 이용하여 에너지 사용량을 절감하거나 이산화탄소 배출량을 저감할 수 있도록 건설된 주택을 말한다.

해설

정답 ③

019 주택법에 따른 용어의 정의가 틀린 것은?

① 공동주택이란 건축물의 벽·복도·계단이나 그 밖의 설비 등의 전부 또는 일부를 공동으로 사용하는 각 세대가 하나의 건축물 안에서 각각 독립된 주거생활을 할 수 있는 구조로 된 주택을 말한다.
② 국민주택이란 국민주택기금으로부터 자금을 지원받아 건설되거나 개량되는 주택으로서 주거전용면적이 1호 또는 1세대당 85제곱미터 이하인 주택을 말한다.
③ 도시형 생활주택이란 150세대 미만의 국민주택규모에 해당하는 주택으로서 대통령령으로 정하는 주택을 말한다.
④ 에너지절약형 친환경주택이란 저에너지 건물조성기술 등 대통령령으로 정하는 기술을 이용하여 에너지 사용량을 절감하거나 이산화탄소 배출량을 저감할 수 있도록 건설된 주택을 말한다.

해설

정답 ③

020 주택법에 따른 간선시설의 종류별 설치범위 기준이 틀린 것은?

① 도로 - 주택단지 밖의 기간이 되는 도로로부터 주택단지의 경계선까지로 하되, 그 길이가 150m를 초과하는 경우로서 그 초과부분에 한한다.
② 상하수도시설 - 주택단지 밖의 기간이 되는 상·하수도시설로부터 주택단지의 경계선까지의 시설로 하되, 그 길이가 200m를 초과하는 경우로서 그 초과부분에 한한다.
③ 지역난방시설 - 주택단지 밖의 기간이 되는 열수송관의 분기점으로부터 주택단지내의 각 기계실입구 차단밸브까지로 한다.
④ 통신시설 - 관로시설은 주택단지 밖의 기간이 되는 시설로부터 주택단지 경계선까지, 케이블시설은 주택단지 밖의 기간이 되는 시설로부터 주택단지안의 최초 단자까지로 한다.

해설

정답 ①

---

021 주택법령상 세대 구분형 공동주택이 갖추어야 할 요건으로 틀린 것은?

① 세대별로 구분된 각각의 공간마다 별도의 욕실, 부엌과 현관을 설치할 것
② 하나의 세대가 통합하여 사용할 수 있도록 세대 간에 연결문 또는 경량구조의 경계벽 등을 설치할 것
③ 세대구분형 공동주택의 세대수가 해당 주택단지 안의 공동주택 전체 세대수의 3분의 1을 넘지 아니할 것
④ 세대별로 구분된 각각의 공간의 주거전용면적 합계가 해당 주택단지 전체 주거 전용면적 합계의 3분의 2를 넘지 아니하는 등 국토교통부장관이 정하여 고시하는 주거전용 면적의 비율에 관한 기준을 충족할 것

해설

제9조(세대구분형 공동주택) ① 법 제2조 제19호에서 "대통령령으로 정하는 건설기준, 설치기준, 면적기준 등에 적합한 주택"이란 다음 각 호의 구분에 따른 요건을 충족하는 공동주택을 말한다.
1. 법 제15조에 따른 사업계획의 승인을 받아 건설하는 공동주택의 경우: 다음 각 목의 요건을 모두 충족할 것
  가. 세대별로 구분된 각각의 공간마다 별도의 욕실, 부엌과 현관을 설치할 것
  나. 하나의 세대가 통합하여 사용할 수 있도록 세대 간에 연결문 또는 경량구조의 경계벽 등을 설치할 것
  다. <u>세대구분형 공동주택의 세대수가 해당 주택단지 안의 공동주택 전체 세대수의 3분의 1을 넘지 않을 것</u>
  라. <u>세대별로 구분된 각각의 공간의 주거전용면적</u>(주거의 용도로만 쓰이는 면적으로서 법 제2조 제6호 후단에 따른 방법으로 산정된 것을 말한다. 이하 같다) <u>합계가 해당 주택단지 전체 주거 전용면적 합계의 3분의 1을 넘지 않는 등 국토교통부장관이 정하여 고시하는 주거전용면적의 비율에 관한 기준을 충족할 것</u>

2. 「공동주택관리법」 제35조에 따른 행위의 허가를 받거나 신고를 하고 설치하는 공동주택의 경우: 다음 각 목의 요건을 모두 충족할 것
   가. 구분된 공간의 세대수는 기존 세대를 포함하여 2세대 이하일 것
   나. 세대별로 구분된 각각의 공간마다 별도의 욕실, 부엌과 구분 출입문을 설치할 것
   다. 세대구분형 공동주택의 세대수가 해당 주택단지 안의 공동주택 전체 세대수의 10분의 1과 해당 동의 전체 세대수의 3분의 1을 각각 넘지 않을 것. 다만, 특별자치시장, 특별자치도지사, 시장, 군수 또는 구청장(구청장은 자치구의 구청장을 말하며, 이하 "시장·군수·구청장"이라 한다)이 부대시설의 규모 등 해당 주택단지의 여건을 고려하여 인정하는 범위에서 세대수의 기준을 넘을 수 있다.
   라. 구조, 화재, 소방 및 피난안전 등 관계 법령에서 정하는 안전 기준을 충족할 것
② 제1항에 따라 건설 또는 설치되는 주택과 관련하여 법 제35조에 따른 주택건설기준 등을 적용하는 경우 세대구분형 공동주택의 세대수는 그 구분된 공간의 세대수에 관계없이 하나의 세대로 산정한다.

정답 ④

022 주택법 시행령에 따른 공동주택의 종류로 옳지 않은 것은?

① 아파트
② 연립주택
③ 다세대주택
④ 합동주택

해설

정답 ④

023 주택법에 의한 사업계획의 승인 시 사업계획 승인권자에게 첨부하지 않아도 되는 서류는?

① 사용검사계획서
② 주택관리계획서
③ 입주자모집계획서
④ 공구별 공사계획서

해설

제15조(사업계획의 승인) ① 대통령령으로 정하는 호수 이상의 주택건설사업을 시행하려는 자 또는 대통령령으로 정하는 면적 이상의 대지조성사업을 시행하려는 자는 다음 각 호의 사업계획승인권자(이하 "사업계획승인권자"라 한다. 국가 및 한국토지주택공사가 시행하는 경우와 대통령령으로 정하는 경우에는 국토교통부장관을 말하며, 이하 이 조, 제16조부터 제19조까지 및 제21조에서 같다)에게 사업계획승인을 받아야 한다. 다만, 주택 외의 시설과 주택을 동일 건축물로 건축하는 경우 등 대통령령으로 정하는 경우에는 그러하지 아니하다.

1. 주택건설사업 또는 대지조성사업으로서 해당 대지면적이 10만제곱미터 이상인 경우: 특별시장·광역시장·특별자치시장·도지사 또는 특별자치도지사(이하 "시·도지사"라 한다) 또는 「지방자치법」 제175조에 따라 서울특별시·광역시 및 특별자치시를 제외한 인구 50만 이상의 대도시(이하 "대도시"라 한다)의 시장
2. 주택건설사업 또는 대지조성사업으로서 해당 대지면적이 10만제곱미터 미만인 경우: 특별시장·광역시장·특별자치시장·특별자치도지사 또는 시장·군수

② 제1항에 따라 사업계획승인을 받으려는 자는 사업계획승인신청서에 주택과 그 부대시설 및 복리시설의 배치도, 대지조성공사 설계도서 등 대통령령으로 정하는 서류를 첨부하여 사업계획승인권자에게 제출하여야 한다.

③ 주택건설사업을 시행하려는 자는 대통령령으로 정하는 호수 이상의 주택단지를 공구별로 분할하여 주택을 건설·공급할 수 있다. 이 경우 제2항에 따른 서류와 함께 다음 각 호의 서류를 첨부하여 사업계획승인권자에게 제출하고 사업계획승인을 받아야 한다.
1. 공구별 공사계획서
2. 입주자모집계획서
3. 사용검사계획서

정답 ②

024 주택법의 제정목적으로 가장 타당한 것은?

① 주거생활의 안정도모
② 도시의 건전한 발전도모
③ 주택건축행정의 지도와 규제
④ 택지의 건설 및 공급의 촉진

해설

제1조(목적) 이 법은 쾌적하고 살기 좋은 주거환경 조성에 필요한 주택의 건설·공급 및 주택시장의 관리 등에 관한 사항을 정함으로써 국민의 주거안정과 주거수준의 향상에 이바지함을 목적으로 한다.

정답 ①

025 주택법상 공동주택 리모델링 지원센터의 업무에 해당하지 않는 것은?

① 권리변동계획 수립에 관한 지원
② 설계자 및 시공자 선정 등에 대한 지원
③ 공동주택 리모델링의 부정행위 관리감독
④ 리모델링주택조합 설립을 위한 업무 지원

해설

제72조(리모델링 기본계획 수립절차) ① 특별시장·광역시장 및 대도시의 시장(제71조 제2항에 따른 대도시가 아닌 시의 시장을 포함한다. 이하 이 조부터 제74조까지에서 같다)은 리모델링 기본계획을 수립하거나 변경하려면 14일 이상 주민에게 공람하고, 지방의회의 의견을 들어야 한다. 이 경우 지방의회는 의견제시를 요청받은 날부터 30일 이내에 의견을 제시하여야 하며, 30일 이내에 의견을 제시하지 아니하는 경우에는 이의가 없는 것으로 본다. 다만, 대통령령으로 정하는 경미한 변경인 경우에는 주민공람 및 지방의회 의견청취 절차를 거치지 아니할 수 있다.
② 특별시장·광역시장 및 대도시의 시장은 리모델링 기본계획을 수립하거나 변경하려면 관계 행정기관의 장과 협의한 후 「국토의 계획 및 이용에 관한 법률」 제113조 제1항에 따라 설치된 시·도도시계획위원회(이하 "시·도도시계획위원회"라 한다) 또는 시·군·구도시계획위원회의 심의를 거쳐야 한다.
③ 제2항에 따라 협의를 요청받은 관계 행정기관의 장은 특별한 사유가 없으면 그 요청을 받은 날부터 30일 이내에 의견을 제시하여야 한다.
④ 대도시의 시장은 리모델링 기본계획을 수립하거나 변경하려면 도지사의 승인을 받아야 하며, 도지사는 리모델링 기본계획을 승인하려면 시·도도시계획위원회의 심의를 거쳐야 한다.

제75조(리모델링 지원센터의 설치·운영) ① 시장·군수·구청장은 리모델링의 원활한 추진을 지원하기 위하여 리모델링 지원센터를 설치하여 운영할 수 있다.
② 리모델링 지원센터는 다음 각 호의 업무를 수행할 수 있다.
　1. 리모델링주택조합 설립을 위한 업무 지원
　2. 설계자 및 시공자 선정 등에 대한 지원
　3. 권리변동계획 수립에 관한 지원
　4. 그 밖에 지방자치단체의 조례로 정하는 사항
③ 리모델링 지원센터의 조직, 인원 등 리모델링 지원센터의 설치·운영에 필요한 사항은 지방자치단체의 조례로 정한다.

정답 ③

---

026 주택법에 의한 사업계획의 승인을 득하였을 때 국토의 계획 및 이용에 관한 법률에 의해 의제 처리되는 사항이 아닌 것은?

① 실시계획의 인가
② 도시·군관리계획의 결정
③ 도시·군계획시설 사업시행자의 지정
④ 도시·군계획시설에 대한 지형도면의 고시

해설

제19조(다른 법률에 따른 인가·허가 등의 의제 등) ① 사업계획승인권자가 제15조에 따라 사업계획을 승인 또는 변경 승인할 때 다음 각 호의 허가·인가·결정·승인 또는 신고 등(이하 "인·허가등"이라 한다)에 관하여 제3항에 따른 관계 행정기관의 장과 협의한 사항에 대하여는 해당 인·허가등을 받은 것으로 보며, 사업계획의 승인고시가 있은 때에는 다음 각 호의 관계 법률에 따른 고시가 있은 것으로 본다.
　1. 「건축법」 제11조에 따른 건축허가, 같은 법 제14조에 따른 건축신고, 같은 법 제16조에 따른 허가·신고사항의 변경 및 같은 법 제20조에 따른 가설건축물의 건축허가 또는 신고

2. 「공간정보의 구축 및 관리 등에 관한 법률」 제15조 제3항에 따른 지도등의 간행 심사
3. 「공유수면 관리 및 매립에 관한 법률」 제8조에 따른 공유수면의 점용·사용허가, 같은 법 제10조에 따른 협의 또는 승인, 같은 법 제17조에 따른 점용·사용 실시계획의 승인 또는 신고, 같은 법 제28조에 따른 공유수면의 매립면허, 같은 법 제35조에 따른 국가 등이 시행하는 매립의 협의 또는 승인 및 같은 법 제38조에 따른 공유수면매립실시계획의 승인
4. 「광업법」 제42조에 따른 채굴계획의 인가
5. **「국토의 계획 및 이용에 관한 법률」** 제30조에 따른 <u>도시·군관리계획</u>(같은 법 제2조 제4호다목의 계획 및 같은 호 마목의 계획 중 같은 법 제51조 제1항에 따른 지구단위계획구역 및 지구단위계획만 해당한다)<u>의 결정</u>, 같은 법 제56조에 따른 <u>개발행위의 허가</u>, 같은 법 제86조에 따른 <u>도시·군계획시설사업시행자의 지정</u>, 같은 법 제88조에 따른 <u>실시계획의 인가</u> 및 같은 법 제130조 제2항에 따른 <u>타인의 토지에의 출입허가</u>
6. 「농어촌정비법」 제23조에 따른 농업생산기반시설의 사용허가
7. 「농지법」 제34조에 따른 농지전용(農地轉用)의 허가 또는 협의
8. 「도로법」 제36조에 따른 도로공사 시행의 허가, 같은 법 제61조에 따른 도로점용의 허가
9. 「도시개발법」 제3조에 따른 도시개발구역의 지정, 같은 법 제11조에 따른 시행자의 지정, 같은 법 제17조에 따른 실시계획의 인가 및 같은 법 제64조 제2항에 따른 타인의 토지에의 출입허가
10. 「사도법」 제4조에 따른 사도(私道)의 개설허가
11. 「사방사업법」 제14조에 따른 토지의 형질변경 등의 허가, 같은 법 제20조에 따른 사방지(砂防地) 지정의 해제
12. 「산림보호법」 제9조 제1항 및 같은 조 제2항 제1호·제2호에 따른 산림보호구역에서의 행위의 허가·신고. 다만, 「산림자원의 조성 및 관리에 관한 법률」에 따른 채종림 및 시험림과 「산림보호법」에 따른 산림유전자원보호구역의 경우는 제외한다.
13. 「산림자원의 조성 및 관리에 관한 법률」 제36조 제1항·제4항에 따른 입목벌채등의 허가·신고. 다만, 같은 법에 따른 채종림 및 시험림과 「산림보호법」에 따른 산림유전자원보호구역의 경우는 제외한다.
14. 「산지관리법」 제14조·제15조에 따른 산지전용허가 및 산지전용신고, 같은 법 제15조의2에 따른 산지일시사용허가·신고
15. 「소하천정비법」 제10조에 따른 소하천공사 시행의 허가, 같은 법 제14조에 따른 소하천 점용 등의 허가 또는 신고
16. 「수도법」 제17조 또는 제49조에 따른 수도사업의 인가, 같은 법 제52조에 따른 전용상수도 설치의 인가
17. 「연안관리법」 제25조에 따른 연안정비사업실시계획의 승인
18. 「유통산업발전법」 제8조에 따른 대규모점포의 등록
19. 「장사 등에 관한 법률」 제27조 제1항에 따른 무연분묘의 개장허가
20. 「지하수법」 제7조 또는 제8조에 따른 지하수 개발·이용의 허가 또는 신고
21. 「초지법」 제23조에 따른 초지전용의 허가
22. 「택지개발촉진법」 제6조에 따른 행위의 허가
23. 「하수도법」 제16조에 따른 공공하수도에 관한 공사 시행의 허가, 같은 법 제34조 제2항에 따른 개인하수처리시설의 설치신고
24. 「하천법」 제30조에 따른 하천공사 시행의 허가 및 하천공사실시계획의 인가, 같은 법 제33조에 따른 하천의 점용허가 및 같은 법 제50조에 따른 하천수의 사용허가
25. 「부동산 거래신고 등에 관한 법률」 제11조에 따른 토지거래계약에 관한 허가

정답 ④

027 주택법상 각각 별개의 주택단지로 볼 수 있도록 해당 토지의 분리가 가능한 시설에 해당하지 않는 것은?

① 폭 15m 이상인 일반도로
② 철도 · 고속도로 · 자동차전용도로
③ 폭 8m 이상인 도시계획예정도로
④ 일반국도 · 특별시도 · 광역시도 또는 지방도

해설

정답 ①

028 주택법상 사업주체가 대통령령으로 정하는 호수 이상의 주택건설사업을 시행하는 경우 지방자치단체가 설치하는 도로 및 상하수도시설에 대하여 국가가 보조할 수 있는 설치비용의 범위는?

① 그 비용의 전부
② 그 비용의 30%
③ 그 비용의 50%
④ 그 비용의 75%

해설

정답 ③

029 주택법에 따른 용어의 정의가 틀린 것은?

① 공동주택이란 건축물의 벽 · 복도 · 계단이나 그 밖의 설비 등의 전부 또는 일부를 공동으로 사용하는 각 세대가 하나의 건축물 안에서 각각 독립된 주거생활을 할 수 있는 구조로 된 주택을 말한다.
② 민영주택이란 국민주택을 제외한 주택을 말한다.
③ 도시형 생활주택이란 150세대 미만의 국민주택규모에 해당하는 주택을 말한다.
④ 에너지절약형 친환경주택이란 저에너지 건물조성기술 등 대통령령으로 정하는 기술을 이용하여 에너지 사용량을 절감하거나 이산화탄소 배출량을 저감할 수 있도록 건설된 주택을 말한다.

해설

정답 ③

030 주택법 및 주택법령에 따른 주택 유형에 관한 설명이 틀린 것은?

① 공동주택이라 함은 다가구주택과 아파트를 지칭한다.
② 아파트는 주택으로 쓰는 층수가 5개 층 이상인 주택을 말한다.
③ 연립주택과 다세대주택은 1개 동의 바닥면적 합계 규모에 따라 구분된다.
④ 다세대주택은 주택으로 쓰는 1개 동의 바닥면적 합계가 660제곱미터 이하이고, 층수가 4개 층 이하인 주택을 말한다.

해설

정답 ①

031 주택건설기준 등에 관한 규정에서 제시하는 공동주택 건설지점의 소음도는 최대 얼마 미만이 되도록 하여야 하는가?

① 55 dB
② 60 dB
③ 65 dB
④ 70 dB

해설

제9조(소음방지대책의 수립) ① 사업주체는 공동주택을 건설하는 지점의 소음도(이하 "실외소음도"라 한다)가 65데시벨 미만이 되도록 하되, 65데시벨 이상인 경우에는 방음벽·수림대 등의 방음시설을 설치하여 해당 공동주택의 건설지점의 소음도가 65데시벨 미만이 되도록 법 제42조 제1항에 따른 소음방지대책을 수립하여야 한다. 다만, 공동주택이 「국토의 계획 및 이용에 관한 법률」 제36조에 따른 도시지역(주택단지 면적이 30만제곱미터 미만인 경우로 한정한다) 또는 「소음·진동관리법」 제27조에 따라 지정된 지역에 건축되는 경우로서 다음 각 호의 기준을 모두 충족하는 경우에는 그 공동주택의 6층 이상인 부분에 대하여 본문을 적용하지 아니한다.
  1. 세대 안에 설치된 모든 창호(窓戶)를 닫은 상태에서 거실에서 측정한 소음도(이하 "실내소음도"라 한다)가 45데시벨 이하일 것
  2. 공동주택의 세대 안에 「건축법 시행령」 제87조 제2항에 따라 정하는 기준에 적합한 환기설비를 갖출 것

정답 ③

Theme 14 관광진흥법

001 관광진흥법상의 다음 사항 중 적절하지 않은 것은?

① 관광개발기본계획은 5년마다 수립한다.
② 경미한 권역계획의 변경은 관광지면적의 축소도 해당된다.
③ 경미한 면적 변경이란 관광지 지정면적의 100분의 20 이내이다.
④ 조성계획의 승인 신청시에는 조감도를 첨부한다.

해설

제3조(관광사업의 종류) ① 관광사업의 종류는 다음 각 호와 같다.
1. 여행업 : 여행자 또는 운송시설·숙박시설, 그 밖에 여행에 딸리는 시설의 경영자 등을 위하여 그 시설 이용 알선이나 계약 체결의 대리, 여행에 관한 안내, 그 밖의 여행 편의를 제공하는 업
2. 관광숙박업 : 다음 각 목에서 규정하는 업
   가. 호텔업 : 관광객의 숙박에 적합한 시설을 갖추어 이를 관광객에게 제공하거나 숙박에 딸리는 음식·운동·오락·휴양·공연 또는 연수에 적합한 시설 등을 함께 갖추어 이를 이용하게 하는 업
   나. 휴양 콘도미니엄업 : 관광객의 숙박과 취사에 적합한 시설을 갖추어 이를 그 시설의 회원이나 공유자, 그 밖의 관광객에게 제공하거나 숙박에 딸리는 음식·운동·오락·휴양·공연 또는 연수에 적합한 시설 등을 함께 갖추어 이를 이용하게 하는 업
3. 관광객 이용시설업 : 다음 각 목에서 규정하는 업
   가. 관광객을 위하여 음식·운동·오락·휴양·문화·예술 또는 레저 등에 적합한 시설을 갖추어 이를 관광객에게 이용하게 하는 업
   나. 대통령령으로 정하는 2종 이상의 시설과 관광숙박업의 시설(이하 "관광숙박시설"이라 한다) 등을 함께 갖추어 이를 회원이나 그 밖의 관광객에게 이용하게 하는 업
   다. 야영장업: 야영에 적합한 시설 및 설비 등을 갖추고 야영편의를 제공하는 시설(「청소년활동 진흥법」 제10조 제1호마목에 따른 청소년야영장은 제외한다)을 관광객에게 이용하게 하는 업
4. 국제회의업 : 대규모 관광 수요를 유발하는 국제회의(세미나·토론회·전시회 등을 포함한다. 이하 같다)를 개최할 수 있는 시설을 설치·운영하거나 국제회의의 계획·준비·진행 등의 업무를 위탁받아 대행하는 업
5. 카지노업 : 전문 영업장을 갖추고 주사위·트럼프·슬롯머신 등 특정한 기구 등을 이용하여 우연의 결과에 따라 특정인에게 재산상의 이익을 주고 다른 참가자에게 손실을 주는 행위 등을 하는 업
6. 유원시설업(遊園施設業) : 유기시설(遊技施設)이나 유기기구(遊技機具)를 갖추어 이를 관광객에게 이용하게 하는 업(다른 영업을 경영하면서 관광객의 유치 또는 광고 등을 목적으로 유기시설이나 유기기구를 설치하여 이를 이용하게 하는 경우를 포함한다)
7. 관광 편의시설업 : 제1호부터 제6호까지의 규정에 따른 관광사업 외에 관광 진흥에 이바지할 수 있다고 인정되는 사업이나 시설 등을 운영하는 업

② 제1항 제1호부터 제4호까지, 제6호 및 제7호에 따른 관광사업은 대통령령으로 정하는 바에 따라 세분할 수 있다.

제49조(관광개발기본계획 등) ① 문화체육관광부장관은 관광자원을 효율적으로 개발하고 관리하기 위하여 전국을 대상으로 다음과 같은 사항을 포함하는 관광개발기본계획(이하 "기본계획"이라 한다)을 수립하여야 한다.

1. 전국의 관광 여건과 관광 동향(動向)에 관한 사항
  2. 전국의 관광 수요와 공급에 관한 사항
  3. 관광자원 보호·개발·이용·관리 등에 관한 기본적인 사항
  4. 관광권역(觀光圈域)의 설정에 관한 사항
  5. 관광권역별 관광개발의 기본방향에 관한 사항
  6. 그 밖에 관광개발에 관한 사항
② 시·도지사(특별자치도지사는 제외한다)는 기본계획에 따라 구분된 권역을 대상으로 다음 각 호의 사항을 포함하는 권역별 관광개발계획(이하 "권역계획"이라 한다)을 수립하여야 한다.
  1. 권역의 관광 여건과 관광 동향에 관한 사항
  2. 권역의 관광 수요와 공급에 관한 사항
  3. 관광자원의 보호·개발·이용·관리 등에 관한 사항
  4. 관광지 및 관광단지의 조성·정비·보완 등에 관한 사항
  4의2. 관광지 및 관광단지의 실적 평가에 관한 사항
  5. 관광지 연계에 관한 사항
  6. 관광사업의 추진에 관한 사항
  7. 환경보전에 관한 사항
  8. 그 밖에 그 권역의 관광자원의 개발, 관리 및 평가를 위하여 필요한 사항

제50조(기본계획) ① 시·도지사는 기본계획의 수립에 필요한 관광 개발사업에 관한 요구서를 문화체육관광부장관에게 제출하여야 하고, 문화체육관광부장관은 이를 종합·조정하여 기본계획을 수립하고 공고하여야 한다.
② 문화체육관광부장관은 수립된 기본계획을 확정하여 공고하려면 관계 부처의 장과 협의하여야 한다.
③ 확정된 기본계획을 변경하는 경우에는 제1항과 제2항을 준용한다.
④ 문화체육관광부장관은 관계 기관의 장에게 기본계획의 수립에 필요한 자료를 요구하거나 협조를 요청할 수 있고, 그 요구 또는 협조 요청을 받은 관계 기관의 장은 정당한 사유가 없으면 요청에 따라야 한다.

영 제46조(조성계획의 승인신청) ① 법 제54조 제1항에 따라 관광지등 조성계획의 승인 또는 변경승인을 받으려는 자는 다음 각 호의 서류를 첨부하여 조성계획의 승인 또는 변경승인을 신청하여야 한다. 다만, 조성계획의 변경승인을 신청하는 경우에는 변경과 관계되지 아니하는 사항에 대한 서류는 첨부하지 아니하고, 제4호에 따른 국·공유지에 대한 소유권 또는 사용권을 증명할 수 있는 서류는 조성계획 승인 후 공사착공 전에 제출할 수 있다.
  1. 문화체육관광부령으로 정하는 내용을 포함하는 관광시설계획서·투자계획서 및 관광지등 관리계획서
  2. 지번·지목·지적·소유자 및 시설별 면적이 표시된 토지조서
  3. 조감도
  4. 법 제2조 제8호의 민간개발자가 개발하는 경우에는 해당 토지의 소유권 또는 사용권을 증명할 수 있는 서류. 다만, 민간개발자가 개발하는 경우로서 해당 토지 중 사유지의 3분의 2 이상을 취득한 경우에는 취득한 토지에 대한 소유권을 증명할 수 있는 서류와 국·공유지에 대한 소유권 또는 사용권을 증명할 수 있는 서류
② 법 제54조 제1항 단서에 따라 관광단지개발자가 조성계획의 승인 또는 변경승인을 신청하는 경우에는 특별자치시장·특별자치도지사·시장·군수·구청장에게 조성계획 승인 또는 변경승인신청서를 제출하여야 하며, 조성계획 승인 또는 변경승인신청서를 제출받은 시장·군수·구청장은 제출받은 날부터 20일 이내에 검토의견서를 첨부하여 시·도지사(특별자치시장·특별자치도지사는 제외한다)에게 제출하여야 한다.

영 제47조(경미한 조성계획의 변경) ① 법 제54조 제1항 후단에서 "대통령령으로 정하는 경미한 사항의 변경"이란 다음 각 호의 어느 하나에 해당하는 것을 말한다.
1. 관광시설계획면적의 100분의 20 이내의 변경
2. 관광시설계획 중 시설지구별 토지이용계획면적(조성계획의 변경승인을 받은 경우에는 그 변경승인을 받은 토지이용계획면적을 말한다)의 100분의 30 이내의 변경(시설지구별 토지이용계획면적이 2천200제곱미터 미만인 경우에는 660제곱미터 이내의 변경)
3. 관광시설계획 중 시설지구별 건축 연면적(조성계획의 변경승인을 받은 경우에는 그 변경승인을 받은 건축 연면적을 말한다)의 100분의 30 이내의 변경(시설지구별 건축 연면적이 2천200제곱미터 미만인 경우에는 660제곱미터 이내의 변경)
4. 관광시설계획 중 숙박시설지구에 설치하려는 시설(조성계획의 변경승인을 받은 경우에는 그 변경승인을 받은 시설을 말한다)의 변경(숙박시설지구 안에 설치할 수 있는 시설 간 변경에 한정한다)으로서 숙박시설지구의 건축 연면적의 100분의 30 이내의 변경(숙박시설지구의 건축 연면적이 2천200제곱미터 미만인 경우에는 660제곱미터 이내의 변경)
5. 관광시설계획 중 시설지구에 설치하는 시설의 명칭 변경
6. 법 제54조 제1항에 따라 조성계획의 승인을 받은 자(같은 조 제5항에 따라 특별자치시장 및 특별자치도지사가 조성계획을 수립한 경우를 포함한다. 이하 "사업시행자"라 한다)의 성명(법인인 경우에는 그 명칭 및 대표자의 성명을 말한다) 또는 사무소 소재지의 변경. 다만, 양도·양수, 분할, 합병 및 상속 등으로 인해 사업시행자의 지위나 자격에 변경이 있는 경우는 제외한다.
② 관광지등 조성계획의 승인을 받은 자는 제1항에 따라 경미한 조성계획의 변경을 하는 경우에는 관계 행정기관의 장과 조성계획 승인권자에게 각각 통보하여야 한다.

영 제43조(경미한 권역계획의 변경) 법 제51조 제4항 단서에서 "대통령령으로 정하는 경미한 사항의 변경"이란 다음 각 호의 어느 하나에 해당하는 것을 말한다.
1. 관광개발기본계획의 범위에서 하는 법 제49조 제2항 제1호·제2호 또는 제6호부터 제8호까지에 관한 사항의 변경
2. 법 제49조 제2항 제3호부터 제5호까지에 관한 사항 중 다음 각 목의 변경
   가. 관광자원의 보호·이용 및 관리 등에 관한 사항
   나. 관광지 또는 관광단지(이하 "관광지등"이라 한다)의 면적(권역계획상의 면적을 말한다. 이하 다목과 라목에서 같다)의 축소
   다. 관광지등 면적의 100분의 30 이내의 확대
   라. 지형여건 등에 따른 관광지등의 구역 조정(그 면적의 100분의 30 이내에서 조정하는 경우만 해당한다)이나 명칭 변경

정답 ①

002 다음 중 관광특구에 대해 외국인 관광객의 유치 촉진을 위해 수립 시행하는 계획은?

① 권역계획
② 관광기본계획
③ 관광특구진흥계획
④ 관광활성화계획

해설

제71조(관광특구의 진흥계획) ① 특별자치시장·특별자치도지사·시장·군수·구청장은 관할 구역 내 관광특구를 방문하는 외국인 관광객의 유치 촉진 등을 위하여 관광특구진흥계획을 수립하고 시행하여야 한다.
② 제1항에 따른 관광특구진흥계획에 포함될 사항 등 관광특구진흥계획의 수립·시행에 필요한 사항은 대통령령으로 정한다.

정답 ③

003 다음은 관광진흥법에 의한 관광지등을 관할하는 시장·군수·구청장은 조성계획을 작성하여 시·도지사의 승인을 받아야 한다. 그러나 경미한 면적의 변경에 속하는 사항은 제외되는데 경미한 사항에 관한 사항으로 않은 것은?

① 관광시설 계획면적의 100분의 20 이내의 변경
② 관광시설 계획 중 시설지구별 토지이용계획면적의 100분의 20 이내의 변경
③ 관광시설 계획 중 시설지구별 토지이용계획면적이 2천 200제곱미터 미만인 경우에는 660제곱미터 이내의 변경
④ 관광시설 계획 중 시설지구별 건축연면적의 100분의 30 이내의 변경

해설

제54조(조성계획의 수립 등) ① 관광지등을 관할하는 시장·군수·구청장은 조성계획을 작성하여 시·도지사의 승인을 받아야 한다. 이를 변경(대통령령으로 정하는 경미한 사항의 변경은 제외한다)하려는 경우에도 또한 같다. 다만, 관광단지를 개발하려는 공공기관 등 문화체육관광부령으로 정하는 공공법인 또는 민간개발자(이하 "관광단지개발자"라 한다)는 조성계획을 작성하여 대통령령으로 정하는 바에 따라 시·도지사의 승인을 받을 수 있다.

영 제47조(경미한 조성계획의 변경) ① 법 제54조 제1항 후단에서 "대통령령으로 정하는 경미한 사항의 변경"이란 다음 각 호의 어느 하나에 해당하는 것을 말한다.
1. 관광시설계획면적의 100분의 20 이내의 변경
2. 관광시설계획 중 시설지구별 토지이용계획면적(조성계획의 변경승인을 받은 경우에는 그 변경승인을 받은 토지이용계획면적을 말한다)의 100분의 30 이내의 변경(시설지구별 토지이용계획면적이 2천200제곱미터 미만인 경우에는 660제곱미터 이내의 변경)
3. 관광시설계획 중 시설지구별 건축 연면적(조성계획의 변경승인을 받은 경우에는 그 변경승인을 받은 건축 연면적을 말한다)의 100분의 30 이내의 변경(시설지구별 건축 연면적이 2천200제곱미터 미만인 경우에는 660제곱미터 이내의 변경)

4. 관광시설계획 중 숙박시설지구에 설치하려는 시설(조성계획의 변경승인을 받은 경우에는 그 변경승인을 받은 시설을 말한다)의 변경(숙박시설지구 안에 설치할 수 있는 시설 간 변경에 한정한다)으로서 숙박시설지구의 건축 연면적의 100분의 30 이내의 변경(숙박시설지구의 건축 연면적이 2천200제곱미터 미만인 경우에는 660제곱미터 이내의 변경)
   5. 관광시설계획 중 시설지구에 설치하는 시설의 명칭 변경
   6. 법 제54조 제1항에 따라 조성계획의 승인을 받은 자(같은 조 제5항에 따라 특별자치시장 및 특별자치도지사가 조성계획을 수립한 경우를 포함한다. 이하 "사업시행자"라 한다)의 성명(법인인 경우에는 그 명칭 및 대표자의 성명을 말한다) 또는 사무소 소재지의 변경. 다만, 양도·양수, 분할, 합병 및 상속 등으로 인해 사업시행자의 지위나 자격에 변경이 있는 경우는 제외한다.
② 관광지등 조성계획의 승인을 받은 자는 제1항에 따라 경미한 조성계획의 변경을 하는 경우에는 관계 행정기관의 장과 조성계획 승인권자에게 각각 통보하여야 한다.

정답 ②

004 다음은 관광단지 조성사업의 시행 시 사업시행자가 수용 또는 사용할 수 있는 물건 및 권리들 중 옳지 않은 것은?

① 토지에 관한 소유권 외의 권리
② 물의 사용에 관한 권리
③ 토지에 정착한 입목·건물 기타 물건 및 이에 관한 소유권의 권리
④ 토지에 속한 토석 또는 모래와 조약돌

해설

제61조(수용 및 사용) ① 사업시행자는 제55조에 따른 조성사업의 시행에 필요한 토지와 다음 각 호의 물건 또는 권리를 수용하거나 사용할 수 있다. 다만, 농업 용수권(用水權)이나 그 밖의 농지개량 시설을 수용 또는 사용하려는 경우에는 미리 농림축산식품부장관의 승인을 받아야 한다.
   1. 토지에 관한 소유권 외의 권리
   2. 토지에 정착한 입목이나 건물, 그 밖의 물건과 이에 관한 소유권 외의 권리
   3. 물의 사용에 관한 권리
   4. 토지에 속한 토석 또는 모래와 조약돌

정답 ③

005 관광단지 내에서 경미한 권역계획을 변경할 수 없는 경우는?

① 관광자원의 보호·이용 및 관리 등에 관한 사항
② 관광지 또는 관광단지의 면적의 축소
③ 관광지등의 면적의 100분의 30이내의 확대
④ 지형여건 등에 따른 관광지등의 구역조정(그 면적의 100분의 40이내의 조정에 한한다.)이나 명칭변경

> **해설**
>
> **영 제43조(경미한 권역계획의 변경)** 법 제51조 제4항 단서에서 "대통령령으로 정하는 경미한 사항의 변경"이란 다음 각 호의 어느 하나에 해당하는 것을 말한다.
> 1. 관광개발기본계획의 범위에서 하는 법 제49조 제2항 제1호·제2호 또는 제6호부터 제8호까지에 관한 사항의 변경
> 2. 법 제49조 제2항 제3호부터 제5호까지에 관한 사항 중 다음 각 목의 변경
>   가. 관광자원의 보호·이용 및 관리 등에 관한 사항
>   나. 관광지 또는 관광단지(이하 "관광지등"이라 한다)의 면적(권역계획상의 면적을 말한다. 이하 다목과 라목에서 같다)의 축소
>   다. 관광지등 면적의 100분의 30 이내의 확대
>   라. 지형여건 등에 따른 관광지등의 구역 조정(그 면적의 100분의 30 이내에서 조정하는 경우만 해당한다)이나 명칭 변경

정답 ④

---

006 시·도지사는 관광개발기본계획에 의하여 구분된 권역을 대상으로 하여 권역별관광개발계획을 수립하여야 하는데, 다음 중 권역별관광개발계획에 포함되는 내용과 가장 거리가 먼 것은?

① 전국의 관광여건 및 관광동향에 관한 사항
② 권역의 관광수요 및 공급에 관한 사항
③ 관광자원의 보호·개발·이용·관리 등에 관한 사항
④ 관광지 연계에 대한 사항

> **해설**
>
> **제49조(관광개발기본계획 등)** ① 문화체육관광부장관은 관광자원을 효율적으로 개발하고 관리하기 위하여 전국을 대상으로 다음과 같은 사항을 포함하는 관광개발기본계획(이하 "기본계획"이라 한다)을 수립하여야 한다.
> 1. 전국의 관광 여건과 관광 동향(動向)에 관한 사항
> 2. 전국의 관광 수요와 공급에 관한 사항
> 3. 관광자원 보호·개발·이용·관리 등에 관한 기본적인 사항
> 4. 관광권역(觀光圈域)의 설정에 관한 사항

5. 관광권역별 관광개발의 기본방향에 관한 사항
6. 그 밖에 관광개발에 관한 사항

② 시·도지사(특별자치도지사는 제외한다)는 기본계획에 따라 구분된 권역을 대상으로 다음 각 호의 사항을 포함하는 권역별 관광개발계획(이하 "권역계획"이라 한다)을 수립하여야 한다.
1. 권역의 관광 여건과 관광 동향에 관한 사항
2. 권역의 관광 수요와 공급에 관한 사항
3. 관광자원의 보호·개발·이용·관리 등에 관한 사항
4. 관광지 및 관광단지의 조성·정비·보완 등에 관한 사항
4의2. 관광지 및 관광단지의 실적 평가에 관한 사항
5. 관광지 연계에 관한 사항
6. 관광사업의 추진에 관한 사항
7. 환경보전에 관한 사항
8. 그 밖에 그 권역의 관광자원의 개발, 관리 및 평가를 위하여 필요한 사항

정답 ①

007 관광지 및 관광단지의 개발에 대한 설명으로 적절하지 않은 것은?

① 문화체육관광부장관은 전국을 대상으로 관광개발기본계획을 수립하여야 한다.
② 관광지 및 관광단지는 기본계획과 권역계획을 기준으로 시장·군수 또는 구청장이 지정한다.
③ 관광개발기본계획에는 관광권역의 설정에 관한 내용이 포함된다.
④ 권역계획은 그 지역을 관할하는 시·도지사가 수립하여야 한다.

해설

제50조(기본계획) ① 시·도지사는 기본계획의 수립에 필요한 관광 개발사업에 관한 요구서를 문화체육관광부장관에게 제출하여야 하고, 문화체육관광부장관은 이를 종합·조정하여 기본계획을 수립하고 공고하여야 한다.

제51조(권역계획) ① 권역계획(圈域計劃)은 그 지역을 관할하는 시·도지사(특별자치도지사는 제외한다. 이하 이 조에서 같다)가 수립하여야 한다. 다만, 둘 이상의 시·도에 걸치는 지역이 하나의 권역계획에 포함되는 경우에는 관계되는 시·도지사와의 협의에 따라 수립하되, 협의가 성립되지 아니한 경우에는 문화체육관광부장관이 지정하는 시·도지사가 수립하여야 한다.

제52조(관광지의 지정 등) ① 관광지 및 관광단지(이하 "관광지등"이라 한다)는 문화체육관광부령으로 정하는 바에 따라 시장·군수·구청장의 신청에 의하여 시·도지사가 지정한다. 다만, 특별자치시 및 특별자치도의 경우에는 특별자치시장 및 특별자치도지사가 지정한다.
⑥ 시·도지사는 제1항 또는 제5항에 따라 지정, 지정취소 또는 그 면적변경을 한 경우에는 이를 고시하여야 한다.

정답 ②

008 다음 중 특별자치도지사·시장·군수·구청장이 관한 구역 내 관광특구를 방문하는 외국인 관광객의 유치 촉진 등을 위하여 수립하고 시행하는 계획은?

① 관광권역계획
② 관광기본계획
③ 관광특구진흥계획
④ 관광활성화계획

해설

정답 ③

009 다음 중 관광객 이용시설업의 종류에 해당하지 않는 것은?

① 국제회의업
② 종합휴양업
③ 자동차야영장업
④ 전문휴양업

해설

제2조(관광사업의 종류) ① 「관광진흥법」(이하 "법"이라 한다) 제3조 제2항에 따라 관광사업의 종류를 다음과 같이 세분한다.
 1. 여행업의 종류
    가. 일반여행업 : 국내외를 여행하는 내국인 및 외국인을 대상으로 하는 여행업[사증(査證)을 받는 절차를 대행하는 행위를 포함한다]
    나. 국외여행업 : 국외를 여행하는 내국인을 대상으로 하는 여행업(사증을 받는 절차를 대행하는 행위를 포함한다)
    다. 국내여행업 : 국내를 여행하는 내국인을 대상으로 하는 여행업
 2. 호텔업의 종류
    가. 관광호텔업 : 관광객의 숙박에 적합한 시설을 갖추어 관광객에게 이용하게 하고 숙박에 딸린 음식·운동·오락·휴양·공연 또는 연수에 적합한 시설 등(이하 "부대시설"이라 한다)을 함께 갖추어 관광객에게 이용하게 하는 업(業)
    나. 수상관광호텔업 : 수상에 구조물 또는 선박을 고정하거나 매어 놓고 관광객의 숙박에 적합한 시설을 갖추거나 부대시설을 함께 갖추어 관광객에게 이용하게 하는 업
    다. 한국전통호텔업 : 한국전통의 건축물에 관광객의 숙박에 적합한 시설을 갖추거나 부대시설을 함께 갖추어 관광객에게 이용하게 하는 업
    라. 가족호텔업 : 가족단위 관광객의 숙박에 적합한 시설 및 취사도구를 갖추어 관광객에게 이용하게 하거나 숙박에 딸린 음식·운동·휴양 또는 연수에 적합한 시설을 함께 갖추어 관광객에게 이용하게 하는 업

마. 호스텔업: 배낭여행객 등 개별 관광객의 숙박에 적합한 시설로서 샤워장, 취사장 등의 편의시설과 외국인 및 내국인 관광객을 위한 문화·정보 교류시설 등을 함께 갖추어 이용하게 하는 업
바. 소형호텔업: 관광객의 숙박에 적합한 시설을 소규모로 갖추고 숙박에 딸린 음식·운동·휴양 또는 연수에 적합한 시설을 함께 갖추어 관광객에게 이용하게 하는 업
사. 의료관광호텔업: 의료관광객의 숙박에 적합한 시설 및 취사도구를 갖추거나 숙박에 딸린 음식·운동 또는 휴양에 적합한 시설을 함께 갖추어 주로 외국인 관광객에게 이용하게 하는 업

3. 관광객 이용시설업의 종류

가. 전문휴양업 : 관광객의 휴양이나 여가 선용을 위하여 숙박업 시설(「공중위생관리법 시행령」 제2조 제1항 제1호 및 제2호의 시설을 포함하며, 이하 "숙박시설"이라 한다)이나 「식품위생법 시행령」 제21조 제8호가목·나목 또는 바목에 따른 휴게음식점영업, 일반음식점영업 또는 제과점영업의 신고에 필요한 시설(이하 "음식점시설"이라 한다)을 갖추고 별표 1 제4호가목(2)(가)부터 (거)까지의 규정에 따른 시설(이하 "전문휴양시설"이라 한다) 중 한 종류의 시설을 갖추어 관광객에게 이용하게 하는 업

나. 종합휴양업
 (1) 제1종 종합휴양업 : 관광객의 휴양이나 여가 선용을 위하여 숙박시설 또는 음식점시설을 갖추고 전문휴양시설 중 두 종류 이상의 시설을 갖추어 관광객에게 이용하게 하는 업이나, 숙박시설 또는 음식점시설을 갖추고 전문휴양시설 중 한 종류 이상의 시설과 종합유원시설업의 시설을 갖추어 관광객에게 이용하게 하는 업
 (2) 제2종 종합휴양업 : 관광객의 휴양이나 여가 선용을 위하여 관광숙박업의 등록에 필요한 시설과 제1종 종합휴양업의 등록에 필요한 전문휴양시설 중 두 종류 이상의 시설 또는 전문휴양시설 중 한 종류 이상의 시설 및 종합유원시설업의 시설을 함께 갖추어 관광객에게 이용하게 하는 업

다. 야영장업
 1) 일반야영장업: 야영장비 등을 설치할 수 있는 공간을 갖추고 야영에 적합한 시설을 함께 갖추어 관광객에게 이용하게 하는 업
 2) 자동차야영장업: 자동차를 주차하고 그 옆에 야영장비 등을 설치할 수 있는 공간을 갖추고 취사 등에 적합한 시설을 함께 갖추어 자동차를 이용하는 관광객에게 이용하게 하는 업

라. 관광유람선업
 1) 일반관광유람선업: 「해운법」에 따른 해상여객운송사업의 면허를 받은 자나 「유선 및 도선사업법」에 따른 유선사업의 면허를 받거나 신고한 자가 선박을 이용하여 관광객에게 관광을 할 수 있도록 하는 업
 2) 크루즈업: 「해운법」에 따른 순항(順航) 여객운송사업이나 복합 해상여객운송사업의 면허를 받은 자가 해당 선박 안에 숙박시설, 위락시설 등 편의시설을 갖춘 선박을 이용하여 관광객에게 관광을 할 수 있도록 하는 업

마. 관광공연장업 : 관광객을 위하여 적합한 공연시설을 갖추고 공연물을 공연하면서 관광객에게 식사와 주류를 판매하는 업

바. 외국인관광 도시민박업: 「국토의 계획 및 이용에 관한 법률」 제6조 제1호에 따른 도시지역(「농어촌정비법」에 따른 농어촌지역 및 준농어촌지역은 제외한다. 이하 이 조에서 같다)의 주민이 자신이 거주하고 있는 다음의 어느 하나에 해당하는 주택을 이용하여 외국인 관광객에게 한국의 가정문화를 체험할 수 있도록 적합한 시설을 갖추고 숙식 등을 제공(도시지역에서 「도시재생 활성화 및 지원에 관한 특별법」 제2조 제6호에 따른 도시재생활성화계획에 따라 같은 조 제9호에 따른 마을기업이 외국인 관광객에게 우선하여 숙식 등을 제공하면서, 외국인 관광객의 이용에 지장을 주지 아니하는 범위에서 해당 지역을 방문하는 내국인 관광객에게 그 지역의 특성화된 문화를 체험할 수 있도록 숙식 등을 제공하는 것을 포함한다)하는 업
 1) 「건축법 시행령」 별표 1 제1호가목 또는 다목에 따른 단독주택 또는 다가구주택

2) 「건축법 시행령」 별표 1 제2호가목, 나목 또는 다목에 따른 아파트, 연립주택 또는 다세대 주택
    사. 한옥체험업: 한옥(「한옥 등 건축자산의 진흥에 관한 법률」 제2조 제2호에 따른 한옥을 말한다)에 관광객의 숙박 체험에 적합한 시설을 갖추고 관광객에게 이용하게 하거나, 전통 놀이 및 공예 등 전통문화 체험에 적합한 시설을 갖추어 관광객에게 이용하게 하는 업
4. 국제회의업의 종류
    가. 국제회의시설업 : 대규모 관광 수요를 유발하는 국제회의를 개최할 수 있는 시설을 설치하여 운영하는 업
    나. 국제회의기획업 : 대규모 관광 수요를 유발하는 국제회의의 계획·준비·진행 등의 업무를 위탁받아 대행하는 업
5. 유원시설업(遊園施設業)의 종류
    가. 종합유원시설업 : 유기시설이나 유기기구를 갖추어 관광객에게 이용하게 하는 업으로서 대규모의 대지 또는 실내에서 법 제33조에 따른 안전성검사 대상 유기시설 또는 유기기구 여섯 종류 이상을 설치하여 운영하는 업
    나. 일반유원시설업 : 유기시설이나 유기기구를 갖추어 관광객에게 이용하게 하는 업으로서 법 제33조에 따른 안전성검사 대상 유기시설 또는 유기기구 한 종류 이상을 설치하여 운영하는 업
    다. 기타유원시설업 : 유기시설이나 유기기구를 갖추어 관광객에게 이용하게 하는 업으로서 법 제33조에 따른 안전성검사 대상이 아닌 유기시설 또는 유기기구를 설치하여 운영하는 업
6. 관광 편의시설업의 종류
    가. 관광유흥음식점업: 식품위생 법령에 따른 유흥주점 영업의 허가를 받은 자가 관광객이 이용하기 적합한 한국 전통 분위기의 시설을 갖추어 그 시설을 이용하는 자에게 음식을 제공하고 노래와 춤을 감상하게 하거나 춤을 추게 하는 업
    나. 관광극장유흥업: 식품위생 법령에 따른 유흥주점 영업의 허가를 받은 자가 관광객이 이용하기 적합한 무도(舞蹈)시설을 갖추어 그 시설을 이용하는 자에게 음식을 제공하고 노래와 춤을 감상하게 하거나 춤을 추게 하는 업
    다. 외국인전용 유흥음식점업 : 식품위생 법령에 따른 유흥주점영업의 허가를 받은 자가 외국인이 이용하기 적합한 시설을 갖추어 외국인만을 대상으로 주류나 그 밖의 음식을 제공하고 노래와 춤을 감상하게 하거나 춤을 추게 하는 업
    라. 관광식당업 : 식품위생 법령에 따른 일반음식점영업의 허가를 받은 자가 관광객이 이용하기 적합한 음식 제공시설을 갖추고 관광객에게 특정 국가의 음식을 전문적으로 제공하는 업
    마. 관광순환버스업: 「여객자동차 운수사업법」에 따른 여객자동차운송사업의 면허를 받거나 등록을 한 자가 버스를 이용하여 관광객에게 시내와 그 주변 관광지를 정기적으로 순회하면서 관광할 수 있도록 하는 업
    바. 관광사진업 : 외국인 관광객과 동행하며 기념사진을 촬영하여 판매하는 업
    사. 여객자동차터미널시설업 : 「여객자동차 운수사업법」에 따른 여객자동차터미널사업의 면허를 받은 자가 관광객이 이용하기 적합한 여객자동차터미널시설을 갖추고 이들에게 휴게시설·안내시설 등 편익시설을 제공하는 업
    아. 관광펜션업 : 숙박시설을 운영하고 있는 자가 자연·문화 체험관광에 적합한 시설을 갖추어 관광객에게 이용하게 하는 업
    자. 관광궤도업: 「궤도운송법」에 따른 궤도사업의 허가를 받은 자가 주변 관람과 운송에 적합한 시설을 갖추어 관광객에게 이용하게 하는 업
    차. 삭제
    카. 관광면세업: 다음의 어느 하나에 해당하는 자가 판매시설을 갖추고 관광객에게 면세물품을 판매하는 업
        1) 「관세법」 제196조에 따른 보세판매장의 특허를 받은 자

2) 「외국인관광객 등에 대한 부가가치세 및 개별소비세 특례규정」 제5조에 따라 면세판매장의 지정을 받은 자
타. 관광지원서비스업: 주로 관광객 또는 관광사업자 등을 위하여 사업이나 시설 등을 운영하는 업으로서 문화체육관광부장관이 「통계법」 제22조 제2항 단서에 따라 관광 관련 산업으로 분류한 쇼핑업, 운수업, 숙박업, 음식점업, 문화・오락・레저스포츠업, 건설업, 자동차임대업 및 교육서비스업 등. 다만, 법에 따라 등록・허가 또는 지정(이 영 제2조 제6호가목부터 카목까지의 규정에 따른 업으로 한정한다)을 받거나 신고를 해야 하는 관광사업은 제외한다.

② 제1항 제6호아목은 「제주특별자치도 설치 및 국제자유도시 조성을 위한 특별법」을 적용받는 지역에 대하여는 적용하지 아니한다.

정답 ①

010 다음 중 관광개발계획에 관한 설명으로 옳지 않은 것은?

① 관광개발기본계획은 5년마다 수립한다.
② 확정된 권역계획에 대하여 경미한 사항을 변경하는 경우 관계 부처의 장과의 협의를 갈음하여 문화체육부장관의 승인을 받아야 한다.
③ 권역계획에 대하여 대통령령으로 정하는 경미한 사항의 변경에는 관광지 등 면적의 100분의 30 이내의 확대를 포함한다.
④ 시・도지사(특별자치도지사 포함)는 기본계획에 따라 구분된 권역을 대상으로 권역계획을 수립하여야 한다.

해설

제51조(권역계획) ① 권역계획(圈域計劃)은 그 지역을 관할하는 시・도지사(특별자치도지사는 제외한다. 이하 이 조에서 같다)가 수립하여야 한다. 다만, 둘 이상의 시・도에 걸치는 지역이 하나의 권역계획에 포함되는 경우에는 관계되는 시・도지사와의 협의에 따라 수립하되, 협의가 성립되지 아니한 경우에는 문화체육관광부장관이 지정하는 시・도지사가 수립하여야 한다.
② 시・도지사는 제1항에 따라 수립한 권역계획을 문화체육관광부장관의 조정과 관계 행정기관의 장과의 협의를 거쳐 확정하여야 한다. 이 경우 협의요청을 받은 관계 행정기관의 장은 특별한 사유가 없는 한 그 요청을 받은 날부터 30일 이내에 의견을 제시하여야 한다.
③ 시・도지사는 권역계획이 확정되면 그 요지를 공고하여야 한다.
④ 확정된 권역계획을 변경하는 경우에는 제1항부터 제3항까지의 규정을 준용한다. 다만, 대통령령으로 정하는 경미한 사항의 변경에 대하여는 관계 부처의 장과의 협의를 갈음하여 문화체육관광부장관의 승인을 받아야 한다.
⑤ 그 밖에 권역계획의 수립 기준 및 방법 등에 필요한 사항은 대통령령으로 정하는 바에 따라 문화체육관광부장관이 정한다. <신설 2020. 6. 9.>

정답 ①

011 다음 중 관광진흥법상 시·도지사가 권역별 관광 개발계획의 수립시 포함하여야 하는 사항에 해당하지 않는 것은?

① 관광자원의 보호·개발·이용·관리 등에 관한사항
② 환경보전에 관한 사항
③ 관광권역의 설정에 관한 사항
④ 관광지 및 관광단지의 조성·정비·보완 등에 관한 사항

해설

제49조(관광개발기본계획 등) ① 문화체육관광부장관은 관광자원을 효율적으로 개발하고 관리하기 위하여 전국을 대상으로 다음과 같은 사항을 포함하는 관광개발기본계획(이하 "기본계획"이라 한다)을 수립하여야 한다.
  1. 전국의 관광 여건과 관광 동향(動向)에 관한 사항
  2. 전국의 관광 수요와 공급에 관한 사항
  3. 관광자원 보호·개발·이용·관리 등에 관한 기본적인 사항
  4. 관광권역(觀光圈域)의 설정에 관한 사항
  5. 관광권역별 관광개발의 기본방향에 관한 사항
  6. 그 밖에 관광개발에 관한 사항
② 시·도지사(특별자치도지사는 제외한다)는 기본계획에 따라 구분된 권역을 대상으로 다음 각 호의 사항을 포함하는 권역별 관광개발계획(이하 "권역계획"이라 한다)을 수립하여야 한다.
  1. 권역의 관광 여건과 관광 동향에 관한 사항
  2. 권역의 관광 수요와 공급에 관한 사항
  3. 관광자원의 보호·개발·이용·관리 등에 관한 사항
  4. 관광지 및 관광단지의 조성·정비·보완 등에 관한 사항
  4의2. 관광지 및 관광단지의 실적 평가에 관한 사항
  5. 관광지 연계에 관한 사항
  6. 관광사업의 추진에 관한 사항
  7. 환경보전에 관한 사항
  8. 그 밖에 그 권역의 관광자원의 개발, 관리 및 평가를 위하여 필요한 사항

정답 ③

012 다음 중 시장·군수·구청장이 시·도지사의 승인을 받지 않아도 되는 조성계획의 변경 기준으로 옳지 않은 것은?

① 관광시설계획면적의 100분의 20 이내의 변경
② 관광시설계획 중 시설지구별 토지이용계획면적의 100분의 20이내의 변경
③ 관광시설계획 중 시설지구별 건축 연면적의 100분의 30이내의 변경
④ 관광시설계획 중 시설지구별 토지이용계획면적이 2200제곱미터 미만인 경우에는 660 제곱미터 이내의 변경

해설

제54조(조성계획의 수립 등) ① 관광지등을 관할하는 시장·군수·구청장은 조성계획을 작성하여 시·도지사의 승인을 받아야 한다. 이를 변경(대통령령으로 정하는 경미한 사항의 변경은 제외한다)하려는 경우에도 또한 같다. 다만, 관광단지를 개발하려는 공공기관 등 문화체육관광부령으로 정하는 공공법인 또는 민간개발자(이하 "관광단지개발자"라 한다)는 조성계획을 작성하여 대통령령으로 정하는 바에 따라 시·도지사의 승인을 받을 수 있다.

영 제47조(경미한 조성계획의 변경) ① 법 제54조 제1항 후단에서 "대통령령으로 정하는 경미한 사항의 변경"이란 다음 각 호의 어느 하나에 해당하는 것을 말한다.
1. 관광시설계획면적의 100분의 20 이내의 변경
2. 관광시설계획 중 시설지구별 토지이용계획면적(조성계획의 변경승인을 받은 경우에는 그 변경승인을 받은 토지이용계획면적을 말한다)의 100분의 30 이내의 변경(시설지구별 토지이용계획면적이 2천200제곱미터 미만인 경우에는 660제곱미터 이내의 변경)
3. 관광시설계획 중 시설지구별 건축 연면적(조성계획의 변경승인을 받은 경우에는 그 변경승인을 받은 건축 연면적을 말한다)의 100분의 30 이내의 변경(**시설지구별 건축 연면적이 2천200제곱미터 미만인 경우에는 660제곱미터 이내의 변경**)
4. 관광시설계획 중 숙박시설지구에 설치하려는 시설(조성계획의 변경승인을 받은 경우에는 그 변경승인을 받은 시설을 말한다)의 변경(숙박시설지구 안에 설치할 수 있는 시설 간 변경에 한정한다)으로서 숙박시설지구의 건축 연면적의 100분의 30 이내의 변경(숙박시설지구의 건축 연면적이 2천200제곱미터 미만인 경우에는 660제곱미터 이내의 변경)
5. 관광시설계획 중 시설지구에 설치하는 시설의 명칭 변경
6. 법 제54조 제1항에 따라 조성계획의 승인을 받은 자(같은 조 제5항에 따라 특별자치시장 및 특별자치도지사가 조성계획을 수립한 경우를 포함한다. 이하 "사업시행자"라 한다)의 성명(법인인 경우에는 그 명칭 및 대표자의 성명을 말한다) 또는 사무소 소재지의 변경. 다만, 양도·양수, 분할, 합병 및 상속 등으로 인해 사업시행자의 지위나 자격에 변경이 있는 경우는 제외한다.

② 관광지등 조성계획의 승인을 받은 자는 제1항에 따라 경미한 조성계획의 변경을 하는 경우에는 관계 행정기관의 장과 조성계획 승인권자에게 각각 통보하여야 한다.

정답 ②

013 관광진흥법상에 정의된 내용으로 옳은 것은?

① 관광펜션업은 관광숙박업에 해당한다.
② 관광지란 자연적 또는 문화적 관광자원을 갖추고 관광객을 위한 기본적인 편의시설을 설치하는 지역이다.
③ 관광지 및 관광단지의 지정권자는 문화체육관광부장관이다.
④ 시·도지사는 관광개발기본계획을 수립하여야 한다.

해설

제2조(정의) 이 법에서 사용하는 용어의 뜻은 다음과 같다.
1. "관광사업"이란 관광객을 위하여 운송·숙박·음식·운동·오락·휴양 또는 용역을 제공하거나 그 밖에 관광에 딸린 시설을 갖추어 이를 이용하게 하는 업(業)을 말한다.
2. "관광사업자"란 관광사업을 경영하기 위하여 등록·허가 또는 지정(이하 "등록등"이라 한다)을 받거나 신고를 한 자를 말한다.
3. "기획여행"이란 여행업을 경영하는 자가 국외여행을 하려는 여행자를 위하여 여행의 목적지·일정, 여행자가 제공받을 운송 또는 숙박 등의 서비스 내용과 그 요금 등에 관한 사항을 미리 정하고 이에 참가하는 여행자를 모집하여 실시하는 여행을 말한다.
4. "회원"이란 관광사업의 시설을 일반 이용자보다 우선적으로 이용하거나 유리한 조건으로 이용하기로 해당 관광사업자(제15조 제1항 및 제2항에 따른 사업계획의 승인을 받은 자를 포함한다)와 약정한 자를 말한다.
5. "공유자"란 단독 소유나 공유(共有)의 형식으로 관광사업의 일부 시설을 관광사업자(제15조 제1항 및 제2항에 따른 사업계획의 승인을 받은 자를 포함한다)로부터 분양받은 자를 말한다.
6. "관광지"란 자연적 또는 문화적 관광자원을 갖추고 관광객을 위한 기본적인 편의시설을 설치하는 지역으로서 이 법에 따라 지정된 곳을 말한다.
7. "관광단지"란 관광객의 다양한 관광 및 휴양을 위하여 각종 관광시설을 종합적으로 개발하는 관광 거점 지역으로서 이 법에 따라 지정된 곳을 말한다.
8. "민간개발자"란 관광단지를 개발하려는 개인이나 「상법」 또는 「민법」에 따라 설립된 법인을 말한다.
9. "조성계획"이란 관광지나 관광단지의 보호 및 이용을 증진하기 위하여 필요한 관광시설의 조성과 관리에 관한 계획을 말한다.
10. "지원시설"이란 관광지나 관광단지의 관리·운영 및 기능 활성화에 필요한 관광지 및 관광단지 안팎의 시설을 말한다.
11. "관광특구"란 외국인 관광객의 유치 촉진 등을 위하여 관광 활동과 관련된 관계 법령의 적용이 배제되거나 완화되고, 관광 활동과 관련된 서비스·안내 체계 및 홍보 등 관광 여건을 집중적으로 조성할 필요가 있는 지역으로 이 법에 따라 지정된 곳을 말한다.
11의2. "여행이용권"이란 관광취약계층이 관광 활동을 영위할 수 있도록 금액이나 수량이 기재(전자적 또는 자기적 방법에 의한 기록을 포함한다. 이하 같다)된 증표를 말한다.
12. "문화관광해설사"란 관광객의 이해와 감상, 체험 기회를 제고하기 위하여 역사·문화·예술·자연 등 관광자원 전반에 대한 전문적인 해설을 제공하는 자를 말한다.

제3조(관광사업의 종류) ① 관광사업의 종류는 다음 각 호와 같다.
1. 여행업 : 여행자 또는 운송시설·숙박시설, 그 밖에 여행에 딸리는 시설의 경영자 등을 위하여 그 시설 이용 알선이나 계약 체결의 대리, 여행에 관한 안내, 그 밖의 여행 편의를 제공하는 업

2. 관광숙박업 : 다음 각 목에서 규정하는 업
    가. 호텔업 : 관광객의 숙박에 적합한 시설을 갖추어 이를 관광객에게 제공하거나 숙박에 딸리는 음식·운동·오락·휴양·공연 또는 연수에 적합한 시설 등을 함께 갖추어 이를 이용하게 하는 업
    나. 휴양 콘도미니엄업 : 관광객의 숙박과 취사에 적합한 시설을 갖추어 이를 그 시설의 회원이나 공유자, 그 밖의 관광객에게 제공하거나 숙박에 딸리는 음식·운동·오락·휴양·공연 또는 연수에 적합한 시설 등을 함께 갖추어 이를 이용하게 하는 업
3. 관광객 이용시설업 : 다음 각 목에서 규정하는 업
    가. 관광객을 위하여 음식·운동·오락·휴양·문화·예술 또는 레저 등에 적합한 시설을 갖추어 이를 관광객에게 이용하게 하는 업
    나. 대통령령으로 정하는 2종 이상의 시설과 관광숙박업의 시설(이하 "관광숙박시설"이라 한다) 등을 함께 갖추어 이를 회원이나 그 밖의 관광객에게 이용하게 하는 업
    다. 야영장업: 야영에 적합한 시설 및 설비 등을 갖추고 야영편의를 제공하는 시설(「청소년활동 진흥법」 제10조 제1호마목에 따른 청소년야영장은 제외한다)을 관광객에게 이용하게 하는 업
4. 국제회의업 : 대규모 관광 수요를 유발하는 국제회의(세미나·토론회·전시회 등을 포함한다. 이하 같다)를 개최할 수 있는 시설을 설치·운영하거나 국제회의의 계획·준비·진행 등의 업무를 위탁받아 대행하는 업
5. 카지노업 : 전문 영업장을 갖추고 주사위·트럼프·슬롯머신 등 특정한 기구 등을 이용하여 우연의 결과에 따라 특정인에게 재산상의 이익을 주고 다른 참가자에게 손실을 주는 행위 등을 하는 업
6. 유원시설업(遊園施設業) : 유기시설(遊技施設)이나 유기기구(遊技機具)를 갖추어 이를 관광객에게 이용하게 하는 업(다른 영업을 경영하면서 관광객의 유치 또는 광고 등을 목적으로 유기시설이나 유기기구를 설치하여 이를 이용하게 하는 경우를 포함한다)
7. 관광 편의시설업 : 제1호부터 제6호까지의 규정에 따른 관광사업 외에 관광 진흥에 이바지할 수 있다고 인정되는 사업이나 시설 등을 운영하는 업

② 제1항 제1호부터 제4호까지, 제6호 및 제7호에 따른 관광사업은 대통령령으로 정하는 바에 따라 세분할 수 있다.

영 제2조(관광사업의 종류) ① 「관광진흥법」(이하 "법"이라 한다) 제3조 제2항에 따라 관광사업의 종류를 다음과 같이 세분한다.
1. **여행업의 종류**
    가. 일반여행업 : 국내외를 여행하는 내국인 및 외국인을 대상으로 하는 여행업[사증(査證)을 받는 절차를 대행하는 행위를 포함한다]
    나. 국외여행업 : 국외를 여행하는 내국인을 대상으로 하는 여행업(사증을 받는 절차를 대행하는 행위를 포함한다)
    다. 국내여행업 : 국내를 여행하는 내국인을 대상으로 하는 여행업
2. **호텔업의 종류**
    가. 관광호텔업 : 관광객의 숙박에 적합한 시설을 갖추어 관광객에게 이용하게 하고 숙박에 딸린 음식·운동·오락·휴양·공연 또는 연수에 적합한 시설 등(이하 "부대시설"이라 한다)을 함께 갖추어 관광객에게 이용하게 하는 업(業)
    나. 수상관광호텔업 : 수상에 구조물 또는 선박을 고정하거나 매어 놓고 관광객의 숙박에 적합한 시설을 갖추거나 부대시설을 함께 갖추어 관광객에게 이용하게 하는 업
    다. 한국전통호텔업 : 한국전통의 건축물에 관광객의 숙박에 적합한 시설을 갖추거나 부대시설을 함께 갖추어 관광객에게 이용하게 하는 업
    라. 가족호텔업 : 가족단위 관광객의 숙박에 적합한 시설 및 취사도구를 갖추어 관광객에게 이용하게 하거나 숙박에 딸린 음식·운동·휴양 또는 연수에 적합한 시설을 함께 갖추어 관광객에게 이용하게 하는 업

마. 호스텔업: 배낭여행객 등 개별 관광객의 숙박에 적합한 시설로서 샤워장, 취사장 등의 편의시설과 외국인 및 내국인 관광객을 위한 문화·정보 교류시설 등을 함께 갖추어 이용하게 하는 업

바. 소형호텔업: 관광객의 숙박에 적합한 시설을 소규모로 갖추고 숙박에 딸린 음식·운동·휴양 또는 연수에 적합한 시설을 함께 갖추어 관광객에게 이용하게 하는 업

사. 의료관광호텔업: 의료관광객의 숙박에 적합한 시설 및 취사도구를 갖추거나 숙박에 딸린 음식·운동 또는 휴양에 적합한 시설을 함께 갖추어 주로 외국인 관광객에게 이용하게 하는 업

3. 관광객 이용시설업의 종류

가. 전문휴양업 : 관광객의 휴양이나 여가 선용을 위하여 숙박업 시설(「공중위생관리법 시행령」 제2조 제1항 제1호 및 제2호의 시설을 포함하며, 이하 "숙박시설"이라 한다)이나 「식품위생법 시행령」 제21조 제8호가목·나목 또는 바목에 따른 휴게음식점영업, 일반음식점영업 또는 제과점영업의 신고에 필요한 시설(이하 "음식점시설"이라 한다)을 갖추고 별표 1 제4호가목(2)(가)부터 (거)까지의 규정에 따른 시설(이하 "전문휴양시설"이라 한다) 중 한 종류의 시설을 갖추어 관광객에게 이용하게 하는 업

나. 종합휴양업

(1) 제1종 종합휴양업 : 관광객의 휴양이나 여가 선용을 위하여 숙박시설 또는 음식점시설을 갖추고 전문휴양시설 중 두 종류 이상의 시설을 갖추어 관광객에게 이용하게 하는 업이나, 숙박시설 또는 음식점시설을 갖추고 전문휴양시설 중 한 종류 이상의 시설과 종합유원시설업의 시설을 갖추어 관광객에게 이용하게 하는 업

(2) 제2종 종합휴양업 : 관광객의 휴양이나 여가 선용을 위하여 관광숙박업의 등록에 필요한 시설과 제1종 종합휴양업의 등록에 필요한 전문휴양시설 중 두 종류 이상의 시설 또는 전문휴양시설 중 한 종류 이상의 시설 및 종합유원시설업의 시설을 함께 갖추어 관광객에게 이용하게 하는 업

다. **야영장업**

1) 일반야영장업: 야영장비 등을 설치할 수 있는 공간을 갖추고 야영에 적합한 시설을 함께 갖추어 관광객에게 이용하게 하는 업

2) 자동차야영장업: 자동차를 주차하고 그 옆에 야영장비 등을 설치할 수 있는 공간을 갖추고 취사 등에 적합한 시설을 함께 갖추어 자동차를 이용하는 관광객에게 이용하게 하는 업

라. 관광유람선업

1) 일반관광유람선업: 「해운법」에 따른 해상여객운송사업의 면허를 받은 자나 「유선 및 도선사업법」에 따른 유선사업의 면허를 받거나 신고한 자가 선박을 이용하여 관광객에게 관광을 할 수 있도록 하는 업

2) 크루즈업: 「해운법」에 따른 순항(順航) 여객운송사업이나 복합 해상여객운송사업의 면허를 받은 자가 해당 선박 안에 숙박시설, 위락시설 등 편의시설을 갖춘 선박을 이용하여 관광객에게 관광을 할 수 있도록 하는 업

마. 관광공연장업 : 관광을 위하여 적합한 공연시설을 갖추고 공연물을 공연하면서 관광객에게 식사와 주류를 판매하는 업

바. 외국인관광 도시민박업: 「국토의 계획 및 이용에 관한 법률」 제6조 제1호에 따른 도시지역(「농어촌정비법」에 따른 농어촌지역 및 준농어촌지역은 제외한다. 이하 이 조에서 같다)의 주민이 자신이 거주하고 있는 다음의 어느 하나에 해당하는 주택을 이용하여 외국인 관광객에게 한국의 가정문화를 체험할 수 있도록 적합한 시설을 갖추고 숙식 등을 제공(도시지역에서 「도시재생 활성화 및 지원에 관한 특별법」 제2조 제6호에 따른 도시재생활성화계획에 따라 같은 조 제9호에 따른 마을기업이 외국인 관광객에게 우선하여 숙식 등을 제공하면서, 외국인 관광객의 이용에 지장을 주지 아니하는 범위에서 해당 지역을 방문하는 내국인 관광객에게 그 지역의 특성화된 문화를 체험할 수 있도록 숙식 등을 제공하는 것을 포함한다)하는 업

1) 「건축법 시행령」 별표 1 제1호가목 또는 다목에 따른 단독주택 또는 다가구주택

         2) 「건축법 시행령」 별표 1 제2호가목, 나목 또는 다목에 따른 아파트, 연립주택 또는 다세대 주택
      사. 한옥체험업: 한옥(「한옥 등 건축자산의 진흥에 관한 법률」 제2조 제2호에 따른 한옥을 말한다)에 관광객의 숙박 체험에 적합한 시설을 갖추고 관광객에게 이용하게 하거나, 전통 놀이 및 공예 등 전통문화 체험에 적합한 시설을 갖추어 관광객에게 이용하게 하는 업
4. 국제회의업의 종류
   가. 국제회의시설업 : 대규모 관광 수요를 유발하는 국제회의를 개최할 수 있는 시설을 설치하여 운영하는 업
   나. 국제회의기획업 : 대규모 관광 수요를 유발하는 국제회의의 계획·준비·진행 등의 업무를 위탁받아 대행하는 업
5. 유원시설업(遊園施設業)의 종류
   가. 종합유원시설업 : 유기시설이나 유기기구를 갖추어 관광객에게 이용하게 하는 업으로서 대규모의 대지 또는 실내에서 법 제33조에 따른 안전성검사 대상 유기시설 또는 유기기구 여섯 종류 이상을 설치하여 운영하는 업
   나. 일반유원시설업 : 유기시설이나 유기기구를 갖추어 관광객에게 이용하게 하는 업으로서 법 제33조에 따른 안전성검사 대상 유기시설 또는 유기기구 한 종류 이상을 설치하여 운영하는 업
   다. 기타유원시설업 : 유기시설이나 유기기구를 갖추어 관광객에게 이용하게 하는 업으로서 법 제33조에 따른 안전성검사 대상이 아닌 유기시설 또는 유기기구를 설치하여 운영하는 업
6. 관광 편의시설업의 종류
   가. 관광유흥음식점업: 식품위생 법령에 따른 유흥주점 영업의 허가를 받은 자가 관광객이 이용하기 적합한 한국 전통 분위기의 시설을 갖추어 그 시설을 이용하는 자에게 음식을 제공하고 노래와 춤을 감상하게 하거나 춤을 추게 하는 업
   나. 관광극장유흥업: 식품위생 법령에 따른 유흥주점 영업의 허가를 받은 자가 관광객이 이용하기 적합한 무도(舞蹈)시설을 갖추어 그 시설을 이용하는 자에게 음식을 제공하고 노래와 춤을 감상하게 하거나 춤을 추게 하는 업
   다. 외국인전용 유흥음식점업 : 식품위생 법령에 따른 유흥주점영업의 허가를 받은 자가 외국인이 이용하기 적합한 시설을 갖추어 외국인만을 대상으로 주류나 그 밖의 음식을 제공하고 노래와 춤을 감상하게 하거나 춤을 추게 하는 업
   라. 관광식당업 : 식품위생 법령에 따른 일반음식점영업의 허가를 받은 자가 관광객이 이용하기 적합한 음식 제공시설을 갖추고 관광객에게 특정 국가의 음식을 전문적으로 제공하는 업
   마. 관광순환버스업 : 「여객자동차 운수사업법」에 따른 여객자동차운송사업의 면허를 받거나 등록을 한 자가 버스를 이용하여 관광객에게 시내와 그 주변 관광지를 정기적으로 순회하면서 관광할 수 있도록 하는 업
   바. 관광사진업 : 외국인 관광객과 동행하며 기념사진을 촬영하여 판매하는 업
   사. 여객자동차터미널시설업 : 「여객자동차 운수사업법」에 따른 여객자동차터미널사업의 면허를 받은 자가 관광객이 이용하기 적합한 여객자동차터미널시설을 갖추고 이들에게 휴게시설·안내시설 등 편익시설을 제공하는 업
   아. 관광펜션업 : 숙박시설을 운영하고 있는 자가 자연·문화 체험관광에 적합한 시설을 갖추어 관광객에게 이용하게 하는 업
   자. 관광궤도업: 「궤도운송법」에 따른 궤도사업의 허가를 받은 자가 주변 관람과 운송에 적합한 시설을 갖추어 관광객에게 이용하게 하는 업
   차. 삭제
   카. 관광면세업: 다음의 어느 하나에 해당하는 자가 판매시설을 갖추고 관광객에게 면세물품을 판매하는 업
      1) 「관세법」 제196조에 따른 보세판매장의 특허를 받은 자

2) 「외국인관광객 등에 대한 부가가치세 및 개별소비세 특례규정」 제5조에 따라 면세판매장의 지정을 받은 자
　타. 관광지원서비스업: 주로 관광객 또는 관광사업자 등을 위하여 사업이나 시설 등을 운영하는 업으로서 문화체육관광부장관이 「통계법」 제22조 제2항 단서에 따라 관광 관련 산업으로 분류한 쇼핑업, 운수업, 숙박업, 음식점업, 문화·오락·레저스포츠업, 건설업, 자동차임대업 및 교육서비스업 등. 다만, 법에 따라 등록·허가 또는 지정(이 영 제2조 제6호가목부터 카목까지의 규정에 따른 업으로 한정한다)을 받거나 신고를 해야 하는 관광사업은 제외한다.
② 제1항 제6호아목은 「제주특별자치도 설치 및 국제자유도시 조성을 위한 특별법」을 적용받는 지역에 대하여는 적용하지 아니한다.

정답 ②

014 관광진흥법상 특별자치도지사·시장·군수·구청장이 관할구역 내 관광특구를 방문하는 외국인관광객의 유치촉진 등을 위하여 수립하고 시행하는 계획은?

① 관광권역계획
② 관광기본계획
③ 관광특구진흥계획
④ 관광활성화계획

해설

정답 ③

014 관광진흥법상 관광지 및 관광단지의 개발에 관한 설명으로 옳은 것은?

① 관광지 및 관광단지는 문화체육관광부장관이 지정한다.
② 관광지 및 관광단지의 조성계획은 문화체육관광부장관의 승인을 받아야 한다.
③ 시·도지사(특별자치도지사는 제외)는 관광개발기본계획에 따라 구분된 권역을 대상으로 권역별 관광계획을 수립하여야 한다.
④ 시장·군수·구청장이 관광단지 조성계획을 변경하는 경우 국토교통부장관의 승인을 받아야 한다.

해설

제50조(기본계획) ① 시·도지사는 기본계획의 수립에 필요한 관광 개발사업에 관한 요구서를 문화체육관광부장관에게 제출하여야 하고, 문화체육관광부장관은 이를 종합·조정하여 기본계획을 수립하고 공고하여야 한다.
제51조(권역계획) ① 권역계획(圈域計劃)은 그 지역을 관할하는 시·도지사(특별자치도지사는 제외한다. 이하 이 조에서 같다)가 수립하여야 한다. 다만, 둘 이상의 시·도에 걸치는 지역이 하나의 권역계획에 포함되는 경우에는 관계되는 시·도지사와의 협의에 따라 수립하되, 협의가 성립되지 아니한 경우에는 문화체육관광부장관이 지정하는 시·도지사가 수립하여야 한다.

제52조(관광지의 지정 등) ① 관광지 및 관광단지(이하 "관광지등"이라 한다)는 문화체육관광부령으로 정하는 바에 따라 시장·군수·구청장의 신청에 의하여 시·도지사가 지정한다. 다만, 특별자치시 및 특별자치도의 경우에는 특별자치시장 및 특별자치도지사가 지정한다.
⑥ 시·도지사는 제1항 또는 제5항에 따라 지정, 지정취소 또는 그 면적변경을 한 경우에는 이를 고시하여야 한다.

제54조(조성계획의 수립 등) ① 관광지등을 관할하는 시장·군수·구청장은 조성계획을 작성하여 시·도지사의 승인을 받아야 한다. 이를 변경(대통령령으로 정하는 경미한 사항의 변경은 제외한다)하려는 경우에도 또한 같다. 다만, 관광단지를 개발하려는 공공기관 등 문화체육관광부령으로 정하는 공공법인 또는 민간개발자(이하 "관광단지개발자"라 한다)는 조성계획을 작성하여 대통령령으로 정하는 바에 따라 시·도지사의 승인을 받을 수 있다.

정답 ③

015 관광지 및 관광단지의 개발에 대한 설명으로 옳지 않은 것은?

① 문화체육관광부 장관은 전국을 대상으로 관광개발기본계획을 수립하여야 한다.
② 관광지 및 관광단지는 기본계획과 권역계획을 기준으로 시장·군수 또는 구청장이 지정한다.
③ 관광개발기본계획에는 관광권역의 설정에 관한 내용이 포함된다.
④ 권역계획은 그 지역을 관할하는 시·도지사가 수립하여야 한다.

해설

제52조(관광지의 지정 등) ① 관광지 및 관광단지(이하 "관광지등"이라 한다)는 문화체육관광부령으로 정하는 바에 따라 시장·군수·구청장의 신청에 의하여 시·도지사가 지정한다. 다만, 특별자치시 및 특별자치도의 경우에는 특별자치시장 및 특별자치도지사가 지정한다.

정답 ②

016 다음 중 시장·군수·구청장이 시·도지사의 승인을 받지 않아도 되는 조성계획의 변경 기준으로 옳지 않은 것은?

① 관광시설계획면적의 100분의 20이내의 변경
② 관광시설계획 중 시설지구별 토지이용계획면적의 100분의 40 이내의 변경
③ 관광시설계획 중 시설지구별 건축 연면적의 100분의 30이내의 변경
④ 관광시살계획 중 시설지구별 토지이용계획면적이 2200제곱미터 미만인 경우에는 660제곱미터 이내의 변경

해설

정답 ②

017 다음 중 관광진흥법상 시·도지사가 권역별 관광개발기본계획의 수립시 포함하여야 하는 사항에 해당하지 않는 것은?

① 환경보전에 관한 사항
② 관광권역(觀光圈域)의 설정에 관한 사항
③ 관광자원의 보호·개발·이용·관리 등에 관한 사항
④ 관광지 및 관광단지의 조성·정비·보완 등에 관한 사항

해설

정답 ②

018 관광진흥법령에 따른 관광객 이용시설업의 종류에 해당하지 않는 것은?

① 종합휴양업
② 관광유람선업
③ 전문휴양업
④ 일반유원시설업

해설

> **영 제2조(관광사업의 종류)** ① 「관광진흥법」(이하 "법"이라 한다) 제3조 제2항에 따라 관광사업의 종류를 다음과 같이 세분한다.
> 3. 관광객 이용시설업의 종류
>   가. 전문휴양업 : 관광객의 휴양이나 여가 선용을 위하여 숙박업 시설(「공중위생관리법 시행령」제2조 제1항 제1호 및 제2호의 시설을 포함하며, 이하 "숙박시설"이라 한다)이나 「식품위생법 시행령」제21조 제8호가목·나목 또는 바목에 따른 휴게음식점영업, 일반음식점영업 또는 제과점영업의 신고에 필요한 시설(이하 "음식점시설"이라 한다)을 갖추고 별표 1 제4호 가목(2)(가)부터 (거)까지의 규정에 따른 시설(이하 "전문휴양시설"이라 한다) 중 한 종류의 시설을 갖추어 관광객에게 이용하게 하는 업
>   나. 종합휴양업
>   (1) 제1종 종합휴양업 : 관광객의 휴양이나 여가 선용을 위하여 숙박시설 또는 음식점시설을 갖추고 전문휴양시설 중 두 종류 이상의 시설을 갖추어 관광객에게 이용하게 하는 업이나, 숙박시설 또는 음식점시설을 갖추고 전문휴양시설 중 한 종류 이상의 시설과 종합유원시설업의 시설을 갖추어 관광객에게 이용하게 하는 업
>   (2) 제2종 종합휴양업 : 관광객의 휴양이나 여가 선용을 위하여 관광숙박업의 등록에 필요한 시설과 제1종 종합휴양업의 등록에 필요한 전문휴양시설 중 두 종류 이상의 시설 또는 전문휴양시설 중 한 종류 이상의 시설 및 종합유원시설업의 시설을 함께 갖추어 관광객에게 이용하게 하는 업

다. 야영장업
  1) 일반야영장업: 야영장비 등을 설치할 수 있는 공간을 갖추고 야영에 적합한 시설을 함께 갖추이 관광객에게 이용하게 하는 업
  2) 자동차야영장업: 자동차를 주차하고 그 옆에 야영장비 등을 설치할 수 있는 공간을 갖추고 취사 등에 적합한 시설을 함께 갖추어 자동차를 이용하는 관광객에게 이용하게 하는 업
라. 관광유람선업
  1) 일반관광유람선업: 「해운법」에 따른 해상여객운송사업의 면허를 받은 자나 「유선 및 도선 사업법」에 따른 유선사업의 면허를 받거나 신고한 자가 선박을 이용하여 관광객에게 관광을 할 수 있도록 하는 업
  2) 크루즈업: 「해운법」에 따른 순항(順航) 여객운송사업이나 복합 해상여객운송사업의 면허를 받은 자가 해당 선박 안에 숙박시설, 위락시설 등 편의시설을 갖춘 선박을 이용하여 관광객에게 관광을 할 수 있도록 하는 업
마. 관광공연장업 : 관광객을 위하여 적합한 공연시설을 갖추고 공연물을 공연하면서 관광객에게 식사와 주류를 판매하는 업
바. 외국인관광 도시민박업: 「국토의 계획 및 이용에 관한 법률」 제6조 제1호에 따른 도시지역(「농어촌정비법」에 따른 농어촌지역 및 준농어촌지역은 제외한다. 이하 이 조에서 같다)의 주민이 자신이 거주하고 있는 다음의 어느 하나에 해당하는 주택을 이용하여 외국인 관광객에게 한국의 가정문화를 체험할 수 있도록 적합한 시설을 갖추고 숙식 등을 제공(도시지역에서 「도시재생 활성화 및 지원에 관한 특별법」 제2조 제6호에 따른 도시재생활성화계획에 따라 같은 조 제9호에 따른 마을기업이 외국인 관광객에게 우선하여 숙식 등을 제공하면서, 외국인 관광객의 이용에 지장을 주지 아니하는 범위에서 해당 지역을 방문하는 내국인 관광객에게 그 지역의 특성화된 문화를 체험할 수 있도록 숙식 등을 제공하는 것을 포함한다)하는 업
  1) 「건축법 시행령」 별표 1 제1호가목 또는 다목에 따른 단독주택 또는 다가구주택
  2) 「건축법 시행령」 별표 1 제2호가목, 나목 또는 다목에 따른 아파트, 연립주택 또는 다세대주택
사. 한옥체험업: 한옥(「한옥 등 건축자산의 진흥에 관한 법률」 제2조 제2호에 따른 한옥을 말한다)에 관광객의 숙박 체험에 적합한 시설을 갖추고 관광객에게 이용하게 하거나, 전통 놀이 및 공예 등 전통문화 체험에 적합한 시설을 갖추어 관광객에게 이용하게 하는 업

4. 국제회의업의 종류
  가. 국제회의시설업 : 대규모 관광 수요를 유발하는 국제회의를 개최할 수 있는 시설을 설치하여 운영하는 업
  나. 국제회의기획업 : 대규모 관광 수요를 유발하는 국제회의의 계획·준비·진행 등의 업무를 위탁받아 대행하는 업

5. **유원시설업(遊園施設業)의 종류**
  가. 종합유원시설업 : 유기시설이나 유기기구를 갖추어 관광객에게 이용하게 하는 업으로서 대규모의 대지 또는 실내에서 법 제33조에 따른 안전성검사 대상 유기시설 또는 유기기구 여섯 종류 이상을 설치하여 운영하는 업
  나. 일반유원시설업 : 유기시설이나 유기기구를 갖추어 관광객에게 이용하게 하는 업으로서 법 제33조에 따른 안전성검사 대상 유기시설 또는 유기기구 한 종류 이상을 설치하여 운영하는 업
  다. 기타유원시설업 : 유기시설이나 유기기구를 갖추어 관광객에게 이용하게 하는 업으로서 법 제33조에 따른 안전성검사 대상이 아닌 유기시설 또는 유기기구를 설치하여 운영하는 업

6. 관광 편의시설업의 종류

가. 관광유흥음식점업: 식품위생 법령에 따른 유흥주점 영업의 허가를 받은 자가 관광객이 이용하기 적합한 한국 전통 분위기의 시설을 갖추어 그 시설을 이용하는 자에게 음식을 제공하고 노래와 춤을 감상하게 하거나 춤을 추게 하는 업
나. 관광극장유흥업: 식품위생 법령에 따른 유흥주점 영업의 허가를 받은 자가 관광객이 이용하기 적합한 무도(舞蹈)시설을 갖추어 그 시설을 이용하는 자에게 음식을 제공하고 노래와 춤을 감상하게 하거나 춤을 추게 하는 업
다. 외국인전용 유흥음식점업 : 식품위생 법령에 따른 유흥주점영업의 허가를 받은 자가 외국인이 이용하기 적합한 시설을 갖추어 외국인만을 대상으로 주류나 그 밖의 음식을 제공하고 노래와 춤을 감상하게 하거나 춤을 추게 하는 업
라. 관광식당업 : 식품위생 법령에 따른 일반음식점영업의 허가를 받은 자가 관광객이 이용하기 적합한 음식 제공시설을 갖추고 관광객에게 특정 국가의 음식을 전문적으로 제공하는 업
마. 관광순환버스업 :「여객자동차 운수사업법」에 따른 여객자동차운송사업의 면허를 받거나 등록을 한 자가 버스를 이용하여 관광객에게 시내와 그 주변 관광지를 정기적으로 순회하면서 관광할 수 있도록 하는 업
바. 관광사진업 : 외국인 관광객과 동행하며 기념사진을 촬영하여 판매하는 업
사. 여객자동차터미널시설업 :「여객자동차 운수사업법」에 따른 여객자동차터미널사업의 면허를 받은 자가 관광객이 이용하기 적합한 여객자동차터미널시설을 갖추고 이들에게 휴게시설·안내시설 등 편익시설을 제공하는 업
아. 관광펜션업 : 숙박시설을 운영하고 있는 자가 자연·문화 체험관광에 적합한 시설을 갖추어 관광객에게 이용하게 하는 업
자. 관광궤도업:「궤도운송법」에 따른 궤도사업의 허가를 받은 자가 주변 관람과 운송에 적합한 시설을 갖추어 관광객에게 이용하게 하는 업
차. 삭제
카. 관광면세업: 다음의 어느 하나에 해당하는 자가 판매시설을 갖추고 관광객에게 면세물품을 판매하는 업
  1)「관세법」제196조에 따른 보세판매장의 특허를 받은 자
  2)「외국인관광객 등에 대한 부가가치세 및 개별소비세 특례규정」제5조에 따라 면세판매장의 지정을 받은 자
타. 관광지원서비스업: 주로 관광객 또는 관광사업자 등을 위하여 사업이나 시설 등을 운영하는 업으로서 문화체육관광부장관이「통계법」제22조 제2항 단서에 따라 관광 관련 산업으로 분류한 쇼핑업, 운수업, 숙박업, 음식점업, 문화·오락·레저스포츠업, 건설업, 자동차임대업 및 교육서비스업 등. 다만, 법에 따라 등록·허가 또는 지정(이 영 제2조 제6호가목부터 카목까지의 규정에 따른 업으로 한정한다)을 받거나 신고를 해야 하는 관광사업은 제외한다.

② 제1항 제6호아목은「제주특별자치도 설치 및 국제자유도시 조성을 위한 특별법」을 적용받는 지역에 대하여는 적용하지 아니한다.

정답 ④

019 관광진흥법에 의한 권역계획(權域計劃)에 관한 설명 중 틀린 것은?

① 권역계획은 그 지역을 관할하는 문화체육관광부장관이 수립하여야 한다.
② 수립한 권역계획을 문화체육관광부장관의 조정과 관계 행정기관의 장과의 협의를 거쳐 확정하여야 한다.
③ 시·도지사는 권역계획이 확정되면 그 요지를 공고하여야 한다.
④ 대통령령으로 정하는 경미한 사항의 변경에 대하여는 관계 부처의 장과 협의를 갈음하여 문화체육관광부장관의 승인을 받아야 한다.

[해설]

정답 ①

020 관광진흥법령상에서 규정하고 있는 관광산업의 종류와 그 세분이 올바르지 않은 것은?

① 여행업: 일반여행업, 국외여행업, 국내여행업
② 야영장업: 일반야영장업, 자동차야영장업, 산림야영장업
③ 관광유람선업: 일반관광유람선업, 크루즈업
④ 호텔업: 관광호텔업, 수상관광호텔업, 한국전통호텔업, 가족호텔업, 호스텔업, 소형호텔업, 의료관광호텔업

[해설]

정답 ②

021 관광진흥법상에 정의된 내용으로 옳은 것은?

① 관광펜션 사업은 관광숙박업에 해당한다.
② 관광지란 자연적 또는 문화적 관광자원을 갖추고 관광객을 위한 기본적인 편의 시설을 설치하는 지역이다.
③ 관광지 및 관광단지의 지정권자는 문화체육부장관이다.
④ 시·도지사는 관광개발기본계획을 수립하여야 한다.

[해설]

정답 ②

022 다음 중 시장·군수·구청장이 시·도지사의 승인을 받지 않아도 되는 경미한 조성계획의 변경 기준으로 옳지 않은 것은?

① 관광시설계획면적의 100분의 20 이내의 변경
② 관광시설계획 중 시설지구별 건축 연면적의 100분의 30 이내의 변경
③ 관광시설계획 중 시설지구별 토지이용계획 면적의 100분의 40 이내의 변경
④ 관광시설계획 중 시설지구별 토지이용계획 면적의 2200m² 미만인 경우에는 660m² 이내의 변경

> **해설**

정답 ③

---

023 관광진흥법령상 관광단지 조성사업에 따른 이주자를 위한 이주대책 수립 시 포함되어야 할 사항이 아닌 것은?

① 이주민 민원처리 방식
② 이주방법 및 이주시기
③ 택지 및 농경지의 매입
④ 택지 조성 및 주택 건설

> **해설**

영 제57조(이주대책의 내용) 사업시행자가 법 제66조 제1항에 따라 수립하는 이주대책에는 다음 각 호의 사항이 포함되어야 한다.
 1. 택지 및 농경지의 매입
 2. 택지 조성 및 주택 건설
 3. 이주보상금
 4. 이주방법 및 이주시기
 5. 이주대책에 따른 비용
 6. 그 밖에 필요한 사항

정답 ①

024 관광진흥법에 따른 관광개발계획에 관한 설명으로 옳지 않은 것은?

① 관광개발기본계획은 5년마다 수립한다.
② 확정된 권역계획에 대하여 대통령령으로 정하는 경미한 사항을 변경하는 경우 관계부처의 장과의 협의를 갈음하여 문화체육관광부장관의 승인을 받아야 한다.
③ 권역계획에 대하여 대통령령으로 정하는 경미한 사항의 변경에는 관광지 등 면적의 100분의 30 이내의 확대를 포함한다.
④ 시·도지사(특별자치도지사는 제외한다.)는 기본계획에 따라 구분된 권역을 대상으로 권역별 관광개발계획을 수립하여야 한다.

해설

정답 ①

025 관광진흥법령상 관광객 이용시설업의 종류에 해당하지 않는 것은?

① 전문휴양업
② 종합휴양업
③ 관광유람선업
④ 일반유원시설업

해설

정답 ④

026 관광진흥법상 관광개발기본계획에 따라 구분된 권역을 대상으로 수립하는 권역별 관광개발계획에 포함하는 사항으로 옳지 않은 것은?

① 환경보전에 관한 사항
② 관광지 연계에 관한 사항
③ 관광권역별 관광개발의 기본방향에 관한 사항
④ 관광자원의 보호·개발·이용·관리 등에 관한 사항

해설

정답 ③

027 관광진흥법령상 관광사업의 종류와 그 세분에 해당하는 내용의 연결이 틀린 것은?

① 여행업: 일반여행업, 국외여행업, 국내여행업
② 야영장업: 일반야영장업, 산림야영장업
③ 관광유람선업: 일반관광유람선업, 크루즈업
④ 호텔업: 가족호텔업, 호스텔업, 소형호텔업

해설

정답 ②

028 관광진흥법상 시·도지사가 권역별 관광개발 계획의 수립 시 포함하여야 하는 사항에 해당하지 않는 것은?

① 환경보전에 관한 사항
② 관광권역(觀光圈域)의 설정에 관한 사항
③ 관광자원의 보호·개발·이용·관리 등에 관한 사항
④ 관광지 및 관광단지의 조성·정비·보완 등에 관한 사항

해설

정답 ②

Theme 15 체육시설의 설치 및 이용에 관한 법률

001 체육시설업 부지면적의 제한사항으로 적절하지 않은 것은?

① 실외골프연습장업: 골프연습장의 부지면적은 타석면적과 보호망을 설치한 토지면적을 합한 면적의 2배의 면적을 초과할 수 없다.
② 자동차경주장업: 트랙면적과 안전지대를 합한 면적의 6배를 초과 못함
③ 썰매장업: 슬로프면적의 3배를 초과 못함
④ 스키장업: 전체 슬로프길이(m) × 50m × 3

해설

■ 체육시설의 설치·이용에 관한 법률 시행령 [별표 3]

체육시설업 시설물 설치 및 부지 면적의 제한 사항(제8조 관련)

1. 시설물 설치의 제한 사항
   골프장 안에는 「공중위생관리법」 제2조 제1항 제2호에 따른 숙박업의 시설물(이하 "숙박시설"이라 한다)을 설치할 수 없다. 다만, 다음 각 목의 요건에 모두 적합한 경우에는 설치할 수 있다.
   가. 골프장사업계획지가 「환경정책기본법」 제22조에 따른 특별대책지역(다만, 「한강수계 상수원수질개선 및 주민지원 등에 관한 법률」에 따른 오염총량관리계획 및 「금강수계 물관리 및 주민지원 등에 관한 법률」에 따른 오염총량관리기본계획의 수립·시행 지역은 제외한다), 「수도권정비계획법」 제6조에 따른 자연보전권역(다만, 「한강수계 상수원 수질개선 및 주민지원 등에 관한 법률」에 따른 오염총량관리계획의 수립·시행 지역은 제외한다) 및 「자연공원법」에 따른 자연공원으로 지정된 구역이 아닐 것
   나. 다음 1)부터 3)까지의 지역에 해당하지 아니할 것. 다만, 「한강수계 상수원수질개선 및 주민지원 등에 관한 법률」에 따른 오염총량관리계획 및 「낙동강수계 물관리 및 주민 지원 등에 관한 법률」, 「금강수계 물관리 및 주민지원 등에 관한 법률」, 「영산강·섬진강수계 물관리 및 주민지원 등에 관한 법률」 및 「물환경보전법」에 따른 오염총량관리기본계획의 수립·시행 지역은 그 취수지점의 상류방향의 경우 각각 유하거리 7킬로미터 이내의 지역에 해당하지 아니하면 된다.
      1) 골프장사업계획지가 광역상수원보호구역으로부터 상류방향으로 유하거리(流下距離) 20킬로미터 이내의 지역
      2) 일반상수원보호구역으로부터 상류방향으로 유하거리 10킬로미터 이내의 지역
      3) 취수지점(공중이 이용하는 것만 해당한다)으로부터 상류방향으로 유하거리 15킬로미터, 그 하류방향으로 유하거리 1킬로미터 이내의 지역
   다. 숙박시설을 설치하려는 예정부지가 환경영향평가 협의 시 녹지를 보전하도록 협의된 지역이 아닐 것(사업계획승인 당시 숙박시설이 설치되지 아니한 골프장만 해당한다)

2. 부지면적의 제한 사항

업종	제한내용
가. 자동차경주장업	자동차경주장의 부지면적은 트랙면적과 안전지대면적을 합한 면적의 <u>6배</u>를 초과할 수 없다.
나. 골프연습장업(실외 골프연습장업만 해당한다)	골프연습장의 부지면적은 타석면적과 보호망을 설치한 토지면적을 합한 면적의 <u>2배</u>의 면적을 초과할 수 없다. 다만, 골프코스를 설치하는 경우에는 골프코스 1홀마다 1만3천 제곱미터를 추가할 수 있고, 피칭 및 퍼팅 연습용 코스를 설치하는 경우에는 이에 해당하는 면적을 추가할 수 있다.
다. 썰매장업	썰매장의 부지면적은 슬로프면적의 <u>3배</u>를 초과할 수 없다.

정답 ④

002 체육시설의 설치·이용에 관한 법률에서 체육시설업 사업계획 승인과 관련된 설명 중 옳지 않은 것은?

① 관련 규정에 의하여 등록 체육시설업에 대한 사업계획의 승인을 받은 자는 그 사업계획의 승인을 받은 날부터 4년 이내에 그 사업시설 설치 공사를 착수하여야 하며, 그 사업계획의 승인을 받은 날부터 6년 이내에 그 사업시설 설치 공사를 준공하여야 한다.
② 시·도지사는 규정에 의하여 사업계획의 승인이 취소된 후 6월이 지나지 아니한 때에는 동일한 장소에서 그 사업계획의 승인이 취소된 자에게 그 취소된 체육시설업과 같은 종류의 체육시설업에 대한 사업계획의 승인을 할 수 없다.
③ 허위 기타 부정한 방법으로 관련 규정에 의한 사업계획의 승인 또는 변경승인을 얻은 때 취소할 수 있다.
④ 회원을 모집하는 체육시설업에 대해서는 사업계획의 승인이 취소된 후 6월이 지나지 아니하였지만 동일한 장소에서 회원제 생활체육시설 사업계획은 승인할 수 있다.

해설

제12조(사업계획의 승인) 제10조 제1항 제1호에 따른 <u>등록 체육시설업을 하려는 자는 제11조에 따른 시설을 설치하기 전에 대통령령으로 정하는 바에 따라 체육시설업의 종류별로 사업계획서를 작성하여 시·도지사의 승인을 받아야 한다.</u> 그 사업계획을 변경(대통령령으로 정하는 경미한 사항에 관한 사업계획의 변경은 제외한다)하려는 경우에도 또한 같다.
제13조(사업계획 승인의 제한) ① 시·도지사는 국토의 효율적 이용, 지역간 균형 개발, 재해 방지, 자연환경 보전 및 체육시설업의 건전한 육성 등 공공복리를 위하여 필요하면 대통령령으로 정하는 바에 따라 제12조에 따른 사업계획의 승인 또는 변경승인을 제한할 수 있다.

② 시·도지사는 제31조에 따라 사업계획의 승인이 취소된 후 6개월이 지나지 아니한 때에는 같은 장소에서 그 사업계획의 승인이 취소된 자에게 그 취소된 체육시설업과 같은 종류의 체육시설업에 대한 사업계획의 승인을 할 수 없다. 다만, **회원을 모집하는 체육시설업에 대한 사업계획의 승인이 취소된 경우 같은 장소에서 회원을 모집하지 아니하는** 체육시설업에 대한 사업계획을 승인하는 경우에는 그러하지 아니하다.

제16조(등록 체육시설업의 시설 설치 기간) ① 제12조에 따라 등록 체육시설업에 대한 사업계획의 승인을 받은 자(이하 "사업계획의 승인을 받은 자"라 한다)는 그 사업계획의 승인을 받은 날부터 4년 이내에 그 사업시설 설치 공사를 착수하여야 하며, 그 사업계획의 승인을 받은 날부터 6년 이내에 그 사업시설 설치 공사를 준공하여야 한다. 다만, 천재지변이나 소송의 진행 등 대통령령으로 정하는 사유로 설치 공사를 착수하거나 준공할 수 없는 경우에는 그러하지 아니하다.

② 제1항 단서에 따른 설치 기간의 연장에 필요한 사항은 대통령령으로 정한다.

정답 ④

003 체육시설의 설치·이용에 관한 법률에 의한 공공체육시설에 해당하지 않는 것은?

① 전문체육시설
② 생활체육시설
③ 직장체육시설
④ 재활체육시설

해설

제2장 공공체육시설
제5조(전문체육시설) ① 국가와 지방자치단체는 국내·외 경기대회의 개최와 선수 훈련 등에 필요한 운동장이나 체육관 등 체육시설을 대통령령으로 정하는 바에 따라 설치·운영하여야 한다.
제6조(생활체육시설) ① 국가와 지방자치단체는 국민이 거주지와 가까운 곳에서 쉽게 이용할 수 있는 생활체육시설을 대통령령으로 정하는 바에 따라 설치·운영하여야 한다.
제7조(직장체육시설) ① 직장의 장은 직장인의 체육 활동에 필요한 체육시설을 설치·운영하여야 한다.
제8조(체육시설의 개방과 이용) ① 제5조 및 제6조에 따른 체육시설은 경기대회 개최나 시설의 유지·관리 등에 지장이 없는 범위에서 지역 주민이 이용할 수 있도록 개방하여야 한다.
제9조(체육시설의 위탁 운영) 국가나 지방자치단체는 제5조 제1항 및 제6조에 따른 체육시설과 제7조 제1항에 따른 직장체육시설 중 국가나 지방자치단체가 설치한 체육시설의 전문적 관리와 이용을 촉진하기 위하여 필요하면 그 체육시설의 운영과 관리를 개인이나 단체에 위탁할 수 있다.

정답 ④

004 체육시설의 설치·이용에 관한 법률상 등록체육시설업에 해당하는 것은?

① 무도장업 ② 골프연습장업
③ 수영장업 ④ 골프장업

해설

제10조(체육시설업의 구분·종류) ① 체육시설업은 다음과 같이 구분한다.
  1. 등록 체육시설업 : 골프장업, 스키장업, 자동차 경주장업
  2. 신고 체육시설업 : 요트장업, 조정장업, 카누장업, 빙상장업, 승마장업, 종합 체육시설업, 수영장업, 체육도장업, 골프 연습장업, 체력단련장업, 당구장업, 썰매장업, 무도학원업, 무도장업, 야구장업, 가상체험 체육시설업, 체육교습업
② 제1항 각 호에 따른 체육시설업은 그 종류별 범위와 회원 모집, 시설 규모, 운영 형태 등에 따라 그 세부 종류를 대통령령으로 정할 수 있다.

정답 ④

---

005 체육시설의 설치·이용에 관한 법률에 대한 설명 중 옳지 않은 것은?

① 체육시설업자는 문화체육관광부령으로 정하는 일정 규모 이상의 체육시설에 체육지도자를 배치하여야 한다.
② 체육시설업자는 안전관리요원 배치, 수질 관리 및 보호장구의 구비 등 문화체육관광부령으로 정하는 안전·위생기준을 지켜야 한다.
③ 문화체육관광부장관은 골프장업 시설의 농약 사용량 조사와 농약 잔류량 검사를 하여야 한다.
④ 체육시설업자는 그 체육시설 안에서 발생한 피해를 보상하기 위하여 문화체육관광부령으로 정하는 바에 따라 보험에 가입하여야 한다.

해설

제23조(체육지도자의 배치) ① 체육시설업자는 문화체육관광부령으로 정하는 일정 규모 이상의 체육시설에 체육지도자를 배치하여야 한다.
② 제1항에 따른 체육지도자의 배치 기준에 관하여 필요한 사항은 문화체육관광부령으로 정한다.
제24조(안전·위생 기준) ① 체육시설업자는 이용자가 체육시설을 안전하고 쾌적하게 이용할 수 있도록 안전관리요원 배치, 수질 관리 및 보호 장구의 구비(具備) 등 문화체육관광부령으로 정하는 안전·위생 기준을 지켜야 한다.
② 체육시설업의 시설을 이용하는 자는 제1항의 안전·위생 기준에 따른 보호 장구를 착용하여야 한다.
③ 체육시설업자는 체육시설업의 시설을 이용하는 자가 제2항의 보호 장구 착용 의무를 준수하지 아니한 경우에는 그 체육시설 이용을 거절하거나 중지하게 할 수 있다.
제26조(보험 가입) 체육시설업자는 체육시설의 설치·운영과 관련되거나 그 체육시설 안에서 발생한 피해를 보상하기 위하여 문화체육관광부령으로 정하는 바에 따라 보험에 가입하여야 한다. 다만, 문화체육관광부령으로 정하는 소규모 체육시설업자인 경우에는 그러하지 아니하다.

정답 ③

006 체육시설의 설치 및 이용에 관한 법률에서 체육시설업 사업계획 승인과 관련된 설명 중 옳지 않은 것은?

① 관련 규정에 의하여 등록체육시설업에 대한 사업계획의 승인을 얻은 자는 그 사업계획의 승인을 얻은 날부터 6년 이내에 그 사업시설의 설치공사를 착수·준공하도록 노력하여야 한다.
② 시·도지사는 규정에 의하여 사업계획의 승인이 취소된 후 6월이 지나지 아니한 때에는 동일한 장소에서 그 사업계획의 승인이 취소된 자에게 그 취소된 체육시설업과 같은 종류의 체육시설업에 대한 사업계획의 승인을 할 수 없다.
③ 허위 기타 부정한 방법으로 관련 규정에 의한 사업계획의 승인 또는 변경승인을 얻은 때 취소할 수 있다.
④ 회원을 모집하는 체육시설업에 대해서는 사업계획의 승인이 취소된 후 6월이 지나지 아니하였지만 동일한 장소에서 회원제 생활체육시설 사업계획은 승인할 수 있다.

해설

정답 ④

007 체육시설의 설치 및 이용에 관한 법률에서 규정하는 체육시설업의 종류 중 등록 체육시설업에 해당되지 않는 것은?

① 골프장업
② 승마장업
③ 스키장업
④ 자동차 경주장업

해설

정답 ②

008 체육시설의 설치·이용에 관한 법률에 대한 설명 중 옳지 않은 것은?

① 체육시설업자는 문화체육관광부령으로 정하는 일정 규모 이상의 체육시설에 체육지도자를 배치하여야 한다.
② 체육시설업자는 안전관리요원 배치, 수질 관리 및 보호장구의 구비 등 문화체육관광부령으로 정하는 안전·위생기준을 지켜야 한다.
③ 문화체육관광부장관은 골프장업 시설의 농약 사용량 조사와 농약 잔류량 검사를 하여야 한다.
④ 체육시설업자는 그 체육시설 안에서 발생한 피해를 보상하기 위하여 문화체육관광부령으로 정하는 바에 따라 보험에 가입하여야 한다.

해설

정답 ③

009 다음 중 신고 체육시설업에 해당하지 않는 것은?

① 골프장업
② 썰매장업
③ 빙상장업
④ 종합 체육시설업

해설

정답 ①

010 다음 중 공공체육시설의 종류와 가장 거리가 먼 것은?

① 전문체육시설
② 생활체육시설
③ 직장체육시설
④ 사회체육시설

해설

정답 ④

011 다음 중 신고 체육시설업에 해당하지 않는 것은?

① 골프연습장업
② 스키장업
③ 빙상장업
④ 종합 체육시설업

해설

정답 ②

012 다음 중 공공·문화체육시설에 포함되지 않는 것은?

① 시장
② 청소년수련시설
③ 학교
④ 사회복지시설

해설

정답 ①

013 체육시설의 설치·이용에 관한 법률에서 체육시설업 사업계획 승인과 관련된 설명 중 옳지 않은 것은?

① 등록 체육시설업을 하려는 자는 시설을 설치하기 전에 대통령령으로 정하는 바에 따라 체육시설업의 종류별로 사업계획서를 작성하여 시·도지사의 승인을 받아야 한다.
② 시·도지사는 국토의 효율적 이용, 지역 간 균형개발, 재해 방지, 자연환경 보전 및 체육시설업의 건전한 육성 등 공공복리를 위하여 필요하면 대통령령으로 정하는 바에 따라 사업계획의 승인 또는 변경승인을 제한할 수 있다.
③ 거짓이나 그 밖의 부정한 방법으로 관련규정에 의한 사업계획의 승인 또는 변경승인을 얻은 때 취소할 수 있다.
④ 회원을 모집하는 체육시설업에 대해서는 사업계획의 승인이 취소된 후 6개월이 지나지 아니한 때 동일한 장소에서 회원제 생활체육시설 사업계획은 승인할 수 있다.

해설

정답 ④

014 체육시설의 설치·이용에 관한 법률상 신고 체육 시설업에 해당되지 않는 것은?

① 골프 연습장업
② 스키장업
③ 빙상장업
④ 종합 체육시설업

해설

정답 ②

015 체육시설의 설치·이용에 관한 법률에 의거하여 필수시설의 경우 사업계획승인을 얻은 시설 또는 등록한 시설별 면적은 어느 규모에서 증축·개축 또는 변경이 가능한가?

① 100분의 20이내
② 100분의 30이내
③ 100분의 40이내
④ 100분의 50이내

해설

시행규칙 제10조(경미한 사항의 변경) 영 제11조 제3호에서 "문화체육관광부령으로 정하는 범위에서 시설물 설치를 변경하는 것"이란 다음 각 호의 어느 하나에 해당하는 것을 말한다.
1. 필수시설의 경우 : 사업계획 승인을 받은 시설 또는 등록한 시설별 면적(건축물인 경우에는 건축연면적을 말한다)의 100분의 30 이내에서의 증축·개축 또는 변경
2. 임의시설의 경우 : 사업계획 승인을 받은 시설 또는 등록한 시설의 증축·개축·이축·재축 또는 변경

정답 ②

016 다음 중 신고 체육시설업에 해당하지 않는 것은?

① 빙상장업
② 골프 연습장업
③ 종합 체육시설업
④ 자동차 경주장업

해설

정답 ④

우선순위
도시계획관계법규
도시계획기사 제5과목 기출문제집

초판 1쇄 발행 2020년 11월 25일

편저 정명재
발행인 이향준　**발행처** (주)법률저널
등록일자 2008년 9월 26일　**등록번호** 제15-605호
주소 151-862 서울 관악구 복은4길 50 (서림동 120-32)
대표전화 02)874-1144　**팩스** 02)876-4312
홈페이지 www.lec.co.kr
ISBN 978-89-6336-554-1
정가 28,000원